A+U高校建筑学与城市规划专业教材

人居环境绿地系统体系规划

李晖 李志英 等编著

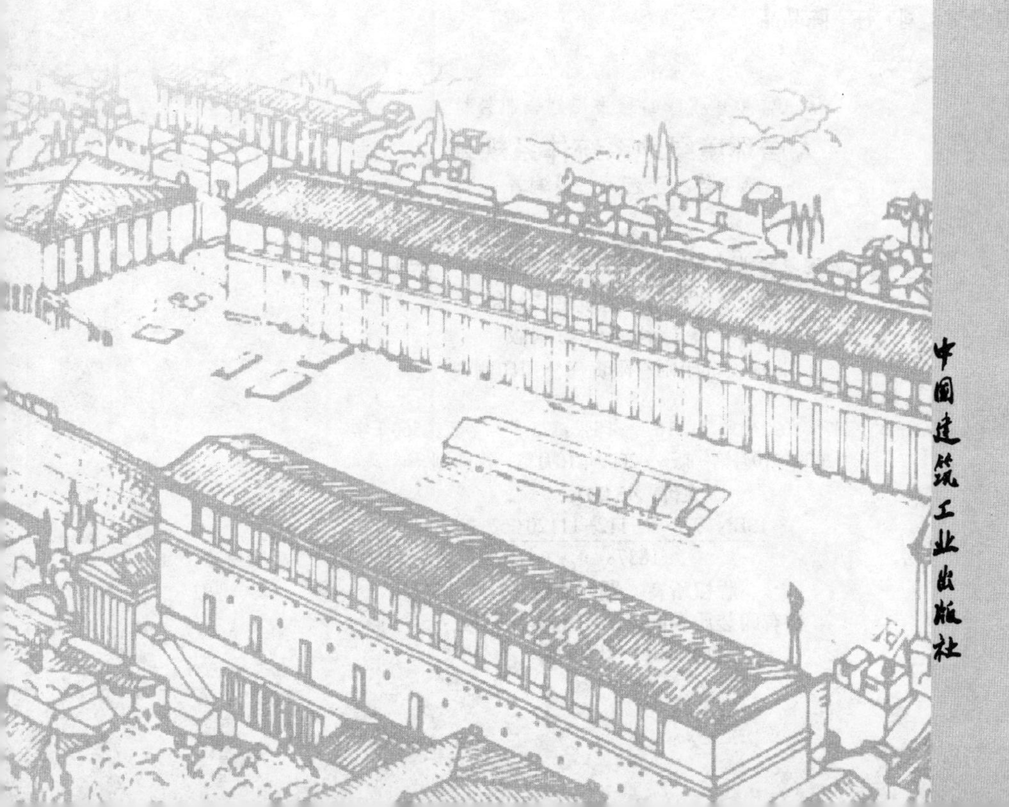

中国建筑工业出版社

图书在版编目(CIP)数据

人居环境绿地系统体系规划/李晖，李志英等编著．—北京：中国建筑工业出版社，2009
A+U高校建筑学与城市规划专业教材
ISBN 978-7-112-11120-6

Ⅰ.人…　Ⅱ.①李…②李…　Ⅲ.居住区-绿化地-绿化规划-高等学校-教材　Ⅳ.TU985.12

中国版本图书馆CIP数据核字（2009）第117531号

本书在人居环境科学和系统科学的指导下，结合城乡规划学、生态学原理等多学科手段辨析自然及人工复合生态系统的各种绿地系统关系，使绿地系统规划从传统的城市绿地系统规划走向城乡一体化的人居环境绿地系统体系规划。本书根据等级原理从宏观到微观具体阐述了城镇集聚区域绿地系统、市域绿地系统、城市绿地系统、村镇绿地系统、专项绿地等各种类型城乡绿地系统的发展、形成、特点和作用，规划的影响因子、理念、程序、主要方法以及结构、指标、空间布局特征，从而较为系统地提出了一整套人居环境绿地系统体系规划的理论及实际应用的方法，符合现代城乡规划学的发展方向，也在一定程度上丰富了人居环境科学学科的理论内容。

本书理论与实际相结合，将生态学、城乡规划学、系统科学、风景园林学、地理学与环境科学等多学科融贯，首次系统、全面地归纳和总结了人居环境绿地系统体系规划的理论和方法。全书科学性、系统性较强，有一定前瞻性和学术研究价值，可作为高等院校风景园林、城市规划、景观规划设计、环境科学、资源环境与城乡规划管理等专业的本科生和研究生学习的教材和参考书，也可供广大从事城乡规划、风景园林、景观规划设计、资源管理、环境保护和城市管理专业的工作者参考阅读。

责任编辑：杨　虹　吕小勇
责任设计：郑秋菊
责任校对：刘　钰　陈晶晶

A+U高校建筑学与城市规划专业教材
人居环境绿地系统体系规划
李　晖　李志英　等编著

*

中国建筑工业出版社出版、发行(北京西郊百万庄)
各地新华书店、建筑书店经销
北京嘉泰利德公司制版
北京凌奇印刷有限责任公司印刷

*

开本：787×1092毫米　1/16　印张：25　字数：560千字
2009年10月第一版　2009年10月第一次印刷
定价：45.00元
ISBN 978-7-112-11120-6
(18378)

前　言

随着人居环境科学学科体系的构建，以建筑、地景、城市规划三位一体为主导专业的人居环境规划设计已进入城乡统筹、区域协调的科学发展阶段，作为城市生态重要载体的绿地系统已不再局限于原来的以城区为主的绿地系统范畴，而应该根据其在城市中的生态功能扩展到郊区甚至大区域范围并加以重新定义、分类。

全书共分为两大部分。第一部分为基础篇，共有四章。第一章从人居环境及人居环境科学的概念出发，阐释了人居环境科学的原则、系统和层次等基本研究框架及其与人居环境绿地系统之间的关系。重点阐述了中、西方人居环境绿地系统理论的起源与发展、研究的进展及发展趋势，并围绕着人居环境绿地系统中空间关系和空间效应的核心领域相关理论框架进行简要的介绍。第二章重点阐述人居环境绿地系统的生态服务功能、产业服务功能和社会服务功能，提出了人居环境绿地系统的体系架构。第三章概述了人居环境绿地系统体系规划的内涵、目标、原则、任务以及规划的结构形态模式、规划类型、程序和具体方法，提出了人居环境绿地系统体系规划的评价指标体系和规划方案的评价方法。第四章通过绿地系统体系规划理论基础、相关技术分析、案例介绍等方式详细阐述了以3S技术为主的计算机信息技术在人居环境绿地系统体系规划各项工作中的应用。

第二部分为理论篇，共有五章。第五章通过分析现代城市空间结构的发展演变特点，归纳和总结了城镇集聚区域绿地系统的功能和结构，探讨了景观生态安全评价的原理和方法，概述了城镇集聚区域绿地系统的规划原理、内容体系。第六章提出了市域绿地系统的功能、作用和规划原理，探讨了市域绿地系统规划的程序及内容。第七章概述了城市绿地系统的组成、分类、功能等基本概念，阐释了城市绿地系统规划的层次、目的、任务、原则、指标体系和编制程序、内容等基本原理，并结合城市绿地的分类重点阐述了公园绿地、居住区绿地、道路广场绿地等各种类型绿地的规划设计要点，概述了树种规划、种植设计、城市生物多样性和古树名木保护规划、避难防灾规划等相关内容。第八章则根据村镇绿化的特点，概述了村镇绿地系统规划的原则、布局、结构以及编制要求、主要内容和编制程序。第九章具体说明了农业园区、工矿园区、产业园区的设计思路、设计方法、树种的选取等主要内容，并介绍了防护林带的功能、作用、类型和绿化方式。突出了教材的前沿性和拓展性，构建了较为系统的人居环境绿地系统体系规划理论，并具体阐释了实践的内容和方法。

各章编写分工为：第一章、第二章、第三章由李晖编写；第四章由徐建平编写；第五章由李志英编写；第六章第一节、第二节、第三节由李志英编写，第六章第四节、第五节、第六节由姜鹏编写；第七章第一节、第二节、第四节由李志英编写，第七章第三节、第五节、第六节、第七节由李晖编写；第八章由撒莹编写；朱雪、赵凯、王兴宇、范宇、姚兵义、李滔、廖勇武、吴海军等同学和同志协助完成了资料收集和插图绘制等工作。

本书得到了云南大学“中青骨干教师培养计划”的资助，在编写过程中，云南大学城市建设与管理学院的领导给予了热情帮助和支持，云南大学生命科学学院的杨树华教授提供了大量帮助，加深了笔者对生态学理论与方法的理解和掌握，在此表示深深的感谢。同时，在本书编写过程中，还参考和引用了大量的相关书籍和文献资料，均已在参考文献中列出，在此一并对各位作者致以衷心的感谢。

全书经昆明理工大学翟辉教授审阅，翟辉教授对人居环境科学有较为深入的理解，提出了较为中肯的修改意见，特此表示诚挚的谢意。

感谢中国建筑工业出版社的编辑等有关同志在本书的编辑、出版过程中给予了极大的帮助，付出了辛勤的劳动，在此表示衷心感谢。

人居环境绿地系统体系规划属于交叉学科，研究范围十分广泛，理论和方法还处于不断发展和完善之中，由于笔者的水平有限，难免会有疏漏、不足之处，敬请广大读者批评赐教，以便不断完善。

编者

2009.7

目　录

第一部分　基础篇 …… 1

第一章　人居环境绿地系统理论的起源与发展 …… 2
第一节　人居环境科学概说 …… 4
第二节　人居环境绿地系统理论的起源与发展 …… 12
本章小结 …… 33
第二章　人居环境绿地系统体系规划框架 …… 35
第一节　传统城市绿地系统规划的局限性 …… 36
第二节　基于整体系统观念的人居环境绿地系统体系 …… 38
第三节　人居环境绿地系统的功能与作用 …… 41
第四节　人居环境绿地系统的体系架构 …… 69
第五节　人居环境绿地系统的组成与分类 …… 78
本章小结 …… 88
第三章　人居环境绿地系统体系规划设计论 …… 89
第一节　人居环境绿地系统体系规划的内涵、目标与原则 …… 90
第二节　人居环境绿地系统体系规划的结构模式与规划类型 …… 93
第三节　人居环境绿地系统体系规划的方法论 …… 97
第四节　人居环境绿地的生态适宜性分析 …… 108
第五节　人居环境绿地系统体系规划的评价指标体系构建 …… 121
本章小结 …… 135
第四章　信息技术及其在人居环境绿地系统体系规划中的应用 …… 136
第一节　管理信息系统 …… 138
第二节　3S技术在人居环境绿地系统中的应用 …… 139
本章小结 …… 166

第二部分　理论篇 …… 167

第五章　城镇集聚区域绿地系统规划 …… 168
第一节　现代城市空间结构的发展演变特点 …… 170
第二节　城镇集聚区域绿地系统功能和结构 …… 178
第三节　城镇集聚区域绿地系统景观生态安全评价 …… 186
第四节　城镇集聚区域绿地系统规划原理 …… 189
第五节　城镇集聚区域绿地系统规划内容体系 …… 193
第六节　城镇集聚区域绿地系统规划实施、管理和监督机制 …… 198
第七节　国内外城镇集聚区域绿地系统规划实例分析 …… 201

本章小结 …… 212
第六章　市域绿地系统规划 …… 213
第一节　市域绿地系统的基本概念 …… 214
第二节　市域绿地系统的功能和分类 …… 217
第三节　市域绿地系统规划原理 …… 220
第四节　市域绿地系统规划的内容 …… 228
第五节　市域绿地系统规划中的重点调控地带 …… 232
第六节　市域绿地系统规划案例介绍 …… 241
本章小结 …… 254
第七章　城市绿地系统规划 …… 255
第一节　城市绿地系统的基本概念 …… 256
第二节　城市绿地系统规划基本原理 …… 258
第三节　城市公园绿地规划设计 …… 270
第四节　城市各类绿地规划设计 …… 305
第五节　城市绿地树种规划和种植设计 …… 321
第六节　城市生物多样性与古树名木保护规划 …… 326
第七节　城市绿地系统规划案例 …… 331
本章小结 …… 346
第八章　村镇绿地系统规划 …… 348
第一节　村镇绿化的内容 …… 350
第二节　村镇绿地系统规划原则 …… 351
第三节　村镇绿地系统的布局结构及指标体系 …… 357
第四节　村镇绿化的种植设计 …… 361
第五节　村镇绿地规划文件编制的程序及方法 …… 363
第六节　村镇绿地系统规划案例分析 …… 367
本章小结 …… 371

插图索引 …… 373
参考文献 …… 384

第一部分

基础篇

第一章 人居环境绿地系统理论的起源与发展

第一节　人居环境科学概说

一、人居环境及人居环境科学的概念

1. 人居环境释义

环境是相对于某一中心事物而言的，是作为某一中心事物的对立面和依存体而存在的。它因中心事物的不同而不同，随中心事物的变化而变化。与某一中心事物有关的周围事物就是这个事物的环境。人居环境所研究的环境，其中心是人类，就是指围绕人类生存的各种外部条件或要素的总体，包括非生物要素和人类以外的所有生物体。

1989 年 12 月 26 日颁布实施的《中华人民共和国环境保护法》第一章第二条指出："本法所称'环境'，是指：影响人类生存和发展的各种天然的和经过人工改造的自然因素的总体，包括大气、水、海洋、土地、矿藏、森林、草原、野生生物、自然遗迹、人文遗迹、自然保护区、风景名胜区、城市和乡村等。"

人居环境，顾名思义，是人类聚居生活的地方，是与人类生存活动密切相关的地表空间，它是人类在大自然中赖以生存的基地，是人类利用自然、改造自然的主要场所[①]。人们生活和居住的环境是一个由许多相互连接的聚居构成的地域空间环境，无论是城市型聚居还是乡村型聚居，从本质上讲都是"人类聚居"，有着非常紧密的联系，是整个人类聚居系统中的组成部分。因此，不能忽略不同规模的城市聚居之间、城市聚居和乡村聚居之间的相互联系和影响，应当把"人类聚居"作为一个完整的对象加以考虑、研究和建设。

此概念是由道萨迪亚斯（C.A.Doxiadis）在 20 世纪 50 年代撰写的《人类聚居学》（Ekistics：An Introduction to the Science of Human Settlements）一书中第一次提出来的。围绕着人类生活聚居的环境及它们之间的相互关系，可以将人居环境分为自然、人、社会、建筑物、网络等五个基本要素（图 1-1），不同要素的组合可以有多种方式。在空间上，按照对人类生存活动的功能作用和影响程度的高低，人居环境又可以再分为生态绿地系统与人工建、构筑物系统两大部分。

图 1-1　人居环境示意图及五个子系统组合方式示意图

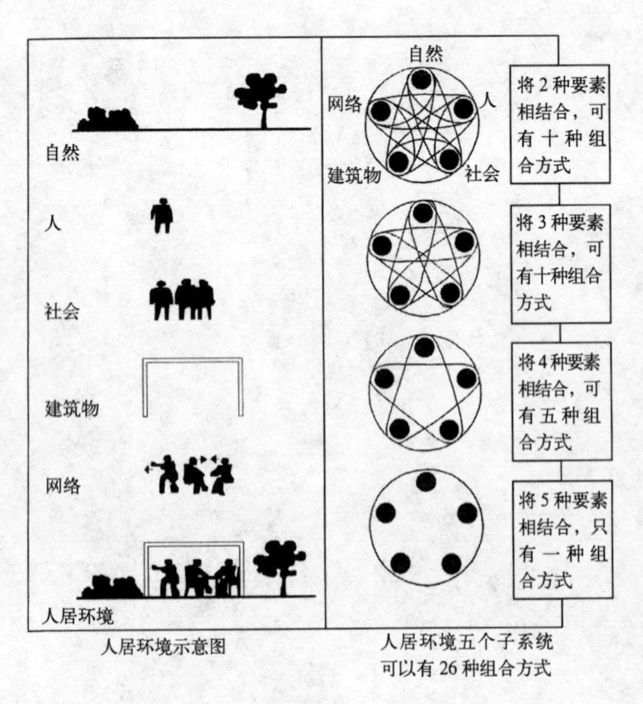

① 吴良镛．人居环境科学导论 [M]．北京：中国建筑工业出版社，2002：38．

综上所述，我们试给“人居环境”以如下的新定义：围绕人类生存的各种外部条件或构成人类环境整体的各个独立的、性质不同而又服从整体演化规律的基本物质组分要素的总体，包括自然环境和人工环境两大类，以相对稳定、有序的结构构成，是一个有时、空、量、序变化的复杂动态系统和开放系统，为人类和其他生命体的生存发展提供有益用途和相应的价值。

这一定义清楚表述了人居环境是由人类聚居的各种环境要素构成的，包括人类赖以生存、生活和生产所必需的自然条件和自然资源，如阳光、温度、气候、地磁、空气、水、岩石、土壤、动植物、微生物等自然因素；而人工因素则是指由于人类活动而形成的环境要素，如人类根据生产、生活、科研、文化、医疗、娱乐等需要而创建的环境空间；以上各要素是构成各类环境系统功能并参与环境系统行为的必要成分和条件，各子系统和各组成成分之间存在着相互作用，并构成一定的网络结构，使环境具有整体功能，形成集体效应，起着协同作用；同时，人居环境还为人类提供了栖息、生长、繁衍的场所以及生存繁衍所必需的各种营养物质和各类资源、能源，具有调整、恢复的功能。

2. 人居环境科学的概念

人居环境科学（The Sciences of Human Settlements）从字面上说是涉及人居环境的有关科学，于1993年前后由吴良镛先生率先提出。其最先是从道萨迪亚斯理论启发、借鉴而来，是一门以包括乡村、集镇、城市等在内的所有人类聚居（Human Settlement）为研究对象的科学，它着重研究人与环境之间的相互关系，强调把人类聚居作为一个整体，从政治、经济、社会、文化、技术等各个方面，全面地、系统地、综合地加以研究，而不是像城市规划学、地理学、社会学那样仅仅涉及人类聚居的某一部分、某个侧面。学科的目的是了解、掌握人类聚居发生发展的客观规律，以更好地建设符合人类理想的聚居环境①。

按照学科的分类可以将其归纳为五个方面：经济学学科、社会科学学科、政治行政学学科、技术学科和文化学科，各学科应该紧密围绕人居环境的五个子系统加以研究，并把五大系统的各个层次的人工与自然环境的相关内容均引入到规划中去，用以提高环境的质量，形成宜人的居住环境。

综上所述，人居环境科学是以人居环境为研究对象，融贯所有与人类居住环境的形成和发展有关的自然科学、技术科学与人文科学的新学科体系，是围绕区域的开发和保护、城乡发展及其相关问题进行研究的学科群。

二、人居环境科学的基本研究框架

1. 人居环境科学的五大原则

人居环境系统是以人为中心的生存系统，包含了人与生物圈系统、人居绿地系统和人的居住系统等各种子系统。不同时期对人居环境有共同的

① 吴良镛．人居环境科学导论[M]. 北京：中国建筑工业出版社，2002：222.

追求，各时代各地区也有各自的特殊要求，吴良镛先生将生态、经济、技术、社会、人文（文化艺术）作为人居环境的基本要求，称为五大原则（或称五大纲领）。严峻的人口压力和发展需求，使得资源短缺、环境恶化等全球性的问题在中国变得尤为突出，城乡工业的发展，污染物的排放等现实改变了人与生物圈赖以生存的自然系统；局部地区已超出了大自然的自净化能力，自然生态系统的运行机制和生态平衡遭到破坏；城市的蔓延、边际土地的开垦、过度放牧等加剧了自然生境的破碎化（Habitat Fragmentation）和荒漠化（Desertification）进程，许多重要的敏感脆弱的自然生态系统和自然生境被不断挤压、分割，因此，加强区域、城乡发展的整体协调，维持区域范围内的生态完整性等生态原则是人居环境的基本要求之一。人居环境建设作为重大的经济活动，需要确定建设的经济时空观，节约各种资源，减少浪费是人居环境的基本要求；科学技术对人类社会的发展有很大推动。人居环境建设也应根据现实的需要与可能，积极地在运用新兴技术的同时，融汇多层次技术，推进设计理念、方法和形象的创造；建设良好的居住环境，重视社会发展，合理组建人居社会，促进包括家庭内部、不同家庭之间、不同年龄之间、不同阶层之间、居民和外来者之间以至整个社会的和谐幸福是人居环境建设的重要原则之一；文化是人类所创造的一套符号意义系统，人居环境也应当具有深厚的文化历史传统，发挥城市规划理念与人居文化的独创性，建设文化氛围浓厚，富有健康、积极的居住地域。人居环境建设必须根据特定的时间、地点条件，统筹兼顾生态观、经济观、科技观、社会观、文化观等五项原则，促进人居环境科学的发展。

2. 人居环境科学的五大系统

就内容而言，人居环境包括自然、人、社会、居住、支撑网络五大系统（图 1-2）。其中自然系统指气候、水、土地、植物、动物、地理、地形、环境分析、资源、土地利用等整体自然环境和生态环境，是与人居环境有关的生态功能的重要组成部分，包括了城市生态系统、土地资源保护与利用、生物多样性保护与开发、自然环境保护、水资源利用等各种自然生态子系统及其机制和运行原理；人类系统主要指作为个体的聚居者，侧重于对物质的需求与人的生理、心理、行为等有关的机制及原理、理论的分析；人居环境的社会系统主要是指公共管理和法律、社会关系、人口趋势、文化特征、社会分化、经济发展、健康和福利等，涉及由人群组成的社会团体相互交往的体系及有关的机制、原理、理论和分析；居住系统主要指住宅、社区设施、城市中心以及人类

图 1-2　人居环境系统模型

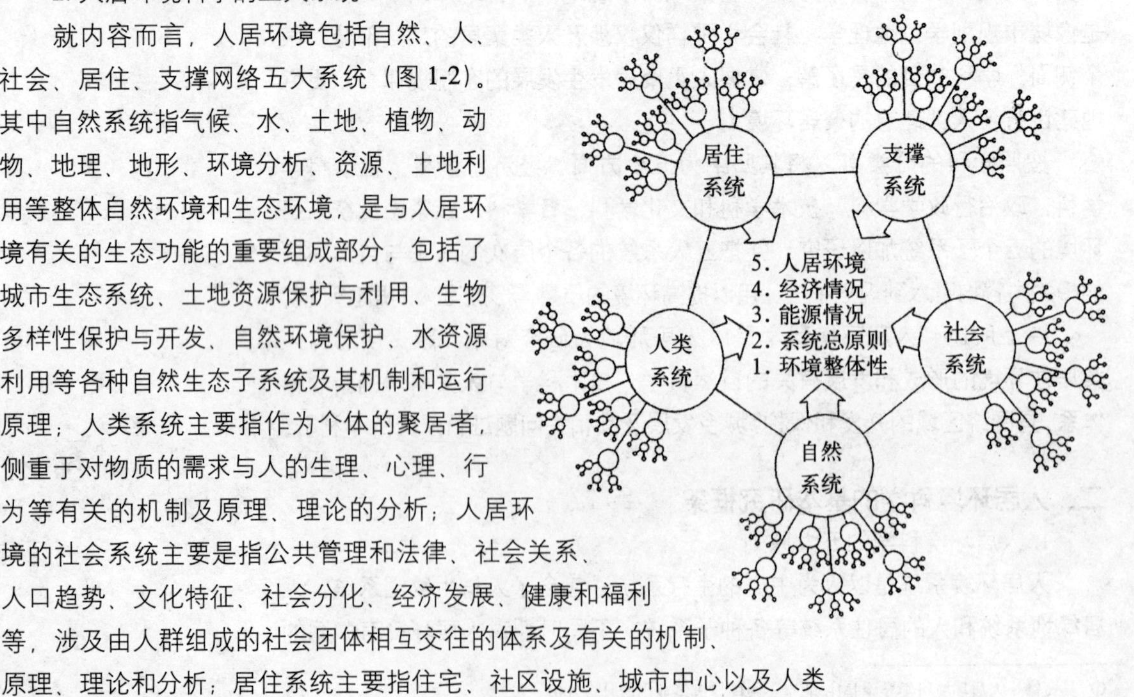

系统、社会系统等需要利用的居住物质环境及艺术特征；支撑系统主要指人类居住区的基础设施，包括公共服务设施系统、交通系统以及通信系统、计算机信息系统和物质环境规划等，支撑网络系统为人类活动提供支持、服务于聚落，是将聚落联为整体的所有人工和自然的联系系统、技术支持保障系统，以及经济、法律、教育和行政体系等①。

以上每个大系统又可分解为若干个子系统，"人类系统"与"自然系统"是两个基本系统（图 1-3），而"居住系统"与"支撑系统"则是人工创造与建设的结果。在任何一个人居环境中，这五个系统都综合地存在着，五大系统也各有其基础科学的内涵。

3. 人居环境科学的五大层次

就级别而言，人居环境包括五大层次，不同层次的人居环境单元，不仅在于聚居规模的大小，还带来了内容与质的变化。道萨迪亚斯在《人类聚居学》中根据人类聚居的人口规模和土地面积的对数比例，将整个人类聚居系统划分成15 个单元。从最小单位——单个人体开始，到整个人类聚居系统以至"普世城"结束，在 15 个聚居单元中，除规模较小的几个单元外，其他各单元无论在人口规模还是土地面积上，大致都呈 1 : 7 的比例关系，与中心地理论相一致。

同时，他还将 15 个单元大致划分成三大层次，即：从个人到邻里为第一层次，是小规模的人类聚居；从城镇到大城市为第二层次，是中等规模的人类聚居；后五个单元为第三层次，是大规模的人类聚居。各层次中的人类聚居单元具有大致相似的特征。

吴良镛先生在借鉴道氏理论的基础上，根据人类聚居的类型、规模、中国存在的实际问题和人居环境研究的实际情况，初步将人居环境科学范围归纳为全球、区域、城市、社区（村镇）、建筑等五大层次（图 1-4）。

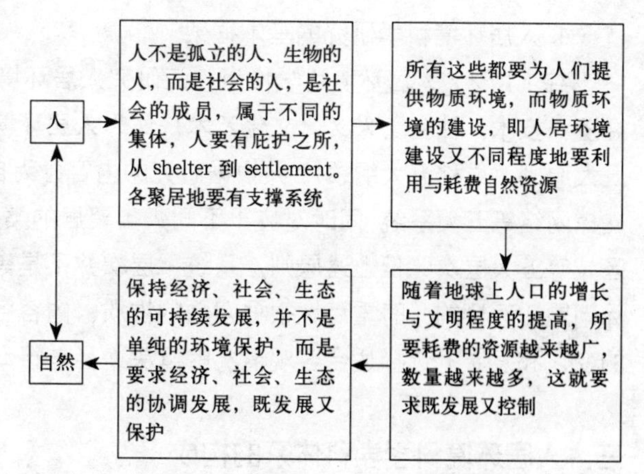

图 1–3　以人与自然的协调为中心的人居环境系统

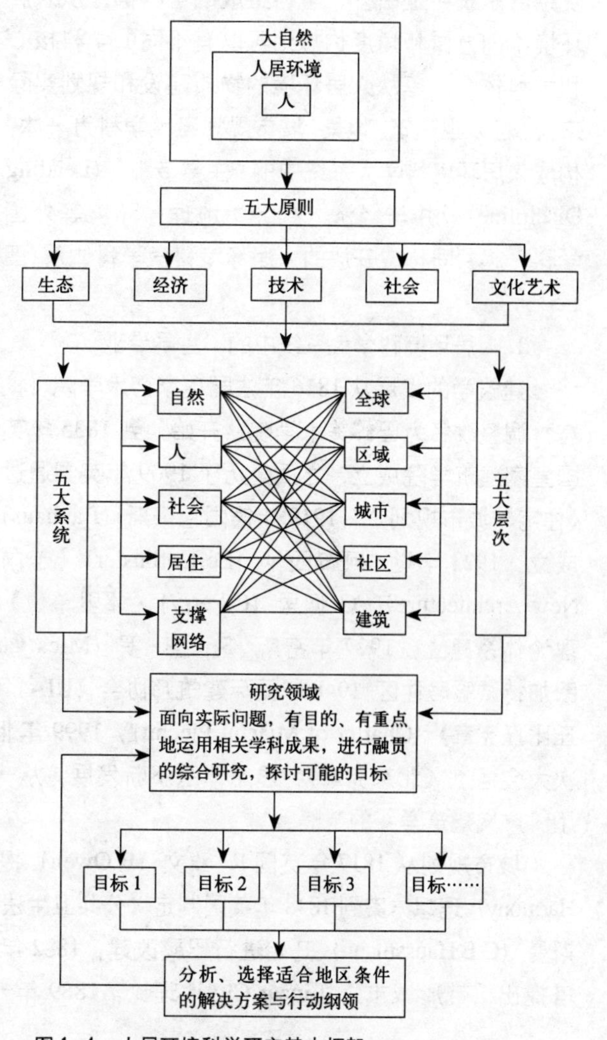

图 1–4　人居环境科学研究基本框架

① 吴良镛 . 人居环境科学导论 [M]. 北京：中国建筑工业出版社，2002：40–46.

4. 人居环境科学研究的基本框架

综上所述，人居环境科学作为一门研究人居环境系统的学科，将生态、经济、技术、社会、人文（文化艺术）作为人居环境的基本要求，也称为五大原则（或称五大纲领），并根据研究的内容分为自然、人、社会、居住、支撑网络等五大系统，同时对应于不同人类聚居的类型和规模划分为全球、区域等五大层次。但上述原则、系统、层次并不是等量齐观，而是面向实际问题，有目的、有重点地根据问题的性质、内容各有侧重，可根据形势的变化和发展，选择适合客观情况的解决途径与行动纲领（图 1-4）。

三、人居环境科学学科体系的构成

从学科组织上看，人居环境科学是一个开放的复杂巨系统，是由多个学科组成的学科群。从人居环境不同方面和角度构想则可以有不同的学科核心和学科体系，单从人居环境的物质建设和规划实际来说，可以视建筑、地景、城市规划三大学科为一体，构成人居环境科学大系统中的"主导专业"（Leading Discipline），并与经济、社会、地理、环境等外围学科一起共同构成开放的人居环境科学学科体系（图 1-5）。

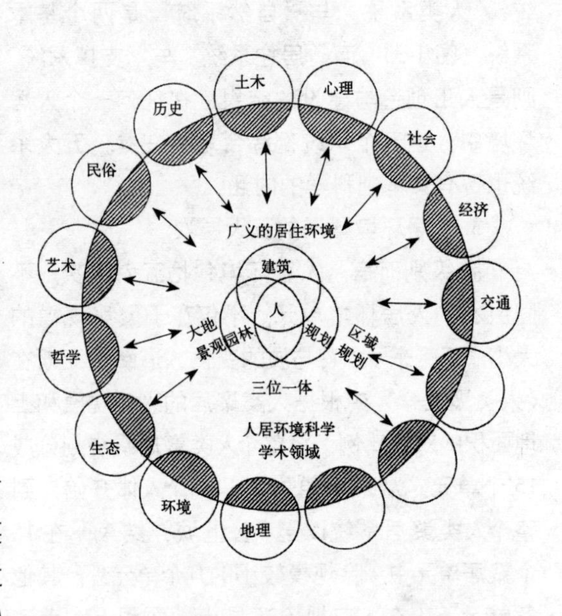

图 1–5　开放的人居环境科学创造系统示意——人居环境科学的学术框架①

1. 人居环境科学大系统中的"主导专业"

建筑学的发展从 1816 年法国皇家艺术学院（扩充、调整改名为巴黎美术学院）开始，到 1835 年英国皇家建筑学院成立，之后经历了 1909 年英国通过《住宅与城市规划法》，1919 年德国包豪斯（Bauhaus）成立，1923 年勒·柯布西耶（Le Corbusier）《走向新建筑》（Towards A New Architecture）、C· 佩里（C.Perry）《邻里单位》（Hous-ing Block）等理论体系建立，1927 年密斯·凡·德·罗（Mies van der Rohe）在德国斯图加特试验居住区，1948 年国际建筑师协会（UIA）成立，1977 年通过《马丘比丘宪章》（Charter of Miachu Picchu），1999 年北京召开国际建协第 20 次大会通过《北京宪章》，思想体系不断发展，从一般意义的建筑扩展到了"广义建筑学"的范畴。

城市规划从 1817 年英国 R· 欧文（R.Owen）提出"新协和村"（New Harmony）理想方案到 1848 年英国制定《公共卫生法》；1853 年法国 G·E· 奥斯曼（G.E.Haussmann）开始进行巴黎改建；1882 年西班牙索里亚·伊·马塔提出"带形城市"（Linear City）理论；1889 年卡米罗·西特（Camillo

① 注：（1）各学科的选取以示意为主；（2）为示意方便，涉及的学科未作一、二级区分；（3）没有特别考虑外围学科之间的联系与区分；（4）箭头表示学科间相互提出要求与相互渗透；（5）空白圈为有待发展的相关学科。

Sitte）著《城市建设艺术》（The Art of Building Cities）；1893年美国芝加哥"世界博览会"，开城市美化运动之先河；1898年霍华德（Ebenezer Howard）提出"田园城市"（Garden Cities）；1902年T·戈涅（T.Garnier）提出"工业城市"（Industrial City）；1909年哈佛大学成立城市规划专业；1910年英国《城乡规划》创刊；伦敦的城镇规划展览并介绍P·格迪斯（P. Gaddes）的区域性研究；1915年P·格迪斯《进化中的城市》（Cities in Evolution）出版；1920年澳大利亚堪培拉城创立；1927年上海成立都市计划委员会；1928年国际现代建筑协会（CIAM）在瑞士正式成立；1929年南京公布《首都规划》；1933年通过《雅典宪章》（Charter of Athens）；1942年伊利尔·沙里宁（E. Saarinen）《城市——它的发展、衰败与未来》（The City：Its Growth，Its Decay，Its Future）出版；1964年G·库伦（G. Cullen）出版《城市景观》一书；1965年雅典成立"人类聚居学会"（The World Society for Ekistics，WSE）；1965年法国制定"大巴黎规划和整顿指导方案"（The Paris Area Planning and Programme Guidance Rectifying）；1968年英国重新颁布《城乡规划法》；1971年旧金山城市设计规划；1988年英国成立城市设计组织（Urban Design Group）；2000年柏林召开"21世纪城市未来国际讨论会"。城市规划学科不再局限于单个城市与村镇的建设，已经扩展到对更为广阔的城市地区及城市区域的整体发展作科学预测、合理规划和法制管理。

风景园林学（Landscape Architecture，也称风景园林、景观设计、景观建筑、景园、造园等）的发展也从1832年美国艺术家乔治·卡特林（Catlin George）第一个提出"国家公园"（National Park）概念开始，历经1857年美国的F·L·奥姆斯特德（Frederick Law Olmsted）与C·沃克斯（C.Vaux）合作规划纽约中央公园；1870年H·W·克里夫兰（H.W.Cleveland）第一本关于园林营建的著作问世；1872年美国建立黄石国家公园（Yellowstone National Park）；1875年中国扬州重建"小盘谷"；1876年美国《公园与城市扩建》（Public Parks and The Enlargement of Towns）一书发行；1899年美国园林师协会（ASLA）成立；1900年哈佛大学开设景观设计课程；1902年美国总统罗斯福将美国大峡谷列为国家级天然胜地，德国花园学会成立；1904年美国康奈尔大学设立风景园林学专业；1909年美国通过《荒野保护条例》；1938年英国《城市绿带建设法》（Green Belt Circular）颁布；1948年国际园林师联盟成立（IFLA）；1949年英国《国立公园及乡村法》颁布；1969年伊恩·伦诺克斯·麦克哈格（Ian Lennox McHarg）编写出版的《设计结合自然》（Design with Nature）一书更是一本划时代的高瞻远瞩的著作；1972年联合国环境规划署成立并制定了第一批全球生态政策。人们从原先单纯着眼于艺术的景观、对自然美的欣赏，到逐渐融入生态学的观点，认识到"大地景观"（Earthscape）（包括荒野地、湿地、国家公园、风景名胜区等）的重要性。

以上三个学科三位一体作为人居环境科学的核心，具有共同的研究对象，即充分利用自然资源，科学利用土地，从事环境艺术的创造及历史与自然地区的保护与重建；将人居环境空间作为一个整体来加以考虑；根据不同情况，在尺度上、方法上、专业内容上、技术方面各有侧重点和扩展方向。

人居环境绿地系统体系的构建是以上三个学科之间的桥梁，拟探讨在人居环境的范畴内，由多个生态系统组成的空间结构相互作用、协调功能及动态变化，从人居环境生态系统保护的高度，提出自然保护、持续利用土地的策略，有意识地加强人居环境区域之间的生态连接，扩大自然生境的领域范围，维持生物多样性，提高人居环境质量。

2. 人居环境科学大系统中的外围多学科

（1）地理学与人居环境科学

地理学的研究对象是地理环境，可以分为两大部分，即天然环境和人为环境。天然环境指那些只受到人类间接影响而自然面貌基本上未发生变化的地理环境，例如极地、高山、荒漠、热带雨林、沼泽和自然保护区等。人为环境则指那些经过人类活动影响后，自然面貌发生较大变化的地区，最为典型的是农业地区和城市地区，而放牧的草场以及经过樵采的森林，虽然还保留着草场和森林的外貌，但已发生相当大的变化，因此也被列入人为环境。人为环境的变化程度取决于人类的干涉程度，故有别于天然环境，但其演变仍然受制于自然规律。

人居环境是人为环境的主要组成部分，并随着科学技术和生产的不断发展以及各民族的相互交流，其范围已经并将继续不断扩大，包括农田、牧场、林场、矿山、电站、工厂、道路、城市、园林等生产力实体的地域布局。地理学研究人与环境的关系，即人地关系地域系统的形成过程、结构、特点与发展取向，是人居环境系统结构中的重要组成。

（2）生态学与人居环境科学

生态学作为人居环境科学体系中的外围基础学科之一，以生态系统为基础，研究生态系统的结构、功能以及人类活动对生态系统的影响，注重于对自然生态规律的认识和人类及其住所与其周围环境关系的研究。

要充分发挥自然环境作为城乡与区域发展绿色基础的基本功能，必须理解自然环境中的自然要素类型及其发生与发展的规律，了解其中的能量流动与物质循环的过程。需要在理解自然演进过程的基础上，将人类活动的影响叠加进去，从而对区域范围内的自然过程有深入的认识，即对区域的生态整体性进行研究。这需要借鉴生态学的研究成果，并在规划中加以利用，为此需要了解规划与生态研究之间的关系。

生态学研究与规划设计研究一样，具有空间上和功能上的研究层次。生态学研究按照生物组织水平划分，由大到小可分为全球生态学、区域生态学、景观生态学、生态系统生态学、群落生态学、种群生态学、个体生态学，以及分子生态学。

在不同的生态学研究水平上，与规划研究的层次有大致的尺度对应关系[①]，如表 1-1 所示。

生态学研究与规划设计层次的尺度对应关系　　表 1-1

规划设计层次	区域城镇体系	城市规划	绿地系统	居住区	城市设计
生态学研究	区域生态	景观生态、生态系统、群落、种群			生态工程

资料来源：吴良镛．人居环境科学导论 [M]. 北京：中国建筑工业出版社，2002：88.

（3）环境学与人居环境科学

现代环境科学真正起源于 20 世纪 60 年代，经过近半个世纪的发展，环境科学已经成为一个社会科学、自然科学的各个学科相互交叉的新学科领域，并逐步构建成独立的学科体系（图 1-6）。

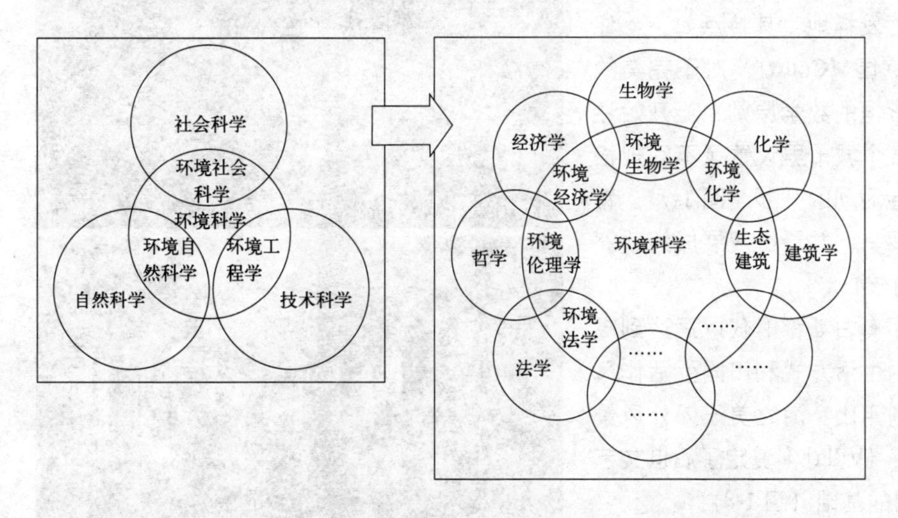

图 1-6　环境科学与其他学科的交融关系示意图

环境科学作为与人居环境科学联系最为紧密的外围学科之一，重点内容包括：在宏观层次主要研究全球性与区域性环境问题的发生、发展机理和解决对策，包括温室效应与全球气候变暖、臭氧层破坏、酸雨（酸沉降）、生物多样性减少、海洋污染、荒漠化、有害废物非法越境转移等；中观层次的环境问题通常指局限于某一国家、某一地区内部的环境问题。现代的环境科学技术可以为城市建设选址、布局提供科学的依据，如环境背景值调查、环境质量评价、环境影响评价、环境承载力评估等技术方法的应用；微观层次可关注人们生活与工作的不同场所的营造，如建筑单体、邻里单元等。环境科学与技术在这一层次发挥的作用随处可见：清洁方便的自来水，卫生环保的厕所、下水道，垃圾的日产日清，清洁的燃料等[②]。几个层次的环境问题分工却不能分家，均应该包括对整个人居环境质量的思考。

① 吴良镛．人居环境科学导论 [M]. 北京：中国建筑工业出版社，2002：87-88.
② 吴良镛．人居环境科学导论 [M]. 北京：中国建筑工业出版社，2002：88-91.

第二节　人居环境绿地系统理论的起源与发展

一、西方人居环境绿地系统理论的起源与发展

1. 欧洲风景园林史概述

欧美庭园的开始应追溯到上古时代，最早纯粹是利用自然的景物，极少用人工的方法来加以装饰，直到近代，欧美的景园慢慢地趋向色彩的重视，利用对比和鲜艳的色彩来强调整个庭园，表现了欧美民族较开放、浪漫的民族性。

而欧美庭园的发展可由上古时代而渐进至中世纪时代，文艺复兴时代至近世亦有不同演进形式及发展的语汇，反映了各个时代不同社会统治阶层审美情趣的变化和时代发展的要求。

图 1–7（上）　坐落在希腊卫城山下的酒神古剧场

图 1–8（中）　梯沃利哈德良离宫哈德良居所——"圆居"遗址[①]

图 1–9（下）　加贝阿伊阿庭园

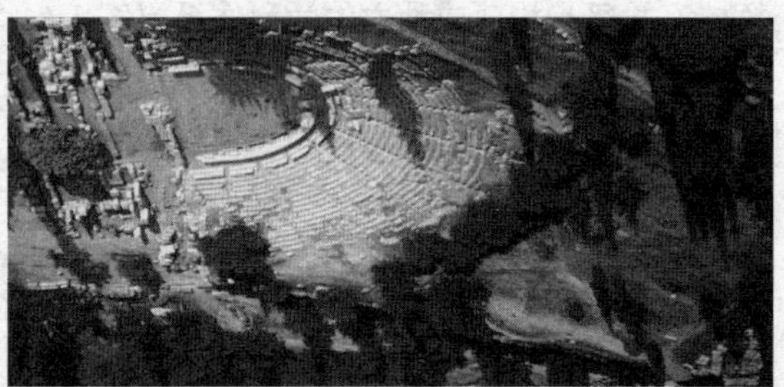

希腊受埃及和中东的影响加上环境的特点，成为欧洲庭园与公园之发祥地，其特点如下：住宅和宫殿往往附带有庭园（Court）；对于完美的追求则反映在恒定而永恒的数学原则上；开始注重公共园景。同时，各个城市里设置了不同规格的广场以便于公众集会活动的开展（图 1-7）。希腊城市的广场延续至罗马，并最终发展成为欧洲中世纪城市开放空间的核心。

罗马景观设计到了奥古斯都时代以后达到高峰，为后世某些奢华的生活方式和田园生活作风创造了设计的原型；利用山、海之美于郊外风景胜地建大面积的别墅园（Villa），奠定了后世文艺复兴时期意大利式造园的基础（图 1-8）。

中世纪时期宗教势力处于统治地位，对西方中世纪文化、建筑及环境具有深远影响的是中世纪的基督教修道院制度。这一时期主要有两个方面的发展：一是启迪了 18 ~ 19 世纪浪漫主义；二是建立了基于农场、修道院、城堡和城镇形态的、以对称构图为特征的、理性的景观设计审美标准。

14 世纪的文艺复兴运动时期，意大利庭园多建造在台地上，采用对称式布局，靠轴线组织庭园各个部分。水景、透视法的运用成为意大利庭园的一大特色，喷泉、小溪、瀑布与雕塑、地形协调组合（图 1-9）。随着文艺复兴运动在欧洲各

① 梯沃利哈德良离宫位于罗马以东风景优美的萨宾山脉南坡，占地约 $300hm^2$，内部宛如一个城市，包括宫室、浴场、图书馆、剧场、花园、台坛、林荫道、水池、柱廊。它被认为是古罗马帝王宫苑中最迷人的一个，其迷人之处首先表现在建筑、园林和周围大自然的完美结合上。图 1–8 所示为宫中哈德良居所——"圆居"遗址。

国的不断深入，意大利的庭园风格被各国所竞相模仿。

从 17 世纪开始，法国古典主义风格取得了控制性的设计地位，其特点在于创造宏伟景观，包括：娴熟的比例和由消失在林中的交叉轴线形成的分隔，以及丰富的地毯状纹样，同时用明确的几何关系确定雕像、花坛的位置，构图完整统一；中轴线成为艺术中心，雕刻、水池、喷泉、花坛等都沿中轴线展开，依次呈现，其余部分都用来烘托轴线；水渠成为横轴线，水池成为重要的造园因素。法国园林几何样式布局与焦点的控制象征着皇权的绝对权威与皇室对政治秩序的追求，体现了绝对理性主义。随着法国成为欧洲首屈一指的强国，它的几何式园林样式随着其文化的传播影响风行全欧洲（图 1-10）。

18 世纪英国的风景式园林则反映了社会中弥漫的浪漫主义与自然主义的风气。摒弃生硬的直线要素，大量地使用曲线，尽可能地模仿自然风景成为英国风景式园林的特点（图 1-11）。

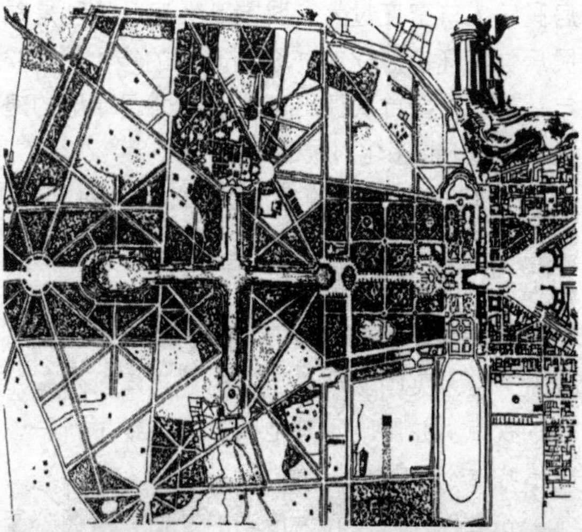

图 1–10（上） 凡尔赛宫平面图

图 1–11（下） 英国风景式庭园

19 世纪之前的欧洲传统园林以规则式与自然式为主要样式，通常作为住宅、宫殿的附属物，供社会某一个特定团体或阶层使用，一般并不面向社会全体公众开放。从功能上说，园林具有休闲娱乐的作用，在一定程度上改善了城市生态环境。但是，由于园林与园林之间没有有机联系，在城市结构上无法发挥系统性作用①。

2. 欧美城市公园绿地系统的产生与发展

（1）英国近代城市公园的出现与公共绿地系统

1）19 世纪前英国的城市公园

在城市中系统地建造公园绿地最早开始于 19 世纪的英国。19 世纪之前，由于民主思想的发展，英国已经出现了若干面向市民开放的公园，如海德公园（Hyde Park）、肯辛顿公园（Kansington Garden）、绿色公园（Green Park）、圣·詹姆斯公园（St. James Park）等，这些公园多为建在市区外围连续的狩猎场地，到 19 世纪也开始向市民阶层开放，形成绿色空地，与已经开放的公园一起成为英国城市早期开放空间系统的雏形。

2）19 世纪英国的城市问题与公园建设

18 世纪中期至 19 世纪上半期，英国经历了产业革命。工业的快速发展导致了工业及相关产业和人口向城市迅速聚集，从而造成了住宅不足、

① 许浩．国外城市绿地系统规划 [M]. 北京：中国建筑工业出版社，2003：3.

居民区人口密度过大、城市卫生状况特别是贫民居住区环境恶化等一系列问题的产生。1833年，英国议会首次提出应该通过公园绿地的建设来改善不断恶化的城市环境。

于 1838 年开放的摄政公园（Regent Park）正是在这种背景下建设的（图 1-12）。它的成功使人们认识到将公园与居住区联合开发不仅可以提高环境质量与居住品质，还能够取得经济效益。这为英国城市公园的规划与建设带来了新的视点，并影响了其他国家，导致了新一轮建造城市公园广场的热潮。

伦敦以外开发较为成功的是伯肯黑德公园（Birkenhead Park）（图 1-13），通过连带的住宅开发取得公园建设资金，保证了财政来源，因而成为英国早期城市公园开发的典范。其采取了当时罕见的马车道与人行道——人车分离的手法。

19 世纪英国的城市公园，是城市化与工业化浪潮的必然结果。这些公园的开发主体、方法和功能与欧洲传统的园林有很大不同。主要表现为城市公园大部分是由各个自治体自主开发；面向社会全体大众开放，具有真实意义上的公共性；是顺应社会上改善城市卫生环境的要求而建造，具有生态、休闲娱乐、创造良好居住与工作环境的功能；在设计上采取的人车分离手法，较好地解决了交通矛盾，成为后来城市规划与设计中普遍采用的方法。

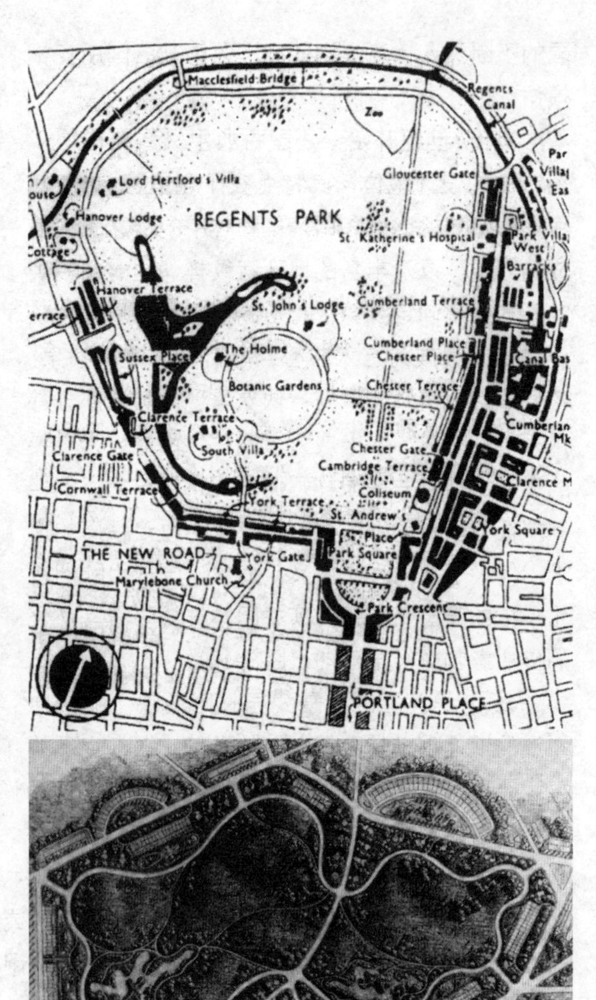

图 1–12（上） 摄政公园平面图

图 1–13（下） 伯肯黑德公园平面图

3）公地保护与开放空间法

19 世纪英国城市公园的发展，为公园绿地系统的形成奠定了基础。与此同时，公地（Common）保护运动与开放空间法（Open Space Act）的制定对绿地系统的形成也具有特别重要的意义。

公地是英国各地封建主的所有地，进入 19 世纪，城市的迅速发展使得公地成为城市内部珍贵的开放空间，被保存下来的大量公地成为今天城市绿地系统的重要组成部分。

1906 年通过施行的《开放空间法》（Open Space Act）首次以法律的形式确定了开放空间的概念与特点，是指“一部分或者全部作为庭园或者休憩活动场所、建筑物覆盖率不超过 1/20 的土地，和没有建筑物的未利用土地”。包含了：①公共休闲用地；②公地；③特定团体利用的休闲用地；④广场、海边及其他相似的非建筑性的开放空间；⑤由于环境卫生的原因而禁止建筑的空间等五类用地。

（2）巴黎城市改造与公园

1）巴黎城市改造的背景

直到19世纪中叶，巴黎一直保持着封建社会的传统城市构造。居民区供水、排水系统严重不足，住房短缺，交通混乱，城市环境卫生状况极度恶化。1853年所进行的城市改造，注重以畅通的城市干道分割城市，消解了中世纪的城市结构，通过控制沿路的建筑物高度与建设红线来达到重新塑造城市形象的目的。

2）巴黎市郊森林公园的建设

在巴黎改造中，公园的建设占有重要地位。在城市两侧建造了两个森林公园，分别为布洛尼林苑（Bois De Boulogne）和文塞纳林苑（Bois De Vincennes）（图1-14）。原为传统规则式的法国园林，1852年将其建成面向市民开放的永久性公园。

奥斯曼的巴黎改造改变了巴黎传统封建城市的结构，为近代城市的形成奠定了基础，在一定程度上推动了欧洲其他城市新一轮建设运动的发展。

（3）其他欧洲传统城市的改造

除了巴黎以外，其他欧洲大陆国家也于19世纪中后期开始相继进行了城市改造。巴塞罗那于1859年进行了改造规划，佛罗伦萨于1864～1871年实施了城市改造，维也纳从1857年开始在郊区建设新城。其改造大都是在城市原来结构的基础上作的局部更新和扩张，绿地大多配置在城市外围。

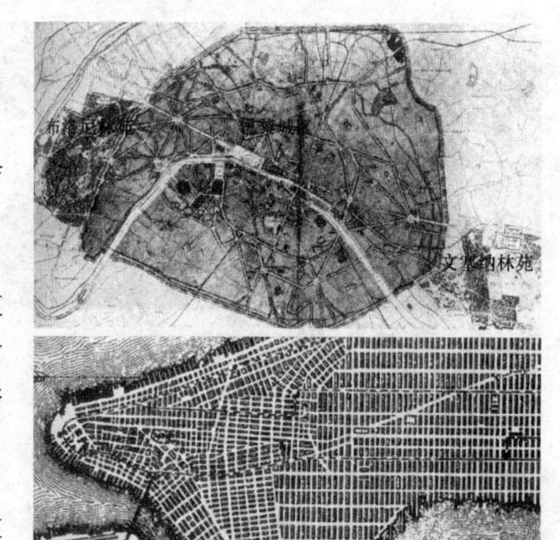

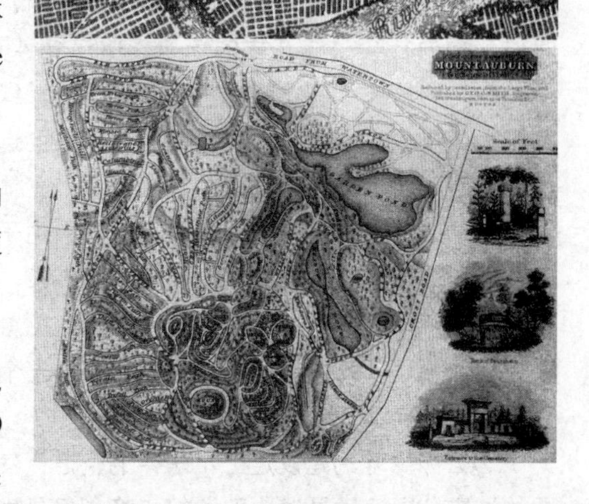

图1–14（上）
林苑位置图

图1–15（中一）
纽约的城市布局

图1–16（中二）
为游客使用提供的奥本山陵园规划图（1847年左右）

（4）美国的城市公园

1）美国早期的城市形态

美国的城市是伴随着欧洲殖民者在北美洲的扩张建立起来的，其殖民城市基本上是棋盘状结构，布局无视地形的变化，城市景观毫无特色（图1-15）。18～19世纪，美国城市化的发展超出了原来的设想，在经济发展优先的意识形态下，所规划的大部分开放空间被占用。

2）公园墓地运动

将墓地建在城市之外的做法开始于法国。美国的墓地大多建造在自然风景优美的地方，其建设结合了公园设计的手法，因此被称作“公园墓地”。1825年迪尔伯恩（Dearborn）改造了美国第一个公园墓地——金棕山（Mount Auburn，又译为奥本山）（图1-16），将公园的功能与墓地的功能结合在一起，为美国的城市带来了新的活力，从而拉开了美国城市公园建设的序幕。

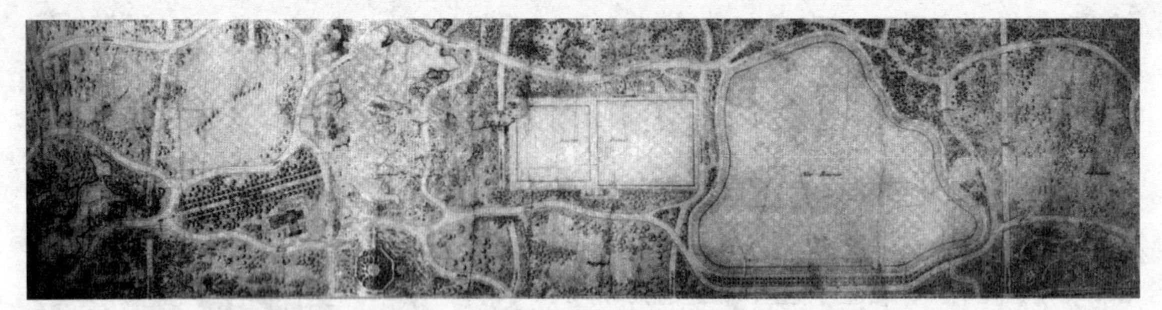

图 1–17 "绿色草原"方案

3）纽约中央公园的建设

1851 年纽约州议会通过《公园法》。规划中要求纽约公园既是纽约市民休闲娱乐的场所，同时作为面向社会公众开放的场所。1857 年 4 月，通过竞赛的方式，奥姆斯特德与沃克斯的"绿色草原"（Greensward Plan）方案被审查委员会选中（图 1-17），并在方案中引入了人车分离、立体交叉的道路处理手法，有效地解决了公园内由于市内交通要道穿越而造成不便的问题（图 1-18、图 1-19）。

图 1–18 中央公园的立体交叉道路

图 1–19 中央公园的台地

该公园于 1873 年建成。作为美国第一个城市公园，它有以下特点：

①公园绿地的建设走上了法律的轨道，使美国的城市公园运动虽然比欧洲起步晚，但是发展要比欧洲快。②通过政府发行"公园债券"筹集建设资金，做到了环境效益与经济效益的统一。③公园建设与城市化同步进行。大规模的公园建设与城市化同步进行甚至在城市化之前进行，将有助于引导城市开发和建设有秩序地进行，创造良好的城市结构。

4）公园系统的出现和发展

①公园系统产生的背景

美国的公园系统（Park System）指公园（包括公园以外的开放绿地）和公园路（Parkway）所组成的系统。通过将公园绿地与公园路的系统连接，达到保护城市生态系统，诱导城市开发向良性发展，增强城市舒适性的目的。纽约中央公园（Central Park）与布罗斯派克公园（Bross Pike

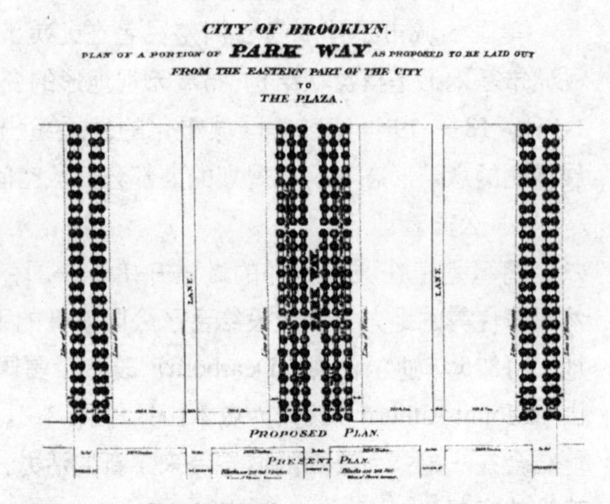

图 1–20 伊斯顿公园路

Park）的建设引发了美国的城市公园运动，进而推动美国的城市公园向公园系统的方向发展。

②第一条公园路的产生

布罗斯派克公园路的建设为公园系统化创造了契机，图 1-20 为当时第一条公园路——伊斯顿公园路（Eastern Parkway）的平面图。道路总宽度 78m，中央为 20m 宽的马车道，两边种植着行道树，再往外为人行道，这条路从布罗斯派克公园延伸至该市威廉斯伯格区（Williamsburg District）。

③布法罗的公园系统

在公园路的提法出现不久，布法罗（Buffalo）建成了一个具有真正意义的公园系统。奥姆斯特德在道路形态的基础上，规划了公园路，连接三个功能与面积不一样的公园，形成了较完整的公园系统（图 1-21）。

④芝加哥公园系统

芝加哥位于美国中西部的交通要冲，是美国最繁忙的交通城市。1871 年发生了著名的芝加哥大火，中心市区受灾面积达 730hm^2，10 万人无家可归。在灾后重建规划中，有人提议通过建造公园系统，以绿地开敞空间分隔原来连成一片的市区，提高城市的抗火灾能力，形成秩序化的城市结构，引导城市向良性方向发展。

奥姆斯特德与沃克斯负责南部公园区杰克逊公园（Jackson Park）和华盛顿公园（Washington Park）的设计，规划了连接杰克逊公园和华盛顿公园的公园路，通过一条连续的水渠连通了杰克逊公园的咸水湖和华盛顿公园的人工池，可以起到疏导洪水的作用（图 1-22）。

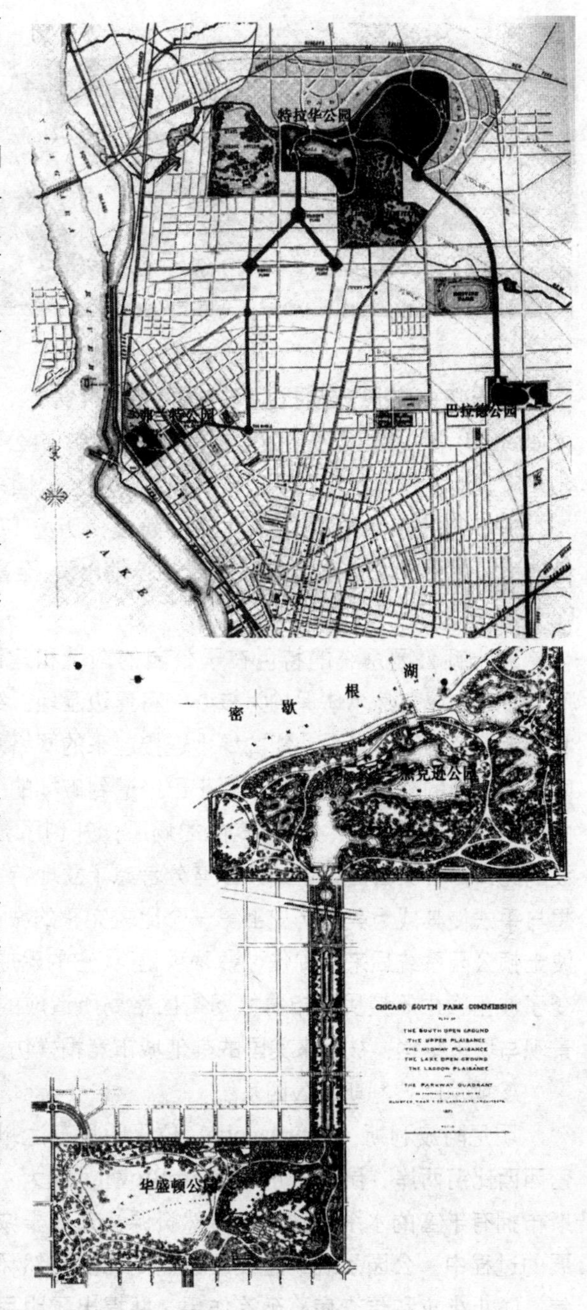

图 1-21（上） 布法罗公园系统

图 1-22（下） 芝加哥南部公园区规划

通过公园与公园路分割建筑密度过高的市区，以系统性的开放空间布局达到防止火灾蔓延的目的，以此来提高城市抵抗自然灾害能力的规划手法与思想，极大地丰富了公园绿地的功能，成为后来防灾型绿地系统规划的先驱，具有特别重要的意义。

⑤波士顿的公园系统——“翡翠项链”的形成

波士顿第一块开放空地叫作“波士顿公地”，形成于 1634 年。其原来是突进波士顿湾的半岛型丘陵下的公共放牧地，周围是海水，后来市政府将其买下，建设成面向公众开放的庭园（图 1-23）。

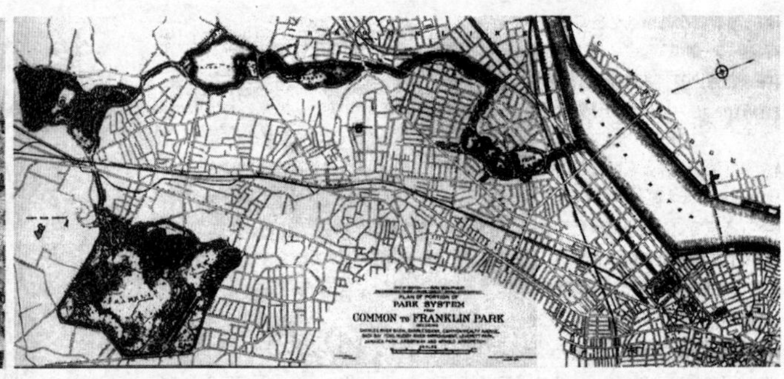

图 1-23（左） 波士顿公地鸟瞰图

图 1-24（右） 波士顿“翡翠项链”北部规划方案①

波士顿的市民运动推动了公园建设的发展。景观建筑师克利夫兰（Cleveland）撰文指出：波士顿需要的不是一个中央公园，而是一个包括农场、郊外风景地的绿地系统，从区域的角度探索了公园系统成立的可能性。

波士顿公园系统从 1878 年开始建设，历经 17 年基本建成了现在的绿地格局（图 1-24）。该系统从波士顿公地出发，至富兰克林公园（Franklin Park）结束，面积达 $800hm^2$。

波士顿公园系统的特色在于公园的选址和建设与水系保护相联系，形成了一个以自然水体保护为核心，将河边湿地、综合公园、植物园、公共绿地、公园路等多种功能的绿地连接起来的网络系统。其中，后海湾地区河边湿地的整治不仅恢复了原来已经遭到破坏的生态系统，还为城市居民创造了接触大自然、修身养性的场所，开创了城市生态公园规划与建设的先河。各类公园绿地的设计充分考虑了立地特性，功能分离的规划思想与手法使其成为美国历史上第一个比较完整的城市绿地系统。波士顿公园系统后来被称作“翡翠项链”，它的建成从本质上改变了波士顿由于殖民城市方格网街区格局所造成的缺少变化的景观与城市结构，被后来美国的其他城市竞相模仿。

⑥明尼阿波利斯的公园系统

明尼阿波利斯（Minneapolis）位于明尼苏达州东南部，跨密西西比河两岸。昆·布朗（Queen Brown）认为：明尼阿波利斯市拥有丰富的水系和独特的自然资源，又处于城市化快速发展的过程中，公园系统的建设应该起到保护自然环境、净化空气、防止火灾和传染病蔓延等作用，并提出了明尼阿波利斯市第一个公园系统规划方案（图 1-25）。这个方案规划了连接密西西比河和湖沼群的地带，沿土地基线直行的林荫道系统。1920 年左右，基本上形成了以水系为中心的环状公园系统（图 1-26）。1923 年明尼阿波利斯的公园面积比 1888 年增长了六倍有余（图 1-27、图 1-28）。

图 1-25 1883 年明尼阿波利斯公园系统规划

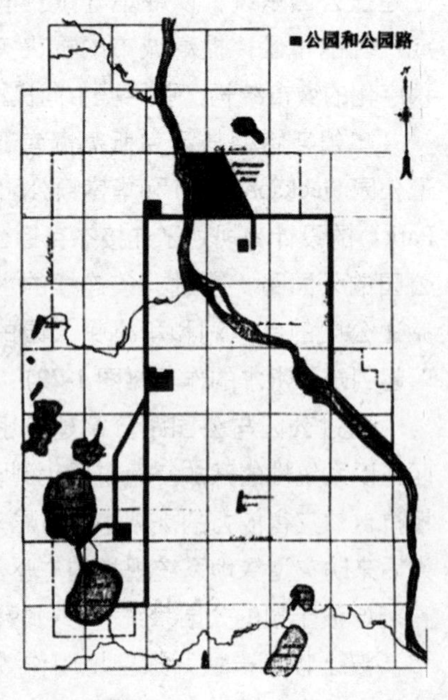

① 波士顿“翡翠项链”北部的规划范围从波士顿公地和查尔斯河畔到富兰克林公园，由奥姆斯特德设计（1894 年）。

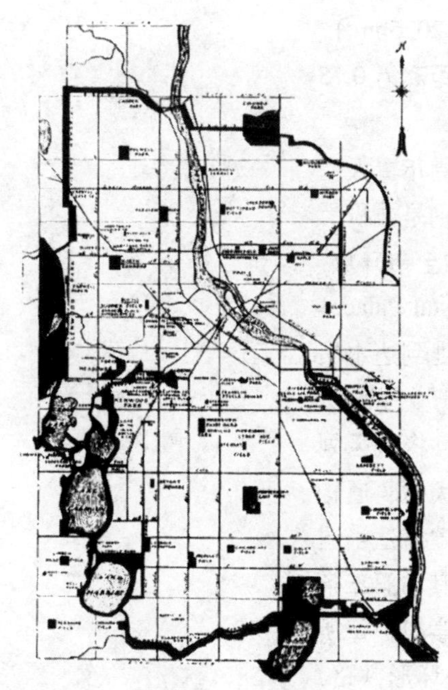

图 1–26　1923 年明尼阿波利斯公园系统格局

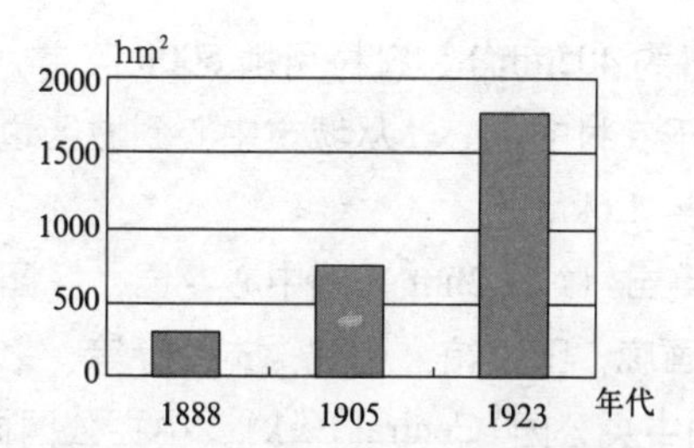

图 1–27　明尼阿波利斯公园面积变化

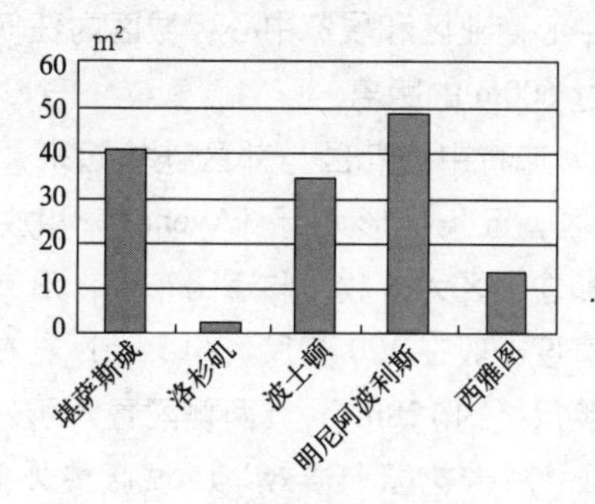

图 1–28　1910 年美国主要城市人均公园面积比较图

（5）田园城市理论和英国的绿带规划

1）霍华德的田园城市理论

20 世纪初，欧洲发达资本主义国家的城市化发展非常迅速。城市规模的扩大以及城市连绵地区的出现导致区域性自然环境问题的产生和恶化。19 世纪末进行的城市公园建设和其他的城市改造，无法从根本上改变欧洲大城市的传统结构。1898 年，霍华德出版了《明天：通往真正改革的和平之路》（Tomorrow：A Peaceful Path to Real Reform）（1902 年第二版时更名为《明日的田园城市》Garden Cities of Tomorrow），认为城市与乡村的二元对立是造成城市畸形发展和乡村衰落的根本原因，提出通过建设城乡一体化的田园城市来解决城市问题。按照霍华德的构想，田园城市是为居民提供居住场所和就业机会的城市，规模适中，四周由永久性的农业地带环绕以控制城区无限发展，土地公有，具有自给自足的社会性质。

图 1-29 为霍华德的田园城市模式图。根据他的设想，田园城市占地 6000 英亩（约 2430hm²），其

图 1–29　田园城市模式图

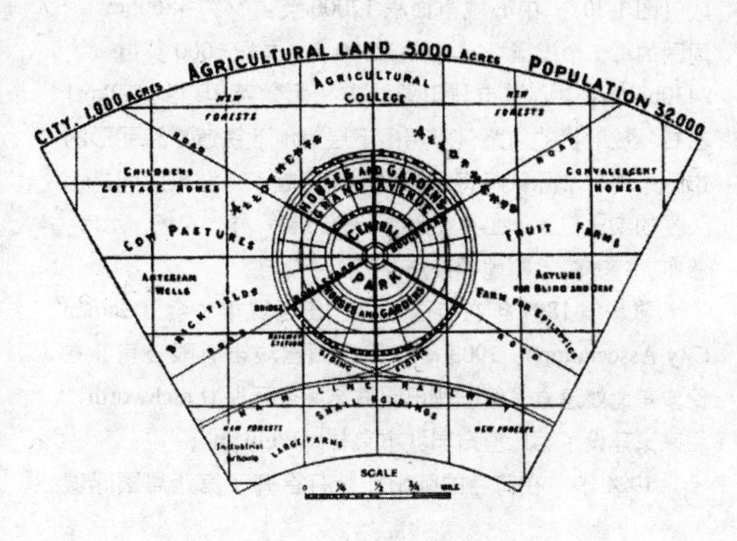

中城市用地1000英亩（约405hm^2），农村用地5000英亩（约2025hm^2），人口32000人。城市位于农村的中心，从城市中心到城区边缘距离为0.75英里（约1.2km，1英里≈1.6km）。

城市的中心为5.5英亩（约2.2hm^2）的中心花园，花园四周布置大型公共建筑，如展览馆、画廊、图书馆、剧院、市政厅等，之外则是面积为145英亩（约58.7hm^2）的中央公园（Central Park）。中央公园面向全市开放，任何人都可以方便地使用。宽敞的玻璃连拱廊〝水晶宫〞（Crystal Palace）环绕中央公园，可作为中心商业区和展览中心。城区内任何一处到达水晶宫和中央公园均不会超过600m的距离。

六条放射状的林荫大道将中心花园与郊区连接起来，并且将城区划分为六个面积相等的分区。五条环形大街（Avenue）和放射状林荫道构成主要交通框架。住宅和住宅区大多数面向道路布置，沿街的建筑适当退后道路线。环形大街的宽度一般在120英尺（约36m）左右，其中第三条环形大街宽度达到420英尺（约128m），其两侧配置六所公立学校，每所占地4英亩（约1.6hm^2），附带花园和游戏场。城区最外侧是环形铁路，并且与通过城市的铁路干线相连。铁路附近配置工厂、仓库、木材场等生产性企业，可以使物资的运输尽可能不通过城区，从而减轻城市道路的交通压力。

城区周围的农业用地分别属于农场、牛奶场、自留地等单位。这些农业用地是城市美丽和健康的条件，应永久保留，以防止城市用地规模的扩大。

之后，霍华德进一步发展了他的田园城市理论。他认为，当一个田园城市人口持续增加，并且达到它的最大限度32000人时，为了保持城市规模，应该在离乡村地带不远的地方另外建设新城，也同样建成为一个田园城市。这样，随着时间推移会形成城镇群。

霍华德的城镇群是由中心城市和若干个围绕中心城市的田园城市组成（图1-30）。中心城市面积12000英亩（约4860hm^2）、人口58000人，周围的每一个田园城市人口32000人、面积6000英亩（约2430hm^2），中心城市与田园城市相距2英里（约3.2km）左右。放射状的道路（双层，下层为地下铁道）和环形的市际运河与市际铁路将各个城市连接起来。城市之间是永久性的农业用地，在农业用地上分布着森林、农场、水库、瀑布、疗养院、墓地等设施。

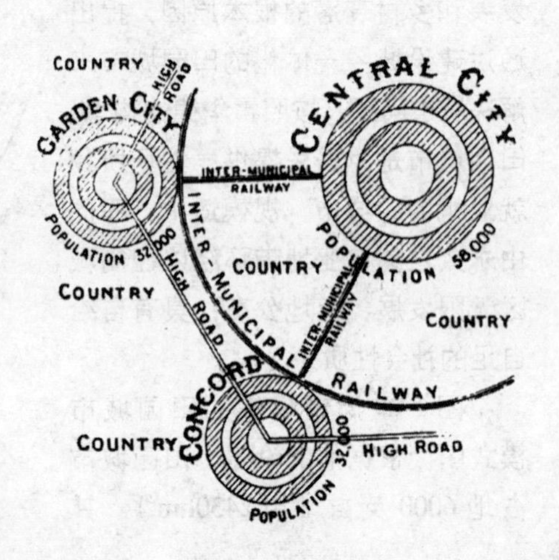

图1–30 田园城镇群模式图

霍华德1899年在英国成立了田园城市协会（Garden City Association），1903年组织了田园城市有限公司，在伦敦东北处建立了第一座田园城市莱奇沃斯（Letchworth），后来又建设了第二座田园城市韦林（Welwyn）。

1924年，在荷兰的阿姆斯特丹召开了第八届国际城市规划会议，进一步推动了田园城市理论在世界范围的传播。在会议中，昂温（Raymond Unwin）作了题为《论区域规划的必要性 》（On the Need for Regional Planning）的报告，明确提出应当将田园城市理论和城市规划运动结合起来，适当分散大城市人口，在更大的区域范围内配置工业等。昂温发展了霍华德的田园城市概念，提出了卫星城的说法。最后，阿姆斯特丹国际城市规划会议以章程的形式正式提出建设卫星城疏散大城市人口，同时在城市建成区周围配置绿带控制城市规模的无限膨胀。在阿姆斯特丹国际城市规划会议后，卫星城的概念得以在世界各国推广。后来，随着一部分卫星城职能的完善，人们将其改称为新城（New Town）。英国新城周围绿地环绕，适于居住生活，人口规模不大，城市功能健全，基本沿用了霍华德田园城市的模式。

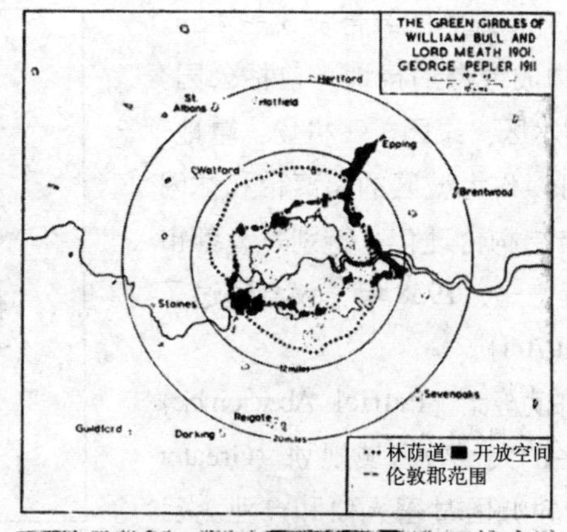

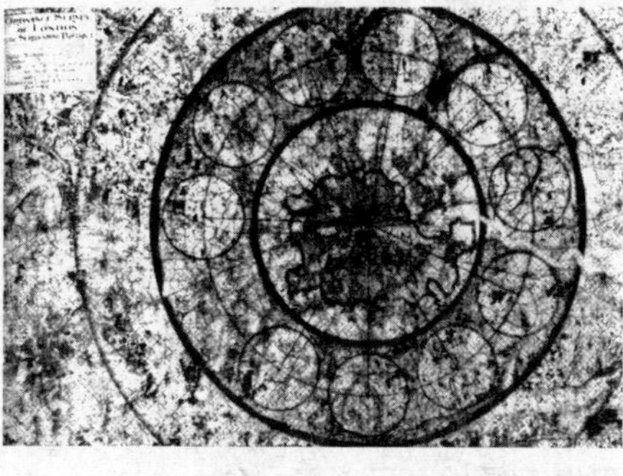

图 1–31（上） 佩普勒的林荫道方案

图 1–32（下） 阿萨 · 克罗方案

田园城市理论提出的通过建设新城吸引人口和产业，减轻大城市的负担，同时通过永久地保留城市周围的农业地带控制城市规模扩大的思想，对 20 世纪的城市规划、区域规划和绿地系统规划产生了很大影响。其中，最直接的影响反映在伦敦郡的绿带规划中。

2）伦敦郡的绿带规划

1890 年，密斯提议在伦敦郡的外围设置环状绿带（The Green Circle Round London）。1910 年，在伦敦召开了城市规划会议，针对当时伦敦等城市规模过大、交通拥挤等问题，乔治 · 佩普勒（George Pepler）进一步发展了密斯的环状绿地带规划思想，提出了在距离伦敦市区中心 16km 的圈域设置环状林荫道的方案，不仅可以有效缓解伦敦市区的交通压力，还可以连接郊外居住区和大规模公园，促进郊外田园城市的开发，保护开放空间等（图 1-31）。

与此同时阿萨 · 克罗（Assa Crowe）也提出了自己的方案，其方案明显受到霍华德田园城市图式的影响，它的主要内容是在距离伦敦市区中心 23km 的圈域范围配置郊外环形绿荫大道，由环形绿荫大道连接郊外的卫星城市（图 1-32）。

昂温在经过了详细的调查之后，于 1933 年提出了伦敦绿带（Green

Girdle）规划方案（图 1-33）。规划的绿带宽 3 ～ 4km，呈环状围绕伦敦城市区构成绿带的用地，包括公园、运动场、自然保护地、滨水区、果园、飞机场、墓地、苗圃等。环城绿带不仅可以作为城区的隔离带和休闲用地，还应该是实现城市结构合理化，特别是大都市圈结构合理化的基本要素之一。1938 年，议会通过了《绿带法》（The Green Belt Act）。

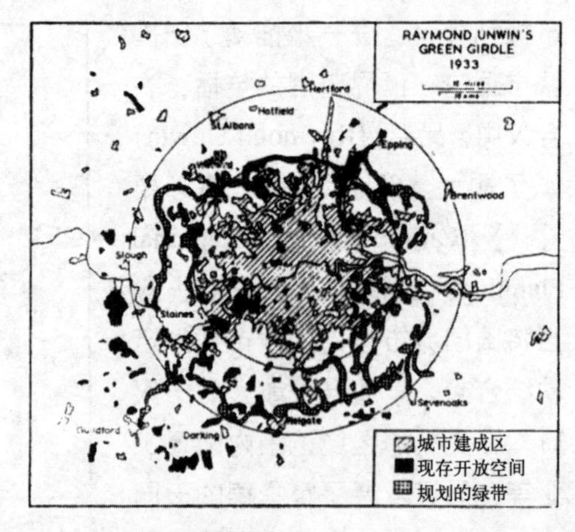

图 1－33　昂温的绿带方案

1944 年，帕特里克·艾伯克隆比（Patrick Abercrombie）和其他人一起发表了著名的大伦敦区域规划（Greater London Plan），以分散伦敦城区过密人口和产业为目的，在伦敦行政区周围划分了 4 个环形地带（Ring）（图 1-34）。每个环形地带的规划目标各有不同。其中，内城环（Inner Urban Ring）贴近伦敦行政区，目标是迁移工厂、减少人口；近郊环（Suburban Ring）为郊区地带，重点在于保持现状，遏制人口和产业增加的趋势；绿带环（Green Belt Ring）是宽 10 ～ 15 英里（16 ～ 24km）的绿带，包括了受 1938 年《绿带法》保护的森林、公园、农业用地等绿地；远郊环（Outer Country Ring）基本上属于未开发区域，是建设新城和卫星城的地区。

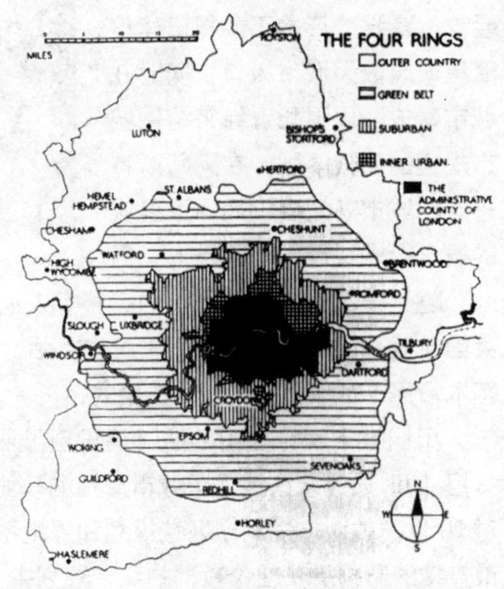

图 1－34　大伦敦区域规划（Greater London Plan）

在大伦敦区域规划中，在绿带指定区域采取限制开发行为的管理方式，达到建设和保护绿地的目的，同时，通过公园路连接绿带和伦敦市区内的公园绿地，形成区域性的绿地系统。1964 年，伦敦郡绿带（Metropolitan Green Belt）的范围正式被指定后，政府开始了对绿带范围内土地利用现状进行调查（图 1-35、图 1-36）。由图中可以看出，除了农业耕地以外，公共和私人开放空间是绿带的主要构成部分。

20 世纪 70 年代以后，伦敦郡内的很多行政区都制定并公布了关于绿带建设和管理的政策措施，一般分为保护型措施和开发型措施两大类。其中，保护型措施的对象主要是开放苗圃、牧草地、园地、林地、滨水地区、步行专用道路以及没有建筑物的空地。开发型措施则重视休闲活动的策划与开发（钓鱼、骑马、访问农场、展览会等）、休闲设施的建设（宾馆、咖啡店、天然游泳场、休闲中心等）、公共开放空间的确保（确保人均公共开放空间面积）等。

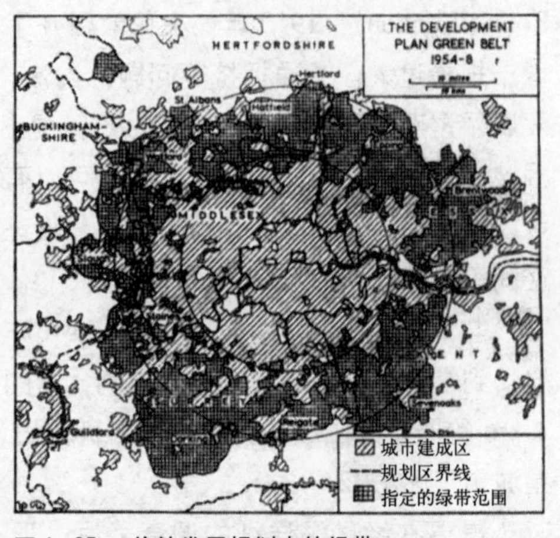

图 1－35　伦敦发展规划中的绿带

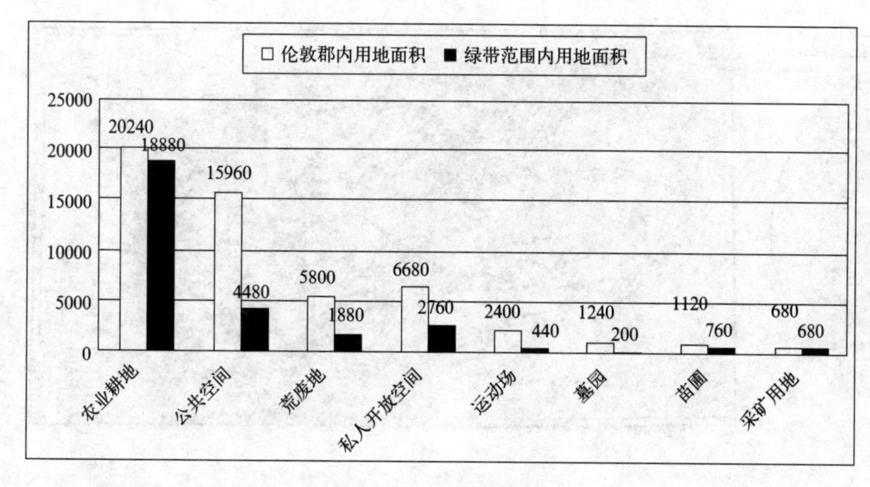

图1–36 非城市建成区内各类用地面积（hm^2）

(6) 美国的区域绿地规划

1) 大波士顿区域公园系统

波士顿市在19世纪末期基本形成了市内的公园系统格局。然而，由于经济的快速发展，郊区逐渐城市化，城市周围的自然环境受到破坏。客观上要求超越波士顿的行政界线，在更大的区域范围内对波士顿及周围地区进行统一的公园绿地规划。

1893年埃利奥特（Eliot）提出了大波士顿区域公园系统规划方案。除了对现状的植被、地形、土质等的调查以外，还总结了17世纪以来人口的迁入对当地自然环境造成的影响。考虑到预防灾害、水系保护、景观、地价等因素，规划确定了129处应该保护和建设的开放空间，并且将这些开放空间分为海滨地、岛屿和入江口、河岸绿地、城市建成区外围的森林、人口稠密处的公园和游乐场等五大类。

1907年，大波士顿区域公园系统的格局基本建成，面积达$4082hm^2$，公园路总长度为43.8km（图1-37）。表1-2为构成该公园系统的主要绿地。

大波士顿区域公园系统的主要郊外绿地（1907年） **表1–2**

主要绿地	面积	自然特色
Revere Beach	$27hm^2$	海岸线
Middlesex Fells Res.	$759hm^2$	林地
Charles River Res.	$254hm^2$	滨水绿地
Stony Brook Res.	$185hm^2$	林地
Blue Hill Res.	$1962hm^2$	风景林地
Mystic River Res.	$116hm^2$	滨水绿地
Nantucket Beach	$10hm^2$	海岸线
Neponset River Res.	$369hm^2$	滨水绿地

数据来源：许浩．国外城市绿地系统规划[M].北京：中国建筑工业出版社，2003：26.

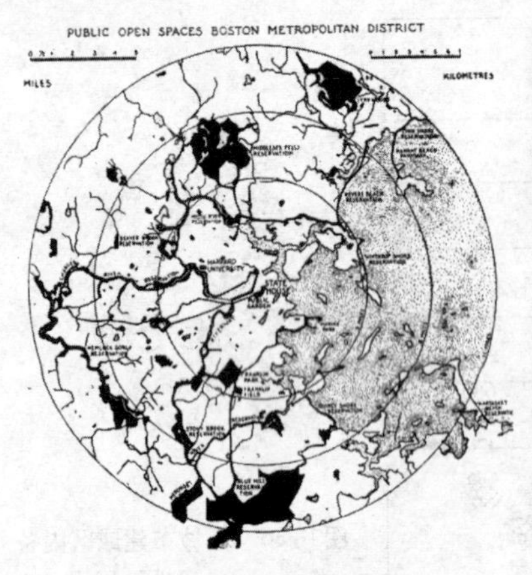

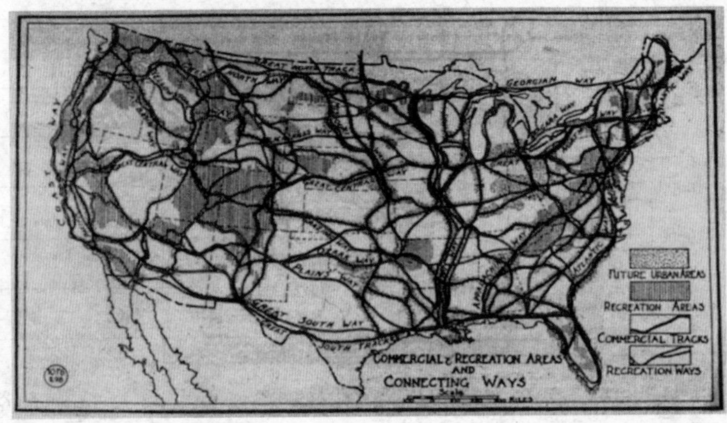

图 1–37（左） 大波士顿区域公园系统
图 1–38（右） 曼宁所作的全美景观规划图

2）全美景观规划

沃伦 ·H· 曼宁（Warren H. Manning，1860 ~ 1938）收集了数百张关于土壤、河流、森林和其他景观要素的地图，将其叠加起来以得到新的综合信息，在此基础上于 1923 年规划了全美未来的城镇体系、国家公园系统和休憩娱乐区系统、主要高速公路系统和长途旅行步行系统，颇具独创性（图 1-38）。

二、中国人居环境绿地系统理论的起源与发展

1. 中国传统园林的历史发展

中国园林从黄帝的玄圃开始，为世界造园史最早有记载者，距今已有三千年的历史。中国的园林既作为一种物质财富满足人们的生活要求，又作为一种艺术综合体满足人们精神上的需求，渗透着古代中国的哲学、伦理与宗教观念，在漫长的发展过程中形成了自己特有的风格，蕴藏着极深的文化意境，表现出优美的东方情调。

中国园林将建筑、山、水、植物等几个重要的构成要素融为一体，在有限的空间范围内，利用自然条件，模拟自然美景，形成了赏心悦目、丰富变换、"可游、可观、可居、可栖"的形体环境。其发展大体分以下几个阶段：

（1）园林的萌芽期——"圃"、"囿"

最早见于史载的园林形式为黄帝的玄圃，至尧舜始设专官掌山泽苑囿田猎之事，殷商时作高台为游乐及眺望之处，可称为最早的园林。至周文王建"灵囿"，筑墙垣相围一块较大的地方。早期的园林多为种植果木菜蔬之地，或是豢养禽兽之所；筑高台供祭祀之需，并建有简单的建筑作为休息观赏之备，已具有狩猎、祭祀、生产和游赏取乐等功能，可称为园林的雏形。

（2）园林的成长期——秦汉宫苑

公元前 221 年秦始皇统一中国，建立了中央集权的郡县制，规划营

造了宏伟壮丽的离宫别馆，"引渭水为池，筑为蓬、瀛"，模拟海上仙山，成为求仙得道的象征。

汉代在囿的基础上发展了新的形式——苑，皇家的宫廷园林规模宏大、气势雄浑，反映了帝王的权势和风貌。在众多的宫苑中尤以上林苑、未央宫、建章宫和甘泉宫为盛（图 1-39）。

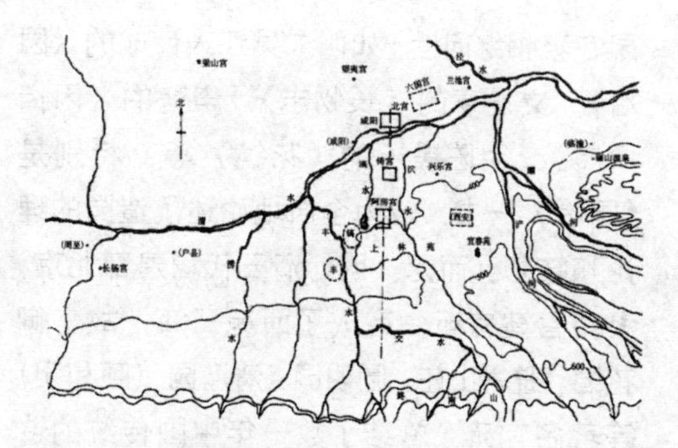
图 1-39　秦咸阳主要宫苑分布图

（3）园林的转折期——魏晋南北朝的园林

魏晋南北朝长期动荡，导致人们思想、文化及艺术产生重大变化。人们逃避现实社会而崇尚自然，通过对自然景物的描述来抒发内心的情感和志趣，促使了山水诗、山水画及山水园的兴起和发展。园林形式由粗略的模仿真山真水转到用写实手法再现山水，原造园活动中的生产、狩猎、祭祀、求仙功能已逐渐削弱，而游赏、视觉享受、寄托情感等功能日见凸显，并升华到艺术创作的境界。私家园林、佛寺丛林和游览胜地成为魏晋南北朝时期造园的主流（图 1-40）。

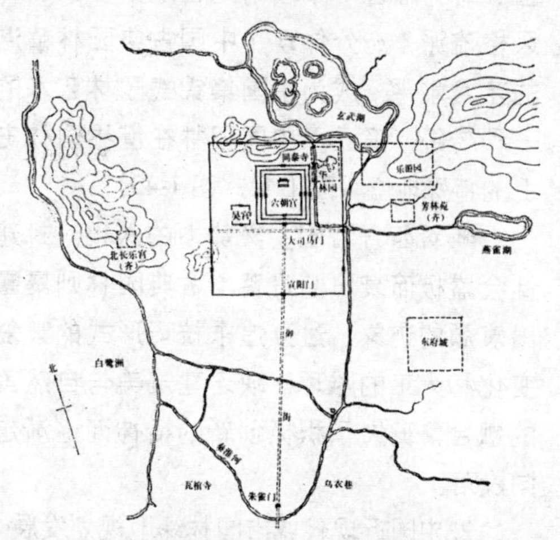

图 1-40　南朝建康主要宫苑分布示意图

（4）园林的全盛期——唐宋园林

隋唐复归统一，经过较长时间的和平与稳定，在前一时期百家争鸣的基础上形成了儒、道、释互补共尊的局面。隋炀帝在洛阳修造的西苑是继汉武帝上林苑以来最豪华壮丽的一座皇家园林，既继承了秦汉宫苑壮丽的气势，又更多地吸收了南北朝时代文人崇尚自然的情趣，已具有中国大型皇家园林布局基本构图的雏形。唐朝的建立开创了中国历史上一个开拓创新、勇于进取、充满活力的全盛时代，园林的发展也相应进入盛年期。以长安城的皇家宫苑园林为主要代表（图 1-41），自然园林式别墅山居也初步形成。由于诗人、画家等文人亲自参与造园，故而园林成为体现山水之情的创作。宋代工商业发达，城市建筑大为发展，造园之风兴盛。供皇帝游乐的御苑最著名的有艮岳和金明池等，艮岳把人们的主观感情及对自然美的追求都用造园的手法融入园林创作之中，在有限的空间范围内表达出深邃的意境，手法灵活多样，是我国园林发展到一个新高度的重要标志，称之为写意山水园。

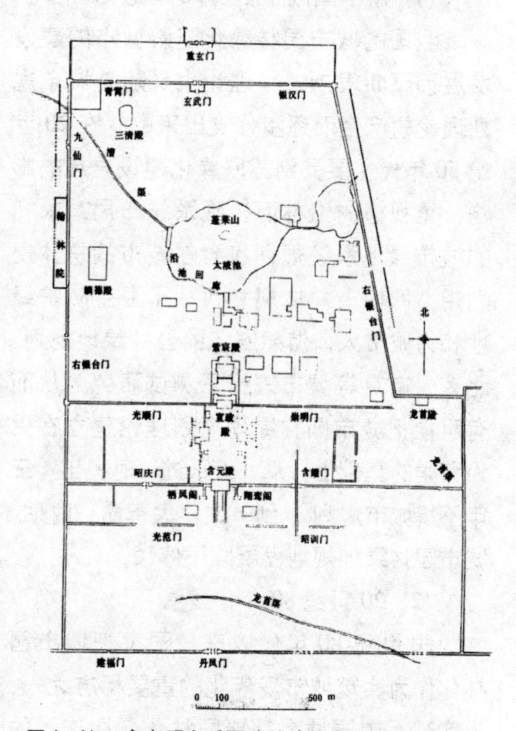

图 1-41　唐大明宫重要建筑遗址实测图

（5）园林的成熟期——明清园林

随着封建社会的发育定型，园林的发展亦由盛年期而升华为富于创造的成熟期，在日益缩小的精致境界中实现着从总体到细节的自我完善。明清以后，造园专著相继问世，如明末吴江人计成的《园冶》，文震亨的《长物志》，李渔的《闲情偶寄》，明陈淏子的《花镜》等，特别是《园冶》一书，较为全面地论述了造园的理论和技艺。而元、明、清三代均建都北京，大力营建宫苑，完成了西苑三海、故宫御花园、避暑山庄、圆明园、清漪园（颐和园）等著名宫苑，总结了数千年中国传统的造园经验，融合了中国南北各地主要的园林风格流派，充分体现了中国古典园林精湛的艺术水平，成为中国集锦式园林艺术的一种传统，确立了中国园林在世界园林史上的特殊地位（图 1-42、图 1-43）。

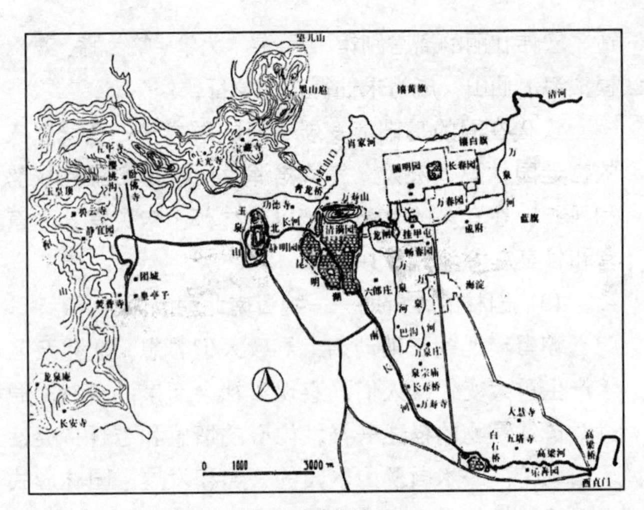

图 1–42　清代北京西郊园林分布示意图

随着西方帝国主义势力的入侵，封建社会盛极而衰日趋没落，古典园林则暴露出衰颓的迹象：过分追求技巧形式的繁复变化和人工的雕琢，缺乏建筑美与自然美的融合，丧失了积极创新的精神而逐渐走向没落。

2. 中国近现代城市园林绿地规划发展

（1）新中国成立后到 20 世纪 70 年代

我国的城市园林绿化随着城市的建设发展而不断发展，其理论也是随着城市规划理论的产生而逐步分支出来的。在 20 世纪 50 年代主要受到苏联绿化建设思想的影响，重视植树造林而轻视系统布局。最初的城市绿地系统规划包含在城市的总体规划中，即城市总体规划包括了卫生防护绿地和为城市人口游憩服务的公共绿地规划。北京、南京等城市进行了测试研究，从而有可能把城市园林绿地规划理论建立在更为科学的基础上。从“大跃进”时提出“三年不搞城市规划”，到“文化大革命”时期，城市园林绿地规划发展陷于停顿。

（2）20 世纪 80 年代

20 世纪 80 年代以来，国家把城市园林化作为实现城市现代化的重要标志之一，为实现“中国城乡都要园林化、绿化”的

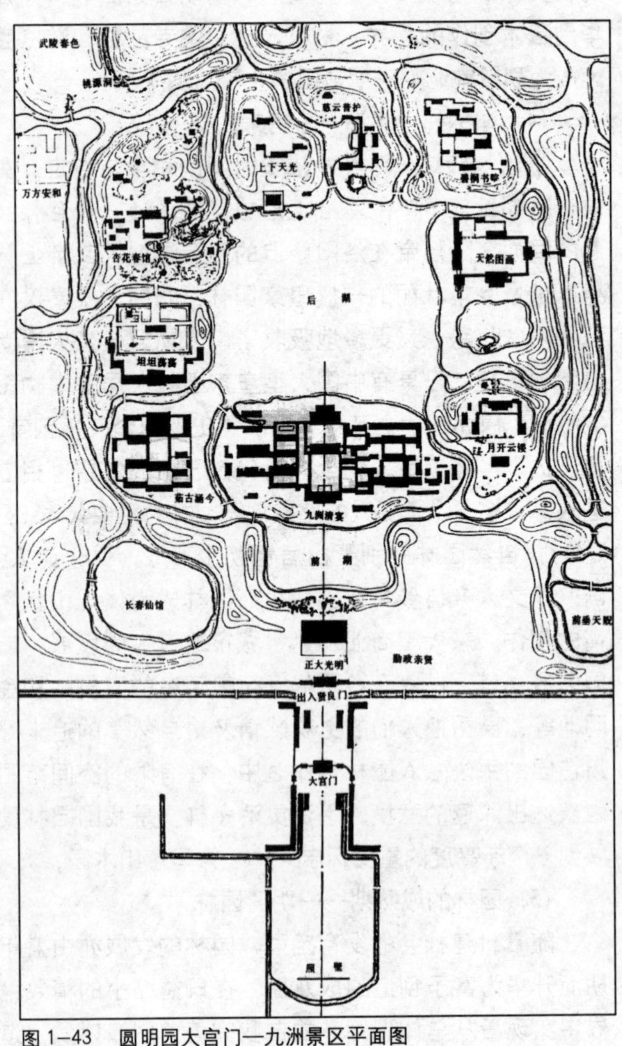

图 1–43　圆明园大宫门—九洲景区平面图

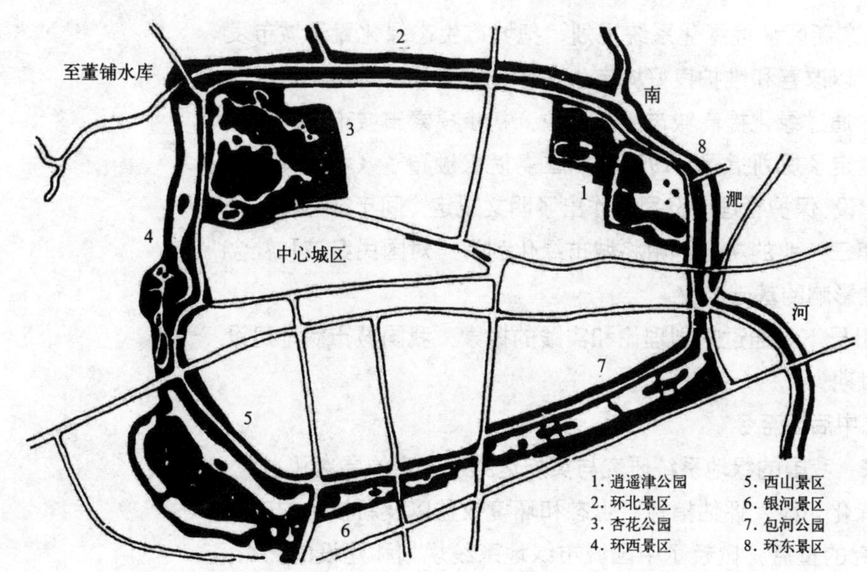

图 1-44　合肥市环城公园系统结构布局图

目标，城市园林绿地规划的实践和理论都有较大发展。据不完全统计，至1980年底，全国已有679个公园，37个动物园。规划理论趋于系统和完善，这一时期的城市园林绿地规划大多强调按照城市规划的要求，综合平衡，统筹安排，因地制宜选择各类绿地，点、线、面结合，组成一个完整的城市绿地系统。1985年合肥市的绿地系统规划通过林带、水系将建筑、山水、植物组成一个整体，建立开放的城市绿地空间，环城绿带建设结合环城公园的规划建设，成为我国现代城市景观生态设计中"以环串绿"绿地系统的成功范例(图 1-44)。马世骏院士提出"社会—经济—自然复合生态系统"的理论后，生态学理论开始逐步融入城市绿地系统规划中。

此外，由于政治体制和经济体制的转型，城市绿地的规划和建设相对比较薄弱，城市绿地往往是在城市的工业、居住、商贸、行政和交通等用地布局确定之后再布置，在实施和建设过程中也大打折扣，绿地建设在冲突、矛盾、磨合、调整中逐渐发展。

（3）20世纪90年代初

1990年，《中华人民共和国城市规划法》中规定"城市总体规划应当包括: 城市的性质、发展目标和发展规模，城市主要建设标准和定额指标，城市建设用地布局、功能分区和各项建设的总体部署，城市综合交通体系和河湖、绿地系统，各项专业规划，近期建设规划"（第19条）。《中华人民共和国环境保护法》中也规定"城乡建设应当结合当地自然环境的特点，保护植被、水域和自然景观，加强城市园林、绿地和风景名胜区的建设"（第23条）。从法律上明确了城市规划和建设中应该包括绿地系统的规划建设。同年，著名科学家钱学森先生多次提出"山水城市"的概念，强调用中国山水诗、古典园林手法和中国山水画融合创立具有中国特色的城市山水，将生态环境、历史背景和文化脉络综合起来，具有深刻的生态学哲理。1990年，"上海市浦东新区环境绿化系统规划"把城市生态绿化置于城市发展的大系统中加以考虑，以改善和维护良好城市生态环境为目标，运用城市生态理论和风景建筑学理论，通过绿化提高城市生态品位，初步摸索出城市生态绿化系统规划总体框架，并制定了规划指标。1992年，国务院又颁布了《城市绿化条例》，对城市绿化的规划建设、保护管理以及罚则作出了明文规定。同年，中共中央、国务院《关于加快发展第三产业的决定》中将城市绿化列为"对国民经济和社会发展具有全局性、先导性影响的基础产业"①。

在国家政策法规的引导下，通过规划理论和实践的探索，我国城市绿地建设开始逐渐进入一个新的时期。

（4）20世纪90年代中后期至今

20世纪90年代以来，我国的绿地系统研究与实施达到了一定的层次和水平，生态环境、绿地结构、绿化功能、评估指标、生态和环境效益以及新技术的应用等成为绿地系统规划研究的重点，掀起了中国城市绿地系统规划和建设的高潮。2002年建设部颁布了行业标准《城市绿地分类标准 CJJ/T 85—2002》，并于2002年9月1日开始实施，标志着我国城市绿地系统规划编制工作的规范化和制度化。这是我国城市规划建设史上第一次以部门规章的形式规定了城市绿地系统规划的基本定位、主要任务和成果要求，明确指出"依法批准的规划文本和规划图则具有同等法律效力"，将极有力地推动我国城市绿地的规划和建设。

1）规划理论方面

孟兆祯先生（2001年）提出园林建设是整个城市建设的一部分，应当从城市规划发展到生态环境阶段的综合性城市建设中寻觅发展园林建设的契机。而李敏（1999年）在吴良镛院士主编的人居环境科学丛书中提出：以城市化地区的生态绿地系统为物质空间载体，强调城乡绿地的综合生态功能对于城市化地区的重要性，将大地园林化纳入了人居环境科学的理论框架，丰富了我国城市绿地系统规划的理论与实践内容。李敏更在2002年提出可持续发展的城市规划应当贯彻"生态优先、绿地优先、开敞空间优先"的规划原则。吴人韦（1998年，1999年）则从培育生物多样性、塑造城市风貌等方面对城市绿地系统规划作了专题研究，提出能承载生物多样性的城市结构合理模式以及城市绿地系统规划的八项对策，并提出了城市绿地的"九类法"分类体系。赵峰等（1998年）提出了城市绿地控制性规划的内容与方法。陆佳等（1998年）运用复合生态系统理论与绿地系统规划原理，提出了上海浦东外高桥保税区的生态绿地系统规划。俞孔坚等（1999年，2001年）提出以景观可达性作为评价城市绿地系统对市民服务功能的指标，强调绿地空间分布格局的重要性，为合理地调整和设计城市绿地系统提供了科学的依据（图1-45），并提出将公园用地融入环境，不再是孤立的特定城市用地，以生态思维为其核心，强调艺术和美的再现表达，通过地理信息系统的应用和城市规划的生态设计原理来综合规划城市绿地系统。胡勇等（2004年）选取了绿地景观

① 徐文辉．城市园林绿地系统规划[M]．武汉：华中科技大学出版社，2007：5-6.

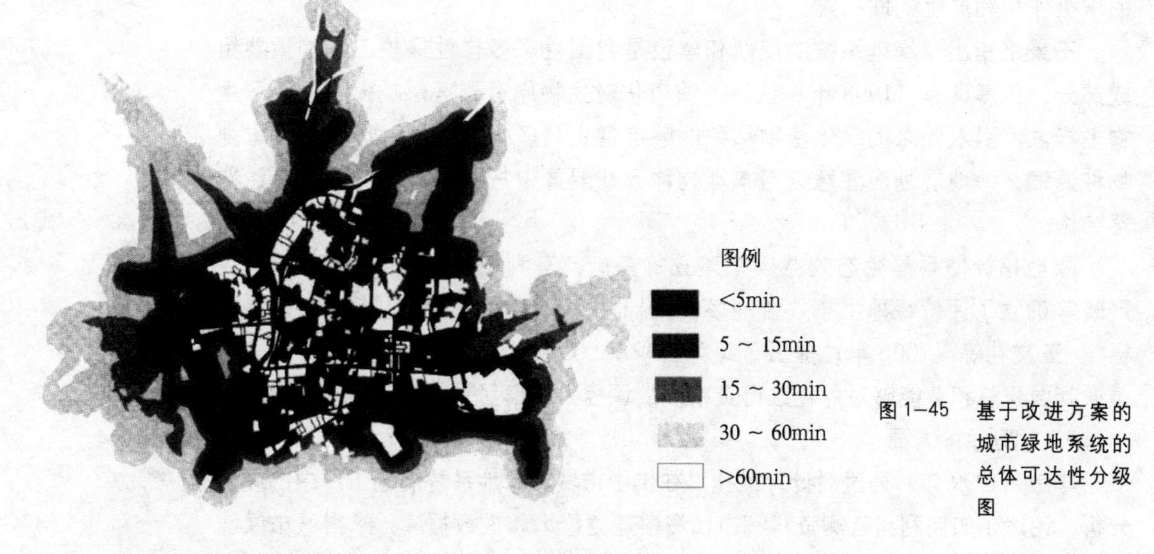

图 1-45　基于改进方案的城市绿地系统的总体可达性分级图

构成、景观破碎度、景观分离度、景观分维数等景观生态学指标对城市绿地进行了景观格局分析。田国行（2006 年）系统提出了城市绿地生态系统规划的生态、形态、文态和心态基本原理及功能，指出绿地生态系统规划是以绿地空间结构的调整和重新构建为基本手段，调整原有的绿地格局，引入新的景观组分，恢复绿地之间被人类干扰打断的相互联系，改善其服务功能，提高其基本生产力和稳定性，将人类活动对于景观演化的影响导入良性循环。近年来对绿道的研究也比较多，刘滨谊等（2001 年）通过对美国绿道网络规划的研究，提出我国需要对远期的绿道网络系统作一个战略性部署，综合绿道网络的生态、游憩和文化功能，并加强各级层次绿地的衔接。谭少华等（2007 年）总结了国际上所开展的绿道规划的发展趋势，归纳了现代绿道具有生态、娱乐和自然与文化遗产价值。张云彬等（2007 年）也对欧洲绿道建设的理论与实践进行了研究。

2）规划评价方面

黄晓莺等（1998 年）开展了城市生存环境绿色量值群研究，从城市绿色环境的生态、游憩、审美等功能和环境质量与生活质量着手，应用三维绿化量对典型城市不同的绿地类型、绿化结构进行测算，提出绿色量值群指标。王绍增、李敏（2001 年）探讨了城市开敞空间的生态机理，并提出了城市绿地系统规划所应遵循的基本生态原则和指标体系。

诸多学者开展了对绿地的功能及效益的研究，并对其进行定量分析和评价。陈自新、苏雪痕等（1998 年）完成了〝北京城市园林绿化生态效益〞的项目，对北京市近郊八个区进行区域性的园林绿化生态效益及绿量的定量评价，定量化地分析城市绿化生态效益对人居环境的影响。张浩和王祥荣（2001 年）探讨了城市绿地的三维生态特征及其生态功能。胡运骅等（2002 年）以上海为例分析了城市绿化对改善城市的生态环境，提高市民生活质量，以及提高城市综合竞争力起到的积极作用和产生的联动效应。

王秉洛指出，绿地系统的规划和建设是我国生态多样性保护工作的重要组成部分。包满珠等（1998年）认为，城市化对生物原有群落影响大，降低了生物多样性。引入外来的绿化植物品种能够丰富生物多样性，同时也会引起本地物种退缩。绿地规划应注意选用本地物种，在配置中把握生态位，模拟自然群落结构。

绿地指标体系是生态效益模型建立的基础，有利于绿地规划目标的制定。严晓等确立了评价绿地生态效益的多极指标体系，包括绿地结构指标和功能指标[①]。王文礼等（2006年）提出了绿色容积率（GPR），即每单位地块面积上的单面叶面积总和，能够对绿化进行更精确的调控，开辟了更为广泛的指标体系。

3）规划手段方面

李敏（1999年）通过对计算机技术在佛山市城市绿地系统规划工作中的应用分析，论述了如何利用航测资料和市调资料建立绿地属性数据库，求得城市绿地率、绿地空间分布等规划指标的技术方法。吕妙儿等（2000年）则以南京市为例，研究了遥感技术在宏观上监测城市绿地结构布局，从微观上计算城市绿量和动态监测城市环境等两个方面的应用。陈春来等（2006年）论述了RS、GIS技术在城市绿地信息调查、绿化三维量的估算、综合效益评价中的应用。

4）规划操作方面

自1992年开展的"国家园林城市"创建加快了城市园林绿化事业的发展。到2006年底，建设部已经批准了八批"国家级园林城市"，极大地推进了我国城市园林绿化建设。

在城市绿地系统规划编制的过程中，为了提高编制规划的科学性，许多城市都进行了大量的研究和实践。

北京市城市绿地系统规划按照"生态优先、开放空间优先"的理念，城市绿化主要体现在"三个结合和四个重点"上。"三个结合"为：结合举办一届最出色的奥运会对城市环境建设的新要求；结合旧城区成片改造和历史文化名城保护规划；结合中关村、商务中心区、金融街的规划实施和城市中心地区污染扰民企业搬迁等提供的契机进行城市绿化。"四个重点"为：生态环境亟待改善地区；对城市景观塑造影响显著的城市轴线与重要节点；绿地系统网络结构的关键部位；各类公园绿地500m服务半径未能辐射到的盲区。

上海市开展城市绿地系统规划的研究，提交以下成果：①提出建设类型齐全、指标恰当、布局合理、完整开放的绿地网络体系；②提出资金筹措、政策法规及组织体系等成果；③利用航空遥感技术和三维绿量技术，对城市绿地需求量等做定量预测研究，对城市绿地系统的效益进行测算；④对城市绿地系统实施的基础材料——园林植物进行研究，规划上海地区选育引种的植物和群落比例；⑤实施环城绿带计划，构筑城乡一体化大环境绿化，将城郊自然环境、农、林、水利等

① 徐文辉．城市园林绿地系统规划[M]．武汉：华中科技大学出版社，2007：6.

有利于改善生态的因素与市区绿化有机组合；⑥制定动态的城市绿地系统发展方案；⑦将绿地系统与传统文化相结合；⑧将绿化发展指标进行分解，不同地区制定不同指标，使规划更具科学性；⑨突破传统绿地规划偏重美化、游憩功能，着重发挥绿地系统的防灾功能；⑩以人为本，居民出门不到500m就可以到达一处公园绿地，逐步免费开放城市公园绿地。

广州市城市绿地系统的研究成果主要包括：①进行城市绿带、城郊林地、城市园林绿地建设，构筑起"青山、碧水、绿地、蓝天"的生态化城市环境；②在"山、城、田、海"的总体生态城市架构下，构筑广州市城市绿带、绿洲、绿体，形成点、线、面相结合的生态绿区；③完善绿地系统景观架构，将绿色生态引入城市中；④加强对环境容量的研究；⑤在城市开发过程中，强调生态补偿和美化城市环境，使城市建设与生态环境协调进行；⑥新区建设要预留绿地后备地；⑦城市内部绿地建设要与城郊绿地融为一体；⑧强调对生态敏感地带的严格保护，根据生态敏感因子分析，将广州的用地分为优先发展区、次优先发展区、引导发展区、控制发展区和环境保护区；⑨将现代化的技术手段运用到城市绿化的现状调查中，对未来绿化方向进行预测和评估[①]。

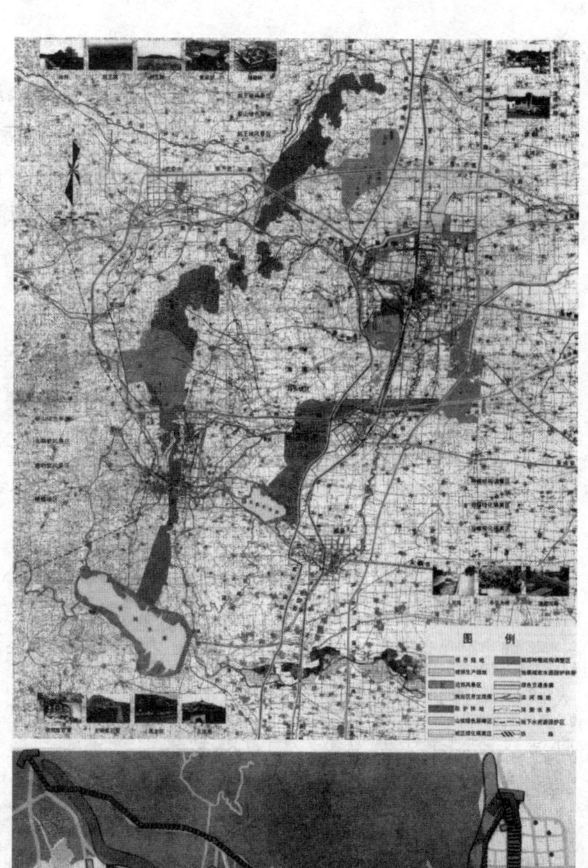

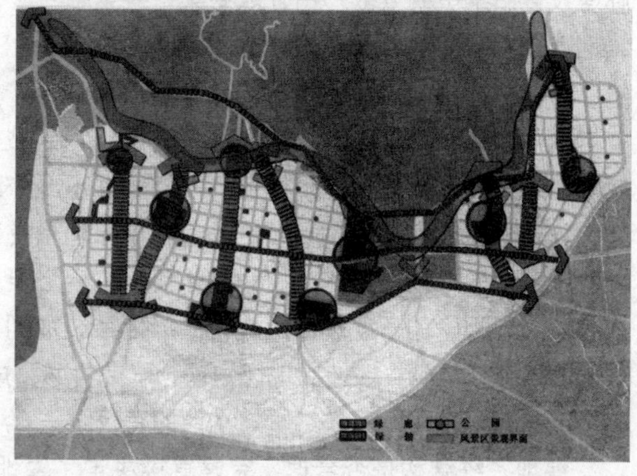

图 1–46（上） 邯郸绿地系统规划图

图 1–47（下） 登封城区绿地系统结构图

郑黎文（1999年）研究了福建龙海市城市绿地系统规划的有机完整性、连续性、地方性及绿化特色。张汎翰等（2000年）作了使城镇绿地系统规划成为一个以绿化景观为核心的环境综合治理研究。江保山等（2004年）在邯郸市绿地系统规划中，将古代赵国文化融合于绿地系统规划之中，构筑城市生态体系，到2010年，主城区人均公共绿地达9～10m^2，人均绿地率达40%，人均绿化覆盖率达45%（图1-46）。栾春凤等（2004年）以景观生态学原理为理论框架，依托城市的山水形胜，将城市与风景区融为一体，构建城市绿色廊道环网结构体系（图1-47）。

① 刘滨谊，张国忠．近十年中国城市绿地系统研究进展[J]．中国园林，2005（6）：27.

三、发展趋势

人居环境绿地系统是人居环境生态系统中自然成分的主体，21 世纪的人居环境绿地系统要健康、安全、可持续发展，有力地支持人居环境物流、能流、信息流、价值流、人流的通畅，兼具生态效益、社会效益、经济效益和景观效益，并与人居环境生态要素功能结合更为密切，必须使人居环境生态系统的运行更加高效和谐。其主要发展趋势如下：

1. 组成人居环境绿地系统的要素趋于多元化

主要表现在人居环境绿地系统规划建设与管理的对象从以往的植物、土地扩大到包括水文、大气、地形、动物、微生物、能源、城市废弃物等各个方面。绿地系统规划也要按照自然环境演变的规律，对以上各要素合理配置，建设结构合理、适度集聚、分散有序、功能完善的绿地生态系统。

2. 人居环境绿地系统结构趋向网络化

人居环境绿地结构是通过对自然生态条件、人文历史景观资源、城乡空间发展战略等各种相关因素进行分析、整合、提炼而构建的一个复合体，能够实现绿地合理、完整、有效的发展目标，协调城市发展与生态环境之间的关系。考虑到人居环境绿地的生态环境效益，绿地结构将呈现出以水系、路网、林带为主的绿廊建设，由集中到分散、由分散到集中再至融合，使人居环境绿地系统形成网络式的连接。

3. 人居环境绿地系统规划的区域化

随着规划研究的不断深入，人们逐渐认识到城市绿地系统规划不能就绿地论绿地，只有在城乡一体的基础上，才能发挥市区外围的自然山水等大环境的景观生态效益，形成完整的构架。传统的城市绿地系统因局限在城市空间范围内，难以发挥大区域绿地系统的生态系统作用，客观上要求打破行政界限，从景观生态学和城市规划学的角度编制区域性的绿地系统规划。而现有跨行政区的区域性绿地规划研究非常少，区域绿地规划理论研究势必将成为未来研究热点之一。

4. 人居环境绿地系统结构与功能的有机统一

绿地系统结构是否合理、完整直接决定了绿地综合功能的发挥，不同层次、类型的人居环境应有生态绿地总量的合理规模、量化依据、配置形式；人居环境绿地系统应该构建良好的生态环境基础，并对其加以有序合理的利用；与城市功能、形态布局实现有机的结合，是使绿地系统功能最大化的有效手段。

5. 人居环境绿地系统评价指标体系趋于科学化

目前，国内外城市绿地评价指标的研究定性多于定量，模糊多于清晰，所建指标体系往往带有一定的偏向性和模糊性。人居环境绿地系统的评价涉及多种要素和多个学科，而指标体系的科学化可对绿地结构与功能进行定量分析，揭示绿地系统主要特征，有助于构建数学模型评价和规划人居环境绿地，提出绿化的调控与管理对策。鉴于绿地评价的复杂性和指标的多样性，应建立定量与定性相结合的指标体系，坚持综合性、层次性、独立性、可操作性、易获得性等原则，客观反映城市绿地的综合效益和各类绿地的生态功能。

6. 高新技术在人居环境绿地系统中的应用

高新技术在人居环境绿地系统的应用必将得到加强和普及。利用现代信息技术可实现人居环境绿地的资料收集与数据共享，景观表达与评价，动态监测与管理，远程设计、施工与管理，虚拟园林等各方面，如应用航天遥感技术（RS）和地理信息系统（GIS）可以高效而准确可靠地对绿地进行调查，制作专题图以实现图形与数据的相互查询，空间分析与信息提取；更快捷地了解绿地的树种、覆盖率、类型、空间格局、健康状况、树龄分布、更替情况等，为人居环境绿地规划提供最新的基础数据和图面资料。另外，计算机还可以应用于绿地管理方面，收集有关数据、构建绿地生态系统模型，综合评价绿地效益，模拟绿地发展趋势以及预算财政开支[①]。

总之，随着全球环境问题的加剧，人们对绿地系统规划建设的认识已经提升到了前所未有的高度。21 世纪的人居环境绿地系统规划及理论将随着城乡发展而不断调整和定位、深化、完善，并将共同趋于一个大目标，即人居环境绿地系统将达到保护和改善城乡生态环境、优化城乡人居环境、促进城乡可持续发展的目标，它与人居环境各系统组成部分之间的功能耦合关系更为细密、合理，同时以生态规划为指导思想的人居环境绿地系统将使城乡这个包括社会—经济—环境的复合系统运行得更加高效、和谐。

本章小结

本章从人居环境及人居环境科学的概念出发，阐释了人居环境科学的五大原则、五大系统和五大层次等基本研究框架，并概述了人居环境科学学科体系的构成及其与人居环境绿地系统之间的关系。重点描述了中、西方人居环境绿地系统理论的起源与发展、研究的进展，提出了组成人居环境绿地系统的要素趋于多元化、人居环境绿地系统结构趋向网络化、人居环境绿地系统规划的区域化、人居环境绿地系统结构与功能的有机统一、人居环境绿地系统评价指标体系趋于科学化和高新技术在人居环境绿地系统中的应用等发展趋势。并围绕着人居环境绿地系统中空间关系和空间效应的核心领域，简要介绍了系统论、等级理论、生态学理论、可持续发展战略、区域整体论、城乡协调论等理论框架。我们需从人居环境科学的框架下来认识绿地系统，才能准确地把握绿地系统体系规划的走向。

---

① 王保忠，王彩霞，李明阳 .21 世纪城市绿地研究新动向[J]. 中国园林，2006（5）：50-52.

复习思考题

1．简述人居环境及人居环境科学的基本概念。

2．思考绿地系统在人居环境中的地位。

3．简述中、西方人居环境绿地系统理论的起源与发展。

4．请探讨人居环境绿地系统的发展趋势。

5．试论述人居环境绿地系统的主要理论框架。

6．试从可持续发展理论的内涵和基本原则出发总结它对人居环境绿地系统体系规划的指导作用。

第二章　人居环境绿地系统体系规划框架

第一节 传统城市绿地系统规划的局限性

一、注重个体效应，忽略整体效应

我国传统的城市绿地系统的规划及研究重点基本放在城市层面，主要侧重城市内部和城市周边近郊尺度的分析，特别是由于我国国情形成的行政条块分割的原因，多以市域尺度为界限进行整体分析。人为地将城市周边的自然连续界面如山、水大格局依照行政区界加以划分，割裂了城市可持续发展赖以维系的自然环境，仅仅注重单个城市个体人造自然环境给城市带来的景观环境效应，而往往忽略了更大区域范围内，特别是城镇密集区的整体生态环境效应。

二、系统"合力"效应削弱了子系统"分力"

道萨迪亚斯认为，人类聚居和自然生物体之间的最大区别在于人类聚居是自然力量与自觉力量共同作用的产物，它的进化过程可以在人类引导下不断调整改变，而自然生物体仅仅是自然之力作用的结果。聚居的最终形态是向心力、线性力、不确定的力、对安全的考虑和有序性趋向，以及文化传统的因素影响的结果。而传统的城市绿地系统规划，多依附于城市总体规划，作为其中的专项规划之一，是在包括公共设施用地、居住用地、工业用地等城市建设的其他八大类用地都布局好之后才"见缝插绿"安排的公共绿地，且近年来我国城市化水平发展较快，城市人口急剧增长，城市用地不断扩大。城市用地的扩张使得市域绿色空间被逐步蚕食，城市绿地系统建设与城市建设发展相比滞后现象十分严重。城市作为一个复杂的开放巨系统，其城市化的"合力"效应远远大于如"城市绿地系统"这一类子系统的"分力"，削弱了子系统的"分力"效应，易造成系统的失衡。

三、忽略人居环境与绿地系统的交互作用

绿地系统是人居环境的重要组成部分，绿地系统的布局结构与形态反映的是城市的地方性和自然的本质关联关系。但现有的城市生态绿地系统在城市开发建设的过程中不断受到冲击和威胁，如山体的水土流失、裸露山体的大面积存在、海水水体的富营养化等，均是由于忽略了人居环境与绿地系统的交互作用和动态平衡关系。

四、现行规划编制办法和规划空间范围的局限性

现行的《城市绿地系统规划》分为多个层次，作为城市绿地系统专业规划，是城市总体规划的重要组成部分；作为城市绿地系统专项规划，是对城市绿地系统专业规划的深化和细化。其主要任务是合理安排城市内部绿地系统的规划结构和市域大环境绿化的空间布局，达到保护和改善城市生态环境、优化城市人居环境、促进城市可持续发展的目的。但是其规划标准主要沿用20世纪50年代初前苏联城市游憩绿地规划方法，布局为"点、线、面"相结合的几何原则，绿地系

统规划主要是满足城市规划编制中的绿地系统规划定额指标；重点发展城市公共绿地，分期建设城市园林绿地，按规模大小分级管理，这些措施是有效的，但对于城市整体环境的日益恶化，这些举措还是杯水车薪。在快速城市化时期，要保持城市的健康良性发展，就必须明确城市进一步发展的约束边界①。

随着城市化进程的不断深入，一些大城市跨越原有的地域，形成了城市化发展的热点地区。传统的城市绿地系统因局限在城市空间范围内，难以适应区域性的可持续发展，这就要求打破行政界限，在科学发展观的指导下，从景观生态学和城市规划学的角度，从人居环境科学的角度，关注城市生态系统与周边自然生态系统的交错带、城镇集聚区域，开展整个人居环境范畴内的自然系统的保护与规划研究，对于城市化地区以外及城市郊区和周边村镇的自然区域加强保护管理，编制区域性的绿地系统规划。

五、绿地系统所承载的传统文化与空间秩序的丧失

历史与文化代表着城市昔日的辉煌，见证着城市的发展与兴衰，是城市发展过程中最宝贵的记忆，也是人居环境绿地系统的重要组成部分。但随着城市化快速发展，城市新陈代谢的速度正在不断加快，导致城市的尺度与原有的传统格局发生了质的改变，造成历史文化古迹的保护与绿地系统、传统城镇空间结构肌理与绿地系统格局以及居民行为活动与绿地开放空间模式等诸多方面的不协调关系，缺乏对城市根深蒂固的传统文化的认识和对空间秩序深层次的了解，城市的记忆、城市的“根”正在消失，城市的肌理和历史的风貌荡然无存，最终导致传统文化与空间秩序的丧失。

六、城市绿地系统质与量的分离

以往的城市绿地系统规划基本上是在城市总体规划基础之上的规划，是在城市其他八大类建设用地都基本安排好之后才“插空”布局的，往往造成城市绿地系统结构布局不够合理，绿地总量不足，构成形式比较单一，绿地斑块破碎化严重，发展不均衡等主要问题，破坏了绿地系统规划应具有的整体性特征。对植物的绿化配置缺乏科学的研究，盲目选择外来植物品种，出现大量引种非地带性植物，绿地植物群落结构单一化，具有非连续性、孤立性和封闭性等特点，造成了我国目前城市绿地“质”与“量”的分离。

目前我国以人均公园绿地面积、人均绿地面积、绿地率和城市绿化覆盖率等四项指标来指导城市绿地建设，但在具体实施中由于气候、地域、城市规模、费用等种种原因造成绿地的量往往是数字和平面的概念，而无法反映公园绿地的分布结构、质量等情况，不能够真正达到绿地合理的结

---

① 鞠美庭，王勇．生态城市建设的理论与实践[M]．北京：化学工业出版社，2007：49．

构形态和布局，也会造成城市绿地系统质与量的分离问题。

第二节　基于整体系统观念的人居环境绿地系统体系

一、从整体的观念出发来理解人居环境绿地系统体系

人居环境绿地系统空间网络的完整性决定了人居环境空间的环境品质。人居环境各类、各种形态的绿地空间都是整个系统结构与形态体系中有特色的组成要素，并具有各自的空间特征，承担不同侧重的特色活动，在人居环境生活中相互作用和影响，共同构成人居环境绿地空间的整体。因此，不能把各种整体形态割裂成片断，而要把它们作为整体来研究，致力于寻求各片断、各局部之间的有机联系与共生共存。

二、从系统的观念出发来理解人居环境绿地系统体系

人居环境是与人类生存活动密切相关的地表空间，也是人类赖以生存与发展的物质基础、生产资料和劳动对象，是一个典型的开放复杂巨系统：①系统各单元之间的联系广泛而紧密，构成一个网络，因此每一个单元的变化都受到其他单元变化的影响，并会引起其他单元的变化。②系统具有多层次、多功能的结构，每一层次均成为构筑其上层次的单元，同时也能有助于系统某一功能的实现。③在系统的发展过程中，能够不断地学习并对其层次结构与功能结构进行重组及完善。④系统是开放的，它与环境有密切的联系，能与环境相互作用，能不断向更好地适应环境的方向发展。⑤系统是动态的，它不断处于发展变化之中，而且系统本身对未来有一定预测能力[①]。人居环境绿地系统作为人居环境这一复杂巨系统的子系统也同样具有以上特性，组成绿地系统的人工绿地、水面、山体、农田等各要素之间相互交错而形成一个巨大的网络，每一个要素的变化都受到其他要素的影响并会引起其他要素的变化，表现出结构与形态的动态多样性，而反映了人居环境绿地系统的个性化和地方性，有利于居民对人居环境的认知和识别。同时，各要素在空间上的组成及功能结构均是动态的，处于不断的发展变化之中，其动态的发展与演替在一定程度上保证了人的活动方式、活动内容的多样化发展，从而提高了人居环境绿地系统的功能性，并有助于人居环境绿地系统的构建。

三、从层级的观念来理解人居环境绿地系统体系

与自然界一样，人居环境绿地系统的结构与形态构成了多级层次。人居环境范围内的结构与形态模式具有从城镇集聚区域到市域、城市再到各村镇等不同的空间尺度层次结构形态；依据居民日常活动的距离远近，人居环境绿地空间也具有从较近的组团级行为场所向区级再到市级和区域的空间层次性；近年来，随着汽车等交通工具的普及，居民的户外活动也有逐渐从市区向郊区和远

---

① 成思危．试论科学的融合[N]．光明日报，1998-4-26．

郊发展的趋势。我们可以把人居环境绿地系统视为一个由多重等级层次系统组成的有序整体，每一高级层次系统都是由具有自己特征的低级层次系统组成的。各级内部具有完整性，其性质依其所属的等级不同而异，各级之间有机过渡。不同层面的结构形态模式之间相互约束，某一层级结构的约束既来自于高一等级水平上的环境约束，又受低一等级水平上的组分行为约束，例如市域绿地系统就受到城镇集聚区域和城区绿地系统的环境及组分约束。因而，人居环境绿地系统的结构与形态具有特定区域的层次性和多元结构空间的层次性。

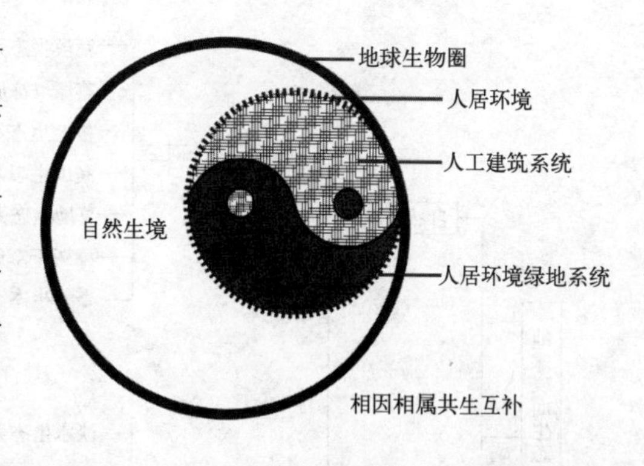

图 2–1　地球生物圈、人居环境与生态绿地系统的空间共轭关系

四、从生态的观念来理解人居环境绿地系统体系

生态学是研究生物及其环境关系的科学，人类作为地球上的高等生物，其生存和居住、生产、生活的人居环境属于人类生命活动的过程之一，应该通过与自然相和谐的方式过健康而丰富的生活，与生命和环境科学有着密切的联系。因此，生态的观点在人居环境的科学研究中占有重要的地位。同时，生态学的研究成果也要通过人类活动的具体实践才能得以落实和体现。

运用生态学的基本观点，可以将地球生物圈空间大致划分为自然生境（Natural Habitat）和人居环境（Human Settlement）两大系统。它们之间具有模糊边界和相互包容的互补共轭关系（图 2-1）。

自然生境，是基本未受到人为活动干扰的、保持着原生状态的地表空间，其中的动、植物等生态因子的变化主要受自然演进规律的支配。自然生境是维持地球生物圈生态平衡的物质基础，也是人类进行地球生物资源保护的主要对象。

人居环境中的各项生态因子，都直接受到人类活动参与的影响，是人类生存行为中利用自然、改造自然的主要场所。从生态学的观点来看，人居环境的主体内容属于人工生态系统的范畴。

人居环境的空间构成，按照其对于人类生存活动的功能作用和受人类行为参与影响程度的高低，又可以再划分为人居环境绿地系统（Human Settlements Green Space System）和人工建构筑系统（Man-made Building System）两大部分。人居环境绿地系统，是较多人工活动参与培育和经营的，有社会效益、经济效益和环境效益产出的各类绿地（含部分水域）的集合。它是以自然要素为主体、以利用自然为目的而加以开发，为人类的生存提供新鲜的氧气、清洁的水、必要的粮食、副食品和游憩场地，并对人类的科学文化发展和历史景观保护等方面起到承载、支持和美化等重要作用[①]。

① 李敏．城市绿地系统与人居环境规划[M]．北京：中国建筑工业出版社，2005：46–47．

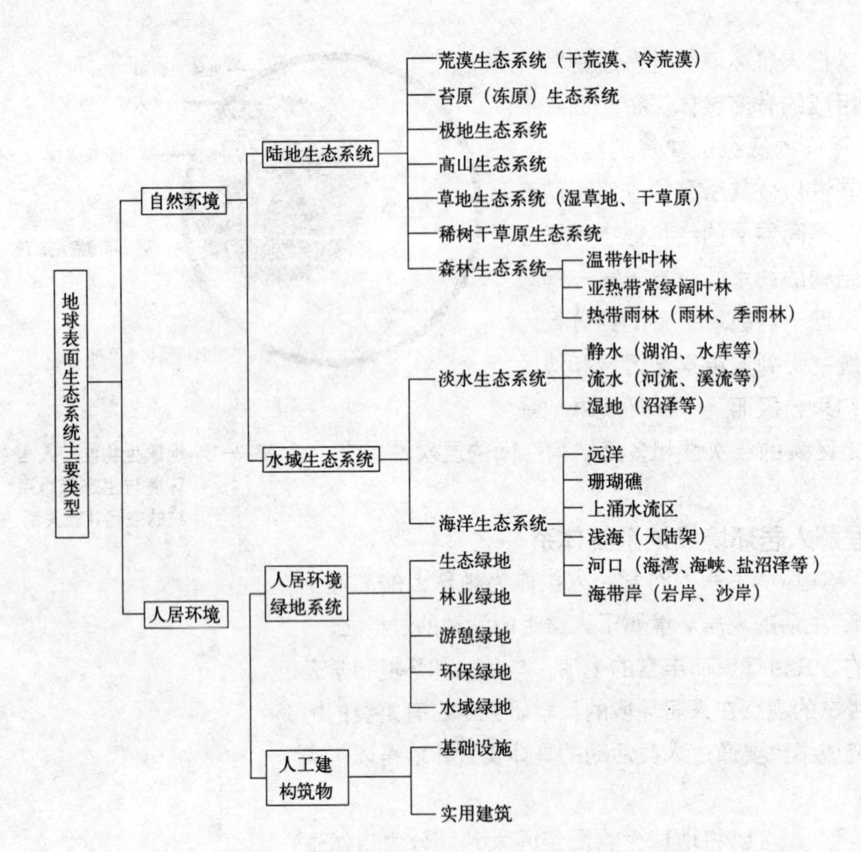

图 2-2　人居环境绿地系统空间构成的理论框架及其系统定位

按照生态系统的非生物成分和特征，以及是否受到人为干扰和干扰程度的高低，可以确定人居环境绿地系统空间构成的理论框架及其在地球表面生态系统中的定位关系，简要表示如图 2-2 所示。通过协调人与自然的关系来达到区域范围内人居环境的生态平衡，即人类活动与自然环境因子之间能流、物流、信息流的动态平衡。

五、从学科的发展来理解人居环境绿地系统体系

从目前的多种科学研究成果来看，生态危机将成为 21 世纪全人类共同面临的最大危机和最严峻挑战。对于城乡人居环境建设而言，要协调人与自然的关系，寻求可持续发展的途径之一，就是人居环境绿地系统的保护、建设与发展。

“人居环境绿地系统”规划概念的引入，在范围上拓展了人居环境的绿色空间范围，在一定程度上解决了城乡关系和郊区农村发展等诸多难题，也将有益于“城乡一体化”规划理论的拓展和应用，促进城乡环境生态危机的解决。

芒福德认为：“城市和乡村是一回事，而不是两回事。如果问哪一个更重要的话，那就是自然环境，而不是人工在它上面的堆砌”。表明了人类作为地球生态系统的组成部分应该顺应自然规律，与自然协调发展。

人居环境绿色空间作为地球生态系统中从人工系统到自然系统的过

渡层面，受到了自然演进规律与人工活动影响的合力调控，其学科的发展也应当融贯建筑科学与生命科学的研究方法，包括在现代人居环境科学理论框架下的城市规划、建筑、园林、生态、地理、环保等学科的相互渗透、协同发展（图 2-3）。

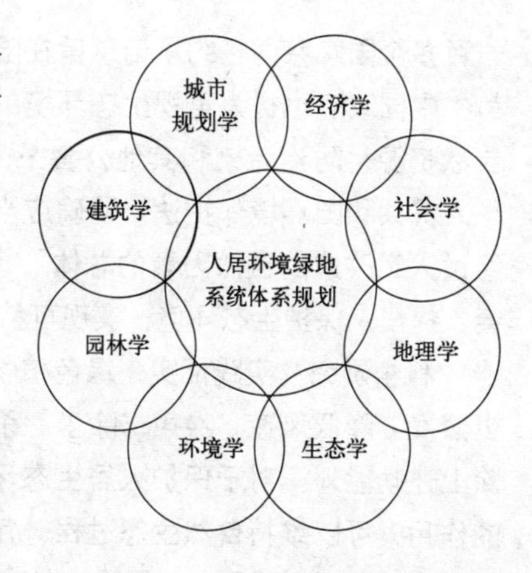

图 2–3 人居环境绿地系统规划是多学科融贯的学科体系

第三节 人居环境绿地系统的功能与作用

一、人居环境绿地系统的生态系统服务功能

人居环境绿地系统作为人居环境中的子系统，是人居环境开发复杂巨系统中能够执行"吐故纳新"负反馈调节机制的生态系统，是人居环境中发挥生态平衡功能并与人类生活密切相关的绿色空间。人居环境绿地系统作为人工化自然的物质空间的统称，表明了人类生存空间与维系生态平衡的绿地空间之间的密切关系，同时也强调了人居环境绿地系统的生态系统服务功能。

人类在改造和利用自然的过程中，随着经济的高速发展，城市人口急剧增长，城市环境的污染日益严重，给整个城市生态环境带来严重破坏，已成为人居生活环境进一步提高的潜在制约因素。联合国环境规划署、世界银行和世界资源所于 2000 年 9 月刊印的《世界资源 2000—2001 年：人与生态系统：被磨损的生命网络》报告指出：20 世纪，全球有半数的湿地消失，砍伐和占用森林致使世界森林缩减一半；过去 50 年中，全世界 2/3 的农田受到土壤退化的影响，全世界 30%的林地被农业占用；堤坝、河流改造及运河几乎破坏了 60%世界大河的完整性，全世界 20%的淡水鱼种类或灭绝或濒临灭绝。我国城市水污染非常突出，全国 80%左右的污水未经处理直接排入水域，造成全国 1/3 以上的河流、90%以上的城市水源污染，50%以上的城镇水源不符合饮用水标准。城市的高度集聚效应在发挥其优势的同时，使城市发展的负效应与非经济性急剧增长，如常见的"热岛效应"、"雨岛效应"、"干岛效应"、"闷岛效应"、"浑浊岛效应"等"五岛"效应。176 个城市的区域环境噪声监测结果显示，6.3%的城市污染较重，49.4%的城市属中度污染，33%的城市属轻度污染①。

因此，愈来愈多的人开始重视人类的生存环境保护及可持续发展。1972 年联合国人类环境会议发表了《人类环境宣言》(Declaration of United Nations Conference on Human Environment）和《人类环境行动计划》(Action Plan for Human Environment)，宣言阐述了人类与环境的关系，认为保护和改善人类环境是关系到全人类幸福和经济发展的重要问题。1977 年国际建筑师协会发表的《马丘比丘宪章》，提出了"建筑—城市—园林绿化的再统一"这一重要概念，谋求人居环境的质量并与自然环境取得协调一致的关系。2005 年《京都议定书》(Kyoto Protocol）正式生效，世界

---

① 徐文辉．城市园林绿地系统规划 [M]．武汉：华中科技大学出版社，2007：10.

一百多个国家共同签约承诺，旨在限制温室气体排放进而抑制全球变暖的发展趋势。中国政府也极为重视生态环境的保护，宪法中规定了"国家保护环境资源和自然资源，防治污染和其他公害……"，1989年12月26日正式颁布实施的《中华人民共和国环境保护法》明确应当保护"影响人类生存和发展的各种天然的和经过人工改造的自然因素的总体"。1992年我国政府参加了联合国环境与发展大会，提出"保护生态环境，实现可持续发展已成为全世界紧迫而艰巨的任务"。

科学研究及实践证实，绿色植物具有净化空气、水体和土壤，调节气候，减少蒸发，降低风速、噪声，除尘、杀菌等功能。因此，人居环境绿地系统的建设除上述功能外，对于保护人居生态环境、改善环境质量、防止污染有着极其重要的作用，可以维持自然生态过程，包括水、气、养分循环和动植物生存，保护生物多样性和乡土物种，开展生态教育，提供生态及环境研究的场所。

1. 净化环境

人居环境绿地系统在净化环境方面包括净化空气、水体、土壤等，其中以空气净化为主，主要包括如下几个方面：

（1）吸收二氧化碳、释放氧气

众所周知，空气是人类赖以生存和不可缺少的物质，是重要的环境因素之一。自然状态下的空气是一种无色、无臭、无味的气体，其含量构成为氮78%、氧21%、二氧化碳0.033%，此外还有惰性气体和水蒸气等。在人们所吸入的空气成分中，当二氧化碳含量为0.05%时，人就感到呼吸不畅；到0.2%时，就会感到头昏耳鸣，心悸，血压升高；达到10%的时候，人就会迅速丧失意识，停止呼吸，以至死亡。而且，二氧化碳是"温室效应"气体，其浓度的增加会使城市局部地区升温，产生"热岛效应"，并促使城市上空形成逆温层，加剧空气污染①，已经成为城市最主要的环境问题之一。

植物通过光合作用吸收二氧化碳，放出氧气，又通过呼吸作用吸收氧气和排出二氧化碳。而光合作用所吸收的二氧化碳要比呼吸作用排出的二氧化碳多20倍，从而增加了空气中的氧气含量，进而维护了人类活动与植物生长的生态平衡关系。

植被的净化程度取决于城市当地的条件，植被净化空气最初从叶片对空气中污染物和颗粒物的过滤开始，其次才进行吸收。过滤能力随叶片面积的增加而增加，因此树木的净化能力要高于草地与灌木。针叶具有最大的叶表面积，而且冬季空气污染最严重时针叶树叶片不脱落，因此针叶树比落叶树的过滤能力更强。而阔叶树对硫化物、氮氧化物、卤化物等污染物的吸收力却很强，因此，行道树、公园、城市森林等绿地的绿化结构在种植针、阔混合林时效果最好。一般来说，植被比水或空旷地有更强的净化空气的能力，植被的布局和结构也会影响净化能力。据有关报道，在公园中空气污染物近85%被过滤吸收，而林荫道上只有70%。过于密集的植被又会引起大气乱流。据统计，$4.0\times10^5m^2$ 的混合林每年可从空气中移走15t颗粒物，而同等条件下纯云杉林可达30～40t之多②。

① 徐文辉．城市园林绿地系统规划[M]．武汉：华中科技大学出版社，2007：11．

② 鞠美庭，王勇．生态城市建设的理论与实践[M]．北京：化学工业出版社，2007：45-46．

据有关资料显示，每公顷公园绿地每天能吸收 900kg 二氧化碳，并生产 600kg 氧气；每公顷处在生长季节的阔叶林每天可吸收 1000kg 二氧化碳，生产 750kg 氧气；生长良好的草坪，每公顷每小时可以吸收 15kg 二氧化碳。如果按成年人每天呼出二氧化碳 0.9kg，吸收氧气 0.75kg 计算，为达到空气中二氧化碳和氧气的平衡，理论上每人需要面积为 $10m^2$ 的树林或 $25m^2$ 的绿地，事实上城市由于生产生活的需要会排放更多的二氧化碳，因此许多专家提出城市居民每人应拥有 30 ~ $40m^2$ 绿地，联合国生物圈组织则提出每人应拥有 $60m^2$ 的绿地。

据北京市园林科学研究所等有关单位的"八五"国家科技攻关专题"北京城市园林绿化生态效益的研究"测试表明，植物吸收二氧化碳和释放氧气的能力是有差异的，如表 2-1、表 2-2 所示。

我们可以利用绿色植物消耗二氧化碳制造氧气的生理功能，保持空气中氧气和二氧化碳的平衡。在城市中二氧化碳浓度较高的地区则可根据地域状况和气候条件选择对二氧化碳有较强吸收能力的植物，以降低环境中二氧化碳浓度，补充氧气，达到净化空气的目的。

部分植物吸收 CO_2 和呼出 O_2 数量一览表 **表 2–1**

植物群落	叶面积指数（植物叶片面积 / 植物占地面积 = 比值）	全年吸收 CO_2 量（t/hm^2）	全年生产 O_2 量（t/hm^2）
华山松	29.5	340	247
油松	36	270	197
雪松	38	380	276
法国梧桐	39.5	238	173
刺槐	44.6	229	167
五角枫	42.8	219	158
毛白杨	24.7	215	157
白蜡	28.5	204	149
女贞	11.6	221	161
紫丁香	11.6	185	134

资料来源：杨宝国编著．工矿企业园林绿地设计 [M]. 北京：中国林业出版社，2000：2–9.

植物吸收 CO_2 能力一览表 **表 2–2**

吸收能力	单位叶面积吸收 CO_2	乔 木	灌 木	藤本植物	草本植物
强	＞2000g	柿树、刺槐、合欢、泡桐、栾树、紫叶李、山桃、西府海棠	紫薇、丰花月季、碧桃、紫荆	凌霄、山荞麦	白三叶
较强	1000g ~ 2000g	桑树、臭椿、槐树、火炬树、垂柳、构树、黄栌、白蜡、毛白杨、元宝枫、核桃、山楂、白皮松	木槿、小叶女贞、羽叶丁香、金叶女贞、黄刺梅、金银木、迎春、卫矛、榆叶梅、太平花、珍珠梅、石榴、猥实、海州常山、丁香、天目琼花、大叶黄杨、小叶黄杨等	蔷薇、金银花、紫藤、五叶地锦和草本植物马蔺、鸢尾、萱草等	
较弱	＜1000g	悬铃木、银杏、玉兰、杂交马褂木、樱花、腊梅	锦带花、玫瑰、棣棠、鸡麻		

(2) 吸收有害气体

城市空气中经常出现的有害气体除二氧化碳外主要有二氧化硫，其余还有氯、氟化物、臭氧、氮氧化物、碳氢化物、氨以及汞、铅蒸汽等，另有有机类的醛、苯、酚及安息香吡啉等。

这些有害气体对园林植物的正常生长不利，但在一定浓度条件下，许多种类的植物对其具有吸收能力和净化作用。

1) 吸收二氧化硫

二氧化硫是一种具有强烈刺激性臭味的气体，也是空气中污染最普遍最大量的一种有害气体，在燃烧和冶炼含硫原料和燃料（如硫黄、含硫矿石、石油、煤炭等）的过程中产生。当二氧化硫浓度超过百万分之六时，人就感到不适；达到百万分之十时，人就无法持续工作；达到百万分之四十时，人就会死亡（表 2-3）。

不同浓度 SO_2 对人和植物的危害 表 2-3

SO_2 浓度 (mg/kg)	对人和植物的危害
0.1 ~ 0.5	敏感植物出现症状
0.5 ~ 1.0	一般植物出现症状
1.0 ~ 3.0	人开始有不适感觉
3.0 ~ 5.0	人闻到臭味

资料来源：杨宝国编著．工矿企业园林绿地设计 [M]. 北京：中国林业出版社，2000：2–9.

通过对植物吸收二氧化硫能力的研究，发现空气中的二氧化硫主要是被各种植物表面所吸收，且植物叶片的表面吸收二氧化硫能力最强。而且，只要在植物可以忍受的限度内，随着植物的生长就能不断吸收大气中的二氧化硫，而伴随着叶片的衰老凋落，它所吸收的硫也一同回归大地。植物的叶片年年都在更替，可称为大气的天然"净化器"（表 2-4）。

各种树林每公顷干叶重对 SO_2 的吸收量 表 2–4

类型	树种	每公顷干叶重 (t)	吸收量 (%)	每公顷吸收量 (kg)	平均数 (kg)
落叶阔叶树	构树	3.1 ± 1.5	6.12	189.72	82.50
	合欢	3.1 ± 1.5	1.22	37.86	
	元宝枫	3.1 ± 1.5	0.60	18.60	
常绿针叶树	侧柏	14.0 ± 2.5	1.18	165.20	156.10
	圆柏	14.0 ± 2.5	1.05	147.00	
	云杉	19.6 ± 4.4	0.52	101.90	
	油松	6.8 ± 1.8	0.35	24.07	
	华山松	6.8 ± 1.8	0.52	35.50	
常绿灌木	黄杨	14.0 ± 2.5	0.52	72.80	29.80

资料来源：杨宝国编著．工矿企业园林绿地设计 [M]. 北京：中国林业出版社，2000：2–9.

据中国建筑技术研究院信息所等单位对北京、江苏、云南、杭州等地进行的污染现场树木的实测和人工模拟熏气实验，测定了不同树种吸收二氧化硫的能力，如一棵旱柳一天可以净化二氧化硫 128.7g，杨树可净化 112.9g，刺槐可净化 16.6g。

据北京市园林科学研究所等有关单位的"八五"国家科技攻关专题"北京城市园林绿化生态效益的研究"测试可以看出，不同树种对二氧化硫的吸收量不同，个体树种间差异很大，其中对二氧化硫吸附量较大（即每平方米叶片吸污量大于 1.5g）的树种有海棠、丁香、白蜡等（表 2-5）；而对二氧化硫吸附量较小（即每平方米叶片吸污量小于 0.5g）的树种有泡桐、元宝枫等。

吸收有害物质能力较强的树种一览表 **表 2–5**

有害物质	树　种
二氧化硫	樟树、广玉兰、女贞、桂花、棕榈、侧柏、圆柏、龙柏、夹竹桃、珊瑚树、蚊母、枸橘、大叶黄杨、海桐、栀子花、罗汉松、樟叶槭、银杏、核桃、垂柳、加杨、臭椿、榆树、刺槐、悬铃木、蓝桉、梧桐、合欢、构树、泡桐、槐树、苹果、玉兰、桑树、板栗、朴树、柿树、紫穗槐、无花果、紫薇、桃树、楝树、海棠、馒头柳、金银木、丁香、白蜡、紫薇、石榴、厚皮香、胡颓子、桧柏、粗榧
氟化氢	樟树、棕榈、蚊母、女贞、大叶黄杨、银桦、乌桕、梨树、苹果、蓝桉、石榴、葡萄、泡桐、桃树、桑树、加杨、梧桐、云南松、榉树、垂柳、山茶、板栗、朴树、美人蕉、向日葵、蓖麻
氯　气	棕榈、女贞、山茶、蚊母、樟叶槭、夹竹桃、梧桐、刺槐、蓝桉、悬铃木、桃树、水杉、构树、桑树、银桦、黄波罗、黄槿、木麻黄、菩提榕、石栗、猥实、水栒子、金叶女贞、扶芳藤、胶东卫矛、华北卫矛、倭海棠、金边女贞、山桃、皂荚、青杨
二氧化氮	铁树、罗汉松、美洲槭
臭　氧	柳杉、樟树、冬青、日本扁柏、日本女贞、夹竹桃、海桐、青冈栎、栎树、刺槐、悬铃木、连翘、银杏

资料来源：杨宝国编著．工矿企业园林绿地设计 [M]. 北京：中国林业出版社，2000：2–9.

根据上海园林局的测定，臭椿和夹竹桃抗二氧化硫能力和吸收二氧化硫的能力都很强（表 2-6）。在二氧化硫污染情况下，臭椿叶片含硫量可达正常含硫量的 29.8 倍，夹竹桃可达 8 倍。

对有害物质抗性较强的树种一览表 **表 2–6**

有害物质	树　种
二氧化硫	樟树、广玉兰、女贞、桂花、棕榈、夹竹桃、珊瑚树、蚊母、枸橘、大叶黄杨、海桐、栀子花、樟叶槭、银杏、核桃、垂柳、加杨、臭椿、榆树、刺槐、悬铃木、蓝桉、梧桐、合欢、构树、泡桐、槐树、苹果、玉兰、桑树、板栗、朴树、柿树、紫穗槐、无花果、紫薇、桃树、楝树、海棠、馒头柳、金银木、丁香、白蜡、紫薇、石榴、厚皮香、胡颓子、粗榧
氟化氢	大叶黄杨、蚊母树、海桐、香樟、山茶、风尾兰、棕榈、石榴、皂荚、紫薇、丝棉木、梓树
氯气	黄杨、油茶、山茶、柳杉、日本女贞、枸骨、锦熟黄杨、五角枫、臭椿、高山榕、散尾葵、樟树、北京丁香、柽柳、接骨木、水曲柳、旱柳、紫丁香、猥实、水栒子、金叶女贞、扶芳藤、胶东卫矛、华北卫矛、倭海棠、金边女贞、山桃、皂荚、青杨
汞	紫薇、夹竹桃、棕榈、桑树

研究还表明，对二氧化硫抗性越强的植物，一般吸收二氧化硫的量也越多。阔叶树对二氧化硫的抗性一般比针叶树要强，针叶树的净化能力虽然不及阔叶树，但四季常绿可持续地发挥作用；叶片角质和蜡质层厚的树一般比角质和蜡质层薄的树要强。落叶树吸硫能力最强，常绿阔叶树次之，针叶树吸硫能力较弱。

2）吸收氟化氢

氟化氢在炼铝厂、炼钢厂、玻璃厂、磷肥厂等企业的生产过程中排出，对植物的危害比二氧化硫要大，有十亿分之几的氟化氢就会使植物受害，对人体的毒害作用几乎比二氧化硫强 20 倍。各类植物吸收氟化氢的能力和可忍受的限度不相同，落叶树的吸收量往往是常绿树的 2 ～ 3 倍，其中美人蕉、向日葵、蓖麻等植物吸收氟化氢能力比较强（表 2-5）。对氟化氢抗性强的树种有：大叶黄杨、蚊母树、海桐梓树等（表 2-6）。

3）吸收氯气

氯气是一种毒性很大的具有强烈臭味的黄绿色气体，主要在化工厂、农药厂、制药厂的生产过程中产生。植物对氯气具有一定的吸收能力，但不同的植物的吸氯能力有较大的差异，如猥实、水栒子、皂荚、青杨等吸氯能力强（表 2-5），抗性也强；水曲柳、旱柳、紫丁香吸氯能力中等，抗性较强；而榆叶梅吸氯能力中等，抗性弱。对氯气抗性强的树种有：黄杨、油茶、山茶、柳杉、接骨木等（表 2-6）。

4）对其他有害气体的作用

大多数植物还具有吸收抵抗光化学烟雾污染物的能力，其中银杏、柳杉、日本扁柏、冬青等净化臭氧的作用大（表 2-5）。

据国外资料表明：栓皮栎、桂香柳、加杨等树种能吸收空气中的醛、酮、醇、醚和致癌物质安息香吡啉以及多种有毒气体。喜树、梓树、接骨木等树种具有吸苯能力；紫薇、夹竹桃、棕榈、桑树等能在汞蒸汽的环境下生长良好，不受伤害；而大叶黄杨、女贞、悬铃木、榆树、石榴等则能吸收铅等有害气体。

因此，在散发有害气体的污染源附近，选择相应的吸收性和抗性强的树种进行绿化，对于防治污染、净化空气是非常有益的[①]。

（3）滞尘降尘

城市空气中含有大量尘埃、油烟、炭粒等。有些颗粒虽小，但在大气中的总重量却很惊人。许多工业城市每年每平方千米平均降尘 500t 左右，有的城市甚至高达 1000t 以上。粉尘是常见的一种颗粒状污染物，其来源一是天然污染源，另一是人为污染源。

一方面，粉尘是各种有机物、无机物、微生物和病原菌的载体，通过呼吸和皮肤使人体容易引起各种疾病，如鼻喉炎症、气管炎、支气管炎、尘肺、肺炎、哮喘等；另一方面，粉尘可降低阳光照明度和辐射强度，特别是减少紫外线辐射对人体健康的不良影响和对植物生长发育的不利影响。

① 徐文辉．城市园林绿地系统规划 [M]．武汉：华中科技大学出版社，2007：11–13．

研究表明，植物特别是树木，对烟尘和粉尘有明显的阻挡、过滤和吸附的作用，可以滞尘、减尘。一方面由于植物能阻挡、降低风速，当含尘气流经过树冠时，一部分颗粒较大的灰尘被树叶阻挡而降落；另一方面是因为植物叶片表面特性和本身的湿润性具有很大的滞尘能力，叶子表面凹凸不平或有绒毛，有的还能分泌黏性的油脂或汁浆，能使空气中的尘埃附着于叶面及枝干的下凹部分等，减少了烟尘的污染。而随着雨水的冲洗，叶片又能恢复吸尘的能力。

前苏联曾对绿地净化空气的作用进行研究，表明在植物生长的季节中，花园和公园的空气含尘量明显降低，树林下的含尘量比露天广场上空含尘量的平均浓度低42.2%。德国也曾测定几乎无树木的城区，灰尘年平均值高于850mg/m^2，而在公园或树木茂密的郊区年平均值低于100mg/m^2。据中国建筑技术研究院信息所等单位对城市生存环境绿色量群值的研究表明，当绿化覆盖率为10%时，采暖期总悬浮颗粒下降为15.7%，非采暖期为20%；当绿化覆盖率为40%时，采暖期总悬浮颗粒下降为62.9%，非采暖期为80%。因此，在人居环境的范畴内保护森林植被，扩大绿地面积，植树种草，是减轻粉尘污染的有效途径。

而据北京市园林科学研究所对北京城市园林绿化生态效益的研究则表明，每公顷绿地滞尘量的差异主要是由于单位绿地面积上的树木绿量不同引起的，绿地的减尘效益决定于单位绿地面积上的乔灌木绿量，尤其受乔木的影响最大（图2-4）。

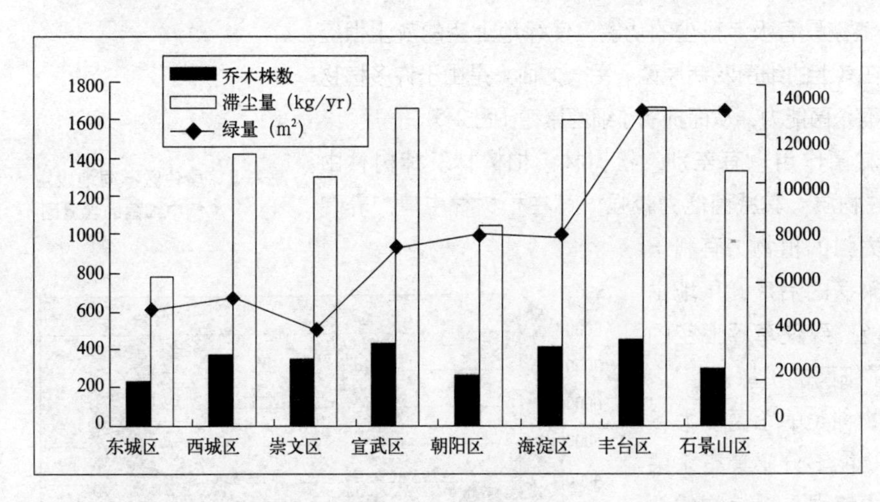

图2–4　北京城区八个区每公顷绿地绿量、乔木株数、年滞尘量的关系

树木的滞尘能力是不同的，与树冠高低、总的叶片面积、叶片大小、着生角度、表面粗糙程度等条件有关；并与季节相关，即植物吸滞粉尘的能力与叶量多少成正比，比如冬季植物落叶后，其吸滞粉尘的能力远不如夏季。

根据这些因素，吸滞粉尘强的树种有：桧柏、侧柏、槐树、元宝枫、银杏、绒毛白蜡等（表2-7）。

植物滞尘能力一览表 **表 2–7**

滞尘能力	常绿乔木	落叶乔木	常绿灌木	落叶灌木	草坪地被类
强	桧柏、侧柏和洒金柏	槐树、元宝枫、银杏、绒毛白蜡、构树、毛泡桐	矮紫杉、沙地柏、大叶黄杨、小叶黄杨	榆叶梅、紫丁香、天目琼花、锦带花	早熟禾、崂峪苔草、麦冬
较强	油松、华山松、雪松、白皮松、女贞	栾树、臭椿、合欢、刺楸、榆树、朴树、重阳木、刺槐、悬铃木等		金银木、珍珠梅、紫薇、紫荆、丰花月季、海州常山、太平花、棣棠、鸡麻、迎春	野牛草

（4）杀菌作用

空气中散布着各种细菌，而在城镇人口密集的区域，因空气污染有更多的有害细菌，其中不少病菌对人体有害，易引发各种疾病。据调查，在城市的公共场所如火车站、汽车站、购物中心、大型超市、电影院等处空气含菌量最高，街道次之，公园和街头绿地又次之，城郊绿地最少，相差几倍至几十倍。

据北京、南京、广西对城市绿地降低空气含菌量的测定结果表明，由于城市中人流、车流与绿地状况不同，树木种类不同，对空气含菌量的杀菌作用有差异，但绿地与树木的杀菌作用是显而易见的。在北京王府井每立方米空气中的含菌量是中山公园的 7 倍，是郊外香山公园的 9.5 倍；在南京，百货公司每立方米空气中的含菌量是玄武湖公园的 3 倍，是植物园的 20 倍[①]。

绿色植物对空气中的细菌等病原微生物具有不同程度的减少、杀灭和抑制作用：一方面，是由于植被具有吸滞粉尘的功能，使绿地上空的灰尘相应减少，因而也减少了粘附在其上的细菌及病原菌；另一方面，是由于许多植物本身能分泌一种杀菌素，有杀菌能力，从而抑制了细菌繁殖（图 2-5）。

各类林地和草地的减菌作用也有差别。松树林、柏树林及樟树林由于叶子能散发某些挥发性物质，其减菌能力较强，可在松树林中建疗养院或在医院周围多植杀菌力强的植物，有利于肺结核等多种呼吸道传染病的治疗。草地由于滞尘、保持水土等功能，致使草坪上空的含菌量很低，从而减少了细菌的扩散。

研究表明，不同植物种类的杀菌能力各有不同，有些树木和植物能够分泌具有杀菌能力的杀菌素，杀菌能力较强，以植物的杀菌特性为主要评价指标，可选用以下植物种类：白皮松、柠檬桉、雪松、槐树、栾树、臭椿、紫穗槐等（表 2-8）。

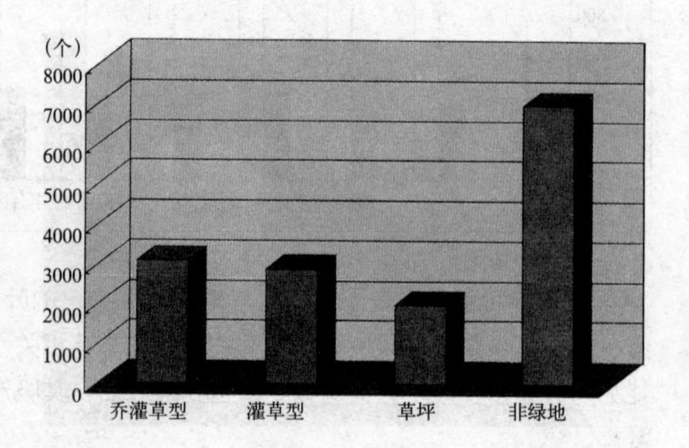

图 2–5 居住区不同地段空气中细菌的含量图

① 黄晓鸾，张国强．城市生存环境绿色量值群的研究（3）——国内外园林绿地功能量化的研究 [J]. 中国园林，1998（3）：58.

植物杀菌能力一览表　　表 2–8

杀菌能力	常绿乔木	落叶乔木	常绿灌木	落叶灌木	草坪地被类
强	油松、洒金柏、白皮松、柠檬桉	核桃、槐树、栾树、臭椿、黄栌、杜仲	大叶黄杨、矮紫杉、小叶黄杨、早早竹等	碧桃、金银木、紫丁香、紫穗槐	以鸢尾、早熟禾、崂峪苔草、麦冬、萱草等
较强	桧柏、雪松、华山松、粗榧、马尾松、杉木、侧柏、柳杉、樟树等	毛泡桐、银杏、馒头柳、桑树、绦柳、元宝枫、悬铃木、紫薇、橙、楝树、枫香等		珍珠梅、海州常山、丰花月季、平枝栒子、黄刺玫、金叶女贞等	

然而有关资料还表明，绿地的减菌作用与绿地中植物种植结构和人流量的大小呈正相关。在过于阴湿的条件下，为细菌的滋生提供了有利条件，含菌量呈上升趋势。因此，提高绿化覆盖率有助于减少空气中的含菌量，但应注意改善绿地乔、灌、草的配置比例，以及区域的布局、配置的结构等问题，保持绿地一定的通风条件和较良好的卫生状况，方可达到利用植物减少空气中含菌量，净化空气的目的。

（5）净化水土

人居环境范畴内的水体经常受到工业废水和生活污水的污染，从而影响环境卫生和人民健康。而且城市废水处理量极大，例如斯德哥尔摩的废水处理企业每年处理近 1.5 亿 m^3 废水，花费很大。而废水处理中所释放的营养物质，又会引起周围水域生态系统的富营养化等问题。

绿地不仅能够杀灭空气中的细菌，还能够杀灭土壤和水体中的细菌。据国外研究，树木可以通过吸收水中的溶解质，杀灭流过林地污水中的细菌，如 $1m^3$ 污水流过 30 ~ 40m 的林带后，经过植物根系和土壤的净化作用，其含菌量减少了一半，而通过 30 年生的杨、桦混交林带之后，细菌含量能减少 90%。

湿生植物和水生植物对污水有明显的净化作用（表 2-9），可吸收大量营养物质，并且可减慢污水流速，以使颗粒物质沉淀于底部，近 96% 的氮和 97% 的磷可滞留于湿地内。这样，既可以增加生物多样性，又基本上减少了废水处理的费用。利用水生植物吸收水体中的铅、汞、铬、铜等重金属污染物，降低污水色度，吸收化学物质，增加溶解氧，以净化水体，改善水质。国内外已开始利用自然生态系统（主要为湿地）进行污水处理的研究，在某些大城市目前湿地恢复已经在增加生物多样性和节省污水处

各种水生植物实验池不同季节对硫化物的吸收率（单位：%）　　表 2–9

季　节	水葱池	水花生池	芦苇池	水葫芦池	浮萍池
冬季（12 ~ 2 月）	44.3	35.0	44.0	36.1	11.9
春季（3 ~ 5 月）	40.1	36.4	43.2	30.4	12.2
夏季（6 ~ 8 月）	30.4	30.4	32.5	24.3	11.4

资料来源：杨宝国编著 . 工矿企业园林绿地设计 [M]. 北京：中国林业出版社，2000：2–9.

理成本方面取得了很大的成功。据计算，利用恢复湿地降解氮的成本为污水处理厂处理氮成本的 20%～60%，而湿地在处理污水的同时，还有益于生物生产及生物多样性维护。引用最多的水生植物有凤眼莲、浮萍、水花生、芦苇、宽叶香蒲、水葱等。据测定，芦苇能吸收酚及其他二十多种化合物，每平方米土地生长的芦苇一年内可积聚 6kg 的污染物质，还可以消除水中的大肠杆菌。所以，有的国家把芦苇当作污水处理的一个阶段。

另外，植物的根系由于呼吸作用，能降解土壤的重金属，并能分泌杀菌素，能使进入土壤的大肠杆菌死亡，同时在有植物根系的土壤中，好气细菌活跃，比没有根系的土壤要多几百倍，甚至几千倍，这样就有利于土壤中有机物、无机物的增加，使土壤净化和提高土壤肥力。例如芦苇、小糠草、泽泻能杀死水中的细菌；水葱、田蓟、水生薄荷等能杀死水中的大肠杆菌；凤眼莲、浮萍、金鱼藻等具有吸附锌等重金属的能力。利用水生植物净化水质，还应加强对植物的管理和对水生植物体的综合利用，如凤眼莲、水花生等生长力极强，蔓延扩展速度快，必须加强管理。

（6）增加空气负离子

空气负离子产生于物理性发生渠道（如紫外线、雷电、风暴等自然力作用；喷泉、人工瀑布与空气激烈地相碰、摩擦，形成喷筒效应，海浪的推卷效应、暴雨的跌失效应等）和生物性发生渠道。如土壤或动植物的生态过程中产生的负离子，以及植物叶片表面在短波紫外线的作用下发生光电效应而导致负离子量增多。因此，森林、绿地负离子的含量远比人流繁密、交通拥挤、建筑林立的街市要高（表 2-10）。

不同环境中的空气负离子浓度　　　　表 2–10

空气环境	空气负离子浓度（个 /cm^3）
海滨、森林、瀑布	20000
疗养地区	10000
乡村	5000
清洁空气	1000~1500
旷野郊区	700~1000
城市公园	400~800
街道绿化带	100~200
城市办公室	100
城市居室	40~50

资料来源：吴必虎．区域旅游规划原理 [M]．北京：中国旅游出版社，2001：185．

空气中的负离子浓度 1000 个 /cm^3 以上有利于人体健康，具有抑制细菌生长；清洁空气，调节神经系统，促进人体新陈代谢，稳定情绪，镇静催眠等功效，而且还能对治疗各种疾病的治疗有辅助作用，被人们称为“空气维生素”，有很高的保健、疗养价值。

中南林学院的科学工作者们在这方面做了大量的研究工作。在湖南省炎陵县境内的桃源洞国家森林公园（总面积 $8288hm^2$，森林覆盖率 91.5%）进行测定，空气中负离子的含量比城市郊区房屋内和闹市区室内高 80 ~ 1600 倍，空气十分清新怡人。在珠帘瀑布附近，空气负离子含量高达 2.34×10^4 ~ 6.46×10^4 个 $/cm^3$，牛角垅溪流穿过，负离子达 1.3×10^4 个 $/cm^3$，而市区的室内负离子含量仅为 40 个 $/cm^3$①。

（7）减少空气中的放射性物质

绿化植物能够阻隔、吸收放射性物质及射线。据测定，空气中含有 $1Ci/cm^3$ 以上碘时，在中等风速情况下，1kg 叶片在 1h 内可吸附阻滞 1Ci 的放射性碘，其中 1/3 进入叶片组织，2/3 吸附在叶子表面。不同植物吸收阻滞放射性物质的能力也不同，阔叶常绿树比针叶常绿树净化能力高得多。

2. 调节气候

小气候主要指由地层表面属性的差异性所造成的局部地区气候。城市由于人口及建筑密集，工业产业发达，会影响所在地区的气候，甚至气象。根据美国相关的研究调查，城市的气候与其周边的城郊和乡村相比有明显的不同：城市气温平均高于乡村 0.7℃，太阳辐射减少近 20%，而且风速降低到 10% ~ 30%。城市热岛效应，正是由于城市内存在大面积的吸热表面（硬化路面、建筑物等），以及大量使用能源而引起的。与郊区的气候特征相比，其影响因素除太阳辐射、温度、气流之外，还包括小地形、植被、水面、地面、墙面等直接受作用层。因此，城市气候有以下的特征：气温较高；空气相对湿度较小；日照时间短；辐射散热量少；平均风速较小；风向经常改变等。

人居环境内所有的自然生态系统，包括绿地、水体及农田等均有助于此类效应的缓解。植物叶面和水面的蒸腾作用能降低气温，调节湿度，吸收太阳辐射，对改善城市小气候有着积极的作用。而道路上浓密的街道树和城市其他各种公园绿地、专用绿地，城市郊区大面积的森林和宽阔的林带、农田，对城市各地段的温度、湿度和通风均能产生良好的调节效果。

（1）调节温度

影响城市小气候最突出的有物体表面温度、气温和太阳辐射，而气温对人体的影响是最主要的。一般人体感觉最舒适的气温为 18 ~ 20℃，相对湿度为 30% ~ 60%。夏季在热带、亚热带地区的城市气温高达 35 ~ 40℃，空气湿度相对较大，人们会感到闷热难忍；而植被的小气候效应却极为显著，在炎热的气候中，树木可遮阳阻挡 60% ~ 94%的太阳辐射到地表，叶片蒸腾耗热占辐射平衡的 60%以上，因此绿化地区能降低环境温度 4℃以上，气温明显低于未绿化的街区。仅一株大树每天就可

① 徐文辉．城市园林绿地系统规划[M]．武汉：华中科技大学出版社，2007：15-16.

蒸发近450L水，这些水需消耗1000MJ热量才可自然蒸发出来。因此，城市树木可明显降低城市夏季温度[①]。而在森林环境中，则清凉舒适，因为太阳光辐射到树冠上，一般有15%被反射，75%被吸收，只有10%左右透过树冠，使地面受到的辐射大为减少。被树冠吸收的大量热能，主要用于植物的蒸腾作用和散热，从而改变空气的热状况。草地也有较好的降温效果，当夏季城市气温为27.5℃时，草地表面温度为22～24.5℃，比裸露地面低6～7℃，比沥青路表面温度低8～20℃（图2-6）。据上海园林局测定，当室外水泥地坪温度为56℃时，一般泥土地面为50℃，树荫下地温为37℃，树荫下草地温度为36℃。可见，绿地的地温比空旷广场地温低20℃左右。而水环境则不论冬季还是夏季都可减少温度波动幅度。

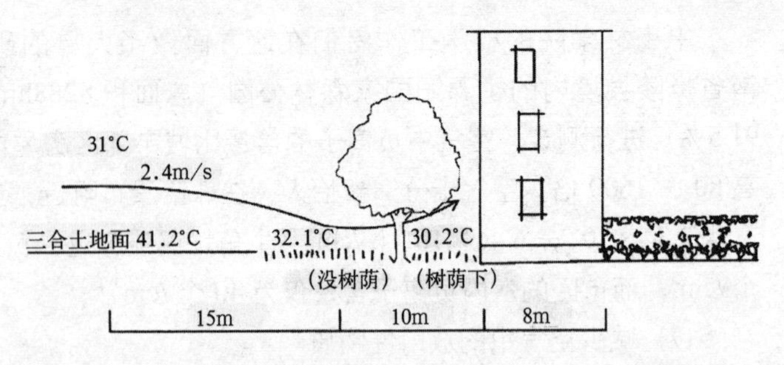

图2-6 某绿化环境中的气温测定比较图

城市热岛效应是城市小气候的特征之一，也是世界很多城市的共有现象，其原因如下：①城市建设的下垫面使用砖瓦、混凝土、沥青、石砾、玻璃为材料，其刚性、弹性、比热等物理特性与自然地表不同，改变了气候反射表面和辐射表面的特性；②建筑林立、城市通风不良，不利于热扩散；③人口集聚，生产、生活燃料消耗量大，空气中二氧化碳浓度剧增，下垫面吸收的长波辐射增加，导致城市热岛效应。④由于工业生产、交通运输、取暖降温、家庭生活等活动时放出的热量、废气和尘埃，使城市内部形成一个不同于自然气候的环境。⑤大量气体和固体污染物进入空气中，明显改变了城市上空的大气组成，影响了城市空气的透明度和辐射热能收支，成为城市云、雾、降水的凝结核。因此，改善下垫面的状况，改善气流状况，增加绿色植物的覆盖面积，是改善城市热环境的重要途径[②]。

（2）调节湿度

园林植物可通过叶片蒸发大量水分。经北京市园林局测定：$1hm^2$阔叶林夏季能蒸腾2500t水，比同样面积的裸露土地蒸发量高20倍，相当于同等面积的水库蒸发量。

绿色植物因其蒸腾作用可以将大量水分蒸发至空气中，从而增加空气的湿度。有关试验证明，一般从根部进入植物的水分有99.8%被蒸发到空气中。夏天，一棵树每天可以蒸发200～400L水；每公顷油松树每日蒸腾量为43.6～50.2t，加拿大白杨林每公顷每日蒸腾量为57.2t。

春天树木开始生长，从土壤中吸收大量水分，然后蒸腾散发到空气中去，绿地内比没树的地方（非绿地）的相对湿度高20%～30%，可以

① 鞠美庭，王勇．生态城市建设的理论与实践[M]．北京：化学工业出版社，2007：46.
② 徐文辉．城市园林绿地系统规划[M]．武汉：华中科技大学出版社，2007：15-16.

缓和春旱，有利于生产及生活。夏季树木庞大的根系如同抽水机一样，不断从土壤中吸收水分，然后通过枝叶蒸腾到空气中去。秋天树木落叶前，树木逐渐停止生长，但蒸腾作用仍在进行，绿地中空气湿度仍比非绿化地带高。

斯德哥尔摩位于许多岛屿上，因此市内的微气候大部分是由水体调节的。据报道，斯德哥尔摩市闹区的年平均气温与中心城市的外缘相比高出 0.6℃。此外，湿地和滩涂热容量大，并可通过蒸腾作用等保持当地的湿度和降雨量，发挥调节城市气候的功能①。

（3）调控气流

城市绿地对气流的调控作用表现在形成城市通风道及防风屏障两个方面。一方面，当城市道路及河道与城市夏季主导风向一致时，可沿道路及河道布置带状绿地形成绿色的通风走廊，这时如果与城市周围的大片楔形绿地贯通，则可以形成更好的通风效果。在炎热的夏季，将城市周边凉爽清洁的空气引入城市，改善城市夏季炎热的气候状况。另一方面，在寒冷的冬季，大片垂直于冬季风向的防风林带，可以降低风速，减少风沙，改善城市冬季寒风凛冽的气候条件（图 2-7）。

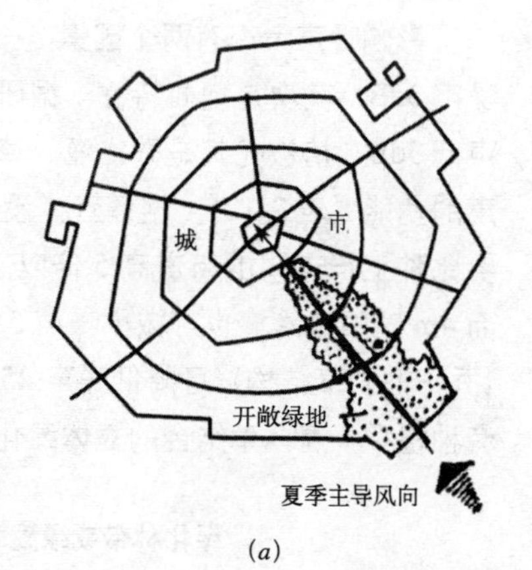

(a)

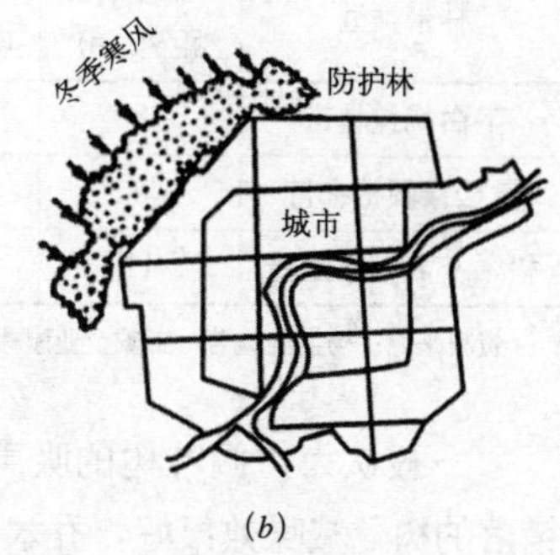

(b)

图 2-7　城市绿地调控气流
(a) 城市绿地的通风作用；
(b) 城市绿地的防风作用

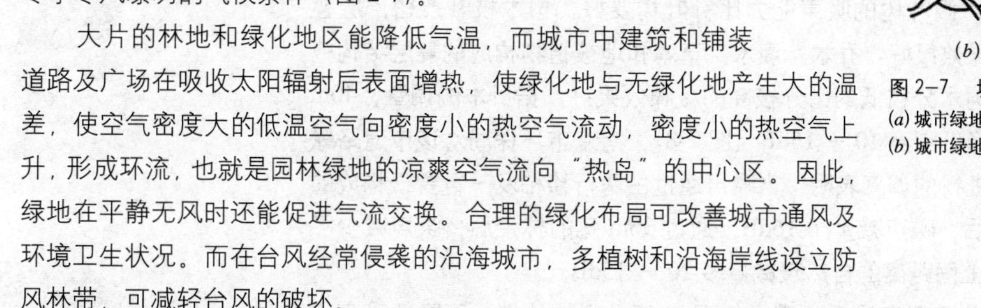

大片的林地和绿化地区能降低气温，而城市中建筑和铺装道路及广场在吸收太阳辐射后表面增热，使绿化地与无绿化地产生大的温差，使空气密度大的低温空气向密度小的热空气流动，密度小的热空气上升，形成环流，也就是园林绿地的凉爽空气流向"热岛"的中心区。因此，绿地在平静无风时还能促进气流交换。合理的绿化布局可改善城市通风及环境卫生状况。而在台风经常侵袭的沿海城市，多植树和沿海岸线设立防风林带，可减轻台风的破坏。

3. 降低噪声污染

交通与其他原因造成的噪声问题影响着城市居民的健康。正常人耳刚能听到的声压称为听阈声压。从听阈声压到痛阈声压的变化分为 120 个声压级，以 dB（分贝）为单位。按国际标准，在繁华市区，室外噪声白天应小于 55 dB，夜间应小于 45 dB；一般居民区白天应小于 45 dB，夜间应小于 35 dB。我国环境噪声标准在 1982 年颁布的《城市区域环境噪声标准》中有所规定（表 2-11）。

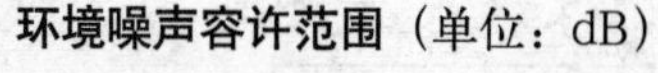

环境噪声容许范围（单位：dB）　　表 2-11

人类活动	最高值	理想值
体力劳动（保护听力）	90	70
脑力劳动（保证语言清晰度）	60	40
睡眠	50	30

① 鞠美庭，王勇．生态城市建设的理论与实践 [M]. 北京：化学工业出版社，2007：46.

影响噪声大小有两个因素：一是噪声源距离，每增加一倍距离可降低噪声 3dB；其次是地面特性，据研究表明，柔软的草坪比水泥步行街的噪声低 3dB。植被尤其是乔、灌、草相结合的绿化隔离带也有明显的消减噪声的功能（表 2-12）。据调查，没有树木的高层建筑的街道上空，其噪声要比种上行道树的街道高 5 倍以上。40m 宽的林带可减噪声 10 ~ 15dB，而 4m 宽的绿篱墙也可减小噪声 5 ~ 7dB，一般公路两边种植 10m 宽林带（乔、灌、草结构）可降低噪声 25% ~ 40%，可见防噪手段主要是道路两旁种植乔、灌、草结合的立体绿化带[①]。

绿化林带或绿篱墙减弱噪声的效果 **表 2–12**

林带类型	声源至林带距离 (m)	林带宽度 (m)	噪声通过林带后的衰减量 (dB)	相应空地的衰减量 (dB)	林带的净衰减量 (dB)
毛白杨纯林带	8	34	16	11	5
雪松、圆柏林带	6	18	16	6	10
椤木、海桐绿篱墙	11	4	8.5	2.5	6

资料来源：杨宝国编著．工矿企业园林绿地设计 [M]. 北京：中国林业出版社，2000：2–9.

一般认为，阔叶树的吸声能力比针叶树要好；树木枝叶茂密、层叠错落的树冠减噪效果好；乔木、灌木、草本和地被植物构成的复层结构减噪效果明显。树木分枝低的比分枝高的减噪效果好。据日本的调查，40m 宽的绿化带可降低噪声 10 ~ 15dB（图 2-8）。南京市环保局对该市道路绿化的减噪效果进行的调查表明，当噪声通过由两行桧柏及一行雪松构成的 18m 宽的林带后，噪声减少了 16dB，通过 36m 宽的林带后，噪声减少了 30dB，比空地上同距离的自然衰减量多 10 ~ 15dB。

另外，在公路两旁设乔、灌木搭配的 15m 宽的林带，可降低噪声一半，快车道的汽车噪声穿过 12m 宽的悬铃木树冠到达树冠后面的三层楼窗户时，与同距离空地相比降低 3 ~ 5dB[②]。

为防止噪声污染环境，可采用消声、隔声、吸声技术，比如加设隔声墙或隔声玻璃等多种多样的技术措施，以控制噪声扩散，但玻璃仅限于室内，而隔声墙又会影响城市景观；因此最佳方式是进行城市生态规划与建设，在城市中合理布

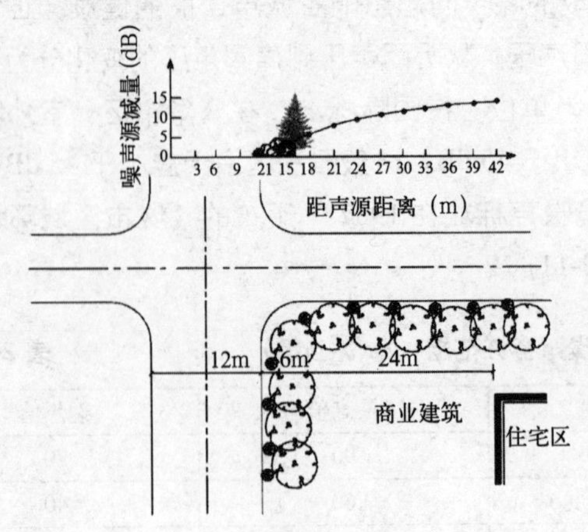

图 2–8 城市防声林示意及减噪效果

① 鞠美庭，王勇．生态城市建设的理论与实践 [M]. 北京：化学工业出版社，2007：46.
② 徐文辉．城市园林绿地系统规划 [M]. 武汉：华中科技大学出版社，2007：18–19.

置绿地，栽种树木，加强绿化建设，以消减噪声的不良影响。

4. 提供野生生物生境，维持生物多样性

绿地是人居环境中重要的自然要素，一方面为人们提供了接触自然，了解自然的机会；另一方面也为一些野生动物提供了赖以生存的栖息空间，使人们在城市中就能体会到与动物和谐共处的乐趣。

人居环境中不同群落类型配植的绿地可以保护、提供野生动植物的生境与栖息地，并与城市林荫道、河流、城墙等人工元素相结合的带状绿地形成绿色的走廊，连通了被城市隔离的绿地，有利于野生动物从一个栖息地迁徙到另一个栖息地，保证了动物迁徙通道的畅通，提供了生物流、物质流、能量流以及基因交换、营养交换所必需的空间条件和景观生态廊道，使鸟类、昆虫、鱼类和一些小型的哺乳类动物得以在城市中生存，从而最大限度地维持或提高了城市生物多样性。据有关报道，在英国，由于在位于伦敦中心城区的摄政公园、海德公园内建立了苍鹭栖息区，因此伦敦中心城区内已有多达 40 ~ 50 种鸟类在此自然地栖息繁衍。另外，在生态环境良好的加拿大某些城市，浣熊等一些小动物甚至可以自由地进入居民家中，与人类友好相处。

5. 减灾防灾

城市是人口最为集中，人为扰动最为强烈的特殊生态系统，对自然及人为灾害的防御能力及恢复能力下降。多年的实践证明，布置绿地可以增强城市防灾减灾的能力，在防震、防火、减轻放射性污染、保持水土等方面有重要作用。

（1）防火防震

在地震多发的城市，为防止地震灾害，城市绿地能有效地成为防灾避难场所。绿地对防止火灾的蔓延也非常有效。植物的枝干树叶中含有大量水分，许多植物即使叶片全部烤焦，也不会发生火焰。由于树种不同，对火灾的耐火性程度有较大差别，据有关资料表明，常绿阔叶树的树叶自燃临界温度为455℃，落叶阔叶树的树叶自燃临界温度为407℃。如珊瑚树、厚皮香、山茶、海桐、白杨、银杏等都是很好的防火树种。因此城市中一旦发生火灾，火势蔓延至大片绿地时，可以因绿色植物的阻燃作用而受到控制和阻隔，避免造成更大的损失。

由于绿地有较强的防火防震作用，因此在人居绿地系统规划中应充分利用这一功能，合理布置各类大型绿地及带状绿地，使绿地同时成为避灾场所和防火阻隔，构成一个城镇避灾的绿地空间系统。为此，有的国家已经规定避灾公园的定额为每人 $1m^2$。而日本提出公园面积必须大于 $10hm^2$，这样才能起到避灾防火的作用。

（2）防风固沙

随着土地沙漠化问题日益严重，沙尘暴已成为影响城市环境、制约城市发展的一个重要因素。

植树造林、保护草场是防止风沙污染城市的一项有效措施。一方面，植物的根系、匍匐于土地上的草以及植物的茎叶具有固定沙土、防止沙尘随风飞扬的作用；另一方面，由多排树林形成的城市防风林带可以降低风速，从而滞留沙尘。

(3) 调节降雨与径流，涵养水源，保持水土

城镇区内覆有水泥、柏油、涂料等表面的市政基础设施和建构筑物，表面密实而坚硬使大部分降水迅速汇成地面径流，而且可能携带市区污水而使水质发生恶化。植被根系深入土壤，使土壤对雨水具有更强的渗透性，能有效地防止地表径流对土壤的冲刷，保持土壤水分。根系吸收水分后植物叶片以蒸腾的方式释放到空气中，增加了空气湿度，从而调节降雨和径流，减少地面反射热。而且，植被有减缓水流速度，减少洪水危害的作用。

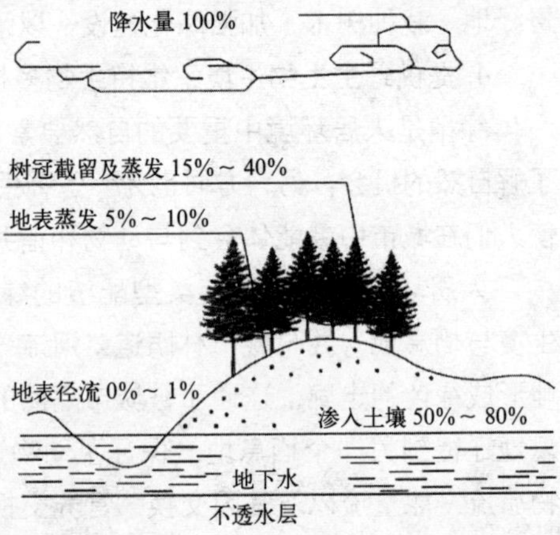

降水量 100%
树冠截留及蒸发 15%～40%
地表蒸发 5%～10%
地表径流 0%～1%
渗入土壤 50%～80%
地下水
不透水层

图 2-9　树木的蓄水保土作用

研究表明，当有自然降雨时，15%～40%的水被树林树冠截留或蒸发，5%～10%的水被地表蒸发，地表的径流量仅有0%～1%，50%～80%的水被林地上一层厚而松的枯枝落叶所吸收，然后渗入土壤中，经过土壤、岩层的不断过滤流向下坡或泉池溪涧，这些水就成为许多山林名胜瀑布直泻、水源长流、泉池涓涓、经年不竭的原因之一（图 2-9）。近年来实施的长江天然防护林工程，就是利用植物涵养水源、保护水土的功能，对长江的水质进行了很好的保护。太湖、洞庭湖等一些大型水面的堤岸防护林绿地，也有效地发挥了防风固土、减少径流冲刷等作用。

相反，无植被的地段60%的雨水流入了暴雨污水沟，会影响当地的小气候和地下水位。植被主要从 3 个方面减少水土流失：地表积累的枯枝落叶层和地被植物能增加土壤的厚度，保持和涵养大量水分；林冠能减少流雨量和雨滴动能，水土保持作用非常显著；植被根系在土壤中纵横交错，提高了土壤的抗侵蚀和抗冲刷性。因此，地理条件处于有暴发洪水危险、自然条件较差的城市，更应该植树造林，其环境效益是显著的。

(4) 防御放射性侵染和有利备战防空

绿地中的树木能够过滤、吸收和阻隔一定量的放射性物质和辐射传播，而且可以降低光辐射的传播和冲击波的杀伤力，并对军事设施、重要建筑、保密设施等起隐蔽作用。

城区及远郊的绿地系统平时可以作为市民的游憩绿化用地，而在战时可以起到备战疏散、防空、防辐射的作用。

(5) 监测环境污染

自然界的某些植物对环境污染的反应比人和动物要敏感很多，具有指示、监测城市环境质量的功能。人们可以根据植物所发出的“信号”来分析鉴别环境污染的状况。这类对污染敏感而能发出“信号”的植物称为“环

境污染指示植物"或"监测植物",可以利用植物的敏感性监测环境的污染。如地衣在空气污染的地区是不能生长的，可作为空气污染的指示植物；可利用雪松（特别是在长新梢时）来监测二氧化硫；可利用唐菖蒲、雪松来监测氟化氢；可利用油松来监测氯气等（表 2-13）。利用植物监测环境污染，方法简便，成本低廉，有利于开展群众性监测工作。

几种有害气体的来源及指示植物的受害症状　　　　表 2–13

有害气体	主要污染源	植物受害症状	主要指示植物
二氧化硫	冶金、炼油、化工、热电	伤斑多出现在叶脉间，呈黄褐色或失绿；针叶尖端红棕色	紫花苜蓿 (0.4mg/kg，7h)、向日葵、落叶松、雪松、马尾松、枫杨
氟化氢	冶金、建材、磷肥	伤斑开始集中在叶缘或先端；逐步向内发展	唐菖蒲 (10mg/kg，20h)、郁金香、雪松、樱桃、葡萄、落叶松
氯气 氯化氢	化工、制药、农药	叶脉间产生褪色斑，受伤组织与健康组织间无明显界限	厚壳树 (1.2 ~ 2.5mg/kg，14min)、复叶槭、落叶松、油松、桃
氮氧化物	化肥、炼油	叶脉间和近叶缘处出现不规则的白色、棕色伤斑	悬铃木、向日葵、秋海棠
臭氧	氮氧化物和碳氢化合物在阳光作用下形成的次生污染物	叶表出现棕褐色黄褐油斑点；针叶尖端或整个针叶死亡	牵牛、蔷薇、兰花 (0.5mg/kg，3h)、女贞、樟树、皂荚、丁香、葡萄

资料来源：杨宝国编著．工矿企业园林绿地设计 [M]. 北京：中国林业出版社，2000：2–9.

二、人居环境绿地系统的产业服务功能

人居环境绿地系统的功能从产业服务的角度来说可以分为三个层面：其一是绿色环境对居民健康的影响，可以改善城市环境质量，提高生活质量；其二是能够满足市民日常生活的游憩娱乐、旅游观光的需求；其三是森林、农田、河塘等作为人居环境绿地系统的组成部分，本身就具有后勤生产服务的功能。以上三个层面都可以产生直接或间接的经济效益，可以称为人居环境绿地系统的产业服务功能。

1. 改善人居环境质量

绿色植物对人有一定的心理功能，如果城市中充满使人兴奋的红色和黄色，而缺乏使人镇静的绿色和蓝色，则缺少安静祥和的自然环境。

我国于 20 世纪 80 年代进行了"绿与消除人体疲劳的探讨"，其结果为：绿化好的环境，人的耐力持久度为 1.05 ~ 1.42，绿化差的地方则下降为 1.00；而且在绿化好的环境条件下，易消除视力疲劳，提高人的明视持久度，且听力、脉搏和血压等健康指标均较稳定，易恢复正常，而在绿化差的环境，上述指标不够稳定。

据一项人体健康调查表明，在基本条件相等的情况下，北京大栅栏

地区的肺癌死亡率比陶然亭地区高一倍多。大栅栏为商业区，人流量大，建筑总面积比陶然亭地区高1.28倍，人口密度大0.66倍，绿化覆盖率为13%，而陶然亭绿化覆盖率为35%。环境质量较差，污染较严重，绿化少是北京大栅栏地区肺癌死亡率较高的原因。

虽然人居环境中人体健康受危害的原因不完全取决于绿地环境，但是上述绿地的各种功能已证明绿色环境可增进城市居民的身心健康，改善生存质量。

2. 游憩娱乐功能

从各国的园林绿化发展来看，绿地历来就具有供人游憩的使用功能。绿地可以包括安静休息、文化娱乐、体育锻炼、郊野度假等游憩活动；可调剂生活，消除疲劳，恢复体力；振奋精神，提高效率；在自然环境中可享受阳光空气，增进生机，延年益寿，使人能更好地享受生活、热爱生活。

科技进步促进生产力发展和生产效率的提高，使人类的闲暇时间和自由时间不断延长（表2-14）。

人类休闲时间的变化 **表2-14**

阶段	休闲时间	推动力
一万年前	10%	
公元前6000年～公元1500年	17%	工匠和手工艺人担负了艰苦劳作
18世纪	23%	机器化革命
20世纪90年代	41%	电力机械
21世纪	有望增加到50%	新技术的发展

资料来源：徐文辉．城市园林绿地系统规划[M]．武汉：华中科技大学出版社，2007：22.

虽然各个国家之间在休闲时间方面存在一定的差异，但休闲已经成为推动新千年全球经济发展动力，具有普遍的社会意义，并将在人类生活中扮演更为重要的角色。从国内来看，旅游业和娱乐业也蓬勃发展，从1995年5月起，我国实行了5天工作制，2008年随着国务院办公厅《职工带薪年休假规定》的颁布实施，本次节假日调整后，我国法定节假日和周末休息日已经达到115.3天，如加上职工带薪年休假，一年中平均休假时间超过了三分之一。旅游业已经成为国民经济新的增长点，成为当今中国改善生活质量、拉动内需、发展经济的途径之一。

因此，绿地规划中应顺应这一趋势作出相应的安排，在人居环境绿地的游憩功能上作出相应措施。第一，围绕居民居住的主要区域建设清洁、优美、舒适的绿地环境；第二，通过大的公园或专业公园及郊区的度假区或风景名胜区的绿化建设，满足人们周末度假休闲的需要；第三，在城镇集聚区域的范围内保护和建设自然生态区域，满足休闲需要。

（1）文娱体育

园林绿地中的游憩活动一般分为动、静两类，动的活动又可分为主动的和被动的两种，个人所喜欢的活动根据年龄、性别、性格和职业的不同而有所不同。

人们日常工作的休息娱乐活动需要适宜的环境载体，包括：公园、街头小游园、林荫道、广场组团院落绿地等城区内绿地和森林公园、湖泊湿地、生态农业园等区域绿化环境，以消除疲劳、恢复体力、调剂生活、促进身体及精神的健康。

（2）游览观光

旅行游览也属一种主动性游乐，是指包括人类闲暇时间内从事的所有游憩活动。游乐活动主要是针对人们的猎奇和探险心理开展的，使人们从中受到刺激，从而得到享受。随着城市中各种环境问题的加剧以及人们生活压力的增加，旅游已经成为人类的基本需求，是人权的范畴。

人们在闲暇时间内的游憩活动是连续的、不可人为割裂的，包括了户内外游憩、社区游憩、一日游、国内旅游和国际旅游等一系列旅游活动，因此，人居环境绿地系统中的公园绿地、游乐场、体育运动公园、森林公园、风景名胜区、生态农业园区等都为旅游活动提供了基础。

（3）休养基地

利用森林、水域或山地等风景优美的绿化地段和某些特有的自然条件，如海滨、水库、高山、矿泉、温泉等，安排为休疗养地，或从区域规划的角度在休疗养区中与度假结合，建成一个特有的绿化地段，以达到休养生息、调剂身心的目的。

3. 后勤服务功能

森林、农田、河塘水系作为人居环境的后勤服务基地，可有多种形式的产业服务功能。

（1）森林植被

森林植被对于改善城市生态环境质量具有重大影响，人居环境区域范围内的经济林与防护林结合，营造针阔混交林以减少虫灾，确保生态效应的发挥和景观的稳定性，并为居民郊游、森林浴、放生、野生动植物观赏等活动提供条件。

（2）农田

人居环境区域范围内的农田应该遵循生态农业体系的发展方向，积极增产粮食，促进农村综合发展，增加农村劳动力的就业机会和收入，合理利用和保护资源，改善生态环境。强调发挥农业生态系统的整体功能，以大农业为出发点，按〝整体、协调、循环、再生〞的原则，全面调整和优化农业结构，使农、林、牧、副、渔业和农村一、二、三产业综合发展，并使各业之间互相支持，相得益彰，提高综合生产能力。形成公园式农业，开辟花卉业及花卉服务业，开发绿色（有机）食品生产以满足居民主、副食品的需要。

（3）河湖水系

河湖水系的功能特征包括水流、矿质养分流和物种流。适合鱼类、鸟类、小型哺乳类动物、两栖类动物等生物生存、繁殖、迁移，并提供食源。特别能改善城市热岛效应，对控制水土流失，保护分水地域，吸收净化水质，废水管理，消除噪声和污染控制都有许多明确的经济效益。对丰富居民生活，为人居环境的稳定性、舒适性、可持续性提供了一定的基础。

4. 经济效益

人居环境绿地的多种功能，大多不易以直接的经济价值来估量和衡量，但是经过分析计算是可以测算出其综合经济效益的。

(1) 旅游业收入

作为游憩功能组成部分的旅游业已成为许多地区的重要经济来源，据2008年全国旅游工作会议报告，2007年中国继续保持全球第四大入境旅游接待国、亚洲最大出境旅游客源国的地位。全年入境旅游人数达1.32亿人次，其中入境过夜旅游人数达5472万人次；旅游外汇收入达419亿美元，增长23.5%；国内旅游人数达16.1亿人次；国内旅游收入达7771亿元，增长24.7%。旅游业总收入首次突破1万亿元，达1.09万亿元，增长22.6%；旅游产业的持续发展，带动了城乡居民消费增长，促进了相关产业的发展，扩大了社会就业。2007年新增旅游直接就业50万人。

(2) 绿化植被的直接和间接经济效益

人对森林的利用经历了初级利用、中级利用和高级利用三个阶段。根据一位农学家的分析，一棵生长了50年的树，其初级利用价值是300美元，而其环境价值（高级利用）达20万美元，即发挥综合功能产生的效果。这是根据其在生态方面的改善气候，制造氧气，吸收有害气体和水土保持所产生的效益以及提供人们休息锻炼、社会交往、观赏自然的场所而带来的综合环境效益所估算出来的。

城市绿化还可减少能源使用，节省空调耗能。有关资料表明：芝加哥市区每增加10%的森林覆盖率，就供暖和降温所耗能源费用而言，每年每一居民单元就可减少近50～90美元。1995年日本东京的一项研究表明，当气温超过35℃时，每再升高1℃，东京电力线管辖范围内用于空调的耗电量达120万kW，而通过绿地降低气温则大大节省了能源。

上海宝山钢铁厂是全国著名的花园单位，绿化面积达933hm^2，其自1984～2000年绿化建设及养护共计投资5.17亿元，种植了365万棵乔木、2900万棵灌木和112万m^{2}的草地，所获取的现有价值达11.95亿元；而同时发生的生态环境效益则产生60亿元的价值，环境效益包括制氧、吸收二氧化碳、净化空气、涵养水源、防止噪声、降温、增湿等。其直接和间接效益合计价值72亿元，是总投资的13.58倍，体现了园林绿地巨大的经济效益。

日本以替代法计算其森林的公益效益。1972年为128200亿日元；1991年为392000亿日元；2000年为749900亿日元，即相当于1998年日本国家预算总额(750000亿日元)。其中，保存降水功能的价值达87400亿日元，缓和洪水功能价值55700亿日元，净化水质功能价值128100亿日元，防止泥沙流失功能价值282600亿日元，防止塌方功能价值84400亿日元，保健休闲功能价值22500亿日元，野生动物保护功能价值39000亿日元。

据报道，天津开发区建在渤海之滨原来的盐场卤化池上，土壤贫瘠，寸草不生，在那里辟建绿地170hm^2，总投资1.425亿元，十年后计算：树木增值180.3万元/年，释放氧气、滞尘降尘、落水保堤、增湿降温等环境效益5771万元，两者合计5951.3万元，其投资年回报率为41.8%，而且其效益将随着树木的生长逐年递增[①]。

（3）提升城市品质的间接经济效益

人居环境绿地能创造良好的投资环境，对投资带来了很大的影响，环境良好的地区房地产价格一般较高，并吸引大量资本和高素质的人口。英国房地产商早就确定了"绿化就是高价房地产"的观念，在伦敦，最靠近公园和林荫道的居住区或者是位于郊区建筑密度低而绿地多的居住区，大多数均为价格昂贵的居住区。美国曾研究绿化与居住地产价格的相关效益作用，在考虑其他变化因素的情况下，发现树木覆盖的理想环境中，地产价格可提高6%，有的高至15%。上海几个大型绿地周围的房产价格同比高出1000～1500元/m^2，带来了巨大的商业利润。

综上可见，人居环境绿地的发展给城市带来了巨大经济效益。其价值已远远超出其本身的价值，结合其生态环境效益来计算则价值是巨大的，并且随着时间的推移而增加。

三、人居环境绿地系统的社会服务功能

1. 突出区域人居环境特色

（1）控制城市发展形态与发展格局

围绕城区所建设的绿化用地或绿化控制带，宽度多为5～15km之间，而大城市绿化控制带的总长度多在100km以上，可以控制城市的无序扩展，保障城市合理格局的形成。伦敦、巴黎、莫斯科以及亚洲的一些大城市的实践也证明了城市绿化控制带对城市的有序发展起到了不可替代的积极作用，避免大城市扩展与周边城市融合，保护城市和乡村景观特征差异，保证了城市形态与城市格局的形成（表2-15）。

（2）作为城市空间艺术构图的骨架

城市是区域山水基质上的一个斑块，可被视为一个复杂的生态系统，又可被分割为若干个独立的生态系统，或依山或傍水或兼得山水作为其整体环境的依托。在考虑城市功能分区和交通顺畅等功能的同时，需要处理好城市、水域、田园和山林之间的空间构图关系，才能凸显自然环境的特色，形成优美而有特色的城市风貌。

在人居环境的范畴内，许多地方还保留着原有的地貌和植被景观，是人工环境中仅见的自然环境，可将人居环境中所有绿色、蓝色的自然区域统称为城市自然生态系统。一个城市的主要面貌是由外围的城市自然景

① 李铮生．城市园林绿地规划与设计[M]．北京：中国建筑工业出版社，2007：50.

表 2–15

世界部分大城市绿化控制带比较一览表

	人口（百万）	地形	内径 (km)	外径 (km)	绿带宽度 (km)	绿带长度 (km)	绿带面积 (km^2)	绿化系统环绕城市扩展范围 (km^2)	绿化带内建筑密度
巴黎	9.3	地形平坦	30 ~ 45	约 90	风景保护区的宽度约 10 ~ 25	约 130	整个风景保护区面积超过 3000	约 800	市中心为高密度，郊区为低密度或中密度
伦敦	9	地形平坦，河流	40 ~ 50	60 ~ 75	7 ~ 15	200	5450	约 1400	市中心为高密度，郊区为低密度或中密度
鹿特丹		地形平坦，大量的水体	—	—	—	—	约 1800	—	—
洛尔区 / 爱莫莎公园	5	地形平坦，两条河流	15 ~ 70	25 ~ 80	0.5 ~ 5	约 160	—	约 1200	市中心高密度，一般地区为中密度
柏林	3.4	地形平坦，河流和湖泊	20 ~ 25	40 ~ 50	约 5 ~ 10	约 110	约 500	约 600	通常为高密度，在郊区为低密度或中密度
莫斯科	13	平地、丘陵、河流	28 ~ 38	无明确的界限	无明确界限，大约 10	100 ~ 120	没有明确界限，超过 1000	约 800 ~ 900	中密度
法兰克福内环	0.6	小山、河流	5 ~ 10	8 ~ 18	0.5 ~ 3.5	40	70	—	高密度
法兰克福外环	0.6	小山、河流	10 ~ 18	18 ~ 25	1 ~ 6	70	80	约 100	中等密度
慕尼黑	1.2	地形平坦、河流	18 ~ 20	从绿化带连续过渡到乡村风景区	无明确界限，约 10 ~ 15	约 70 ~ 80	没有明确界限，大约 500	约 180	市中心为高密度，郊区为低密度或中密度
科隆	0.9	地形平坦、河流	—	—	0.5 ~ 1.0	12	8	—	市中心为高密度，郊区为低密度或中密度
惠灵顿		海湾和半岛，被大片山地环绕	—	—	0.5 ~ 2	20	20 ~ 30	沿海岸分布的城市外围，面积约 90	中密度和高密度

资料来源：欧阳志云．大城市绿化控制带的结构与生态功能 [J]. 城市规划，2004（4）：42.

观开始，而贯通到城市内部空间中的，进而构成了整个城市面貌的骨架。如果在城市的空间结构布局中能充分发挥城市地貌和四周景观的优势，为人工环境引进自然的景色，使人居环境中的自然与人工景观交织融合在一起，也就充分体现了各城市自己的特色。如北京、杭州、青岛、桂林等城市均具有山水绿化骨架与城市建筑群有机联系的特点（图 2-10 ~ 图 2-14）。鸟瞰全城，郁郁葱葱，建筑处于绿色包围之中，山水绿地的融贯将城市与大自然有机联系在一起。美国的华盛顿、法国的巴黎、瑞士的日内瓦、波兰的华沙、澳大利亚的堪培拉等则更为人们所称颂。

因此，城市近郊风景和城中保留下来的自然景观相结合而形成的人居环境整体面貌，可成为人居环境最有特色的艺术构图，是形成优美城市的前提，从而起到支撑城市面貌的骨架作用。

(3) 构成城市景观的背景、对景以及焦点

大地景观是一个生命的系统，一个由多种生境构成的嵌合体，其中的山水等自然格局往往成为一个城市最突出的景观组成部分。连绵的山脉是城市最佳的庇护和背景，许多城市均依山而建，山系已成为城市景观的重要组成部分。如春城昆明的滇池西山"睡美人"已经成为城市最佳的景观背景和城市对景，也成为城市精神的象征和文化的组成部分。又如古城丽江以巍峨挺拔的玉龙雪山为背景，传统建筑依雪山融化的自然河道流向排列，形成优美的街景，构成丽江一派古朴自然的风貌（图 2-15、图 2-16）。

图 2-10（上） 北海公园
图 2-11（中一） 故宫
图 2-12（中二） 桂林
图 2-13（下） 青岛（一）

图 2–14　青岛（二）

图 2–15　西山“睡美人”

图 2–16　丽江

图 2–17　周庄

古代的先民大多择水而居，城市的形成和发展都与其所在地的水系紧密相关。城市水系更是城市景观美的灵魂和历史文化之载体，是城市灵韵之所在。水往往作为一个统一城市多样化风格的元素，如以自然河湖作为边界的城市，可在边界上设立公园、浴场、滨水绿带等，以形成丰富多样的河岸和水际边缘效应，构成丰富多样的景观基础。如江南水乡的河网水系就成为城镇景观最亮丽的元素，将江南的特色凸显出来了（图 2-17）。

因此，人居环境绿地系统的规划设计可与城乡大的空间环境联系起来，加强景观的联系，可以构成城市景观的背景、对景以及焦点，形成优美的城市景观。

（4）丰富城市的轮廓、层次及生命色彩

人居环境绿地中的林地是原有的自然森林群落或人工配置和改造的人工群落，其树种组合具有多彩多姿的形体变化。成林郁闭后，树种单一的人工纯林具有雄伟的单纯美，可以给人们美的景观享受。

1）林冠线和层次的变化。自然状态下生长的风景林，由各类植物共同组成一个十分和谐的生态群落。生长迅速而高大的阳性树种，构成林冠线的上层；生长速度中等的中性和耐阴性树种，组成中层骨干树种；林下则多为耐阴灌木和草本，形成风景林的地被。在长江以南的亚热带常绿阔叶林自然群落中，上层多为马尾松、枫香等阳性树种，中层多为杉木、樟科、栎类和木兰科树种，下层多是冬青、杜鹃等耐荫灌木，地被多为蕨类、苔藓、地衣等。它们共同组成高低起伏和自然柔和的曲线，从而使人们获得具有韵律节奏的视觉美感（图 2-18）。

图 2-18（左） 森林群落
图 2-19（右） 黄山迎客松

2）奇特的树姿。在特殊的地形和气候条件下生长的林木，常形成奇特的树姿，使之获得动势和力的美感。如生长在岩壁上的树木，为获得阳光，树冠偏向外侧，构成“旗冠”效果，驰名中外的“迎客松”就是这样形成的（图 2-19）。另外，在山顶石隙中顽强生长的树木，长期在狂风、雪压和缺肥少水的恶劣环境中生存，造成各种虬枝枯干的小老树，仍然生机盎然，充满了生命的活力。还有长期生长在土层松软的沼泽地林木，为能稳定地支撑林冠，近根颈部多变成力学性能最佳的板状，造成了奇特的植物景观效果。至于另一些树种，其本身就具有气生根、干生花等功能，它们均为风景林增色不少。

3）绮丽多姿的季相色彩变化。大千世界中植物色彩变化的丰富程度，是人工难以复制的。就树木而言，除花的色彩变化以外，叶色的季相变化往往带有大片的环境色彩效果（图 2-20、图 2-21）。如南方的春天，樟、石楠等常绿树换叶时，老叶变红，新芽亦为嫩红色，尤其是檫木的新芽和嫩叶，呈现红而亮的光泽，远看犹如满树盛开的红花。入夏，白玉兰、马褂木等落叶类的木兰科树种，及其栎类的新叶，皆为一片鲜嫩的黄绿色，随后逐渐变成淡绿色或为深绿色，这些柔和的球形冠线和绿红色的变化，形成亚热带常绿阔叶林夏季典型的林相色彩效果。入秋，众多的漆树科和槭树科树种，多显艳紫色，枫香和黄栌则变成黄红色，而乌桕则有紫红、黄红、橙黄等多种色彩。另一些树种和秋叶，呈现出金黄、淡黄、橙黄等

图 2-20（左） 金秋银杏
图 2-21（右） 香山红叶

多种色彩。因此，秋叶的色彩把大自然打扮得格外娇艳迷人，人们对金色秋天的向往，也就是由于树木的环境色彩效果而产生的[①]。

总之，人居环境绿地系统的构建除了有明显的生态效益和产业效益之外，还可凸显人居环境的景观环境特色，所以又是人居环境大区域景观中具有重要社会效益的要素。

图 2–22　林荫路

2. 景观形象功能

(1) 构成城市面貌

人居环境绿地是城市景观的重要组成部分，往往对城市面貌起到决定性的作用。作为凯文·林奇城市景观意向五要素之一的线性绿色空间往往是人们进入城区后的第一印象。线性的绿地如林荫路、滨水路等，能丰富建筑群的轮廓线及景观（图 2-22、图 2-23）。因此，在人居环境绿地的规划设计中，应通过合理的设计及植物配置，使绿色植物与建筑群体成为有机整体，并体现城市的历史精神风貌。

图 2–23　上海滨水景观带

城市景观中，工业区、商业区、交通枢纽、文教区、居住区等不同功能分区营造的总体景观效果不同、景色各异。绿地景观营造应保持其特色，通过区域内的不同建筑类型、色彩、绿化效果、照明效果等，形成不同的区域景观，努力体现不同区域特征，以达到丰富城市景观体现特色之目的。

因此，城市风貌作为一个整体，必须非常重视绿地作为整体重要组成部分的美化作用，充分依托自然山水格局，凸显历史文化遗产，并从人居环境的空间布局上多考虑对景、借景和风景视线的要求。

图 2–24　天坛

(2) 美化城市、装饰环境

可以充分运用绿化的形体、线条、色彩等效果与建筑形式相辅相成而取得更好的艺术效果，使人得到美的享受。如北京的天坛依托密植的古柏而衬托了静谧，与天对话的幽静氛围（图 2-24）；南京中山陵则用常青的大片雪松、翠柏来烘托肃穆、庄严的气氛（图 2-25）；苏州古典园林常用粉墙竹影、芭蕉、梅花、兰花等来表现它的幽雅清静（图 2-26）。

图 2–25　南京中山陵

① 王浩．城市生态园林与绿地系统规划 [M]．北京：中国林业出版社，2003：56–57.

图 2–26（左） 苏州拙政园
图 2–27（右） 深圳湾

人居环境绿化还可以起到装饰作用，使城市面貌丰富、整洁、生动、活泼，并可以用植物的不同形态、色彩和风格来达到城市环境的统一性和多样性，增加艺术效果。上海的东外滩、深圳的海湾（图 2-27），均在滨江地段开辟了滨江绿带，进行绿化装扮，既美化了环境又使高耸的建筑群有了衬景，增添了生气。

美好的人居环境可以激发人的思想情操，提高人的生活情趣，是现代城市发展不可或缺的一部分。

3. 文化教育功能

（1）文化宣传及科普教育

人居环境绿地是进行绿化宣传及科普教育的场所，是城镇居民接触自然的窗口。自然生态系统包括植物系统和动物区系，如鸟类和鱼类等，除了美学、文化价值之外，还包括了生态系统的科学研究价值，在接触的过程中人们可以获得许多自然学科的知识，得到科学知识和自然辩证法的教育。

可在各类大型、综合性公园绿地中设置展览馆、陈列馆、宣传廊等，以文字、图片等形式对人们进行相关文化知识的宣传，举行各种演出、演讲等活动，通过生动形象的活动形式，寓教于乐地进行文化宣传，提高人们的文化水平，改善人们的精神面貌。

此外，一些主题公园包括农业园、森林公园、野生动物园等可以针对性地围绕某一主题展开，让人们直观、系统地了解与该主题相关的知识，不仅可以开阔人们的视野，还可以通过人的亲身体验来丰富人们的生活经历。

（2）美学价值与精神激励

1）植物的自然特性，给人以视觉、听觉、嗅觉的美感

人们对于自然美、环境美、艺术美的感应与享受，是通过视觉、嗅觉、听觉等感官来获取的。例如〝雨打芭蕉〞、〝留得残荷听雨声〞等，指的就是雨打在叶子上发出声响给人的听觉享受。而梅花、桂花、含笑、茉莉、蔷薇、米兰、九里香、腊梅等芳香植物，香气袭人，让人心旷神怡。〝翠影红霞映朝日〞，青翠欲滴的绿叶、五色缤纷的花朵、舒展优美的树形无

不给人以视觉上的享受。

2）艺术熏陶与精神象征

植物在某些时候部分地象征了人们的情感、价值观乃至世界观，甚至成为人们精神世界的物化存在。利用植物寓意、联想来创造美的意境，寄托感情。例如金桂、玉兰、牡丹、海棠组合，象征"金玉满堂"；桂花、杏花象征富贵、幸福；合欢象征合家欢乐；"四君子"——梅、兰、竹、菊，因梅优雅，兰清幽，菊闲逸，竹刚直而得名；"岁寒三友"——松、竹、梅，用苍劲的古松，象征坚韧不拔，青翠的竹丛，象征挺拔、虚心，傲霜的梅花，象征不怕困难、无所畏惧；桃花、李花象征"桃李满天下"。又如白花象征宁静柔和、黄花明洁、红花欢快热烈等，均体现了园林植物的文化功能。

不同的植物材料，运用其不同的特征、不同的组合、不同的布局则会产生不同的景观效果和环境气氛。如历史遗迹、纪念性园林、风景名胜、宗教寺庙、古典园林等特定的文化环境，要求通过各种植物的配置使其具有相应的文化环境氛围，如常绿的雪松和塔形的柏科植物成群种植在一起，给人以庄严、肃穆的气氛；高低不同的椰子与凤尾丝兰组合在一起，则给人以热带风光的感受；远山环绕的疏林草地，给人以开朗舒适、自由的感觉；挺拔的水杉、云杉则给人以蓬勃向上的感觉；银杏、香樟、大叶榕等树种则往往把人们带回对历史的回忆之中。不同种类的人工植物群落，能使人们产生各种景观意象，从而引起共鸣和联想。

3）启发创造

丰富而多姿多彩的大自然往往会激发人的创造性，许多仿生学方面的发明创造均来自于自然生态系统的启发；人们甚至从植物生态学的角度出发，引申出经济生态学、城市生态学等，进一步扩展了生态系统平衡的研究领域。

综上所述，人居环境绿化系统是改善生态环境的重要手段，是城乡一体化建设的重要保证。其功能作用可以概括为生态系统服务功能、产业服务功能和社会服务功能等三大方面。

生态系统服务功能的内涵可包括空气、土壤、水体等环境净化与有害有毒物质的降解、有害生物的控制、碳氧平衡效应、滞尘降尘、生物多样性的保护、恢复退化的生态系统、调节气候、植物花粉的传播与种子的扩散、减轻自然灾害、为野生生物提供栖息地等许多方面。产业服务功能的内涵可包括改善生存环境质量、游憩娱乐、旅游观光、营养物质储存与循环、有机质的合成与生产、土壤肥力的更新与维持、提升城市环境品质等各方面。社会服务功能的内涵则包括塑造城市形态与格局、构成城市空间骨架、改善城市面貌、形成城市景观、美化环境、文化科普教育、精神象征等各个方面。

人居环境绿地系统可综合为如下十一种至关重要的服务功能（表 2-16）：净化环境、调节气候（大气调节）、减低噪声污染、提供野生生物栖息地、防灾减灾、改善人居环境、游憩娱乐、后勤服务、突出区域特色、景观形象和文化教育，最终体现出环境效益、社会效益和经济效益三大效益。

人居环境绿地系统主要服务功能一览表　　表 2-16

项　目	林荫绿化带	草坪/公园	森林	农田	果林	苗圃	湿地	溪流/江河	湖海
净化环境	✓	✓	✓	✓	✓	✓	✓		
调节气候	✓	✓	✓	✓	✓	✓	✓	✓	✓
削减噪声	✓	✓	✓	✓	✓	✓	✓		✓
提供生物栖息地	✓	✓	✓				✓	✓	✓
防灾减灾	✓	✓	✓	✓	✓	✓	✓		
改善人居环境	✓	✓	✓	✓	✓	✓	✓	✓	✓
游憩娱乐	✓	✓	✓	✓	✓	✓	✓	✓	✓
后勤服务			✓	✓	✓	✓	✓	✓	✓
突出区域特色	✓	✓	✓				✓	✓	✓
景观形象	✓	✓	✓				✓	✓	✓
文化教育		✓	✓	✓	✓	✓	✓	✓	✓

第四节　人居环境绿地系统的体系架构

一、人居环境绿地系统的等级结构

1. 人居环境绿地系统等级结构划分的原则

（1）系统可依据不同的功能划分为不同等级层次

道萨迪亚斯认为，人类聚居的基本细胞，即人类聚居单元是一个社区的实体空间表现，这个单元具有正常的功能而不能再分割。所有社会，即所有聚居单位互相联系形成一个等级层次系统。

人居环境绿地系统也可依据以上原则，根据其在系统中的不同功能及实体空间的范围大小进行划分。

（2）高一级的层次应当为低一级的层次提供服务

在层次等级高低划分上，道萨迪亚斯则认为，高一级的社区为若干个低一级社区提供服务。

（3）各等级层次之间应有相互联系

等级层次的上下联系并不是社区之间唯一的联系，许多其他联系（如在同一层次上的相互联系）也同样可能存在。

（4）与现行城市绿地系统规划和城镇体系规划的结构层次相吻合

现行的城市绿地系统规划也分为多个层次，不仅涉及城市总体规划层面，还涉及详细规划层面的绿地统筹和市域层面的绿地安排。

城镇体系规划一般分为全国城镇体系规划，省域（或自治区域）城镇体系规划、市域（包括直辖市、市和有中心城市依托的地区、自治州、盟域）城镇体系规划、县域（包括县、自治县、旗域）城镇体系规划四个基本层次。城镇体系规划区域范围一般按行政区划划定。根据国家和地方发展的需要，可以编制跨行政地域的城镇体系规划。

2. 人居环境绿地系统等级层次的划分

依据上述原则，并根据我国人居环境的现状，紧密结合现代化城市进程，特别重视大都市区域的生态绿地的保护和发展，将人居环境绿地系统划分为以下等级结构（图 2-28）：

所谓大都市区域也即城镇密集地区，经济地理学上也称为"城市聚集区"（Urban Agglomeration），是指在特定的地域范围内具有相当数量、不同性质、类型和等级规模的城市，依托一定的自然环境条件，以一个或两个特大或大城市作为地区经济的核心，借助于综合运输网的通达性，发生与发展着城市个体之间的内在联系，共同构成一个相对完整的城市"集合体"[①]。人居环境绿地系统的体系构成按照等级的高低可分为城镇集聚区域绿地系统、市（县）域绿地系统、城市绿地系统、镇绿地系统和村绿地系统等五个层次，各层次又包含相应层次的绿地系统。

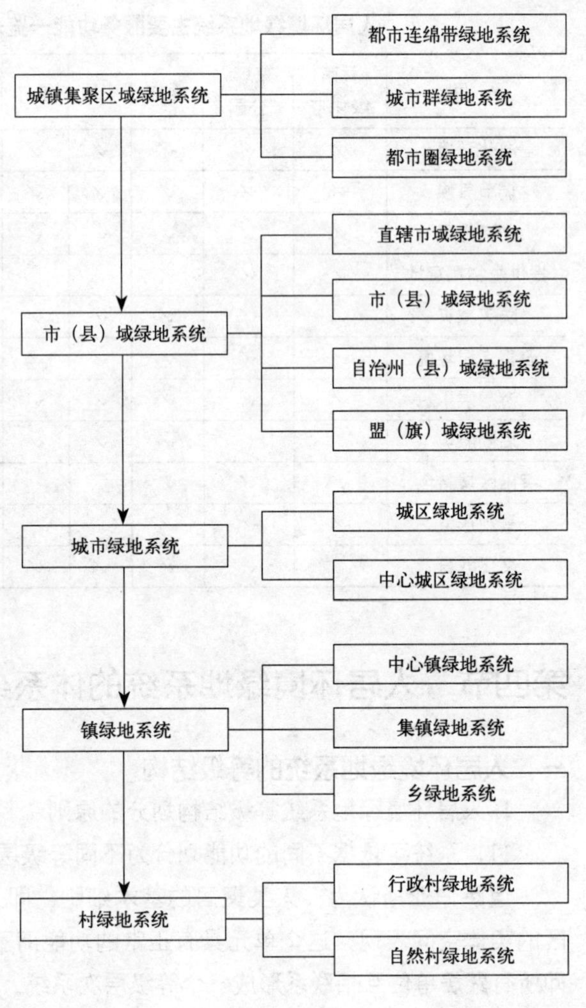

图 2–28　人居环境绿地系统等级结构示意图

各类各级绿地空间都是人居环境绿地空间形态体系中有特色的组成要素，并具有各自的空间特征，承担不同侧重的特色活动，在人居生活中相互作用和影响，共同构成人居环境绿地系统的整体性。因而，等级层次的划分在人居环境绿地空间中起到促进形成与构架空间整体性的重要作用。各类各级绿地在人居环境空间中的分布不仅保证形态体系化，还同时具有保障形成稳定的生态安全格局和各级紧急避灾场所的作用，以保证系统的完整性。

二、人居环境绿地系统的形态特征及其影响因素

1. 人居环境的聚居形态及其影响因素

人居环境的聚居形态即人居环境中的地形、地貌、建筑物、构筑物、绿化植物等组成的各种物质在形态方面的表现，如肌理、色彩、图案、体形、比例、风格、特色等，是从景观要素的设计层面上规划与塑造城市景观方法的研究。而以凯文·林奇为代表的城市意象理论则对城市的空间结构具有不同层面的指导意义。通过探索与人们心中意象的个性和结构特点

① 姚士谋．中国的城市群 [M]．北京：中国科技大学出版社，1992．

有关的物质特性，强调了有形物体中蕴含的形状、颜色或是布局，对于任何观察者都很有可能唤起强烈意象的特性。城市意象理论认为城市是由路径（Path）、边界（Edge）、区域（District）、节点（Node）和地标（Landmark）等五个要素构成的，并各具特征，各个组成要素结合关系明确、连续统一，从而让人理解和感知。

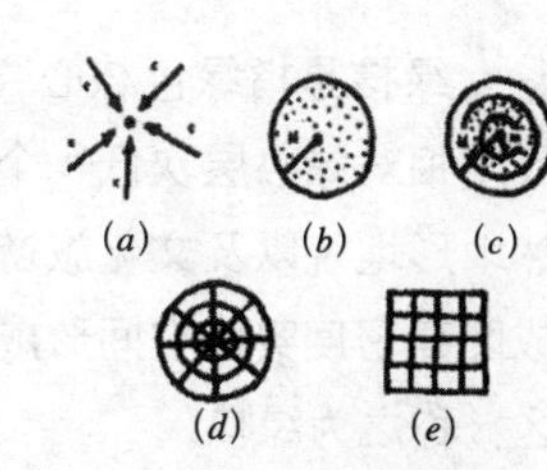

图 2–29　力、结构和形态
(a) 向心力；(b) 肌理力；(c) 综合力产生形态；(d) 力动体决定结构；(e) 结构和形态最终被确定

道萨迪亚斯认为聚居的结构和形态是向心力、线性力和不确定的力综合作用的结果，只有向心力的作用，聚居趋于圆形；如果只有线性力的作用，聚居趋于带形结构；而自然力（地理、地形、气候）和聚居的整体环境以及人为因素等其作用力是不确定的，不会导致特定的形态，但会对聚居的最终形态产生影响（图 2-29、图 2-30）。同时，安全和形成有序模式的倾向都成为直接影响聚居形态的重要因素。对安全的考虑在一定情况下会超过向心力而影响聚居形态，而有序性曲线使城市呈方格网状。只有当上述所有的力，即向心力、线性力、不确定的力、对安全的考虑和有序性趋向，以及文化、传统的因素在空间中处于平衡时，聚居的最终形态才是令人满意的（图 2-31）。

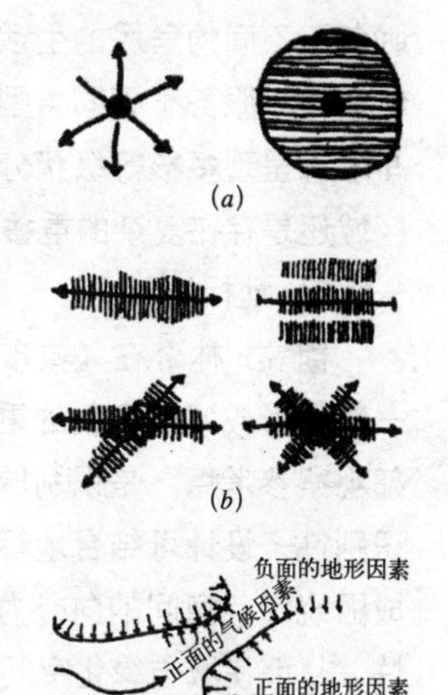

图 2–30　中心力作用下的形态
(a) 中心作用下的形态；(b) 线性力作用下的形态；(c) 各种自然力；(d) 由此造成的形态

2. 人居环境绿地系统规划基本的"三力"

（1）向心力

人居环境绿地系统中的向心力指人居环境绿色开放空间作为城市居民活动重要外部空间所具有的吸引力。通常结合城镇的外部空间中心或核心的分布形成绿心（Green Heart）、绿核（Green Nuclear）或绿色廊道、蓝色廊道，或者结合城区的地标或节点空间形成绿地空间，与城镇的空间布局有着直接的关系。

1）绿心与绿核

绿心是人居环境绿化形态中非常重要的一个概念，其概念的提出源于荷兰兰斯塔德的总体规划，以面积约 160000hm^2 的开阔的农业景观构成区域性绿化生态体系，是以绿心为核心组成的城镇集聚区域，城市的多种职能分布在绿心周边的多个城市之中。绿心是城市各组团之间或城镇之间的绿色空间分布区，通常是指尺度较大，包括生态农业、风景林地、生态湿地等大型生态绿地的公共开放空间，是城镇集聚区的主要绿地形态之一。

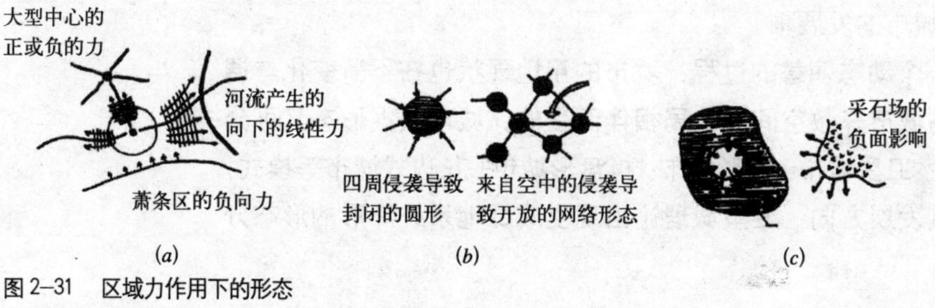

图 2–31　区域力作用下的形态
(a) 区域力作用下的形态；(b) 安全因素对形态的影响；(c) 人为因素对形态的影响

绿核是指绿色核心，是城市建成区范围内大面积成片的绿色空间聚集区域，尺度相对绿心层次低一个层面。城市建成区中心各功能组团之间的缓冲区域或自然地形地貌以及文化旅游资源的分布区是形成适宜绿化聚集的核心区域。其与建成区高密度实体空间形成虚实对比的空间形态是绿地系统空间的绿色量高度聚集区，称之为绿核。

绿核可以有多个，中心城区天然山体和大面积的水体都有可能形成绿核。从分布形态上可以有点状核、线状核；从结构模式上可以分为单核、多核、线形核以及多核扩展生长形成的核心绿化环带。一般说来，核心的结构形态具有分层性，服务于不同的居民的生活需要，而且由于城市居住模式的分层现象，往往特定的绿色核心服务于不同类型的人群。其服务的范围与人群不同，使得绿地空间结构与形态呈现多核等级状分布。绿地空间又具有开放性的空间特性，决定了其服务区域还是存在复杂的重叠现象，从而使分层现象具有模糊性的特征[①]。

2）地标与节点

凯文·林奇在《城市意象》（The Image of The City）中指出，城市中的地标一般是形成城市意象的重要元素，也是形成城市秩序的重要元素，是城市中的外部观察参考点，是识别城市的重要向导和城市重要的景观元素，具有独特性和可识别性。设计可结合地标形成绿色空间，成为人们心目中的标志，结合方向性形成围绕绿色空间的向心力，由此而形成的城市绿地系统规划具有可识别性和有效性，从而使城市绿化空间序列连续而且具有特征。

节点是外部空间聚集的焦点或者某些特征的集中点，是人们能够由此进入的具有战略意义的点，是人们往来行程的集中焦点。如道路的交叉或汇聚点，立交桥、火车站等，节点因其具有聚集焦点的特征而具有向心力，吸引人们进入空间。这些重要的战略点往往又是城市景观聚集的中心，因而，处理好节点空间的环境和形成鲜明的意象空间对于空间的整体性十分重要。所以，节点空间是城市绿化空间的重要载体，形成具有景观环境特色的连续性节点空间也是城市景观规划的重要内容，城市绿地空间规划结合景观空间节点的内容与布局将具有高效的功能性和高度的个性，使人能够感受到它与周围环境清晰的关联特征。

（2）线性力

人居环境绿地系统中的线性力指的是沿城市发展方向、重要景观带（如滨河、滨海景观带等）、旅游通道以及特定的城市轴线等形成轴向延展线形分布的力。人居环境绿地系统布局结合线性力发展与城市空间发展有着重要的相互关联性。

1）城市结构形态与城市的发展轴

城市发生、发展是一个动态演替的过程，城市的用地现状也在不断变化与调整，城市形态的格局是与城市开敞空间的格局相伴而生的。城市根据形态又可分为放射形城市、星形城市、卫星城市、线形城市、棋盘形城市、花边式城市等模式，对应于城市结构形态及其发展方向，卫星城理论出现生成绿地系统环形的形态分

① 姜允芳．城市绿地系统规划理论与方法[M]．北京：中国建筑工业出版社，2006：18–19.

布；放射形和星形以及分散组团式城市分布格局，产生楔形植物带深入城区的中心；线形城市生成带形的绿地空间（绿道）分布；棋盘形城市伴生出网络化的绿地形态分布等。

水系等线性空间（蓝道）的形态作用对于城市形态格局尤为重要，水空间生态环境的保护也需要绿色空间这一绿色植物分布的载体，滨河、滨海景观带等是城市重要的线性力与城市绿地空间格局的线性影响力。

轴是指一种均衡的线性基准，提供一种线形的视觉完形，具有生长带、线索、依据等内涵。人居环境绿地系统的本质特征与分布格局与轴的生长性、开放性、连续性、统一性与均衡性等特征是一致的，轴空间构成要素中的绿化要素的组织与城市空间结构及形态是统一和谐的。人居环境绿化空间沿轴向布局，即轴向线性力的作用，是影响人居环境绿地系统规划空间格局的另一个重要要素。

2）旅游通道与景观通廊

人居环境绿地系统规划的线性力还包括旅游通道与景观通廊，在一定程度上决定绿地空间的分布格局。

旅游通道是人居环境范畴内主要旅游景点或景区之间的专用通道，其生态环境要素成为绿色通道建设的重要组成部分。人居环境绿地系统规划通过对人居环境范畴内旅游发展规划的分析分解，确定区域旅游发展的路径和旅游通道的具体位置，从而决定绿色廊道中与通道有关的绿地网络的结构与形态。人居环境绿地系统规划结合景区特色形成具有旅游宣传与引导性的特色绿色空间布局。

景观通廊有别于旅游通道，是指人居环境范围内景点之间可达性的路径或者是保证视觉观景效果而引导出来的视线之间具有转换作用的通廊。沿景观通廊有组织地、系统地布置线形绿地空间或使得绿地空间在视觉上具有连接性，能够发挥绿化空间在老城区空间组织中的重要作用。

(3）不确定力

不确定力通常是由地形地貌、山水格局等自然力或者城市中人的因素影响所导致的结构形态的不确定。

人居环境绿地系统中的不确定力指的是在地形地貌等山水格局，气候环境，野生动、植物现状分布等自然力的作用，以及人的因素作用于人居环境绿地系统空间布局的作用力。

1）自然要素

人居环境中的自然地理因素是重要的景观资源和生态要素，也是城市特色的决定性影响因素，决定了人的行为以及人居环境的结构形态和风貌特色。人居环境的绿地空间结构与形态应该充分利用城市中的自然山体、水体等自然要素的分布现状，体现不同城市的性格和特色（图 2-32）。

人居环境的气候条件和大气质量分布特征与城市布局有密切的关系，

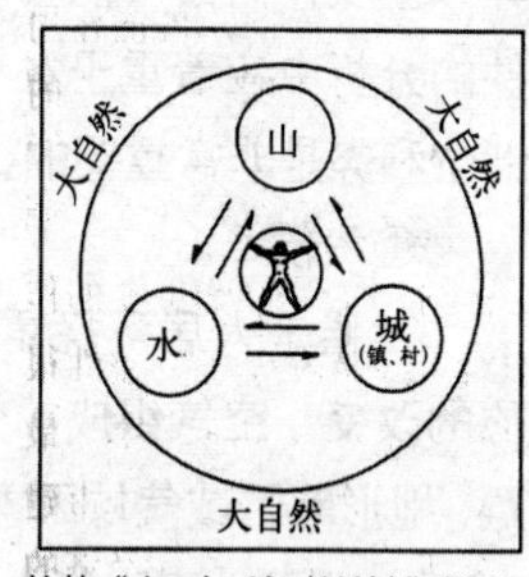

桂林“山—水—城（村镇）”模式

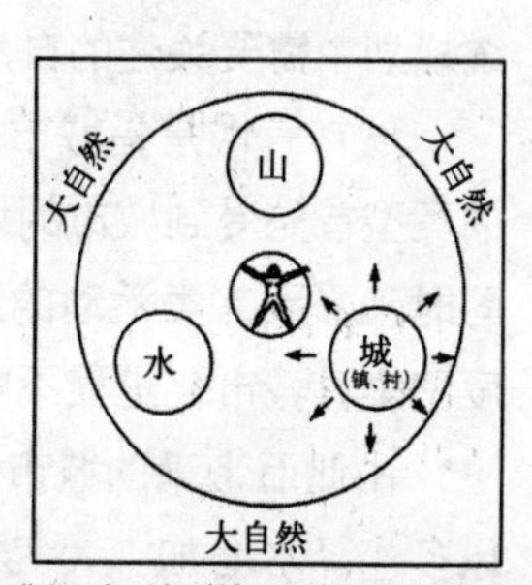

“山—水—城（镇、村）”模式被否定

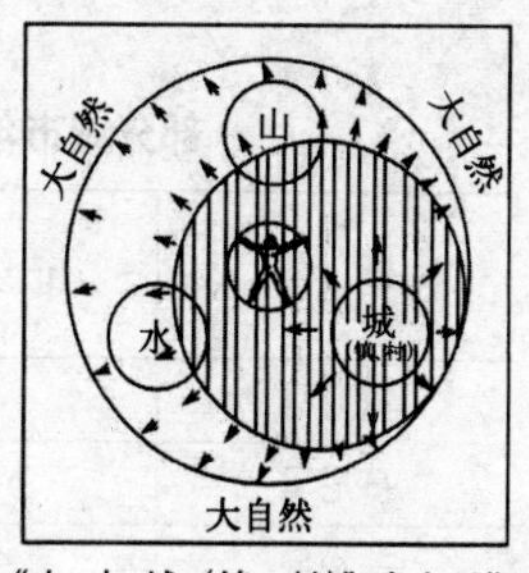

“山—水—城（镇、村）”失去平衡

图 2–32　桂林自然山水城的分析

上图：历史上的桂林城，山、水与城市的规模尺度取得协调；下图：城市的大发展，山与水在尺度上失去平衡。

直接影响城市的景观和生活质量。因此，人居环境绿地的合理布局，即空间结构与形态对于改善人居环境的环境质量具有相对重要的作用。

人居环境中的自然要素力对于人居环境绿地形态模式的作用具有随机分布的特征，因而具有不确定性，但作为形态模式中的重要组成部分，易形成人居环境绿地系统的特色与个性[①]。

从人类聚居的出现和发展过程可以看出，人居环境是从自然生态系统转变到以人类为主体、人工化环境为客体构成的复杂系统。

自然生态要素不仅影响到人居环境的发生、发展、形态与功能，也影响到人居环境生态恢复与重建的进程。自然要素对人居环境绿地系统的影响主要表现在：首先，由于地域的差异和自然条件的不同，气候条件和地质条件各不相同，其利弊和主次作用都可能会对人居环境产生各方面的影响。因此，在人居自然环境条件的分析中应着重于主导要素的作用规律和影响程度，甚至从更大的区域范围来评价利弊是非常重要的。

①气候

气候是人居环境重要的自然环境要素。而在城市化过程中，由于下垫面性质的改变、空气组成的变化、人为水热的影响，在当地纬度、大气环流、海陆位置、地形等区域气候因素作用下，所产生出城市内部与其附近郊区气候的差异（表2-17），明显地表现出人类活动对气候的影响。因此，城市气候是人居环境绿地系统规划中需要关注的自然要素之一。

城市气候是指城市内部形成的不同于城市周边地区的特殊小气候。气候环境的类型首先受到城市的地理纬度、大气环境、地形、植被、水体等自然因素的影响。同时又受到人类活动的影响，由于城市人口高度集中，工业高度发展，建筑物高度密集，城市化进程不断加快等因素均会影响到城市局部的气候环境。

由此而带来的城市气候的特征表现在城市热岛效应、城市中的风速降低、静风多、降水增加、大气污染更严重、太阳直接辐射减少而从大气层反射回来的辐射增加、气温上升、相对湿度减小等方面。

部分城市年平均降水量的城乡差别一览表（单位：mm）　　表 2–17

地　名	记录年数	降水量 /mm		
		市　区	郊　区	城郊差别 /%
莫斯科	17	605	539	+11
慕尼黑	30	906	843	+8
芝加哥	12	871	812	+7
厄巴拉	31	948	873	+9
圣路易斯	22	876	833	+5

资料来源：鞠美庭，王勇．生态城市建设的理论与实践 [M]. 北京：化学工业出版社，2007：41.

① 姜允芳．城市绿地系统规划理论与方法 [M]. 北京：中国建筑工业出版社，2006：18–22.

人居环境绿地系统规划的布局应该从该区域的气候条件出发，从更大范围上改善气候条件给城镇带来的不利影响。

②土壤

土壤是地表的一层松散的矿物质，是陆地植物生长发育的基础。人居环境内的城市区域由于长期受到多次直接或间接的人为扰动，城市中的土壤与自然生态系统中的土壤有着较大的差别。在原有自然土壤的基础上，城市土壤经过多次独特的成土环境与成土过程，表现出特殊的理化性质、养分循环过程以及土壤生物学特征。

城市土壤的特征表现在：A. 较大的时间和空间变异性。城市的兴衰发展、城市建筑的兴建与废弃、土地利用的改变、城市地貌的改变与城市景观的变迁都决定着土壤的发育史，使原有的自然土壤产生时间和空间上的变异。B. 混乱的土壤剖面结构与发育形态。由于城市建设过程中的挖掘、搬运、堆积、混合与大量的废弃物填充，使土壤结构与剖面发生层次上的混乱，城市土壤结构分异程度低、土层分异不连续、土层缺失以及土层倒置。C. 丰富的人为填充物。城市土壤中充斥着碎石、砖块、矿渣、塑料、玻璃、钢铁、垃圾等外来填充物。D. 变性的土壤物理结构。由于建筑、构筑物和场地的建设，人为的践踏和车辆压轧，土壤紧实变性，通透性差，结构遭到严重破坏。E. 受干扰的养分循环与土壤生物活动。由于城市地表的固化与人为干扰，切断或改变了土壤的光、热、水、气的自然传输过程以及土壤的正常功能，土壤生物量减少，有机质和碳素、氮素等营养物质缺乏，元素循环与转化过程及生物活动受到干扰。F. 高度污染特征。人工污染物进入土壤引起作物受害和减产，特别是城市工业污水灌溉农田引起土壤重金属污染，土壤的贫瘠化等导致植物生长发育迟缓，使得城市近郊土壤污染及对环境产生负面影响。

人居环境绿地系统中的植被是城市土壤的一个重要组成部分，与土壤关系密切，应当改善城市土壤的特性，逐步恢复其自然属性。

③城市水体

水环境是构成人居环境的基本要素之一，是人类社会赖以生存和发展的重要因素。地球表面的水圈包括河流、湖泊、沼泽、水库、冰川、海洋的地表水及地下水等各种水体形态，共同构成水资源环境。

随着城市规模的不断扩大，存在着不透水面层的增加、污染物的增加以及生物多样性的减少而造成城市水体的污染；过量取水、排水，改变水道和断面而致使水文条件发生变化等问题。

城市水体与水环境的特征主要表现在：A. 淡水资源的有限性。任何一个城市的淡水资源总量都是有限的，它的总量受年间降雨量和降雨年内分布情况以及地表江河，即过境径流量等两个方面的制约。B. 城市水环境的系统性。城市地面水和地下水、江河和湖泊之间在水量上互补余缺，互相影响、相互制约而成为一个有机整体。其地表或地下水的一部分受到污染则会导致整个城市水环境系统质量的恶化。C. 城市水体自净能力较差。城市水体的自净能力或环境容量有一定限度。

人居环境绿地系统的空间布局应当与其范围内的水系密切联系，凸显山水格局，建成为供人们休闲游览、观光游憩的水体。

④植被

人居环境绿地系统内的植被包括了人居环境范围里的公园、校园、寺庙、广场、球场、庭院、街道、农田、森林、山体以及空闲地等场所拥有的森林、灌丛、绿篱、花坛、草地、树木、作物等所有自然或人工植物的总和。在人类的干扰之下，原有的自然植被和乡土植物遭到破坏或摒弃，同时又引进了许多外来植物和建造了许多新的植被类群，最终改变了城市植被的组成、结构、类群、动态、生态等自然特性，从而具有完全不同于自然植被的性质和特性，使城市植被成为以人工植被为主的特殊植被类群。

城市植被的类型按照蒋高明（1993 年）的划分方法，分为：自然植被、半自然植被和人工植被三大类型。自然植被是在城市化过程中残留下来或被保护起来的自然植被，其植物群落保存着自动调节的能力，包括保留下来的森林、城市周边自然防护林和特殊生境下残留的自然植被类型。半自然植被是在城市生境中存在的半野生植物群落，植物群落中各要素之间的基本联系已遭到一定的破坏，植物群落的整体自动调节功能受到破坏。人工植被是城市化过程中人工创建的植物群落，如行道树、公园、街头绿地、人工林、人工草地等。

城市植被具有以下特征：A. 生境的特化。城市化的进程改变了城市环境，如铺装的地表改变了其下的土壤结构和理化性质以及微生物成分，而污染的大气则改变了光、温、湿、风等气候条件，也改变了城市植被的生境。城市植被处于完全不同于自然植被的特化生境中。B. 区系成分的简化。城市植被的区系成分与原生植被具有较大的相似性，但灌木、草本和藤本植物的种类组成远较原生植被为少，引进的或伴生植物的比例明显增多，外来种对原植物区系成分的比率，即归化率的比重越来越大，被视为是城市环境恶化的标志之一。C. 格局的园林化。城市植被中的乔、灌、草、藤等各类植物的配置，以及森林、树丛、绿篱、草坪或草地、花坛等的布局等，都是人类精心镶嵌、培植和管理下而形成的园林化格局。D. 结构分化而单一化。城市植被结构分化明显，人工森林大都缺乏灌木层和草本层，层间植物更为罕见，并且日趋单一化。E. 演替偏途化。城市植被的形成、更新或是演替都是在人为干预下进行的动态过程。植被演替是一种偏途演替或逆行演替，乔、灌、草、藤兼具的城市植被无疑是一种偏途演替顶极。

植被是人居环境绿地系统的最重要组成要素，具有调节城市气象和气候条件、净化环境、弱化噪声、保护生物多样性、维护生态平衡以及美化环境、丰富城市景观等效应，在进行空间布局时应该着重保护原生态的自然植被，使半自然植被和人工植被恢复自然植被的特性，最大限度地发挥植被的功能效应。

⑤城市动物

栖息和生存在城市化地区的动物大都是原地区残存的野生动物，或是从外部潜入城市的野生动物以及通过人工驯化和引进的动物。一般称栖息和生存在城市化地区的动物为城市动物，而把生活在城市中不依赖于人类喂养，自己主动觅食的动物称为城市野生动物。

城市化的进程改变了城市动物的生境，其区系组成、种群结构及其分布均与区域自然、生物地理条件和城市自然社会环境条件有一定关系，城市人类、社会集团有意识的定向活动或无意识的盲目活动都会对城市动物产生影响。

城市动物明显不同于自然环境动物的特征，主要表现在以下几个：A. 城市区系成分优势种的改变。城市环境的空间异质性、时间异质性对城市野生动物区系成分优势种的改变相当密切。B. 物种数量的改变。除了人类圈养的野生动物，城市野生动物的种数与城市人工化程度呈负相关。C. 种群特征。城市里野生动物的生存环境和栖息地越来越单一化，种群数量有变小的趋势。如鸟类活动与城市植被建设关系密切，城市森林面积与鸟类种群数量呈正相关[1]。

城市野生动物的保护与管理重点在于为野生动物提供充分的生存空间，保护它们的栖息地环境。人居环境绿地系统规划应当结合城市野生动物的栖息环境和生存环境设置相应的保护区和生态绿地，以保护野生动物。

2）人文要素

①居民

人居环境的主体是人，城镇居民的数量、分布特征，居民的参与程度以及居民的审美意识等都与人居环境绿地系统空间结构与形态密切相关。居住人口是人居环境绿地系统规划的重要制约因素。人口的增长加重了环境的容量负荷，客观上要求有更多的绿地来满足人居环境质量的需求。人居环境绿地的布局不仅仅局限在城区的范围内，还应当扩展到整个人居环境的范畴，从区域的角度调整城市内外的空间环境。

适度的城市人口发展规模是城市生态系统得以维持各子系统协调运作的重要保证。居住人口的多少以及居民的人口分布状况成为决定城镇绿地系统规划布局的重要因素；此外，居民的参与程度和对居民行为心理的分析，可以帮助规划者在符合居住者使用需求的基础上协调城市绿地空间的布局，决定了人居环境绿地系统形态与结构的合理性。

②管理者

管理者是公共职能的代言人，代表了社会利益。管理者意识形态、计划决策、审美修养等在人居环境绿地系统结构与形态中起到重要的作用，决定了人居环境绿地系统规划的可行性与实施力度。相关的政策法规出台也体现着规划发展的可能性和编制的合理性[2]。

---

① 鞠美庭，王勇．生态城市建设的理论与实践[M]．北京：化学工业出版社，2007：40-45.
② 姜允芳．城市绿地系统规划理论与方法[M]．北京：中国建筑工业出版社，2006：22.

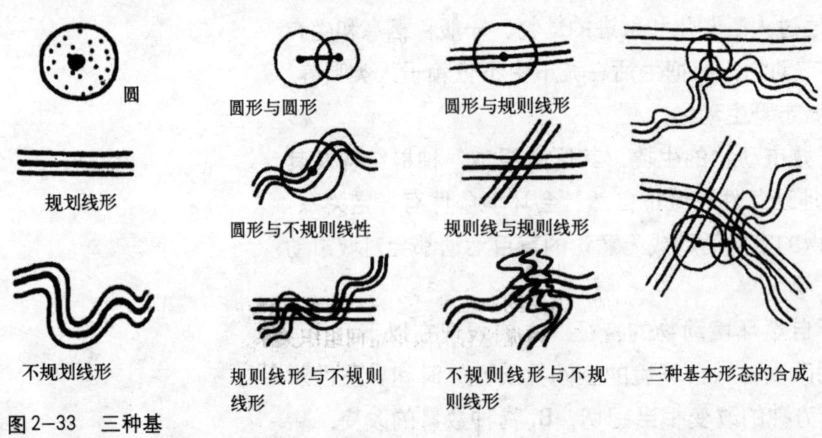

图 2–33　三种基本的聚居形态

图 2–34　合成的结构与形态

（4）力的合成

人居环境绿地系统规划中基本的"三力"——向心力、线性力、不确定力，包括与人居环境相关的自然要素和人文要素等各种力的共同作用形成人居环境绿地系统布局结构和形态。道萨迪亚斯将聚居的形态归纳为圆形、规则线形和不规则线形三种类型（图 2-33）。聚居结构与形态和人居环境绿地系统受到影响力的形式基本相似，在不同力的作用下应该出现图 2-34 所示几种结构与形态。

第五节　人居环境绿地系统的组成与分类

一、人居环境绿地系统的组成

1. 人居环境绿地系统的概念

人居环境绿地系统泛指人居环境区域范围内一切人工或自然的植物群体、水体及具有绿色潜能的空间，它由相互作用的具有一定数量和质量的各类绿地组成，具有重要的生态、社会和经济效益，为人居环境系统内唯一有生命的基础设施，是人居环境生态可持续发展的重要基础。人居环境绿地系统的组成因国家不同而各有差异，但总的来说，其基本内容是一致的，即包括人居环境范围内对改善人居环境和生活条件具有直接影响的所有开放空间。

2. 人居环境绿地系统的组成

根据人居环境中各类绿地系统受人工干扰的程度，将人居环境绿地系统划分为自然保留绿地系统和人工绿地系统两大组成部分。

（1）自然保留绿地系统

此概念是从鞠美庭（2007 年）的《生态城市建设的理论与实践》中所提到的"城市自然保留地"的概念引申而来，是指城市地区范围内具有一定面积的自然或近自然区域，如果从其英文 Urban Natural Reserved

Area 直接翻译的话，也可直译为城市自然保留区。因为在城市区域的自然生境面积一般比较小，为区别于通常所指的自然保护区，所以翻译为自然保留地。其范围较一般的自然保护区小，但保护措施和保护内容应该是一致的，只要是位于人居环境范围的野生生境，都可以称为人居环境自然保留地（区），具有保持生物多样性、乡土物种和景观保护和保存复杂基因库等重要的生态功能。

在我国以及许多其他国家通常以行政区域划分，而在人居环境绿地系统体系的构建中，我们打破了行政区域的划分，根据其在人居环境中所起到的生态作用，将其按地域范围划分为四个层次：城镇集聚区自然保留绿地→市（县）域自然保留绿地→城区自然保留绿地→村镇自然保留绿地。

城区内的自然保留地，由于城市的发展，完全的自然生态系统已经很少，大多为废弃地或多年未开发的闲置地和一些人工建设的绿地，如遗留的林地、湿地、草地以及废弃的深坑、水库和人工湿地系统等，经过多年的荒废，已经自然恢复为具有自我维持自我调控功能的近自然生态系统，是野生动物良好的栖息场所，在一定程度上弥补了大量自然生境的丧失，而生态公园也是模仿自然生境、保护城市生物多样性的理想途径。市（县）域保留地和村镇保留地是人居环境自然保留地的重点部分，城市的扩展需要一个过程，而城市近郊和周边村镇是城市中最接近自然的地区，乡土植物和自然植被经过多年的自然选择，形成了相对稳定的植物群落和近自然生态系统。城镇集聚区之间的城市远郊地带作为城市地区的边缘地区，往往是城市地区自然生态系统保留最好的地方，包括自然形成的群落、重要的生境保护区和原始景观等，将会对人居环境起到重要的改善作用。以上各层次的自然保留地还应该设置相互连接的廊道，为人居环境中的野生生物提供活动和迁徙的廊道。

在人居环境的范畴内进行自然保留绿地保护的目的是野生生境的保护，最终目的也就是生物多样性的保护。按照自然保护途径来划分，有两种生物多样性保护途径：一是以物种为中心的自然保护途径（"自然保护的物种范式"）；二是以生境为中心的自然保护途径（"自然保护的景观范式"）。而后一种途径考虑了尺度上的生物多样性的格局与过程及其相互作用，人居环境中自然保留地保护正是按照后一种途径提出的。在自然保护的过程中，必须重视生态过程，即生态要素间的物、能、信息、基因流之间联系的恢复与重建。实质是自然景观或生态系统结构功能的存在与维持，并表现出人工投入少，自维持、按自然规律演替，保育生物生境及野生生物，保护、发展、再造自然资源的特点。简单的栽树种草，只是将绿色引入城市，而注重生态过程的绿地建设则是将其他的动物、植物生命体及自然现象均引入城市，恢复生态景观结构[①]。

① 鞠美庭，王勇．生态城市建设的理论与实践 [M]．北京：化学工业出版社，2007：47-49．

(2) 人工绿地系统

人工绿地系统是指人居环境绿地系统中以人工植被、人造环境景观为主要存在形态的绿地系统。此类绿地系统一般以人工山水为基础，加上植物造景点缀路径、小桥、建筑物形成某种风格特色。其中影响人工绿地系统生态环境的主要因素有植被、土壤、地形、水体和人的活动等。

1）绿色植物：有造景、净化空气、防风固沙等调节人居环境局部生态平衡的作用，对绿地系统本身有保持土壤肥力、减少土壤流失、保持水面清洁的功能，但它本身易受人类活动的影响。

2）土壤与地形：是人工绿地系统造景的基础之一。土壤存在于地形之中，是植被的根基，是"分解者"群落的栖息地。复杂的地形土壤，若不经植被保护，则易受雨水冲刷，产生水土流失。

3）水体：也是造景的基础之一，是代谢较快的生态系统。但由于水质的沉积物的影响，有被填平的趋势。

4）人类活动：人类活动有保护环境的一方面，但由于人们还未能重视绿地系统的生态环境问题，加上管理措施不当，有对植被的践踏破坏作用，长期的管理不当也有害于环境。

二、人居环境绿地系统分类的原则

人居环境绿地分类系统的科学程度，关系到人居环境整个绿地系统构建的合理与否，关系到绿地系统规划的编制与审批，关系到绿地的保护、建设和管理水平，关系到人居生态环境建设和可持续发展。

人居环境绿地系统是在现行城市绿地系统基础之上的体系构建，各类人居环境绿地如果没有一个统一的分类标准，那么各个绿地分类将会有很大的差别，有些即使是同类绿地，名称相同，但其内涵和统计口径也可能不尽相同。绿地分类及口径的不规范，导致绿地系统规划与现行城市规划之间缺少协调关系，使各区域之间的绿地规划建设指标缺乏可比性，直接影响到人居环境绿地系统体系规划的编制与审批，并影响到绿地的建设与管理。

因此，人居环境绿地系统的分类标准应遵循以下几个原则：

(1) 采用系统的、分层次的分类方法

人居环境绿地系统体系规划与传统城市绿地系统规划最大的不同便在于把对人居环境具有积极作用、绿化环境较好的区域均纳入到规划体系中来，打破了传统城市绿地系统规划以市域、县域、城区、中心区等行政界线作为规划范围的弊端。从大范围到小环境，系统性地分层次进行分类，以便于将人居环境范围内的自然保留绿地系统和人工绿地系统均纳入人居环境绿地系统中，既避免了遗漏，又不会重复。

(2) 以绿地的主要功能作为分类的根本依据

以各种类型的绿地在人居环境中所发挥的主要功能作用作为分类的根本依据，适当结合其他依据，便于反映各地区的绿化特点，有利于对人居环境范围内各种类型绿地的有效建设和高效管理，促进我国人居环境的可持续发展。

（3）与现行的国家相关政策、标准相衔接

为了方便实施和管理，人居环境绿地系统的分类应尽量与现行的国家政策、标准相衔接，如国家的相关行业标准：《城市用地分类与规划建设用地标准》GBJ 137—1990、《城市绿地分类标准》CJJ/T 85—2002、《公园设计规范》CJJ 48—1992、《村镇规划标准》GB 50188—793、《风景名胜区规划规范》GB 50298—1990，并与我国绝大部分城市的实际建设和管理情况（不同功能绿地的建设和管理分属于不同的利益主体的实际情况）相符合。

三、人居环境绿地系统的分类

依据以上分类原则，拟将人居环境绿地按照三个层面、多个类型来进行划分。

（1）城市绿地分类现状分析

2002 年颁布实施的《城市绿地分类标准》将城市绿地分为大类、中类、小类三个层次，共 5 大类、13 中类、11 小类。五大类绿地是指公园绿地（G_1）、生产绿地（G_2）、防护绿地（G_3）、附属绿地（G_4）、其他绿地（G_5），比较明确地界定了城市建成区主要绿地类型和划分界限，在城市绿地系统规划过程中起到了较好的作用。但是，由于人居环境绿地系统规划四个层面的研究内容和侧重点不同，因而，在针对不同层面的绿地系统规划中并不能完全套用，尤其是城镇集聚区域和市域绿地系统规划的绿地分类基本无法沿用现行的五大类分类办法。

国外对于城市市域绿地分类研究相关概念有城市开放空间、城市森林、区域森林、绿道、国家公园等，如美国学者认为：城市森林是城市内街道、居民区、公园、绿化带所有植被的总和。尼罗（Nilon C.H.）根据城市森林外形结构的变化，应用集群分析法把城市林木分布归纳为四种类型：市区带、过渡带、居民区带、郊区带。英国比尔与克斯特研究小组（A.R.Beer and Costcll Research Group，2000 年）等研究提出城市绿地由正规设计的开敞空间与其他现存的开敞空间组成。正规设计的开敞空间包括公园、花园与运动场地，覆盖植被的城市铺装空间，树林。其他现存的开敞空间包括墓地场所，私有开敞空间，自有花园，租用园地，废弃的土地与堆场，农田与园艺场，运输走廊边沿，滨水沿岸和水域。欧洲很多大都市将区域性的绿地系统视为平衡大都市空间结构的基本要素，环城绿带、区域公园、农业用地等都是欧洲大都市区域绿地的主要形式。德国将城市绿地分为郊外森林公园、市民公园、运动娱乐公园、广场、分区公园、交通绿地等。西班牙马德里则根据对人为活动的限制程序将开放空间系统划分为三个层次：国家公园、区域公园、市际公园（Interurban Park）。意大利米兰则划分为城市公园、区域公园、农业公园和其他类型公园。美国（洛杉矶）公园与游憩（Park and Recreation）用地分为游戏场、邻里运动场、地区运动场、体育运动中心、城市公园、区域公园、海岸、野营地、特殊公园、文化遗址、空地、保护地等。前苏联将城市绿地划分为公共绿地、专用绿地、特殊用途绿地。日本城市绿地共分为基干公园、特殊公园、大规模公园、缓冲绿地、城市林地、广场公园、城市绿地、绿道、国家设置的城市公园九大类。

我国园林学界一些学者面对日趋注重大环境绿化的城市绿地系统发展趋势，曾开展了市域绿地相关绿地分类研究，成果显著。如李敏（2000 年）认为生态绿地系统可分为五类绿地：农业绿地、林业绿地、游憩绿地、环保绿地、水域绿地。姜允芳（2006 年）研究生态型的城市绿地系统分类体系认为：城市绿地系统类型首先划分市域绿地、建成区绿地和中心城区绿地三个层次，再按照组成要素的主体功能将现有的绿地系统类型按大类、中类、小类三级进行划分。

综合国内外有关研究现状与规划分类现状，城市绿地的分类应该具有以下的特征：

1）区域一体化

国外城市绿地相关的分类研究体现了区域研究的特征。区域性绿色空间的控制与建设是人居环境绿地系统主要发展趋势与任务，体现了区域一体化的总体格局，应该将人居环境的大区域概念反映在绿地相关分类体系之中。

2）层次体系化

人居环境绿地系统对层面的划分较为具体并形成体系，根据功能等特征分为了城镇集聚区、市域、城市和村镇等四个层次，绿地系统分类也应根据建设与管理的需要以及相应法规体系的实施要求作出相应调整。

3）要素多元化

人居环境绿地的概念不再局限于城市建成区范围的规划美化以及城市的修饰性绿地，而是从自然环境与人工环境的生态功能以及建设改善环境的角度出发进行人居环境绿地要素的组织与发展，可将绿地空间、水体、自然空间、荒废土地空间等多种要素均纳入人居环境绿地发展空间体系①。

（2）人居环境绿地系统分类

人居环境绿地系统是人居环境生态空间系统的重要组成部分。人居环境绿地类型的划分应当以主要功能和用途作为依据，例如游憩、生态、景观、防灾等功能。为便于与现行《城市绿地分类标准》相协调，先按城市绿地的功能和用途分类，在此基础上再将城镇集聚区和市（县）域大区域和村镇作细分，形成不同区位绿地分类结合功能组合的多层次分类体系。

1）城镇集聚区域、市域及县域绿地分类办法

这一层面的绿地大多属于现行"城市绿地分类表"中的 G_5 类，即其他绿地，是指对城市生态环境质量、居民休闲生活、城市景观和生物多样性保护有直接影响的绿地，包括风景名胜区、水源保护区、郊野公园、森林公园、自然保护区、

---

① 姜允芳．城市绿地系统规划理论与方法[M]．北京：中国建筑工业出版社，2006：93.

风景林地、城市绿化隔离带、野生动植物园、湿地、垃圾填埋场恢复绿地等，涵盖范围非常广，也是人居环境绿地系统发挥景观、生态、防护等作用的重要保障。而城镇集聚区域、市域及县域等区域范围内的绿地组成不仅指以上绿地部分，还应当包括大面积农业园区和水域，如山林、原野、观光农场、江河、湖沼等。

目前，国际上尚无统一的城市绿地分类方法。各国所采用的不同分类方法也在不断调整。

根据我国的实际情况，拟在《城市用地分类与规划建设用地标准》和《城市绿地分类标准》的基础上对其进行进一步细分（表 2-18）。

人居环境区域绿地分类表 **表 2–18**

类别代码			类别名称	内容与范围	备注
大类	中类	小类			
G_5			其他绿地	对人居生态环境质量、居民休闲生活、景观和生物多样性保护有直接影响的绿地	
	G_{51}		区域公共开放游憩绿地	泛指城市建设用地范围之外，人居环境范围之内，对公众开放，具备生态或游憩功能的开放空间绿地	
		G_{511}	风景名胜区	指风景资源集中、环境优美、具有一定规模和游览条件，可供人们游览欣赏、休憩娱乐或进行科学文化活动的地域	按用地规模可分为小型风景区 (20km² 以下)、中型风景区 (21~100km²)、大型风景区 (101~500km²) 和特大型风景区 (500km² 以上)
		G_{512}	郊野公园	位于城市建设用地范围之外，内容丰富，有相应设施，适合于公众开展各类户外活动的规模较大的绿地	
		G_{513}	森林公园	是以林木为主体的公园类型，主要设在城市郊区交通、人流较方便之处，是人们活动和游览的森林绿地	
		G_{514}	野生动植物园	选择野生动植物品种较为丰富的自然保留地或栖息地，保护及恢复生物多样性，并提供适当设施供人们参观、游赏	
		G_{515}	农业公园	指城市建设用地范围之外能提供居民认知、休闲的观光农场或农业用地	
	G_{52}		区域生态、防护绿地	指人居环境大区域范畴内为维护人居环境的生态可持续发展需要保护、保存的绿地	
		G_{521}	水源保护区	指作为生活饮用水水源的河流、水库、湖泊等给水水源周围必须设置的卫生防护地带	依据《中华人民共和国环境保护法》和《生活饮用水卫生标准》GB 5749—85 的相关规定加以保护
		G_{522}	自然保护区	为保护生物多样性所划定的区域，着重于遗传多样性、物种多样性、生态系统多样性和景观多样性的保护	依据"自然保护区"的相关法律条文
		G_{523}	风景林地	为城郊林地的主要类型，是以林木为主体的绿环带，主要功能是改善人居环境内部的生态环境和景观	

续表

类别代码			类别名称	内容与范围	备 注
大类	中类	小类			
G_5	G_{52}	G_{524}	城市绿化隔离带	为抑制城市的蔓延扩张或防止城郊工业区的污染在其外围所设置的永久性绿地	
		G_{525}	湿地	指人居环境区域范围之内天然的或人工的、永久或临时的沼泽地、泥炭地或水域地带，带有静止或流动的淡水、半咸水或咸水水体，包括低潮时水深不超过 6m 的水域，为了人居环境可持续发展须永久保留的区域	遵循《湿地公约》的相关要求
			区域生态恢复绿地	是指人居环境区域范围内原有其他功能的用地，通过生态的恢复重建，重新恢复了生态功能和价值的绿地	
	G_{53}	G_{531}	废弃地恢复生态绿地	指原有的工业废弃地等由于人为影响的减少，往往能展示出很高的生态价值，通过恢复植被群落的途径，可形成生物栖息地	
		G_{532}	垃圾填埋场恢复绿地	指原来的城市垃圾填埋场通过种植植被群落，达到生物降解、恢复生态的功能，形成新型人居环境绿地	
	G_{54}		区域经济及生产绿地	除以上绿地之外的其他绿地，主要用于生产服务等经济功能的绿地	
		G_{541}	水域	江、河、湖、海、水库、苇地、滩涂和渠道等水域，不包括公共绿地及单位内的水域及上述湿地	
		G_{542}	耕地	种植各种农作物的土地	
		G_{543}	菜地	种植蔬菜为主的耕地，包括温室、塑料大棚等用地	
		G_{544}	灌溉水田	有水源保证和灌溉设施，在一般年景能正常灌溉，用以种植水稻、莲藕、席草等水生作物的耕地	
		G_{545}	其他耕地	除以上之处的耕地	
		G_{546}	园地	果园、桑园、茶园、橡胶园等园地	
		G_{547}	林地	生长乔木、竹类、灌木、沿海红树林等林木的土地	
		G_{548}	牧草地	生长各种牧草的土地	
		G_{549}	弃置地	由于各种原因未使用或尚不能使用的土地，如裸岩、石砾地、陡坡地、塌陷地、盐碱地、沙荒地、沼泽地、废窑坑等。在自然状态下，可逐步恢复为具生态功能、价值的开放空间	

2）城市绿地分类办法

城市绿地系统分类办法拟采用 2002 年 9 月 1 日起实施的中华人民共和国建设部审查并批准的《城市绿地分类标准》，与国家现行标准相吻合。

分类标准中的˝城市绿地˝是指以自然植被和人工植被为主要存在形态的城市用地。它包含了两个层次的内容：一是城市建设用地范围用于绿化的土地，它直接参与城市建设用地的平衡；二是城市建设用地之外，对城市生态、景观和居民休闲生活具有积极作用、绿化环境较好的区域，这部分绿地不参与城市建设用地的平衡（表 2-19）。

城市绿地分类表 **表 2–19**

大类	中类	小类	类别名称	内容与范围	备注
G_1	G_{11}		公园绿地	向公众开放，以供人游憩为主要功能，兼具生态、美化、防灾等作用的绿地	公园绿地
			综合公园	内容丰富，有相应设施，适合于公众开展各类户外活动的规模较大的绿地	
		G_{111}	全市性公园	为全市服务，活动内容丰富，设施完善的绿地	
		G_{112}	区域性公园	为市区内一定区域的居民服务，具有较丰富的活动内容和设施完善的绿地	
	G_{12}		社区公园	为一定居住用地范围内的居民服务，具有一定活动内容和设施的集中绿地	不包括居住组团绿地
		G_{121}	居住区公园	服务于一个居住区的居民，具有一定活动内容和设施，为居住区配套建设的集中绿地	服务半径：0.5 ~ 1.0km
		G_{122}	小区游园	为一个居民小区的居民服务、配套建设的集中绿地	服务半径：0.3 ~ 0.5km
	G_{13}		专类公园	具有特定内容或形式，有一定游憩设施的绿地	
		G_{131}	儿童公园	单独设置，为少年儿童提供游戏及开展科普、文体活动，有安全、完善设施的绿地	
		G_{132}	动物园	在人工饲养条件下，移地保护野生动物，同时供观赏、普及科学知识，进行科学研究和动物繁殖，并具有良好设施的绿地	
		G_{133}	植物园	进行植物研究和引种驯化，并供观赏、游憩及开展科普活动的绿地	
		G_{134}	历史名园	历史悠久、知名度高、体现传统造园艺术并被审定为文物保护单位的园林	
		G_{135}	风景名胜公园	位于城市建设用地范围内，以文物古迹、风景名胜点（区）为主形成的具有城市公园功能的绿地	
		G_{136}	游乐公园	具有大型游乐设施，单独设置，生态环境较好的绿地	绿化占地比例应大于等于65%
		G_{137}	其他专类公园	除以上各种专类公园以外具有特定主题内容的绿地，包括雕塑园、盆景园、体育公园、纪念公园等	绿化占地比例应大于等于65%
	G_{14}		带状公园	沿城市道路、城墙、水滨等，有一定游憩设施的狭长形绿地	
	G_{15}		街旁绿地	位于城市道路用地之外，相对独立成片的绿地，包括街道广场绿地、小型沿街绿化用地等	绿化占地比例应大于等于65%
G_2			生产绿地	为城市绿化提供苗木、花草、种子的苗圃、花圃、草圃等圃地	
G_3			防护绿地	城市中具有卫生、隔离和安全防护功能的绿地，包括卫生隔离带、道路防护绿带、高压走廊绿带、防风林、城市组团隔离带等	

续表

类别代码			类别名称	内容与范围	备注
大类	中类	小类			
G_4			附属绿地	城市建设用地中绿地之外的各类用地中的附属绿地，包括居住用地、公共设施用地、工业用地、仓储用地、对外交通用地、道路广场用地、市政设施用地和特殊用地中的绿地	
	G_{41}		居住绿地	城市居住用地内社区公园以外的绿地，包括组团绿地、宅旁绿地、配套公建绿地、小区道路绿地等	
	G_{42}		公共设施绿地	公共设施用地内的绿地	
	G_{43}		工业绿地	工业用地内的绿地	
	G_{44}		仓储绿地	仓储用地内的绿地	
	G_{45}		对外交通绿地	对外交通用地内的绿地	
	G_{46}		道路广场绿地	道路广场用地内的绿地，包括行道树绿带、分车绿带、交通岛绿地、交通广场和停车场绿地等	
	G_{47}		市政设施绿地	市政公用设施用地内的绿地	
	G_{48}		特殊绿地	特殊用地内的绿地	
G_5			其他绿地	对城市生态环境质量、居民休闲生活、城市景观和生物多样性保护有直接影响的绿地，包括风景名胜区、水源保护区、郊野公园、森林公园、自然保护区，风景林地、城市绿化隔离带、野生动植物园、湿地、垃圾填埋场恢复绿地等	

在人居环境城区绿地系统分类中，这一层次着重于城区内部绿地系统的构建，重点为能参与城市建设用地平衡的绿化用地，即四大类用地：G_1 公园绿地、G_2 生产绿地、G_3 防护绿地、G_4 附属绿地。而 G_5 其他绿地因不参与城市建设用地的平衡，应纳入上一个层面，即城镇集聚区、市域或县域的层面进行重点规划。

3）人居环境村镇绿地分类办法

人居环境绿地系统中将镇（乡）村作为一层面来考虑分类，使绿地不仅仅局限于原有《村镇规划标准》中村镇用地的分类，即G绿化用地（包括各类公共绿地、生产防护绿地，不包括各类用地内部的绿地），而将其扩展到与人居环境密切相关E类用地，即水域和其他用地（指规划范围内的水域，农林种植地、牧草地、闲置地和特殊用地），并可加上休闲、度假、教育等现代农业功能，强调农业与环境、自然的协调发展，在现有用地分类的基础上进一步细化和深化（表2-20）。

人居环境村镇绿地分类表 **表 2–20**

类别代码			类别名称	范围与内容
大类	中类	小类		
G			绿化用地	各类公共绿地、生产防护绿地，不包括各类用地内部的绿地
	G_1		公共绿地	面向公众，有一定游憩设施的绿地
		G_{11}	公园绿地	向公众开放，以供人游憩为主要功能的绿地
		G_{12}	街头绿地	为居民提供一定活动内容和设施的绿地，如街巷中的绿地、路旁或临水宽度等于和大于 5m 的绿地
	G_2		生产防护绿地	指用于生产和防护的绿地
		G_{21}	生产绿地	指提供苗木、草皮、花卉、种子等圃地
		G_{22}	防护绿地	指用于安全、卫生、防风等的防护林带和绿地
	G_3		湿地及水域	指人居环境区域范围之内天然的或人工的、永久或临时的沼泽地、泥炭地或水域地带，带有静止或流动的淡水、半咸水或咸水水体，包括低潮时水深不超过 6m 的水域，如江河、湖泊、水库、沟渠、池塘、滩涂等水域，不包括公园绿地中的水面
		G_{31}	自然保留水域	指自然保留或形成的江河、溪流、湖泊、沼泽、滩涂等自然水域或湿地，是自然生态系统的重要组成部分，应加以保护
		G_{32}	人工水域	指人工形成的水库、沟渠、池塘等水域，可结合观光渔业，形成渔场或淡、海水养殖场
	G_4		农林种植地	以生产为主要目的的农林种植地，辅以观光、休闲、体验、教育等功能，如农田、菜地、园地、林地等
		G_{41}	农田	以农业生产为主的稻田、旱地、桑基鱼塘、林果田园、瓜棚豆架，兼具生态农业观赏、生态农业休养和生态农业研究等功能
		G_{42}	菜地	以种植蔬菜、瓜果为主要功能，兼具瓜果菜采摘、瓜果菜观赏等功能
		G_{43}	园地	以种植果树等为主要功能，兼具果实采摘、品尝、观赏等功能
		G_{44}	林地	包括天然林、人工林、绿色造型公园等各种林地类型，具有观赏、避暑、休疗养、科考等各种功能的森林区
	G_5		牧草地	生长各种牧草的土地，包括奶牛场、牧马场、养兔场等各种场地，兼具跑马、挤奶、斗牛等各种功能
	G_6		闲置地	尚未使用的土地，可以促使其加快植被群落的演替，成为自然生态系统的重要组成部分

本章小结

强调从整体、系统等观念来理解人居环境绿地系统体系，重点阐述人居环境绿地系统的生态服务功能、产业服务功能和社会服务功能，提出人居环境绿地系统的体系架构，特别是人居环境绿地系统的等级结构和层次，形态特征及其影响因素，并着重阐述人居环境绿地体系的组成及其分类。

复习思考题

1. 如何从多个角度理解“人居环境绿地系统体系”？
2. 试总结人居环境绿地系统的生态服务功能、产业服务功能和社会服务功能。
3. 我国人居环境绿地系统等级结构如何划分？
4. 人居环境绿地系统基本“三力”与规划布局有何关系？
5. 人居环境绿地系统分类的原则是什么？

第三章　人居环境绿地系统体系规划设计论

第一节　人居环境绿地系统体系规划的内涵、目标与原则

一、人居环境绿地系统体系规划的内涵

从景观生态学的角度出发，可以将人居环境绿地定义为：人居环境绿地是人居环境中保持着自然和近自然型的区域，或是人工模仿自然生态系统建设的半自然型区域以及自然景观得到恢复的地域，是人居环境中最能发挥生态功能的生态系统，也是人居环境中自然因素与人文因素的景观综合体。从人居环境绿地系统所发挥的功能、效益来看，又可以将人居环境绿地视为以绿色植被为特征的生态空间，是由一定数量和质量的各类绿地组成的绿色有机整体，能为居民提供室外游憩、交往和观赏、集会等空间场所的生态服务系统。

人居环境绿地系统兼具生态服务功能、产业服务功能和社会服务功能等三大功能。首先，人居环境绿地系统体系规划一方面应该注重规划层面的扩展，从城市走向市域、城镇集聚区等更大范畴，另一方面也应该关注村镇一级绿地系统的建立，将人居环境绿地系统体系规划看作复合生态系统观念在各层次的绿地系统规划中的体现，而不仅仅是一个城市绿地系统的规划，从而构建结合景观生态区域格局的绿色生态规划体系。其次，应该加强人居环境绿地系统的生态机理研究，去模拟设计和调控系统内的各种生态关系，从而提出人与自然和谐发展的调控对策，进一步加强绿地植物群落的生态服务性功能的形成以及绿地系统生物多样性的规划。第三，人居环境绿地系统作为人居环境生态系统的子系统，具有自然生态与人工自然结合的过渡性空间结构关系，是开放的人工自然环境。应当把人与自然看作一个整体，以自然生态优先的原则来协调人与自然的关系，促使系统向更有序、稳定、协调的方向发展，提高人类对人居环境生态系统的自我调节、修复、维持和发展的能力，达到既能满足人类生存、享受和持续发展的需要，又能保护人类自身生存环境的目的。

二、人居环境绿地系统体系规划的目标与任务

1. 人居环境绿地系统体系规划的任务

对于整个人居环境生态系统来说，绿地系统对于人居环境的生态恢复在于其生长式的发展与簇群式的带动作用，在美化人居环境面貌的同时，恢复人居环境生态系统的活力。

人居环境绿地系统将更加强调人居环境与自然的共生。一方面，人居环境绿地系统的结构总体上趋向网络化。人居环境绿地系统由集中到分散，由分散到联系，由联系到融合，呈现出逐步走向网络连接、城郊融合的发展趋势。人居环境中人与自然的关系在日趋密切的同时，人居环境中生物与环境的景观通廊也将日趋畅通或逐步恢复。另一方面，人居环境绿地系统的功能趋近生态合理化。以生物与环境的良性关系为基础，以人与自然环境的良性关系为目的，其中包括：人居环境绿地系统的生产力（自然与社会生产力）将进一步提高；消费功能（人及

生物间的营养关系）进一步优化；还原功能（自维持、降解能力）将得到全面加强。

2. 人居环境绿地系统体系规划的目标

人居环境绿地系统体系规划目的主要是保护和改善人居生态环境，提高居民的生活质量，实现可持续发展。人居环境绿地系统体系规划强调人居环境与自然共生的绿地规划理念，以可持续发展的思想为指导，以生态学和城市规划的相关理论为基础，规划的三个主要目标是：保护、恢复和重建。保护即对具备生态和人文价值的开放空间实施最大限度的保护；恢复指对现有城市公园的改造，也注重修复废弃退化土地；重建则是通过土地置换营造新的绿地，或是建设绿色廊道[①]。

（1）保护有生态价值的开放空间

保护是人居环境绿地系统规划有别于以往城市绿地系统规划最重要的目标之一，主要保护的区域有：连续的自然植被（面积大于 $500hm^2$；成为当前景观生态格局的基质和生物多样化的主要的源）、孤立的自然植被（面积小于 $500hm^2$；被干扰景观和人工景观包围的自然斑块和跳板）、自然状态的边缘地带（从受干扰的地方伸入到连续的自然植被和孤立的自然植被的 90m 宽的带状地）、河流廊道（以线状为特征，宽度可达 90m，并将斑块连接在一起）以及各种休闲游憩场地、廊道、广场、公园、绿带、公共开放空间和历史考古遗产等。按照景观生态学的理论，这些具有特殊生态价值的保护区作为绿色斑块是人居环境绿地系统的核心。如 20 世纪 70 年代以后，伦敦郡内的很多行政区都制定并公布了关于绿带建设和管理的政策措施。其中，保护措施的对象主要是开放苗圃、牧草地、园地、林地、滨水地区、步行专用道路以及没有建筑物的空地。

（2）恢复破损的绿色空间

恢复可分为两个方面：一方面是对于自然植被风貌被损、景观破损严重的城市公园加大绿化力度，保障其绿化覆盖率，如波士顿公园系统通过对后海湾地区河边湿地的整治，不仅恢复了原来已经遭到破坏的生态系统，还为城市居民创造了接触大自然的场所，开创了城市生态公园规划与建设的先河；另一方面是修复工业废弃区、荒废土地以及退化的地带，这些荒废或退化的土地无形中为都市区绿地营造提供了新的空间，如 1929 年的纽约大都市圈规划实行区划制度，保护农业区，根据城市功能重新配置工业，合并破碎化绿色斑块，修复和增加城市的自然区域。在纽约州和其他地方建设了大量区域性的公园和州立公园以及区域性公园路，不仅满足了当时中产阶级日益增长的休闲需要，还促进了纽约大都市圈的区域一体化。

---

① 鞠美庭，王勇．生态城市建设的理论与实践 [M]. 北京：化学工业出版社，2007：52.

（3）开发建设新的绿地

为了完善系统结构，宜建设新的绿地系统空间，可归纳为两种类型：一是利用土地置换的机会建设斑块状绿地，如大伦敦区域规划中的开发型措施则重视休闲活动的策划与开发（钓鱼、骑马、访问农场、展览会等）、休闲设施的建设（宾馆、咖啡店、天然游泳场、休闲中心等）、公共开放空间的确保（确保人均公共开放空间面积）等；二是沿交通网、高压输电线和河道创建绿色廊道以连接公园、游憩空间、农田、自然保护区和风景区。如罗伯特·莫塞斯（Robert Moses）在1924年对纽约市公园局进行了重组，将分散的职能统一起来。重视为新兴的中产阶级提供休闲场所，将交通规划和公园路规划结合起来，把交通道改造成线状公园，大大促进了纽约州的州立公园和公园路的建设。

三、人居环境绿地系统规划的原则

理想的人居环境是人与自然的和谐统一，人居环境绿地系统规划的目标是建设可持续发展的生态绿色环境。规划的原则主要为以下几点：

1. 生态原则

人居环境绿地系统规划以生态的原则为标准和依据，对整个绿地系统的规划设计、目标定位、功能布局、景观营造、技术运用、文化主题、生态保护等都以生态目标的实现为前提，在人居环境绿地系统规划确定的指标体系控制范围内进行。应建立正确的人与自然的关系，尊重自然，保护自然，减少对原始自然环境的改变。简洁明快的生态景观等都可以保持整个景观的多样性，应当结合地域气候、地形地貌，创造多样化、优质化的生存环境。

2. 城乡一体化原则

区域山水格局和大地景观的连续性，对于人居环境生态基础设施的可持续性至关重要。一体化原则能够体现人与整个系统的和谐，各个生态系统之间的和谐是城乡一元化的结构。

3. 生物多样性保护原则

生物多样性包括物种多样性、遗传多样性和生态系统多样性三个方面。应当保护好大型自然植被斑块，可为原生植被提供良好的生境，以促进植被群落进入正向演替或加快正向演替的进程，保证各物种向着健康可持续的方向发展。同时可为野生动物提供大面积的栖息、活动和迁徙的自然群落，促进生物种群之间基因交流，提高物种多样性、遗传多样性和生态系统多样性。

4. 地域化原则

潜在于人居环境中的历史文化、风土民情、风俗习惯等与人们精神生活世界息息相关的东西，延续着的地方文化和民俗，直接决定着一个地区、城市、街道的风貌，影响着人们的精神，应当充分利用当地材料，反映当地精神面貌。而乡土树种经过长时间的自然选择，对本地自然环境条件的适应能力强，易于成活，生长良好，种源多，繁殖快，就地取材可以节省绿化费用，易见成效。因此在人居环境绿地系统规划中需要因地制宜，以反映地方风格特色。

5. 人本原则

从人性化的角度考虑，人居环境绿地系统规划需要注意布局的安全性和方便性。不仅要提供居民日常生活的舒适和安全，还要考虑突发情况下的安全，如抵御火灾、地震、洪水、滑坡、泥石流等，因此要结合绿地系统的布局设置防灾设施和避难场所。人居绿地环境对居民提供的方便性服务主要体现在住区的各类绿地系统的配套和服务方式的便利程度上，包括较好的通达性和合理的服务半径等。

第二节　人居环境绿地系统体系规划的结构模式与规划类型

一、人居环境绿地系统体系规划的结构与形态模式

布局结构是人居环境绿地系统的内在结构和外在形态的综合表现，随着人居环境空间的改变而发生变化。合理的结构布局模式应使各类绿地合理分布、紧密联系，组成有机的人居环境绿地系统整体。在通常情况下，系统布局可分为点状、心状、环状、带状、点轴状、网状、楔状、放射环状、放射状等几种基本模式。

根据其形态的基本模式及其所受到三个基本力的影响，可将其分为三类大的结构形态模式：

1. 整体与中心形态模式

此类模式主要受向心力的影响，结构形态多为绿心、绿核或环形等单中心模式，详见图 3-1。

（1）绿心形态模式

这种类型的发展往往是由于地形地貌条件的影响或者原有城镇体系格局而造成的，通常在城镇集聚区或城市的中心布置相当大面积的绿地空间，城镇群或城市建成区各种功能用地环绕着这个中心绿地进行布置，著名案例如荷兰的兰斯塔德绿地系统布局。

（2）单核形态模式

城市中心的各功能组团之间可以围绕自然的地形、地貌，如河流、水系等，或者是文化旅游集中区形成一个绿色空间集中的绿色核心区，可称为单核形态模式，如杭州的绿地系统布局。

（3）环形形态模式

城镇建成区用地相对集中，全市在绿色环带包围之中，这种形态模式称为环形形态模式。外围的绿环将公园、花园、林荫道等统一在环带中，既能作为生态环境以及氧源地，又起到限制城市用地规模扩大的作用，从而保证城市合理的规模和良好的居住环境，著名的如大伦敦的绿环。

（4）楔形及放射状形态模式

沿着自然河道等水面、山体绿化或者组团之间的空闲用地可以组织

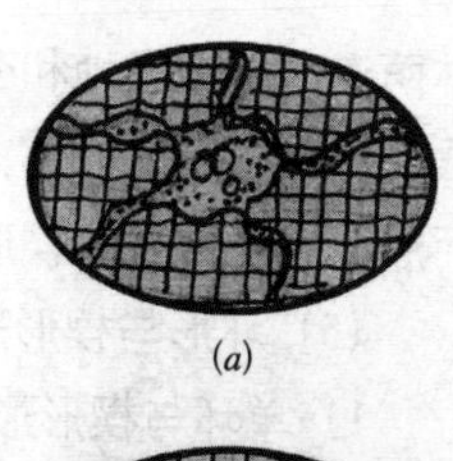
(a)

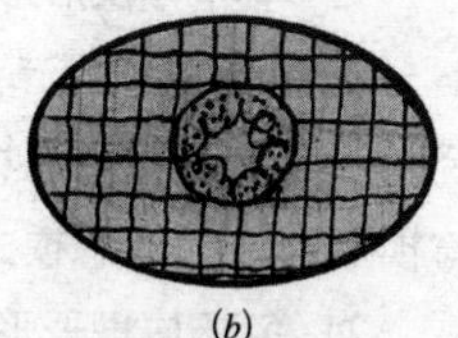
(b)

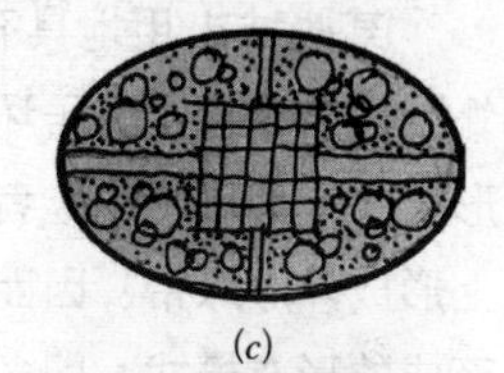
(c)

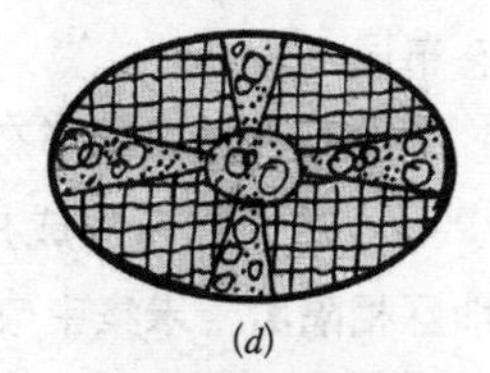
(d)

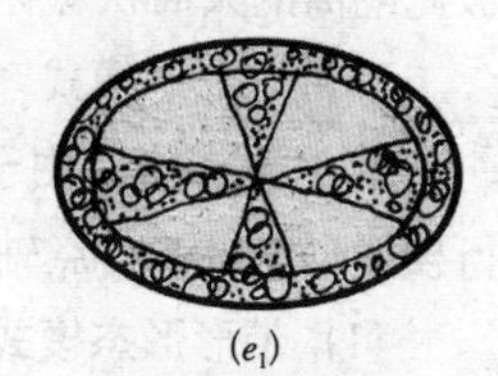
(e_1)

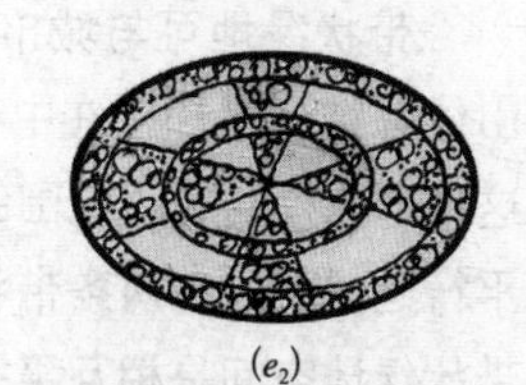
(e_2)

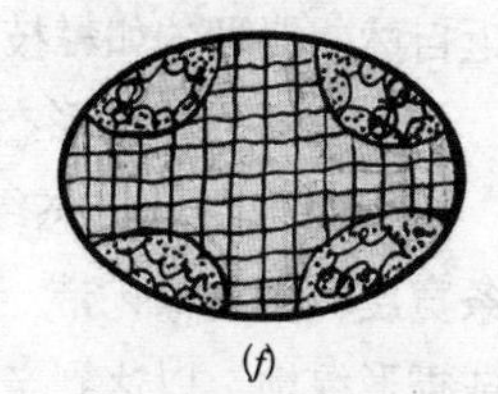
(f)

图 3-1　整体与中心形态模式
(a) 绿心形态模式；(b) 单核形态模式；(c) 环形形态模式；(d) 楔形及放射状形态模式；(e_1) 单环与楔形形态模式；(e_2) 多环与楔形形态模式；(f) 环城卫星形态模式

林荫道、广场绿地和公园绿地，使人居环境范畴内的绿地系统以楔形形式插入城镇建成区内部，即由城镇外围绿色空间延伸进入城镇内部空间，进而形成连续发展的楔形绿地。这种结构形态称为楔形及放射状形态模式。

(5) 环形与楔形形态模式

1) 单环与楔形形态模式

在向心力和城市自然山水格局的影响下，城市除外围以绿色空间环绕，还以楔形绿地从城市外围大区域范畴嵌入城市建成区之间，形成环形与楔形组合的形态模式。

2) 多环与楔形形态模式

某些城市用地具有类似圈层扩展的特征，城市中心区、城市建成区外围、市域甚至人居环境区域范围均以防护绿带、森林和风景游览绿地等形式的绿环环绕，或者保存了古城的城墙或护城河等限定空间，在此基础上形成环形绿带。因而，形成两个或两个以上的环形绿带与楔形绿地组合而成的形态模式，即多环与楔形结合的形态模式，如荆州城市绿地系统形态布局。

(6) 环城卫星形态模式

城市周围布局成片大面积森林或湿地、草地等绿地形式，但这些绿地互相隔离，未集中成片。巴黎的城市绿化控制带就是由比较典型的几个彼此隔离的大面积森林等绿地构成的。

2. 带形形态模式

此类形态模式由于受到线性力的作用，多表现为带形形态模式、平行楔形形态模式、点轴状形态布局，详见图 3-2。

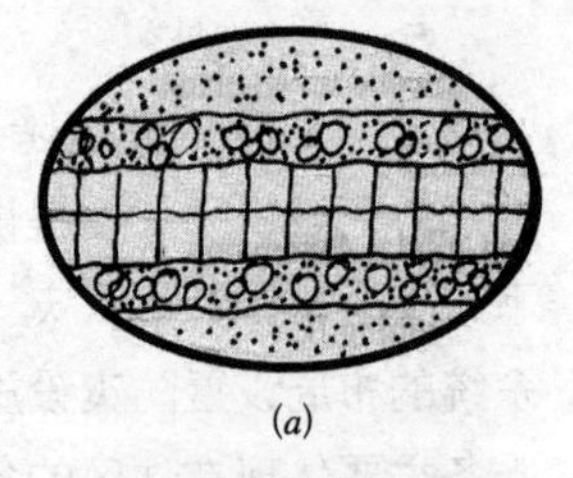

(a)

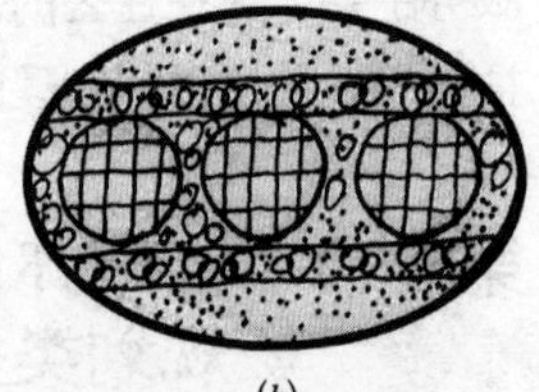

(b)

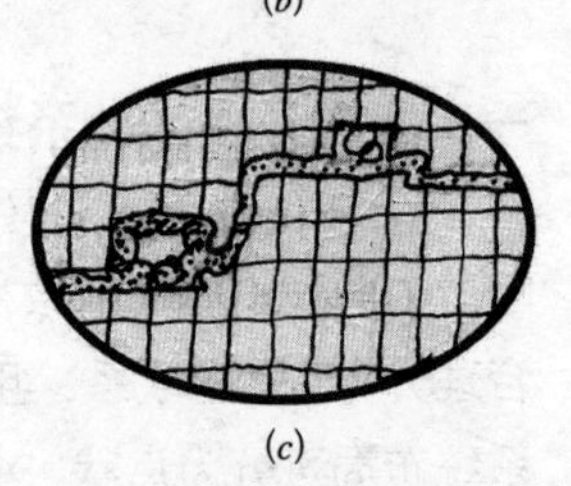

(c)

图 3—2　带形形态模式
(a) 带形形态模式；(b) 平行楔形形态模式；(c) 点轴状形态布局

(1) 带形形态模式

带状绿地可与城市河湖水系、主要道路、高压走廊、古城墙、带状山体等结合布局，在中心区或城市分区中分布着若干条带状的绿地空间，这种形态模式在小范围的用地布局上更为常见；或表现为沿带形城市两侧平行延伸发展的两条带状绿色空间，严格意义上的带形形态模式，其两条带状绿地空间是相互平行的，且由于带型城市往往宽度较窄，比较易于接近自然，典型的如攀枝花的绿地空间布局。

(2) 平行楔形形态模式

以带形绿地形态绿地系统为基础，通常也可按照地形特征形成若干条宽度较小的绿化带，如道路绿化带联系两条平行的外围条带状绿地，形成楔形绿地，以达到亲近自然、完善系统功能和体现城镇风貌的作用，如深圳市的绿地系统规划结构形态。

(3) 点轴状形态布局

以某大型绿化空间或绿核为中心，沿自然的山脉、河流水系或湿地空间延伸的带状空间，将城镇集聚区大范围的绿地空间与城区内部的绿化空间连为一体，形成城乡一体化的绿化布局形态，最为著名的如被誉为"翡翠项链”的波士顿绿地形态。

3. 组合形态模式

组合形态模式是向心力、线性力和不确定力综合作用的结果，往往没有固定的形态模式，根据所受三力的大小而决定，详见图 3-3。

（1）网络形态模式

是指由带形绿带分布连接形成带形网络交织的绿地系统的形态模式，一般多分布在城镇建成区内部，多用于城市建成区用地面积相对较大的城市，如苏州市城市绿地系统形态结构。

（2）点状形态模式

也被称为分散形态模式，是指各类绿地散布在城市用地范围内。这种模式多出现在旧城改建过程中，由于旧城改造成本较高，绿地多见缝插针，零星布局，尽量做到均匀布局，与居民生活密切联系，但对于城市面貌和城市气候的改善效果不够显著，是不得已形成的绿地系统模式，一般应该考虑和其他绿地系统模式结合，典型的如上海、武汉、长沙等老城区的绿地建设。

（3）绿核—绿楔—绿网形态模式

这种城市绿地系统在形态上由纵横交错、宽窄不等的带状、楔状绿地连接绿核从而形成网状结构的组合形态模式。由于这种形态空间布局比较自由，在人居环境整体绿化形态模式中，尤其对于城镇集聚区或市域范围较为复杂的景观基质条件（复杂的地形地貌，丰富的人文景观等）具有较好的适应性。

（4）多核形态模式

人居环境范畴内或城区内部可分布若干个绿色空间集中的绿色核心区，这些核心区之间可以考虑线形绿带连接贯通。多核形态模式可以考虑绿核为同一等级，等半径地服务于周边的居民。也可以考虑二层或三层等级的绿核，各等级服务半径大小不一，功能作用也有一定的差异。各等级联络交织形成网络体系，如图 3-3 所示的三层网络体系。

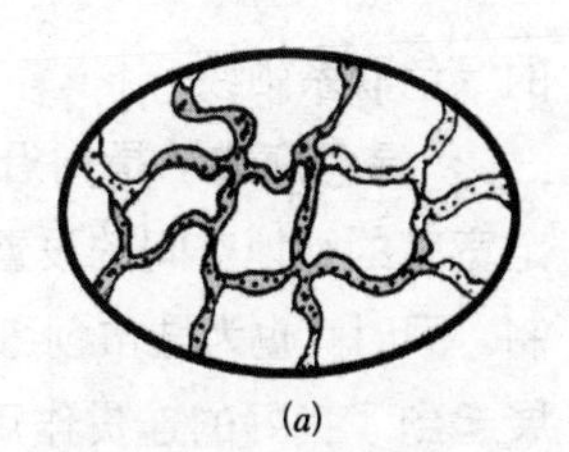

(*a*)

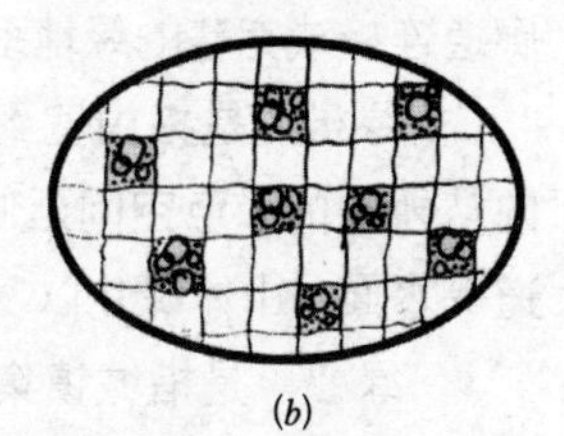

(*b*)

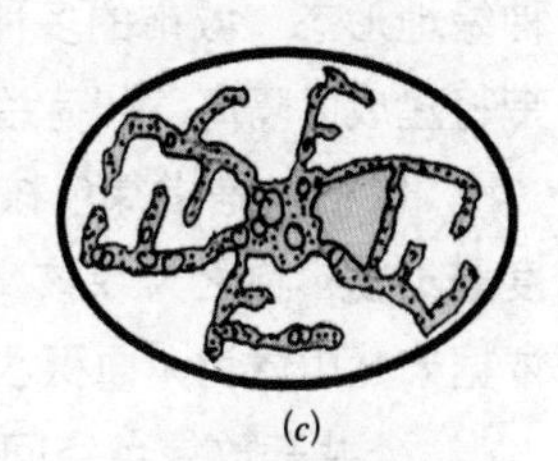

(*c*)

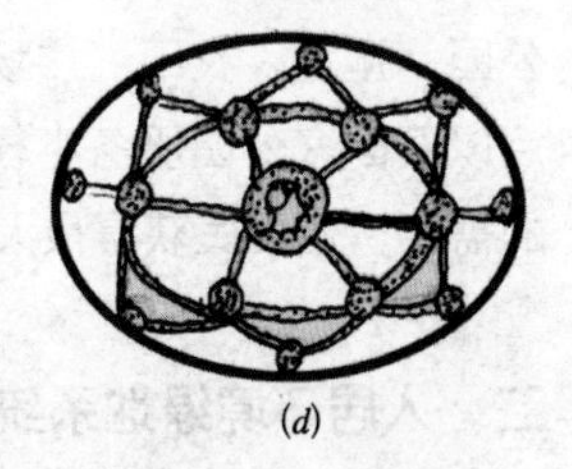

(*d*)

图 3–3　组合形态模式
(*a*) 网络形态模式；(*b*) 点状形态模式；(*c*) 绿核—绿楔—绿网形态模式；(*d*) 多核形态模式

4. 分解的绿地形态

“绿环”是指绿化控制带在城市建成区外围呈环形分布，或沿道路和水体等形成的环形带状绿地空间。绿环的设置可以疏散城区的人口和工业，限制城区的扩展，对城市内部的生态环境起到一定的围合、防护的作用，促进市中心的重建，同时，形成绿色通廊和景观廊道，为生物（如鸟类）提供了良好的生存通道，从而把城市外围的生机和清新的空气引入城市。

“绿片”是指若干大型绿地相对集中，连续成片形成相当大面积的绿色片林，可与农田、河川水系、谷地、山地等自然地形条件或城市绿地现状相互结合，布局较为灵活，可以起到分割城区的作用，具有混合式的优点，适合于大城市。

“绿轴”是指沿城市发展轴或带状生态廊道、大型重要景观之间形成的绿色联系轴线。

"绿色廊道"是指沿城市的铁路、道路、水体所布置的连续绿带，它通过一定宽度的绿地空间的设置，使铁路、道路产生的废气与噪声得到了一定程度的控制，同时，也为城市创造出多条景观性道路。"绿色廊道"对于城市绿地系统的发展起到了良好的连贯作用和向外延续作用①，使人居环境范畴内的绿地通过绿色廊道连接成完整的绿地系统。

"绿楔"是指由宽到窄楔形插入城市各功能区内部的绿地，沿城市辐射线方向从外围的绿色空间延伸进入城市建成区内部，一般沿着对外交通干道、自然河道等水面、山体绿化以及组团之间的空闲用地组织绿地形成连续发展的楔形绿地。

"绿心"是指城镇集聚区中心或城市中心相当大面积的绿化空间所形成的一种绿地形态，城市的多种职能分布在以绿心为核心的中心绿地周围，并通过绿化带将建成区隔离，如荷兰的兰斯塔德绿地系统布局就是典型的中心绿地。

"绿核"是指绿色核心，比"绿心"的规模小，是绿地系统空间的绿色量高度聚集区，称之为绿核。其是在城市建成区中心各功能组团之间的缓冲区域，可依据天然山体和大面积水体分布的形态形成适宜绿化聚集的核心区域。

"公共开放绿色空间"是指在人居环境范围内布置的大量点状绿地，如森林公园、湿地、农田、广场、街头绿地等，可根据城市用地发展情况、人口分布特点以及国家公园服务半径等有关指标的规定均匀布局，以满足全市居民休闲游憩的需要，使居民获得最大的绿地接触面并体现地区特点。

二、人居环境绿地系统体系规划的主要类型

人居环境绿地系统规划应当为人居环境的公共利益服务，从上述功能结构中可以看出，人居环境的公共利益大致可以分为生态、经济、社会三个大的组成部分，按照人居环境的公共利益将其分类，则简单地可分为自然、社会和视觉等三大类。根据人居环境绿地系统所发挥的功能作用，可以利用人居环境绿地系统规划来解决三类公共利益问题：自然保护、风景质量和公众游憩。因此，可将人居环境绿地系统规划细分为以下几种类型：

1. 自然发展规划

①地形规划：保护和增加有特色和便利的地形。

②水体规划：提供水的存储、流动和再利用空间。

③栖息地规划：保护和增加自然和半自然的栖息地，为野生动植物提供保护地和迁徙廊道。

④大气规划：提供清新干净的空气并进行保护。

2. 社会发展规划

①绿色空间规划：在城市和乡村中为公众提供好的环境空间。

②特殊区域规划：保护并创造具有特别色彩、历史特点等特殊特性的区域。

---

① 姜允芳．城市绿地系统规划理论与方法[M]．北京：中国建筑工业出版社，2006：22-31．

③游憩规划：提高人们获得户外游憩的机会，包括步行道、骑马道、自行车道、宿营地、食物采集地。

④持续发展规划：使得城市与乡村的人居环境可持续发展。

3. 视觉规划

①风景规划：在城镇和乡村里保护和创造良好的风景和景色。

②空间规划：保护和创造良好的空间格局。

③天际线规划：保护和创造良好的天际线。

④城市屋顶轮廓规划：给城市屋顶一个有特色的形状。

而在以上各种类型规划的基础上，将各种基于不同功能的规划加以叠加，才能得到有利于人居环境可持续发展的绿地系统规划布局，详见图3-4。

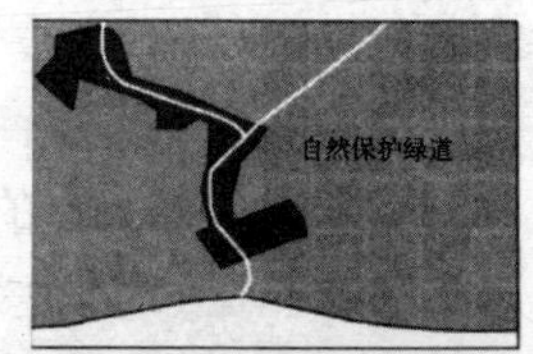

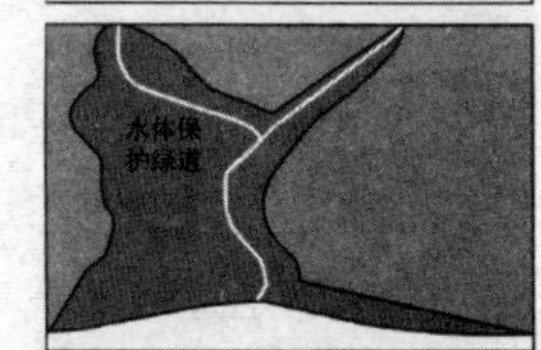

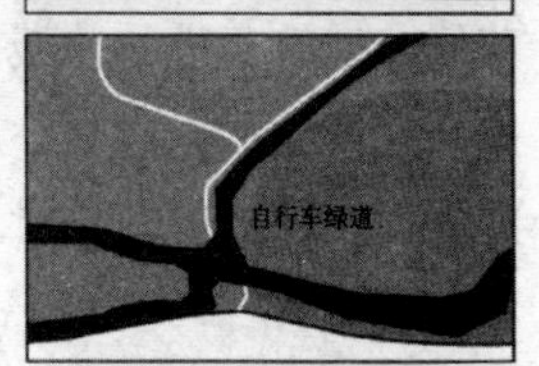

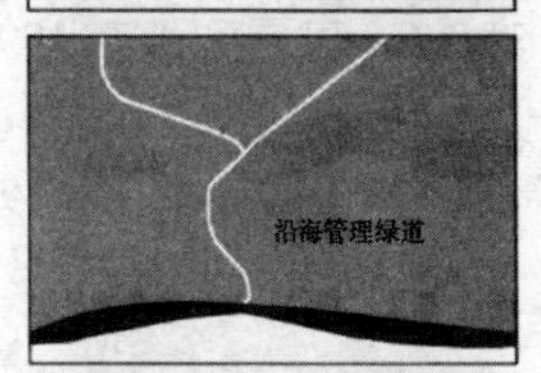

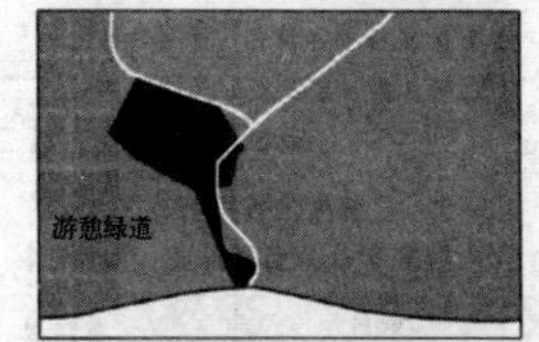

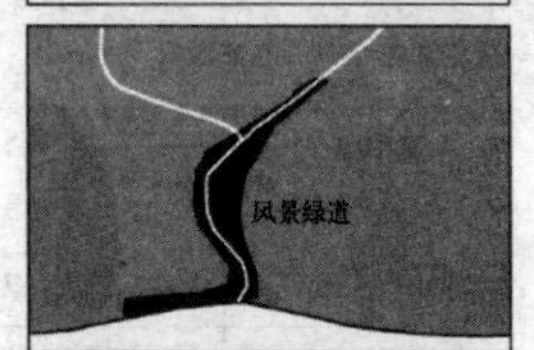

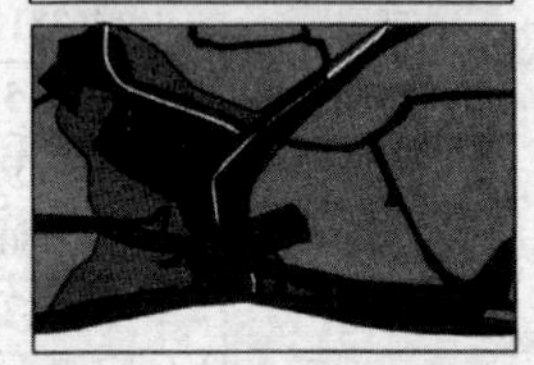

图 3-4　各种类型规划叠加基础上的绿地系统规划布局图

第三节　人居环境绿地系统体系规划的方法论

一、人居环境绿地系统体系规划的方法论

1. 规划过程的生态量化方法

为保证人居环境绿地系统规划过程中生态过程的完整性，同时为人居环境绿地空间尺度的生态规划提供量化的方法，应当遵循景观生态学原理进行科学合理的量化研究，从而使不同层面空间尺度的绿化格局由定性化转而定量化，主要包括：合理的区域空间尺度生态量化方法，人居环境绿地系统的生态空间格局，生态廊道、斑块状绿地的尺度量化研究。

（1）生态足迹分析方法[①]

生态足迹可以理解为是测量生态可持续性的生态底线的衡量标准。加拿大生态经济学家威廉·李斯（William Rees）于1992年首先提出"生态足迹"概念。他将区域生态足迹（Ecological Footprint）定义为："为生产特定区域人口消费所需的资源和同化这些人口消费所产生的废物，需要生态系统提供的生产性土地面积和水体面积。但不区分这些土地和水体在地球上的具体位置。"

运用生态模型的计算结果，可以将生态足迹的现实需求与自然能够提供的生态服务的实际供给两个方面进行量化比较，以反映人类是否生存于自然系统的生态承载力范围内，从而能够定量衡量人类对自然生态系统的影响。

生态足迹模型主要用来计算在一定的人口和经济规模条件下维持资源消费和废弃物吸收所必需的生物生产面积，其具体计算公式如下：

$$EF = N[ef] = N\sum_{i=1}^{N}(aa_i) = N\sum_{i=1}^{N}(c_i / p_i) \tag{3-1}$$

① 曹伟．城市生态安全导论[M]．北京：中国建筑工业出版社，2004：125-127.

式中　i——消费商品和投入的类型；

p_i——i 种消费商品的全球平均生产能力；

c_i——i 种商品的人均消费量；

aa_i——人均 i 种交易商品折算的生物生产面积；

N——人口数；

ef——人均生态足迹；

EF——总的生态足迹。

在生态足迹的计算中，生物生产面积主要考虑化石燃料地、可耕地、林地、草场、建筑用地和水域，其中可耕地、林地、草场和水域都在人居环境绿地系统的范畴之内，通过生态足迹模型的量化方法可以为人居环境绿地面积及范围大小的确定提供可靠的依据。

如迈斯·瓦克内格尔（Maths Wackernagel）等就应用生态足迹模型，对全球 52 个国家和地区 1993 年的生态足迹进行了实证计算，得出概念的平均值为：人均生态足迹 2.8hm^2，人均生态承载力 2.1hm^2，人均生态赤字 0.7hm^2，所计算的 52 个国家和地区中有 35 个国家和地区存在生态赤字，详见表 3-1。世界环境

1993 年部分国家的生态足迹　　表 3–1

国家／地区	人口（千人）	生态足迹 (hm^2／人)	承载力 (hm^2／人)	生态赤字 (hm^2／人)
加拿大	30101	7.7	9.6	1.9
丹麦	5194	5.9	5.2	−0.7
芬兰	5149	6.0	8.6	2.6
法国	58433	4.1	4.2	0.1
德国	81845	5.3	1.9	−3.4
英国	58587	5.2	1.7	−3.5
意大利	57247	4.2	1.3	−2.9
日本	125672	4.3	0.9	−3.4
荷兰	15679	5.3	1.7	−3.6
澳大利亚	18550	9.0	14.0	5.0
新西兰	3654	7.6	20.4	12.8
美国	268189	10.3	6.7	−3.6
俄国	146381	6.0	3.7	−2.3
中国	1247315	1.2	0.8	−0.4
香港	5913	6.1	0.0	−6.1
印度	970230	0.8	0.5	−0.3
印尼	203631	1.4	2.6	1.2
孟加拉	125898	0.5	0.3	−0.2
巴基斯坦	148686	0.8	0.5	−0.3
巴西	167046	3.1	6.7	3.6
阿根廷	35405	3.9	4.6	0.7
全球	5892480	2.8	2.1	-0.7

说明：负值表示生态赤字，正值表示生态盈余。

资料来源：曹伟．城市生态安全导论 [M]．北京：中国建筑工业出版社，2004：127．

发展委员会建议留出12%的生物生产土地面积以保护生物多样性，据此有学者建议将 $2hm^2$ 的生物生产面积作为全球人均生态阈值（Ecological Benchmark），以确保城市的可持续性发展空间尺度。

（2）绿地形态的量化方法[①]

1）绿化分隔带的宽度及面积

将城市或城市组团的面积划小，可以减小市区空气污染的集中程度。城市组团大小的确定，应当兼顾自然规律、经济规律和社会发展条件。1985年国家科委蓝皮书第6号《城乡建设卷》的统计及其援引的国外专家理论，认为50万人左右的城市规模比较恰当，经济效益和城市环境都较好。因此，假设城市居住区的人口密度为每平方公里2万人，则50万人需要 $25km^2$ 的面积，大体折合正方形边长为5km或圆形直径5.6km。

而城市组团的绿化分隔带宽度在理论上应该与城市组团面积相等，以保证上升气流与下降气流的横截面积相近，有利于大气环流的运动。但是，林带的过滤效能并不与林带的宽度成正比，在理想的条件下，50m宽的林带可以减少50%左右的气溶胶，100m宽林带可减少75%，200m宽林带可减少85%以上，500m宽林带可减少95%左右。当气流下降通道比上升通道狭窄时，下降速度会加快，反而比较有利于充分发挥绿带的过滤效能。

因此，城市组团之间的分隔带至少需要300～400m宽，最好达到500～1000m以上。若城市组团按正方形模式布局，边长为5km，建筑区面积为 $25km^2$，在其外围加一圈500m宽的绿带，面积应为 $5.25km^2$，约占城市组团用地总面积（$30.25km^2$）的17.4%。

2）中心大型"绿心"的面积及半径

由于大气环流与城市绿岛的共同作用，在城市组团中心布局大型"绿心"，可以分散市区空气污染的沉积范围，有效地改善空气污染的强度。对于一个建筑区 $25km^2$ 的城市组团而言，可采用两种方法决定城市绿心的规模：其一，理想状态下，绿心面积等于半宽城市组团绿化分隔带的面积（$262.5hm^2$），则绿心半径应该是914m，约为组团绿化分隔带宽度（500m）的1.8倍左右；其二，绿心半径等于半宽城市组团绿化分隔带的宽度，即500m，占地面积为 $78.5hm^2$，可在标准不高的城市采用。

在静风条件下，一个城市需要公共生态绿地的量值，可采用如下方法确定。设每个城市组团居住50万人，人口密度为2万人 $/km^2$，组团间分隔绿带宽度为500m（绿地面积为 $5.5km \times 4 \times 0.5km=11km^2$），组团"绿心"宽度为1000m（绿地面积 $1km^2$），则该城市组团所需的生态绿地总面积为 $12km^2$。如果一个大城市由数个这样的组团组成，每个组团分隔带的面积只分摊到一半（组团中的绿心面积 $1km^2$ 不分摊），则公共生态绿地面积应为 $6.5km^2$，约为组团面积（$25+5.5+1=31.5km^2$）的20%，人均 $13m^2$。

① 姜允芳．城市绿地系统规划理论与方法[M]．北京：中国建筑工业出版社，2006：46-48．

除此之外，仍需在城市组团内部布置绿地作为通风、排气的生态廊道，并可调节城市热岛效应强度。

3）绿道尺度

①物种迁移的宽度要求

物种迁移的宽度并不是越宽越好，索尔和吉尔平（Soule and Gilpin，1991 年）通过"愚蠢的疏散者" 模型研究发现过宽的绿道会使动物缺少方向感，并使动物对其所处环境的认知力下降，从而降低了其向目的地移动的速率，往往会影响它们的迁移及季节性活动。而过窄的绿道往往会对许多物种产生致命性的影响，可以由边缘效应确定绿道宽度与质量。狭窄的廊道完全是边缘性栖息地，在这种栖息地内敏感物种的死亡率较高，中等大小的捕食者如乌鸦、臭鼬、老鼠等会比较密集，而低巢鸟的数量则会减少。因此，在边缘性栖息地内往往出现大量的劣级物种，而许多珍稀物种则会大量减少。

廊道的宽度与廊道的类型及其环境相关，包括所处的客观物理条件、微气候影响效应（光线、风向、干湿度等）、植被种类及穿过该廊道的物种情况等。由于受周边环境光线及干湿程度的变化影响，所产生的边缘区植被通常会是一个有别于内部的狭窄绿带。J·W· 让尼（J.W.Ranney，1981 年）在对威斯康星州哈德伍德（hardwood）森林的研究中就发现，森林边缘 10 ~ 30m 的植被布局和结构有明显的变化，而突变性的改变往往发生在 2 ~ 3 倍成年树高的范围内（Harris，1984 年）。如北方森林的成年大树高达 80m，则廊道至少需要 520m 宽来保证其有 200m 宽的内部稳定空间。而南方大部分成年树高度约为 40m，则廊道只需要 350m 宽就可以减少突变性问题。

此外，维尔克（Wilcove，1985 年）对美国东部海岸敏感森林的研究表明，从边缘到 600m 的范围内鸟巢类捕食及寄生活动大量增加，是森林内部鸟类的最大威胁，需要有 1.4km 宽的绿道来保证其有 200m 宽的内部安全栖息空间。

生物多样性保护的需求最终决定了人居环境绿地系统斑块、廊道、基质生态结构功能健全的量的尺度要求。比如，罗尔令（Rohling）在研究廊道宽度与生物多样性保护的关系中指出廊道宽度应在 46 ~ 152m 较为合适。弗尔曼和戈登认为线状和带状廊道宽度对廊道的功能有着重要的制约作用，对于草本植物和鸟类来说，12m 宽是区别现状和带状廊道的标准，对于带状廊道而言，宽度在 12 ~ 30.5m 之间时，能够包含多数的边缘种，但多样性较低；在 61 ~ 91.5m 之间时具有较大多样性和内部种。胡安 · 安克尼奥 · 伯诺（Juan Antonio Bueno）等人提出，廊道宽度与物种之间的关系为：12m 为一显著阈值，在 3 ~ 12m 之间，廊道宽度与物种多样性之间相关性接近于零，而宽度大于 12m 时，草本植物多样性平均为狭窄地带的 2 倍以上等。

由此可见，绿道宽度依赖于廊道内栖息地结构及质量、周围基质的自然状况、人类使用模式、廊道长度以及使用该廊道的物种情况（Noss，1987 年）。在周边区域高度人工化的环境中，由于廊道边缘受人类的干扰会比较大，需要有几公里来保护大型哺乳动物免受人类干扰。若在廊道内设置了步道或其他游憩项目，则应该设置足够宽度的廊道来保护那些敏感的动物免受人类的干扰。

②滨河廊道宽度要求

溪流河道沿线两侧需要有不同的宽度来过滤沉淀物与营养物，以维持自然流动规律，保护重要的自然特征。以往对不同溪流类型的有效宽度均有过大量研究，河流缓冲带推荐最小宽度从 30 ~ 300m 都各有不同。这是由于河流绿道外围土壤受到自然因素的影响，腐蚀沉淀物会向绿道内部渗透，而大部分沉淀物会堆积在绿道边缘一定的范围内，另外一部分则更接近于溪流。因此，滨河绿道的宽度确定不可太过主观，应该对滨河廊道宽度作一个客观的分析。

布德（Budd，1987 年）采用了一个现实方法重点分析了各滨河绿道的特征，评价因素如下：溪流类型、河床坡度、土壤类型、沉淀物控制程度、腐蚀情况、土壤含水性、植被覆盖状况、温度控制、溪流结构、野生动物等，并以这些特征作为评价因素来估算合适的廊道宽度。研究表明，滨河缓冲带宽度在以下情况下应该有相应同比例的增减：河流两侧的湿地、沉积区域尺寸大小；河流两侧坡度的大小；两岸陆地的人类活动强度及干扰程度。而在廊道植被及微地形较为复杂的区域则其宽度可以相对减小。

4）绿地斑块尺度

从生物保护角度来看，物种丰度与分布和空间尺度之间存在着某种关系（Smith，1990 年）。人居环境绿地系统中的生态型绿地斑块尺度在维持生物生存和保护生物多样性方面存在双重影响，而在两种影响之间有一个尺度转折点：$2.3hm^2$（Levenson，1981 年）。当绿地尺度小于此值时，干扰性相对增大，并伴随着平均光照水平的提高，厌阴生物种类增加，进而导致生物多样性的提高；但众多以绿地斑块为活动空间的生物并不能忍受生态空间的破碎化，对生物生存不利。大于此值时，绿地斑块有足够的空间来保护大多数植物种类，但生物多样性则相对下降。

此外，斑块形状与边界特征（宽度、通透性、边缘效应等）也强烈影响着种群生物学过程，这主要是通过影响斑块与基质或与其他斑块间物质和能量交换而影响斑块内的物种多样性，如紧密型形状有利于保蓄能量、养分和生物；松散型形状（长宽比很大或边界蜿蜒曲折）易于促进斑块内部与周围环境的相互作用，特别是能量、物质和生物方面的交换。

2. 规划结构的生态方法

（1）规划空间结构的层次化

人居环境绿地系统体系规划空间分为三个层面、多个层次：即人居环境大背景层面，包括城镇集聚区域和市域两个层次；城市规划建成区层面，包括城区和城市中心区两个层次；村镇层面，包括镇、乡和村等层次。在人居环境大背景层面，规划重点是自然生态环境资源的保护，维持自然系统与人工系统之间生态流的动态平衡，规划大尺度斑块—廊道—基质绿地类型，形成城镇集聚区域和市域两个层次的绿地系统空间格局。在城市规划建成区层面，规划重点是维持其内部空间环境的生态平衡；绿地类型空间尺度较小，可通过绿色廊道联系绿色斑块，建立有序的生态整体格局。在村镇层面，规划重点是维护城乡的生态动态平衡，通过生态农业、林果的建设，构成大面积的生态绿色基质。

分层面的引导并控制"斑块（patch）—廊道（corridor）—基质（matrix）"结构形态，使得人居环境绿地系统规划的各层面重点与关键问题得以明确研究解决，具有科学合理性以及便于操作管理的特点，更具有灵活性与弹性。

（2）基于景观生态格局的结构形态类型

景观生态学理论认为景观的总体结构对景观的各种过程会产生一定的影响，各种过程反过来也会影响景观的总体结构。同理，人居环境绿地系统的合理结构布局可以使自然生态空间与人工生态空间有机结合，以实现绿地系统的最佳效益。以结构为特征，通常会形成以下一些常见的景观格局类型（图 3-5、图 3-6）。

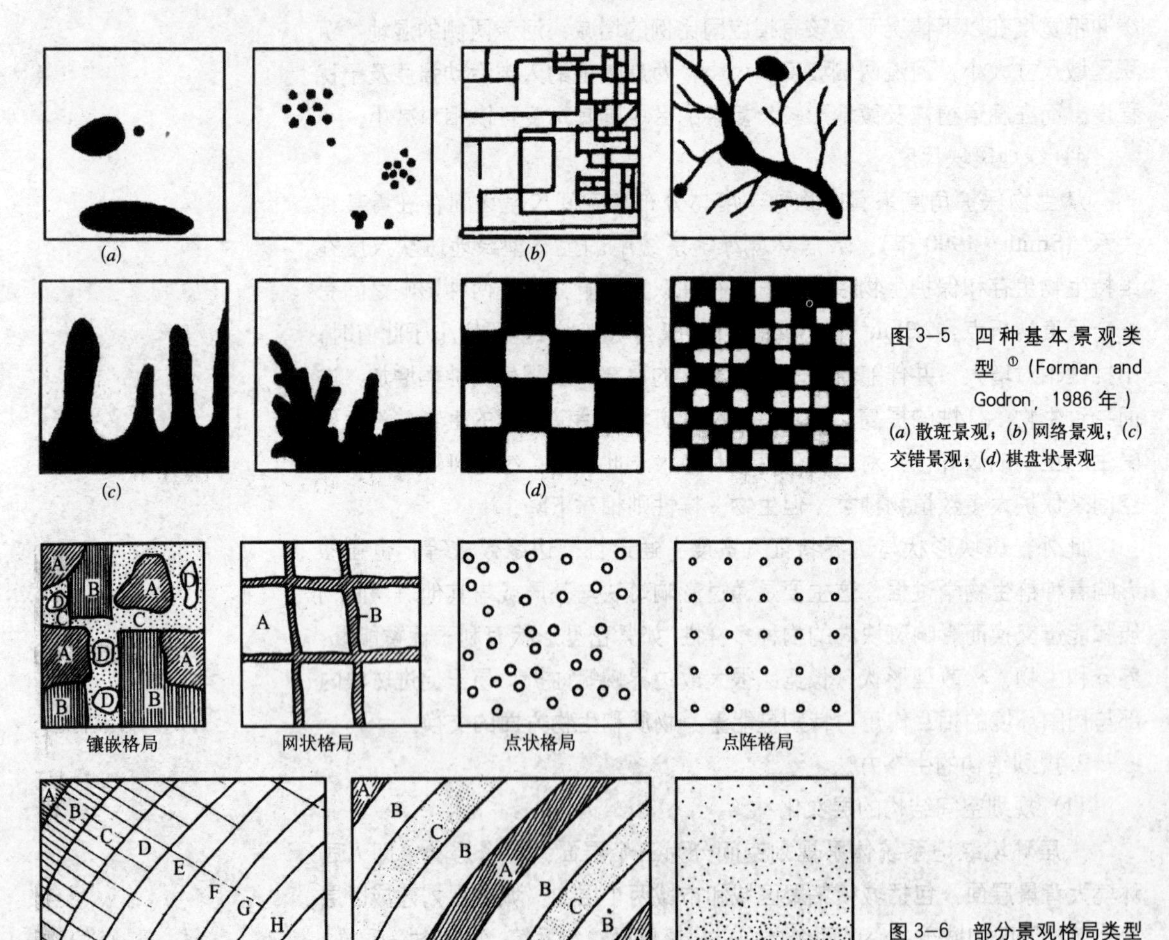

图 3-5　四种基本景观类型[①]（Forman and Godron，1986 年）

(a) 散斑景观；(b) 网络景观；(c) 交错景观；(d) 棋盘状景观

图 3-6　部分景观格局类型（Zonneveld，1995 年）

① 每种中仅包括两种要素（生态系统或土地利用方式），以黑和白表示，枝状例子中包括了网状和分散斑块两种特征。

汤姆·特纳（Tom Turner，1987 年）基于生态学原理提出六种开敞空间的理论模型，见图 3-7。图中（*a*）表示的是纽约的中央公园类型；（*b*）表示 18 世纪伦敦形成的住区广场类型；（*c*）表示 1976 年大伦敦议会推荐的不同尺度的层次化的公园类型；（*d*）表示居住区中的一种特殊形式的绿道，并未能提供有效的路径和有用的休闲空间；（*e*）表示艾伯克隆比 1994 年提出的互连公园系统；（*f*）表示建议居民使用绿道中的"绿"，即不仅仅是绿色覆盖还包括创造愉悦的环境功能，结合步行道以及绿地空间，其绿色网络可以起到城市范围的人行道系统的功能，反映了城市生态空间格局的景观生态化思想，是城区绿地空间布局的具体结构形态的总结。

弗尔曼于 1995 年在《土地镶嵌——景观与区域的生态学》（Land Mosaics-The Ecology of Landscapes and Regions）中提出"集中与分散相结合"的概念模型，其被认为是生态学意义上最优的景观格局。它强调的是：应该集中土地利用，而同时在一个被全部开发的地区，保持廊道和自然小斑块，以及把人类活动沿着主要边界在空间上分散安排。在具体操作过程中，要考虑以下几个景观生态学特性：大的植被自然斑块、小的植被自然斑块、廊道、风险的扩散性、基因变异性、交错带等（图 3-8）。

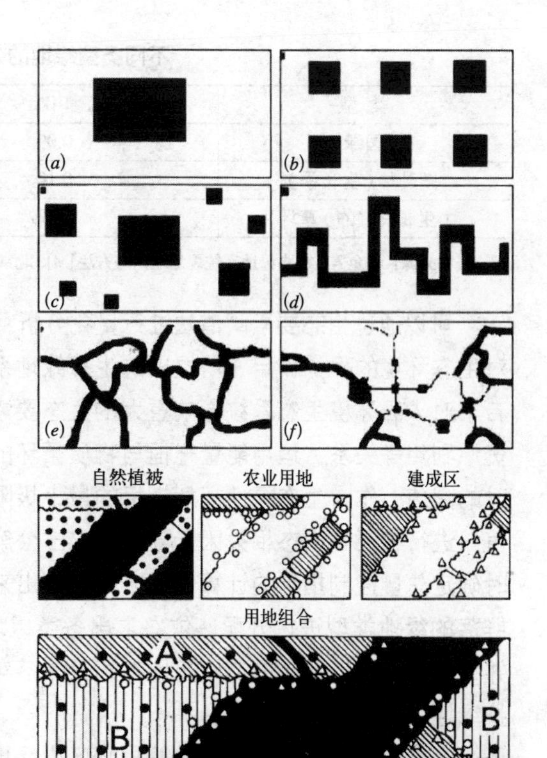

图 3-7（上）
六种开敞空间模型（Turner，1987 年）

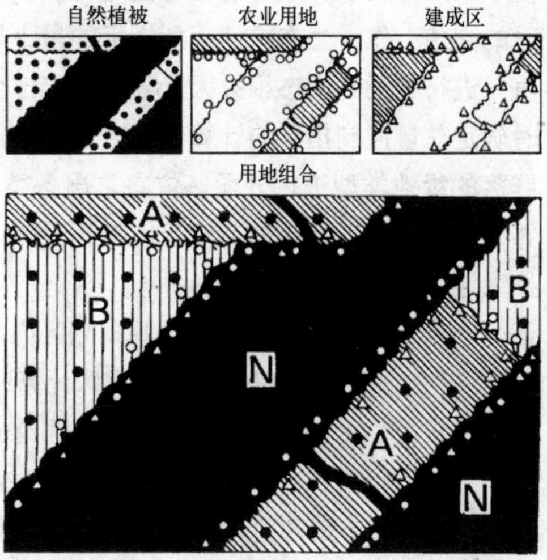

图 3-8（下）
按"集中与分散相结合原则"设计的理想景观模式
图中小圆圈、三角形和小黑点分别表示农业区、建成区和自然植被区的碎部

根据该规划模型，在人居环境绿地系统规划中可建构一种具有动态平衡关系的景观生态化空间结构模型。在背景层面，可将自然生态空间和广域的人工生态空间（如人工绿地、农田）作为基质，可以保护水源，为多种野生动物提供栖息地，缓冲干扰，而城市建成区以斑块形态分散在背景区域内；在城市规划建成区层面，景观类型复杂，是城市化的人工景观与生态绿色空间的边缘交错地带，可以按照"集中与分散相结合"原则设计自然景观与人工、半人工景观相互交错的景观格局，自然景观以绿脉、绿楔等形式延伸进入城市建成区内部空间，成为较为理想的结构模式；在村镇层面，是以人工、半人工化的绿色空间作为基质，村镇等人工斑块交错分布于其中，有益于维持生态功能的稳定。

3. 规划功能的生态方法

（1）人居环境绿地系统规划与生态环境保护

人居环境绿地系统的生态环境保护作用主要体现在它能调节城镇居住微气候、防风滞尘、净化空气和水体、消除噪声、维护和改善居住生态环境和质量等生态功效方面。

不同类型绿地的效应　　表 3-2

类　型	吸收 CO_2 量 [kg / (d·m^2)]	产生 O_2 量 [kg / (d·m^2)]
公园绿地	0.09	0.065
阔叶林（生长季）	0.10	0.073
（生长良好的）草坪	0.036	0.026

资料来源：姜允芳．城市绿地系统规划理论与方法[M]. 北京：中国建筑工业出版社，2006：52.

可以通过生态要素阈值法进行量化分析。这是李敏（1999 年）利用绿色植物对生态环境的保护作用，所提出的生态绿地系统规划总量控制方法，即通过选择若干对人居环境生态系统影响重大的生态要素，如碳氧平衡、营养物质供求、水资源利用等关系，运用能量守恒与物质循环的原理，分别求出它们在系统平衡态时的阈值，作为生态绿地规划指标的最小极限值。分析单个因素方法求出需求阈值，进行相互间生态相关因素分析，求出公解或满意近似解，作为生态绿地规划时确定总量控制指标的计算依据。将计算出来的生态绿地总量指标按照不同植物群落的绿地类型进行分配，依次求出各类绿地在规划区内所需占用的土地面积，并结合城乡用地发展的空间用地布局逐一落实到农田、林地、公园绿地、水源保护绿地、湿地等具体地块中。

目前常用的方法是通过计算规划区内绿地的有效制氧面积，以期达到保持区域整体生态平衡的碳氧平衡法。具体计算过程为：

①设规划区所需制氧阔叶林面积理论值为 M，则有

$$M=dk/abc\ (\text{hm}^2) \tag{3-2}$$

式中　k——市域各项人类活动的总耗氧量；

d——年日数（365）；

a——年无霜期天数；

b——年日照小时数；

c——阔叶林制氧参数（$0.07\text{t/hm}^2\cdot\text{h}$）。

②设规划区所需农田绿地理论值为 R，则有

$$R=GI/15f\ (\text{hm}^2) \tag{3-3}$$

式中　G——规划区当年总人口（人）；

I——区域粮食自给率；

f——土地承载力系数（人 / 亩）。

③设区域制氧绿地面积规划值为 N，则有

$$N=R_1J_1+R_2J_2+R_3J_3+\cdots\cdots \tag{3-4}$$

式中　R_1——农田面积；

R_2——林地与园地面积；

R_3——园林绿地面积；

J_1——农田等效阔叶林换算系数（0.2）；

J_2——林地等效换算系数（1.0）；

J_3=1.0，……

④规划区生态绿地空间的大气氧平衡贡献率

$$Q=N \div M \times 100\% \tag{3-5}$$

Q 值应该控制和保持在60%以上。

人居环境绿地系统具有保护生态环境作用，因而规划的编制更应该结合自然生态环境资源条件，并进行量化的分析，以满足人居环境绿地系统生态功能的需求。

（2）人居环境绿地系统规划与生物多样性保护

现代生物多样性的研究包括了从遗传、物种、生态系统直到景观等多个层次和水平的多样性，可从景观多样性、生态系统多样性和物种多样性等三个方面加以分析和理解。景观多样性通常是指景观单元结构和功能方面的多样性，反映了景观的复杂程度，可包括斑块多样性、类型多样性和格局多样性。

景观类型的多样性与物种多样的关系往往呈现正态分布的规律，而非简单的正比关系，如单一的农田景观适度增加林地斑块，引入森林生境的物种，可增加物种多样性；但森林经毁林开荒会造成生境的破碎化，对物种多样性的保护不利。在人居环境绿地系统规划时，由于植物群落是多种植物的有机结合体，具有一定的垂直结构和水平结构，应当根据绿地的性质加以配置。对单一的人工化绿地应该增加植物群落的多样性，参考当地的气候与植物区系特征，尽量构建接近自然植物群落类型的绿地植物类型，克服现有城市园林植物类型单调的局面。而对自然或半人工状态的森林植被等类型，由于在长期的演替过程中，已具备一定的稳定性，需要考虑群落中物种的相互作用和影响，切忌按照主观意愿，随意搭配物种构建园林群落，且往往种植密度偏大，这样的植物群落经过数年后便会因物种间的相互作用而退化，功能衰退，达不到设计效果，又破坏了原有群落的稳定，也浪费了人力和物力。

景观格局多样性则是指景观类型空间分布的多样性及景观空间格局的多样性，如林地、草地、农田和裸地的不同配置对径流、侵蚀和景观中的各种元素迁移的影响不同。例如，农田景观中的防护林或树篱既是防风屏障，又对地表径流构成障碍，可有效控制水土和养分的流失。

人居环境绿地系统规划中作为第一优先考虑保护或建成的格局是：几个大型的自然植被斑块作为水源涵养所必需的自然地；有足够宽的廊道用以保护水系和满足物种空间运动的需要；而在开发区或建成区里有一些小的自然斑块和廊道，用以保证景观的异质性。这一优先格局在生态功能上不可替代性的理由在景观生态学的一般原理里已经论证，应作为任何人居环境绿地系统规划的一个基础格局。

景观生态学的如下基本原理也可对人居环境绿地系统规划进行理论上的指导。如大斑块—物种绝灭率原理：大斑块中的种群比小斑块中的大，因此物种绝灭概率较小；小斑块—物种绝灭率原理：面积小、质量差的生境斑块中的物种绝灭概率较高；生境多样性原理：斑块越大，其生境多样性亦越大，因此大斑块可能比小斑块含有更多的物种；大斑块效益原理：大面积自然植被斑块可保护水体和溪流网络，维持大多数内部种的存活，为大多数脊椎动物提供核心生境和避难所，并允许自然干扰体系正常进行；小斑块效益原理：小斑块可作为物种迁移的踏脚石，并可能拥有大斑块中缺乏或不宜生长的物种。

依据以上原理，每一种植物群落都有能表现群落的种类组成、水平结构、垂直结构以及影响群落生态过程的最小面积，既是表现群落组成与结构特征的基本面积的要求，也是群落发育和保持稳定状态的要求。因此，生态绿化的植被群落需要有一定的规模和分布面积，才能形成一定的群落环境，成为大斑块，后为绿地系统的主体，而单个、单行或零星分布的植物及小面积的群丛则可作为物种迁移的踏脚石，提高绿地系统的整体生态效益和环境效益。

二、人居环境绿地系统体系规划的程序和内容

1. 人居环境绿地系统体系规划的程序

详见图 3-9。

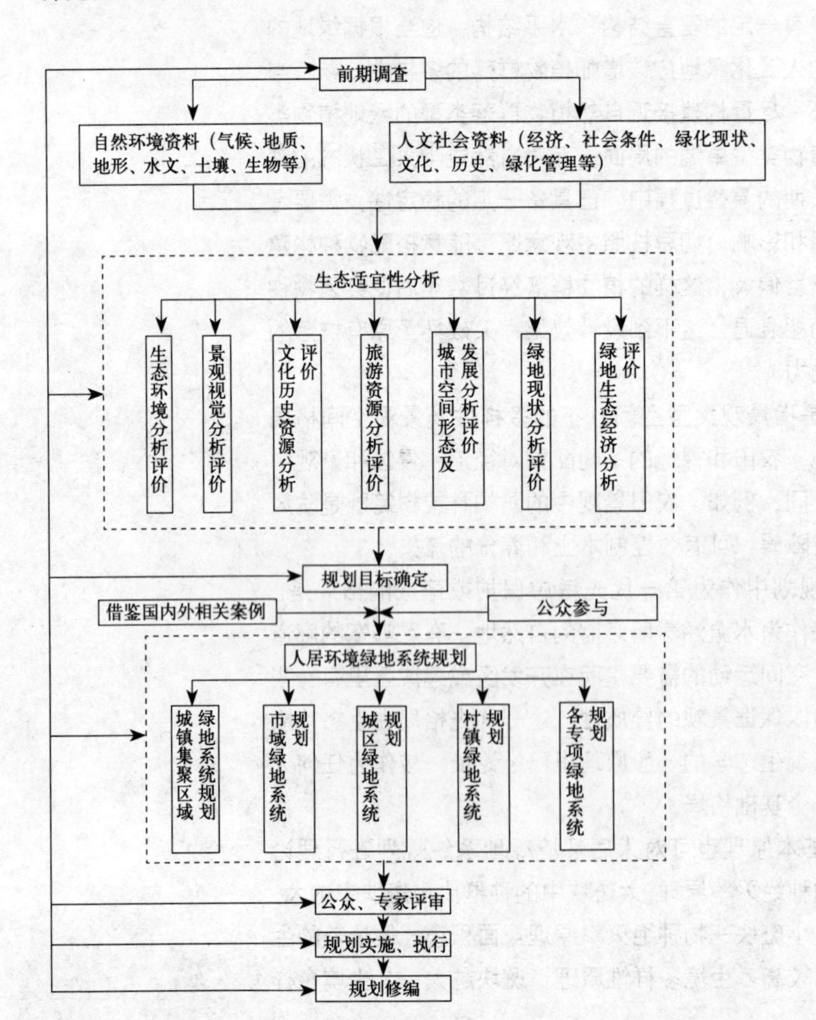

图 3-9 人居环境绿地系统体系规划流程图

2. 人居环境绿地系统体系规划的主要内容及步骤

（1）基础资料的收集及整理

用于不同层次绿地系统规划所需的基础资料类型应该有所不同，细致程度也应该不同。除了城市规划的相关基础资料之外，还应该收集下列资料，可以大致分为测量资料、自然与资源条件、人文与社会经济资料、绿地资料、技术经济资料等五个方面，详见表 3-3。

人居环境绿地系统体系规划基础资料调查内容 **表 3–3**

一、测量资料	1. 地形图	村镇图纸比例为 1/2000 ～ 1/10000； 城区图纸比例为 1/5000 ～ 1/20000； 市域图纸比例为 1/25000 ～ 1/50000； 城镇集聚区图纸比例为 1/50000 ～ 1/200000
	2. 专业图	航片、卫片、遥感影像图、地下岩洞与河流测图
二、自然与资源条件	1. 气象资料	温度、湿度、降水、蒸发、风向、风速、日照、霜冻期、冰冻期等
	2. 水文资料	江河湖海的水位、流量、流速、流向、水量、水温、洪水淹没线；江河区的流域情况、流域规划、河道整治规划、防洪设施；海滨区的潮汐、海流、浪涛；山区的山洪、泥石流、水土流失等
	3. 地质资料	地质、地貌、土层、建设地段承载力；地震或重要地质灾害的评估；地下水存在形式、储量、水质、开采及补给条件
	4. 土壤资料	土壤类型、土层厚度、土壤物理及化学性质，不同土壤分布情况、地下水深度等
	5. 自然资源资料	景源、生物资源、水土资源、农林牧副渔资源、能源、矿产资源等的分布、数量、开发利用价值等资料；自然保护对象及地段
三、人文与经济条件	1. 历史与文化	历史沿革及变迁、文物、胜迹、风物、名胜古迹、革命旧址、历史名人故址、各种纪念地、历史与文化保护对象及地段的位置、范围、面积、性质、周围情况及可以利用的程度
	2. 人口资料	历来常住人口的数量、年龄构成、劳动构成、教育状况、自然增长率和机械增长率；居民及结构变化；居民及游人分布状况
	3. 行政区划	行政建制及区划、各类居民点及分布、城镇辖区、村界、乡界及其他相关地界
	4. 经济社会	有关经济社会发展状况、计划及其发展战略；国民生产总值、财政、产业产值状况；国土规划、区域规划、城市规划及相关专业考察报告和规划
	5. 绿化管理机构	机构名称、性质、归口，编制设置，规章制度建设，职工总人数（万人职工比）、专业人员配备、工人技术等级情况等人员状况，园林科研，资金与设备，城市绿地养护与管理情况
	6. 环境保护资料	城市主要环境状况、污染源、重污染分布区、污染治理情况与其他环保资料
四、绿地资料	1. 公园绿地	各类公园面积、位置、性质、游人量、主要设施、建设年代、使用情况、景观结构等
	2. 生产与防护绿地	生产绿地的位置、植物种类、面积、建设、使用情况及调查统计资料等
	3. 附属绿地	各类附属绿地位置、植物种类、面积、建设、使用情况及调查统计资料等
	4. 其他绿地	包括风景名胜区、郊野公园、森林公园、野生动植物园、农业公园、水源保护区、自然保护区、风景林地、城市绿化隔离带、湿地、生态恢复绿地等其他绿地的位置、面积及建设情况等
五、技术经济资料	1. 指标资料	现有各类绿地的面积、比例等，城市隔离带、农地等外围绿地状况，城市绿化覆盖率、绿地率状况，人均公园绿地面积指标、每个游人所占公园绿地面积、游人量等
	2. 植物资料	现有各种园林绿地绿化植物的种类和生长势，乡土树种、地带性树种、骨干树种、优势树种、基调树种的分布，主要病虫害，苗木的储量、规模、规格及长势等
	3. 动物资料	鸟类、鱼类、昆虫及其他野生动物的数量、种类、生长繁殖状况、栖息地状况等

(2) 生态适宜性分析

生态适宜性分析主要运用生态系统及景观生态学、经济学、地学及其他相关学科的理论与方法，对规划区域绿地系统的组成、结构与潜在功能进行分析评价，认识和了解规划区域的自然资源及环境特点，根据区域发展和资源利用要求，划分资源与环境的适宜性等级，为规划方案提供基础（详见第三章第四节）。

(3) 规划文件的编制

人居环境绿地系统体系规划文件的编制成果应该包括规划文本、规划图纸、规划说明书和规划基础资料汇编等四个部分。其中，依法批准的规划文本与规划图则具有同等法律效力。各规划层次有不同的规划内容，详见后面各章节。

1）规划文本

规划文本应以法规条文方式，直接叙述规划主要内容的规定性要求，要求简捷、明了、重点突出。

2）规划图纸

规划图纸应清晰准确，图文相符，图例一致，并应在图纸的明显处标明图名、图例、风玫瑰、规划期限、规划日期、规划单位及其资质图签编号等内容。具体图纸内容根据人居绿地系统规划的不同层次而有所不同，详见第五章、第六章、第七章、第八章的相关章节。

3）规划说明书

规划说明书应分析现状，论证规划意图和目标，解释和说明规划内容。

4）基础资料汇编

对调查所得的基础资料进行分门别类的归纳、整理。

第四节　人居环境绿地的生态适宜性分析

一、生态适宜性分析的一般程序①

麦克哈格在其生态规划方法中，基于生态适宜性的分析，提出了生态适宜性分析的七步法，如图 3-10 所示。

我国学者刘天齐也提出了土地利用生态适宜性评价的分析程序（刘天齐，1990 年），如图 3-11 所示：

1）明确规划区范围及可能存在的土地利用方式，根据规划要求，将规划区划分为网格，如 1km × 1km，明确各网格内土地或资源特性。

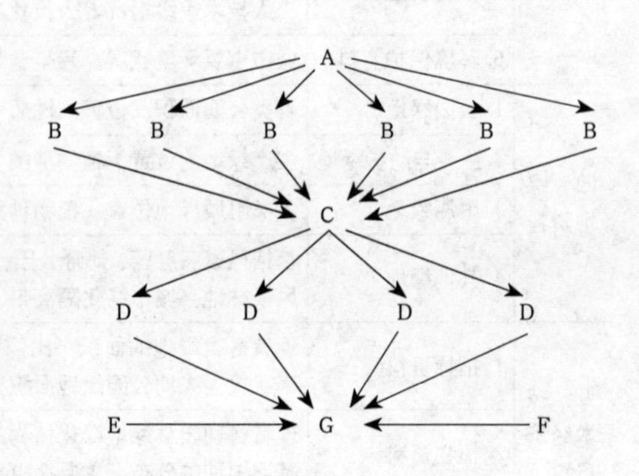

图 3–10　生态适宜性分析的七步法

A—确定研究分析范围及目标；B—收集自然、人文资料；C—提取分析有关信息；D—分析相关环境与资源的性能及划分适宜性等级；E—资源评价与分级准则；F—资源不同利用方向的相容性；G—综合发展（利用）的适宜性分区

① 刘康，李团胜．生态规划——理论、方法与应用 [M]．北京：化学工业出版社，2004：55．

2）用一定方法筛选出对土地利用方式（或资源利用）有明显影响的生态因子及作用大小。

3）对各网格进行生态登记。

4）制定生态适宜度评价标准。根据各生态因素对给定的利用方式的影响规律定出单因子评价标准，在此基础上用一定的方法制定出多因子综合适宜度评价标准。

5）按网格给出单因子适宜度评价值，然后得出特定利用方式的综合评价值。

6）编制规划区域生态适宜度评价综合表和不同利用方式的生态适宜度图。

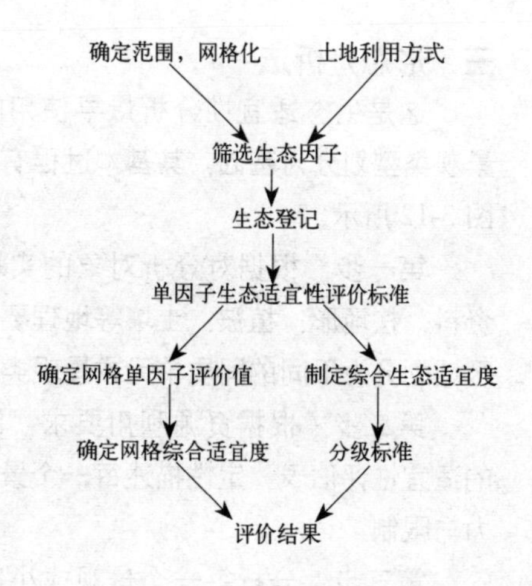

图 3–11　土地利用生态适宜性评价的分析程序

二、生态适宜性分析因子的确定

1. 筛选评价因子的原则

选择生态适宜性评价的因子要坚持两个原则：一是所选择的因子对给定的资源利用方式有较显著的影响；二是所选择的因子在网格的分布存在较明显的差异梯度。

例如，在进行人居环境绿地系统体系规划时，就应当选择与绿化密切相关的气候、植物生态特性、绿化覆盖率、土壤性质、水分有效性、景观价值等作为评价因子进行适宜性评价。

2. 生态适宜度评价标准与分级

生态适宜度评价标准的制定主要依据生态因子对给定的资源利用方式的影响作用规律，以及该因子在评价区内时空分布特点。

生态适宜度的评价分级一般划分为三级：很适宜、基本适宜、不适宜；或五级：很适宜、适宜、基本适宜、基本不适宜、不适宜。每个等级可以相应给出定量表达的数值，见表 3-4。

单因子生态适宜性分级标准　　表 3–4

	A	B	C	D	E
很适宜	9	9	9	9	9
适宜	7	7	7	7	7
基本适宜	5	5	5	5	5
基本不适宜	3	3	3	3	3
不适宜	1	1	1	1	1

资料来源：刘康，李团胜．生态规划——理论、方法与应用[M]. 北京：化学工业出版社，2004：56.

根据规划的对象和规划目标的不同，生态适宜性分析方法也不同。国内外研究者先后发展了多种分析方法，归纳起来，主要有形态分析法、因素叠置法、因子组合法、逻辑组合法和生态位适宜度模型等五大类（欧阳志云，1996 年）。

三、形态分析法

这是生态适宜性分析最早使用的方法。它以景观类型划分为基础，其基本过程有四个步骤，如图 3-12 所示。

第一步，根据对分析对象的实地调查或有关资料，按地形、植被、土壤等地理要素特征将规划区域划分为不同的同质单元或景观类型。

第二步，根据资源利用要求，制定资源利用的适宜性评估表，定性描述每一个景观或小区的潜力与限制。

第三步，分析每一个景观或小区对特定土地利用的适宜性等级。

第四步，根据规划目标将不同土地利用的适宜性图叠合为综合适宜性图。

形态分析法较为直观，但也存在明显的缺点：一是其景观类型或小区的划分及适宜性的评价需要较高的专业修养和经验，从而限制了其应用；二是适宜性分析没有一个完整的方法体系，主要取决于规划者的主观判断。

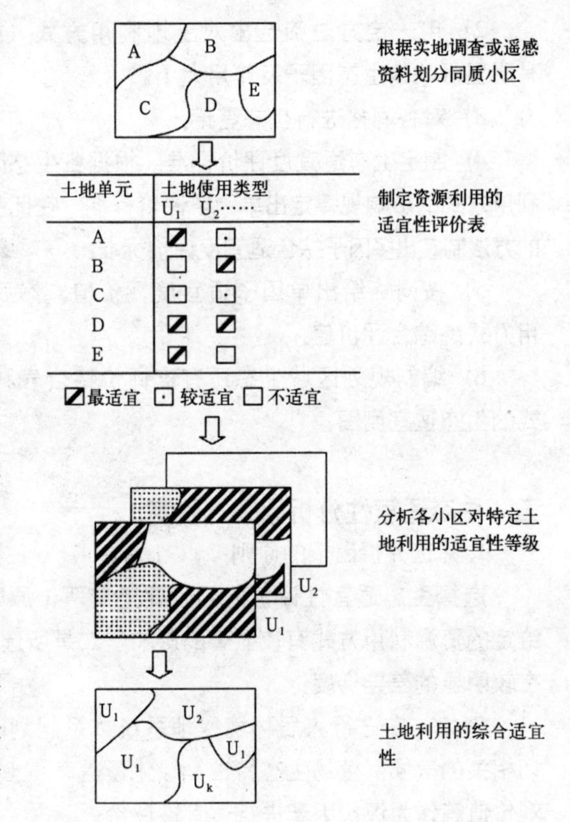

图 3-12　形态分析法的基本过程

四、因素叠置法

又称地图重叠法或麦克哈格适宜性分析法，是由麦克哈格最先提出，并作了大量实践。作为美国景观设计之父奥姆斯特德之后最著名的规划设计师，他在 1969 年出版的《设计结合自然》一书，使得规划设计师成为当时正在兴起的环境运动的主导力量。他的贡献是开创性的，其理念的影响一直延续至今。

因素叠置法在生态适宜性的分析评价中主要分为三个步骤：

（1）确定规划的目标与规划范围。

（2）生态调查与区域数据的分析。在规划范围与目标确立之后就应广泛收集规划区域内自然与人文资料，并将其尽可能地落实在地图上。之后，对各因素进行相互间联系的分析。

（3）适宜性分析。对各主要因素及各种资源开发利用方式进行适宜性分析，确定适宜性等级。在这一过程中，常用的方法有：地图叠置法、因子加权评分法、生态因子组合法等。这是麦克哈格因素叠置法的核心。

以下以麦克哈格为纽约斯塔腾岛所作的环境评价研究为例来说明这种方法在具体实践中的应用。麦克哈格认为：任何一个地方都是历史的、物质的和生物的发展过程的总和，这些过程是动态的，它们组成了社会价值，每个地区有它适应于某几种土地利用的内在适用性，最后，某些地区本身同时适合于多种土地利用。一个地方是自然演进过程的总和，而这些演进过程组成了社会价值。

评价时，从每一大类资料中选出多种因素并对这些因素加以评价。如从斯塔腾岛的地质条件方面，选出它的地质特征、科学与教学的价值，并从独特稀有到广泛富有划分等级；岩石按承受压力强度来评价，按基础要求划分等级，以此类推，对每一类都这样做。

根据土地未来使用方式所选择的因素又可分成气候、地质、地貌、水文、土壤、植被、野生生物生存环境和土地利用等几大类。每一类中的资料是根据对未来土地利用的重要程度而加以收集的，并按其重要性来划分的分级标准，使其排列成一个等级系列，并根据评价因素的重要程度，由Ⅰ到Ⅴ表示，详见表3-5。

研究适合于作为保护的地区所遴选出的重要因素，包括：历史价值特征、高质量的森林、高质量的沼泽、湾滩、河流、滨水而生的野生生物和生存环境、潮汐间野生生物生存环境、独特的地质特征、独特的地形地貌、风景优美的地貌、风景优美的水面风光、稀有的生态群落等。

以上重要因素分析图详见图3-13，最后得到保护地区图（图3-14），用五种价值等级指明保护价值的大小，颜色越深的地方代表内在的最适合于保护的地区。

最适合于娱乐游憩的地区分为两种游憩活动类型：一种是消极性游憩，包括独特的自然地理地貌、风景优美的河光水色、历史价值特色、高质量的森林、高质量的沼泽、风景优美的地貌、优美的文化特色、独特的地质特征、稀有的生态群落、滨水野生动植物生存环境、田野和森林的野生动植物生存环境等重要因素（图3-15、图3-16）；另一种是积极性游憩，包括湾滩、可容游艇航行的辽阔水面、新鲜（淡）水地区、岸边的土地、平坦的土地、现有和未开发的游憩地区等重要因素（图3-17）。将这两种游憩活动结合起来，可绘成一张复合的适合于游憩活动图（图3-18）。

最适合于城市化的地区分别由两个主要的城市组成部分来决定：居住、工业—商业开发。居住用地最为重要的因素被确定为：风景优美的地貌、河边的土地、优美的文化特色、好的岩石基础、好的土壤基础（图3-19）；工业—商业开发用地最为重要的因素被确定为：好的土壤基础、好的岩石基础、通航的水道（图3-20）。

对所有开发建设共同的最主要限制因素确认如下：坡度、森林地区、地表排水不良、土壤排水不良、易受冲蚀的地区、易遭洪泛的地区等。

通过把上述这些因素结合起来制成适合于城市化地区的综合图[1]（图3-21）。

在以上保护地区图、游憩地区图和城市化地区图的基础上制成保护—游憩—城市化地区适合度综合图（图3-22），图中用黄色代表保护，把灰色

① 伊恩·伦诺克斯·麦克哈格．设计结合自然[M]．芮经纬译．天津：天津大学出版社，2006：124-141.

生态适宜性分析等级标准一览表 表 3–5

生态的因素	等级标准	现象序列				
		Ⅰ	Ⅱ	Ⅲ	Ⅳ	Ⅴ
气候						
空气污染	发生率： 最高→最低	高	中	低		最低
潮汐泛滥淹没	发生率： 最高→最低	最高 （记录的）	最高 （预测的）			洪水线以上
地质						
地质独特，具有科学和教学意义的地貌	稀有程度： 最高→最低	1. 古湖床 2. 排水出口	1. 终（冰）碛 2. 冰川范界 3. 漂砾痕迹	蛇纹岩山丘	外露的岩壁	1．海滩 2．埋藏谷 3．黏土坑 4．砾石坑
基础条件	压力强度： 最大→最小	1. 蛇纹岩 2. 辉绿岩	页岩	白垩纪沉积物	淤填沼泽	草沼和木沼
地貌						
地质独特，具有科学和教学意义的地貌	稀有程度： 最高→最低	终冰碛中的冰丘和锅穴	外露的岩壁	沿湾滨的冰堆石崖和冰迹湖	蛇纹岩山脊间的断裂	
有风景价值的地貌	独特性： 最突出→一般	蛇纹岩山脊和海岬	海滩	1. 悬崖 2. 封闭的谷地	1. 崖径 2. 海岬 3. 圆丘	无差别和特点
有风景价值的水景	独特性： 最突出→一般	海湾	湖泊	1. 池塘 2. 河流	沼泽地	1. 纳罗斯河 (The Narrows) 2. 基尔范克尔河 (Kill Van Kull) 3. 阿瑟基尔河 (Arthur Kill)
带有水色风光的河岸土地	易受损坏的程度： 最容易→一般	沼泽	1. 河流 2. 池塘	湖泊	海湾（河湾）	1. 纳罗斯河 (The Narrows) 2. 基尔范克尔河 (Kill Van Kull) 3. 阿瑟基尔河 (Arthur Kill)
沿海湾的海滩	易受损坏的程度： 最容易→一般	冰堆石崖	小海湾	沙滩		
地表排水	地表水和陆地面积之比：最大→一般	草沼和木沼	有限的排水面积	稠密的河流和洼地网	中等密度的河流和洼地网	稀少的河流洼地网
坡度	倾斜率： 高？低？	大于 25%	25%～10%	10%～5%	5%～2.5%	2.5%～0%
水文						
水上活动 商用船舶 游乐用船舶	通航水道： 最深→最浅 可自由活动的水域范围： 最大→最小	纳罗斯河 (The Narrows) 拉里坦湾	基尔范克尔河 (Kill Van Kull) 弗雷什基尔河	阿瑟基尔河 (Arthur Kill) 纳罗斯河 (The Narrows)	弗雷什基尔河 (Fresh Kill) 阿瑟基尔河	拉里坦湾 (Raritan Bay) 基尔范克尔河 (Kill Van Kull)

续表

生态的因素	等级标准	现象序列				
		Ⅰ	Ⅱ	Ⅲ	Ⅳ	Ⅴ
水文						
新鲜水（淡水）积极的游憩活动（游泳、划船、游艇航行等）	可自由活动的水域范围：最大→最小	银湖 (Silver Lake)	1. 克劳夫湖 (Clove Lake) 2. 格拉斯米尔湖 (Grassmere Lake) 3. 俄贝奇湖 (Ohrbach Lake) 4. 阿比特斯湖 (Arbutus Lake) 5. 沃尔夫斯塘 (Wolfes Pond)	其他池塘	河流	
河边游憩（钓鱼、打猎等）	景色： 最好→一般	非城市化地区终年的河流	非城市化地区间歇性的河流	半城市化地区的河流	城市地区的河流	
保护河流质量的流域	风景优美的河流： 最佳→一般	非城市化地区终年的河流	非城市化地区间歇性的河流	半城市化地区的河流	城市地区的河流	
含水层	含水量： 最高→最低	埋藏谷		白垩纪沉积物		结晶岩
地下水回灌地带	含水层的重要性： 最重要→一般	埋藏谷		白垩纪沉积物		结晶岩
土壤学						
土壤排水	由地下水位高度来表示的渗透性： 最好→一般	极好	较好	较差	差	没有
基础条件	耐压强度和稳定性：最大→最小	由砾质土至石质土至砂壤土	砾质土或粉砂壤土	砾质土或细砂壤土	1. 砂壤土 2. 砾石 3. 海滩砂	1. 冲积层 2. 沼泽泥土 3. 潮沼地 4. 人造土地
冲蚀	易受冲蚀程度： 最大→最小	超过10％的陡坡	在砾质土至细砂壤土上的任何坡度	坡度适中 2.5%～10% 1. 在砾质土或粉砂壤土上 2. 在砾质土至石质砂壤土上	坡度在 0～2.5% 之间 在砾质土或粉砂壤土	其他土壤

续表

生态的因素	等级标准	现象序列				
		Ⅰ	Ⅱ	Ⅲ	Ⅳ	Ⅴ
植被						
现有森林	质量： 最好→最差	极好	好	差	已遭破坏	无
森林的类型	稀有程度： 最大→一般	1. 低地 2. 干燥的高地	沼泽地	高地	湿润的高地	无
现有的沼泽	质量： 最好→最差	好	较好		差（已填满）	无
野生生物						
现有的生长环境	稀有程度： 最少→一般	潮间地带	与水有关的地带	陆地和森林	城市	海洋
潮间地带的物种	以海岸活动强度为基础的环境质量：活动强度最低→最高	1 1	2 2	3 3	4 4	5 5
伴水而生的物种	以城市化程度为基础的环境质量：非城市化→完全城市化	1 1	2 2	3 3	4 4	5 5
陆地和森林的物种	森林质量： 最好→最差	1	2		3	
与城市有关的物种	树木的外貌： 多→无	1		2		3
土地利用	.					
地质独特，具有教学与历史价值的地貌	重要性： 最大？一般？	里士满城（Richmond Twon)	1. 安博伊路 (Amboy Road) 2. 托滕维尔联合会 (Tottenville Conference)	文物富有地区	少量文物地区	缺少文物地区
具有风景价值的地貌	独特性： 最大→最小	维拉萨诺桥 (The Verazzano Bridge)	海岸线水道（海岬）(Ocean Liner Channel)	曼哈顿轮渡（Manhattan Ferry)	1. 戈赛尔斯桥 (The Goethals Bridge) 2. 外桥渡口 (the Outerbridge Crossing) 3. 贝永桥 (The Bayonne Bridge)	缺少
现有的和潜在的娱乐游憩资源	可利用的程度： 最高→最低	1. 现有的公共空地 2. 现有的公共机构	未城市化的、潜在的娱乐游憩地区	城市化的、潜在的娱乐游憩地区	空地（较低的娱乐活动的潜力）	城市化地区

C—保护；P—消极性娱乐游憩活动；A—积极性娱乐游憩活动；R—居住建设；I—工业与商业开发

资料来源：伊恩·伦诺克斯·麦克哈格．设计结合自然 [M]. 芮经纬译．天津：天津大学出版社，2006：130-132.

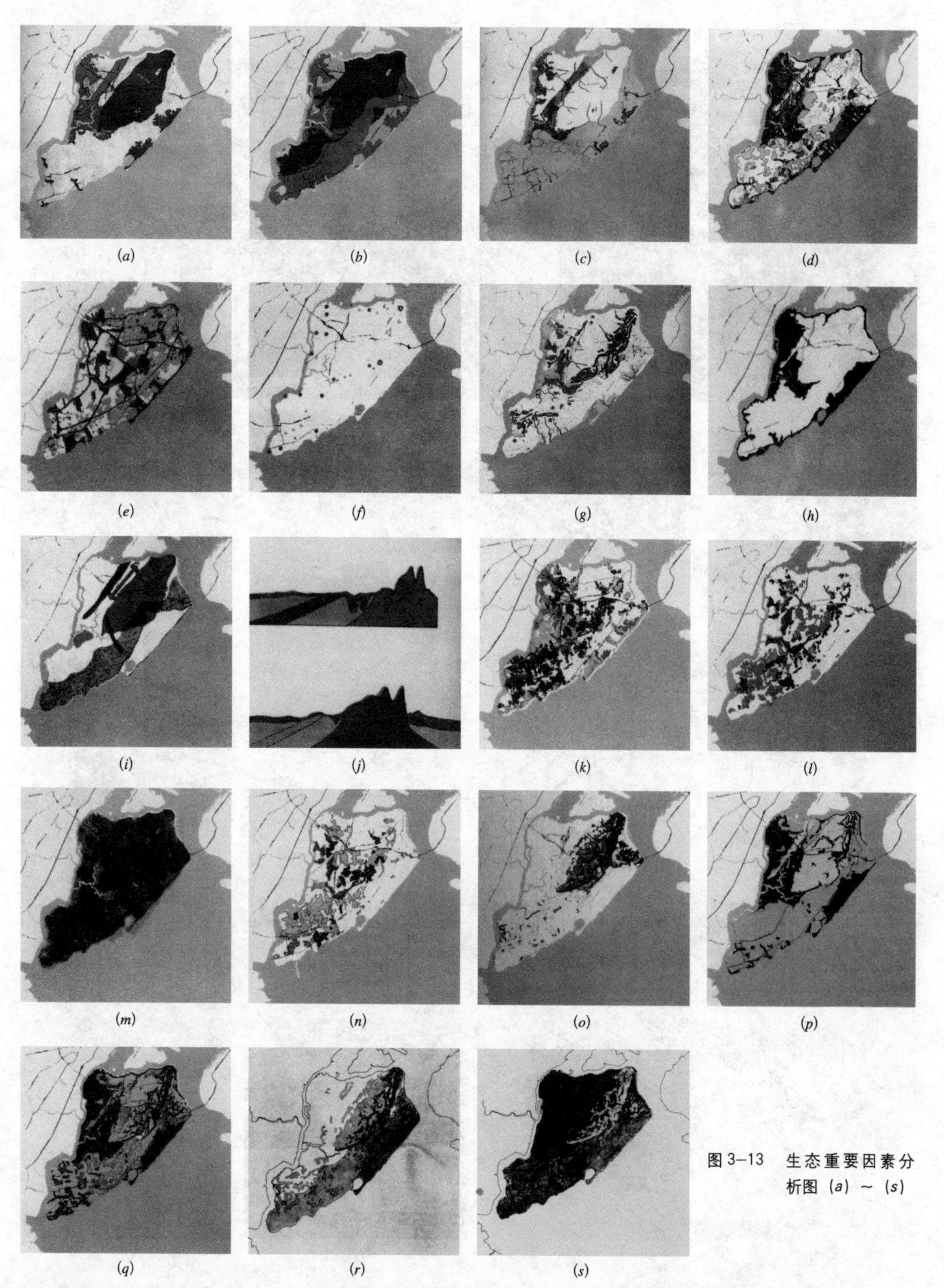

图 3-13　生态重要因素分析图（a）～（s）

(a) 基岩地质；(b) 地表地质；(c) 水文；(d) 土壤排水环境；(e) 土地利用现状；(f) 历史上的地标；(g) 地貌特征；(h) 潮汐侵蚀区域；(i) 地质特征；(j) 地质剖面；(k) 现有植被；(l) 森林：生态的群落；(m) 现有野生生物生存环境；(n) 森林：现有质量；(o) 坡度；(p) 土壤限制因素：基础；(q) 土壤限制因素：水位；(r) 土壤：最大—最小冲蚀；(s) 土壤：最小—最大冲蚀

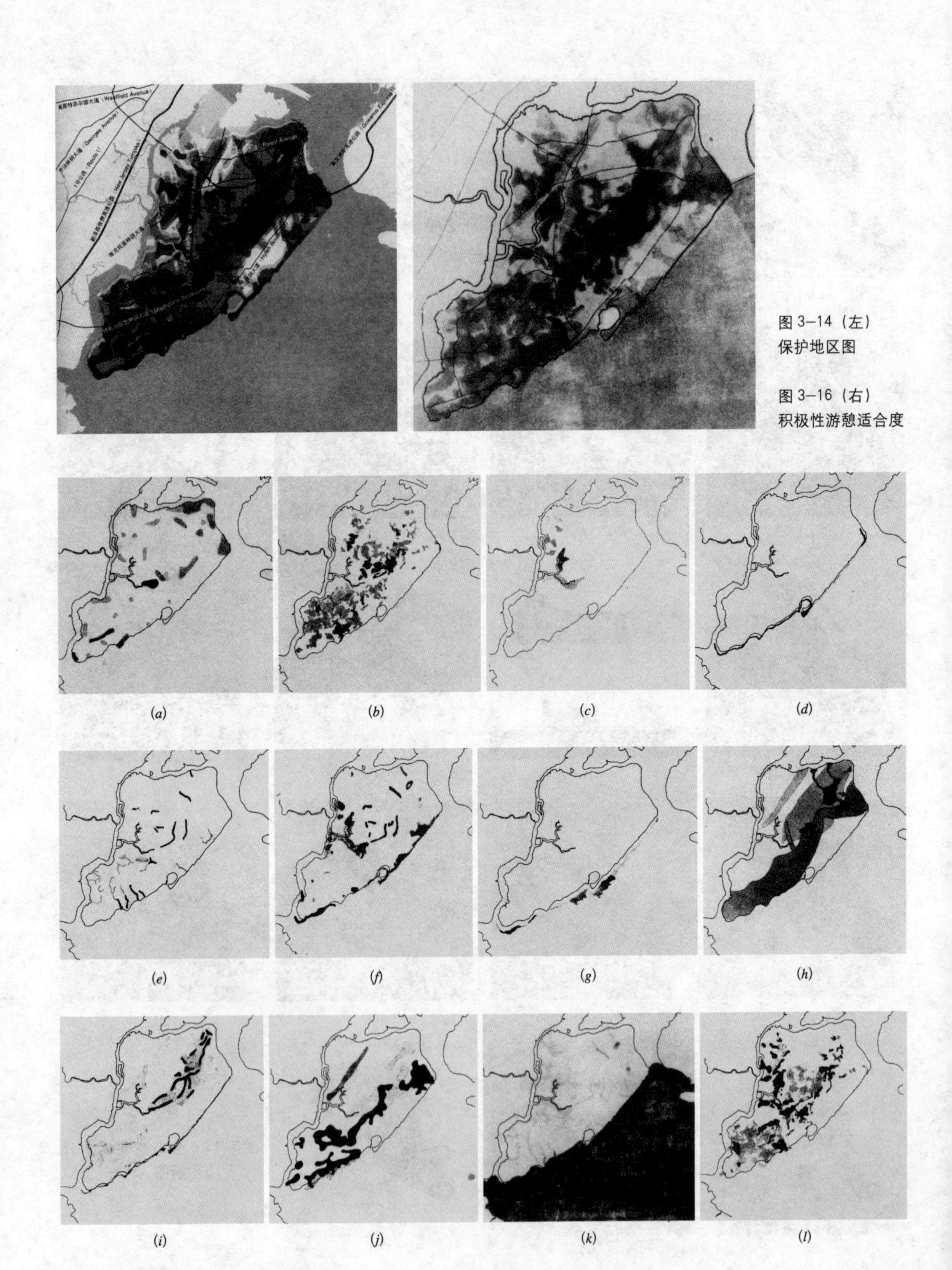

图 3-14（左）
保护地区图

图 3-16（右）
积极性游憩适合度

图 3-15　游憩因子分析图（*a*）～（*l*）

(*a*) 有历史意义的地貌；(*b*) 现有森林质量；(*c*) 自然沼泽地质量；(*d*) 海滩质量；(*c*) 河流质量；(*f*) 滨水的野生生物价值；(*g*) 潮间生长环境价值；(*h*) 地质特征价值；(*i*) 地貌特征价值；(*j*) 风景价值（土地）；(*k*) 风景价值（水面）；(*l*) 生态群落价值

图 3-17　消极性游憩适合度

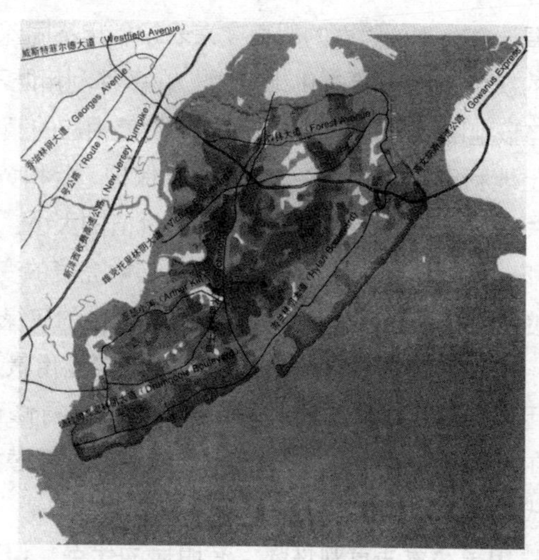

图 3-18　游憩地区

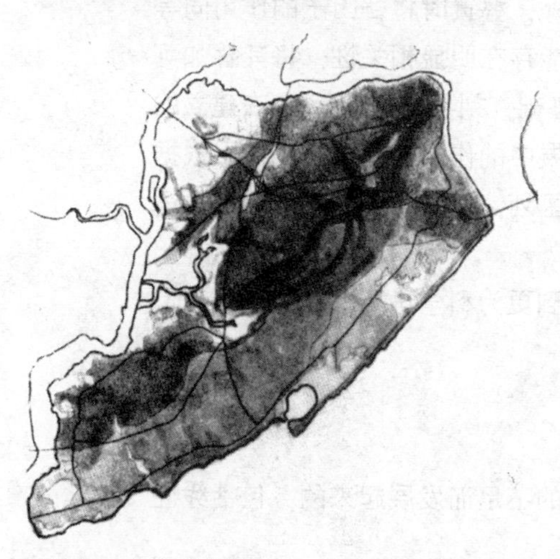

图 3-19　居住适合度

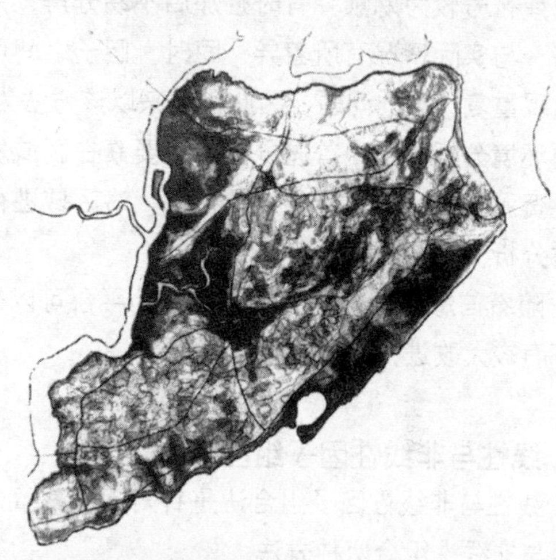

图 3-20　城市化不适合度

图 3-21　城市化地区

图 3-22　保护—游憩—城市化地区适合度综合图

色调调整为不同强弱的明亮度来表示；用不同深浅的蓝色来绘制游憩图；用不同深浅的灰色来绘制城市化地区图。在多种利用既不互相矛盾、也不互相补充的地区，用与该地区相应的颜色以及和它的价值相应的颜色明亮度，把这些地区表示在图上。在土地利用互补的地区，如游憩和保护，蓝和黄的结合会产生绿，反映了它们的互补关系，绿色的明亮度反映了它们价值的大小。城市化地区和游憩地区，也就是灰色和蓝色相结合，会显出蓝灰色及其明亮度的变化，而同时适合于所有三种土地利用的用地将是灰、蓝和黄色的结合所产生的灰绿色和它的明亮度变化。

麦克哈格因子叠置法是生态规划中应用最为广泛的方法之一，许多研究者在应用过程中又根据规划对象和目标对其进行修正。如沃尔斯（Wallase）等在进行阿尔及利亚首都选址中，增加了资源与环境潜力和限制因素的分析，并用等级符号代替原来用颜色深浅来表示适宜性等级。

因子叠置法直观性强，有明显的优点，但过程较为烦琐，当因子多时，使用颜色或符号较为麻烦，有时叠加后不易分辨。另外，叠置时将各因子的作用同等对待，与实际情况有所差异，同时，因子之间可能存在明显相关性，将其叠加可能出现重复计算的问题。因此，后来以该方法为基础，刘易斯（Lewis）在建立的资源环境分析方法中首先分析自然要素在区域发展中的作用与重要性，然后根据主要资源特性，辅以辅助资源特性，对区域进行区划，在生态区划基础上进行适宜性分析，提出规划方案。

随着信息技术的发展，借助 GIS 平台可以得到更为科学可行的结果，方法上也可有较大改进，详见第四章第三节。

五、线性与非线性因子组合法①

线性与非线性因子组合法是针对因子叠置法的不足而发展起来的，包括线性组合与非线性组合两种方法。

1. 线性组合法

线性组合法与因子叠加法相似，不同之处在于：一是用定量值代替颜色或符号来表示适宜性等级；二是每个因素视其重要性大小而给予不同的权重值。将每个因素的适宜性等级值乘以权重，得到该因素的适宜性值。最后综合各因素的适宜性空间分布特征，即可得到综合适宜性值及空间分布。

例如，赛德·佩尔斯和朗格宁（Sidle Pearce and O’Longlin，1985 年）运用线性组合评价法进行加利福尼亚州地区山坡地用于发展住宅的适宜性评价，选用滑坡风险、景观、土壤侵蚀及地价四个因素。

2. 非线性组合法

在有的情况下，环境资源因素之间具有明确的关系，可运用数学模型进行表达。因而，在进行生态适宜性分析时，可直接用这些模型进行空间模拟，然后按一定准则划分适宜性等级。因这些模型多属非线性模型，所以称非线性综合法。

① 刘康，李团胜．生态规划——理论、方法与应用[M]．北京：化学工业出版社，2004：56-68．

该方法在水土流失评价、生态系统生产潜力评价、土地承载力评价等方面得到广泛应用。例如，在区域进行耕地生产潜力评价时，根据太阳辐射和活动积温应用光温生产潜力公式得到光温生产潜力，再应用水分和土壤因子进行订正，得到区域耕地的光温水土综合生产潜力；在水土流失评价中，综合区域降水侵蚀、土壤组成特征、地形坡度与坡长、植被因子、人工措施等因素，应用水土流失通用方程进行空间模拟，得到区域水土流失分布图，并以此为基础来确定水土流失等级和敏感区域，以及生态系统土壤保持功能和价值的评估。

线性与非线性综合法用于生态适宜性分析，通过对各因素赋予相对分值和权重，克服了因子地图叠置法的不足，适合于在计算机上进行分析运算，因而得到广泛应用。但该方法也存在一些缺陷，主要表现在各因子的相对赋值和权重给定无一个客观的标准，主要依据使用者的主观判断；将各类因子之间的关系简化为线性关系也有不尽合理的地方。另外，因子组合法的一个基本要求是各类因子之间要保持相对独立，这就要求有一套科学的因子选择判断准则，特别是在评价因子多的情况下因子的组合与选择尤为重要，而目前这一方面还存在一定的困难。

六、逻辑规则组合法

1. 工作步骤

该方法是针对分析因子之间存在的复杂关系，运用逻辑规则建立适宜性分析准则，再以此为基础进行判别，分析适宜性的方法。该方法包括四个主要步骤：

1）确定规划方案及参与评价的资源环境因素；

2）对评价的资源环境因素按评价目标和要求进行等级划分；

3）制定综合的适宜性评价规则；

4）根据评价规则确定综合适宜性。

2. 案例分析

根据评价的对象和目标的不同，逻辑规则也不相同。例如，维斯特曼（Westman）在应用该法评价住宅建设的适宜性时，主要考虑滑坡对其影响，在分析时，确定坡度、土壤排水性、土壤质地三个因素，根据这三个因素与滑坡风险的关系，划分出等级，再按住宅建设对这些因素的要求建立评价规则，用来评价三个因素不同组合的适宜性。

1）相关因素等级划分，见表 3-6。

相关因素等级划分 **表 3-6**

等 级	坡 度	地表及土壤排水性	土壤质地
1	>30°	良好	黏土
2	<30°	差	非黏土

资料来源：刘康，李团胜．生态规划——理论、方法与应用 [M]. 北京：化学工业出版社，2004：64.

2）建立适宜性评价准则，见表 3-7。

适宜性评价准则 **表 3–7**

规则 1	坡度 <30°，排水良好
规则 2	坡度 >30°，排水良好，土壤为非黏土

资料来源：刘康，李团胜．生态规划——理论、方法与应用 [M]．北京：化学工业出版社，2004：64．

3）逻辑组合适宜性分析，见表 3-8。

上述两种分析方法的共同之处是要建立一套复杂而完整的组合因子和判断准则，这也是其关键之处和难点所在。近年来随计算机技术和地理信息系统技术的应用，上述两种方法被广泛用于生态规划中。

逻辑组合适宜性分析 **表 3–8**

坡度	排水性	土壤质地	适宜性	坡度	排水性	土壤质地	适宜性
>30°	良好	非黏土	适宜（规则）	<30°	良好	非黏土	适宜（规则 1）
>30°	差	非黏土	不适宜	<30°	良好	黏土	适宜（规则 1）
>30°	差	黏土	不适宜	<30°	差	非黏土	不适宜 #
>30°	良好	黏土	不适宜				

资料来源：刘康，李团胜．生态规划——理论、方法与应用 [M]．北京：化学工业出版社，2004：65．

七、生态位适宜度模型

这是欧阳志云等在进行区域发展生态规划时提出的一种适宜性分析模型。其基本原理是根据区域发展对资源的需求，确定发展的资源需求生态位，再与现实条件进行匹配，分析其适宜性。该方法主要有以下三个步骤：

1. 确定发展资源要求与需求生态位

按照埃尔顿（Elton）的"超体积生态位"概念，区域的发展以各种资源为基础，构成了一个多维的资源需求空间。不同的发展措施对资源的需求空间是不一致的，形成发展的资源需求生态位。由于发展的资源需求涉及很广，在实际工作中，主要根据区域资源的特征，分析那些可能成为制约条件的资源。例如，欧阳志云在进行湖南桃江县楠竹生产基地建设规划时，根据当地的自然和社会条件，确定土壤母质、植被、土地利用现状、交通条件四个方面为制约楠竹基地布局的资源要素，对其进行了适宜性分析。

2. 发展的资源需求与现状匹配的适宜性分析

发展对资源的需求与区域现状资源供给之间的匹配关系，反映了资源现状对发展的适宜性程度，可用生态位适宜度来进行度量。设当区域现状资源条件完全满足发展的要求时，生态位适宜度为 1，当资源条件不满足发展的最低资源要求时，生态位适宜度为 0。

3. 应用地理信息系统技术进行生态适宜性空间分析

根据上述方法，应用地理信息系统技术，建立对某一发展方向或措施的单因子适宜性等级空间分布图，再综合各影响因子得到对某一发展方向或措施的综合适宜性等级评价图。最后，根据区域发展的要求，确定发展方向或措施的优先顺序，得到最终的生态适宜性综合评价结果。

人居环境绿地系统体系规划中的生态适宜性分析为规划过程提供了科学的依据，使规划变得合理、明确和可重复使用，还能在社区发展中体现区域独有的价值体系，是一种较好的现状分析方法。

第五节　人居环境绿地系统体系规划的评价指标体系构建

一、人居环境绿地系统体系规划的评价目标

1. 人居环境绿地系统的价值评价

人居环境绿地系统作为人居环境可持续发展的重要组成要素，所产生的综合效益具有生态系统服务功能、产业服务功能和社会服务功能三大方面，其价值评估也应该是三者的统一。

（1）人居环境绿地系统的景观价值

人居环境绿地系统的景观价值主要指人居环境绿地系统在文化方面以及对人视觉与心理的独特功能和作用方面的价值，对于历史遗产保护以及旅游发展等文化价值的提升具有重要作用，是人居环境建设的重要内容之一，通常无法用货币来衡量。

（2）人居环境绿地系统的生态价值

人居环境绿地系统是生态系统的重要组成部分，是人居环境绿地系统对保护区域的生态平衡、维护生态系统功能正常和稳定发挥所具有的价值。从生态学原理出发，可直接根据人居环境绿地系统生态功能的产出量，如碳氧平衡的数量、涵养水源的数量、营养循环的数量等来估算绿地的生态经济价值。借助于货币手段，在生态学与经济学之间架起沟通的桥梁，以此建立在生态功能基础上的货币估量值作为人居环境绿地生态价值的标准，说明了人居环境绿地系统功能的重要性。

（3）人居环境绿地系统的经济价值

人居环境绿地系统的经济价值，并不仅仅指提供木材价值等有形产品和游憩、娱乐等无形服务性功能，还间接对其他部门经济增长作出贡献，且其他方面的价值在整体经济价值组成和结构上所占的比例也逐步提高。

人居环境绿地系统环境价值问题的本质属于经济问题。需要依据经济价值的尺度来判断人居环境绿地系统发展规模的经济合理性以及合理的资金额度，以一定的经济模式支撑人居环境绿地建设，考虑在资金有限的情况下，以最少的资金投入实现最佳的生态环境效益，使得城市经济平衡发展。

综上所述，人居环境绿地系统的建设须同时体现景观价值、生态价值、

经济价值等三大价值，以实现人居环境建设的可持续性发展之路。

2. 人居环境绿地系统生态—经济—景观综合评价

人居环境绿地系统是复杂的自然—社会—经济复合的人居生态系统的子系统，具有景观、社会、生态三大基本功能，三者的结构是关联协调发展的，统一于人居环境绿地系统生态格局的关系之中。

景观要素受到了人与自然的关系以及人与人之间关系作用力的影响，与社会文化结构和社会心理结构具有一致性，是一个时期社会文化及心理的反映。生态要素是大地景观组成元素的组合关系，应符合景观美学原理和自然力作用关系的结构形态关系，可模仿生态系统的结构形态所形成的种群、群落与群落之间关系的组合。经济效应的内涵是从环境资源商品价值的角度转向环境保护中由谁投入和由谁来收益的问题上来达到人居环境景观与生态效应的实现以及经济的合理发展，从而形成人居环境绿地系统规划的保障机制。

人居环境绿地系统生态——经济——景观的综合评价与绿地系统规划编制与实施密切相关，具有时间尺度的动态演变特征，能够反映系统演替的连续协调关系，形成人居环境绿地系统景观—生态—经济过程的关联协调发展。人居环境绿地系统景观—生态—经济三要素与编制内容的关联协调性关系见表 3-9 内容所示。

人居环境绿地系统景观—生态—经济三要素与编制内容的关联协调性关系　　表 3–9

规划评价内容	关联因素	规划编制有关内容	
		现状分布图	规划分析图
景观要素	地区区位 旅游 历史文化及自然景观 古树名木 居民人口 现状绿地分布 居民视觉与心理	区位图 城市旅游资源分布图 城市人文及历史资源分布图 古树名木分布图 居住人口密度分布图 现状绿地分布图	区位关系图 城市旅游发展分析图 城市人文历史资源评价图 城市绿地服务半径分析图 城市绿化或居住区绿化设想图
生态要素	植被与生物多样性 大气 土壤 山体 水系 农林业资源 现状绿地规模与格局	空气质量分布等值线图 土壤分布现状图 山体绿化资源分布图 水系分布图 土地利用现状图 城市农业、林业资源分布现状图 城市绿量分布现状图	生物多样性分析图 热岛分布图 土地资源分析图 城市生态保护发展规划图 城市农林资源发展分析图 城市绿量结构分析图
经济要素	城市发展 现状绿地经营管理 绿化资金投入 公园、风景区等的客流量及收入 生产绿地的苗木总量及自给率	城市综合现状图 城市总体规划图 城市高压走廊分布图 城市分期发展规划图 城市生产绿地分布图	城市发展及结构分析图 城市绿地模式图

资料来源：姜允芳．城市绿地系统规划理论与方法[M]. 北京：中国建筑工业出版社，2006：75.

二、人居环境绿地系统体系规划的评价指标体系构建

1. 绿化评价指标体系现状

人居环境绿地系统规划评价指标体系是绿地系统规划的重要研究课题，是人居环境绿地系统规划目标、定位、水准、实施的集中体现，通过评价指标体系的建立和评估，可以更客观地了解绿地系统在生态功能构建、经济效益等方面的成效；同时，它也可以用于绿地系统规划方案的比较。目前建设部《城市绿化规划建设指标的规定》中主要规定了人均绿地面积指标和绿地占城市用地百分比两类，分为人均绿地面积、人均公共绿地面积、绿地率、绿化覆盖率四项。而自然地理分异性造成人居环境各不相同，仅仅使用相同的指标难以全面、科学地反映绿地系统的综合效能，因此有学者建议，以景观环境规划设计三元论为出发点，从生态效益、经济效益、景观效益三方面建立一套系统完整的指标体系，从而解决上述问题。

（1）规划目标与规划指标

以提高人居环境质量，实施可持续发展和生物多样性保护行动计划，改善景观，保护文化遗产和生态环境，保证人居环境的多样性和公众参与等作为规划目标。从组织管理、规划设计、景观保护、绿化建设、遗产管理、环保措施、公众参与等多个方面建构评价指标体系。

（2）规划时限与规划指标

一方面，人居环境绿地系统规划指标是针对一定时限制定的，因而规划的时限是绿地系统规划指标必须考虑的要点，需要预测城市发展诸多因素的变化，综合评价影响因子的权重，最终确定每个规划时限中城市可能达到的规划指标。

另一方面，植被群落是绿地系统的主要子系统之一，生物群落生态功能的完善、生态过程趋于稳定平衡的演替过程均需要较长的时间，应该以此作为衡量规划指标的时间尺度。

（3）规划范围与规划指标

人居环境绿地系统规划的空间范围有三个层次：一是城镇集聚区和市域；二是城区；三是村镇。前几轮城市绿地系统规划重在城市建成区，忽视了城镇集聚区和市域、城区与村镇绿地系统规划的关系。1980 年以来，中国城市绿地系统规划虽然在整体结构方面扩大到市域规划，但规划指标尚未反映市域市区共同的绿化整体效应。目前，市域绿地规划指标只是提及绿地规划面积达到多少，占整个市域面积的百分比是多少，还远远不够。

人居环境绿地系统规划正从环境型规划转向生态型规划。人居环境绿地系统生态效益的发挥与其所在区域背景的区域绿化有着整体的关联性。人居环境绿地系统规划包含多层面的不同空间尺度、时间尺度的规划。因而，受到宏观导控、自上而下的作用，城镇集聚区和市域绿地规划布局结构与评价指标体系的作用越来越重要。人居环境绿地系统规划的指标体系也应包含三个层次的指标体系（图 3-23）。

(4) 规划指标的层次化

目前，城市绿地系统规划的目标层次单一，考核指标一直限定在二维空间量的计算，很难真实客观地反映城市绿化的生态效益、经济效益以及景观效益。

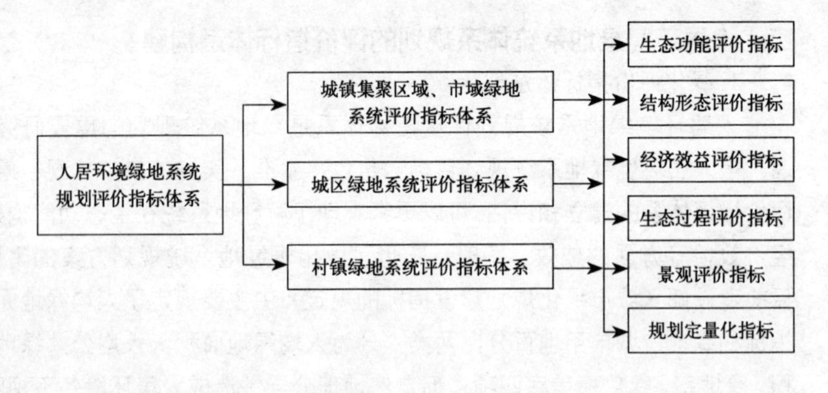

图 3-23　人居环境绿地系统规划评价指标体系三层次

因此，人居环境绿地系统评价指标体系除了在空间层次上提倡三个层面界限指标并重的同时，也应考虑指标体系的多元化，以便能够真实而确切地反映人居环境绿化总貌的量化概念，反映绿地功能在生态、经济及文化景观价值方面的多样性特征。

2. 规划指标体系的建立①

(1) 指标体系确立的基本原则

人居环境绿地系统功能复杂、结构类型多样，对其进行分析评价涉及评价的多层次、多目标问题；同时，由于区域、气候、风俗习惯诸多因素的不同，各地区对各指标项目体系中的权重数值要求不同，例如，在生态环境相对脆弱、敏感地区，人居环境绿地系统主要承担生态保护、生态恢复功能，对于绿地生态效益的评价指标权重数值就要大些。在人居环境绿地系统评价时，应遵循以下原则：

1) 系统性原则

评价指标体系应该能够较为全面、系统地反映市域绿地系统的生态效益、经济效益、景观效益等功能，是一种综合系统的评价体系。

2) 层次性原则

评价指标体系有层次性要求，各指标层次逻辑关系明确、层次清晰，便于抓住主要因素，又兼顾次要因素，以保证评价的有效性。

3) 定量与定性相结合的原则

评价指标应该是定性与定量的结合。定性描述直观，需要评估者有较为丰富的实践操作经验；定量分析利用数理模型等方法，结果较为客观、便捷，是对定性分析的检验与补充。评价指标体系要充分利用两种分析的优势，既有定性描述，又有定量分析，尽可能使定性问题数量化，便于用数学模型处理，以保证综合评价的客观理性。

4) 可操作性原则

评价指标体系总体上应该较易实施，并具有一定的普遍性，便于多项目的横向比较；评价数据应收集方便、计算简单、易于掌握，以保证评价的可操作性。

① 姜允芳．城市绿地系统规划理论与方法[M]．北京：中国建筑工业出版社，2006：77-81.

5）可预测性原则

既要能够反映系统的静态状况，又要能反映系统的动态发展状况，使评价具有一定的可预测性。

（2）指标体系的建立

人居环境绿地系统规划评价指标体系主要从绿地生态效益、经济效益、景观效益三方面对绿地结构、生态功能等方面，综合生态、环境、园林、城市规划等多学科，多角度、定性与定量相结合，分为"人居环境绿地系统评价指标体系"（表 3-10）和"人居环境绿地系统定量化指标体系"（表 3-11）两个部分。其中，绿地生态功能评价指标、绿地生态过程评价指标、绿地结构与形态评价指标体现绿地的生态效益。

人居环境绿地系统评价指标体系一览表 **表 3–10**

目标层	一级指标	二级指标
生态效益	生态功能指标	绿地景观可达性
		绿地廊道宽度与协调性
		绿地斑块形状与面积
		绿地景观空间多样性
		植物物种指数
		木本植物物种指数
		苗圃量
		本地植物物种指数
	生态过程指标	吸收 CO_2 放出 O_2 状况
		吸收有毒气体净化空气状况
		滞尘状况
		蒸腾吸热、蒸腾水量
		涵养水源蓄水保土状况
	生态格局指标	绿地的区位
		绿地均匀度或优势度
		绿地景观丰富度
		绿地网络连接度
		群落层次、树种配置状况
		垂直绿化、立体绿化状况
		防灾绿地合理性与比例
经济效益	经济指标	居民投入绿地资金占年绿地投资比率
		人均绿地投资额
		绿地生态价值量
		苗木产值、增益费
		公园、风景区等景观点经营收入
景观效益	景观指标	古树名木数量与保护状况
		绿地的文态价值
		绿地景观游憩吸引度
		绿视率

资料来源：姜允芳．城市绿地系统规划理论与方法 [M]．北京：中国建筑工业出版社，2006：78（经修改）．

人居环境绿地系统定量化评价指标体系一览表　　　　表 3–11

一级指标	二级指标
综合定量指标	绿地面积 / 人均绿地面积
	公园绿地面积 / 人均公园绿地面积
	复层绿色量 / 人均复层绿色量
	绿化三维量 / 人均绿化三维量
	绿地率
	城市绿量率
	廊道密度

1）绿地生态功能评价指标体系

绿地的生态功能是从改善居民健身娱乐、休闲生活质量的角度评价绿地系统规划。

① 绿地景观可达性是评价人居环境生态绿地对于城市居民生活的便利程度的一个指标项目。绿地的分布对应于居民居住分布特征，使得居民使用绿地具有均等性，即布局考虑合理的服务半径，这是绿地到达的距离衡量尺度。绿地分布还要求考虑到达的连贯性，使得居民在可能的情况下能够安全连续地到达外部绿色空间活动场所，因而，连续的自成体系的绿地分布是绿地可达性的质量衡量尺度。

②绿地廊道宽度与协调性是反映绿地廊道生态功能特征的分析评价指标。大量研究结果表明，一定宽度的绿地廊道是使其具有生物多样性和植被群落具有稳定性的重要因素。绿地廊道重要的特征还在于其线性连接的特征，它能够连接人居环境绿地系统中的基质和斑块要素，因而可以协调城乡景观要素，结合自然山体水系以及城市路网，联系人居环境绿地系统其他绿地形态，它与这些要素的结合度和连接度决定其整体性的生态功能特性。

③绿地斑块形状与面积是反映各类绿地的尺度以及形状特征的分析评价指标。绿地的面积直接影响其改善人居环境的质量，维持和保护斑块内部的生物多样性。斑块的形状指斑块边缘周长的特征，与维持生物生存的多样性相关联。可用“周长 / 面积”的指标来描述绿地斑块的形状特征。

④绿地景观空间多样性反映出组成绿地系统的绿地类型和空间特征的多样性以及异质性状况。绿地系统中不同绿地类型结合不同地段空间特征，并且服务于不同人群，因而决定了绿地景观空间构成具有多样性和异质性。

⑤植物物种指数 P_i 为人居环境绿地中用于绿化的植物物种种数。

$$\text{植物物种指数} = \sum_{i=1}^{n} P_i \tag{3-6}$$

⑥木本植物物种指数：$P_i=N_i/N$　　　　(3-7)

式中　N_i——木本植物种数；

N——人居环境绿地中用于绿化的植物物种种数。

⑦苗圃量：苗圃量（hm^2/km^2）= 城市苗圃面积（hm^2）/ 市域面积（km^2），反映了整个城市绿化发展的潜力。

⑧本地植物物种指数：本地植物物种种类数 / 人居环境绿化植物物种种类总数

2）绿地生态过程评价指标体系

绿地的生态过程评价是从绿地生态作用和生态机理的分析角度，评价其改善人居环境质量的绿地系统分析评价指标体系，从而协调形成绿地系统内部以及人居环境生态系统的能流、物流的动态平衡。

人居环境绿地系统调节微气候、减少大气污染和净化空气的作用是其生态效益的主要体现。

①绿地系统吸收 CO_2 放出 O_2 状况是指绿地中的绿色植物通过光合作用吸收 CO_2 释放出 O_2，从而降低了环境中的 CO_2 浓度，补充了环境中 O_2 总量的状况。这一数值作为衡量绿地生态效益的评价指标，单位（t/d）。

②绿地系统吸收有毒气体净化空气状况是指人居环境绿地吸收工业等排放的有害气体二氧化硫、氯气、氟化氢以及汞、铅蒸气，净化空气质量的状况。

③滞尘状况是指人居环境绿地年滞尘量的状况，单位（$t/hm^2 \cdot a$）。

④蒸腾吸热、蒸腾水量是指人居环境绿地蒸腾吸热、蒸腾水量用以调节气候温度、湿度状况的评价指标，单位是（t/d）和（kkj/d）。

⑤涵养水源蓄水保土状况是指人居环境绿地涵养水源，促进水分再循环以及防止突然侵蚀，增加土壤肥力方面的功能评价指标。

这一评价指标体系的作用总量值体现在绿地系统的具体指标数量上是用以确定绿量最低阈值，即估算并确定城市生态环境质量所要求的最小绿化量值，从而确定人居环境绿地系统规划总量指标以及各类绿地规模。

3）生态结构评价指标体系

人居环境绿地系统的生态结构评价是从绿地与外界关系等整体关系以及绿地组成结构和绿地形态方面对人居环境绿地系统规划进行分析评价。对于一座城市用地而言，绿化用地面积多，其他类型的城市用地面积就少，缺乏绿地不行，但亦非绿地越多越好，只有两者达到一个相对平衡状态才能发挥城市最大的综合效益，因而人居环境生态绿地的结构形态组成反映了绿地生态作用发挥的程度。

①绿地的区位是确定绿地在人居环境中所在位置的用地适宜度的定性化指标，是反映绿地结构合理性的一项指标。

②绿地均匀度或优势度是针对人居环境绿地分布集中与分散的相对性描述的评价指标。它与优势度是一个问题的两个方面，绿地斑块的大小决定绿地分布的集中与分散程度。绿地斑块之间优势度高，其均匀度就低；反之，优势度低，其均匀度就高。

③绿地景观丰富度是反映绿地类型多样性的评价指标。

④绿地网络连接度是反映各类绿地之间在功能上和生态过程上的联系状况。

⑤群落层次、树种的配置状况是指各类绿地相对于绿地系统都是一个生物群落，各群落的植物配置、乔灌草结合程度以及丰富度都影响着生态环境效益，是针对植被配置状况的一个评价指标。

⑥垂直绿化、立体绿化状况是从三维空间总绿化量的角度提出的一个评价指标。垂直绿化、屋顶绿化就每个城市而言，统计计算归入城市绿地面积的算法方法不一。然而，两者的绿化量作为三维量的一部分，应该考虑计算总量。

⑦防灾绿地合理性与比例是人居环境绿地作为防灾绿地布置合理性的描述以及具有防灾功能的绿地所占据的总的人居环境绿地的比例，反映绿地多功能性的布局特征。

4）经济评价指标体系

人居环境绿地系统的评价还应满足经济发展的要求，尽可能少投入、多产出，发挥绿地资源优势。经济评价指标体系即是有关绿地成本与收益资金的分析评价指标。

①居民投入绿地资金占年绿地投资比率是为了保证城市经济宏观上协调发展，协调资金投入模式而形成的居民投入绿地资金的一种资金利用比率，是反映人居环境绿地系统经济协调性能的一项评价指标。

②人均绿地投资额是指人居环境绿地系统投入资金总额与城市人口的比值，反映人居环境绿地系统资金投入的状况。

③绿地生态价值量是反映绿地系统生态经济价值的一项评价指标，是可以直接用货币形式度量的效益。

④苗木的产值、增益值是绿地中具有直接经济效益的绿化苗木的产出价值的一项经济效益指标。

⑤公园、风景区等的经营收入是绿地系统景观效益直接价值量度的一项经济效益指标。

5）景观评价指标体系

人居环境绿地的景观价值是评价绿地景观视觉形象、绿地文脉内涵以及大众心理效应的一项评价指标。

①古树名木数量与保护状况是人居环境绿地系统景观效应的重要评价指标。古树名木景观价值较高，可结合古树名木保护规划提高人居环境绿地系统的景观价值。

②绿地的文态价值是人居环境绿地结合历史文化及遗产的保护所表现出来的文脉价值，是人居环境绿地景观评价的一项重要指标。

③绿地景观游憩吸引度是指绿地景观年接待游人量与城市年总接待游人量之比，它用来体现人居环境绿地景观发挥生态旅游的服务功能的大小。

④绿视率是评价视野感受到的绿色的一项指标。绿视率不仅影响人们感观及心理的效应，还与视线的抗干扰程度有关。绿视率大，视线干扰相对就少，居民在其中活动的频率和密度大，绿地的使用就较充分。

6）规定定量指标体系

这类指标是在上述定性以及数据化分析评价的基础上最终应确定的具体规划

量化指标，经数量化之后便于控制和操作。

绿地面积、人均绿地面积、公园绿地面积、人均公园绿地面积及绿地率是从城市绿地空间二维平面角度分析确定的指标项目。复层绿色量、人均复层绿色量、绿化三维量、人均绿化三维量是从立体空间角度分析绿地的指标项目。

①绿地面积是指人居环境中各类绿地面积总和，根据人居环境绿地系统的层次、分类而各有不同，城市部分的具体算法与《城市绿地分类标准》中计算方法一致。人均绿地面积是人居环境绿地面积与人居环境范畴内人口数量的比值。

②公园绿地面积是城市中公园绿地面积的总和。人均公园绿地面积是城市公园绿地面积与城市人口数量的比值。

③复层绿色量是各层面（乔、灌、草）绿化面积统计之和，它是反映叶面总覆盖面积的一项指标。

④人均复层绿色量是复层绿色量与城市人口的比值。

人均复层绿色量（m^2/人）= 区域复层绿色量 / 区域人口

⑤绿化三维量是从植物空间占据的体积来反映绿化结构形态的生态作用。人均绿化三维量是绿化三维量与城市人口的比值。

三维绿量：是指绿地中植物生长的茎、叶所占据的空间体积的量（单位：m^3）。三维绿量是应用遥感和计算机技术测定和统计的立体绿量。

人均绿化三维量（m^3/人）= 区域绿化三维量 / 区域人口，该指标从一个方面反映了整个区域立体绿化的数量，在城市用地紧张的情况下，应大力提倡立体绿化。

⑥绿地率是指城市绿地面积与城市用地面积的比值。

⑦城市绿量率是研究过程中提出的新概念，即城市用地范围内总绿色量与城市用地的比值，意在反映城市绿化开发的强度，试图取缔绿化覆盖率，代之以绿量率。因为，前者仍然是二维的平面绿化概念，后者则是三维的立体绿化概念，前者的评价以“密度”为核心，后者的评价以“强度”、“质量”为准绳。后者代替前者，由复层绿色量的统计替代绿化覆盖率的计算，将大大推动绿地系统规划质与量的提升。

⑧廊道密度是单位面积内的绿色廊道长度。一般来说，绿色廊道密度高低表明绿地之间可能的连接性的好坏，同时也从一个侧面反映了绿地格局的合理程度。

三、人居环境绿地系统体系规划的评价方法

在有多种方案可以选择的情况下，如何判断一个绿地系统规划是否是一个好的规划就必须对规划方案进行评价，从中选出最佳方案。因此，需对规划方案进行评价与决策。评价的方法根据规划的目标可有多种选择，以下介绍其中两种：

1. 层次分析法

层次分析法是把复杂问题中的各个因素通过划分相互关系的有序层次，根据对一定客观现实的判断就每一层次的相对重要性给予定量表示，利用数学方法确定每一层次要素的相对重要值的权值，并通过排序来分析和解决问题的一种方法①。

在人居环境绿地系统的评价指标体系已经确定的情况下，可应用层次分析法有效价值法确定评价指标的权重以及各评价目标的价值量度等过程，最终确定规划的总价值来进行规划的决策。基本步骤如下：

（1）建立层次结构模型

划分目标层、准则层和指标层，如表 3-10 所示，将人居环境绿地系统的评价指标体系分为目标层、一级指标层和二级指标层。

（2）构造判别矩阵

矩阵内数据反映各因素相对重要性，可由客观数据、专家意见或分析者的综合来获得，采用 1 ~ 9 或倒数，能较客观地对所有指标进行全面考虑，避免了仅凭经验确定权重所带来的误差。为了对重要多少赋予一定的数值，这里使用 AHP 方法中 1 ~ 9 的比例标度，见表 3-12。

T.L.Saaty 标度的含义 **表 3-12**

标度	含义
1	表示两个元素相比，具有同样重要性
3	表示两个元素相比，一个元素比另一个元素稍微重要
5	表示两个元素相比，一个元素比另一个元素明显重要
7	表示两个元素相比，一个元素比另一个元素强烈重要
9	表示两个元素相比，一个元素比另一个元素极端重要
2、4、6、8 为上述相邻判断的中值	

资料来源：姜允芳．城市绿地系统规划理论与方法[M]．北京：中国建筑工业出版社，2006：82.

通过两两比较得到判断矩阵 A：

$$A=(a_{ij})_{n\times n} \tag{3-8}$$

其中，a_{ij} 为第 i 个元素与第 j 个元素相比的比例标度，a_{ij} 具有如下性质：

$$a_{ij}>0;\ a_{ij}=1/a_{ji};\ a_{ij}=1\ (i=j)$$

（3）排序及检验

求上述矩阵特征根和特征向量。

$$AW=\lambda_{max}W \tag{3-9}$$

得到，式（3-9）中 A 为上述判断矩阵，λ_{max} 为最大特征根，这种方法称为排序权向量计算的特征根方法，λ_{max} 存在且唯一，W 为最大特征根所对应的特征向量。有了 W 后，即得该层因素对上层的单权值，需要进行一致性检验，其步骤如下：

1）计算一致性指标 $C.I.$

① 刘康，李团胜．生态规划——理论、方法与应用[M]．北京：化学工业出版社，2004：43.

$$C.I. = \lambda_{max}-n/n-1 \quad (3\text{-}10)$$

式中　n——判断矩阵的阶数。

2）平均随机一致性指标 *R. I.*

平均随机一致性指标是多次（500 次以上）重复进行随机判断矩阵特征值的计算之后取算术平均值得到的。表 3-13 是重复计算 1000 次的平均随机一致性指标。

平均随机一致性指标　　表 3–13

阶数	1	2	3	4	5	6	7	8
R. I.	0	0	0.52	0.89	1.12	1.26	1.36	1.41
阶数	9	10	11	12	13	14	15	
R. I.	1.46	1.49	1.52	1.54	1.56	1.58	1.59	

资料来源：姜允芳．城市绿地系统规划理论与方法 [M]. 北京：中国建筑工业出版社，2006：83.

3）计算一致性比例 *C. R.*

$$C.R.=C.I./R.I. \quad (3\text{-}11)$$

当 $C.R.<0.1$ 时，可认为效果满意。

（4）评价目标的价值量度

用价值作为对方案评估理想和满意程度的衡量尺度，价值是量纲为 1 的序数，这里用 0 ~ 100 的整数作为价值量度范围时，如下表 3-14 所示。

评价目标的价值量度　　表 3–14

价值量	得分	0	25	50	75	100
	意义	差	较差	中等	较高	高

资料来源：姜允芳．城市绿地系统规划理论与方法 [M]. 北京：中国建筑工业出版社，2006：83.

每项指标分为 5 个等级，如每个等级数量评级以 0 ~ 10 的整数作为价值量度范围时，得分为：一级为 8 ~ 10 分，二级为 6 ~ 8 分，三级为 4 ~ 6 分，四级为 2 ~ 4 分，五级为 0 ~ 2 分。

（5）确定特征值与价值的对应关系

特征值是衡量一个目标的关键数据，定量子目标的特征值各有自己的量纲，定性子目标的特征既无数值也无量纲，往往只用关键词加以描绘。为了把这些特征转化为评价的价值，就必须按价值量度对这些目标特征值或特征描述加以评价，从而建立价值—特征值对应关系，以及子目标特征值与价值对应关系。

（6）人居环境绿地系统规划方案的评价

各评价指标值的计算方法详见表 3-15。

评价指标的权重 **表 3–15**

目标层	一级指标	权重	二级指标	权重	评价指标的标度
生态效益	生态功能指标	W_1	绿地景观可达性	W_{11}	A_{11}
			绿地廊道宽度与协调性	W_{12}	A_{12}
			绿地斑块形状与面积	W_{13}	A_{13}
			绿地景观空间多样性	W_{14}	A_{14}
			植物物种指数	W_{15}	A_{15}
			木本植物物种指数	W_{16}	A_{16}
			苗圃量	W_{17}	A_{17}
			本地植物物种指数	W_{18}	A_{18}
	生态过程指标	W_2	吸收 CO_2 放出 O_2 状况	W_{21}	A_{21}
			吸收有毒气体净化空气状况	W_{22}	A_{22}
			滞尘状况	W_{23}	A_{23}
			蒸腾吸热、蒸腾水量	W_{24}	A_{24}
			涵养水源蓄水保土状况	W_{25}	A_{25}
	生态格局指标	W_3	绿地的区位	W_{31}	A_{31}
			绿地均匀度或优势度	W_{32}	A_{32}
			绿地景观丰富度	W_{33}	A_{33}
			绿地网络连接度	W_{34}	A_{34}
			群落层次、树种配置状况	W_{35}	A_{35}
			垂直绿化、立体绿化状况	W_{36}	A_{36}
			防灾绿地合理性与比例	W_{37}	A_{37}
经济效益	经济指标	W_4	居民投入绿地资金占年绿地投资比率	W_{41}	A_{41}
			人均绿地投资额	W_{42}	A_{42}
			绿地生态价值量	W_{43}	A_{43}
			苗木产值、增益费	W_{44}	A_{44}
			公园、风景区等景观点经营收入	W_{45}	A_{45}
景观效益	景观指标	W_5	古树名木数量与保护状况	W_{51}	A_{51}
			绿地的文态价值	W_{52}	A_{52}
			绿地景观游憩吸引度	W_{53}	A_{53}
			绿视率	W_{54}	A_{54}
规划定量化评价指标	综合定量指标	W_6	绿地面积／人均绿地面积	W_{61}	A_{61}
			公园绿地面／人均公园绿地面积	W_{62}	A_{62}
			复层绿色量／人均复层绿色量	W_{63}	A_{63}
			绿化三维量／人均绿化三维量	W_{64}	A_{64}
			绿地率	W_{65}	A_{65}
			城市绿量率	W_{66}	A_{66}
			廊道密度	W_{67}	A_{67}

资料来源：姜允芳．城市绿地系统规划理论与方法[M]．北京：中国建筑工业出版社，2006：84（经修改）．

1）三级评价指标值的计算

三级评价指标数值 W_{ij} 是城市绿地系统规划综合评价的基础，如上文所述，由专家组确定，通过指标两两比较确定判断矩阵 A_{ij}（i=1 ~ 6，即二阶指标层的指标数，j 为三阶指标层的指标数），通过矩阵的归一排序求得权重 W_{ij}。

2）二级评价指标值的计算

设某个目标 i 评价得分表示为 V_i，二级指标指数则根据其所属下一级指标数值乘以各自的权重后进行加和，计算公式如下：

$$V2_i=\sum_{i=1}^{n} V3_i W_{ij} \tag{3-12}$$

式中 $V2_i$——二级指标的数值；

$V3_i$——$V2_i$ 所属下一级指标数值；

W_{ij}——相应指标的权重；

n——$V2_i$ 所属下一级指标项数。

3）综合评价指标的计算

城市绿地系统规划综合评价指标是将各二级指标值乘以各自的权重，再进行一次加和，计算公式如下：

$$综合评价指数=\sum_{i=1}^{n} V2_i W_i \tag{3-13}$$

式中 W_i——某二级指标的权重；

n——二级指标的项数。

2. 景观格局指数评价法

景观生态学有一套较成熟的景观空间格局的测定、描述和统计指标体系，并在土地利用、农村及城市景观结构分析中得到了广泛应用。景观生态学中的景观空间格局分析指数能够很好地反映人居环境绿地景观格局的动态变化。通常可采用景观多样性指数（H）、优势度（D）、均匀度（E）、景观破碎度（C）、景观分离度（I）五个指数（表 3-16）对绿地系统的景观空间格局进行分析，并运用景观指数软件 fragstate3.3 计算出以上五个景观指数，得出人居环境绿地系统规划前后的景观空间格局变化分析结果。

景观格局指数 **表 3–16**

景观指数	计算式	生态学含义
多样性指数（H）	$H=-\sum_{i=1}^{M} P_i \log P_i$	反映景观类型的多少，用来衡量景观组分的复杂程度
优势度（D）	$D=H_{\max}+\sum_{i=1}^{M}(P_i)\log(P_i)$	反映某一种或几种景观类型对景观体系的支配程度
均匀度（E）	$E=H/H_{\max}\times 100\%$	衡量景观组分中，某一类斑块分配均匀程度

续表

景观指数	计算式	生态学含义
景观破碎度（C）	$C=\dfrac{n_i}{A_i}$	反映景观被分割的程度，衡量景观体系的复杂性
景观分离度（I）	$I_i=\dfrac{MNND_i}{\sqrt{A_i/n_i}}$，$MNND_i=\dfrac{\sum_{K=1}^{n_i} NND_{ik}}{n_i}$	反映某一景观类型中，斑块个体之间的分离程度

（1）景观多样性指数（H） 表示景观类型的复杂程度。根据信息论原理，景观多样性指数（H）表示为

$$H=-\sum_{i=1}^{M} P_i \log P_i \tag{3-14}$$

式中，P_i 是景观类型 i 所占面积的比例，M 为景观类型的数目。H 值大小反映景观类型的多少和各景观类型所占比例的变化，即景观类型的斑状数目越大，多样性越大；不同类型景观分布越均匀，多样性越大；当景观单一，且是均质时，指数为零；当景观由两个以上类型组成且组成相等时，多样性为最高；如各景观类型比例差异增大，则 H 值下降。

（2）优势度（D） 表示景观多样性对最大多样性的偏离程度或描述景观由少数几个主要的景观类型控制的程度。优势度越大表明偏离程度越小，即组成景观各景观类型所占比例差异大，或者说某一种或少数景观占优势；优势度小表明偏离程度小，优势度为 0，表示组成景观各种景观类型所占比例相等。其计算公式为：

$$D=H_{\max}+\sum_{i=1}^{M}(P_i)\log(P_i) \tag{3-15}$$

式中，$H_{\max}$ 表示最大多样性指数，$H_{\max}=\log(M)$，M 为景观类型数目，P_i 是景观类型 i 所占面积比例。

（3）均匀度（E） 描述景观里不同景观类型的分配均匀度，其计算方法：

$$E=H/H_{\max}\times 100\% \tag{3-16}$$

式中，H 为修正了的 Simpson 指数，公式为：

$$H=-\log\left[\sum_{i=1}^{M}(P_i)^2\right],\ H_{\max}=\log(M) \tag{3-17}$$

P_i 和 M 定义与优势度公式定义相同。均匀度指示意义与优势度相反，这两个指标可彼此验证。

（4）景观破碎度（C）景观被分割的破碎程度，它与自然资源保护密切相关。公式为：

$$C=\frac{n_i}{A_i} \tag{3-18}$$

式中，C_i 为景观 i 的破碎度，n_i 为景观 i 的斑块数，A_i 为景观 i 的总面积。

（5）景观分离度（I） 某一景观类型中不同斑块个体分布的分离度。计算公式：

$$I_i = \frac{MNND_i}{\sqrt{A_i / n_i}}, \quad MNND_i = \frac{\sum_{K=1}^{n_i} NND_{ik}}{n_i} \tag{3-19}$$

式中，I_i 为景观类型 i 的分离度，n_i 为景观类型 i 的斑块数，A_i 为景观类型 i 的总面积，$MNND_i$ 为景观类型 i 中斑块间平均最小距离，NND_{ik} 为景观类型 i 中斑块 k 与同类相邻斑块间的平均最小距离。该项指数用来考察景观分离程度。I 计算公式中分母为平均面积的平方根，其含义是要用景观间距离与景观大小相比较。如果 I 值很大，视觉上的分离将很明显；I 值很小时视觉上会有连续性的感觉。

通过对人居环境绿地系统不同规划方案的相关景观格局指数进行评价，能够在一定程度上分析判断方案在布局上的优劣，为进一步的方案优化和决策提供依据。

本章小结

本章概述了人居环境绿地系统体系规划的内涵、目标和原则，归纳和总结了人居环境绿地系统体系规划的任务，具体分析了人居环境绿地系统体系规划的结构形态模式和规划类型，并阐释了人居环境绿地系统体系规划的具体方法，特别强调了生态适宜性分析的方法。最后说明了人居环境绿地系统体系规划的评价指标体系和规划方案的评价方法。

复习思考题

1. 请概述人居环境绿地系统体系规划的主要原则。

2. 请具体画出人居环境绿地系统体系规划的结构形态模式并举例说明。

3. 人居环境绿地系统体系规划的规划类型有哪些？

4. 生态适宜性分析的方法有哪些？哪些方法更适宜应用于人居环境绿地系统体系规划？

5. 试说明人居环境绿地系统体系规划的评价指标体系。

6. 规划方案的评价方法有哪些？如何应用？

第四章　信息技术及其在人居环境绿地系统体系规划中的应用

第一节 管理信息系统

管理信息系统（Management Information System，MIS）是一个由人和计算机等组成的能进行信息收集、传递、存储、加工、维护和使用的系统。它能实测人居环境绿地系统的各种运行情况，并利用过去的数据预测未来，从全局出发辅助人居环境绿地系统的管理部门决策，并利用信息有效控制各项管理行为，及时地为各级管理人员提供所需的信息，辅助他们决策，从而改善管理部门的运行效率及效果，帮助管理部门实现规划目标。

决策支持系统（Decision Support System，简称 DSS）是以管理科学、运筹学、控制论和行为科学、多目标决策等为基础，以计算机技术、仿真技术、信息技术为手段，辅助决策者通过数据、模型和知识，以人机交互方式进行半结构化或非结构化决策的计算机应用系统。它是管理信息系统（MIS）向更高一级发展而产生的先进信息管理系统。

随着经济、社会、科学的发展，一般的决策支持系统不能再满足人们工作的需求，于是便产生了智能化的决策支持系统。智能决策支持系统（Intelligence Decision Supporting System，IDSS）将人工智能（Artificial Intelligence，AI）和DSS 相结合，应用专家系统（ES，Expert System）技术，使 DSS 能够更充分地应用人类的知识。它为绿地系统体系规划决策者提供分析问题、建立模型、模拟决策过程和方案的环境，调用各种信息资源和分析工具，帮助绿地系统规划决策者提高决策水平和质量。

智能决策支持系统基本结构主要由四个部分组成，即数据部分、模型部分、推理部分和人机交互部分。数据部分是一个数据库系统；模型部分包括模型库（MB）及其管理系统（MBMS）；推理部分由知识库（KB）、知识库管理系统（KBMS）和推理机组成；人机交互部分是决策支持系统的人机交互界面，用以接收和检验用户请求，调用系统内部功能软件为决策服务，使模型运行、数据调用和知识推理达到有机统一，有效地解决决策问题。

较完整与典型的 DSS 结构是在传统三库 DSS 的基础上增设知识库与推理机，在人机对话子系统加入自然语言处理系统（LS）与四库之间插入问题处理系统（PSS）而构成的四库系统结构，如图 4-1 所示。

基于 GIS（地理信息系统，其基础知识详见第二节）的 IDSS 通过 GIS 向管理决策者提供决策支持信息或决策支持工具。常用 GIS 工具是诸如 ARC/INFO、MAPInfo 以及 ArcView 这样一些程序，具有广泛而强大的空间分析功能，在人居环境绿地系统管理决策系统中发挥重要作用。

人居环境绿地系统管理信息系统以 3S（GPS，GIS，RS）技术为核心技术平台，运用动态链接型结构来实现 GIS 和 IDSS 结合，进而实现能够进行人居环境中绿地信息的收集、传递、存储、加工、维护及应用的多种功能。它能实时监测绿地系统现状，利用现状数据对绿地系统的各项指标进行评价，辅助绿地系统管

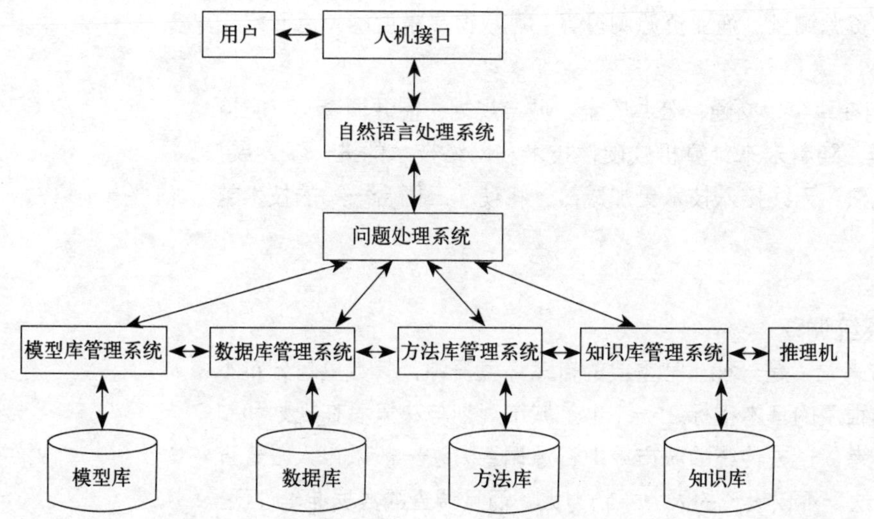

图 4–1　DSS 结构示意图

理部门进行绿地系统的行为智能决策，从而改善单位的运行效率及效果，帮助主管部门实现绿地系统的规划、建设及管理目标。

第二节　3S 技术在人居环境绿地系统中的应用

一、3S 技术介绍

3S 技术是遥感技术（Remote Sensing, RS）、地理信息系统（Geography Information Systems，GIS）和全球定位系统（Global Positioning Systems，GPS）的统称，是空间技术、传感器技术、卫星定位与导航技术、计算机技术、通信技术相结合，多学科高度集成的对空间信息进行采集、处理、管理、分析、表达、传播和应用的现代信息技术。3S 技术是现代技术发展的先导，对全世界的科技进步发挥着重要作用，在社会多个领域也有极广泛的应用。

遥感技术是指从高空或外层空间接收来自地球表层各类地物的电磁波信息，并通过对这些信息进行扫描、摄影、传输和处理，从而对地表各类地物和现象进行远距离控测和识别的现代综合技术，获得区域大面积的图像数据，作为 GIS 的数据源，为 GIS 提供必要的空间决策分析数据，可用于植被资源调查、作物产量估测、病虫害预测等方面。

地理信息系统是综合处理和分析空间数据的计算机系统，最常用于资源与环境的监测分析。地理信息系统与遥感技术密不可分，遥感是采集空间信息并加以识别、分类，GIS 作为一个处理这些空间数据的平台，对这些数据进行转换、分析、查询、显示等操作，辅助决策者进行决策。

全球定位系统是由空间星座、地面控制和用户设备等三部分构成的。应用全球定位系统的载波相位测量技术，可以精确测定两点间的相对位置，应用于农业测量、森林资源测量、渔业资源测量等，可获得高精度的单点三维或四维空间定位数据。

目前，3S 技术应用在军事、交通、公共安全、城市规划、能源调查、灾害监测与预报等一系列领域。随着未来计算机软硬件技术和网络技术的进一步发展，高速宽带网技术更加成熟，无线接入技术更加成熟，将使“三网合一”的技术越来越成熟。

二、3S 技术与绿地系统调查

绿地对于一个城市来说，是一种非常重要的自然环境资源，其数量与分布不仅是衡量城市区域自然程度的基本指标之一，也是城市规划与决策者在规划和制定城市政策时的重要参考。过去传统的城市绿地资源调查方法一般采用人工普查结合数学统计分析的方法，不仅投资的人力、物力大，而且调查的数据准确性低，也不便于综合分析评价。

目前，城市绿地系统现状调查主要应用数字化地图及遥感技术来实现①。随着摄影测量从模拟、解析到数字化的快速发展，现在全数字摄影测量技术比较成熟，已经可以解决高层建筑物投影对影像处理和镶嵌的影像处理，并实现了 GIS 数据的实时更新。用航空摄影测量进行绿地系统现状调查具有影像清晰、精度高等优点，但是也有成本高、周期长、更新慢、航摄空域审批繁琐、气候影响大等缺点。随着卫星技术和遥感传感器发展的日新月异，特别是新一代高分辨率（高空间分辨率、高时间分辨率、高光谱分辨率）卫星的发射，可以获得高分辨率的卫星影像图。如：美国的 IKONOS 卫星能提供 1m 全色波段和 4m 多光谱卫星遥感影像；QuickBird 卫星，在空间分辨率全色位 0.61 ~ 0.72m，多光谱成像（一个全色通道、四个多光谱通道）为 2.44 ~ 2.88m，成像幅宽 16.5km×16.5km。由于覆盖面广、单位调查成本低、省时、省力等原因，利用卫星遥感技术进行城市绿地资源调查已经越来越具优势，特别是对整个城市的绿地覆盖面积的调查非常有用，如广州等城市用 Landsat TM 数据和 SPOT 卫星数据进行绿地资源的调查。由于部分绿地有分布分散、占地面积小等特点，所以宜采用更高分辨率的卫星影像（如 0.6m 分辨率的 QuickBird 卫星影像图）进行绿地调查②。

绿地系统调查的任务就是查清绿地资源的种类、数量、结构、分布，客观反映地区的绿化现状。例如利用 QuickBird 高分辨率卫星影像数据可以对绿地系统的现状进行调查，区划绿地图斑，进而应用 GIS 空间分析功能对现有绿地系统的景观完整程度、植被多样性、绿地分布的均衡性、生态群落结构、绿地率、绿化覆盖率、人均绿地占用率等指标进行分析。

具体调查内容包括：绿地图斑边界的准确性及图斑属性（绿地分类、指标类型等）；零星绿地图斑的面积调查、增补与汇总；确定乔、灌、草等面积比；古树

① 陈文通，陈志强 .3S 技术在园林绿化现状调查中的应用[A]. 中国城市勘测工作 50 年论文集[C]. 2004：219−255.

② 许浩 . 国外城市绿地系统规划[M]. 北京：中国建筑工业出版社 2003：71.

名木的位置、树种、保护级别等属性；确定权属边界等。

利用遥感技术测算绿地资源时，一般采用以下步骤：收集资料（航片、卫星影像、地形图等）→影像处理（几何校正、影像融合、图像增强等）→选取判读标志→计算机分类（监督分类、非监督分类）→外业调查、目视解译、人机交互纠正→绿地信息提取→统计计算（图 4-2）。

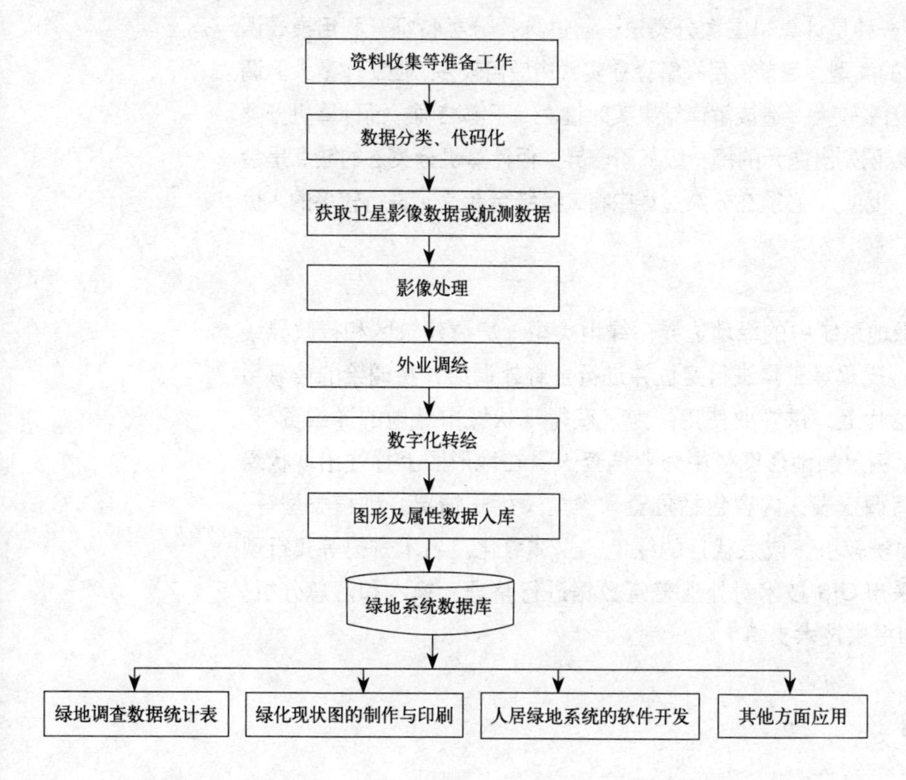

图 4–2　调查工艺流程图

1. 遥感调查

遥感调查是绿地系统中空间数据调查的基础。遥感解译后形成的影像图既是判读区划的基本图，也是地面调查的基本图之一（还有地形图）。因此，遥感解译成果直接关系到绿地调查质量和工作效率。一般来说，遥感调查先后要经过如下过程：

①数据查询：查询调查区域时相最新、质量最好、比例适中的遥感数据。通过大量筛选与比对，确定遥感数据的种类与时相。

②数据预处理：消除大气辐射、散射云雾影响的处理方式。

③几何校正：在地形图基础上，进行图像坐标纠正和重采样。

④多光谱融合：将经过几何校正后全色波段与多光谱波段进行融合，形成相应分辨率的融合数据。

⑤信息增强和色彩变换：根据遥感数据特点和质量，以关注信息为重点，对影像进行系列数学计算，增强主要关注的信息，还原图像颜色，以便区划判读的识别。

⑥遥感解译与绿地地块区划：在计算机上，根据卫片影像特征和其他各

种信息进行判读解译，区划绿地最小地块（地段或点），初步判读绿地类型。

⑦数据输出：根据判读解译出的绿地信息，然后与相应比例尺的地形图进行叠加。

解译绿地景观时，一般有两种方法：一种为目视解译方法，即依据光谱规律、地学规律和解译者经验，从遥感图像的颜色、纹理、结构、位置等各种特征中解译出各种绿地景观类型；另一种是计算机图像分类法，通过选择分类特征，利用模式识别模型，确定每一像元的类型。目前，目视解译在实践中应用较多，但工作量大、调查速度较慢、人为干扰因素较大，造成解译结果实时性差，不够准确。而计算机分类方法调查速度快，并可以识别出像元的每一级灰阶差异，但计算机分类法的缺点是会造成一定量类别的误判。因此，必须在分类过程中将二者结合起来，进行较多的人机对话。

2. 地面现状调查

利用遥感影像对绿地系统中的绿地边界、绿地类型、房屋建筑区和行政界线等辅助使用 GPS-RTK、皮尺等工具进行定位并进行全野外调绘，将调绘的信息用相应的符号标绘在调绘片上，供内业使用。为了获得现状城市绿地的详细资料，绿地调查工作使用大比例尺的地形图，由外业调查人员在地形图上标注出现状绿地的范围或位置，填写调查表，内容包括位置、类型、生长情况、种植类型等。对于遥感无法判读的面积较小（或点状）的绿地、立体绿化、名木古树等实行现地调绘或定位记载。采用 GIS 技术对外业普查数据进行整理、输入和汇总分析，为绿地系统规划的编制提供技术支持①。

三、数据处理与应用

1. 数据处理

绿地系统中的数据包括海量的空间数据和属性数据，于是数据处理便成了一项很艰巨的任务。数据处理一般包括两种处理过程：

第一种是对电子地图数据的预处理。删除或者隐藏与绿地基本信息无关的图层，比如管线设施、居民地等。将不同比例尺地形图缩放为更实用的适当比例尺的图件，在其中涉及的线段长度和区域面积可预先给定一个阈值，根据相应线火灾面与阈值的关系给予线和面以适当处理。

第二种是对遥感图像的预处理。对原始卫片图像灰度级较低且分布范围较窄的区域，进行分段线性拉伸或直方图均衡化处理，使得图像都有很好的目视解译效果。对照地形图和影像，在研究区中均匀地选取若干个控制点进行 n（n 值根据需要选定）次多项式拟合，即对航片和卫片都进行了几何精校正，精校正后的相片不仅消除了大部分的畸变，还具备了位置信息，上面所有的点都纳入了预选的大地坐标系②。

完成数据处理后，即可将绿地系统数据纳入数据库管理。区域绿地数据库的

① 方懿 .QuickBird 遥感影像在绿地调查中的应用 [J]. 四川林勘设计，2006，3（1）：49-51.
② 刘琳 .3S 技术在城市绿地管理中的应用 [J]. 安徽农业科学，2006，34（6）：1263-1264.

建立是进行地图操作和绿地相关指标分析预测的前提。绿地数据主要有绿地系统图形和属性两种文件形式。为了实现绿地指数计算统计，系统数据库中还应该具有景观弧段属性表、斑块距离表、网格叠加属性表、景观类型代码表等，并且数据表结构必须遵照系统约定格式①。

图 4-3　福州市地表热场分布遥感影像图

2. 人居环境绿地系统体系规划应用

人居环境绿地系统作为人居环境结构中的自然生产力主体，在人居环境生态系统中起着重要作用，是衡量人居环境综合质量的重要指标。在有限的土地资源上实现人居环境绿地系统的空间结构优化和合理的布局，及时地掌握绿地动态变化，对于充分和有效地发挥绿地的生态、社会和经济效益就显得尤为重要。利用 3S 技术能够及时、准确、动态地获取资源现状及其变化信息，并进行合理的空间分析，对实现人居环境绿地的动态监测与管理、合理的规划与布局，以及人居环境质量的改善和城市可持续发展具有重要的意义。

3S 技术在人居环境绿地系统中的应用包括绿地系统体系规划、绿地系统日常管理、绿地系统生态质量监测、绿地系统旅游资源开发等。本书主要侧重于 3S 技术在人居环境绿地系统体系规划中的应用。

人居环境绿地系统体系规划一般包括人居环境影响因子分析（热量分析、大气因子分析、噪声因子分析、人口因子分析）、绿地系统现状调查与分析、绿地系统规划效果预测分析、适宜性评价、规划方案比较、规划成果的可视化输出等。

（1）人居环境影响因子分析

人居环境的影响因子一般包括热量因子、大气因子、噪声因子、人口因子等，这些因子与绿地系统之间都有着密切的联系，因此做好对人居环境影响因子的分析，对绿地系统的体系规划有明显的导向作用。

1）热量因子分析

研究人居环境热量的分布特征和变化规律，可以为绿地系统体系规划工作提供科学依据，便于制定相关绿地规划与市政管理措施。对于大城市地区，其热岛效应比较显著，因而在进行绿地系统规划时，要尽可能地对历年的热岛效应变化情况进行分析，运用遥感技术可以在同一时间内获得覆盖全城的下垫面温度数据，具有较好的现实性和同步性。目前国际上对城市热场和热岛效应的分析研究主要是通过卫星遥感手段进行的。用陆地卫星的图像能取得 7 个波段的信息，其中 TM6（10.4 ~ 12.51）波段主要反映地面温度场的信息。如图 4-3 明确地显示出了福州市地表温度的分

① 董有福．基于 ComGIS 的区域景观格局监测信息系统 [J]. 应用生态学报，2005，16（4）：647-650.

布情况。

GIS 综合分析模式是为了客观地进行热力分布和绿地分布特征分析，采用GIS 逻辑判别和层次分析法建立的空间分析模型。其主导思想是以卫星亮度温度、TM 分类图像为主，以土地利用分类图、气象观测资料、绿地统计资料等因子为辅，研究和建立动态监测和空间分析模式，对城市热岛的热力分布特征和绿色植被作用机理进行综合分析。空间分析模型为：

$$F=f(N, T, S, W, V) \tag{4-1}$$

其中，F 是热力分布特征分析结果，为 N、S、T、W、V 因子的函数。N 为卫星亮度温度图像；T 为 landsand TM 图像；S 为土地利用专题图件；W 为气象观测资料；V 为绿地统计资料。

GIS 支持下的热力和绿地分布特征综合分析实施步骤如下：

①卫星亮度温度计算，采用普朗克函数进行亮温计算，普朗克公式为：

$$T_B=C_2V/[\ln(C_1V^3/E+1)] \tag{4-2}$$

其中，T_B 是亮度温度；E 是定标后的辐射率；V 是探测波段的中心波数；C_1、C_2 为玻尔曼常数。

②在卫星不同地区的属性区设立行政区属性图像中不同地区的属性区。

③不同平台遥感资料、专题图件、气象资料融合与同化处理采用数据格式转换、几何精纠正、重采样、辐射纠正、多波段光谱信息组合优化等方式解决不同空间分辨率的遥感信息以及遥感与非遥感信息的空间匹配与同化问题。

④热力和绿地分布特征综合分析以行政边界属性编码作为基本属性单元，建立各层次因子间的属性关联，采用逻辑分析法进行多因子综合评判。判别因子包括卫星亮温图像，近期时相的 TM 分类图像（美国 landsat-7 陆地卫星图像，地面分辨率为 30m），土地利用专题图件（土地利用专题图），气象要素（逐日平均气温、平均最高气温、平均最低气温），绿地要素（绿地覆盖率、各区人均公共绿地面积等）。对以上因子采用逻辑分析法进行多要素综合分析和评估，最后形成各类分析图件和结果[①]。

2）大气质量因子分析

大气质量因子是绿地系统体系规划需要考虑的重要因子之一，通过 GIS 平台可以快速制作人居环境中的污染源分布状况图、降尘空间分布状况图、有害化学气体（二氧化硫等）分布状况图。通过对上述图件的空间分析，掌握人居环境中绿量的分布情况以及根据有害气体的种类，在规划中可以对植被补充区域及该区域中的补充植被类型进行有效的选择。所以，大气因子分析是规划分析的一个重要环节。

3）噪声因子分析

适宜的户外声音环境是评价人居环境的一个重要因子。根据噪声按距离衰减作用及绿化植物对噪声的防治作用，噪声因子是影响人居环境绿地系统体系规划

① 周红妹．城市热岛效应与绿地分布的关系监测和评估 [J]. 上海农业学报，2002，18（2）：83 ~ 88.

的又一个重要因素。依据GIS系统制作的人居环境噪声分布图及绿地分布图的比较分析，可以明显得出噪声异常区域的绿地系统异常情况，绿地系统是否充分发挥生态功能便可一目了然，这就要求我们在做绿地系统体系规划时要解决人居环境的噪声污染问题。

4）人口因子分析

人口因子是绿地系统体系规划中的重要制约因素。人居绿地系统是为了满足人的身心健康和审美愉悦等各种需要而存在的。居民与绿地系统的关系是人与自然协调发展的关系，人居绿地系统是人工生态系统与自然生态系统的结合点。因而人居绿地系统规划与人口的分布状况存在不可分割的关系。通过GIS系统制作人口分布图与绿地系统分布图比较分析，得出人均绿量指标，确认目前绿地系统中的绿量是否能发挥最大生态效益，从而为进一步的绿地系统体系规划提供科学依据[①]。

（2）绿地系统现状分析

用GIS进行现状分析主要是利用GIS的空间统计分析和制图功能对调查内容中带有空间信息（位置、形状、分布等）的项目进行统计、分类、比例计算，形成各种数据表。同时，绘制出对应的图件。可利用多媒体技术形象动态地反映绿地系统情况，如遥感影像、地面摄影照片等存入GIS内，规划人员需要了解规划区域现状时，GIS除显示统计数据、空间分布外，还显示地面实况，帮助规划人员身临其境地掌握现状资料。现状调查数据中有许多具有非空间特征的属性数据如植被类型等，分析的主要任务是统计、汇总、比例计算、人均占有量等，可将调查数据建立数据库，用数据库系统的功能来完成分析任务。

（3）规划效果预测分析

GIS具有强大的模拟仿真预测功能，不仅给出了每种景观指标的说明和计算公式，而且提供了在非常灵活的景观分析功能，实现了景观整体或景观要素层次上对特定或全部景观类型的未来景观格局预测分析。根据区域人居环境中绿地系统的现状资料，交互输入设定的相关参数，软件模块自动运算，将景观要素面积、斑块数、优势度、斑块形状指数、分维数、景观斑块密度、边缘密度、镶嵌度、多样性、连接度、联系度、聚集度、关联度和相邻度指数等方面信息动态生成统计图表，将景观指标数值关系和变化趋势直观、形象地反映出来，即可模拟预测植被的未来发展状态、减噪效果、清洁效果、环境视觉效果以及经济效益和社会效益。

（4）适应性评价

绿地系统用地适宜性评价的分析方法主要有以下三种：

第一种就是直接叠加法，该方法又可分为地图叠加法和因子等权求和法两种形式。地图叠加法的基本过程是首先取得目标及规划中所涉及的

---

① 姜允芳．城市绿地系统规划理论与方法[M]．北京：中国建筑工业出版社 2006：114．

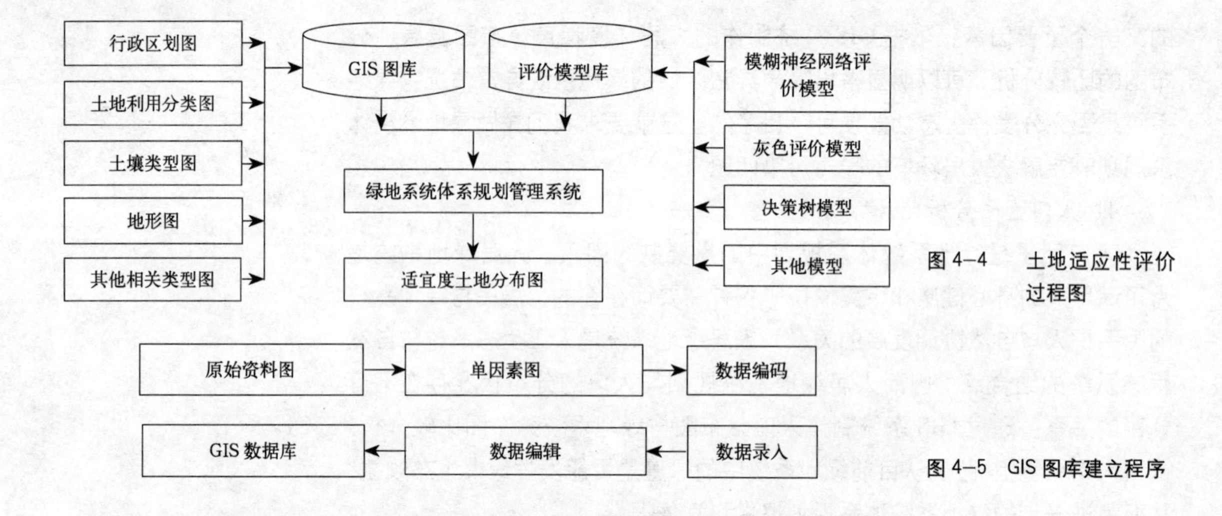

图 4-4 土地适应性评价过程图

图 4-5 GIS 图库建立程序

因子及调查每个因子在区域中的状况及分别，根据对其目标的适宜性进行分级，然后用不同颜色将各个因子的适宜性分级分别绘制在不同的单要素地图，进而将两张及两张以上的单要素地图进行叠加处理得到复合图，最后分析复合图，并由此制定绿地系统用地的规划方案（详见第三章第四节）。

地图叠加法是一种形象直观的方法，但该法也有缺点，地图叠加法的实质是等权相加法，而实际的各个因子权重是不一样的；并且方法略显繁琐，不容易区分颜色差别。因子等权求和法实质上是把地图叠加法中的因子分级定量化后，直接相加求和而得到的综合评价值，以数量的大小来表示适宜性的优越，使人一目了然，克服了繁琐的地图叠加和颜色深浅的辨别困难。

第二种方法是因子加权评分法。当各种生态因子对土地的特定利用方式的影响程度相差很明显时，必须用加权评分法。其核心就是确定各个因子的权重。然后在个单因子分级评分的基础上，对各个因子的评价结果进行加权求和，得到相应地块特定利用方式的总评分，分数越高，适宜性越好。

第三种方法为生态因子组合法。生态因子组合法可以分为层次组合法和非层次组合法。层次组合法应用于生态因子很多的情况下，对多各个因子进行分组，然后把小组因子作为一个新因子来评价适宜性的优越。而非层次组合法就是在生态因子少的情况下，把所有因子作为一组来评价适宜性。

利用 GIS 技术进行人居绿地系统用地适宜性评价。其基本思路是：采用植被、景观、坡度、生态敏感区和土壤价值作为绿地用地适宜性分析因素，确定各因素的权重，按绿地生态状况决定因素适宜性评价及权重，在 GIS 环境中形成单因素图层，每个因素分成三个适宜性等级以表明适宜性高低，利用 GIS 空间叠加功能计算出加权多因素值，从而确定城市绿地用地适宜度。

绿地系统规划用地适宜性评价按如下步骤进行（图 4-4）。第一步，建立 GIS 图库（图 4-5 为建立 GIS 图库的一般过程示意图）。为了从面上取得绿地适宜土地，形成人居环境绿地系统，利用计算机技术分析和选择绿化建设用地，即用 GIS 进行人居环境绿地用地适宜性分析，为规划提供科学而客观的依据。根据收集的资料建立基础图库。第二步，生态因子选择及评价。依据所获得的资料，绿地适宜性分析采用植被、景观、坡度、生态敏感区和土壤价值五要素，其中生态敏感区是通过生态敏感分析得到的。第三步，单因素图叠加及适宜性模型形成。按人居环境绿地用地生态状况决定因素适宜性评价及权重，在计算机上形成单因素图层，每个图层可分为几个适宜性等级以表明适宜性的优差，然后采用加权多因素分析公式：

$$S_{ij}=w_1x_{1ij}+w_2x_{2ij}+\cdots\cdots+w_kx_{kij} \tag{4-3}$$

式中 S—— 网格 i、j 的适宜度；

x—— 因素 k 层上网格的适宜度编码值；

w——因素的权因子。对相关图层进行处理，可得到绿地系统土地利用适宜性图。

绿地系统的空间位置和范围适宜性评价确定后，绿地系统在人居环境中空间分布框架已经形成，GIS 在绿地系统规划中的作用可进一步发挥。绿地系统的用地规划可用 GIS 进行数字化，直接生产线划图，设计结果会生成某些图层，进而可以进行空间的数据分析。

不同类型的绿地其服务半径是不同的。为了在区域绿地系统中，比较均匀地分布各级绿地，运用 GIS 的缓冲区分析功能可得到现有绿地的服务半径，然后再与城市总体规划图叠加，可以确定规划绿地的位置。防护绿地是指城市中具有卫生、隔离和安全防护功能的绿地，如道路防护绿地、城市高压走廊绿带、防风林等，规划时需在水系、铁路、道路、沟渠等两侧留出相应宽度的绿带，GIS 的缓冲区分析功能可确定绿带的边界。

城市绿线是指依法规划、建设的城市各类绿地范围的控制线。为了确定绿线，在规划中运用 GIS 的空间分析功能，将卫星图像、绿地现状图、城市总体规划图和绿地规划图进行叠加，具体研究每一块绿地实施的可能性，即这块绿地归属、现状、是否需要拆迁。若不能拆迁，附近是否还有可用之地；若需拆迁，拆迁范围是多大，拆迁需经费多少等，并在绿地数据库中表示出来。图 4-6 为南阳市城市绿线规划控制图。

图 4–6　绿线控制图

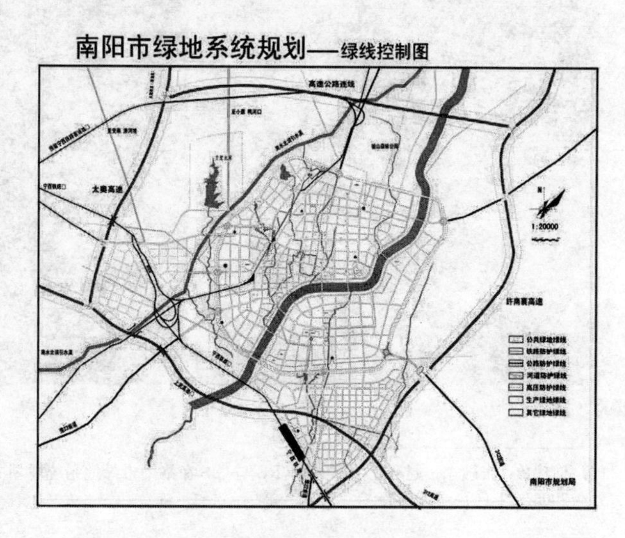

坡度和坡向表明了该地区的起伏情况，影响地面光热资源的分配，影响土壤发育、植被的种类，制约着土地利用的类型与方式，并决定地表径流流向，在进行绿地系统设计时，需依托地形设计不同的绿地景观。既要

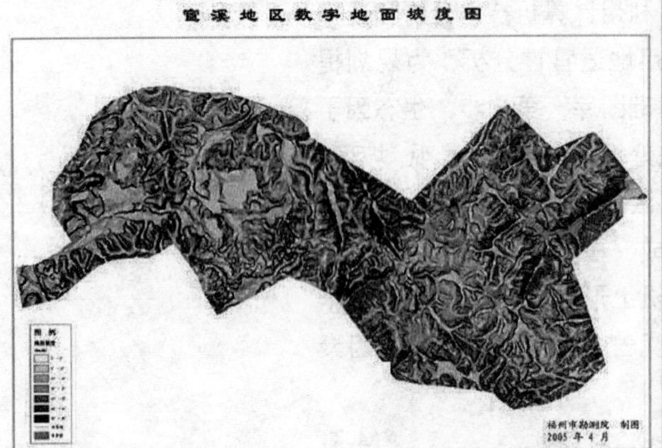

图 4–7　数字坡度图

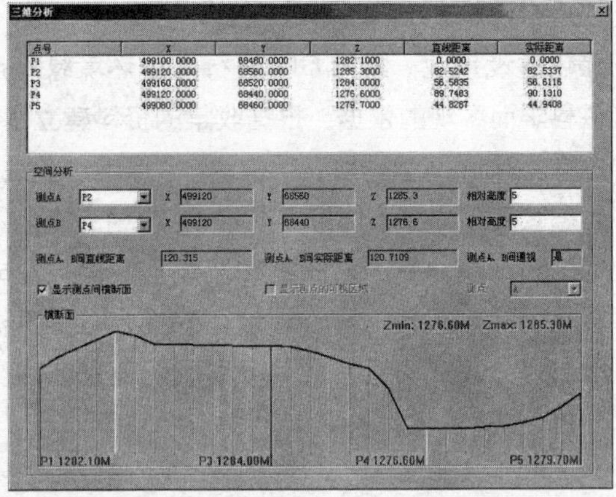

图 4–8　通视分析

考虑景观的艺术效果，又要考虑资源的充分利用和节约问题，在坡的阳面种植喜阳树种，在阴面种植耐阴树种，在种草时要进行灌溉系统的设计等。如图 4-7 所示，通过遥感影像数据可以方便地获得区域的数字坡度图，为绿地系统的设计提供可靠而明确的依据。

通视分析是指以某一点为观察点，研究某一区域通视情况的地形分析。在进行绿地系统规划时，除考虑地形因素外还需考虑所设计绿地中种植的植物高度。做通视分析时，将绿地中所种植的植物属性表中加入高度值，并将此高度叠加在 DEM 上，分别在两条道路上距交叉点不同距离之处作为通视分析的观察点，观察在两条道路上相互的通视情况，以此作为绿地规划的依据①。如图 4-8 ~ 图 4-10 所示，在很多 GIS 平台或遥感影像的处理软件中都可以方便地得到区域 DEM，进而可以得到绿地系统中的通视效果图，为绿地系统体系规划提供科学依据。

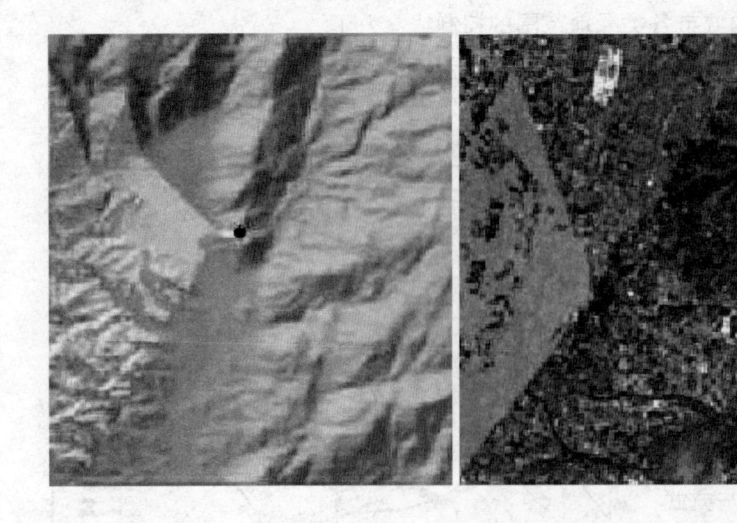

图 4–9（左）　通视图
图 4–10（右）　可通视范围

① 何瑞珍，张敬东，赵巧红，田国行 .RS 与 GIS 在洛阳市绿地系统规划中的应用[J]. 中国农学通报，2006，22（6）：445-448.

而在绿地系统的技术经济指标的计算中，GIS 可以发挥它快速而准确的优势。GIS 软件有强大的面积计算能力，且能按照绿地地块的编码进行面积计算。同时，GIS 还可应用于对绿地系统的建设造价估算及绿地系统中的土地利用率等进行评估，计算简单、快速、高效、准确，避免了大量的手工量算，节省了大量经费。

(5) 规划方案的比较

在进行绿地系统的总体规划时，一般提出多个方案，从中选择最优方案，用 GIS 进行方案比较，更方便、快捷、准确。可利用绿地系统的规划图层、人口密度图层和绿地系统现状等图层进行叠加；可以统计各规划方案绿地系统绿化覆盖率、人均绿地率等指标进行多方案比较，以选择适合的方案。

(6) 规划结果的可视化输出

绿地系统规划成果的可视化输出是 GIS 最成熟最普及的功能模块，包括图件的绘制、三维动态模拟和文字报告报表等形式。GIS 可以绘制的图件包括以绿地规划、现状等多边形为主要内容的面积填充地图，以绿线、道路网、工程规划等线状物体为主的线划地图，人居环境绿地布局结构等多边形、线、点混合的特种地图，以及纵、横断面图和表示数量、比例的特殊图形。

绿化景观规划可用 GIS 的三维模拟技术和多媒体技术进行静态和动态的模拟显示，起到沙盘的作用。目前，比较容易生成三维视图的数据模型是栅格模型。

多媒体技术是利用计算机能读取图像、录像、彩色照片、音频文件等功能，将现状和规划的地表景观拍摄成彩色照片等图像并存入计算机。规划成果展示时，将这些图像单幅或连续地插入适当的展示位置，以逼真和动态方式增强展示效果。

文档管理模块是绿地规划系统中的一个重要组成部分，用来实现对数据表结构和数据记录进行维护和管理。为满足不同层次用户的需要，该模块不仅提供对数据记录的浏览、检索和更新，而且能够对数据表字段结构进行增、删、改，并能够对数据表重新命名。用户一方面可以提取表格中数据用于景观分析预测，另一方面能够将查询、统计、分析和预测的结果返回数据库，以备将来调用，最大限度地发挥文档管理模块的功能。

总之，GIS 在人居绿地系统体系规划中发挥的作用巨大，充分利用 GIS 的功能和数字地图优势，能提供大量的信息，使绿地系统的规划方案量化，以数据为依据，其结论更科学、可靠，可以使绿地规划成果能够科学、有序地进行建设管理，发挥出更好的经济、社会和生态效益。

四、区域生态分析与评价

目前被用于区域生态质量评价的方法有多种，较典型的两种方法有层次分析法和模糊综合法。层次分析法具有高度的逻辑性、系统性、简洁性与实用性的特点（图 4-11）。概括而言，应用层次分析法进行区域生态环境质量评价的基本步骤如下[①]：

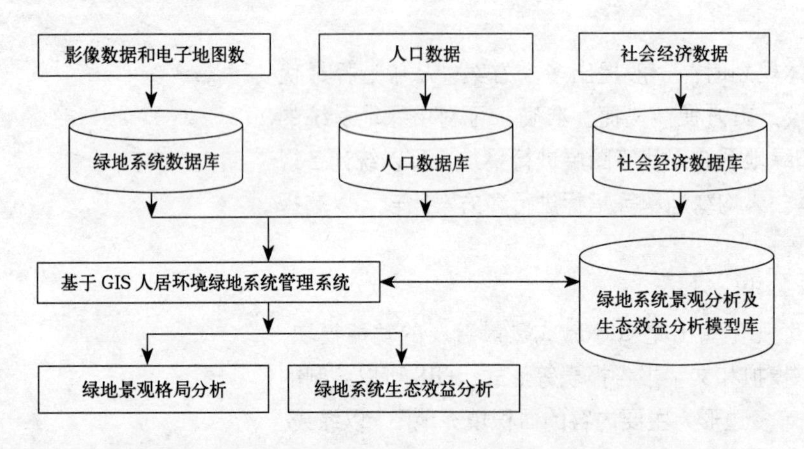

图 4–11　绿地系统评价框架图

1. 明确问题并建立层次结构

明确问题即是确定评价范围或是评价目的，筛选关键生态环境质量评价因子，并进一步分析各个因子之间的相互关系。在筛选关键生态环境质量评价因子的过程中，首先必须遵循科学性、可表征性、可度量性以及可操作性的原则；其次建立层次结构，即在复杂众多的因子中筛选出关键的因子之后，根据它们之间的制约关系构成多层次指标体系。

2. 构建判断矩阵

在每一层次上，对该层的因子进行逐对比较，按照规定的标度量化后，排列成矩阵形式，这是层次分析法最为关键的一步。而所谓规定的标度是指在进行多因子、多目标的生态环境质量评价的过程中，对各个评价因子彼此间重要程度的量度。填写判断矩阵的专家应有多名，在填写的过程中，一般要求专家应避免面对面地讨论，应各自填写；同时，专家在填写前应对各个生态环境质量影响因子进行重要性的简单排序，以避免出现不必要的错误并使得误差较小，顺利通过一致性检验。

3. 层次单排序及其一致性检验

层次单排序实际上是求单目标判断矩阵的权数，即根据专家填写的判断矩阵计算对于上一层某因子而言，本层次与其有关的元素的重要性次序的权数。一致性检验，是指对专家填写的判断矩阵是否具有一致性进行检验，当一致性指标小于某个给定阈值时，则认为判断矩阵具有满意的一致性，否则需要将判断矩阵表反馈给专家重新填写，直至一致性指标合乎标准为止。

---

① 朱晓华，杨秀春．层次分析法在区域生态环境质量评价中的应用研究 [J]. 国土资源科技管理，2001 (5): 43–46.

4. 层次总排序及其一致性检验

层次总排序就是利用层次单排序的结果计算各层次的组合权值。当然，同层次单排序一样，在进行层次总排序的过程中，也要对其结果进行一致性检验，当一致性指标小于某个给定阈值时，则认为层次总排序的计算结果是可以接受的。

5. 根据各个评价因子的权重值与各个评价因子的无量纲化值进行评价结果的加权计算

模糊综合法是模糊综合评判及模糊聚类分析法的结合。模糊综合评判能够估计评价界线的模糊性，但容易丢失各评价单元的相关信息，造成不合实际的评价结果，而模糊聚类分析法兼顾各评价单元的相关信息，但在选取分类阈值时，具有很大的主观性。模糊综合法汲取二者的优点，能够很好地应用于人居环境绿地系统的生态评价①。

人居环境的绿地系统生态评价属于宏观评价，其指标有多样性指数（H）、均匀度指数（E）、优势度（D）、绿地覆盖率（G）、人均绿地面积（F），其中 H、E、D 为异质性指数，对绿地系统各级景观进行宏观评价；G_0 和 F 是绿地定额要素，直接反映人居环境绿地质量的优劣。

城市绿地生态效益影响因子分析参照城市绿地系统的生态效益指标体系，采用 GIS 平台进行城市绿地生态效益评价与预测模型指标体系研究，主要考虑的因子有：①城市绿地覆盖率；②人均绿地面积；③ CO_2 排放量；④ SO_2 的排放量；⑤植被种类、树龄；⑥常年风向、风速。其中，城市绿地覆盖率是城市绿地生态效益的主要影响因子；人均绿地面积和 CO_2 排放量以及植被种类影响城市绿地对微气候的调节作用；SO_2 的排放量和植被种类影响着城市绿地的污染净化作用；常年风向、风速和植被种类、树龄对城市绿地的吸尘减噪作用产生影响；植被覆盖率、植被类型、风向、风速是影响城市绿地防风固沙、土壤改良作用的主要因素。根据不同的因子在城市绿地生态效益中的作用大小赋予不同的权重，便于综合计算城市绿地生态效益的大小。

在确定城市绿地生态效益评价指标体系以及收集相关数据的基础上，进行绿地生态效益评价与预测还需要进行一系列的信息处理和统计分析工作，技术上可以采用 GIS 空间分析方法来实现。其具体步骤为：第一步，各影响因子信息的处理，将收集来的遥感数据、统计数据以及实地监测数据等按照评价模型的指标体系进行整理汇总，得到指标体系中各因子的作用分值，采用 GIS 方法以这些因子作用分值作为栅格单元的属性值制作相应的栅格数据；第二步，从评价的四个影响因素出发，采用 GIS 的加权叠加分析获得各个因素的生态效益专题图，以此为基础进一步加权叠加

① 侯碧清，张正佳，易仕林．城市绿地景观与生态园林城市建设[M]. 湖南： 湖南大学出版社，2005：120–125.

获得城市绿地生态效益专题图；第三步，采用聚类方法对获得的城市绿地生态效益专题数据进行聚类分析，实现绿地生态效益分等定级，制作绿地生态效益等级分布专题图，其流程如图 4-12 所示[①]。

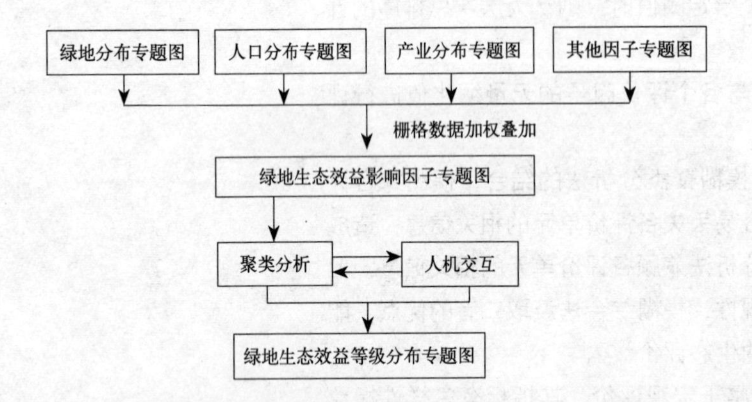

图 4-12　生态效益评价流程图

人居环境的生态安全是国家安全和社会安全的基础。我国生态安全形势已经制约着国民经济的增长和社会经济的可持续发展。按照层次分析法，根据评价对象各组成部分之间的相互关系构筑多层次评价指标体系，采取极差标准化和专家级分法相结合的方法，对这些因子的数据进行标准化处理；然后建立区域生态安全综合判别等级及其与指标因子标准化值的概念关联。

乘算模型的基本评价分析单元为栅格，对生态安全综合指数进行求算，计算公式如下：

$$（乘算）= n\sqrt{\prod_{i=1}^{n} W_i \times C_i} \tag{4-4}$$

式中　W_i——i 指标因子的权系数；

C_i——i 指标因子的等级量化值。

采用面积加权平均模型方法对综合评价分析单元（小流域）生态安全综合指数进行求算，计算公式如下：

$$C_i = \left(\sum A_i \times S_i\right) / \sum S_i \tag{4-5}$$

式中　C_i——第 i 个小流域评价区域的生态环境系统安全综合评价指数值；

A_i——该小流域单元内每一个基本分析单元（象元）生态环境系统安全综合评价指数值；

S_i——该综合指数值（A_i）相对应的象元数[②]。

根据绿地系统的相关评价因子和评价模型，利用 GIS 的空间分析功能，可对人居环境的绿地系统生态安全性能进行完整评价，快速高效输出可视化安全评价成果图件。

---

① 李满春，周丽彬，毛亮．基于 RS、GIS 的城市绿地生态效益评价与预测模型 [J]. 中国环境监测，2003，19（3）：48-51.

② 左伟，张桂兰．区域生态安全综合评价与制图 [J]. 土壤学报，2004，41（2）：203-209.

五、人居环境绿地系统体系规划决策支持系统

1. 建设人居环境绿地系统决策支持系统的目标与意义

如何合理规划、开发和建设人居环境绿地系统，有效地保护生态环境，促进人与自然的和谐发展，是当前需要不断思考的问题。随着计算机信息技术在人居环境领域逐步深入应用，人居环境管理已经走上了信息化道路。因此，支持绿地资源动态管理、人居环境保护、面向决策应用为主的基于 GIS 的人居绿地系统决策支持系统具有重要意义。

以生态学、园林规划设计、风景园林学和计算机科学等相关学科知识为基础，运用系统模拟方法和 3S 技术，利用人居环境绿地系统专题分析模型与 GIS 系统工具的集成技术，应用遥感影像提取人居环境绿地及热力场空间分布信息的技术方法，通过人居环境绿地生态环境的评价指标体系、绿地分布与热力场空间格局关系、人居环境生态环境控制及空间分布优化的技术方法来构建人居环境绿地系统决策支持系统。

人居环境绿地系统决策支持系统的目标是对区域绿地系统的信息进行有效采集、处理、分析、储存及评价，得出绿地系统安全状态及其动态变化的趋势，在揭示绿地系统与人居环境交互规律的基础上，对人居环境进行模拟预测，当发现人居环境绿地系统有不安全的趋势时报警，并通过决策支持系统专家知识库的咨询，作出调控决策，特别是多目标的调控，进行多阶段的最优决策和动态发展规划，从而保证人居环境与社会经济协调发展，达到可持续发展的目的。具体目标为：

(1) 能直接服务于人居环境绿地系统建设管理，实现生态人居环境建设管理的数字化、科学化；

(2) 能对人居环境建设决策中出现的问题进行辅助决策分析，并具备对人居环境绿地系统的建设信息进行存储、查询、更新、制图、统计等功能；

(3) 通过获取及时、准确的人居环境空间数据，查询绿地系统规划建设方面的有关信息，并结合模型分析，确保各级领导在人居环境绿地系统建设决策中能够做到综合分析、整体规划，实现人居绿地系统建设管理定量化、定位化和网络化；

(4) 具有良好的用户界面，能通过简单方便地操作，实现系统的功能。

发展的空间信息理论及方法，特别是以 GIS、RS 和 GPS 为核心的"3S"技术系统，能够很好地胜任具有时空动态特征的信息数据的采集、储存、管理、分析和输出的工作，与传统方法比较，能更有效地对人居环境绿地系统建设进行管理与决策。因此，通过人居环境绿地系统决策系统设计，可以对区域人居环境的绿地系统进行全方位、多层次的动态监测与统计分析，取得大量实时、准确的绿地系统相关参数，为人居环境绿地系统评价与决策提供有效的信息，以实现人居环境绿地系统规划建设决策的科学化与数字化。

2. 人居环境绿地系统决策支持系统的功能

人居环境绿地系统决策支持系统的功能主要包括：

（1）基本功能：如图形显示、打印输出绿地系统基础信息图和相关的文本信息。

（2）查询功能：实现由图形和属性互相查询的双向查询功能及交叉查询功能。

（3）统计分析功能：系统数据库的数据来源包括空间数据和非空间数据，对于信息的统计可以采用统计表的格式，在统计空间数据的信息时，可以对空间数据信息的地理坐标、高程等信息进行统计。而对于非空间数据的统计就可以调用表来统计。利用统计分析功能，可实现统计数据的求和、平均、方差等计算。

（4）空间分析功能：空间分析功能包括驱动机制分析、综合评价分析、决策分析等三大功能，是本系统的核心部分，可以实现图层的更新、特征提取、特征合并、图形拼接、叠加分析和缓冲区分析等功能。

人居环境绿地系统的决策支持系统集成了3S技术、人工智能、软件工程、空间信息处理和空间决策理论等领域的最新技术。根据管理决策的特点，模型库中必须包括丰富的分析模型、预测模型及系统优化决策模型。分析模型一般有人居环境辨识模型、诊断模型、聚类分析模型、道格拉斯生产函数模型、综合经济评价模型和土地生产潜力评价模型等；系统预测模型一般有单因素线性及非线性预测模型、多元回归模型、一元高次回归预测模型、Logistic时序曲线模型、逐步回归预测模型和滑动平均预测模型等；系统优化决策模型包括动态规划（最优路径、投资最优等）和决策树（不确定型决策、风险型决策等）等模型，可以用于辅助人居环境绿地系统体系规划设计方面[①]。

3. 人居环境绿地系统决策支持系统包含的模块

人居环境绿地系统决策支持系统一般包含基础模块、数据库模块、专题分析评价模块三个部分，可根据每个地区的实际情况，增加其他模块。

（1）基础模块

基础模块的界面设计可采用Windows的窗口设计方式，使用菜单栏和工具栏相结合的方式实现，为了使空间数据的显示更为灵活方便，系统在设计时可采用多文档界面，即可同时打开多个地图窗。基础模块包含视图、编辑、管理、输出等基础性操作子模块。

（2）数据库模块

空间数据库模块主要用于管理各种不同类型的数据，实现多源数据无缝集成。实现了以下功能：

1）记录操作：主要提供对记录的增、删、改；

2）字段操作：主要提供对字段的增、删、改；

3）排序模块：按选中字段进行升序、降序的排序操作；

4）记录选择：提供了对记录的全选、反选，选中记录上移等操作。

① 王霓虹，岳同海．城市绿地生态环境规划决策支持系统的研究与实现[J]. 哈尔滨工业大学学报，2006（11）：2009-2011.

(3) 专题分析评价模块

专题分析评价模块是整个系统的核心，包括景观生态学以及其他学科的评价指标，专题评价模块包括局域评价模块和区域评价模块，在进行局域评价时主要通过航空相片提取矢量类型的绿地信息进行分析和评价；而在进行区域评价时主要使用了通过处理卫星相片获得的栅格格式，诸如热力场专题数据和绿地斑块专题数据进行查询和分析。具体评价过程如下：

1）创建评价库：为评价新建一个数据库，专门存放评价过程中生成的各图层，以及使用的遥感影像。

2）提取空间信息：以遥感影像为底图，通过目视判读、矢量化提取绿地相关的空间图形信息和属性信息。

3）统计图层信息：对判读生成的各图层进行统计计算。

4）人居环境绿地评价：一般包括绿地结构评价模型、景观生态学的评价模型、绿地功能评价模型三种性质的评价模型。

5）输出评价报告：对以上评价过程生成一个总的评价报告。

4. 人居环境绿地系统决策支持系统的系统设计实现

人居环境绿地系统决策支持系统可以运用动态链接型结构来实现GIS和DSS结合。GIS主要进行空间数据（包括绿地系统基础地理信息以及空间地理信息）的管理以及空间信息的显示和输出。决策支持系统主要负责决策模型和知识库的建立、修改和查询等功能，利用建立的模型，结合专家知识库以及GIS系统的数据处理，通过人机交互控制系统进行生态资源的动态管理和生态环境保护。

人居环境绿地系统决策支持系统的设计一般包括界面设计及四个基本子系统的设计，四个基本的子系统包括绿地系统数据库管理子系统、绿地系统分析模型库管理子系统、绿地系统信息查询子系统和系统安全保护子系统。

绿地系统决策支持系统除了拥有强大的功能外，必须具备良好的可操作性及良好视觉效果的人机界面。人机界面设计是一门综合性非常强的学科，它不仅借助计算机技术，还要依托于心理学、认知科学、语言学、通信技术及美学多方面的理论和方法[①]，人居环境绿地系统决策支持系统与其他管理信息系统一样要具有友好人机界面的如下特征：①操作简单，易学，易掌握；②界面美观，操作舒适；③快速反应，响应合理；④用语通俗，语义一致。因此，绿地系统决策支持系统的人机交互界面设计应遵循的原则如下：

1）保持界面风格的一致性。在用户界面中，菜单选择、命令输入、数据显示和其他功能应保持风格的统一，以便有友好的视觉感受。

2）有卓越的容错能力。对可能造成损害的操作，必须要求用户确认，对每一个动作应允许恢复处理。

① 毛焕宇．浅谈软件人机界面设计[EB/OL]．http：//www.xici.net/b324326/d18512580.htm，2004.04.02．

3）具有很好的响应速度。用户界面应能对用户的决定作出及时的响应，提高对话、移动和思考的效率，最大可能地减少击键次数，缩短鼠标移动距离。

4）人性化的帮助系统，让用户及时获得明确而高效的帮助。

5）合理划分并高效使用显示屏。仅显示与上下文有关的信息，允许用户对可视环境进行维护：如放大、缩小图像；用窗口分隔不同种类的信息，避免因数据过于费解造成用户烦恼。

6）保证信息显示方式与数据输入方式的协调一致，尽量减少用户输入的动作，隐藏当前状态下不可选用的命令，允许用户控制交互过程。

数据库设计包括：实体分类编码、文件命名、分层及实体定义；确定属性数据结构以及设计的数据库内容、数据库结构、文件命名、数据分层及数据库系统软件。根据人居环境绿地系统决策支持系统数据库建设的技术要求，要对数据库所涉及图形数据确定所需的数据层，对不同的数据层确定不同的空间特征。例如，绿地系统土地利用数据分为行政辖区层、地形地貌层等，根据绿地系统管理数据建库的需求，确定点、线、面对象的属性数据结构，检查、修改各属性数据记录的完整性和正确性，确定图形数据与属性数据的连接字段。人居环境绿地系统决策支持系统数据库可选用 Oracle、SQL-Server 等软件平台，数据库设计要充分考虑数据的时效性、准确性，且要方便数据的修改及高效更新。

依据建设部颁布的《城市绿地分类标准》，对信息系统的绿地分类进行统一编码。对不同的数据源在同一空间定义不一致的，通过调查进行统一认定。对受损变形的地图进行平整纠正，尽量减小数字化后引起的系统误差。制定统一的数据格式和数据转换模式，实现对不同种类的数据最大程度的兼容①。

数据库的建立还需要数据字典的支持，尤其是区域的绿地系统指标评价中，用户需要通过判读输入属性数据对应的编码，由数据库模块的“属性信息”提供。在植被信息库的建立过程中，对各植被的属性信息也进行了分类和编码。与空间图形数据对应的是属性数据，系统中使用的属性数据部分来源于现有数据，部分通过用户输入得到，部分使用已有的数据通过属性表的连接生成。

模型管理子系统用于对绿地系统的规划问题决策及对绿地系统工程模型进行的统一管理，其管理包括模型修改、查询和调用及多模型组合运行时的模型选择。模型库中的模型能为决策者提供推理、比较选择和分析。模型库的建立应该在相关的数学模型基础上，结合计量地理学的知识，利用相关决策经验，研究出符合生态城镇建设规律的分析模型。生态城镇分析模型库管理子系统包括综合评价模型、决策支持模型和驱动力分析模型。

信息查询子系统设计。人居环境绿地系统决策支持系统的基本信息包括：基础信息图库存储的研究区内的行政区划、地质、地貌、地势、水系等基础信息的图件，以及有关资源信息的各种专题地图图件（包括土地资源、气候资源、水资源、林业资源、旅游资源等）。在查询子系统中可以运用工具中的菜单命令，方便地进

① 肖微．城市绿地规划信息化处理方法的探讨[J]．中南林业调查规划，2005，24（3）：50-53.

行所需要了解信息的即时查询。

分析评价决策子系统：该子系统主要通过绿地系统数据库和评价分析模型库的动态结合，实现绿地系统中管理与规划的最终决策。

系统安全保护设计：考虑到绿地系统决策支持系统的数据来源是有一定保密等级的基础信息，因此需要在保证系统能够稳定运行的基础上，使系统数据始终处于最新的状态，且不轻易丢失数据，并能适应用户需求的不断变化。

系统的开发环境可采用 VB、VC++ 等可视化开发环境；GIS 平台可采用 ARC/INFO、MapGIS 等国内外优秀 GIS 软件；数据库开发可采用 Oracle、SQL-Server、Access 等数据库平台。

系统的核心技术可采用组件技术。运用关系数据库管理空间数据及面向对象的系统分析和设计方法。组件技术的开发是系统的集成性、可扩展性和易维护性的基础。组件是指基于组件对象平台，以一组具有某种标准通信接口的、允许跨语言应用的组件提供的系统。人居环境绿地系统决策支持系统可采用组件技术开发，系统总体分为多个功能模块，每个功能模块完成不同的功能，各个功能模块之间保持一定的相对独立性，通过可视化的软件开发平台集成起来，充分应用技术对象得到对象支持接口的引用，再调用该接口的属性或方法，最终构建成人居环境绿地系统决策支持系统。人居环境绿地系统决策支持系统空间数据库是采用关系数据库管理系统管理空间数据与空间图层相关的属性数据存储关系型数据库中，它们通过关键词进行关联，当用户通过界面对空间图层进行操作时，进行关联，系统同步查询数据库，并显示结果。

5. 人居环境绿地系统决策支持系统的决策应用

人居环境绿地系统管理决策支持系统在人居环境绿地系统的体系规划建设中发挥着重要作用，现将从以下两个方面进行简单介绍：

(1) 绿地系统的生态保护决策

人居环境绿地系统的生态保护是关系到人与自然和谐相处的核心问题。应用该决策支持系统进行绿地系统的生态保护，其具体的方法是以高清晰度卫星遥感影像为工具，进行实时监视，各监控点的监测数据和各管理分区上报的数据及时传输到管理指挥中心，通过对各种数据进行分析，借助建立的模型，经过反复的人机交互，生成相应问题的决策方案。方案结果既可以通过 GIS 的终端显示和输出，也可通过网络直接传输到各绿地系统管理分区，以指导绿地生态环境保护、绿地系统资源动态管理和绿地系统防灾减灾决策等工作。常用技术手段如下：

1) 以摄像监控为手段，通过视频图像的处理，可以建立生态环境资源的数据库，利用系统的空间分析功能，及时对生态环境资源的空间分布规律和动态变化过程作出反映；

2) 用缓冲分析方法进行河岸防护林、自然保护区和林区防火隔离带等绿地系统中的公益绿地的规划，确定各类型绿地适宜的比例和相应的分布范围。

3）根据水文站等有关部门的监测数据，如流域对径流泥沙和治理效果的测验数据、有关水土流失统计数据、有关大气污染与人为污染的监测数据以及水资源质量的监控数据，来确定绿地系统中的各项指标的正常与否①。

（2）基于 GIS 的绿地系统规划选址空间决策

根据绿地系统规划选址决策的过程和特点，可以将选址决策支持系统的建立划分为 4 个核心过程：选址影响因素分析、系统数据组织与建库、建立区位评价模型、基于 GIS 空间分析决策。这几部分环环相扣，构成了实用的选址空间决策支持系统的建设模式②。将地图对象与数据库属性数据建立连接关系，这样通过 GIS 就可以轻松实现地图与数据库的双向查询及交叉查询。绿地系统数据可以直观地、可视化地分析和查询，发掘隐藏在文本数据之中的各种潜在的联系，为决策者提供一种崭新的决策支持方式。

在人居环境绿地系统规划支持系统的辅助下，规划设计工作者先将地形图、区域气象分布情况、土壤性状分布情况和绿地系统现状等数据整理成为空间数据形式。然后，将必要的空间数据通过资料发布与修改子系统进行网络发布与修改，以便提高数据的精度。接着，根据城市的各种现有条件，参照规划案例推理子系统提供的参考性规划方案，并结合规划人员的其他专业知识，确定当前人居环境的绿地规划方案。最后，在规划设计子系统和图形输出子系统的支持下，完成规划设计的文字说明书与图纸的编制及输出。

6. 案例介绍

本案例③为侯碧清（2004 年）的 3S 技术在株洲园林地理信息系统中的应用研究。本项目曾被国家科学技术委员会评为优秀科学技术成果，案例情况如下：

（1）研究区域——株洲市概况

株洲古称建宁，位于湖南省中东部，湘江中下游，东经 112.6° ~ 114°，北纬 26° ~ 28° 之间。株洲市距省会长沙市 45km。湘江以西为冲积平原，湘江以东为丘陵地，市境四周高，中间低，呈向心河谷盆地之势。株洲市属亚热带季风性湿润气候，四季分明，雨量充沛，光热充足，无霜期在 286 天以上，降水量 1280mm，年平均气温 16 ~ 18C°。株洲市辖四区一市四县，全市总面积 $11272km^2$。其中城区包括荷塘、芦淞、天元、石峰四区，面积 $462km^2$，全市总人口 367.37 万，其中建成区人口 58.05 万，建成区面积 $66.21km^2$。

（2）"3S" 技术应用于园林绿化现状调查

株洲市园林绿化系统现状调查工作自 2002 年 6 月初启动，经过大致如下 5 个阶段，即：准备阶段（成立领导机构、确定技术方案和编制技术规定）、购买卫星数据和试点培训阶段、绿地资源调查和区划阶段、资料整理和统计分析阶段以

① 秦洁．基于 GIS 的生态环境保护决策支持系统研究专题 [J]. 技术与工程应用，2007（5）：48–50.
② 齐颖．基于 GIS 的高速磁悬浮铁路车站选址决策技术研究 [D]. 西南交通大学硕士学位论文，2004：11–13，35–38.
③ 侯碧清 .3S 技术在株洲园林地理信息系统中的应用研究 [J]. 风景园林与计算机技术，2004（5）：61–65.

及系统集成与成果汇总阶段。

1）数据来源

美国 Quickbird 卫星是目前民用卫星中空间分辨率最高、最适合城市绿地资源调查的卫星，主要参数详见表 4-1。

Quickbird 卫星参数表　　表 4-1

发射信息	日期	2001.10.18
轨道信息	姿态	450km，98°倾角，太阳同步
	重访日期	1～6天
	观测角度	沿轨／横轨迹方向（±25°）
幅宽	正常幅度	16.5 km
传感器	全色	多光谱
分辨率	0.61m	2.44m
波长	450～900 nm	

2）调查范围与内容

该项目中园林绿地现状调查范围广，任务重。调查范围经研究决定，在株洲市（建成区）范围内进行区划，包括确定 4 个城区界线。

调查的目的是查清株洲市（建成区）绿地资源现状。其主要任务是：根据调查目的查清绿化本底资源的种类、数量、结构、分布，客观地反映株洲市绿化现状。

3）调查方法

采用卫星遥感技术与地面调查相结合的方法进行，提高了调查工作的科学性和成果的可靠性、可比性。其中主要实施步骤有：图像处理、野外建标与地面调查、区划与计算。

①图像处理

ER Mapper 是大型遥感图像处理系统，其最大特点是开放的软件架构、简单易用的软件向导、先进的算法贯穿整个图像处理过程。ER Mapper 拥有强大的图像镶嵌、融合、分类、存储等功能。而且，ER Mapper 还可以和 GIS、CAD、Office 及其他各种软件无缝集成。在本项目中，Quickbird 影像均由 ER Mapper 处理。

利用 ER Mapper 遥感图像处理软件对 Quickbird 数据进行彩色增强处理、几何精校正、假彩色合成等处理过程，最终获取最优卫星影像，并制作成了 1：5000 比例尺影像图。遥感图像成图时，叠加的信息至少包括了如下几个方面：

公里网：叠加 1km×1 km 公里网格，在公里网交叉点空出 3×3 个像元；

图幅号：加注 1 ：10000 地形图分幅号；

纵横坐标标注：在公里网端点分别标注；

纵横坐标：只标注最大、最小坐标值的网线；

按 1 ： 5000 比例尺分幅出图，并按 1 ： 20000 比例尺出株洲市图。

②野外建标与地面调查

根据调查区域范围内园林绿地资源的特点，优化选择多条实地勘察路线。所选勘察样本小区域包括了该地域内所有类型，色调齐全并具有代表性，将卫星影像特征与实地情况相对照，获得各类型在影像图上的影像特征，并将各类型的影像色调、光泽、质感、几何形状、地名等因子记录下来，建立影像判读调查标志表，进而可以对整个调查范围进行计算机的自动判读并辅助人工判读修正。由于图斑特征失真或者面积较小等原因，导致影像中的个别区域图斑无法判读，需对该区域进行实地地面调查。

③区划与计算

以 1：10000 比例尺地形图为基础，分区勾绘各小斑界并记载小斑因子，进而求算各小斑面积。最小片状图斑以 $9m^2$、独立树以 1 棵、线状以 1m 为要求。小斑属性填写按 ID、区代码、街道名、小斑号、中心区码、绿地类型、园林配置、乔灌草类别、树种名称、绿化长度、绿化面积、绿地面积等填写或计算产生。

4）调查标准与指标

调查标准为国家园林城市标准，园林城市的指标主要由建成区绿地率、绿化覆盖率、人均公园绿地面积三大指标以及中心区三大指标组成。本次调查采用和建立了如下调查标准和指标。

株洲市园林绿地现状统计表（单位：m^2） **表 4–2**

项目名称	公园绿地	生产绿地	防护绿地	附属绿地	其他绿地	总计	人均绿地面积	人均公园绿地面积
覆盖面积	3404711	15134	2063034	15785310	2939784	24207973		
绿地面积	3474223	15134	1952802	13753121	2901571	22096851	38.07	5.99

① 园林绿地类型

该项目中绿地类型划分为公园绿地、生产绿地、防护绿地、附属绿地及其他绿地五种类型。

湘江作为一种湿地资源，按建设部 CJJ/T 85—2002（2002 年）标准，东、西城区之间湘江面积应按其他绿地类型进入计算统计，但是湘江面积过大，如进入计算统计，将无法真实地反映株洲城市绿化现状，因此，在调查中没将其纳入计算统计。

②园林配置：分单层和复层两种。

③植被类别：分为乔、灌、草三类。

④树种名称：有樟树、广玉兰、法国梧桐、针叶树、其他等五种。

⑤绿化长度：指线状绿化长度，最小绿化长度 1m。

⑥绿化面积：指面状覆盖面积，最小区划小斑覆盖面积为 $9m^2$。

⑦绿地面积：指实际绿地面积，最小区划绿地面积为 9m^2。

⑧园林绿地面积：指城市中各类公园绿地、生产绿地、防护绿地、附属绿地、其他绿地等绿化面积的总和。

其他指标还有绿地率、绿化覆盖面积、绿化覆盖率、公园绿地面积、人均公园绿地面积、调查小斑（指由园林资源调查时最小区划单位，独立树以点表示，绿化线以线表示，绿化面、块以面表示）。

5）中心区及建成区的界定

根据株洲市城市发展历史和现状，中心区范围确定为北以白石港为界，南以建宁港为界，东以铁路为界，西以湘江东岸为界。中心区面积：3759603m^2，中心区人口按 12 万人口估算。

株洲市所属四城区，荷塘区、芦淞区、天元区、石峰区，分别按卫星影像反映的城市现状确定外部边界，其四城区内部边界按行政区划确定。其建成区面积及人口详见表 4-3。

株洲市建成区面积与人口统计表 表 4–3

指标 \ 地区	株洲市区	荷塘区	天元区	石峰区	芦淞区
面积 (m^2)	67192184	16826195	9079556	28063466	13297808
人口（人）	580450	165793	49869	195760	169058

6）调查精度

根据对区划成果按 1% 抽查，抽查 160 个小斑，在园林配置、植被类别方面，其调查精度为 100%；在树种方面，调查精度达 96.5%；在园林绿地类型方面，包括公园绿地、生产绿地、防护绿地、附属绿地、其他绿地，其调查精度达 100%。

7）调查成果

通过对 Quickbird 卫星影像数据的处理，对株洲市建成区共划分了 15385 个绿地小斑，其中荷塘区 5801 块、芦淞区 2681 块、天元区 1646 块、石峰区 5257 块。根据对调查数据进行计算分析了绿地系统中的覆盖率、绿地率、绿地比例、各树种类型及各植被类别等各项指标（详见表 4-2 ~表 4-6）。从表 4-5 可以看出，株洲市及各城区园林绿化树种主要是樟树，绿化比较单一。株洲市及各城区园林绿化结构主要是乔木，乔、草及树、灌、草混合绿化等形式的园林绿化较少，绿化类型单一。

株洲市绿地绿化现状覆盖率、绿地率统计表（单位：%） 表 4–4

项目名称	公园绿地	生产绿地	防护绿地	附属绿地	其他绿地	总计
覆盖率	5.07	0.02	3.07	23.49	4.38	36.03
绿地率	5.17	0.02	2.91	20.47	4.32	32.89
绿地比例	15.72	0.07	8.84	62.24	13.13	100.00

株洲市及各城区树种绿化面积占总绿化面积比例统计表（单位：%） 表 4–5

树种类型	芦淞区	石峰区	荷塘区	天元区	株洲市
灌、草	16.60	15.90	37.30	69.50	27.10
樟树	79.20	66.80	57.10	28.10	62.50
广玉兰	2.10	2.80	0.50	0.30	1.80
法国梧桐	0.40	8.10	0.40	0.70	4.00
针叶树	1.50	4.60	0.40	0.20	2.50
其他乔木	0.20	1.90	4.30	1.20	2.00

株洲市及各城区园林绿化类别结构统计表（单位：%） 表 4–6

植被类别	芦淞区	石峰区	荷塘区	天元区	株洲市
乔木	79.3	63.0	62.5	15.6	60.6
灌木	0.4	0.1	0.1	2.3	0.4
草地	19.0	15.7	25.9	51.6	22.8
乔、灌、草混合	1.2	21.3	11.6	30.5	16.2

（3）基于 Mapinfo 的绿地 GIS

Mapinfo Professional 是一种桌面地理信息系统软件，是一套强大的基于 Windows 平台的数据可视化、信息地图化的桌面解决方案。它依据地图及其应用的概念、采用办公自动化的操作、集成多种数据库数据、融合计算机地图方法、使用地理数据库技术、加入地理信息系统分析功能，可以方便地将数据和地理信息的关系直观地展现，其复杂而详细的数据分析能力可帮助用户从地理的角度更好地理解各种信息，以增强报表和数据表现能力，找出以前无法看到的模式和趋势，创建高质量的地图，以便作出高效的决策。

该项目采用了 Mapinfo 桌面地理信息系统软件，系统在 Windows 环境下运行，将园林绿化的空间数据与属性数据科学地管理起来，具有图像编辑、数据修改、数据查询和空间分析等功能。

1）组织形式

①空间数据库的建立

将调查所得的绿地系统空间数据进行编辑、检查、修改、拼接，最终生成 Mapinfo 能够识别的文件格式，形成空间数据库（包括遥感影像数据、数字线划图等多种类型）。

②属性数据库建立

将图斑调查卡片数据的 ID、区代码、街道名、小斑号、中心区码、绿地类型、园林配置、乔灌草类别、树种名称、绿化长度、绿化面积、绿地面积等绿地系统的图斑属性录入计算机建立了属性数据库。

③空间数据库与属性数据库的连接

在 Mapinfo 系统中，对图面数据的 Tag 值与调查卡片数据库的 ID 码进行对比检查，使图面数据的 Tag 值与调查卡片数据库的 ID 码一一对应，再进行连接，生成带属性数据库的图形数据。

④影像数据的输入

将 Quickbird 卫星影像输入 Mapinfo 地理信息系统中。

⑤系统设计与集成

本系统主要利用桌面地图管理软件 Mapinfo Professional 作为主平台，充分利用现有的空间信息数据和属性数据以及遥感卫星影像数据，将园林绿地资源数据与遥感卫星影像数据有机结合起来。

2）数据类型

空间数据：本次调查的园林绿化空间数据包括面状、线状、点状等小斑信息和建成区区域分界线几个大类。

属性数据：面状、线状、点状等小斑信息的属性数据及建城区的有关方面的数据（ID 号、区代码、街道名、小斑号、中心区码、绿地类型、园林配置、乔灌草类别、树种名称、绿化长度、绿化面积、绿地面积）。

文本数据：本系统中主要是地名、标注、标题等一系列的描述性文字资料。

卫星影像数据：在地理信息系统中充分利用了 Quickbird 影像数据。株洲市园林绿化地理信息系统利用 Mapinfo Professional 软件开发，其数据类型完全与 Mapinfo 的格式一致，以 EAST、SOUTH、WEST、NORTH 分别代表荷塘区、芦淞区、天元区、石峰区，ZHUZHOU 代表株洲市，并以它们作为名称创建各种文件类型和文件数据，相关的主要有以下类型：

.DAT 表示 Mapinfo 格式的表格数据文件；

.ID 表示 Mapinfo 图形对象文件的索引文件；

.IND 表示 Mapinfo 表格文件的索引文件；

.MAP 表示包含描述地图对象的地理数据文件；

.TAB 表示 Mapinfo 的主文件，与 .DAT .MAP .ID .IND 文件相关联；

.WOR 表示 Mapinfo 的工作空间；

.TXT 表示 .Ascll 格式的表格数据。

除了 Mapinfo 基本格式的文件数据以外，本系统还充分利用了 Ermapper 软件形成的 Quickbird 卫星影像数据，其文件类型包含有无后缀的数据文件和 .ERS 为后缀的数据文件。

3）基本功能

株洲市园林绿化地理信息系统具有以下基本功能：

①卫星数据显示：在系统安装完 Mapinfo 后，再安装 Gid Mapimagery 软件，这样在 Mapinfo 软件中有 Mapimagery 控件，在打开 Mapinfo 后，再打开 Mapimagery 控件，进入提示，打开 Ermapper 软件形成的影像数据

文件或算法文件，可以显示卫星数据，并能够任意缩放。

②图形输入与编辑：在输入株洲市 Quickbird 卫星影像图景和株洲市绿地资源遥感调查结果图后，加入相关的地名等图层，再设置图形为可编辑，可以进行图形输入与编辑。图形的输入与编辑完全使用 Mapinfo 的绘图和编辑工具进行，地名的输入与编辑也像图形输入与编辑一样，将地名层设置为可编辑，使用 Mapinfo 的编辑工具，可以进行地名输入和编辑。

③数据管理：地理信息系统的数据管理主要体现在文档资料的管理和数据的输入与输出，这些功能完全可以通过使用 Mapinfo 本身功能实现。

④数据查询：Mapinfo 软件为用户提供了强大而灵活的查询功能，可以使用 Selection 和 SQL Selection 查询，"株洲市园林绿化地理信息系统"完全使用 Mapinfo 软件为用户提供的这些功能实现数据查询。

⑤数据统计与分析：株洲市园林绿化地理信息系统中，将图形属性数据设计为 ID 号、区代码、街道名、小斑号、中心区码、绿地类型、园林配置、乔灌草类别、树种名称、绿化长度、绿化面积、绿地面积等项内容。可以使用 Mapinfo 软件为用户提供的表操作命令，如：Sum、Average、Count 等命令进行数据统计与分析，也可利用 Mapinfo 的缓冲区分析等空间分析功能进行空间统计与分析。

⑥图形图像输入输出：株洲市园林绿化地理信息系统可利用 Mapinfo 制作各种专题图，使用布局窗口，可以在一个页面上安排地图窗口、浏览窗口、图例窗口、消息窗口等，还可通过布局窗口增加标题和标注，通过移动和调整窗口尺寸得到最佳输出图形或图像。

在株洲市园林绿化地理信息系统中，由于使用了图像与图形相结合的方法，因此，除了制作一般的图形或图像外，还可制作图像与图形相结合的专题图。

4）结论

通过对株洲市绿地系统现状调查及运用 GIS 对调查数据的空间分析得出如下结论：

①株洲市建成区景观破碎度大

调查成果显示，株洲市绿化小斑平均面积为 1956m^2，最大 1648000m^2，位于石峰区；最小面积 9m^2，位于荷塘区；从各区情况来看，以荷塘区的平均面积为最小，仅 1275m^2；其次为天元区，为 2194m^2，最小面积在各区之间没有明显的差异。造成荷塘区和天元区平均面积偏小的原因：一方面由于其景观的破碎度大；另一方面是在这两个区缺乏大面积的公园绿地。

②株洲市绿地系统现状与国家园林城市标准指标的比较

A. 从人均公园绿地面积看，分区之间最大差异为 10.29m^2/人，对照国家园林城市标准的分区之间差异不大于 2m^2/人，有很大差距（中心区人均公园绿地面积 4.32m^2/人，达到国家园林城市标准）。

B. 从绿地率来看，分区之间绿地率最大差异 4.83%，符合国家园林城市标准分区之间最大差异不超过 5%的要求。

C. 从绿化覆盖率来看，分区之间绿化覆盖率最大差异 8.08%，不符合国家园林城市标准差异小于5%的要求。

③株洲市绿地结构不合理，公园绿地少，生产绿地更突出

五大绿地类型中，公园绿地只占所有绿地的15.7%，而生产绿地仅占所有绿地的0.07%，绿地结构极不合理性。

④景观质量差，生态系统欠健全

从卫星影像分析：林相稀落，景观、景感丰富度不够，景致少见，林冠欠整齐，林缘线、天际线欠完整.点、线、面、体、色（色度）、带、网、环、楔布局欠佳，尤少见楔形绿地布局，本地基质绿积、绿量不够，斑块之间差异小，景观廊道联通欠合理，林木垂直结构不分明，未能充分利用阳光等营养空间，未形成稳定、自我修复、生产力最高的景观生态系统。

⑤绿化网络连接度和环度较差

从城市绿地景观生态的角度分析：株洲市的绿化网络连接度和环度较差。一方面是因为株洲市的城市布局结构呈带状分布，难于形成绿化网络的环；另一方面作为以多个大中型企业为主体的株洲工业城市，城市道路系统本身不发达，城市景观以相对隔离的群团状分布的厂矿企业为主，城市绿化网络没有和单位附属绿地连接。

⑥树种单调，生物量低，植物多样性欠丰富

从卫星影像判读分析：立体多层次绿化面积少，色度、亮度欠丰富，反映出树种单一，城市大部分地方多为单层的香樟、广玉兰、法桐，其次为针叶树（水杉、池杉、雪松、马尾松、落羽杉、黄枝油杉），还有少量的白玉兰、重阳木、栾树、杨树等，灌木层多为红檵木、海桐、女贞，草被多为马尼拉、台湾青、狗牙根等。灌木少，绿化树种单一，在整个株洲市区香樟占了60%以上。石峰区和天元区的景观多样性较好。荷塘区和芦淞区的景观多样性较差，差的原因主要是因景观要素的不均匀性造成的。

⑦城市环境质量较差

卫星影像对不同的地表温度差异会有不同的反映，根据对热场效应的提取分析结果，首先反映出工业核心区和中心区的温度较周边温度差异较大（约5℃），城市热岛效应明显，主要原因是空气污染，二氧化硫、氮氧化物等有害气体及粉尘、灰尘、悬浮粒等固体颗粒浓度过大的原因所致；其次是绿色廊道不畅通，楔形绿地较少。但要指出的是，绿地与绿地周围温度差异小（1～2℃），表明林地湿度不够，质量差，林地结构欠合理，主要原因是树种选择、树种配置未能很好地从空间层次（乔、灌、草）种间生态关系，地上与地下（有根瘤，无根瘤，深根性、中根性、浅根性），常绿与落叶，针叶与阔叶，纯林与混交林，阳性，中性与阴性以及地带性，区系特征等方面进行科学考虑。

⑧ 中心区各项指标偏低

株洲中心区主要是城区工商活动等特别活跃的地方，人类活动大，可谓寸土寸金，因此绿地生态系统非常脆弱，绿地面积很少，其绿地主要

包括神农公园和湘江边街道、街旁绿地及防护绿地，其绿地覆盖率和绿地率都偏低。

综上所述，我们可以得出如下一些结论。从卫星影像图上反映，石峰区和天元区的景观多样性较好，荷塘区和芦淞区的景观多样性较差，差的原因主要是由景观要素的不均匀性造成的，树种规划应合理配置乔木、灌木和草本，以增加景观的多样性，特别提倡在城市绿化中更多使用灌木树种，因为目前灌木树种在株洲城市绿地中的比例相当小，最大的天元区也只有总绿化面积的2.3%。株洲市需要进一步加大城市绿化力度，以株洲市创建国家园林城市为契机，加大城市绿化，缩小各城区之间的差异，使绿地类型之间趋于合理，特别需要重视的是应合理开发公园绿地，提高城市品位；加强公园绿地建设；制定分重点、分步骤、分阶段的绿化措施，优先道路绿化的建设，进一步提高城市绿化品位；改善空气质量，在城市主导风向营造楔形绿地，将新鲜空气引入城市，缓解城市热岛效应；加强绿化网络建设，充分考虑绿化网络的作用；加强绿地景观多样性建设。

本章小结

本章主要通过人居环境绿地系统体系规划理论基础、相关技术分析、案例介绍等方式，详细阐述了以全球定位系统（GPS）、地理信息系统（GIS）及遥感（RS）技术即3S技术为核心的计算机信息技术在人居环境绿地系统体系规划的各项工作中的应用。首先简单介绍了管理信息系统及智能决策支持系统的基本概念，进而就地理信息系统的基础理论知识进行了扼要阐述，其后详细介绍论述了3S技术在绿地系统体系规划中的应用，主要内容包括3S技术与绿地系统现状调查、3S技术应用于人居环境绿地系统的体系规划及人居环境绿地系统体系规划决策支持系统构建与应用，最后通过案例介绍了信息技术、方法在人居环境绿地系统中的实践应用。希望读者能对信息技术在人居环境绿地系统体系规划中的各个方面的应用有一个全局的认识和理解。

复习思考题

1. 地理信息系统中的空间分析方法有哪些？根据你个人的理解，简单阐述这些方法在人居环境绿地系统体系规划中有哪些应用？

2. 应用3S技术调查绿地现状的一般程序是什么？

3. 层次分析法用于生态评价的一般步骤是什么？

4. 人居环境绿地系统体系规划决策支持系统应该包含哪些功能？

第二部分
理论篇

第五章　城镇集聚区域绿地系统规划

第一节　现代城市空间结构的发展演变特点

一、现代城市空间结构形态的发展演变

1. 现代城市发展趋势和特点

二战后，随着社会生产力的发展和科学技术的进步，经济全球化合作与分工日益发展，城市集聚的规模效应有利于资源的高效利用，提高城市的综合竞争力，因而在世界范围内城市化进程普遍加快，一方面人口不断向大城市中心集聚（图5-1），城市地域空间日益扩大，城市外延不断扩张；另一方面，在快速城市化的同时，一些发达国家由于快速交通网络的建立、通信网络设施的现代化、产业结构的调整，人口迁移出现了从城市中心到市郊或城市外围地带的"郊区化"趋势，城市功能突破传统的行政区域，部分城市功能如居住、商业服务、工业逐渐从中心区向郊区转移，带动了城市周边地带城市化发展，中心城市和周边新兴城市优势互补、分工协作的关系日益紧密。

图 5–1　高度密集的城市景观

"郊区化"的低密度蔓延成为20世纪西方城市空间增长的主导方式，欧洲各国开展了大量的城市规划实践活动，例如圈层扩张和绿带控制、大规模的新城建设、轴线引导开发、城镇群规划等，这些规划干预措施促进了大城市人口和产业布局在更大范围内均衡发展，使城市结构由传统的单中心结构形态逐渐演变为复合的多中心的城镇群体的空间结构形态，城市从工业化时期高密度、无序聚集的空间格局转变为等级有序、结构协调的城市空间体系，逐渐形成空间、结构、功能联系紧密的区域性城镇集聚复合结构。

2. 现代城市结构的相关概念

国内外对于类似城镇群体空间结构的概念和理论有过不同的阐述和研究。西方国家早在20世纪中叶就已经形成比较成熟的相关理论。基于城市人口统计的需要，美国最早使用了"大都市区"（Metropolitan）这一概念；美国人口普查局于20世纪70年代又提出了"标准都市统计区"（Standard Metropolitan Statistic Area，SMSA）概念；意大利曾经提出过"城市化区域"（Urbanized Region）的概念；日本在1960年开始采用"大都市圈"（Metropolitan Region）概念，将全国划分为"八大都市圈"；

20 世纪 50 年代，法国地理学家戈特曼也曾提出大都市圈（Megalopolis，又译大都市连绵带、大城市带）的概念；国内学者借鉴了西方相关城镇群体空间理论于 1990 年代初提出都市经济圈的理论，1996 年王建提出在我国建立九大都市经济圈（Megalopolis）的概念，致力于构建更加适合中国宏观区域发展要求的国民经济空间布局体系；周一星认为都市区是由中心城市（城市实体地域非农人口在 20 万人以上）和外围非农化水平较高、与中心城市存在着密切社会经济联系的邻接地区两部分组成；姚士谋则提出城市群（Urban Agglomerations）的概念，认为城市群是指在特定的地域范围内具有相当数量的不同性质、类型和等级规模的城市，在一定的自然环境条件下，以一个或两个超大或特大城市作为地区经济中心，共同构成的一个相对完整的城市集合体；孙一飞提出的城镇密集区概念指两个或两个以上 30 万人口以上的中心城市以及与中心城市相联的连片城市化地区[①]。这些理论都指出了关于现代城市空间结构由单一、分离向复合、交融过渡的发展演变过程，城镇集聚发展成为经济全球化发展的趋势。

3. 现代城市规划研究的重点由单一城市规划发展为区域性城市规划

现代城市规划研究的重点改变了传统城市规划以单个城市为对象的孤立的研究方法，转而注重区域发展的整体性和相关联性。规划重点之一是基于全球竞争的区域发展战略。二次大战后，西方国家经历了长时间的快速发展，从城市化向郊区化过渡，因郊区蔓延而产生的资源、环境、空间等问题逐步暴露出来，区域问题成为城市规划研究普遍关注的话题，区域规划被作为国家干预区域发展、解决区域问题的手段。以强化城市的全球竞争力为目标的区域联合和一体化进程得到了极大的推进，规划成为区域各方协商对话、协作发展的平台和政策手段。

区域是当今全球竞争体系中协调社会经济生活的一种最先进形式和竞争优势的重要来源。而区域的竞争实际上是以中心城市为核心的大都市地区或者城市集团的竞争。核心城市和所在区域在参与全球竞争方面已经成为相互捆绑的一个复合体。一方面，城市的经济能力取决于它所关联的区域的生产力，其所关联的区域生产力水平越高，这个城市的经济能力就越强；另一方面，核心城市是整个区域的经济、金融、管理中心，具有区域经济增长引擎的功能和作用。因此，对城市及其所在的区域进行整体规划的大都市地区规划是对全球化的一种战略回应。

围绕全球竞争的目标制定发展战略在很多大都市区规划中得到了充分展现。例如新加坡全岛发展的空间战略规划"概念性规划"始终将维持经济的增长、提升新加坡的国际竞争力作为己任，致力于将新加坡发展成为一个"繁荣兴旺的、21 世纪的世界级城市"，一个"充满生气、富有特

---

① 张伟．都市圈的概念、特征及其规划探讨 [J]．城市规划，2003（6）：47-50.

色、令人愉快的城市"。作为一个城市国家，新加坡政府一直坚持通过规划对经济发展实行有效的引导和积极推动，保持经济的持续增长和维护新加坡在亚太地区的竞争优势。再如大墨尔本发展战略规划提出，"在未来30年内墨尔本将新增100万人口，进一步巩固其作为世界最适宜居住、最具魅力和活力的城市地位"。悉尼大都市区2031年发展战略规划则认为"悉尼是全球供应链中的一个重要角色和亚太地区的一个主要港口"，"是澳大利亚唯一的全球城市和最大的经济实体，实力与新加坡相仿并超过新西兰"，"一个良好的增长管理将加强和确保悉尼的经济竞争力"，并将"增强宜居性、强化经济竞争力、保障公平、保护环境和推进治理"作为规划的五大目标。上述规划确定的区域发展目标和战略思想是贯穿整个规划的一条主线，在后续的规划内容中得到充分体现和落实。例如悉尼大都市区2031年发展战略规划的七项主体内容"经济和就业、中心和走廊、住房、交通、环境和资源、公园和公共空间、实施和治理"中，每一部分都开宗明义地阐明围绕五大目标的实现将采取何种规划对策。

另一个规划重点在于引导形成紧凑城镇与开敞空间的发展格局。区域空间发展的规划组织和引导是国外大都市地区规划的重要内容，规划对于城镇发展、经济和就业增长、人居和生态环境的保护以及区域一体的各项政策等，大部分都会在空间政策上予以落实或者有所体现。规划所采取的空间对策既要维持并促进不同城镇或分区的合理增长、保持地区整体发展的活力，又要维护良好的区域生态和人文环境，还要保证各项设施对发展的支撑和对环境的保护。因而，在空间组织上，规划普遍采用以"中心"（体系）—"走廊"（交通、产业、城镇）—"绿地"（开敞空间）为主要特征的空间结构组织方式，将区域生产要素投入、就业和居住空间的布局、基础设施建设等建设行为集中在规模和等级不一的现有中心和基础设施密集的走廊地区，同时将区域内的绿地、公园、农田、湿地等重要生态开敞空间明确划为严格保护、严格限制或禁止建设的对象。通过这种空间组织方式，充分提高基础设施配置的效益和对开发的引导效应，突出区域开发、整治的重点，提高资本和要素投入的集聚效益，同时兼顾区域内各个发展主体的发展需求和生态安全等整体利益的要求。例如大芝加哥地区规划将"中心"、"走廊"和"绿地"作为空间组织的主体框架，其"中心"包括了全球性中心（芝加哥）、41个大都市区中心、106个社区中心、127个镇中心和17个村落，"走廊"则主要指连接主要中心的高速公路、轨道交通及其周边开发用地，绿色空间则包括区域内的农业空间、公园绿地、湿地、水体、洪泛区等[①]。

二、城镇集聚区域结构形态的主要类型

城镇集聚区是若干城镇集中发展的区域，为近代城镇空间结构的形式之一。在城镇集聚区内，城镇大小不一，性质各异，相互组成一个整体。各城镇间的居民有相当数量往返通勤，并在社会、经济、文化、生活等各方面有密切联系。

---

① 王学锋，崔功豪．国外大都市地区规划重点内容剖析和借鉴[J]．国际城市规划，2007（5）：81-85．

其形成和组合主要有两种类型：①以某个大城市为核心，逐步向外扩展，在其周围形成若干个中、小城镇，相互组合成团状，如伦敦、纽约、巴黎、莫斯科、上海等大城市及其周围城镇；②由若干座规模相仿的城市组成的多核心城镇群，如荷兰的兰斯塔德，德国的莱茵—鲁尔，前苏联的顿巴斯等。城镇数量更多、规模更大的城市群称为大都市连绵带。

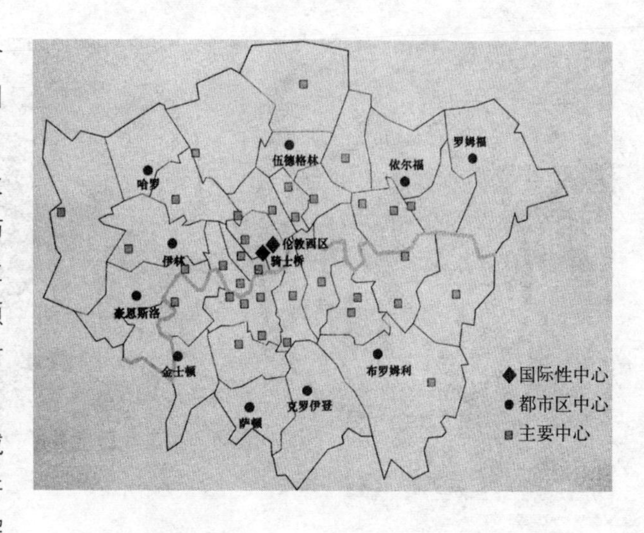

图 5-2　大伦敦范围

城镇集聚区的作用主要是：①既有大城市的社会经济效益，又可减轻环境危害，并可为城市建设提供较多自由，因而有利于解决城市发展与旧城改造的矛盾；②由于多职能性，能产生较好的社会经济效益，对中、小城镇发展尤其有利；③有利于大城市周围地区的改造和发展，便于实现城乡结合，提高农村地区的经济、技术、文化和生活水平。但城镇集聚区仍存在生产和人口过分集中带来的弊病；各城镇缺乏统一的行政管理，需要增加道路等基础设施开发。

通过对国内外新城市区域理论研究的总结，城镇集聚区域空间结构形态按照区域发展规模主要可以分为以下几种：

1. 大都市区

（1）大都市区的概念

主要指以一个中心城市为核心，利用便利的交通网络，核心城市利用产业、人口优势辐射吸引周边区域，带动城市周边的城市化发展，核心城市与周边"卫星城"之间的经济产业有机联系、协作分工，形成具有区域一体化发展倾向，并可实施有效管理的城镇空间组织体系。

（2）大都市区的空间结构特点

大都市区结构突出中心城市的核心地位，是一种单中心结构类型。这种结构类型的典型代表有大伦敦都市区（图 5-2）。伦敦是英国政治、商业、金融、文化和旅游的中心，有着 2000 年的悠久历史。大伦敦地区面积 1580km^2，人口 750 万人①。大伦敦都市区规划解决建成区人口过度拥挤的问题，吸取了霍华德、格迪斯、昂温等人关于以城市周围地域作为城市规划考虑范围的设想，规划结构采用以伦敦郡为中心的多层次同心圆模式，在大伦敦外圈规划卫星城以疏散内圈过剩人口与工业企业。主城对周边卫星城的形成和发展有直接的促进作用，通过产业布局调整加强和周边卫星城的联系，形成单核心的大都市区。

① 邹军等．都市圈规划[M]．北京：中国建筑工业出版社，2005：21．

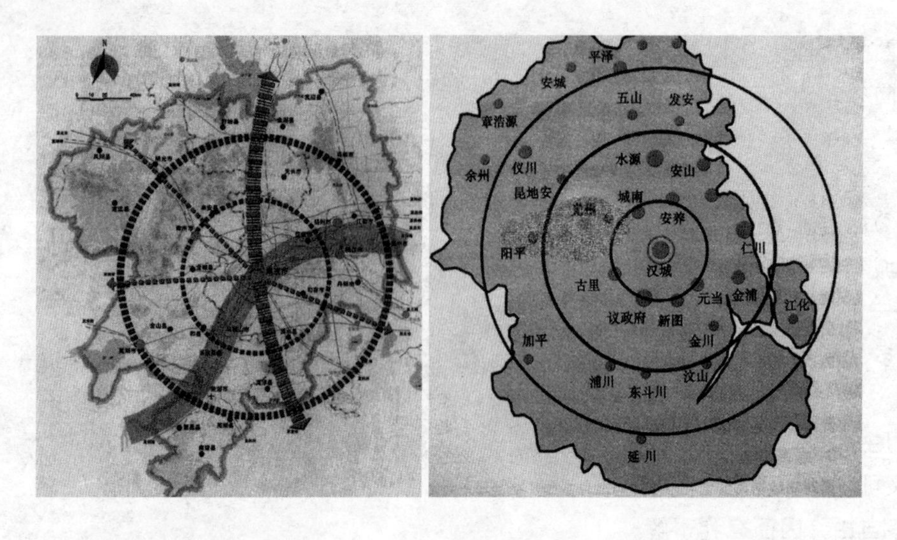

图 5–3（左） 南京都市圈
图 5–4（右） 首尔都市圈空间结构

2. 都市圈

（1）都市圈的概念

都市圈是以一个或多个中心城市为核心，以发达的联系通道为依托，核心城市吸引辐射周边城市与区域，并促进城市之间的有机联系与协作分工，形成具有区域一体化发展倾向的圈层式城镇结构。从本质来讲，都市圈首先是一种经济圈。一是要有一个或多个首位度较高的中心经济城市，成为圈层结构的凝聚力和核心；二是要在核心城市周边分布有若干城市，是核心城市经济辐射范围之地、原材料供应基地和产品销售市场；三是核心城市和周边城市在经济上要有紧密联系。都市圈的形成是中心城市与周围地区各种要素双向流动的结果，健全的都市圈的运作是以内在的社会经济紧密联系为基础，以便利交通和通信条件为支撑，以行政的协调领导为保障的。

（2）都市圈的空间形态特征

1）表现为明显的圈层结构

至少有一个或多个城市化程度较高、城市经济规模较大的中心城市，可以带动周边城镇发展，成为都市圈内部区域的增长极。

2）都市圈可分为单中心都市圈和多中心大都市圈

都市圈（图 5-3、图 5-4）所涉及的地域范围的具体界线都有较大的伸缩性，可分为内外若干圈层，它可以是以一个特大城市为中心的单核心都市圈（相当于大都市区），其内圈与中心城市的联系最密切，其外圈可将一些不邻接中心市、城市化水平还不高，但受中心城市经济辐射影响较大的所有市县均划入都市圈内；它也可以是由多个大城市和特大城市组成的多核心都市圈，其内圈一般多指城镇密集区，其外圈可涵盖跨多个省市的大经济区①。从时间发展来看，先有单核心都市圈，再有多核心都市圈。

① 邹军等．都市圈规划[M]．北京：中国建筑工业出版社，2005：4.

3）都市圈内部具有发达的基础设施网络，尤其是交通网络

从国外都市圈发展的历史来看，快速交通拓展了城市空间，增加了城市经济的辐射范围，带动了周边区域的开发，快速、便捷的交通网络是区域经济发展的重要基础条件。

（3）都市圈规划的特点

从国外的都市圈规划内容来看，它属于城市地区的空间发展战略规划，其内容涵盖了对城市地区空间结构、经济振兴、环境整治、社会整合等方面的综合规划，是一种综合性的战略规划。在不同的国家表现形式有所差异，在英国、新加坡等表现为结构规划、概念规划，在日本表现为都市圈规划，美国表现为大都市地区规划，如大纽约地区发展规划，更多表现为一种协调性的规划。操作上以政府协调为手段，提倡在市场规律下统一开放、公平竞争、互惠互利，着重解决跨行政区域的空间整体协调发展问题，关注不同行政单元之间资源（如水资源、岸线资源和旅游资源）的整体开发、协调利用，环境污染的共同防治和必要的生态协调，以及基础设施在位置、方式、标准和时序上的协调等问题。

3. 城市群

（1）城市群的演变与概念

在全球化、信息化的新形势下，大都市区已经成为西方发达国家经济活动的主要依托和载体。随着私人汽车的增多，人口流动性增大，城市开始由传统的沿交通线分布状况转变为向四面八方散开之势，城市之间的"空白地带"逐步被填充，产生了许多小城市。于是，大都市的边缘扩散后又相对集聚形成若干的中小城市，使得城市空间结构与形态越来越显现出多中心化和群体化的发展趋势，城市群体聚合的结构出现。

大都市圈强调中心城市对其周围城市的辐射半径，城市群更强调的是城市与城市之间相互联系、资源的配置及大中小城市的功能等级与分工。城市群和都市圈是不同的概念，例如京津唐城市群就包含首都圈、天津大城市圈、唐山大城市圈，因此，我们可以这样理解城市群的一般含义：城市群是在具有发达的交通条件的特定区域内，由一个或几个大型或特大型中心城市为核心的若干个不同等级、不同规模的城市构成的城市群体。城市群体内的城市之间在自然条件、历史发展、经济结构、社会文化等某一个或几个方面有密切联系。城市群的形成是经济发展和产业布局的自然反映，并已成为发达国家城市化的主体形态。在城市化初期，发达国家的城市化也主要是以单个城市的平面扩张为主，随着城镇化水平的提高，在市场机制的作用下，在更大范围内，逐步形成以一两个特大城市为龙头，中小城市集群协调分布，城镇间保留一定的农田、林地、水面等绿色空间，并通过高效便捷的交通走廊相连接的城市群。这种城市群地区，既是人口居住的密集区，也是支撑一个国家（地区）经济发展、参与国际竞争的核心区[1]。

---

① 顾朝林等．城市群规划的理论与方法[J]．城市规划，2007（10）：40–43．

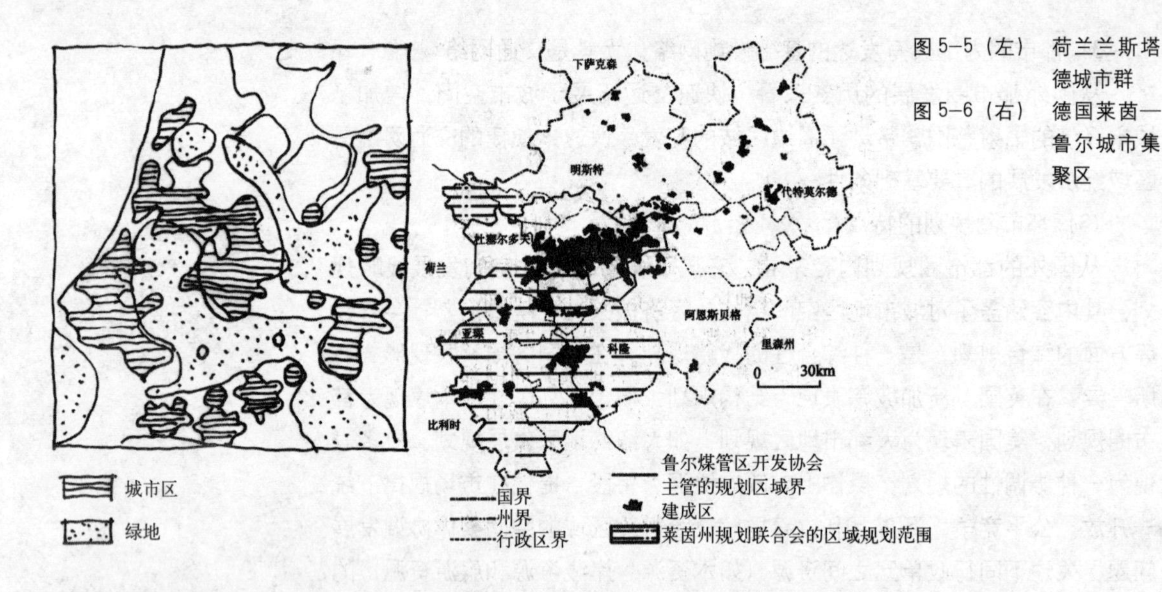

图 5–5（左） 荷兰兰斯塔德城市群

图 5–6（右） 德国莱茵—鲁尔城市集聚区

中心城市对群体内其他城市有较强的经济、社会、文化辐射和向心作用。至于城市群内的众多城市是否属于同一行政辖区，并不是构成城市群的必要条件。

(2) 城市群的特点

城市群可以根据其区域影响范围大小的不同，划分为不同的类型和等级，有些较大的城市聚集群可以包含城市聚集带；城镇密集地区或城市密集地区基本上就是城市群所在的地区。按照城市群中城市之间规模、经济分工的关系，城市群还可分为两类：

一类城市群将大城市所具有的职能分散到各城市，形成分离有度、分工明确的结构，城市之间的规模差别不大，没有形成占绝对优势的核心城市，是一种相对较为均衡的多中心结构，分散型、独立性、低密度已经成为欧洲发达国家城市群的结构特点，如荷兰的兰斯塔德城市群（图 5-5）、德国的莱茵—鲁尔城市集聚区（图 5-6）。德国的城市独具特色，它不是以规模和繁华而出名，而是以其适中的规模、良好的环境和深厚的历史文化底蕴而闻名于世。德国的城市化水平很高，达到 80%以上，是世界上城市化水平最高的国家之一。但城市的首位度很低，最大的城市首都柏林仅有 300 多万人，城市大多在 100 万人以下，20 万～ 30 万人的中小城市高度发达。各城市分布均衡，规划合理，形成城市集密群。大城市数量小，而且规模不大。其城市的职能在城市化的过程中已经合理地体现到各个城市，没有出现巴黎、伦敦、东京那样职能高度集中的大城市。因而就没有一般世界大城市那样交通堵塞、人口膨胀、环境恶化等“城市病”。德国城市的多中心结构、城市平行发展带来城市的均衡发展，能够有效控制单个城市无序扩张。

另一类是城市群的核心城市多为一个或数个大城市，核心城市在城市群经济中发挥主导优势，是带动城市群发展的动力和中心，集中了城市群的优势资源，其发展水平较周边其他城市高。例如我国的珠三角城镇群（图 5-7）是以广州、深圳作为城镇群核心城市。

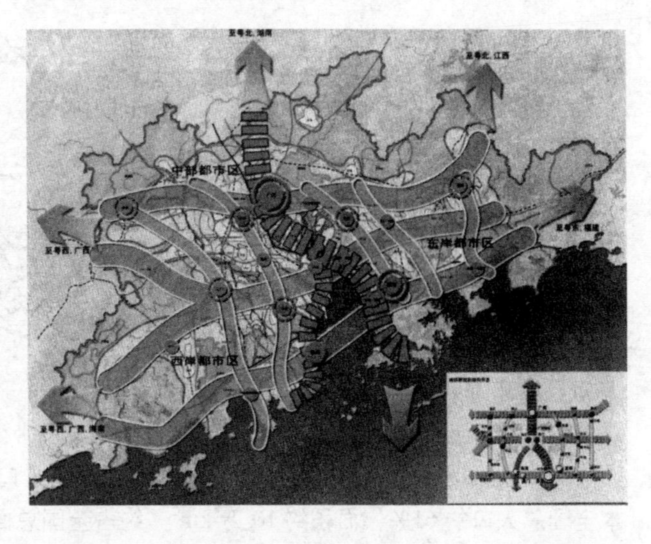

图 5–7　珠三角城镇群空间结构

城市群规划是一种战略性的空间规划，具有宏观性、综合性、协调性和空间性的特点，它的主要目的是为城市政府提供关于城市和空间发展战略的框架，规划内容则以城市群经济社会的整体发展策略、区域空间发展模式以及交通等基础设施布局方案为重点。从规划目的上讲，城市群规划是一种以城市功能区为对象的区域规划，旨在打破行政界限的束缚，从更大的空间范围协调城市之间和城乡之间的发展，协调城乡建设与人口分布、资源开发、环境整治和基础设施建设布局的关系，使区域经整合后具有更强大的竞争力。

4. 大都市连绵带

（1）大都市连绵带的概念

20 世纪 70 ～ 80 年代，在大都市区规模扩大的同时，20 世纪 50 年代已经出现的城镇集群的空间组织规模在发展过程中得到加强。在一些高度发达的地区，原本彼此分隔的若干个城市群随着空间扩展相连，形成了较大规模的城市化地带。特点是在一定区域内聚集着众多的城市，以若干个几十万甚至上百万人口以上的大都市为中心，大中小城镇连绵分布，形成城镇化的最发达地带，组成一个互相依赖的经济组合体，这就是“大都市连绵带”[①]。法国地理学家戈特曼认为大都市连绵带是大都市区大片地连在一起，消灭了城市与乡村明显的景观差异的地区，其中没有哪个大城市能在区域中发挥主导作用。

（2）大都市连绵带的特点

世界上的大都市连绵带一般具有较适宜人类居住的地理位置和自然条件，是集国家外贸门户、金融、商业、文化先导等职能的国家的核心区域，往往是国家或洲际大陆，甚至是世界的政治经济中心，呈多核心的带状布局形态，具有高效的交通走廊，完善的生态网络，城市之间具有密集的交互作用，是目前城市结构发展的最高级、最复杂的形态。

典型的大都市连绵带有美国东北部大西洋沿岸的波士华希（Boswash），北起波士顿，南至华盛顿，共包括 200 多座城市，主要城市有波士顿、纽约、费城、巴尔的摩、华盛顿，人口约 4500 万，约占全国总人口的 20%，面积约 13.8 万 km^2，约占全美国土面积的 1.5%，城市化

① 周春山．城市空间结构与形态 [M]．北京：科学出版社，2007：145.

水平达到90％以上。这一城市带是美国经济的核心地带，不仅是美国最大的商业贸易中心，而且也是世界最大的国际金融中心，同时也是知识、技术、信息密集地区。又如日本东海道太平洋沿岸大都市连绵带（图5-8），这是一个多核的城市带，由东京都都市圈、大阪都市圈、以名古屋为中心的京都都市圈组成，人口约7000万，占日本全国总人口的61％，面积约10万km^2，约占全国总面积的20％。主要城市有东京、横滨、名古屋、京都、大阪等，是日本经济最发达的地带，集中了全国工业企业和工业就业人数的2/3，工业产值的3/4和国民收入的2/3，是日本政治、经济、文化、交通的中枢，分布着全日本80％以上的金融、教育、出版、信息和研究开发机构①。

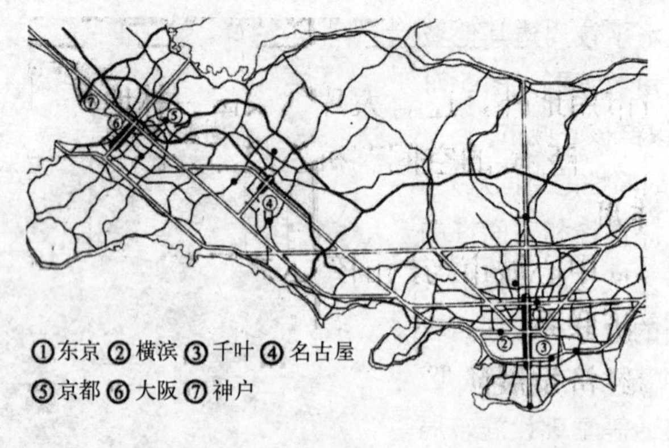

图5–8 日本东海道太平洋沿岸大都市连绵带

第二节 城镇集聚区域绿地系统功能和结构

一、城镇集聚区域绿地系统功能

在西方现代城市发展中，城市绿地建设一直贯穿其中，其中非常值得注意的是，绿地及开敞空间规划及其相关立法在整个城市化拓展和城市规划体系中具有基础性、前瞻性和指引性，自成体系的绿地系统与城市建设实体构成了共轭关系，成为城市化过程中改变发展条件、引导需求的重要手段。

随着全球经济一体化、城市化进程的加快，现代城市规划理论的重点由注重单一城市发展逐渐转为协调区域发展，强调区域范围的分工与合作，优势互补，取长补短，提升区域的竞争力；与此同时，绿地系统规划更多地结合了生态学、环境科学等学科理论，强调绿地系统生态、环境功能的构建和与人居环境协调共生，将生态绿地系统作为人类赖以生存的物质环境本底，因此，绿地系统规划势必突破原有城市规划范围，打破区域界限，从更大尺度范围进行绿地系统生态功能的恢复和构建。

区域绿地系统功能主要从改善区域空间结构的生态功能出发，加强区域内部生态环境的综合整治，构建稳定的生态网络；进行绿地系统各要素的整体配置，改变单个城市绿地系统各自为政的结构类型，强化绿地系统间的功能整合；确定区域内各生态功能分区，因地制宜地解决不同分区的生态环境问题。

① 郁鸿胜．崛起之路：城市群发展与制度创新[M]．长沙：湖南人民出版社，2005：25．

区域绿地结构对于城市空间拓展主要有三个方面的功能：

1. 改善区域生态环境功能，减少环境灾害影响，为城市和居民提供绿色安全防护

自然生态系统的土壤、植被、水体等要素对城市开发具有容纳、缓冲、净化、还原等正向生态调控功能，可以缓解城乡开发对生态环境造成的负面影响，增强城市空间的生态承载力。植被的气体交换可在一定程度上去除空气中的污染物，限制其扩散，降低浓度。绿地生态系统还可以调节气温，增加空气湿度，改善城市小气候。

区域绿地系统层面立足于构筑连续的绿地生态系统功能要求，建设大型区域绿地作为大型生物自然栖息地和氧源基地，将原先各自孤立的城市绿地、自然山体、水体、农林用地系统连接起来，构建连通城市与乡村的绿化廊道和生物通道，连接相对孤立的绿地斑块，优化生物自然栖息地环境；通过氧平衡机理和植物蒸腾作用，起到分散市区空气污染的沉积范围、改善空气污染的作用，形成区域尺度的绿地系统网络系统格局，优化绿地系统的生态功能、改善人居环境质量（图 5-9）。

图 5-9　改善人居环境的典型案例

2. 通过设置“绿环”、“绿带”等绿地结构，限制区域内核心城市的无序扩张，有效控制城市空间规模，防止核心城市“摊大饼”式的扩张

在城市化发展过程中出现的诸多环境、生态问题，很大程度上是由于城市空间发展过度膨胀，蚕食城市内部及外部绿地，影响绿地系统生态调节功能，导致人居环境恶化；城市发展的市场调节主要遵循经济规律，绿地保障由于成本较高、见效慢，要较多依赖于政府的规划和公共财政的投入，以保障绿地系统生态功能的发挥，同时可以起到限制区域内核心城市无序扩张的作用。例如，在 20 世纪 50 年代大伦敦的规划（图 5-10）实践中，通过绿化圈层的设置，有效地控制了伦敦城市规模，引导了伦敦周边卫星城镇的发展，对分流伦敦主城发展压力、限制主城的无序扩张起到了关键的作用。

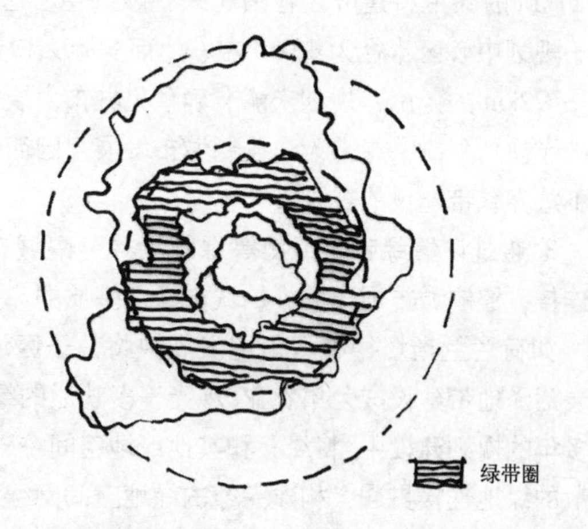

图 5-10　大伦敦“绿带”规划

绿带建设虽然是控制大城市增长的一个有效途径，但也不是万能的，不同国家和地区必须根据实际情况，结合本地自然生态环境特点，在准确预测未来人口增长趋势的基础上科学合理地规划，才能发挥绿带控制的作

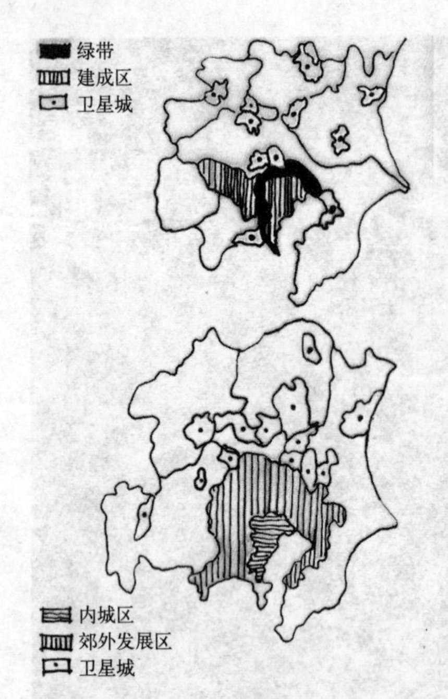

图 5-11（左） 1965 年前后东京规划的变化

图 5-12（右） 湿地景观

用，不然绿带控制带仍有可能被突破。例如日本东京的城市发展规划就借鉴了大伦敦规划，形成包括东京、横滨、川崎等地的东京首都圈规划方案。首都圈分为中心区、近郊区、绿带区和远郊区四个圈层，设置了一个宽约 11km 的绿带将建成区包围起来，限制中心区的扩张（图 5-11）。但是由于规划中心区半径为 15km 左右，而实际人口潜在增长位于离东京中心 27 ~ 72km 的范围，规划未能准确预见城市发展规模，城市发展规模远远突破了规划限制，绿带无法控制城市发展，因而在后来的规划实施中，不得不放弃绿带建设的规划①。

3. 通过设置绿带、绿廊等绿地结构分隔城市，避免城市空间拓展互相连接，控制城市规模，维护城市绿地基质的完整性

如荷兰兰斯塔德在城市化发展中将位于区域中部不利于开发建设的泥炭沼泽地带建设成为集农业、观光等多功能的绿地——"绿心"（图 5-12）。在多年的规划建设中，将绿心和其他绿地空间统一规划、建设，将原本孤立、分散的绿地连接贯通，构建完整的绿地空间网络，一方面提升了城市生态环境，另一方面有效地限制了城市空间拓展，构成城市分散分布的格局。

德国鲁尔区的"Emscher 景观公园"（Emscher-Landschaftspark）构成了区域绿色开放空间系统，沿河从多特蒙德，经过波鸿、埃森，一直到杜塞尔多夫构成一个巨大的景观公园系统，又称国际建筑博览会（Internationale Bauausstellung Emscher Park），利用绿路、绿带和蓝带（水系绿色开放空间）将数十个城市分割环绕，形成城际绿色空间，绿色开放空间规划已经成为一个区域发展的概念（图 5-13）。

① 周春山．城市空间结构与形态[M]．北京：科学出版社，2007：82．

二、城镇集聚区域绿地景观结构

1. 城镇集聚区域绿地景观结构

城镇集聚区域绿地景观是区域内组成城乡绿地系统各要素的总和，它包括自然环境景观要素（山、林、湖、海等自然景观）和人工构建的城乡绿地系统景观要素（如耕地、防护林、城市绿地等景观）。区域绿地景观结构反映的是以上要素之间的形态关系和组成结构。城镇集聚区域绿地景观结构形态对于区域生态环境、物种多样性有着直接的影响。

图 5–13　莱茵河沿岸小城镇山水景观空间优化人居生态环境

绿地景观网络包括斑块、基质及廊道，斑块—基质—廊道组合是最常见的、最简单的绿地景观空间格局构型，是绿地景观的功能、格局和过程随时间发生变化的主要决定因素。斑块、基质及廊道构成绿地景观网络。

绿地景观基质是绿地景观系统中面积最大、连接性最好的景观要素类型，可以是面积较大的自然保护区、林地、湖泊湿地等以自然生态系统为主的景观（图 5-14、图 5-15）。景观基质的相对面积、连接度对于绿地景观的生态过程起着动态控制的作用。因而区域绿地景观中基质的形态、数量、分布对于城镇生态环境有着直接的联系。

图 5–14　面积较大的林地可视为绿地景观“基质”

绿地景观斑块是指聚散程度不一、形态各异的绿地斑块，可以是面积相对基质较小的、分散聚集度不同的城市绿地、城郊绿地、农林地等。绿地斑块通过廊道联系成为整体共同发挥作用。斑块的大小、形状、走向、内缘比、数量、构型对物种数量、物种扩散和觅食、物种组成的差异性等有直接的影响。城镇聚集区域绿地景观规划很大程度是将现有的各自孤立的绿地斑块连接、整合，以完善系统功能。

图 5–15　面积较大的湿地可视为绿地景观“基质”

图 5–16　河流廊道

绿地景观廊道是指不同于两侧基质的狭长地带，廊道两端通常与大型斑块相连，几乎所有的景观都被廊道所分隔，又被廊道联系在一起。廊道在城市等破碎景观中生物栖息地和物种的保护中占有举足轻重的地位，廊道作用的大小关键取决于廊道的组成和质量，而廊道的组成和质量要视不同的生物群体而定。城市绿地之间的空间联系是通过廊道相互连接形成的网络结构，而廊道可以是树篱、防护林带或河流（图 5-16）等。城市绿地之间的联系不仅仅由廊道网络的连通性所决定，绿地景观连接度的大小还取决于廊道的质量。廊道具有多重属性，一般认为它在景观中将起到多种作用：通道、隔离带、源、汇和栖息地等，此外，廊道还可以起到过滤的作用，由不同植物种类（或物质）组成的廊道，在功能上将允许某些物种或物质顺利通过，对其他物种或物质则起到阻挡作用；廊道究竟能否作为生物物种的"源"和"汇"直接取决于廊道的性质和宽度，如河流可以作为水生动物的通道、源和栖息地，但对于陆生生物，就起到了"隔离"的作用。廊道是景观连接度在空间上的具体形态，是景观连接度的一种表现方式。

廊道网络结构功能的重要性，不仅在于物种沿着它连接处的移动，而且也在于它对周围景观的基质群落和斑块群落的影响。单独的廊道增强了物种的迁移，而当形成一系列相互连接的链或环时，这一网络则提供可供选择的途径。这种结构对于动物觅食效率的高低及减低廊道网络中局部干扰或破坏所形成的障碍或隔离效应等方面均有重要作用。

绿地景观中的网络影响着物种沿廊道移动和穿越廊道的运动，而廊道的连接度或空间连续性是影响运动格局的关键因子。景观连通性是指景观元素在空间结构上的联系，而景观连接度是景观中各元素在功能和生态过程上的联系。景观连接度是描述景观中各元素有利或不利于生物群体在不同斑块之间迁徙、觅食的程度。不仅景观中廊道对景观连接度有显著的影响，其他景观元素或基质对景观连接度也有明显的作用。绿地景观连接度是研究同类斑块之间或异类斑块之间在功能和生态过程上的有机联系，这种联系可能是生物群体之间的物种交换，也可能是景观元素间物质、能量的交换和迁移。

在进行区域绿地景观系统规划时，绿地景观生态系统功能的构建是主要规划目标，应考虑绿地网络连通性对各种动植物的迁移、觅食、繁殖和躲避干扰等活动的影响，考虑网络所环绕的地块大小，道路的通畅性、连接和长短的关系。绿地系统规划不仅仅要提高绿地数量，关键是增强绿地间相互的连接度，规划中需调整景观元素的空间分布，优化景观结构，完善景观生态功能。进行绿地系统规划时，应从景观结构和生态过程之间的关系着手，设计不同的景观结构从而达到控制景观生态功能的目的。为了避免生物多样性和景观多样性的降低，应首先研究绿地的景观连接度水平在影响生物群体的重要地段和关键点，应保留生物的生境地或在不同生境地之间建立合理的廊道。现代城镇空间聚集化趋势带来城际道路交通的快速发展，道路的建设往往割断了景观中生物迁移、觅食的路径，破坏了生物生存的生境，降低了绿地的连接度，可以通过建立桥梁、隧道、自然保护区，增加廊道，来达到保护生物生境地的目的。例如西方许多国家为了保护野生动物的迁徙，在修建高速公路时，在它们经常出没的地方通过修建隧道和桥梁来保护迁徙的通道。

总的说来，景观结构对景观生态功能的发挥会产生影响。区域绿地景观结构的具体形态、连接度、破碎度等指标是衡量绿地景观生态功能是否完善的依据，是绿地景观在衡量物种多样性、系统平衡、稳定方面是否具有积极作用的重要指标，所以在进行规划时，不仅要注重绿地景观的“绿量”，更重要的是要完善绿地景观的结构、格局。

2. 城镇集聚区域绿地景观结构类型

区域绿地景观结构类型有两个特点：一是景观结构的多变性，在绿地系统景观结构规划、构建过程中，由于区域的自然地理环境差异性、城市空间拓展变化、城乡景观的演变等原因，造成绿地系统格局始终处于变化发展中；二是景观结构分类的相对性，多数区域绿地系统景观类型呈现多形态综合的格局，形态分类主要根据系统中最具典型特点部分的形态类型，所以分类是相对的。

区域绿地系统景观类型从形态上大致可以分为以下几类：

(1)“圈层”结构

早在19世纪末，英国社会活动家霍华德在其著作《明日的田园城市》中就提出了通过绿带建设来改善城市生态环境的理念和做法。大伦敦是最早提出以绿带来控制城市扩张的城市，20世纪40～50年代制定的规划将大伦敦结构规划为单中心同心圆圈层结构，在近郊圈外设置绿带圈，作为农业区和城市休憩区。绿带圈的作用在于限制城市膨胀、保护农业、保存自然景观、提供城市公众游憩空间，严格控制绿带圈内的开发。通过放射状的道路绿化带连接绿带圈、城市中心的公园绿地等点面状绿地、远郊农业、森林区，共同构成完整的区域“圈层”绿地网络系统。

“圈层”绿地系统对于控制特大型城市自发性蔓延、将人口和产业疏散至周边卫星城镇起到了很大作用。在英国实行“绿带政策”的背景下，1944年的大伦敦规划确定环绕伦敦形成一道宽达8km的绿带，1955年又将该绿带宽度增加到9.7～16km，城市的中心城区扩展受到环城绿地的限制，并在绿带以外形成了功能相对独立、完善的卫星城镇。

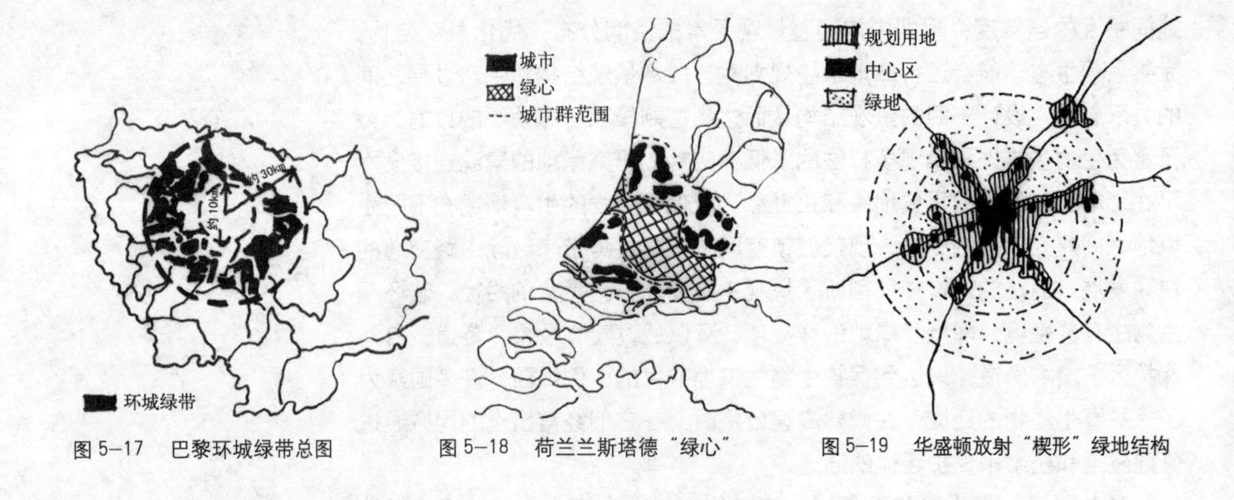

图 5–17　巴黎环城绿带总图　　图 5–18　荷兰兰斯塔德“绿心”　　图 5–19　华盛顿放射“楔形”绿地结构

由于“圈层”绿地结构操作性强，在城市建设和改造中相对容易实现控制城市规模和改善城市生态环境，这一思想后来被许多城市规划所借鉴，结合各自城市的自然环境特点，营造出多样化的城市绿地系统。例如，在参考大伦敦规划的基础上，1987 年巴黎制定的“巴黎地区治理规划”中采用距市中心 10 ~ 30km 环形绿带的规划（图 5-17），限制城市蔓延、控制城市边界、保护农业、开辟绿地保证城市与乡村的合理过渡。实践证明这的确是一个控制城市中心区过度膨胀的有效措施。

（2）“心形”结构

荷兰兰斯塔德城市群位于荷兰西部，是由众多小城镇集结而成的马蹄状的城镇群（图 5-18）。城市群中间有一大块的农业地区作为绿心，起到城市之间的缓冲、分隔作用。“绿心大都市”（Green Metropolis）这一概念被用来说明兰斯塔德多中心聚合城市与作为农业景观的“绿心”中央开放空间的结构形态。兰斯塔德在历史上曾经是一个不宜开发的泥炭沼泽地区，在随后的城市发展中作为天然的农业“保留地”、“屏障”分割城市空间，防止城市连成一片，城镇群保持着较为松散的空间结构，绿地景观具有良好的连接度，形成连片的城市自然本底，既限制了城市无序扩张，又具备了优良的城市生态环境。

（3）“楔形”放射结构

1962 年美国首都华盛顿提出“放射长廊式”规划方案，城市空间结构以华盛顿为放射核心，向四周规划六条主要的、呈星形放射状的交通线，沿交通线周边形成宽约 6.4 ~ 9.6km、长约 32 ~ 48km 的长廊，规划规模等级不同的新城市带，长廊之间的楔形地区是约 12.12 万 hm^2 的绿带和农业用地（图 5-19）。华盛顿轴向拓展方式和大伦敦绿环控制圈层扩张模式不同，通过精心选择建设交通走廊，引导城市群沿轴线发展，可以有效降低中心城市的规模扩张压力，同时可以更好地构建网络化绿

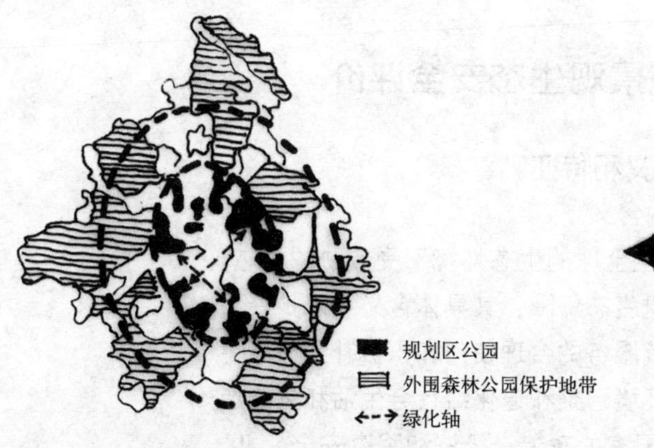

图 5–20　莫斯科绿带结构

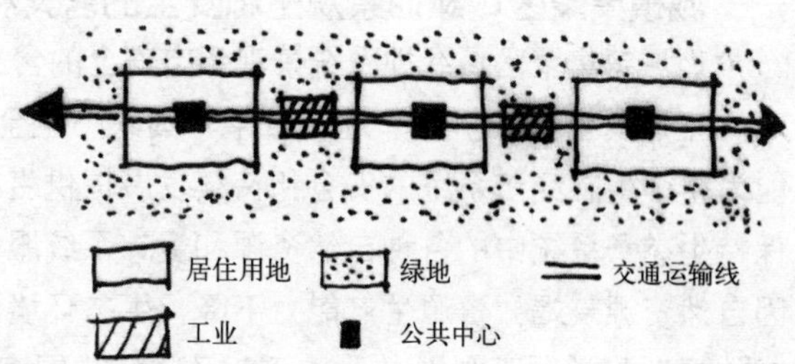

图 5–21　哥本哈根绿带结构

地空间系统。这种绿地系统模式比较适合于城市化程度较高、城市人口密度较小、城市增长趋缓的城市地区，因而北欧许多城市发展借鉴了这种绿地系统模式。

（4）"环状"+"楔形"结构

莫斯科在1935年编制的总体规划就提出了在市区外围建设宽10km的森林公园带（图5-20），并从中延伸出八条绿楔进入市区，绿楔和市内各公园绿地联系起来，成为城市内外绿地系统联系贯通的廊道，不仅在视觉功能上成为城市特色景观，更重要的是成为生物物种交流、迁徙的通道，构建了功能较为完善的绿地生态景观。莫斯科的绿地结构一方面带动了莫斯科周边卫星城呈放射状"星形"分布，形成了极富特色的城市空间结构；另一方面则改善了城市生态环境。

（5）"带状"轴线结构

1961年的哥本哈根大城市地区规划，沿用了西班牙工程师索里亚·马塔（Auturo Soria Mata）提出的"带形"城市（Linear City）规划概念，依托快速交通干线规划建设规模较大、设施完善的城市区域，城市发展形态由原来的多放射发展模式改为以一条轴线为主，城镇群空间形态向多中心的"带状"演变，规划建设中用绿地分隔城镇空间，限制城镇规模，避免城镇之间首尾相连；同时绿地空间系统将城镇包围起来，使得城镇具有较好的生态环境。区域绿地空间形态和主要交通干线协调统一，大致呈"带状"分布（图5-21）。这种绿地形态是一种较为特殊的结构，依托于城市"带状"发展模式，对于城市所处的地理环境、城市经济、城镇分布等因素均有一定要求。作为一种理想化的结构，由于对城市发展规模、城市空间拓展方向等因素的变化较难把握，在实际操作的时候会有一定难度。

第三节　城镇集聚区域绿地系统景观生态安全评价

一、城镇集聚区域绿地景观生态安全的含义和特征

1. 城镇集聚区域绿地系统景观生态安全的含义

生态安全是维护某一地区或某一国家乃至全球的生态环境不受威胁的状态，能为整个生态经济系统的安全和持续发展提供生态保障。其具体含义可以扩展为保持生态子系统中的各种自然资源和生态系统服务的合理使用和积极补偿，避免因自然资源衰竭、资源生产能力下降、生态环境污染和退化给社会生活和生产造成的短期和长期不利影响，甚至危及区域或国家的政治、经济和军事安全①。区域绿地系统景观生态安全主要研究区域绿地景观结构、功能对绿地景观生态系统自身的稳定性、生态修复能力和对区域可持续发展的生态承载力等相关内容。安全的绿地生态系统能够维持自身组织结构的稳定性和对胁迫的恢复能力。

如前所述，自然生态系统是人类赖以生存的物质环境本底，人居环境可持续发展的基础就在于人类社会和环境协调发展。随着城市化的发展，当今社会人居环境更多的是大量建成的“人工化”城市环境，城市生态系统作为一个完全人工化的系统与环境，集中了人类社会的工业、商业生产与生活活动的主要区域，形成了巨大的不同于农田、农业生态系统的物流、能流与信息流。在城市生态系统中，生产与生活中产生的废弃物往往需要异地分解与消化，工业生产中产生的各种固体、液体、气体废弃物等远远超过城市生态系统自身的自然净化能力，对城市的生态与环境安全造成威胁。稳定、健康的区域层次的绿地景观格局构建对于保障人类生存空间有直接的、现实的意义。

2. 城镇集聚区域绿地系统景观生态安全的特征

区域绿地系统景观生态安全主要包含两个特征。一是绿地景观的生态安全度，是指绿地景观的物种多样性、景观多样性、可达性、地景资源丰富度、水景资源丰富度等自然因素的生态系统安全。建立高效、稳定和经济的绿地群落，是构建安全的绿化景观的基础。二是绿地景观对区域人居环境可持续发展的生态承载力。

我国在长期的经济建设中进行过度建设用地的开发，忽略非建设用地，尤其是绿地空间系统的规划与建设，城市建设用地过度扩张，侵占了大量的农田、山林、湖泊湿地，绿地系统结构单一，系统抗干扰、自我恢复能力降低，自然灾害频繁，在一定程度上威胁了人居环境的安全。

再者，与人密切接触的城市绿地环境日渐人工化、孤立化，绿地系统规划理论滞后，建筑优先、绿地填空，绿地规划设计缺乏内涵。此外，在急功近利的快餐文化背景下，城市绿化景观追求一次成型的模式，绿化的园艺技术和工程技术被极度重视和过度放大，贪快求简，植物越种越密，树木径级越选越大，人工雕琢越来越细，物理的、视觉的实效被片面追逐，生态的过程被忽视，绿地成本及

---

① 陈东景，徐中民．西北内陆河流域生态安全评价研究：以黑河流域中游张掖地区为例 [J]．干旱区地理，2002（3）：219．

后期维护费用提高，植物群落退化加快，导致其更新加快，后果是直接威胁到了城市景观系统中绿化的生态安全，尤其是植物自身生长的安全。与绿色植物相关的生物群落生存亦遭到破坏，从而危及城市环境的生态安全。众所周知，绿色植物是维持地球生态系统的基础生产者，每个区域均有特定的植物群落特征及其相应的生态系统，而城市化的后果是自然绿地系统大多被人工植被所取代或重建，实质上是破坏了整个片区原有生态系统的基础，其危害性不言而喻。因而要从人居环境安全的高度来规划建设安全、高效、科学的绿地景观生态系统，保障人居环境的可持续发展。

二、影响城镇集聚区域绿地景观生态安全的因素

1. 城镇集聚区域绿地系统景观格局和景观功能

区域绿地系统景观是指城市建设用地以外对城市生态环境质量、居民休闲生活、城市景观和生物多样性保护有直接影响的绿地景观，主要以农林用地、自然保留地等类型为主，区域绿地系统景观的分布、结构形态、功能组成对区域绿地景观生态系统的稳定性、多样性、复杂性、生态承载力等有直接的影响，是衡量一个区域绿地景观生态安全最基本、最首要的因素，区域绿地系统景观格局除了受区域自然环境特点影响之外，更主要受到人类活动范围、活动强度、活动模式的影响。

2. 城市物理环境

城市物理环境中对景观安全影响较大的因素有水系，声、光、热环境，大气、绿地系统等。

水是构成景观的主要要素，因此保证城市水环境的安全是景观安全的重要方面，而城市水土流失、水污染等均会影响景观系统的安全。城市水系的合理布局也是构建景观安全格局的重要方面。城市声、光、热环境中的噪声污染、光污染及城市热岛等对城市景观中的绿化系统、人的视觉感受、人的行为及心理均会造成冲击，从而威胁景观及城市生态系统的安全。大气中的各种污染物，如有害气体、可吸入颗粒物等，对植物、水景观均有较大影响，也是构成危害城市景观生态安全的因素。城市绿地系统是城市的“肺”，是构成景观系统生态的主体，能否合理布局和规划，是关系景观生态乃至整个城市生态安全最重要的因素。

3. 城市发展建设对景观格局的影响

工业革命以来，城市开发强度大大增强。城市不同阶段、不同形态的发展带来城市分布格局、分布模式的极大变化，城市景观变化打破了自封建时代以来与自然和谐共生的关系，在发展的不同阶段都会导致对自然生态景观格局结构、功能等方面的变化和影响，城市景观的结构、功能对自然生态景观的影响力、影响范围、影响程度总体上呈现逐渐增强的趋势，区域绿地景观格局的变化比较自然演替而言更多地受到了人类活动的影响。

4. 物质文明、精神文明发展程度

从人类社会发展对自然生态环境的影响来看，对待自然生态系统经历了从工业革命开始的大程度"破坏"到当代社会逐渐重视并实施"恢复重建"这一过程，都是和经济发展水平、科学技术进步程度、人口素质提高息息相关的。

三、城镇集聚区域绿地景观生态安全评价模式框架

1. 城镇集聚区域绿地景观生态安全评价内容[①]

1）稳态：系统中的各项指标应在正常范围内，若发生变化，则表明系统的安全与健康受到损害；

2）景观污染：威胁景观系统安全与健康诸要素的综合，具体表现为景观缺陷或斑块受损；

3）多样性和复杂性：物种的丰富度、连接性、相互作用强度、分布的均一性、多样性指数和优势度；

4）稳定性和弹性：系统对压力和干扰的恢复能力，这种能力越强，系统就越安全、健康；

5）生长活力和生长幅：系统对压力的反应能力及各级水平上的活性和组织水平；

6）系统组分间的能量平衡：保持系统各要素间能量循环的适宜平衡，只能做一般的分析和解释，未用于预测和诊断；

7）生态承载力：衡量特定区域在某一环境条件可延续某一物种个体的最大能量，用来衡量一个景观生态系统的生态安全度，通常用于生物种群的生态系统，延伸发展后多用于说明生态系统、环境系统、资源系统承受发展和特定活动能力的限度即安全度，在景观系统中应用较多；

8）景观生态安全度：维持城乡景观生态安全所需要的最低生态阈值，是城乡景观生态安全程度或等级的反映；

9）景观生态能量级：系统中能量流动与转化符合自然生态系统的规律，是制定生态调控法则的基础依据，以及评价和保护城乡景观系统的重要指标。

2. 城镇集聚区域绿地景观生态安全评价指标体系框架

城镇集聚区域绿地景观生态安全评价要考虑城镇景观与绿地景观系统的相互作用。从景观生态安全度进行区域绿地景观生态安全综合评价，指标体系包括三个层面：一是景观生态系统协调度，主要是从绿地景观对生态系统的适应性方面进行评价；二是城市环境协调度，主要是评价城市建成环境对绿地景观的影响评价；三是景观健康可持续度，主要是评价城镇物质、精神文明发展对绿地景观可持续发展的影响。具体评价内容见表 5-1：

① 刘福智，谭良斌．城市景观生态安全及评价模式[J]．西安建筑科技大学学报（自然科学版），2006（2）：52-56．

城镇集聚区域绿地景观生态安全综合评价指标 **表 5–1**

	评价指标	评价内容
景观生态系统协调度（共10个指标）	人口指数	人口数量、人口密度、文盲率、受高等教育人口比率、年龄结构、流动人口比重
	地景资源丰富性指数	土地生产力、人均风景旅游区面积、各级景区数量、景点数量
	水景资源丰富性指数	人均水量、水质
	景观用材丰富性指数	景观用材供需比
	绿化指数	人均绿地面积、植物绿量、环境净化能力
	水域指数	人均水域面积、利用方式、环境调节能力
	景观多样性指数	优势度、均匀度、廊道指数、美观性
	物种多样性指数	生物种类、数量结构
	通达性指数	人均道路面积、通达范围、运输能力
	布局合理性指数	区域结构、功能分区、均衡程度、结合度、隔离带
城市环境协调度（共7个指标）	水环境协调系数	污水处理率，雨水、中水循环利用率，污水排放量
	大气环境协调系数	空气温、湿度变化，可吸入颗粒物含量，废气排放量，净化率
	固废环境协调系数	固废排放量、占地面积、净化率、二次污染率
	噪声环境协调系数	噪声强度、影响范围、受害人数
	光环境协调系数	光污染指数、光照强度、影响范围、受害人数
	物质文明指数	人均收入、人均消费、人均住房、人均公共设施、就业率、社会保障能力
	精神文明指数	教育、卫生、文化、体育、社会活动参与、犯罪率、减灾防灾能力、法律保障
景观健康可持续度（共7个指标）	人口增长指数	人口增长率、人口结构
	空间扩展指数	建成区面积增长率、建筑高度增长率
	污染控制指数	“三废”排放量和净化处理率变化系数、噪声减弱率、绿地和水域面积增长率、环保投资增长率
	经济增长指数	GDP 增长率、资源利用增长率
	城市建设指数	建筑面积、绿地面积、道路面积、供水量、机动车增长率、供热供气增长率
	社会政治稳定指数	治安好转率、政策稳定性、法律健全程度
	公众生态伦理教育指数	具备环保意识人口比率、生态伦理教育普及率

第四节　城镇集聚区域绿地系统规划原理

一、城镇集聚区域绿地系统规划目标定位

城镇集聚区域绿地系统规划目标要从构建整体的、系统的区域绿地景观格局要求出发，结合区域城市发展战略，根据区域内城市的不同发展阶段制定不同的绿地系统目标（表 5-2）。

城镇集聚区域绿地系统规划目标定位　　　　表 5-2

区域发展阶段	区域城市、社会发展特征	区域绿地系统规划目标定位
雏形期	以培育、发展协调为主要内容，以培育为核心，引导城市化集聚发展；培育核心城市的综合竞争力，促进空间形成单核心放射状结构；协调区域内部的区域性基础设施建设、跨区域基础设施建设、生态环境保护	结合区域自然环境特点，从构建具有较好结构、形态的区域绿地景观格局出发，制定较为科学的、具有前瞻性的区域整体绿地系统功能规划目标；按照生态功能区划确定区域内各绿地系统的功能、结构和规划目标，在规划中重点协调区域内部生态环境保护，加强对核心城市生态环境的建设，引导周边城镇绿地系统规划的衔接，并结合城市的发展，制定分步骤规划实施计划
成长期	发挥市场主导作用，核心城市带动周边城市发展，促进区域经济、社会一体化发展，提升区域竞争力	初步构建区域绿地景观网络阶段： 控制核心城市发展规模、界限，引导周边城镇空间拓展；初步形成具有一定规模、形态结构的绿地系统格局
成熟期	社会、经济一体化发展程度较高，协调区域内部产业、经济、公共事业布局与发展，注重提高区域整体优势，促进形成城镇空间网络化结构	完善区域城乡绿地网络阶段： 拓展、联系城乡绿地网络结构，完善城乡绿地空间格局，协调区域生态环境保护

1. 城镇集聚区域发展的雏形期

这一时期区域城市发展战略一般是提升中心城市的经济竞争力和经济辐射力度，此时的区域绿地系统规划的目的是从构建具有较好结构、形态的区域绿地景观格局出发，制定较为科学的、具有前瞻性的区域整体绿地系统功能规划目标，按照生态功能区划制定区域内各绿地系统的功能、结构和规划目标，在规划中重点协调区域内部生态环境保护，加强对核心城市生态环境的建设，引导周边城镇绿地系统规划的衔接，并结合城市的发展分步骤规划实施。

在这一时期对城镇群体发展规模、方向要有科学的、充分的评估和预测，对该区域绿地系统资源要进行较为彻底的调查，摸清现阶段绿地资源在功能、结构上存在的主要问题，结合区域发展规划，提出可行的区域绿地系统构建目标计划。制定目标计划要从实际出发适度提高标准，制定立法、行政联合执法等措施保障目标的实施。

2. 城镇集聚区域发展的成长期

这一时期区域城市发展战略一般是限制核心城市规模，大力发展周边中小城市，核心城市带动周边城镇的城市化进程较为快速，区域的绿地系统规划的目的是限制中心城市的扩张，通过构建一定形态、结构、数量的绿地空间来限制核心城市过度扩张；对于周边中小城市绿地系统规划而言，主要是培育、构建相对完善的区域绿地子系统。

这一阶段是构建区域绿地系统网络的主要时期，同时也是区域内城市产业、经济、人口的快速发展阶段，城市空间拓展的诸多不确定因素对绿地系统空间规划可能会产生一定干扰，因而在绿地空间建设中要加强绿地建设组织机构协调能力，协调城市发展和绿地建设关系，保障绿地系统的建设。

3. 城镇集聚区域发展的成熟期

这一时期区域城市化进程趋缓，城市产业、经济调整较为充分，绿地系统构建已经基本成形，区域绿地系统规划的目标是对绿地系统各组分进一步完善，优化区域绿地系统结构和形态，改善系统功能；将原本分离的各城、乡绿地景观连接起来，构建功能完好的绿地本底，形成网络化的空间结构，最大限度地发挥自然生态系统的生态功能，营造良好的人居环境。

二、规划原则

区域绿地系统规划要坚持生态优先的原则，从区域生态平衡及环境保护的角度出发，确立科学的目标体系和合理的布局结构，改善区域生态环境，落实区域绿地系统规划空间规划思路，整体考虑土地和环境资源的合理配置，追求区域长远效益和整体效益的最大化；坚持刚性控制和弹性引导相结合，长远规划与近期实施相衔接，提高规划可操作性，加快区域生态环境的建设。

（1）协调性

建设和谐人居环境要从人与自然协调发展的角度出发，即区域社会、经济要和区域生态环境协同发展，不能以牺牲、损坏环境利益来谋取局部、暂时的发展。如前所述，绿地环境系统是人类社会赖以生存的物质环境基础，区域发展各项规划要同绿地系统规划协调。

（2）系统性

所构建的区域绿地系统的规划结构体系具有城镇集聚区域绿地规划和市域绿地系统规划两个层次，两个层次间具有时序性和互动性，缺一不可。规划建设过程必须保证区域绿地景观系统的连续性和完整性，也就是要从区域发展的角度进行城镇集聚区域绿地系统规划和市域绿地系统规划。

（3）生态性

在区域绿地系统结构规划中必须以生态优先为前提，首先考虑环境生态保护和生态建设的利益需要，遵循生态优先的理念构建系统生态保护结构，并且准确定位绿地的生态保护性质，使其形成一个能健康发展的人居环境网络。

（4）连续性

连续是自然的本质特征，只有具有连续的城乡绿地系统结构，才能保证区域绿地生态功能的正常发挥。所以，区域绿地系统规划要在规划结构上遵守连续性原则，使这个连续性从单个城市到城市群再到大地景观，把人工自然和纯自然相连。只有这样才能保证整个自然生态系统中各种元素的流通，最大限度地发挥生态效益。

(5) 特色性

区域绿地系统结构与区域的自然条件、文化之间有着相互影响、相互作用的关系。因此，绿地系统规划建设必须遵循特色性原则，针对各地不同的自然、历史、文化条件制定系统结构，营造出一个具有个性和文化内涵的人居环境。

三、技术路线

1. 规划方法

(1) 规划提倡多专业的合作、多学科综合的方法①

目前，在从区域规划、城市总体规划到详细规划的各个规划层面，多专业的合作都已逐渐成为发展的需要和趋势，区域绿地系统规划也应当如此。现代绿地系统规划早已跳出园艺学和环境学的范畴，成为规划、园林、生态、旅游、地理、景观和社会人文等多学科交叉的综合性科学。尤其是针对区域尺度的绿地系统规划中的城市数量多、规模大、用地复杂等情况，更需要强调多学科融合。

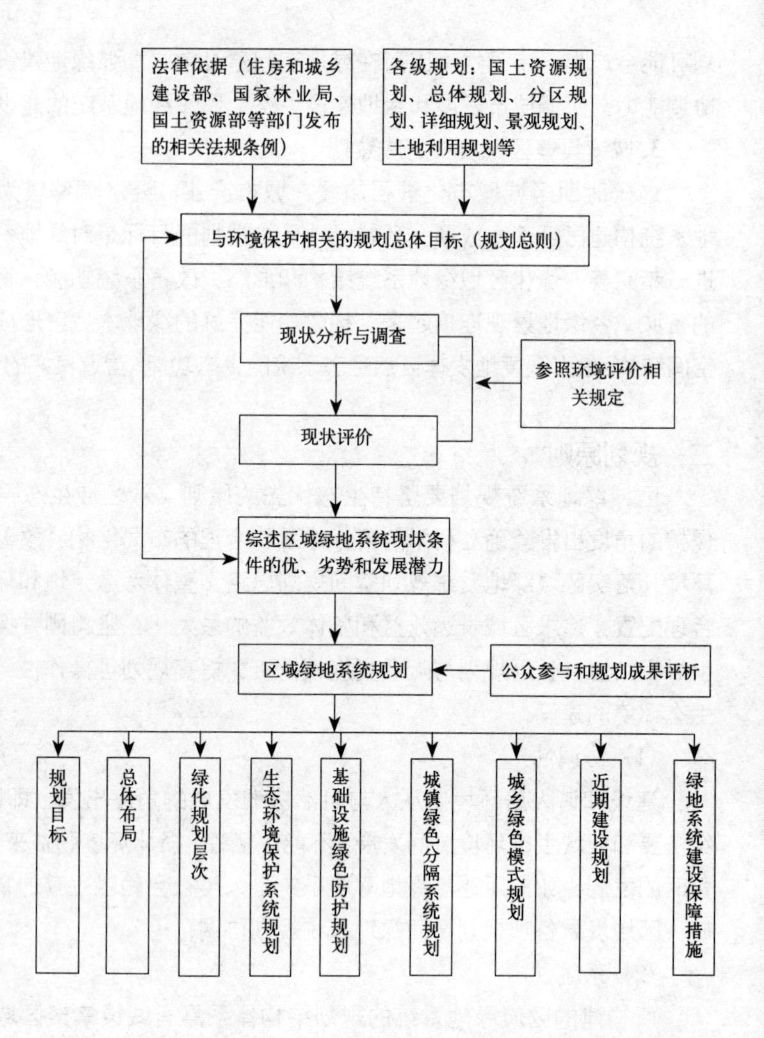

图 5-22　城镇集聚区域绿地系统规划技术路线图

(2) 加强高技术手段在规划中的应用

编制绿地系统规划必须准确掌握现状绿地的数量及分布，以作为规划定量、定性分析的依据。目前城镇集聚区域绿地现状调查的技术手段主要是通过现场踏勘并结合用地现状图与航片的使用。对于城市区域而言，这种方法既要花费大量的人力物力和时间，又无法实时掌握城市绿地的信息。近年来，随着遥感技术（RS）的进步，国内外城市将其与地理信息系统（GIS）相结合并应用于绿地的调查、研究、评价、规划与管理工作中。相对于传统手段，这类高技术手段具有精确、经济、实时等多种优势，因而应用在区域绿地系统规划中。

2. 技术路线框图（图 5-22）

① 陈万蓉，严华．特大城市绿地系统规划的思考——以北京市绿地系统规划为例[J]．城市规划，2005 (2)：93-96．

第五节　城镇集聚区域绿地系统规划内容体系

一、我国现阶段城镇集聚区域绿地系统规划存在的问题

1. 多注重绿地系统的游憩功能，忽略绿地系统生态功能

我国目前和非建设用地密切相关的城市绿地系统规划，主要还是沿用前苏联关于城市游憩绿地的规划方法和相应的定额指标，比较强调城市绿地的"游憩功能"，概括为"点、线、面"相结合的模式，规划实施考核目标单一，不能科学地反映绿地系统自然生态功能；规划更多地从人的使用、美化功能考虑绿地空间的分布、规模是否合理，即使考虑到降温、减噪、除尘等功能，也是孤立、机械地划定各类绿地的规模、类型和分布，未能充分考虑绿地生态功能的完整性发挥。

从科学的角度来看，绿地系统不应该只是人居环境的装饰品和游憩地，它更主要的功能在于为人类和动物生存提供赖以生存的物质环境空间。绿地系统以自然要素为主体，为人类生存提供新鲜的空气、清洁的水、必要的粮食和副食品以及游憩场地。因而生态适应和协同进化是人类生存活动与绿地环境之间的本质联系。

20 世纪 80 年代后，脱胎于随美国自然保护运动而兴起的区域性国土景观资源的评价和保护，美国的"大地景观规划"理论和规划模式开始在我国得到较为广泛的介绍，它的要点是比较强调绿地的"景观"功能。强调规划要从利于维护、发挥绿地系统生态功能出发，在绿地空间的生态保护价值与经济利用价值间作适当的利益选择，引导城市和区域的用地空间布局朝着符合人居环境生态平衡的方向发展。城镇集聚区域绿地系统规划要把绿地系统结构和区域空间发展结构结合起来，构建有一定规模的绿地基质、较好连接度和通达性的绿地斑块和利于物种迁徙的廊道网络的绿地景观系统，以利于绿地系统生态功能的发挥，保障人居环境质量。

2. 城乡绿地系统结构单一、孤立，未能形成网络化，影响了绿地系统功能的发挥

我国早期的区域绿地系统主要以山区荒山绿化、平原农田林网和风沙危害区的植树造林、自然保护区及风景游览区的建设为主。城市绿地系统主要突出的是市区建成区公园绿地的布局与建设。城乡绿地系统在结构、功能上未能有效地衔接，影响了绿地空间系统功能的发挥。

区域绿地系统规划坚持以城乡一体化的原则来指导绿地系统的规划和建设；从完善区域绿地生态功能的角度规划布局屏障系统、廊道系统、环境灾害治理系统等；从生物多样性、人居生态环境、水资源保护等角度考虑，规划建设自然保护区、湿地系统；从以人为本、为居民提供环境优美的游览休闲空间考虑，规划建设风景名胜区、森林公园、郊野公园等系统；从保护土地资源角度，规划建设农田系统。

3. 绿地总量规模和人均指标均较低

我国城市发展呈现人多地少、人地矛盾突出的现象，随着城市经济的快速发展，已初步形成初具规模的城镇群和都市圈，但是城镇集聚区域尺度的绿地系统规划远远落后于城市扩张的速度，许多特大城市、城镇群空间绿地总量规模、人均指标等均远远落后于世界其他国家城市。资料显示：2000 年，欧美及亚洲 20 个主要城市人均公共绿地面积为 $37.2m^2$，其中巴西利亚 $100m^2$/ 人，华沙 $90m^2$/ 人，堪培拉和维也纳 $70m^2$/ 人，斯德哥尔摩 $68.3m^2$/ 人。据世界主要城市统计，有 70% 的城市人均公共绿地达到了 $10m^2$，远远超过了北京 $8.68m^2$/ 人的水平。从国内的情况看，1999 年底，全国 667 个城市的建成区绿化覆盖总面积达 $59.1km^2$，绿地率 23%，绿化覆盖率 27.4%，人均公共绿地面积 $6.5m^2$[①]。

4. 绿地布局模式和绿地结构不尽合理

以最能反映绿地系统效能的绿地布局而论，也存在诸多不尽如人意之处。以对世界城市绿地系统规划具有示范意义的大伦敦区为例，伦敦绿地数量规模大、绿地率高，绿地和水体占土地面积的 2/3。其绿地分级系统完整，根据规模、功能、服务半径、位置等将绿地分为六级配置，环城绿带呈楔入式分布，并通过绿楔、绿廊和河道等，将城市各级绿地连成网络。此外，城区大型绿地比例也较大，$20hm^2$ 以上的绿地占绿地总面积的 67%。

与大伦敦相比，我国城镇群绿地空间系统结构相对散乱，城乡绿地空间缺乏统一布局，城郊绿地空间不断被蚕食，城市规划多注重其他功能用地的规划、建设，绿地系统规划建设脱节，城镇内部绿地空间布局也存在着总量不足、发展失衡、布局和结构不尽合理、系统不完善等方面的问题。

二、城镇集聚区域绿地系统规划范围

城镇集聚区域绿地系统规划是以自然生态系统的保护和优化为基础，充分利用农田、山体及水体岸线绿化，结合区域发展规划，全面协调绿地建设、资源保护和城市发展的关系。

区域绿地系统规划范围是城市建设用地以外对城市生态环境质量、居民休闲生活、城市景观和生物多样性保护有直接影响的绿地，包括风景名胜区、水源保护地、郊野公园、森林公园、自然保护区、风景林地、城市绿化隔离带、野生动植物园、湿地、垃圾填埋场恢复绿地等，分为区域公共开放游憩绿地，区域生态、防护绿地，区域生态恢复绿地，区域经济及生产绿地共计四个中类，具体分类详见表 2-18。

三、城镇集聚区域绿地系统规划层次

从区域绿地系统规划的时效来看，可分为远期规划和近期规划。远期规划主要是对区域绿地系统的景观结构、过程、功能进行规划，确定明确的规划目标，制定分步实施的计划，目的在于优化区域绿地生态环境，改善城乡绿地空间结构，

① 陈万蓉，严华．特大城市绿地系统规划的思考——以北京市绿地系统规划为例 [J]．城市规划，2005（2）：93-96．

改善人居环境；近期规划是在远期规划目标的指导下进行的，主要是针对区域生态环境的突出问题，制定具体的绿地系统规划建设的指标体系，并制定具体的操作方法。

区域绿地系统规划属于区域规划的专项规划之一，规划要充分利用现有的绿地空间要素进行合理配置、培育，防止城市之间无序蔓延连接；为区域城乡居民生活提供安全防护；同时要恢复、优化自然山水景观形态，促进城乡建设的可持续发展。

四、城镇集聚区域绿地系统规划的内容①

区域绿地系统规划的内容大致可分为以下几个部分：

1. 城镇集聚区域绿地系统现状分析

区域绿地系统现状分析主要是结合区域城镇经济社会发展现状，对自然资源和绿地系统的生态功能、结构形态进行综合分析，诸如区域绿地景观连接度、生态廊道结构功能、森林资源总量、林地分布状况、水源地环境保护、生态防护林（带）等现状进行全面综合的分析，找出现状绿地系统存在的问题，并对存在问题进行分级分类，便于确定规划解决问题的时序。

2. 城镇集聚区域绿地系统规划总则

在现状分析的基础上，结合区域城市发展战略，制定分步骤执行的规划目的、规划指导思想、规划重点、规划编制依据、规划范围、规划期限（近期、远期）等原则目标。

3. 城镇集聚区域绿地系统规划

在区域绿地系统规划总则指引下，制定区域绿地系统的规划目标、布局原则、总体布局、绿化层次体系规划、生态环境保护系统规划、基础设施绿色防护系统规划、城镇绿色分隔系统规划等。这一层次的规划是对规划总则的具体体现。

（1）规划目标

要制定区域总体绿地规划指标体系，如区域森林覆盖率、区域绿地景观连接度等量化指标体系，是各层次规划制定、实施、监督的依据。

（2）布局原则

布局原则要提出区域绿地系统格局的总体形态（如"山水景观形态"）、功能原则（如保护生物多样性、建立林地为主的生态廊道、整合区域内的各类绿地、构建生态网络），确定具有重要战略意义的绿地景观定位。

（3）总体布局

结合布局原则和区域内城镇发展要求，确定具体的绿地景观格局形态，即绿地景观系统的总体形态、结构特征——"绿带"、"绿环"、"绿廊"、"绿

① 邹军等．都市圈规划[M]．北京：中国建筑工业出版社，2005：193-201．

楔"、"绿网"；如苏锡常都市圈绿化系统规划总体布局中提出："结合都市圈城镇发展要求、自然山水形态及大型基础设施布局特点，构筑'一环一区、两带两线、五片六隔多点'的多层次、网络化的绿地系统布局"。

(4) 绿化规划层次

绿化规划层次要按照绿化生态保护、建设控制、协调发展的要求，划定不同的绿化规划层次。首先确定绿化范围，区域绿地系统规划是以林地建设为主的绿化空间，具体包括风景林地、城镇分隔林地、基础设施防护林地、江河湖泊水网林地、农田林地等绿化用地，充分利用和保护现有自然资源，体现生态效益和景观效益结合；然后确定绿化控制范围，绿化控制范围是在绿化范围之外设置的以保护绿化为主要功能的控制范围。控制范围一方面要限制、约束该范围内的城镇建设力度和强度，该范围内城镇建设要逐步和绿化景观衔接、过渡，另一方面要加强控制范围内的绿化覆盖。

(5) 生态环境保护系统规划

生态环境保护系统规划立足于区域自然生态本底的保护规划，结合区域的山水景观格局，制定生态林地、风景林地、森林公园等大型自然环境保护规划。

(6) 基础设施绿色防护系统规划

基础设施绿色防护系统规划主要是确保区域内的重要铁路、公路、航道、取水口等重要基础设施正常运转，减少自然灾害、环境污染、生态退化等对城乡生态安全的威胁，从而制定依托于上述基础设施的绿地系统规划。基础设施绿色防护系统规划立足于发挥绿地系统的生态功能，规划应制定详尽的绿化控制范围、控制指标。

(7) 城镇绿色分隔系统规划

规划利用山、水、湖泊、森林等自然环境要素和主要快速交通干线绿带形成城市分隔系统。城镇绿色分隔系统规划是控制城镇空间拓展规模、拓展方向、拓展形态的重要手段，绿地规划控制指标的确定要依赖于城镇空间布局、社会经济发展预测等基础资料的科学研究，因而绿色分隔系统规划要求具有较为科学的、前瞻性的规划，同时还要体现一定的灵活性和可操控性，应根据今后可能发生的城镇空间拓展变化需要进行相应的调整。

(8) 城乡绿化模式规划

主要是进行各个城乡绿化单元的规划和布局。该层次的绿地系统规划要从构建整体的城乡绿地景观空间格局入手，突破城乡发展规划的行政界限，制定具体的绿化系统规划，连通城市绿地系统和乡村绿色本底，构建整体的城乡绿地系统。

根据上一层次规划要求和城乡自然资源状况，分类、分区、因地制宜、突出重点地制定各个城乡单元的模式规划。

4. 近期建设规划

在国土规划、城市总体规划和近期建设规划的基础上，以遥感解译为技术手段，落实城市发展控制的基本生态控制线、近期建设控制线、远期发展控制线，并制定落实相应的规划指标体系的措施和管制内容。

针对区域绿地系统规划目标，结合各个城乡绿化单元的规划和布局要求，制定近期绿地建设的规划目标、规划重点、生态环境保护系统、基础设施绿色防护系统、城镇绿色分隔系统等较为具体的建设规划。

近期建设规划是实现整个区域绿地系统规划的具体措施和计划，需要结合各城乡经济社会发展具体情况制定规划目标、原则，以保证绿地建设计划的可实施性、可操作性，从而确保区域绿地系统各单元的衔接。

5. 绿地系统建设保障措施

绿地系统建设保障措施是为保障区域绿地系统规划顺利实施，制定突破行政界限，便于进行统一调度和实施的行政、法律制度。

区域绿地系统规划实施、管理和监督机制主要由两部分构成：一是规划实施的法律制度建设，区域绿地系统规划的深化落实措施，规划的实施管理（管理包括重大项目的规划建设管理、重要区域的控制管理、不同层次的区域协调管理等方面）；二是协调组织机制的建设，包括成立不受地方管辖的、直属中央的垂直管理机构来进行绿地系统规划管理。

6. 城镇集聚区域绿地系统规划文件

区域绿地系统规划文件一般包括规划文本、规划图纸、规划说明书和基础资料汇编四部分（表 5-3）。

城镇集聚区域绿地系统规划文件 **表 5–3**

序号	规划文件内容	
1	区域绿地系统规划文本	
2	区域绿地系统规划图纸	区域绿地系统现状图
		区域绿地系统规划结构图
		区域绿地系统规划总图
		区域生态环境保护系统规划图
		区域基础设施绿色防护规划图
		城乡绿色模式规划图
		城镇绿色分隔系统规划图
		区域绿地系统近期建设规划图
3	区域绿地系统规划说明书	
4	基础资料汇编	

7. 城镇集聚区域绿地系统规划需要注意的问题

（1）规划应提倡多专业的合作、加强高技术手段在规划中的应用

目前，在从区域规划、城市总体规划到详细规划的各个规划层面，多专业合作已逐渐成为发展的需要和趋势，区域绿地系统规划也应当如此。城镇集聚区域内城市分布密集、人口多、用地复杂，规划人员必须主动、充分地协调各方面矛盾，才有可能顺利衔接城市绿地规划建设的各个层次和各个环节。因此，多专业的沟通与合作在区域绿地系统规划中已成为发

展的必然趋势，也只有如此，合作的成果才能更全面地反映到规划中去。

编制绿地系统规划必须准确掌握现状绿地的数量及分布，应加强 RS、GIS 等高技术手段的应用和推广，作为规划定量、定性分析的依据，不断提高规划工作的效率。

（2）规划要与生态建设和自然保护相结合

传统的城市绿地系统规划重点在于绿地美化和防护功能的发挥，从日益突出的环境问题来看，注重生态建设和自然保护的区域绿地系统规划是有效缓解人居环境恶化、实现可持续发展的方法。规划中必须在注重城市人工绿化体系完整性的同时，兼顾自然生态特点，尽可能地将自然生态引入城市空间，协调人与自然的关系，从而实现可持续发展。特别要突破传统园林绿化的概念，利用日益完善的生态学理论，对城市的自然生态系统进行保护、恢复和建设，形成区域范围的绿地系统格局。

（3）规划要加强绿化控制带的建设

自 20 世纪 40 年代以来，世界上的很多特大城市，如伦敦、巴黎、柏林、莫斯科、法兰克福等城市布局建设了城市绿化控制带。从这些特大城市的实践效果看，无论是环形、楔形、廊道形还是其他类型的绿化控制带，对于引导和控制城市格局、改善城市环境、提高居民生活质量都具有显著作用。国内在进行绿地系统规划时充分考虑了绿化控制带，但在规划实施时往往对绿化控制带保护不力，经常突破绿带建设，造成城市无序扩张，解决办法一是在进行城市规划时要对城市空间拓展有较为前瞻、科学、充分的规划；二是要通过绿线管理加强规划的可操作性，对绿线控制管理严格依法进行，保障现有绿地空间不被蚕食、规划绿地空间有序建设。

（4）规划要着力表现城市风貌特色

国外许多著名的绿地系统的规划建设都是依托其独特的自然景观格局，结合城镇自身经济、人口、产业的发展特点进行规划，形成特点鲜明的区域绿地格局，如前面提到的荷兰兰斯塔德绿地系统，利用区域中部原有的不利于城市建设和土地利用的大片沼泽地改造建设为区域绿地系统核心，形成“心”形结构；莫斯科绿地系统规划将城市绿地和城市外围森林联系起来，形成“环状”+“楔形”结构。相比较而言，国内绿地系统规划对于区域自然生态环境特点体现不足，绿地系统规划过于模式化、程式化和简单化，没有体现区域自然环境特点。

第六节　城镇集聚区域绿地系统规划实施、管理和监督机制

一、规划实施、管理和监督机制的含义

1. 规划实施、管理和监督机制的含义

规划实施、管理和监督机制是指保障规划得以实施的相关法律、制度、机构和实施运作机制，是规划顺利实施的保障。为保障协调一致的规划执行效果，就

要有统一、高效的规划实施、管理和监督机制。

2. 规划实施、管理和监督机制的组成

一是区域绿地系统规划的深化落实和管理，包括区域总体规划、分期规划实施管理，也包括重大项目的规划建设管理，重要区域的控制管理，不同层次的区域协调管理。

二是协调组织机构、制度的建设，例如成立跨区域的空间协调管理机构来进行绿地系统规划管理。保障制度、措施要从区域绿地规划建设的角度，加强宣传、强化组织领导，制定诸如土地保障措施、财税保障等措施，完善绿化投融资机制等。

二、规划实施、管理和监督机制分析

1. 法律制度建设

根据国际经验，如德国、英国、日本等制定与我国的城镇体系规划相类似的区域性空间规划的国家，其区域性空间规划一经法定程序批准，即具有非常重要的法律地位。区域内各类专项规划，地方政府的城镇总体规划、详细规划等，都必须严格遵守区域空间规划的各项规定和要求；同时，法律也赋予规划主管部门相应的实施管理权限和手段，针对不同的情况，对重大项目布局、区域性基础设施建设、生态环境的保护等进行严格的规划审批管理，以确保区域性空间规划的实施，并确保在规划引导下的区域协调发展。

例如，我国香港是一个高度城市化地区，在高强度的城市开发和旺盛的土地需求下，郊区依然能保持青山绿水的自然格局，相当程度上是得益于香港的城市化模式一直坚持“新市镇—郊野公园”的共轭关系。郊野公园是香港对城市开敞空间和生态绿地管理的一种主要形式。从1975年开始，香港开始推进“新市镇”的新城建设，同时也开始划定和筹建郊野公园，并制定了《郊野公园法》。如今建成的21个郊野公园，既保护了郊区的自然生态环境，也为市民提供了良好的休憩场所。

再如大芝加哥地区规划为保障“中心—走廊—绿地”空间组织的主体框架，通过立法控制“走廊”（主要指连接主要中心的高速公路、轨道交通及其周边开发用地的建设）和保障“绿色空间”（指区域内的农业空间、公园绿地、湿地、水体、洪泛区等用地的自然生境）；波特兰和墨尔本大都市区的规划严格划定了城市的增长边界保护，将城市增长所需要的空间严格限定在一定的范围之内，严格立法保护边界以外的农田等自然生态环境空间，在开发政策和基础设施投入强度等方面采取不同的政策，有效地控制了城市规模和绿地空间；再如美国俄勒冈州通过立法限定城市增长边界，在1982～1997年的15年间，俄勒冈州仅有1%左右的农田被转为其他用途，其中3/4出现在城市增长界限范围内，有效地控制了城市空间增长规模。

由于我国的城市不像西方国家的城市边缘早已经确定，随着城市空间快速扩张，对建成区之外的非建设用地或者城市开敞空间缺乏科学的规划指导和有效的管理，造成了生态资源空间的不科学利用。所以要加强绿地系统规划立法和实施的监督机制。对于具有重大生命线功能的山体、湖泊等自然生态系统的规划实施，还应制定相应的生态保护补偿机制，用以弥补由于实行保育功能的规划实施使地方经济发展所受限制的经济补偿。

2. 机构组织建设

20 世纪初以来，欧美发达国家的城市化高度发展，特大城市集聚趋势增强，可能包括若干个城市区域系统，城市间的许多问题需要共同解决，一个单一的城市政府在管理城市时非常困难。在地方和区域之间还有一些过渡性质的社区，单一的城市政府很难实施管理。在欧美许多大都市区，除各地方城市设有自己的城市政府之外，在更大的范围内还设有一个联合政府，用以协调各城市之间的相关事务，形成双层次政府的体制，如多伦多、伦敦、巴黎等大都市区政府与各城市政府之间，既有职能上的分工，又有双层共管，从而形成了双层次政府体制。

许多发达国家的城市群发展都实施跨行政区域的共管自治协调制度，并取得了卓有成效的结果。比如在国际上备受关注的加拿大大温哥华地区的城市群共管自治协调制度，就是通过大温哥华地区政府董事会来实施的。大温哥华地区城市群由 21 个城市与城区组成，总人口有 200 多万，占魁北克省总人口的一半左右。为有效解决城市群发展过程中的地区规划、交通设施、供水污水处理、空气质量管理、固体废弃物处理、城市群住宅建设、城市群绿化、城市群的市政劳工就业等问题，省政府在 1965 年设立了大温哥华地区董事会，董事会成员由城市群的 21 个市、区选举出来的代表组成。其功能主要是协调区域生态环境、社区建设、城市群发展、道路交通发展。在绿地系统规划中实行的主要措施是保护绿色地带（Protect Green Zone），"绿色地带"地区经各市与区推荐划立，约占大温哥华地区总面积的 2/3 左右，用来保护大温哥华地区的自然资源，包括主要的公园、供水区、自然保护区和农业用地，通过圈定"绿色地带"来确定城市长期发展的边界。

美国也相继成立了以纽约、华盛顿、明尼阿波利斯—圣保罗等大都市区联合协调机构，用以协调跨区域的环境治理、供水、交通等问题。这些机构或联合组织既有跨界的联合组织，也有正规的大都市区政府，还有协调单一事务的组织，提供的都是地方政府无法提供的跨区域服务，与地方政府有明确的职能分工，它的存在并没有剥夺地方政府自治的权利，并充分尊重选民的意愿，提倡公众参与。

以伦敦为例，1986 年大伦敦议会被取消后，先后有伦敦规划咨询委员会（LPAC：The London Planning Advisory Committee）、伦敦论坛（London Forum）、伦敦优先（London First）、城市骄傲（City Pride）等各种半官方或者私人机构，热衷于对伦敦大都市发展战略和如何参与世界竞争进行研究和讨论。1995 年，新组建的伦敦咨询联合会（The Joint London Advisory Panel）公布了伦敦骄傲计划书，明确其目标是确保伦敦作为欧洲唯一的世界城市的地位。1996年，政府编制了另外一个文件："竞争的首都：加强伦敦竞争力的政府战略"，汇总了政府为达到保证"伦敦在世界城市顶级圈子中的坚定地位"的目标所采用的各种政策。1997年工党赢得大选后，新的大伦敦政府出现了，新政府的主要任务是负责整合和协调政策，并负责编制一个通盘的空间发展战略规划。2004年完成的由大伦敦政府主导编制的伦敦大都市区规划提出了"典范的、可持续的世界城市：民享之城、繁荣之城、公平之城、可达之城、绿色之城"的总体发展目标[①]。

就我国城市规划发展情况来看，地方政府拥有很大的权力，重复投资、重复建设的现象较为普遍。我国可以借鉴欧美国家区域协调机制的成功经验，发挥上级政府的宏观调控职能。根据我国的实际情况，有学者对区域规划协调组织提出建议，在保持现有行政区划不变的情况下，成立跨界事务如环境保护、区域供水、交通运输通信等方面的大都市区联合组织，成员由地方政府官员、科学家、民众代表等组成，运作经费由各成员政府按适当比例分摊，形成规划、协调和咨询的机制。其优点是调整幅度小，不增加管理层次，可以按照规模经济要求管理公众最关注的跨界事务，但缺点是权威性不足，难以保持中立地位，容易引发一些成员政府的抵制和不合作行为。

在区域绿地系统规划中，对于构建具有较好景观格局、形态的区域绿地景观规划，要求制定相应的法律、制度，由不受地方管辖的高层次政府、机构来执行，保障各阶段绿地系统规划建设的有效执行。

第七节　国内外城镇集聚区域绿地系统规划实例分析

一、案例1　苏锡常都市圈绿地系统规划[②]

从都市圈绿地系统规划实践来看，通过都市圈内城市的上一级政府对城市总体规划、区域性专业规划的审批管理和区域性重大设施建设的管理，为都市圈规划实施提供必要保障，通过继续组织编制跨区域的专业或专项规划，对都市圈规划的战略意图、规划要求等进行空间落实。例如江苏省组织制定苏锡常都市圈的绿化系统规划，从优化城乡空间，全面构筑、优化苏锡常都市圈绿化系统，加强都市圈生态环境建设，进一步改善人居环境的目的出发，对都市圈规划确定的城市间生态隔离、区域性生态走廊和生态空间等，进行明确的空间定位，提出具体的建设要求；规划确立生态优先的原则，从区域生态平衡及环境保护的角度出发，确立绿化指标体系和绿化布局，注重长远规划与近期建设的实施衔接。

---

① 王学锋，崔功豪．国外大都市地区规划重点内容剖析和借鉴[J]．国际城市规划，2007（5）：82．
② 邹军等．都市圈规划[M]．北京：中国建筑工业出版社，2005：193-201．

苏锡常都市圈绿化系统规划是苏锡常都市圈规划的专项规划之一，规划主要从区域环境保护、生态建设的目的出发，结合都市圈生态环境保护目标，将改善环境、保护生态平衡与发展经济、提高综合竞争力作为同等重要的目标，制定关于都市圈的绿地系统规划和管理措施。规划充分利用都市圈的绿化空间和绿色要素，对城镇空间进行合理分隔，控制城镇之间的无序连绵发展；为区域重大基础设施提供绿色防护；维护和恢复自然山水景观形态，优化都市圈整体生态质量；促进都市圈经济社会、城乡建设的可持续发展。

绿化系统规划在总体布局中结合都市圈城镇发展要求、自然山水形态构筑“一环一区、两带两线、五片六隔多点”的多层次、多功能、网络化的绿化系统布局。“一环一区”是指对环太湖山水景观格局的生态保护，构筑都市圈的绿色生态核心。“两带两线”是基础设施绿色防护系统，对沿（长）江生态防护带、沪宁交通走廊生态防护带、高速公路、铁路、航道、取水口等重要基础设施进行生态廊道建设、防护林建设。“五片”是对五片较为集中的重要水网区域进行保护和优化生态环境质量建设。“六隔”是对主要城镇建设城镇绿色分隔系统，避免城镇连绵发展。

绿化系统规划模式因地制宜、突出重点，确定平原绿化模式、丘陵山区绿化模式、基础设施绿化模式等具体的建设模式；并对近期建设作出规划，对近期建设各项指标作出具体规定。

绿地系统规划主要内容如下：

1. 现状分析

现状分析主要就苏锡常都市圈的城镇社会经济发展、自然资源及绿化系统现状进行简要分析，提出现状绿化系统存在的主要问题：森林资源总量较少、林地分布不均、森林质量不高、城镇发展空间有序控制不足、环境保护力度不够（图 5-23）。

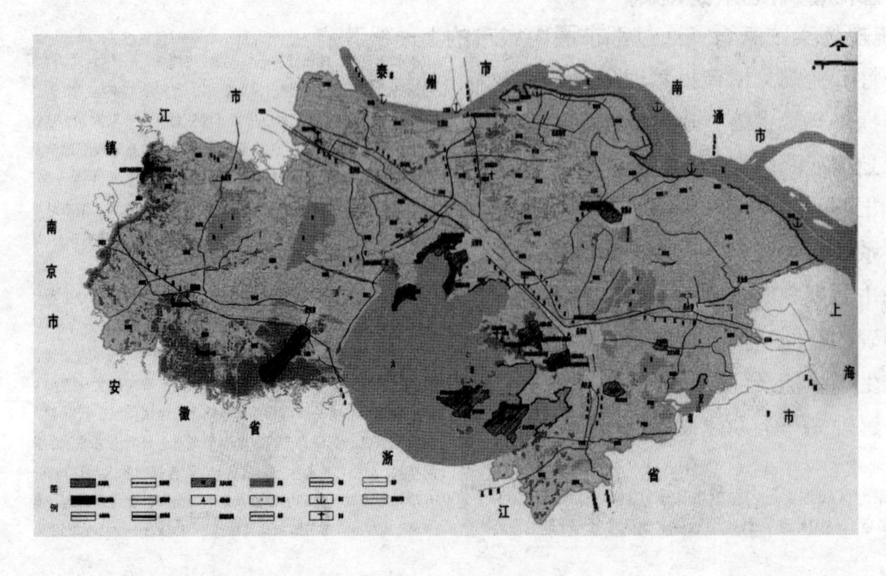

图 5—23　苏锡常都市圈绿化系统现状图

2. 总则

（1）规划目的

贯彻，落实《江苏省城镇体系规划》和《苏锡常都市圈规划》确定的优化城乡空间的原则和要求，全面构筑、优化苏锡常都市圈绿化系统，加强都市圈生态环境建设，进一步改善人居环境，提升都市圈整体环境品质，促进都市圈社会、经济可持续发展。

（2）规划指导思想

坚持生态优先原则，从区域生态平衡及环境保护的角度出发，确立科学的指标体系和合理的布局结构，改善区域的生态环境。

落实"紧凑型城市、开敞性区域"的都市圈规划思路，整体考虑土地和环境资源的合理配置，追求区域长远效益和整体效益的最优。

坚持刚性控制和弹性引导相结合，长远规划与近期实施相衔接，提高规划可操作性，加快苏锡常都市圈绿色环境的建设。

（3）规划重点

规划重点是"分隔、防护、优化"。规划充分利用都市圈绿化空间和绿色环境要素，对城镇空间进行合理分隔，有效控制城镇之间的连绵发展，为区域重大基础设施提供绿色防护，为城镇及其居民的生活提供安全防护，维护和恢复自然山水景观形态，优化都市圈整体生态环境质量。

（4）规划范围

苏州、无锡、常州三市行政区域，土地面积 1.75 万 km^2。

（5）规划期限

近期：2003 ~ 2005 年

远期：2006 ~ 2020 年

3. 绿化系统规划

（1）规划目标

构筑高质量、高效益的都市圈绿化系统，满足苏锡常地区生态平衡的系统需求，城镇建设与自然山水有机交融，景观风貌富有特色，都市圈生态、经济、社会效益兼备，具有可持续发展的动力。

至规划期末，都市圈森林覆盖率确保达到 15%，力争达到 20%。

（2）布局原则

维护和强化都市圈整体山水格局的连续性，保护生物多样性，建立以林地为主的生态廊道，将区域内的各类绿地有机组合，形成有助于改善区域环境的生态网络，提高都市圈绿化系统的综合生态功能。

维护城镇及国土的生态健康和安全，优化大环境绿化生态系统，确定具有重要战略意义的绿地景观定位，改善区域景观基质和生态环境。

（3）总体布局

结合都市圈城镇发展要求、自然山水形态及大型基础设施布局特点，构筑"一环一区、两带两线、五片六隔多点"的多层次、多功能、网络化

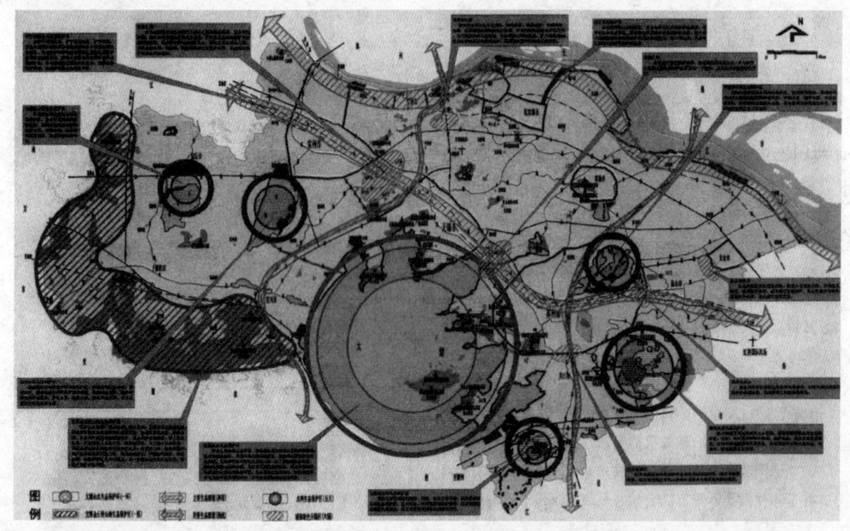

图 5-24 苏锡常都市圈绿化系统规划结构图

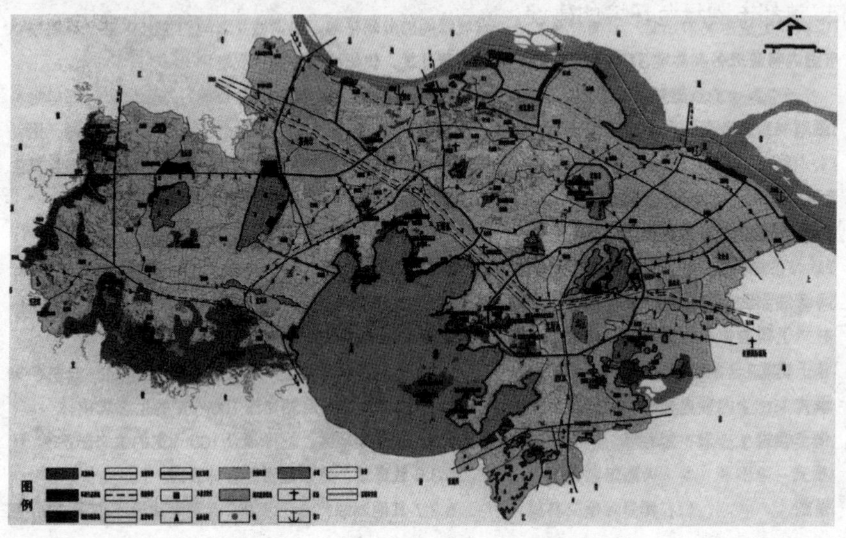

图 5-25 苏锡常都市圈绿化系统规划总图

的绿地系统布局结构（图 5-24、图 5-25）。

（4）绿化规划层次

按照绿化系统生态保护、建设控制、协调发展的要求，划定不同的绿化规划层次。

绿化范围：以林地建设为主的绿化空间，具体包括风景林地、城镇分隔林地、基础设施防护林地、环湖水网林地、农田林地等绿化林地，应充分保护和利用现有自然资源，体现生态效益和景观效益的有机结合。

控制范围：在绿化范围的外围规划设置控制范围，以保护绿化为主要功能。控制范围内城镇建设必须与绿化景观相协调，不得对绿化生态环境产生破坏性影响，同时应加强控制范围内的绿化建设，大幅度提高森林覆盖率，与绿化环境协调。

(5) 以"一环一区"为主的山水生态环境保护系统

1）太湖山水生态保护环

结合太湖优美的自然山水环境、国家级太湖风景名胜区丰富的景观资源，重点加强环太湖生态林地建设，将风景林地、环湖生态林地及其他各类绿地有机结合，形成环湖连续的绿化景观，构筑都市圈的绿色生态核心环。

2）宜溧金丘陵山地生态保护区

积极保护现有宝贵的山林资源，逐步改造、优化林相，突出重点、强调特色，大幅度增加风景林地面积，形成都市圈重要的西南部生态景观区。

3）森林公园

结合现状水系、丘陵地形合理布局森林公园，构成都市圈绿化系统中众多绿化点的有机组成部分，维护自然山水的连续性，丰富自然景观。

4）风景林地

结合重要的湖区集中规划风景林地，保持水土，改善景观环境。

(6) 以"两带两线"为主的基础设施绿色防护系统

1）"两带"

沿江生态防护带：合理利用长江岸线资源，重点加强长江岸线防护林建设，保护长江水生态系统。沿江防护林带与纵深方向的基础设施防护林带、城镇绿地、水源保护区、风景林地等各类绿地有机结合，形成都市圈北部重要的生态廊道。

沪宁交通走廊生态防护带：由沪宁高速公路、沪宁高速铁路、沪宁铁路、京杭大运河沿线防护林带组成都市圈中部重要的生态廊道。生态防护林带的建设不仅应满足基础设施防护林带的规划要求，而且应结合交通线周边的环境特点局部扩大，并与沿线其他绿地有机结合，增强生态防护功能，构成都市圈生态网络骨架。

2）"两线"

锡澄、锡宜和苏嘉杭高速公路沿线每侧划定250m宽的控制范围和50m宽的防护林带，加强与新长铁路和京杭大运河防护林带的衔接，提高生态网络的连接度，形成都市圈内两条南北向的生态廊道。

3）铁路、公路

加强铁路、公路防护林带建设，增强都市圈绿地的连接度。构筑生态廊道，形成有机的生态网络，城市之间的交通线防护林带宽度应严格按照规划要求建设，城市内部交通线防护林带可根据实际情况结合城市用地布局建设，切实保障交通的运行安全与畅通。

4）航道

加强河道滩地、堤防和河岸的水土保持工作，在五级以上航道（含五级）每侧规划50m宽的防护林带，护堤固土，防止水土流失、河道淤积。低于五级的航道每侧控制10～30m宽的防护林带。

5）取水口

加强水源地保护措施，按国家和省有关规定建立水源保护区，对取水口进行严格管理。取水口上游 1km、下游 500m、纵深 200m 的保护区范围内加强林带建设，林带宽度不小于 100m，达到涵养水源、净化水质的目的，同时严格控制污染源，加大污染治理力度，改善水质。

（7）以"五片"为主的水网生态环境保护系统

1）"五片"

结合重要的湖泊和水网密集区域建设水网生态保护区，重点加强环湖、水网生态林地和风景林地建设，充分保护和合理利用自然资源。结合农业结构调整，最大限度地增加林地总量，陆域森林覆盖率（指林地占陆地总面积的比例）达到 30%以上，形成相对集中的绿色开敞空间。保护区内除规划的各类绿化空间以外，均为控制范围，应严格控制城镇开发强度和密度，并要求开发与造林同步进行，开发面积不得大于造林面积。

北麻漾水网生态保护区：整治北麻漾周边的湖泊、河道，优化生态环境，设置北麻漾水网生态保护区，总面积 241km^2。

澄湖水网生态保护区：整合澄湖及周边地区的大小湖泊，设置澄湖水网生态保护区，总面积 333 km^2。

阳澄湖水网生态保护区：围绕阳澄湖规划水网生态保护区，总面积 256km^2。

湖水网生态保护区：以滆湖为中心规划水网生态保护区，总面积 279km^2。

长荡湖水网生态保护区：沿长荡湖规划水网生态保护区，总面积 185km^2。

2）农田林地

结合农业结构调整加强农田林网建设，推广林农复合经营模式，扩大经济林、商品林的种植面积，使农田林地在现状的基础上增加 50%。

图 5–26　苏州市周边地区绿化布局规划图

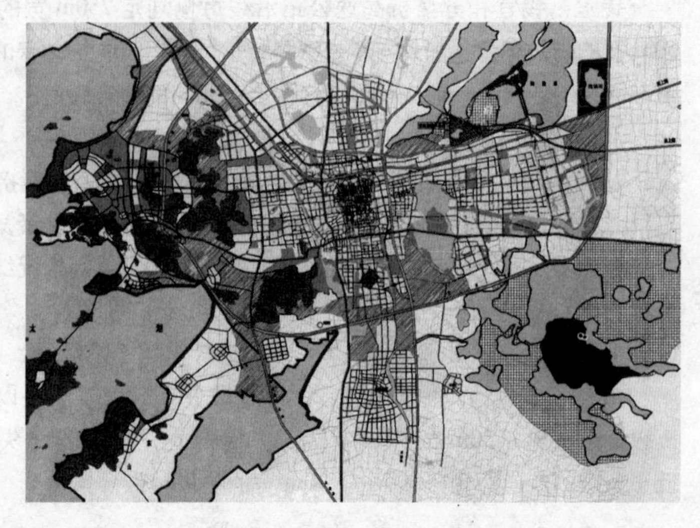

（8）以"六隔"为主的城镇绿色分隔系统（图 5-26～图 5-28）

1）六隔

在苏锡、锡常边界各自划出宽度不小于 2km 的控制范围，控制城市连绵发展。

苏锡之间：沿望虞河划定每侧 2km 宽的控制范围。

锡常之间：保留玉祁、洛社、横林、洛阳、焦溪等小城镇建设用地，结合城镇边界有机地进行小城镇之间的绿化分隔。

图 5–27（左） 无锡市周边地区绿化布局规划图

图 5–28（右） 常州市周边地区绿化布局规划图

苏州与吴江：沿苏州绕城高速公路每侧规划 100m 宽的林带作为城市分隔带。城市分隔带两侧、城市规划建设用地以外均作为城市分隔绿地的控制范围。

苏州与昆山：结合傀儡湖规划风景林地，与苏州绕城高速公路两侧防护林带相连接，形成城市之间的分隔绿地。

昆山与太仓：太仓周围沿苏太高速公路、南京至太仓高速公路、苏浏线及吴塘河，每侧划定 250m 宽的控制范围，其中每侧规划不小于 100m 宽的林带。

无锡与江阴：利用南京至太仓高速公路每侧划定 250m 宽的控制范围，加强界河风景林地、吼山森林公园的建设，扩大森林面积，使山体林地逐步向周边延伸，形成相对集中的绿色开敞空间。

2）其他城镇绿化分隔空间

江阴与张家港：沿张家港外环路每侧划定 250m 宽的控制范围，结合香山、寿山等自然山体成篇布局生态绿地，构筑自然的分隔空间，保护山体植被。

常熟：沿城市外环每侧划定 250m 宽的控制范围，与昆承湖环湖绿地相连接，成为城市的绿环。

金坛：结合城市南部的钱资荡水域规划森林公园，保护自然水体，控制城市向南延伸。

溧阳：在城市南部结合丘陵山地边缘地区的退耕还林，扩大林地面积，营造良好的生态环境。

宜兴：加强城市绿心龙背山森林公园的建设，与宜溧金山区的植被连为一体，并在东、西周边规划环湖绿带，形成城林交融的优美环境。

(9) 规划指标

到规划期末，都市圈内将建成各类林地3134.3km^2，森林覆盖率为17.9%。

4. 城乡绿化模式规划

(1) 规划原则

分类指导，分区突破，优化资源配置；适地适树，提高工程科技含量和建设质量；因地制宜，因害设防，突出重点。

(2) 平原绿化模式

针对平原地区不同类型绿化用地的绿化模式主要有：城镇分隔空间绿化子模式、高标准农田林网子模式、林农复合经营子模式、村庄绿化子模式、湿地保护绿化子模式。

(3) 丘陵山区绿化模式

针对丘陵山区不同类型绿化用地的绿化模式主要有：荒山造林子模式、林相改造子模式、现有林保护子模式、退耕还林子模式等。

(4) 基础设施绿化模式

针对基础设施的主要绿化模式有：公路绿化子模式、铁路绿化子模式、河渠绿化子模式、沿江绿化子模式、大型基础设施点防护绿化子模式。

5. 近期建设规划

(1) 规划目标

近期建设以增加森林资源总量为目标，重点加强沿江、环太湖生态防护林地、绿色通道及主要城镇分隔林地的建设，初步形成都市圈绿化系统结构，使区域生态环境有显著改善。至2005年，苏锡常都市圈森林总量在现状基础上有大幅度增加，森林覆盖率达到10.3%（图5-29）。

(2) 规划重点

加快建设以林地为主体的森林生态网络，迅速增加森林资源总量，在近期建设中控制好远期规划实施的各类绿化用地。

以控制城镇连绵发展为目的，结合城镇未来发展方向，建设城镇间的分隔林地，协调城乡之间的生态保护、环境整治和资源开发，优化城镇空间景观环境。

以构筑森林生态网络结构为目标，结合城市近郊林地和绿色通道建设，全面启动各项林业工程，加强对环湖、沿江等重点生态敏感地区的保护、培育和建设，恢复和强化其生态功能。

(3) 生态环境保护系统

1) 环太湖地区：环太湖建设200m宽的生态防护林；

2) 澄湖水网地区：沿湖建设

图5-29 苏锡常都市圈绿化系近期建设图（2003年）

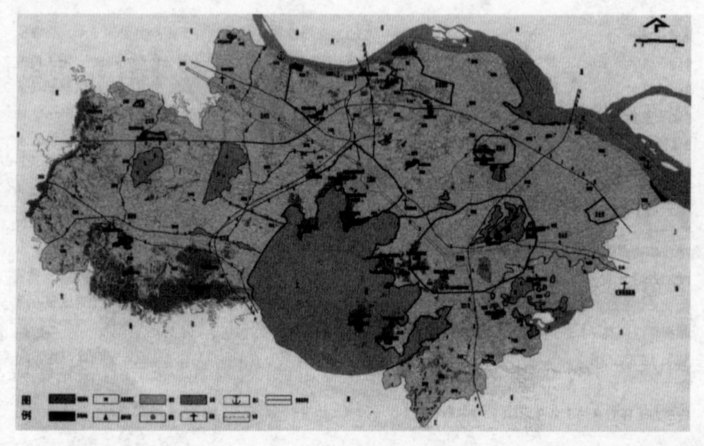

100m宽的生态防护林，沿河道建设30m宽的林带；

3）阳澄湖水网地区：沿湖建设100m宽的生态防护林；

4）滆湖地区：沿湖建设100m宽的生态防护林；

5）长荡湖地区：沿湖建设100m宽的生态防护林；

6）钱资荡：建设钱资荡森林公园；

7）其他湖泊：沿昆承湖、天荒湖建设不小于50m宽的环湖生态林；

8）风景林地：溧阳市南部结合退耕还林建设风景林地，面积23.2km^2；昆山市西部结合傀儡湖建设风景林地，面积9.5km^2；

9）新增森林公园：近期新建森林公园7个，总面积71.6km^2，其中有青剑湖森林公园，面积4.8km^2；阳光森林公园，面积5.6km^2；吼山森林公园，面积9.8km^2；钱资荡森林公园，面积10.0km^2；芳茂山森林公园，面积10.0km^2；淹涌森林公园，面积26.4km^2；小黄山森林公园，面积5.0km^2。

（4）基础设施绿色防护系统

1）沿江：在太仓浏河镇北部、常熟港西部、张家港双山岛、江阴北部要塞森林公园及利港镇西北部等沿江地区建设防护林；

2）高速公路：沿沪宁高速公路、宁杭高速公路、锡宜高速公路、锡澄高速公路和苏嘉杭高速公路每侧建设50m宽的防护林带；

3）铁路：沿沪宁铁路、新长铁路每侧建设50m宽的防护林带；

4）航道：沿望虞河、锡澄运河、德胜河、丹金溧漕河、苏申内港线、芜申运河、锡溇运河每侧建设50m宽的防护林带。

（5）城镇绿色分隔系统

1）苏锡常三市分隔空间

建设苏锡常三市的城市绿环。苏州沿绕城高速公路每侧建设100m宽的林带，无锡沿锡太一级公路、沪宁高速公路、锡宜高速公路设置城市生态绿环，每侧建设100m宽的林带，常州沿南京至太仓高速公路和沪宁高速公路设置城市生态绿环，每侧建设100m宽的林带。

苏锡之间：沿望虞河西北岸建设250m宽的林地，东南岸建设150m宽的林地。

锡常之间：沿沪宁高速公路、锡宜高速公路、新长铁路、沪宁铁路、南京至太仓高速公路两侧，按规划要求建设防护林地进行城镇分隔。

2）苏州与吴江：沿苏州绕城高速公路每侧设置100m宽的林带。

3）苏州与昆山：结合苏州绕城高速公路防护林带建设傀儡湖风景林地。

4）太仓：沿苏太高速公路、南京至太仓高速公路、苏浏线及吴塘河设置城市绿环，每侧建设100m宽的林带。

5）常熟：沿城市外环每侧建设100m宽的林带。

6）张家港：沿城市外环每侧建设100m宽的林带。

6. 绿化系统建设保障措施

制定都市圈绿化系统建设保障制度、措施，主要包括以下内容：加强宣传，统一思想，强化组织领导，实施科教兴林，完善绿化投融资机制，推进林业产权制度改革、城市绿化行业改革，土地保障措施，财税保障措施，以房以地养林措施。

二、案例2　荷兰兰斯塔德城市群绿地系统规划

荷兰兰斯塔德“绿心”在历史上曾经是一个泥炭沼泽地区。20世纪50年代，各大城市与周围小城镇发展进一步互相靠拢延伸，最终形成环形的城镇群结构。兰斯塔德是一个横跨4个省（北荷兰、南荷兰、乌得勒支和弗莱福兰），包含了全国最大的4个城市（阿姆斯特丹、鹿特丹、海牙和乌得勒支）及其间众多小城市的松散城市群。兰斯塔德内部有一个面积约400km^2的农业地带，这一绿色开放空间就是“绿心”[①]。随着城乡一体化发展，城市用地日趋紧张，政策管理不到位，造成“绿心”空间不断被蚕食（图5-30）。自20世纪50年代以来，荷兰政府进行了多次国家空间规划，希望通过保持“绿心”的开放性来提升兰斯塔德地区的空间质量，为居民提供舒适的生活环境。具体的绿地开放空间保护、规划措施如下：

1. 建立跨行政区域的统一建设协调机构，加强对绿心周边建设项目的统一协调、管理

组建了一些政府机构（如区域城市网、兰斯塔德南翼的管理平台、兰斯塔德管委会、三角洲大都市协会、绿心平台、兰斯塔德南翼顾问委员会等）协调该地区的发展与管理，其中“绿心平台”（Green Heart Platform）是首个由国家相关部委、省政府、环绕“绿心”的4个主要城市及其市政部门与相关团体共同组成的“绿心”管理职能部门，主要城市及其市政部门与相关团体共同组成“绿心”管理职能部门，其目的是为了搞好对“绿

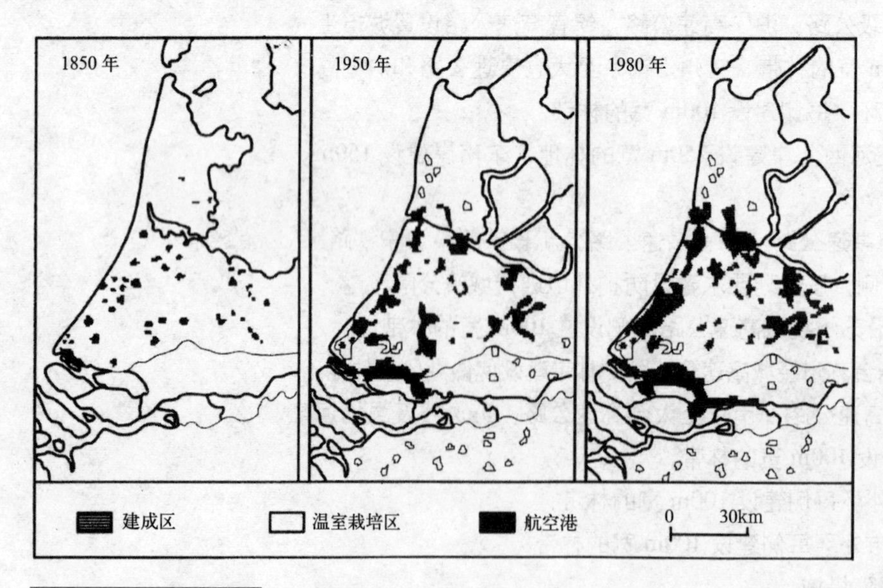

图5–30　兰斯塔德的发展

① 王晓俊，王建国．兰斯塔德与“绿心”——荷兰西部城市群开放空间的保护与利用[J]．规划师，2006，22（3）：90–93.

心”的保护及国家政策的执行与监督工作，对“绿心”周边的开发建设提出具体建设指导意见，并进行监督，用以保障“绿心”空间景观结构、形态和功能的完善。例如，“绿心平台”要求“绿心”中任何新的开发项目都要有效地改善或提升自然景观和文化景观的质量，且开发项目应包含一个指导提升景观质量的分区体系。“绿心平台”不允许在“绿心”中进行任何大规模的城市开发。

2. 绿地开放空间规划制定明确具体的措施

制定比较详细的“绿心”周边城镇发展战略和开发规划，实施优先保护绿心的战略，将“绿心”作为城市分隔的手段，将居住生活中心规划在绿心一定范围之外，制定“红线”控制城市发展范围，制定“绿线”用来划定城市发展过程中要保护的特殊生态或景观地段，以及具有全国重要性或区域重要性的绿地。1958 年，兰斯塔德制定了发展纲要，保留区与中央的农地作为绿心，确定城市向外围区发展，制定各个城市之间的“绿色缓冲地区”，形成城市之间的空间分隔，防止城市连成一片；通过“绿楔”将分散的点状绿地、面状绿地连成完整的绿地系统。

3. 制定自然生态政策

1989年，荷兰出台了自然政策规划，其中的“生态重要结构”(Ecological Main Structure) 是自然生态政策的核心部分，根据绿地系统的组成结构，将现有自然保护区内的用于自然保护和生态廊道建设的新地块都联系起来形成了网络，制定具体需要保护的生态绿地和 12 条重要生态廊道建设策略，将绿心正式命名为荷兰的“国家景观”(National Landscape)，并纳入严格的开发控制之中。保护与维持“绿心”特有的开放性，进一步提高“绿心”特殊的自然景观价值和文化景观价值（图 5-31、图 5-32）。

4. 注重保护措施的弹性

20 世纪 80 年代以来，政府开始反思城乡二元对立问题，放弃了保持“绿心”永远天然无损的理想。从 1990 年开始，保护“绿心”不再是“绿心”土地利用规划政策的惟一目标，除了严格控制商业及居住发展外，政府鼓励在“绿心”内积极发展旅游、休闲等服务业，甚至允许有条件地建

图 5-31（左） 绿心中的农用地
图 5-32（右） 河流湿地

设具有区域重要性或很高经济效益的政府项目。例如，从阿姆斯特丹到布鲁塞尔的高速轨道交通建设，为了尽量降低对"绿心"自然土地的损失和生态环境的影响，采用了长 7km 的地铁线路。

2000 年制定的第五次国家空间规划草案的重要主题是提高空间质量与土地利用效率。规划提出了三个战略：第一，紧凑利用建成区土地；第二，提倡复合利用空间，少占用乡村地区土地；第三，转变乡村地区土地利用和城区建筑的形式与功能，使其更好地满足现代生活的需要。这些主题与战略都遵循"哪里需要就集中，哪里可能就分散"的弹性原则。

从荷兰兰斯塔德城市群绿地系统规划研究中发现城市群绿地空间规划要依托区域规模的城市发展战略规划，统一布局，制定分阶段、分步骤地实施目标和控制目标，在区域绿地系统评估下，结合城市群自然景观特点构建适宜的绿地空间形态，并严格加以实施；同时还要加强如城市规划、自然保护等层面的立法工作，将绿地系统规划建设纳入法律范畴，避免开发的随意性和不连续性；再者，成立区域层次的管理机构，有效协调各行政分隔对区域绿地系统建设的影响。

本章小结

本章通过分析现代城市空间结构的发展演变特点，归纳和总结了城镇集聚区域绿地系统的功能和结构，提出了区域景观生态安全评价的措施、方法和评价指标系统，概述了城镇集聚区域绿地系统的规划原理、内容体系，同时分析了国内外的典型案例。强调在进行区域绿地系统规划时，要从生态保护角度出发，以完善区域整体生态系统功能为目的，突破传统行政管辖界限，从区域层次和高度来整合区域绿地资源，注重优化区域绿地系统景观结构，因地制宜地制定相关规划措施和管理政策。

复习思考题

1. 城镇集聚区域绿地系统规划的主要内容有哪些？
2. 试总结城镇集聚区域绿地景观结构的功能和结构。
3. 简述城镇集聚区域绿地系统规划目标定位。
4. 城镇集聚区域绿地系统规划的主要内容有哪些？
5. 城镇集聚区域绿地系统规划文件主要有哪些？
6. 构建城镇集聚区域绿地系统规划实施、管理和监督机制有何意义？

第六章　市域绿地系统规划

第一节　市域绿地系统的基本概念

一、市域绿地系统的含义

1. 市域

在我国，"市域"的概念是指"城市行政管辖的全部地域，现行行政区划中，实行市领导县（又称市带县）的市，其市域包含所领导县的全部行政管辖范围。实行县改市的市，其市含原县的全部行政管辖范围"。市域包括了城市行政管辖区域的所有城市和乡村，现代城市规划突破了以往就城市论城市的"局部"概念，越来越多地关注城市及城市外环境之间的"全局"关系，城市规划越来越注重和区域规划、体系规划、生态功能区划等宏观层面的规划衔接，在更大尺度上研究城市区域功能布局。市域规划是一个"承上启下"的重要环节，衔接区域规划和城市规划，将区域经济、社会、产业发展和布局战略具体落实到市域范围内的城乡各项规划中。

图 6–1　自然保护区

随着经济一体化发展，城镇化、城乡一体化的快速发展对于环境的影响也日益明显，许多地方出现了诸如水源污染、空气污染、土壤退化、水土流失、自然灾害频繁等环境问题，严重威胁到人类的生存环境。对于城市环境问题，人们逐渐意识到要从区域的层次，对城市及城市以外的自然生态系统功能进行恢复、重构；要对市域范围内的绿地系统进行统一的规划建设，从恢复绿地系统的生态功能来改善城乡人居环境。

图 6–2　森林公园

2. 市域绿地范围的界定

市域绿地系统包括市域内的林地、公路绿化、农田林网、风景名胜区、水源保护地、郊野公园、森林公园、自然保护区、风景林地、野生动植物园、湿地、垃圾填埋场恢复绿地、城市绿化隔离带、城镇绿化用地，各类"飞地"及城市边缘乡村的绿地（图 6-1 ～图 6-4）。

图 6–3　农田

二、市域绿地规划理论的研究进展

1. 市域绿地理论的研究进展

（1）国外有关市域绿地系统规划的研究状况

从霍华德的"田园城市"开始，西方城市规划师们在追寻一条结合城市效率和优美自然环境的城市规划道路；随着区域发展理论在西方的发展，城市绿地理论研究逐渐

图 6–4　防护林带

扩张到广袤的乡村，以麦克哈格为代表的《设计结合自然》理论认为城市与乡村应该连成一个完整的系统，作为市域绿地系统规划的大部分空间——田野、森林、河流等绿化空间，由传统的生态学专家涉及的领域纳入了城市规划师、景观设计师们的视野，将景观规划拓展到城乡一体化空间统筹考虑，绿地系统规划注重绿地景观的整体功能。

国外自19世纪中叶开始形成的绿地系统的主要理论有：

1）以伦敦规划为代表的，以控制城镇无序扩张、保护乡村用地为目的的"绿带"理论。大伦敦规划委员会从有利于大区域环境改善的目的对绿带圈内的大块湿地、生物走廊和农村地区进行重视和保护，制定了伦敦自然生境保护规划图，规划图中确立了1300余处保护区，涵盖了森林、灌丛、河流、湿地、农场、公共草地、公园、校园、教堂绿地等，改善了伦敦地区的自然生态环境，同时它对于控制城市规模、疏散大城市中心人口至外围卫星城镇起到了一定的作用。

2）既可以充分保护自然，又可以为人类服务的"绿道"理论。在北美实践应用的"绿道"理论结合了"田园城市"理论和景观规划理论中的都市开敞空间理论。绿道是对城市区域沿道路、河流等线状体系进行绿化而形成的绿色带状开放空间，通过绿道连接城市公园和娱乐场地，形成完整的城市绿地体系。把郊外的自然绿色通过绿道引入城中，使城市居民可以欣赏、体验自然景观之美；绿道实际上是一个带状的自然保护区域。将绿道作为线状网络体系，兼具生态、自然保护、交通、休闲等功能的灵活绿化空间。美国丹佛市普赖特河"绿道"就是由18个大小不一的公园串联起来的约15英里长的绿廊，具有防洪、美化、游憩等功能。

3）以景观生态学为基础，关注生物多样性，以构建具有一定功能的景观结构为核心的"生态网络"理论。"生态网络"理论从生态学角度出发，研究景观结构对生物保护、生态系统功能稳定所起的作用。

这些理论极大地扩展了传统城市绿地规划的范围，将城市绿地空间延伸至城市外围的自然生态环境中，并使之作为自然生态环境中的一部分，发挥其生态作用；城市绿地规划由"城市"拓展到了包括市域在内的广阔的"区域"环境中。国外城市绿地系统的发展历程与趋势可概括为：绿地系统由集中到分散，由分散到联系，由联系到融合，呈现出逐步走向网络连接、城郊融合的发展趋势。

（2）国内有关市域绿地系统规划的研究状况

我国早期绿地系统规划理论主要集中在城市绿地方面。城市绿地系统规划作为城市总体规划的组成部分，推进了城市绿地系统建设。有专家学者从城市绿地范围方面提出将对城市生态、景观、游憩等有重大意义的空间纳入规划控制中；从城市规划发展角度，研究市域绿地系统规划的定位、内容以及存在的问题等。

规划理论中较有影响的"山水城市"理论就是将城市人居环境和自

然山水优美景观结合，营造出传统、和谐和自然的城市生活环境；还有强调城市是社会—经济—自然复合生态系统的"生态园林城市"理论，以生态学原理建设城市生态园林，坚持以生态平衡为主导布局城市绿地，遵从生态位原则配置植物，保持物种多样性，模拟自然群落结构。

2. 市域绿地系统规划理论的发展趋势

（1）绿地系统规划研究范围不断扩大和深入

每个城市都不是孤立存在的，城市绿地系统规划不能就绿地论绿地，只有在城乡一体的基础上，城市绿地系统才能形成完整的构架。改善城市生态环境仅仅依靠市区范围内的绿地是非常有限的，城市绿地系统规划不仅要对建成区范围内的各类绿地和近郊风景名胜区进行规划，还要将市域中建成区范围之外广阔的与城乡人居环境关系较为密切的农田、山林、水域等自然生态系统纳入规划中，构建生态功能完整的绿地系统空间。市区外围绿地具有改善城市环境、形成合理的城市结构形态、满足城市居民现代生活的需求、促进城市的可持续发展等多种功能。

绿地系统规划深度不断深入，绿地系统规划从简单的绿地用地布局、定量指标规划拓展到研究完善绿地结构的生态功能、绿地系统的生态过程评估、绿地系统和城市环境的关系等方面，将绿地系统规划纳入大地景观的范畴，从较为单一的规划学科到生态学、系统论等多学科综合化发展。

（2）绿地系统功能逐渐走向生态合理化和注重保护生物多样性

绿地不是可有可无的装饰品。绿地系统是自然生态系统的组成部分，绿地系统的生态功能完善与否是绿地系统是否健康的一个评价标准。城乡一体化绿地将城市人居环境纳入生态系统的物质循环、能量交换的范畴，从整体上考虑城市系统和自然生态系统之间的物质、能量、信息交换的过程，研究绿地对城市发展的承载力以及城市景观对自然生态景观的影响，对物种迁移、物种交流等生态过程的影响。

再者，生物多样性是维护人居环境生态系统健康、稳定、自恢复的重要条件。随着人类活动范围、活动强度加大，生物多样性受到极大的威胁，保护生物多样性已经成为世界范围的共识，完善的绿地系统网络是保护生物多样性最主要的条件。

（3）绿地系统规划结构向网络化发展

绿地系统规划结构网络化是绿地系统规划发展的趋势。人们日益关注绿地系统生态效益的发挥，结合当地自然生态环境特点，优化绿地景观基质、斑块、廊道组成结构。构建网络化绿地结构有利于沟通城市与乡村的生态绿色通道，有利于构建城乡一体化的绿地结构，有利于完善绿地系统的生态功能。

如前所述，国外城市绿地系统结构的发展已趋于网络化，而国内城市绿地系统布局借鉴国外大都市经验，也在向网络化发展，构建城市绿色网络。绿色网络以保护、重建和完善生态过程为手段，利用绿廊、绿楔、绿道和节点等，将城市的公园、街头绿地、庭园、苗圃、自然保护地、农地、河流、滨水绿带和郊野等纳入绿色网络，组建扩散廊道和栖地网络等，构成一个自然、多样、高效、有一定自我维持能力的动态绿色网络体系，促进城市与自然协调。

（4）绿地系统规划注重体现城市环境特色

绿地系统结构形式多样，有以伦敦为代表的环形“绿带圈”，也有以荷兰兰斯塔德为代表的“绿心”结构，还有以莫斯科为代表的“环形＋楔形”绿地结构，这些多样化的绿地结构都和城市当地的自然环境特色有很大联系。绿地系统规划体现了城市自然环境特质，因而创造了较为独特的绿地景观结构。

（5）绿地系统规划技术手段不断创新

现代科学技术进步对绿地系统规划起到了积极的促进作用，借助现代计算机科学和卫星遥感技术，提高了绿地系统规划的效率和准确性，可以更高效地进行绿地现状调查、绿地分类的工作，甚至可以模拟绿地景观演替。

第二节　市域绿地系统的功能和分类

一、市域绿地系统的功能

1. 改善市域生态环境

随着我国经济高速发展，城乡环境污染、水土流失等环境问题日益突出，原因在于城市化过程中对环境不够重视，侵占农田、砍伐林木，导致城乡绿地系统结构被破坏、生态功能退化而带来一系列的“城市病”。

市域绿地系统规划能使城乡绿色空间相互联系形成系统，通过加强绿地布局的合理性，实现绿化的均匀分布；绿化空间和非绿化空间的相互嵌套，让绿色网络嵌入城市人居环境中去；增加绿色空间与非绿色空间的连接度，以形成大范围的局部环流；发挥最大的环境调节功能，发挥群体的更大生态效应。合理布局的市域绿地系统，将城市公园、河流廊道等绿地和乡村绿地联系起来，构建完善的区域绿地景观的点、线、面的网络体系，使城市绿地与区域生态网络连通，把郊区凉爽空气引入城市，降低城区“热岛”的温度，增加湿度。这种基于生态平衡考虑的科学合理的城乡绿化系统布局是促进整个城乡生态系统呈良性循环发展的保障。

2. 保护生物多样性

传统城市绿地系统规划的着眼点在于城市内部绿地系统和近郊大型公园、风景区等较为“孤立”的片段，虽然这些孤立存在的绿地对生物多样性保护起到一定的作用，但由于面积有限，且彼此之间及与城外自然环境之间的联系松散，所以生物的种类与生物迁移都受到限制，从市域范围进行绿地规划，通过扩大绿地范围和类型、连接城乡绿地网络、设置城乡交错带过渡地带绿地、建设防护林带、规划发展城市森林和自然保护区，

图 6–5（左）
城市公园优良环境使海鸥每年迁徙至此过冬

图 6–6（右）
城市公园的优良生境内使放养的猴有较好的生存环境

形成绿色走廊和绿色网络，在城市各“生境岛”之间以及与城外自然环境之间建立生态廊道，以建成一定规模的市域绿地有机网络，利于物种交流和迁徙，保护生物多样性（图 6-5、图 6-6）。

3. 农林生产

市域绿地中有很大部分是以农业生产为主的生产性用地。农业用地包括耕地、园地、林地、牧草地及其他的农业用地。农用地生态系统是由地貌、气候、水文、土壤、植物、动物等自然要素构成的。农用地向人类提供农作物产品，是关系国计民生的重要资源，具有直接使用的经济生产价值，同时具有无形的社会价值和生态价值。

同时，农用地也是一种重要的景观资源，它是历史过程中一定文化时期人类对土地采取特殊的利用方式所形成的景观格局，具有景观美学、游憩、生态等多种功能。农用地作为一个半自然的生态系统，全面融合了自然景观和人工景观，在气候调节、水源涵养、保护生物多样性等方面都具有优越的生态系统服务功能。

农用地规划是市域绿地系统规划、绿地景观构建中不可或缺的重要组成部分。城市对于地球生态系统而言，仅仅是一个“点”，河流、海岸及交通干线构成生态系统中的“线”，森林生态是“面”，城市、河流、海岸、交通干线及森林生态组成了森林生态网络体系。其中，农用地是沟通联系城市与自然生态系统“点—面”之间的重要枢纽，是城市发展的生态基质，与城市之间存在着“生态图底关系”。

国外都市区绿地系统规划的经验显示，农用地在绿地系统和绿地开放空间系统中具有重要的生态、社会、经济功能。例如荷兰兰斯塔德“绿心”就具备生产、环境保护、休憩等综合职能（图 6-7、图 6-8）。

图 6–7（左） 农用地景观（一）

图 6–8（右） 农用地景观（二）

图 6-9（左） 城市公园成为居民休闲的场所
图 6-10（右） 郊外公园

4. 防灾减灾

风暴、泥石流等灾害是人居环境的主要威胁，城市绿地系统对城市的综合防灾减灾有着重要的作用。研究表明，分散的“城市绿地”只能对小范围进行有限的保护，不能形成整体的防灾系统，完善而合理布局的绿地系统网络才具备防洪、防震、防火、减灾的功能，只有从整体上调整市域绿地用地布局结构、调整城市防灾绿地的布置形式并和其他防灾措施相协调统一，才能形成合理高效的防灾系统。

5. 协调城市发展

市域绿地的合理布局对城市空间结构发展起到了非常重要的作用，它可以引导、限制、调控城市发展规模、城市结构和城市发展蔓延。同样的绿地指标、不同的空间布局所起到的引导城市布局的结果是有着很大差别的。

我国城市化进程中城乡的协调发展已成为一个突出的问题。在国内一些经济较为发达的地区，城市发展速度较快，城市规模也不断扩大，与此同时，城镇发展速度表现得更为突出，城镇之间的空间分隔也日趋模糊；而市域绿地系统在发挥其生态功能的同时，可以通过“绿带”、“绿环”等形式有效限制城市规模无序扩张，限制城市的粗放式发展，有效降低城市化与资源环境的冲突程度，有助于保持整个城市系统的稳定性、协调性和舒适性。绿地在城市中的合理化布局可以有效地抑制灾害的扩展和城市的无序扩张，协调城乡有序发展，成为城市安全和空间扩展的隔离带。

6. 提高人民群众生活质量

城市绿化系统是城市景观的主体，与城市要素相结合，成为城市风貌的主体和人们游憩、娱乐、锻炼、郊游、野营等休闲活动的主要场所，满足人们日常生活休闲放松的要求。例如，城区内的各种公园绿地满足了人们日常生活的休憩娱乐，而市域范围内的公园、风景名胜区、旅游区、农业观光园区等绿地都可以成为人们接近自然的休闲度假场所（图 6-9、图 6-10），同时也可以提高绿地系统的经济利用效率。

二、市域绿地系统的分类

市域绿地是市域范围之内城市建设用地以外对城市生态环境质量、

居民休闲生活、城市景观和生物多样性保护有直接影响的绿地。

市域绿地分为区域公共开放游憩绿地，区域生态、防护绿地，区域生态恢复绿地，区域经济及生产绿地共计四个中类，具体分类详见表 2-18。

第三节 市域绿地系统规划原理

一、市域绿地系统规划存在的问题

近年来，随着我国城市化进程大大加快，城市数量尤其是特大城市数量不断增加，城市用地扩展速度较快，市域范围和用地结构产生较大变化，在城市总体规划中对市域用地控制力度逐渐加强，用地布局和调整朝向整体化方向发展，但在一些发展较快的地区，市域范围绿地系统规划还存在用地不足、结构不尽完善等问题，主要表现在：

（1）绿地总量不足

城市人口增长较快、城市用地发展规模不断扩大，占用大量农田，市域绿地总量不足。以北京市为例，北京城市规模不断扩大，城市的发展已经占用了大量的农田。1992 ~ 2002 年，北京居住用地增加了 3.3%，农田减少了 7.7%；第一绿化隔离带的面积逐年减少，在 1958 年编制的北京市城市总体规划中，隔离地区总面积为 310km^2；1980 年代减少到 260km^2；在 1993 年的总体规划修编中，减至 240km^2；第二绿化隔离带内建设用地目前已经占到 50%，构不成完整的绿带，只能成为绿楔[①]。绿地总量的减少意味着绿地生态调控功能被削弱，带来城镇生态环境质量下降。

（2）绿地布局结构和绿地网络布局不完善

近年来，我国城市绿地发展较快，但大多是公共绿地增长较快，其他绿地发展较慢；城市绿地结构类型较为单一，公园、绿地分布不均衡，分布较为零散，城市内部缺乏具有一定规模、集中的绿地斑块，绿地总量严重不足，这一现象在我国尤其以经济发展较为快速地区的特大城市更为明显，例如就城市人均公园面积而言，上海为 5.56m^2/ 人（2001 年），而国外一些大城市，如维也纳为 70.4m^2/ 人，柏林为 26.1m^2/ 人，洛杉矶为 18.06m^2/ 人，纽约为 14.4m^2/ 人，通过对比可以看出我国城市绿地总量不足；植物群落组成较为单一，绿地结构和绿地层次不足；市区外的农田、林地等绿地结构未能和城市绿地有效结合形成网络体系，城郊结合部绿地总量不足、模式较为单一，未能连通市区内外的绿地，造成市域绿地总体布局网络不完善，影响绿地生态功能的发挥。

（3）绿地空间生态服务功能不完善

长期以来，绿地规划注重绿地游憩功能，忽略绿地生态功能构建，绿地生态服务特点不明显，绿地系统在农业生产、局部气候调节、环境保护等方面作用不突出；绿地植物群落配置、绿化树种选择较多考虑景观效果，忽视生态功能特性，

① 李锋，王如松．北京市绿色空间生态概念规划研究 [J]．城市规划汇刊，2004（4）：61-64．

生物多样性保护不足。

(4) 绿地系统规划不重视发挥农业、林业等用地的功能效应

以往的绿地系统规划对城市规划区内的绿地规划和近郊风景区、公园的规划较为详尽，从绿化布局、绿化指标、植被种类等方面进行了较为细致的规划；但是对于市区以外量大面广的农业、林业等生产、防护性绿地规划考虑不周全，大多只考虑用地指标的规划，不对用地类型、用地结构形态、保护措施作出具体规划，造成市域绿地系统结构不完善，未能有效发挥生产、防护性绿地的生态、景观、经济效益。国外对于生产、防护性绿地规划不仅从绿地指标、形态进行规划，还对此类绿地的开发、经营、管理制定了较为详细的目标和措施，例如荷兰兰斯塔德"绿心"规划，充分考虑绿地的农业生产、环境保护、城市建设开发、交通基础设施规划等多方面功能，使绿地保护、开发并进，在加强保护力度的同时提高了绿地的使用效益，使环境保护、农业生产、城市建设和谐统一起来。

二、市域绿地系统规划定位

1. 市域绿地系统规划的必要性

从满足人们日益增长的环境需求来看，近年来国内城市化进程的快速推进，城市空间范围不断扩张，生活在城市环境里的人们越来越远离自然，人们更加渴望亲近自然、享受自然野趣、体验村野风情，因而对闲暇时间的休憩、娱乐要求不断增长；而且，现代社会中人们工作、生活压力越来越大，也加大了对休憩娱乐场地的需求。但是城市用地日趋紧张，难以满足城市居民日益增长的休憩娱乐要求；而市域地域广阔，市域绿地在满足保护生态、发展生产的功能的同时，能够提供各类休闲娱乐活动的用地，市域绿地系统规划对于提高人居环境质量有着重要意义。

从环境安全的角度来看，随着社会发展，人们越来越认识到环境保护对人类社会可持续发展的意义，区域层次的生态环境保护建设已经逐步开展。市域生态环境保护与建设是对区域环境保护策略的进一步深化和落实，市域绿地系统规划是市域生态环境保护的重要组成部分，也是制定下一步规划建设措施的依据，因而市域绿地系统规划对于生态安全具有重要的意义。

2. 市域绿地系统规划定位

就市域范围内的绿地环境系统功能而言，面临着经济发展和环境保护的压力，市域绿地系统规划应该和环境保护、经济建设、社会发展结合起来。因此，将市域绿地系统规划定位为：保护乡村生态环境、改善城市生态环境、协调城乡环境保护、促进经济发展和社会发展。

(1) 保护乡村生态环境

乡村生态环境的保护是人居环境可持续发展的首要前提，人类的发展不能以侵害自然环境为代价，广阔的乡村是人居环境的根本立足点。保

护乡村景观的完整性、合理性，不受城市空间拓展蚕食，是市域绿地系统规划的首要目的。

(2) 改善城市生态环境

城市是人类聚居的主要形式，城市集中了大量的人口、经济、产业，是高密度、封闭性的系统，城市环境人工化特点使城市环境较自然环境更为脆弱、易变，因而，在高度人工化的城市环境中要规划相对合理、完善的绿地系统网络，保障城市环境的安全与稳定。

(3) 促进经济、社会、环境协调发展

市域绿地系统功能的复合性决定了市域绿地具有环境保护、经济发展、社会文明进步的多重功能，市域绿地系统规划要协调各项功能，完善市域绿地在人居环境中的功能和作用。

三、市域绿地系统规划和生态功能区划

1. 市域绿地系统规划和生态功能区划的关系

生态功能是生态系统的各项基本作用的效能，是自然生态系统满足人类和其他生物基本需要的效能。生态功能区划就是根据生态系统各组成要素之间的相互关系，确定生态系统内部各组分的功能区划，是维护区域生态安全、资源合理利用的依据。由于市域绿地系统的首要功能是构建、恢复自然的生态功能，在进行市域绿地系统规划时有必要对市域进行生态功能区划，明确各类用地不同的生态功能，科学制定市域绿地系统规划中各类绿地的生态功能。

2. 生态功能区划的依据

市域绿地系统规划的一个重要目标就是通过绿地规划协调城乡发展，从而促进城乡生态系统的建设与完善。因此在对相关资料进行充分收集及现场踏勘调查的基础上，应对整个市域环境进行生态环境的评价。首先应用相关的生态学方法分析出市域范围内的生态现状，然后结合植物在生态建设方面所发挥的作用，通过市域绿地系统的构建达到改善与建设良好的城乡生态环境的目的。生态功能区划是对区域自然环境、生态系统组成特点进行功能划分，区划的主要依据有：

(1) 市域生态系统功能的特征

区域生态系统功能的特征是指对该区域的生态功能的具体特点定位，生态系统小到分子生态系统大到全球生态系统，有极明显的层次性、系统性，每个层次、每个尺度的生态系统都是上一层次生态系统的组成部分，承担着一定的生态功能。因而，市域生态系统的生态功能要依据它在上一层次生态系统的功能来确定；然后制定出市域范围内的各生态子系统功能区划。

(2) 自然地理要素特征

自然地理要素特征是指区域内的地形、地貌、水文、植被等要素，不同的自然环境特征导致不同的生态系统功能，通过自然地理要素空间分布进行分析，以保证自然要素特征和生态功能的一致性；同时，还要考虑人类活动对地理要素特征的影响以及某些特殊的生境影响。

(3) 区域社会发展状况

人类活动的范围和强度不断扩大，自然环境也随着人类利用自然、改造自然的强度发生变化，生态功能也随之调整变化。在生态功能区划时要充分考虑当地社会发展的水平和阶段、生产方式、资源利用对生态系统的影响，制定生态功能区划；同时按照环境承载力要求调整社会、经济发展模式。

3. 生态功能区划的要点

生态区划强调对生态敏感区、生态脆弱区的控制与保护。在市域绿地系统规划中，市域生态区划要根据市域生态环境的特点划定以下几个生态功能区[①]：

(1) 生态控制区

生态控制区是在保持区域生态平衡、防灾减灾，确保国家或区域生态安全方面有重大意义的区域，该区域一般以划定一定面积予以生态保护。

(2) 生态协调区（控制建设区）

生态协调区是生态环境较好，可以进行适度开发的区域，要控制好开发与生态保护之间的关系。

(3) 农业保护区

农业保护区以基本农田保护区为主体，严格控制用地，转变生产方式，防止污染，发展生态农业。

(4) 生态恢复区（建成区及城郊结合部）

生态恢复区主要为城镇和未来发展区域，该区域人口密度大、建筑密度高、环境状况较差，主要生态功能是改善生态环境，加强绿化建设，提高人们生产生活的舒适度。

例如在"北京城市总体规划（2004—2020）"中的市域生态功能区划采用了自然地理要素结合区域社会经济发展状况进行区划的方法，按照地貌、人类活动强度划分为山区、平原地区、中心城市及其城乡结合部三个生态区；山区生态功能保护与建设的重点是加强生物多样性保护、治理水土流失、推广生态旅游、防止生态污染等；平原地区是加强植树造林、减少工业对环境的污染；在中心城市及其城乡结合部，主要是控制城市规模、加强绿地等生态基础设施建设。

在"天津城市生态环境研究"中，在土地适宜性分析的基础上，针对绿地保护建设，按照自然地理环境特点，将天津市域划分为五个生态功能分区：森林生态保护区，农田、农村生态恢复区，湿地生态保护区，近海海域生态保护区，城市生态重建区。森林生态保护区主要是禁止开发建设，恢复植被，治理水土流失；农田、农村生态恢复区则重点发展生态农业，合理利用水资源；湿地生态保护区重点解决湿地生态系统恢复的问题；

---

① 商振东．市域绿地系统规划研究．北京林业大学博士学位论文，2006：66-70.

近海海域生态保护区原则上以保护为主；城市生态重建区建设和开发要和环境承载力协调，加强生态补偿和生态恢复。

四、市域绿地生态廊道网络构建

1. 市域生态走廊的内涵

生态廊道是由纵横交错的廊道和绿色节点有机构成的绿色生态网络体系[①]。廊道是指具有线性或带形的景观生态空间类型，生态廊道是连接城市公园、滨水绿带、街头绿地、自然保护地、农地、河流的结构网络，是具有一定自我维持能力的绿色景观体系，可以沟通、连接市域范围内城市和乡村的绿地，将市域绿地系统有机地连为整体。

2. 构建市域生态走廊的意义

（1）增强区域生态系统的连续性

城市作为一个开放的复合生态系统，其能量和物质的交换和循环不能在系统内平衡，需要通过与外界的交换实现完全的生态过程。生态廊道将城市、乡村的绿地系统连接起来，构成城市、农村、自然景观区和城市系统及周边地区的完整生态网络，从而形成更加稳定的生态空间保护体系。

（2）维护城市生态系统的整体性

城市绿地建设往往忽略城市中生物与环境的关系，城市自然生态系统过于人工化，导致城市自然生态系统结构支离破碎，系统抗干扰能力较低，城市人居环境较为脆弱，构建生态廊道（图 6-11）能够突出绿地系统的生态功能，将各孤立的绿地斑块联系起来，促进物种迁徙、交流，对于保护物种多样性有着重要的意义，同时对于构建功能完善的城市生态系统有积极作用。

（3）提高生态服务的可达性

生态廊道除了发挥重大的生态环境保护作用以外，还可以为人们提供多样化的休憩、娱乐、康体健身等生态服务功能。例如河流廊道可以为沿河两岸的人们提供运动、休闲场所，将绿地和人们的日常生活联系起来，提高人居环境的环境质量。

3. 生态廊道布局原则与途径

（1）注重生态效益、兼顾使用功能和景观文化功能

生态廊道的最主要的功能是生态环境保护，因而廊道的规划应以发挥生态效益最大化为原则，廊道内的植被要突出绿色空间的自然性，形成具有生态演替过程、层次分明

图 6–11　城市滨水廊道改善城市绿地网络结构

① 刘颂，刘滨谊，邬秉左．构筑无锡城市生态走廊网络 [J]．中国城市林业，2002（5）：9.

的复层网络，树种应以林木为主、避免单一的群落结构；廊道要保证有一定的宽度，便于物种迁徙，利于增强环境异质性，进而有利于物种多样性保护。研究表明只有达到一定宽度阈值以后，林带对生物多样性才会产生影响，这一阈值通常为12m。

生态廊道除了具备生态防护的功能以外，还具有公共使用功能和景观文化功能等多种功能，因而在规划时要充分考虑可达性和满足人们使用的潜力。在城市内部廊道构建中要充分考虑廊道的位置、服务范围、功能等问题，确保居民使用的便利。例如在无锡市绿地规划中，布局一定宽度和面积（一般宽度不小于8m、面积大于400m^2）的以休憩功能为主的带状公园绿地；规划沿主要河道沿岸50m以上、沿一般河道沿岸30m以上的滨水游憩绿带；沿城市主要道路沿线每侧规划平均20～100m宽的绿带，沿着绿带在居民密度较大的地方设置景观节点，便于居民使用。

（2）结合自然的多功能、多层次、多类型的廊道网络

山岳、江河水网是生态廊道规划的较为有利的自然条件，在无锡市绿地系统规划中，结合无锡优越的自然条件和交通系统，将西南部低山丘陵、河流网络、道路绿化串联起来，同时将城市公园、广场、小游园、“花园式”单位绿地作为节点，形成具有“一心、四环、四轴、四楔、多核”特点的绿地生态廊道网络。规划中将面积达914hm^{2}的惠山、锡惠公园、青山公园等大型城市绿地作为生态廊道网络的核心；将环绕城市中心区的城市绿环和城市外围生态大环境背景作为廊道网络的“绿环”，其中城市绿环由沿三条主要城市环路两侧的宽约20～100m的绿带组成，城市外围生态大环境背景环则将城市西南部的太湖、山体、森林、农田、防护林、风景林等包含在内，构筑市域环境的“生态背景”；规划将三条南北向道路绿带和一条东西向沿河绿廊作为廊道网络的“四轴”，将城区绿地和城外的防护林带、苏锡之间的生态隔离带联系起来；由于城市形态呈“楔形”发展，相对应地形成了从城郊生态背景环深入市区的“绿楔”布局，“绿楔”将城市外围生产绿地、区级公园、植物园、风景区、防护绿地、湿地等绿地和城市绿地系统连起来，形成较为连续的绿色开放空间。

在规划中还结合城市水网特点，沿河、沿湖均考虑设置滨水绿带，滨水绿带和城市公园、附属绿地等联系起来，在便于使用的同时营造出极具特色的城市文化景观（图6-12、图6-13）。

图6-12（上）无锡沿湖山体绿带
图6-13（下）无锡沿湖景观

五、市域绿地系统规划中的城市森林构建

1. 城市森林的概念

城市森林是指在城市地域内，以树木为主体的植被所构成的森林生态系统，它是城市生态系统十分重要的组成部分。美国肯尼迪政府在户外娱乐资源调查中，首先使用"城市森林"（Urban Forest）一词，1974 年在英国举行的第十次国际林业会议明确提出将城市森林作为城市生态系统的一个子系统。从城市整体来考虑森林的结构和功能，它不仅包括城市内部绿地，也包括城市周围的林带和城市外围以森林为主体的林地。城市森林是追求生物多样性的生态绿地，是净化城市空气的"绿肺"，良好的城市森林能有效地保持大气中二氧化碳与氧气的平衡，缓解热岛效应和温室效应，净化水体，稀释分解有毒有害物质，降低城市噪声和电磁波污染，缓解城市化进程给生态环境带来的压力。在我国最新完成的林业发展战略研究中，到 2050 年要使全国 70%城市的林木覆盖率达到 45%以上，达到"城在林中、路在绿中、房在园中、人在景中"的布局要求；要建成以林木为主体，分布合理、植物多样、景观优美的城市森林生态网络体系，这个体系包括城区公园、园林绿地、河流道路宽带林网、森林公园以及自然保护区等，最终要在城市的中心区、近郊和远郊协调配置成"绿色生态圈"①。

我国在 20 世纪 80 年代开始进行城市森林的研究，比较有影响的概念就是把城市森林作为一个与城市体系紧密联系的、综合体现自然生态、人工生态、社会生态、经济生态和谐统一的庞杂的生物体系，并举行以城市森林建设为主题的"国家森林城市"评选活动，截至 2007 年，全国绿化委员会、国家林业局授予贵州贵阳（图 6-14）、辽宁沈阳、湖南长沙、四川成都、内蒙古包头、河南许昌及浙江临安为"国家森林城市"。

2. 城市森林规划原则

中国林业科学院科学家彭镇华把城市森林规划建设原则归纳为：生态优先、体现以人为本；师法自然，注重生物多样性；系统最优，强调整体效果；因地制宜，突出本土特色四条原则。强调林网化、水网化是基于城市的森林、水系特点，整合核心林地、林网散生木等多种模式，有效增加城市林木数量，通过森林连接各种级别的河流、沟渠、塘坝、水库等，恢复城市水体，改善水质，实现在整体上改善城市环境、提高城市活力的林水一体化城市森林生态体系。

图 6–14　城郊山水绿化空间

① 曹伟．城市 · 建筑的生态图景[M]．北京：中国电力出版社，2006：182–184．

3. 城市森林规划要求

图 6–15　城市湖泊成为涵养水源、构建完善林网水网的重要组成部分

按照2005年中国林业局公布的〝国家森林城市的评价指标〞中对城市森林规划的相关要求如下：

（1）综合指标

1）编制实施的城市森林建设总体规划科学合理，有具体的阶段发展目标和配套的建设工程。

2）城市森林建设理念切合实际，自然与人文相结合，历史文化与城市现代化建设相交融，城市森林布局合理、功能健全、景观优美。

3）以乡土树种[①]为主，通过乔、灌、藤、草等植物合理配置，营造各种类型的森林和以树木为主体的绿地，形成以近自然森林为主的城市森林生态系统。

4）按照城市卫生、安全、防灾、环保等要求建设防护绿地，城市周边、城市组团之间、城市功能分区和过渡区建有绿化隔离林带，树种选择、配置合理，缓解城市热岛、浑浊效应等效果显著。

江、河、湖等城市水系网络的连通度高，城市重要水源地森林植被保护完好，功能完善，水源涵养作用得到有效发挥（图 6-15），水质近五年来不断改善。

（2）覆盖率

1）城市森林覆盖率[②]南方城市[③]达到35%以上，北方城市达到25%以上。

2）城市建成区（包括下辖区市县建成区）绿化覆盖率[④]达到35%以上，绿地率[⑤]达到33%以上，人均公共绿地面积达到9m^{2}以上，城市中心区人均公共绿地达到5m^{2}以上。

3）城市郊区森林覆盖率因立地条件而异，山区应达到60%以上，丘陵区应达到40%以上，平原区应达到20%以上（南方平原应达到15%以上）。

（3）森林生态网络

1）连接重点生态区的骨干河流、道路的绿化带达到一定宽度，建有贯通性的城市森林生态廊道。

2）江、河、湖、海等水体沿岸注重自然生态保护，水岸绿化率达

① 乡土树种：指本地区天然分布的树种。根据城市绿化的特点，对于一些引种期长、生长良好、已经经过本地区极端温度等环境条件考验，达到引种成功标准的树种，也可以作为乡土树种使用。

② 森林覆盖率：是指以行政区域为单位森林面积与土地面积的百分比。森林面积，包括郁闭度0.2以上的乔木林地面积和竹林地面积、国家特别规定的灌木林地面积、农田林网以及村旁、路旁、水旁、宅旁林木的覆盖面积。

③ 北方城市和南方城市的划分以秦岭、淮河为界线。

④ 建成区绿化覆盖率：指在城市建成区的绿化覆盖面积占建成区面积的百分比。绿化覆盖面积是指城市中乔木、灌木、草坪等所有植被的垂直投影面积。

⑤ 建成区绿地率：指在城市建成区的园林绿地面积占建成区面积的百分比。

80%以上。在不影响行洪安全的前提下，采用近自然的水岸绿化模式，形成城市特有的风光带。

3）公路、铁路等道路绿化注重与周边自然、人文景观的结合与协调，绿化率达 80%以上，形成绿色通道网络。

(4) 森林健康

1）重视生物多样性保护。自然保护区及重要的森林、湿地生态系统得到合理保育。

2）城市森林建设树种丰富，森林植物以乡土树种为主，植物生长和群落发育正常，乡土树种数量占城市绿化树种使用数量的 80%以上。

3）城市森林的自然度[①]应不低于 0.5。

4）注重绿地土壤环境改善与保护，城市绿地和各类露土地表覆盖措施到位，绿地地表不露土。

(5) 公共休闲区建设

1）建成区内建有多处以各类公园、公共绿地为主的休闲绿地，使大多数市民出门平均 500m 有休闲绿地。

2）城市郊区建有森林公园等各类生态旅游休闲场所，基本满足本市居民日常休闲游憩需求。

(6) 乡村绿化

1）采取生态经济型、生态景观型、生态园林型等多种模式开展乡村绿化。

2）开展郊区观光、采摘、休闲等多种形式的乡村旅游和林木种苗、花卉等特色生态产业健康发展。

第四节　市域绿地系统规划的内容

一、市域绿地系统规划的目标

由于市域绿地系统不同于以往的城市绿地系统规划，其规划范围较广，因此市域绿地系统规划更应强调其战略意义。通过市域绿地系统规划，首先要形成整个城市的绿地框架，为城市的景观建设搭建平台；其次，通过市域绿地系统规划促进整个城市的可持续发展；第三，通过绿地系统规划加强对城区及周边地区的空间建设，保护自然环境，加强对敏感地区的保护及脆弱环境的恢复。

二、市域绿地系统规划的原则

市域绿地系统规划针对市域绿地功能应考虑以下原则：

(1) 统筹协调

由于市域范围较广，用地类型多样，因此，市域绿地系统应以统筹全局为主，将此专项规划提升到协调城市发展的高度，避免先建房，后种树的情况。注重绿

① 城市森林自然度是对区域内森林资源接近地带性顶级群落（或原生乡土植物群落）的测度。

地在整个绿地系统中的空间布局关系，协调好各区域间的发展关系，既保证整个市域中的各区域有充分的拓展空间，同时又通过绿地布局避免各区域的盲目发展，促进城乡一体化的发展。

（2）生态优先

市域绿地系统规划要将生态原则放在规划中的重要位置，比如种树选择方面，就应充分考虑当地的植物资源，通过绿化对当地植物进行有效开发与利用，绿化布局的形式应根据不同区域的情况具体分析。

（3）因地制宜

市域绿地系统范围广大，地形多样，结合自然环境状况，确定有针对性的绿地规划。

（4）远期为主，兼顾近期

针对整个市域范围的绿地系统规划应以远期效果为主，注重远期绿地框架的形成；同时对环境条件较差的局部区域通过加强绿化工作，使其短期内的环境条件有所改善。

三、市域绿地系统规划的布局

因为市域范围较广，所以市域绿地系统规划的布局不完全与传统的城市绿地系统规划的布局形式一致。

商振东结合景观生态学提出了两种模式[①]：

第一种模式是以绿色廊道连接面状绿地的结构模式。这里的面状绿地指大面积的森林、自然保护区、覆地、水域、林地等绿化环境较好或具有重要生态价值的区域。绿色廊道是借鉴国外绿道（Green Way）的成功模式，结合现状河流、道路、带状林地等形成的绿带。

第二种模式是以绿色廊道和面状绿地（主要指农田、菜地等农业生产绿地）叠加形成的一种结构模式，这一模式的基础是农田林网。为了更有效发挥绿色廊道在联通性和生物多样性等方面的作用，可根据现状及绿地布局的总体情况，结合农田防护林、沿海防护林的建设，增加局部林网的宽度。

市域绿地除结合城市绿地系统规划常采用的块状、带状、环状、楔形、放射环状、点网状、环楔形等绿地形式外，市域绿地系统规划的布局形式更应从市域绿地系统协调与统筹城市发展的角度出发，因地制宜地形成不同布局形式。首先，正如前述我国现阶段的市域范围不统一，因此要统一为几种布局形式较为困难；其次，市域范围较广，同时我国幅员辽阔，固定的几种布局形式较难适应复杂的地域环境。

因此，在进行市域绿地系统布局时可分为两个阶段：

1）从生态的角度，结合城市总体规划及发展战略对绿地系统结合地形进行布局。

---

① 商振东．市域绿地系统规划研究[D]．北京：北京林业大学博士学位论文，2006：78-79.

2）在遵循市域绿地系统布局的原则下，针对市域内的不同组成部分（城市行政范围辖区、城乡交错区及村镇）进行绿地规划。

市域绿地系统的布局要充分考虑当地实际情况，结合当地有利自然条件（山体、湖泊、水系）进行规划。

四、市域绿地系统规划的内容体系

（1）规划内容

除与常规的城市绿地系统规划内容相同的部分外，市域绿地系统规划应重点突出以下几个方面：

1）在规划开展前应对规划对象进行相应的资料收集，包括自然及人文两个方面，了解当地的历史文化；到达现场后应进一步补充完善上一阶段工作，尤其对当地植物资源应有充分深入的调查研究，了解掌握现有用于市域绿化的植物，在此基础上找寻其他适于当地环境可用于市域绿化的植物；并以座谈、访问及问卷等形式了解当地人们对市域绿地建设的意见。在充分调查的基础上，市域绿地系统规划应对市域范围进行一个绿地及环境生态方面的分析及评价，从而在下一步方案规划中明确市域绿地建设及结构布局，对市域环境起到统筹建设的作用。

2）根据市域土地利用总体规划及发展战略，结合现状绿地、自然环境条件及生态环境分析与评价，明确市域绿地系统的结构、布局、范围和控制界限。

3）市域绿地系统规划是关系到城市生态系统平衡和可持续发展的绿色空间规划，规划中应充分结合城市自然系统及人工系统的现状布局结构特征，并兼顾自然与人工系统之间的相互作用，从而使市域内绿地布局更为科学合理。

4）划定自然保留绿地系统，对具有重要生态功能的区域实施恢复与重建。

5）依据自然法则规定生态功能区划，根据生态功能区划，确定第一生态功能区的生态功能，在生态承载力范围内，控制开发利用强度，满足社会经济发展的需求。

6）规划市域总体布局结构，形成生态绿网。维护景观生态过程与格局的连续性，在城市上风向建设楔形及防护林地，有效改善城市环境。

7）开展市域范围内的生物多样性保护与建设规划，包括物种多样性保护规划、植物多样性规划、生态系统多样性规划、遗传多样性规划和景观多样性规划等。

8）制定生态保护措施及生态管理对策，资金投入措施，实施步骤及近期建设内容。

（2）规划成果

规划成果包括规划文本、规划图纸、规划说明书和基础资料汇编等四部分的内容，其中规划文本和规划图纸经审批后具有同等法律效力，规划说明书是对规划文本和规划图纸的具体说明。

具体规划图纸应包括以下几部分：

1）市域区位分析图：具体分析其在城镇集聚区所处的位置及生态绿化背景关系。

2）市域生态环境状况分析图：从地质、水文、土壤、气候等各个方面分析现状区域状况。

3）市域现状土地利用状况分析：具体划分出现状土地利用的范围、界限。

4）市域历史文化资源分布图：将市域范围内的历史遗迹、文化资源的具体分布情况反映在图上。

5）生态适宜性分析图：根据相关因子分析得出市域范围内用地的适宜性。

6）生态功能区划图：依据生态适宜性分析划分出生态控制区（生态保护区）、生态协调区（控制建设区）、生态恢复区（建成区及城乡结合部）、农业保护区等到生态功能区。

7）市域绿地系统规划结构图：明确市域绿地系统的规划结构及空间发展形式。

8）市域绿地系统规划布局图：明确农、林、田、网等各类区域的具体分布范围、面积。

9）市域绿地类型规划图：根据各类用地的布局情况，分别对生产绿地、自然与文化保护绿地、游憩绿地、防护绿地、生态恢复绿地等各分支类型作相关深入规划。

（3）规划程序（图 6-16）

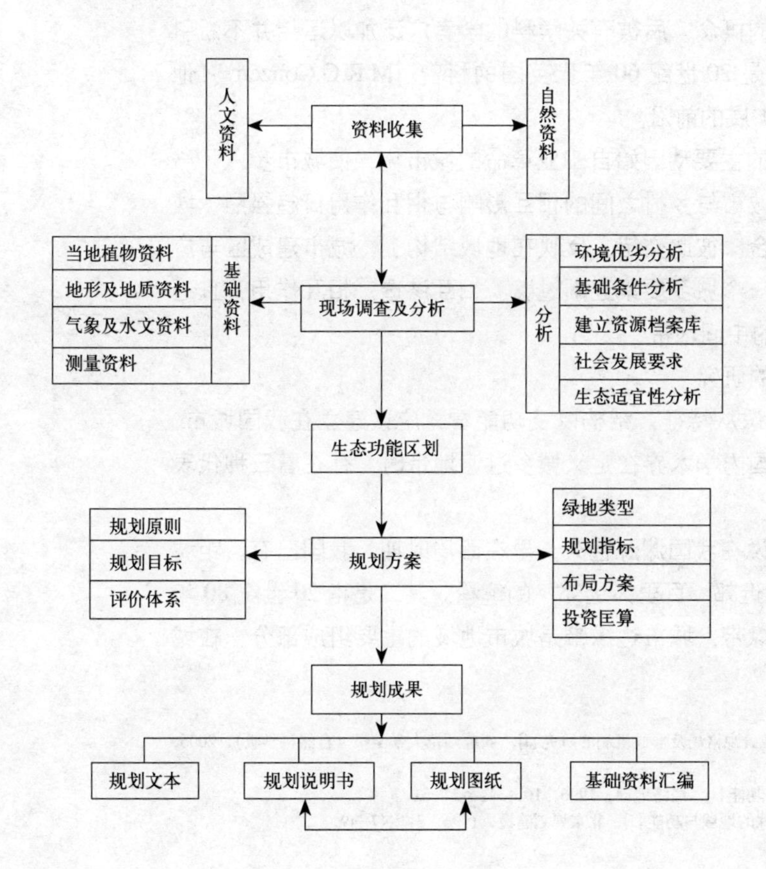

图 6–16　市域绿地系统规划程序图

第五节　市域绿地系统规划中的重点调控地带

一、城乡交错带绿地系统规划

完整的市域范围内均包括城区与乡村地区，因此由市区向乡村的过渡地带必然存在。在这一地带中的绿地建设对整个市域范围内的生态环境建设发挥着重要作用。由于其特殊的地域性，处于城乡的边缘区相对比较脆弱，容易被蚕食、破坏，使之本身乃至整个区域都容易受到侵扰，直至丧失功能，因此，需加以重视。

（1）交错带绿地系统的演进发展

1）城乡交错带

在研究城乡交错带绿地系统之前应该了解"城乡交错带"的定义及内容，从字面上理解，"城乡"应该包含城市、乡村两个部分。

① 城乡交错带的由来

自19世纪末[①]中欧地理学特别是城市地理学从城市形态学与形态发生学的角度提出了"边缘带"这一涉及城乡过渡地带的概念以来，历时近一个世纪。过渡地带日益突出的社会经济地位吸引了众多的学者，纷纷从不同的角度与实证研究中，归纳总结自己对过渡地带的认识，从而在传统边缘带的基础上衍生出一系列不同的术语，如"城市边缘带"、"乡村——城市边缘带"、"城市郊区"、"城乡结合部"、"城市影响区"等。1936年[②]，德国地理学家赫伯特·路易斯（H.Louis）最早使用了"城市边缘带"的概念，后被有关学科的学者广泛加以运用并不断引申与发展，其中较有影响的是20世纪60年代英国的科曾（M.R.G.Conzen），他认为城市边缘带是城市地域扩展的前沿。

城乡交错带在西方产生的主要动因始自工业革命的城市化，使城市步入了一个全新的郊区城市化阶段，城市与乡村之间的相互影响与相互作用日趋强烈，城乡的各种景观与功能相互融合、彼此交错。反映在地域结构上，城市建成区与广大农村相连接的部位出现了一个城乡要素逐渐过渡、相互渗透、相互作用，且边缘效应明显、功能互补强烈的中间地带。

②我国关于城乡交错带的研究

我国对城乡交错带的认识从特征、结构以及功能看，应该建立在我国城市、乡村二元系统之上。目前，国内学术界在定义城乡过渡地带时，存在着三种代表性的观点[③]：

其一是指郊区。郊区之说在我国渊源甚久。早在西周时期，我国已有"距城百里为郊"，其中"五十里为近郊，百里为远郊"的解释。其二是指20世纪80年代中期从西方引进的城市边缘带。城市边缘带是城市地域的重要组成部分。在城

---

① 李芝灵，张芬，徐国强．城乡交错带景观格局及形成机制的研究[J]．新疆师范大学学报（自然科学版），2006，25（3）：231-234．

② 陈佑启．试论城乡交错带及其特征与功能[J]．经济地理，1996，16（3）：27-31．

③ 陈佑启，郭焕成．城乡交错带：特殊的地域与功能[J]．北京规划建设，1996，3：47-49．

市边缘带以外，还存在着一个被国外学术界称之为"乡村边缘带"的地区，其城市特征与城市化水平不如前者，却已经脱离了典型的乡村地域系统，在土地利用、经济水平、居民结构、社会意识、价值观念等方面深受城市的影响。因此，城市边缘带只有与乡村边缘带一起，才能真正构成整个城市系统向乡村系统过渡的地区。其三是我国规划界与土地管理部门所提出的城乡结合部。该概念的提出是为了便于对城市规划区外缘进行规划与管理，主要是指城市规划市区范围内的边缘地带，因此，城乡结合部与城市边缘带在本质上并没有多大区别。

另外，陈佑启[①]教授所提出的"城乡交错带"的概念，指出"城乡交错带"随着城市化进程的加快，城市和乡村之间的相互影响与相互作用日益增强，城乡的各种景观结构与功能相互融合、彼此交错；反映在地域结构上，是在城市建成区域和农村相连接的部位出现的、兼具城市和乡村特点的、相互作用强烈的生态交错区域。

因此，由以上论述可以将"城乡交错带"理解为城市与乡村交错的区域，而其中的绿地则应称为"城乡交错带绿地"。

2）生态交错带[②]

①生态交错带

景观生态学中涉及的"生态交错带"（Ecotone）源于1905年，由克莱门兹（Clements）首次提出，最初的含义为张力带（Tension Zone），意指从两侧生物群落来的物种在此受到某种胁迫。1959年奥德姆（Odum）强调了该概念的重要性，把"生态交错带"作为两个群落之间的过渡带。长期以来"生态交错带"作为生态实体出现在生态学中，多指不同群落间的交错带，如森林—草原交错带、乔木—灌木交错带等。20世纪80年代以来[③]，"生态交错带"得到进一步的重视和深入的研究，德卡斯特（Di Castri）和国际环境科学委员会（1992）定义"生态交错带"为"相邻生态系统之间的过渡带或称为生态交错带。它具有由特定时间、空间尺度以及相邻生态系统相互作用程度所确定的系列特征"。

②边缘效应

与区域腹地相比，边缘区地处关联区域间的信息、物质、能量流作用的通道区，可便捷获得异质信息，通过对物流、能流的中转使边缘区的特质能量更加丰富，对环境的适应力更强，使边缘区具有明显的多样性和高度的异质性，即边缘效应。

边缘效应在性质上有正效应和负效应。正效应表现出效应区（交错区、交接区、边缘）比相邻的群落具有更为优良的特性，例如生产力提高、物种多样性增加等。反之则称为负效应，负效应主要表现在交错区种类组分

---

① 陈佑启．城乡交错带名辨[J]．地理学与国土研究，1995，11（1）：47-52．
② 傅伯杰等．景观生态学原理及应用．北京：科学出版社，2001：66-71．
③ 赵羿，李月辉．实用景观生态学[M]．北京：科学出版社，2001：105．

减少，植株生理生态指标下降，生物量和生产力降低等。

(2) 城乡交错带绿地系统的作用

随着我国社会经济的发展，城市化进程的加快，小城镇的不断发展，城市边界不断向外延伸，尤其在我国东部经济发达地区逐渐出现了城镇连绵带、新的城镇聚集模式等，同时，它们间的绿化问题也日益突出，城乡交错带绿地的规划也日趋重要；植物作为地球生态系统组成的重要部分，从景观生态学的角度出发，在生态交错带中也发挥着重要的作用。

1）城乡交错带的特征

①过渡性。城乡交错带是城市（镇）与城市（镇）、城市（镇）与乡村交错区域，因而在景观结构、空间特征方面具有相邻单元的特征。

②极化现象。城乡交错带绿地系统的生境空间较易出现极端化情况。如在一些交错带中由于远离城市中心，同时也无污染单位的存在，这样的交错地带往往自然环境条件优越，适于植物生长；相反，有的交错地带同样远离城市中心，然而却布置有大量污染单位，从而造成对自然环境的破坏，植物生长环境不尽如人意。

③边缘效应。由于交错带处于各单元的界面处，环境条件趋于复杂。如林缘风速较大，促进了蒸发，会导致边缘生境干燥。边缘区的空间形态具有水平空间上的镶嵌性、垂直空间上的成层性与时间分布上的动态延展性特征。边缘区与核心区之间具有相对性，存在动态转化的可能[①]。

2）城乡交错带的景观生态问题

①原有的生境消失[②]，生态系统遭到破坏。城乡交错带是城市化不断发展，城市向乡村蔓延的结果。近年来，由于城市的盲目扩展，大量的人工景观要素在城乡交错带内与农村景观要素混杂，导致交错带内自然、半自然景观较为破碎，景观结构及功能脆弱，景观连续性差，整体布局不够合理，生态系统遭到严重破坏。

②生态连通性降低。在城市建成区与农村地区之间的公路也破坏和隔断了生物的迁徙路径和栖息地，减弱了廊道的生态功能。同时，由于城市多采用工程措施保护河堤，也使河流廊道的自然生态过程中断，降低了生态的连通性。

③自然景观和人文景观不协调[③]。由于各种不同外来人文景观渗入，对本地人文景观的保护不力，对自然景观的改造利用没有注意与当地人文景观的结合，使得城乡交错带的人文景观复杂多样，缺乏整体性。

3）城乡交错带绿地系统的作用[④]

①景观生态学中对生态交错带的景观生态作用：

A. 被动扩散：相邻景观要素具有的热能及外貌的差异，导致能量（风、热量）、物质（尘埃、霄）和有机体（花粉、种子、孢子）等生态流沿压力差的方向运动，相邻景观要素差异愈大，生态流的速度愈大。

① 邢忠．边缘区与边缘效应——一个广阔的城乡生态规划视域 [M]．北京：科学出版社，2007：28.
② 秦莉萍．城乡交错带景观生态规划初步探讨 [J]．四川林业科技，2005，26（3）：60-62.
③ 陈彩虹，胡锋，李辉信．南京市城乡交错带的景观生态问题与优化对策 [J]．南京林业大学学报，2000，24：17-23.
④ 赵羿，李月辉．实用景观生态学 [M]．北京：科学出版社，2001：106-111.

B. 主动扩散：相邻景观要素间由于物、隐蔽物、觅食条件等差异，导致生活在交错带内的动物为寻求更为适宜的生境在相邻景观要素间往来运动。

C. 过滤器或屏障：生态流经过交错带，一部分流可顺利通过，一部分流受到阻碍，交错带犹如半透膜，起到过滤器和屏障的作用；针对这一特点，比如在高速公路两侧植树，植物带则发挥了屏障的作用，降低了对所经地区的干扰。

D. 聚集：生物或无机物流流经交错带会发生聚集，形成物种和种群的高密度带以及无机物的聚集地；在交错带中，植物种类则表现出种类数较周围地区多。

E. 源：在生态流流动过程中，交错带可为两侧景观生态系统提供能量、无机物和生物有机体来源，导致生态流向两侧生态系统的净流动，起到生态流中"源"的作用。

F. 汇：与源的作用相反，交错带能起到吸收两侧能量、无机物和生物流的作用。

G. 栖息地：多数物种需要两个以上的生境条件，交错带是生境的边缘，为相邻生境边缘种的栖息提供了绝好的条件。而绿地系统中的植物形成的群落则成为重要的栖息地。

植物是自然生态系统的重要组成部分，因此城乡交错带绿地系统具有部分生态交错带的功能。

②环境保护作用[①]

首先，城乡交错带绿地可以结合不同城市（镇）与城市（镇）、城市（镇）与乡村间的关系作为城市的防护林带进行规划设计，如相邻城市（镇）中有的城市是工矿等重工业城市，因而城乡交错带绿地可在规划设计时结合防护林带设计，包括防风林、防火林等。其次，由于城乡交错带所具有的过渡性特征，城乡交错带绿地中的植物可成为城市污染扩散的缓冲带。第三，城市交错带绿地结合城市周围地形、城市主导风向等因素设计，可将绿地中植物所产生的氧气及水汽有效地送入城市，净化城市空气，缓解城市热岛效应。

③作为城市绿化隔离带

由于我国经济的高速发展，许多城市（镇）规模不断扩大，而城乡交错带绿地作为城市绿化隔离带是有效限制城市摊大饼似盲目扩张的有效手段。正如《城市绿地分类标准》中对城市绿化隔离带的解释，"不同于城市组团绿化隔离带的城市绿化隔离带指我国已经出现的城镇连片地区，有些城镇中心相距 10 余 km，城镇边缘已经相接，这些城镇应当用绿色空间分隔，防止城镇的无序蔓延和建设效益的降低。"另一方面，城乡交错

① 陈佑启．试论城乡交错带及其特征与功能 [J]. 经济地理，1996，16（3）：27-31.

带绿地在一定程度上对物种分布起着阻碍作用。在生态交错带中，一些鸟类喜欢平行于生态交错带活动。

④生态保护及农业生产效应

城乡交错带绿地具有生态交错带的特征与功能，由于边缘效应的作用，城乡交错带绿地在边缘区的植物物种相对丰富，因此也可相对提高生物多样性，从而创造了一个物种丰富，自然环境条件优良的区域。城乡交错带与乡村连接的一侧往往都是农业生产区，因此可以进一步发展成为现代农业园区，促进农业生产。

⑤景观美化及风景旅游

许多城市（镇）的周边地区本身就植被丰富，风景优美，具有良好的自然环境条件，有的还分布着一些历史文化古迹，因而是美化城市、建设风景区的良好区域。如在植被生长良好、水源充足的城市上游地区可以建设郊野公园、森林公园及植物园，而在城市下游地区则可建设野生动物园等。另外，伴随着现代新农村的建设，城乡交错带绿地也可结合原有农业项目，进行统一的规划设计，开发农业观光项目。

这些项目的建设美化了城市周边环境，提高了绿地率，也丰富了城市（镇）居民的生活，促进了经济发展。

(3) 城乡交错带绿地系统规划

1) 城乡交错带绿地系统规划

①规划原则

A. 依托自然风貌

城乡交错带绿地一般占地区域较广，宽度较宽，其宽度从几千米到数十千米不等，不可能进行大规模的地形改造，因此绿地规划一定要结合当地地形，因地就势进行绿化建设。

B. 持续性原则

城乡交错带绿地建设的持续性表现在以下两方面：首先，在对当地植物资源充分调查的前提下，结合当地气候条件选择适宜当地生长的植物；其次，绿地在规划设计中应用植被生态学理论，构建符合当地环境的植物群落。

C. 根据城市总体规划统筹安排

首先，城乡交错带绿地规划要依照城市总体规划，甚至区域规划开展，结合城市的发展，使城乡交错带绿地布局合理、结构优化，符合城市及区域的发展战略，避免与城市发展相冲突，造成不必要的无谓建设[①]。其次，城乡交错带绿地规划还应结合城市交通干道建设将城市（镇）联系起来，道路是城乡间最常见的人工设施，而城乡交错带绿地能有效地缓解机动车对环境造成的影响。

②规划程序和内容

由于城乡交错带范围相对模糊，所以在城乡交错带绿地规划中，首先要对规划范围有明确的界定；其次要结合交错带的特定经济、环境条件确定城乡交错带

① 徐坚，周鸿．城市边缘区（带）生态规划建设[M]．北京：中国建筑工业出版社，2005：115．

绿地类型；第三，由于城乡交错带绿地建设所需植物数量较大，要对当地植物资源进行深入调查，选择符合设计要求的乡土树种。

在明确交错带范围的基础上，对交错带展开以下调查：

A. 自然资料调查

气象资料：温度（月平均气温、极端最高和极端最低气温）、湿度（最冷月平均湿度、最热月平均湿度、雨季或旱季月平均湿度）、降水量（月平均降水量和年平均降水量）、积雪、风（平均风速、风向）。尤其注意极端气候现象在交错带的表现，如极端温度的持续时间、积雪厚度等。因为这些因素都影响到交错带绿地中植物物种的选择与运用。

土壤资料：对土壤类型的确定，不同类型土壤的分布及其理化性质。

植物资料：对交错带中原有植物分布、类型、乡土植物及生长状况的调查。从而分析在交错带中适合生长的植物群落类型。

B. 人文资料调查

交错带一侧多为乡村，通过人文方面的调查，了解当地的文化传统、典故、传说，是否存在名胜古迹，对当地居民生活习惯的调查，在此基础上在进行交错带绿地规划的时候结合当地文化习俗和人民生活习惯，设计适合当地的绿地形式，发挥绿化美化及经济效益等多重效应。

C. 周边环境质量调查

调查周围是否存在环境污染源，确定污染范围，在交错带绿地规划中充分考虑污染因素，使绿化能最大限度地减低其污染影响。

通过以上自然环境、人文及周边环境的调查后，在规划前作出相应的分析与评价，进而确定绿地的形式、规模及具体的物种选择等。

a. 结构分析

充分考虑交错带两侧（城市与乡村、城镇与城镇）的情况，并将城市总体规划、发展需要一并考虑，结合交错带区域内的自然地形特点，确定交错带绿地结构形式。

b. 环境保护与景观分析

对存在污染源的地区进行环境评价，得出其污染影响，确定绿化植物选择；在环境条件优越的区域划出相应的保护区，加强管理。在作出以上相应判断后，就交错带区域内的植被景观恢复或保护制定出发展计划，通过人工手段加快植被群落的恢复或群落的稳定性。

c. 文化、经济分析

针对交错带两侧（城市与乡村、城镇与城镇）经济发展情况的差异、文化活动形式的差异，通过绿地规划设计满足不同的文化休闲及经济发展需求。

d. 防灾分析

结合当地实际，针对地震、洪水、飓风等自然灾害，在交错带绿地中设计相应的场地、设施以对应以上特殊情况的出现。

2）城乡交错带的主要功能分区

①农业区

在部分以农业为主的城市，其城区周边均是大面积的农田，作为重要的生态绿化基质，因此在交错带绿地建设中则应以防护林带为主，使其对农业生产区域有较大的保护作用。另外，某些生产水果等经济作物的农业区可以结合农业观光园进行交错带绿地规划。

②风景旅游区

城乡交错带绿地所在区域占地较广，自然环境条件优越，适合建设以下风景旅游区：

A. 森林公园

森林公园是利用城市（镇）周边良好的植物资源，在其中设计各种休息设施与场所，并设有四通八达的人行步道及空旷场地，为人们提供休息和集体活动的场所。大城市的森林公园通常占地 300 ～ 500hm^2。

B. 植物园

植物园按其性质可分为综合性植物园和专业性植物园。综合性植物园兼有多种职能，即科研、游览、科普及生产。一般规模较大，占地面积在 100hm^2 左右，内容丰富。专业性植物园指根据一定的学科专业内容设置的植物标本园，如树木园、药圃等。这类植物园大多数属于科研单位、大专院校，所以又可以称之为附属植物园。

C. 野生动物园

该类型动物园多数位于城市的远郊区，用地面积较大，一般在上百公顷。并模拟动物在自然界的生存环境群养或敞开放养，游人可以在自然状态下观赏野生动物，富于自然情趣和真实感。

3）种植设计

城乡交错带绿地占地面积较大，种植设计中一般较多运用林植、群植及结合道路布置的列植等手法。

①林植

以大量树木进行栽植的配置方式，称为林植。树林可粗略分为密林与疏林。密林林木郁闭度为 0.7 ～ 1.0，林地道路广场密度为 5%～ 10%。密林又有单纯密林和混交密林之分，前者简洁壮阔，后者华丽多彩，但从生物学的特性来看，混交密林比单纯密林好。疏林中的树种应具有较高观赏价值，疏林林木郁闭度为 0.4 ～ 0.6。由于疏林里林木密度较稀疏，常把疏林与草地结合营造，称为疏林草地。

②群植

群植通常是指由 20 ～ 30 株树木混合成群种植的配置方式。作为主景的树群，其主要立面的前方，至少在树群高度的 4 倍、林群宽度的 1.5 倍距离内，要留出空地，以便游人观赏。树群栽植地标高最好能高出外围地段，形成向四面倾斜的地形，以利于排水和突出主景。树群在树种选择和组合配置时，除了像孤植树、树丛那样考虑其与周围环境的生态关系外，还应注意树群内部植物之间的生态关系。如单就光因子而言，作为第一层的大乔木应为喜光树种，亚乔木层可为半耐阴的，灌木层中分布在东、南、西三面外缘的宜为喜光的，而分布在乔木庇荫下及北面的灌木可为半耐阴或阴性的。

③列植

列植是指树木按一定的株行距成行成列地栽植的配置方式。列植形成的景观比较整齐、单纯；列植与道路配合，可构成夹景。列植多运用于规则式种植环境中，如道路、建筑、矩形广场、水池等附近。列植具有施工、管理方便的优点。

当然，根据城乡交错带绿地的不同类型，如农业观光园、植物园等中还可运用孤植、对植、篱植和丛植等方法。

二、生态敏感区绿地系统规划

市域范围内部分地区存在一些“生态敏感区”，在市域绿地系统规划中应充分考虑到这些区域的绿化。

(1) 生态敏感区定义

对于生态敏感区的定义学术界还没有完全统一的定义，现介绍以下几个主要关于“生态敏感区”的定义[①]：

房庆方等 (1997)[②]将生态敏感区定义为：对区域总体生态环境起决定性作用的大型生态要素和生态实体，并指出其保护好坏决定了区域生态环境质量高低，其主要特征是对较大的区域具有生态保护意义，一旦受到人为破坏将很难有效恢复，也可是规划用来阻隔城市无序蔓延、防止城市居住环境恶化的非城市化地区。

徐福留等 (2000)[③]将生态敏感区特指为两种或两种以上不同生态系统的结合部，是生态环境条件变化最激烈和最易出现生态问题的地区，也是区域生态系统可持续发展及进行生态环境综合整治的关键地区。

骆悰 (2000)[④]指出城市生态敏感区和城市建设敏感区是根据城市布局、功能发展和生态环境建设的要求，在城市区域范围内需控制发展和保护的地区。

邢忠 (2001)[⑤]将城市内的一些自然生态环境区因特殊的生态价值或地质地貌条件而不适于城市建设的区域，特称为自然生态敏感区，它们具有抗干扰阈值低、生态因子相对脆弱的特点。

本教材结合绿地系统规划认为市域生态敏感区主要指市域范围内易受人为及自然环境改变影响的区域，对于该区域的建设和发展规划应以生

① 达良俊，李丽娜，李万莲，陈鸣．城市生态敏感区定义、类型与应用实例[J]．华东师范大学学报（自然科学版），2004 (2)： 97-103．
② 房庆方，杨细平，蔡瀛．区域协调和可持续发展—珠江三角洲经济区城市群规划及其实施[J]．城市规划，1997，22 (1)： 14-17．
③ 徐福留，曹军，陶澎等．区域生态系统可持续发展敏感因子及敏感区分析[J]．中国环境科学，2000，20 (4)： 61-365．
④ 骆悰．上海市城市发展敏感区划分研究与对策[J]．城市规划汇刊，2000 (5)： 19-22．
⑤ 邢忠．“边缘效应”与城市生态规划[J]．城市规划，2001，25 (6)： 44-49．

态保护和生态恢复为主，严格控制开发强度，并通过合理的绿地布局改善该区域的生态环境。

（2）生态敏感区类型

达良俊（2004）[①]等结合自然特征及土地利用性质提出了以下几种类型：

1）自然保护型

自然保护型生态敏感区指本身自然度高，一旦受到干扰不易恢复，需要加以保护的自然区域，主要包括森林山体、河流水系、沼泽、海岸湿地；野生或特殊稀有动植物栖息地；河岸带、海岸带等"生态交错带"；生态风景区、自然景观旅游区等重要的生态系统。

2）环境改善型

环境改善型生态敏感区对周边乃至整个区域的生态环境具有调节改善的作用，主要包括公园、城市绿地、城市森林等。

3）用地控制型

用地控制型生态敏感区是用以控制城区向外无限扩张蔓延，防止城市无序发展的带状、环状以及块状区域，主要包括重要交通干线两侧的控制用地，城市功能性片区间的长期控制用地等非建设用地。

4）污染影响型

污染影响型生态敏感区是指一旦管理或治理不善，将有可能会对其周边甚至整个区域的生态环境造成危害的区域。主要包括污染型工业区、污灌区、垃圾填埋场等。

5）资源储备型

资源储备型生态敏感区指用于土地资源储备和后续利用的区域，主要指城郊的农田、水源地、大型水库、矿产资源区、地热区等。

李团胜等（1999）[②]、张伯宇[③]认为生态敏感区类型包括河流水系、滨水地区、山地丘陵、海滩、特殊或稀有植物群落、野生动物栖息地以及沼泽、海岸湿地等重要生态系统。

（3）生态敏感区绿地规划

市域生态敏感区绿地规划除遵照城市绿地系统规划的相关原则及步骤外，应注意将生态敏感区进行分类，然后根据各敏感区特点展开绿地规划。现以上海浦东新区[④]作为例子加以说明：

表 6-1 反映了浦东新区生态敏感区类型及其内容。在图 6-17 中，自然保护型生态敏感区包括位于长江水道南北槽分界的九段沙滩涂湿地，南起华夏林克斯，北至五洲大道的浦东东部海岸带以及浦东运河、川杨河、白莲径等市政三级以上

---

① 达良俊，李丽娜，李万莲，陈鸣．城市生态敏感区定义、类型与应用实例[J]．华东师范大学学报（自然科学版），2004（2）：97-103.

② 李团胜，石铁矛，肖笃宁．大城市区域的景观生态规划理论与方法[J]．地理学与国土研究，1999，15（2）：52-55.

③ 张伯宇．环境敏感区[EB/OL]www.edu.tw/tgru/lscape/lscapeb/6-9.htm

④ 达良俊，李丽娜，李万莲，陈鸣．城市生态敏感区定义、类型与应用实例．华东师范大学学报（自然科学版）.2004，6：100-101.

浦东新区生态敏区类型及其内容　　　　表 6–1

类型	内容
自然保护型	九段沙滩涂湿地、河口海岸带、河流及河岸带
环境改善型	公园绿地、楔形绿地、主要干道景观生态林带
用地控制型	外环线生态林带、环新城及中心城镇周边的长期控制用地
污染影响型	工业污染区和垃圾堆埋场
资源储备型	远郊的大面积农田

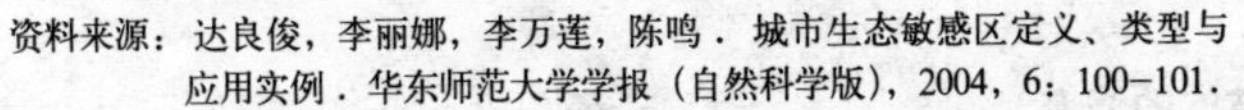

资料来源：达良俊，李丽娜，李万莲，陈鸣．城市生态敏感区定义、类型与应用实例．华东师范大学学报（自然科学版），2004，6：100-101．

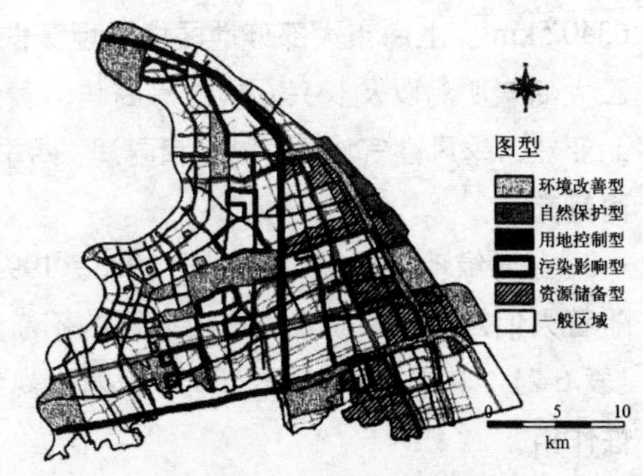

图 6–17　浦东新区生态敏感区分类图

河流及其河岸带；环境改善型生态敏感区主要包括世纪公园、明珠公园等浦东新区建成区内的公园绿地和黄楼、热带海宫等规划建设中的主题公园，以及分布在三林、北蔡、三岔港等乡镇的大型楔形绿地和远东大道、世纪大道、龙东大道、五洲大道、迎宾大道等主要干道两侧的景观生态林带；用地控制型生态敏感区主要包括外环线外侧和环机场镇、川沙镇等主要城镇的生态林带；污染影响型生态敏感区主要包括高桥工业区、外高桥港区和金桥出口加工区等工业区，以及三林塘垃圾堆埋场和江镇垃圾堆埋场；资源储备型生态敏感区以远郊的大面积农田为主。在实施上可采取以下规划：例如，可在高桥工业区、金桥出口加工区等工业区，以及三林塘垃圾填埋场和江镇垃圾填埋场周围，以具有吸收和吸附污染物质能力、抗污性强的树种为主，建设一定规模的防污染隔离林带，以此减缓对周边的影响．用地控制型生态敏感区内可规划建设生态林带，用以阻隔城市无序蔓延。另外，在横穿浦东新区的外环线外侧建设规划宽度为 500m 的林带，一方面可以起到控制城市无限扩张的作用，另一方面也是浦东新区大型生态廊道建设的主要构架。林带内可适度进行低密度开发，修建一些康体、休闲、娱乐活动设施。在浦东外环线以外的远郊区域，作为农业经济的发展基地，首先要极力保护现有的大片农田、果园等，用来防止居住环境恶化，并结合“小城镇发展计划”的实施，调整和优化农村城镇结构，归并零散居住的自然村，同时对废弃宅基地进行生态复垦，以此增加用作资源储备的土地，为城市发展留出开发余地和发展空间。

第六节　市域绿地系统规划案例介绍

一、案例 1　上海绿地系统规划[①]

上海位于北纬 31°14′，东经 121°29′。地处长江三角洲前缘，东濒东海，南临杭州湾，西接江苏、浙江两省，北界长江入海口。上海全市面积

① 张浪．特大型城市绿地系统布局结构及其构建研究——以上海为例[D]．南京：南京林业大学博士学位论文，2007：91-120．

6340.5km²。上海市大部分地区位于坦荡低平的长江三角洲平原。境内辖有中国第三大岛崇明岛以及长兴、横沙等岛屿，黄浦江及其支流苏州河流经市区。上海属北亚热带季风性气候，气候温和湿润，四季分明，春秋较短，冬夏较长，日照充分，雨量充沛。

上海绿地系统规划分别于1983、1994和2002年进行了三次系统性的规划，随着人们对绿地系统规划理论认识的不断深入，绿地系统布局结构也在发生转变（表6-2）。其中，1994版、2002版两次规划对城市绿地系统布局结构产生了关键性作用。

上海绿地系统布局结构的演变 **表6-2**

阶段	规划指导思想	布局结构突变特点
20世纪80年代初	园林绿化	提出中心城园林绿地规划设想和郊区园林绿化设想，开辟3条环状绿带，布置楔形绿地、公共绿地、专用绿地，完成了城市绿化建设从"见缝插绿"到"规划建绿"的历史转变
20世纪90年代初	生态学原理	打破"城乡二元化结构"，规划大环境绿化建成区绿地的均匀分布，规划环城绿带和楔形绿地
21世纪初十一五期间	大都市圈绿化林业布局结构	"环、楔、廊、园、林"的市域绿化结构结合"环、楔、廊、园、林"总体布局结构，推进"二环二区三园、多核多廊多带"的绿化林业布局结构

资料来源：张浪．特大型城市绿地系统布局结构及其构建研究——以上海为例[D]．南京：南京林业大学博士学位论文，2007：91-120.

1. 1983版上海绿地系统规划

当时对城市绿地系统规划缺乏足够的认识和重视，并未认识到城市绿地功能和作用对于社会、经济发展的重要作用。因此，城市绿化建设与经济发展、城市基础设施建设不能同步。

2. 1994版上海绿地系统规划

应用了生态学原理作为规划指导思想，布局结构以郊区防护林、滨海林地、滩涂绿化、果园、经济林、风景区为城市外围大环境绿化圈；以人民广场、人民公园、外滩和苏州河河滨绿化、公园、游园及各种特殊空间绿化组成的市中心绿化为核心；以道路、河道绿地为框架网络；框架内公共绿地、专用绿地、各种绿色空间合理布置；十条放射的快速干道绿带、五大片楔形绿地为绿色通道将新鲜空气导入市区；全市形成中心增绿，四面开花；南引北挡，绿楔插入；路林结合，蓝绿相间；星罗棋布，经纬交织，形成多功能的、有特色的、多效益的、完整的绿地系统。全市绿地布局归纳为：一心两翼、三环十线、五楔九组、星罗棋布，即：市中心绿色核心，浦东和浦西联动发展，三圈绿色环带、十条放射绿线、五片楔形绿地、九组风景游览区、线，各种绿地星罗棋布。

规划对全市绿地系统和各类绿地进行合理布局、综合平衡，规划范围为市域范围（6340km²），分主城、辅城、郊县（二级市）中心城区和郊县集镇等四个层次展开。规划涉及了生物多样性保护行动计划的制定，并转变了观念，实行城乡结合，注重大环境绿化，使发展绿地与调整农业结构结合，建成区与市郊绿化协同发展，公共绿地与专用绿地、生产绿地齐头并进。

20 世纪 90 年代初，上海根据建设国际经济、金融、贸易中心和生态城市的总体目标，在 94 版的城市绿地系统规划编制上，体现了不少的创新之处：

1）引入了生态学原理，按照"城市与自然共存"的原则，体现以人为本，改善市民生存环境和改善经济发展必备的投资环境，使生态环境建设和经济、社会协调持续发展。

2）打破"城乡二元化"的局限性，面向全上海实行城乡结合的大环境绿化，各类绿地建设全面推进，整体发展。

3）合理调整城市绿地的布局，结合旧区改造，拆房建绿，使绿地均匀分布。

4）把国外特大城市绿地系统布局中的"环、楔"结构引入，规划环城绿带和楔形绿地。

5）规划中提出公园分类分级和服务半径的理念。

3. 2002 版上海绿地系统规划

2002 版绿地系统规划，涉及整个市域范围。根据绿化生态效应最优以及与城市主要风向频率的关系，结合农业产业结构调整，规划集中城市化地区以各级公共绿地作为核心，以郊区大型生态林地为主体，以沿"江、河、湖、海、路、岛、城"地区的绿化为网络连接，形成"主体"通过"网络"与"核心"相互作用的市域绿化大循环。市域绿化总体布局为"环、楔、廊、园、林"。使城在林中，人在绿中，为林中上海、绿色上海奠定基础。中心城区公共绿地规划的结构以"一纵两横三环"为骨架、"多片多园"为基础、"绿色廊道"为网络、开敞通透为特色，将环、楔、廊、园、林相结合（图 6-18、图 6-19）。这是绿地系统布局结构的第二次重要突变。

2002 版规划在中心城特别是内环线以内地区挖潜增绿，大幅度增加上海的绿化规模和效应，以绿化生态效应为核心，各级绿地协调发展，从根本上改善上海的生态环境质量，并坚持：

1）结合中心城旧区改造，特别是黄浦江、苏州河沿岸地区开发，加快公共绿地建设。

2）结合城镇体系规划和小城镇建设，以生态城镇发展为核心，提高郊区城镇绿化水平。

3）结合市域产业布局调整，特别是市级大型产业基地的建设，形成具有鲜明产业特点的绿化格局。

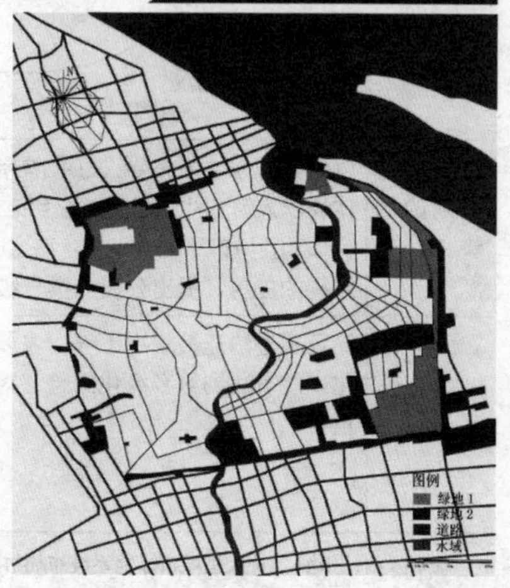

图 6-18（上） 上海市绿化系统规划图
图 6-19（下） 上海市中心城总体规划图——中心城绿地规划图

4）结合郊区农业产业结构调整，实施退耕还林计划。

5）结合重大工程项目和重大基础设施建设，推进配套绿化建设步伐。

6）结合郊区“三个集中”，将归并、置换出的城镇和农村居民点用地以及散、乱工业用地等用于集中造林。

7）结合自然保护区和风景名胜区的保护，有计划地造林增绿。

8）结合滩涂资源的开发、利用，大面积造地增绿。

上海市1994年和2002年绿化系统规划布局模式比较见表6-3。同时，自2004年以来，初步形成沟通城郊、环抱中心城“一环十六廊、三带十九片”

上海市1994年和2002年绿化系统规划布局模式比较 表6–3

规划名称	《上海市城市绿地系统规划（1994—2010）》	《上海市绿化系统规划(2002—2020)》
规划的城市及绿化背景	上海城市绿化建设迁就现状、填补缺多；总量发展少，且偏重中心城绿点的发展；全局性、系统性不强，城市生态环境质量相对滞后。上海建成际经济、金融、贸易中心和建成清洁优美、舒适的生态城市的总体目标	城市绿化建设取得了突破性进展，与同期国内外绿化先进城市相比，仍有很大差距，市域绿化网络体系不够完善，绿化布局不尽合理。上海定位为现代化国际大都市和经济、贸易、金融和国际航运中心
规划的布局结构形式	一心两翼、三环十线、五楔九组、星罗棋布。即：市中心绿色核心，浦东和浦西联动发展，三圈绿色环带，十条放射绿线，五片楔形绿地，九组风景游览区、线，各种绿地星罗棋布	集中城市化地区以各级公共绿地为核心，郊区以大型生态林地为主体，以沿“江、河、湖、海、路、岛、城”地区的绿化为网络和连接，形成“主体”通过“网络”与“核心”相互作用的市域绿化大循环，市域绿化总体布局为“环、楔、廊、园、林”
规划的布局结构示意图		
规划的优势	以生态学原理为指导，按照“城市与自然共存”的原则，体现以人为主体的思想；城乡结合，注重大环境绿化；合理调整城市绿地的布局，结合旧区改造；“环”、“楔”结构的应用；提出公园分类分级和服务半径的理念	结合中心城区旧区改造；结合城镇体系规划和小城镇建设；结合产业布局调整，留出绿化隔离带；结合郊区“三集中”政策；结合郊区农业结构调整植树造林、结合滩涂资源开发大面积增绿等多项结合原则
规划的劣势	绿色廊道的连接重视不够；主要集中在中心城区的绿化，没有达到城乡绿化结合；对城市生态敏感区不够重视	规划仍缺乏“动态”的考虑，亦即时间和空间两方面的动态性；缺乏对长三角区域的整体考虑，并缺少对大区域生态背景分析；对城市本身的自然地理条件考虑较少。现有城市绿化系统规划附属于城市总体规划，绿地组成缺乏相对独立性。规划对绿化系统的生态功能强调不够

资料来源：张浪．特大型城市绿地系统布局结构及其构建研究——以上海为例[D]．南京：南京林业大学博士学位论文，2007：91–120.

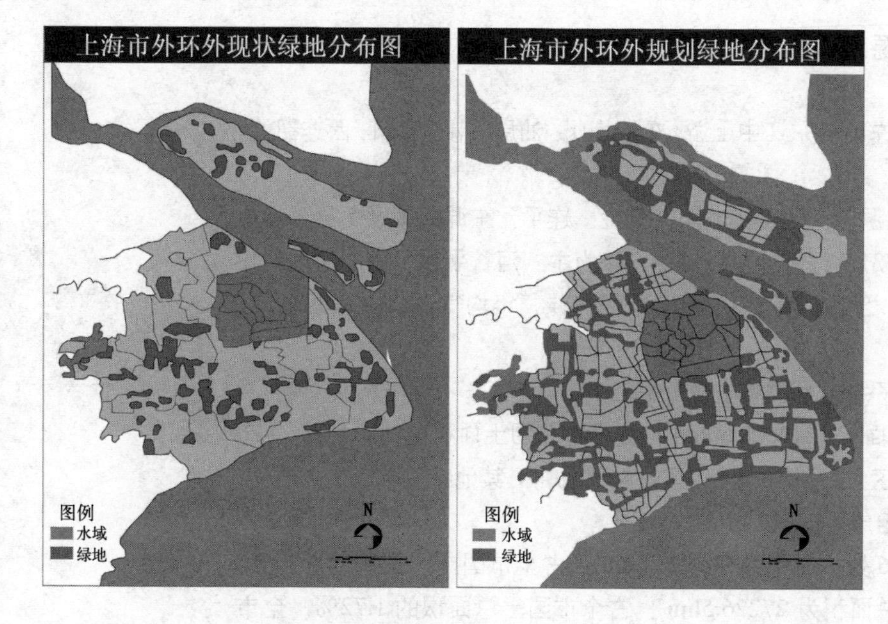

图 6-20 上海郊区林地规划与实施比较

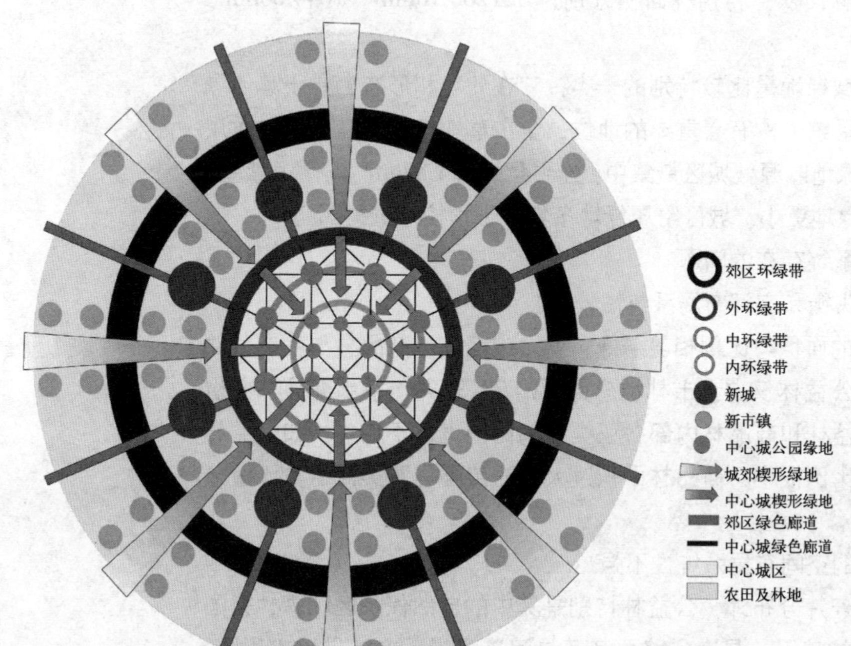

图 6-21 上海绿化林业"核、环、廊、楔、网"的布局模式

的城市森林空间布局结构的雏形，为构建上海城市森林生态系统奠定了基础（图 6-20）；从城市绿化建设的可实施性和可操作性角度出发，"环、楔、廊、园、林"的绿化林业布局结构将进一步向"核、环、廊、楔、网"的布局模式发展（图 6-21）。

二、案例 2　广东河源市域绿地系统规划[①]

1. 概况

河源市地处广东省东北部东江中上游，东接梅州、汕尾，南邻惠州，西连韶关，北界江西。

1988 年设市，现辖源城、和平、龙川、紫金、连平、东源等 1 区 5 县，全市面积 15826 km^2，人口 331.7 万。地形以低山丘陵为主。河谷平原、山间盆地、丘陵台地镶嵌于山脉网络之间。气候属亚热带季风气候，年均气温 20 ~ 21℃，年均降水量 1936mm。

2. 河源市市域绿地系统现状与存在的问题

河源市现有林地总面积 1212608.50hm^2，占全市总国土面积的 77.84%。生态公益林主要由自然保护区、自然保护小区、风景林、防护林、其他特用林（如水源林、水土保持林等）5 部分组成。

全市现有保护区 26 处，面积共 99702.20hm^2，占全市国土总面积的 6.30%。现有森林公园 18 处，总面积为 27226.5hm^2，占全市国土总面积的 1.72%。全市现有防护林面积、风景林面积、特用林面积分别为 321260.10hm^2、1644.60hm^2、221.20hm^2。

除森林资源外，水域绿地是比较特别的一类，它在外观和形态上异于其他绿地类型，但在全市绿地系统中占有着重要的地位。全市草地仅出现在东源、龙川和连平 3 县。城区附属绿地以源城城区最集中，连平县约为 1.87hm^2，东源、紫金、龙川与和平等县城附属绿地更小。城区附属绿地多集中于学校与机关部门。

3. 河源市市域绿地系统存在的问题

（1）绿地系统结构失衡和空间布局系统性较差

市域各类绿地类型的面积与比例相差悬殊。就全市而言，商品林与生态公益林面积相差较大，生态公益林仅占全市林地总面积的 29. 92%，不到商品林面积的一半。其次是生态公益林和商品林内部各亚类型的比例也很不均匀，如公益林中风景林、特用林所占比例很小，商品林面积过大，而苗圃等亚类面积与比重又显得过小。

（2）市域绿地系统的空间布局系统性不强

除商品林地呈集中连片分布外，公益林特别是其中的自然保护区和森林公园大多偏居一隅，而其防护林无论是在道路两旁还是河流沿岸，亦或是城市周围，分布连贯性不强。在建成区外围，明显缺乏大面积的防护绿地类型，而且城市与周边地区也缺乏功能上的隔离带。

（3）绿地系统的生态脆弱性和生态敏感性明显

中低山比重大，降水丰富，人为活动强烈。使全市绿地系统的生态脆弱性和敏感性较为突出。全市尤其是龙川、和平和紫金等县成为全省水土流失与土壤侵蚀最严重的地区之一，广布于全市的各矿区，也因强烈的人为干扰，存在较明显

① 邱彭华，徐颂军，张林英等．市域绿地系统规划浅析——以广东河源[J]．华南师范大学学报（自然科学版），2006（4）：113-119．

的生态脆弱性。

（4）绿地系统的建设与管理工作严重滞后

多年来，由于对绿地的作用和功能认识不足，全市绿地系统详细规划工作一直没有开展，绿地系统建设远远滞后于其他建设。即使是备受关注的城镇建设区，其绿化工作也一直被置于次要或边缘位置，迁就现状和填空补缺多，总量发展少。而市域内其他一些绿地建设，如道路防护林、水土保持林、水源涵养林，也因重视不够和管理粗放，普遍存在着造林保存率低、营造效果差的问题。同样，由于观念和体制上的问题造成部分园林绿地界线不清，土地产权不明，绿化执法不力，规划绿地被侵占、现状绿地被蚕食的现象也比较常见。

4. 河源市市域绿地系统的空间规划

（1）绿地构架

为突出全市的山水特色，河源市市域绿地系统规划以自然山水大背景为基础，确定出"绿廊为轴，碧水为心，绿林为核"、"两（蓝）心，三（生态）圈，四（绿）廊，多（绿）核"的市域绿地系统总体结构框架。

（2）两心

一是新丰江水库，分布于源城区和东源县西部，为华南最大的水库，也是全市碧水最突出的代表；二是枫树坝水库，位于龙川县北部，为华南地区第二大水库。

（3）三圈

根据市域内的主要景观生态要素组成将全市分为三大生态结构圈。

1）都市生态圈——以河源市建成区为中心，包括市内和城市近郊区各类绿地类型在内，具有突出的城市景观生态特色。而县级中心城镇属于次级城镇生态圈范畴。

2）森林生态圈——以林地为依托，包括自然保护区、森林公园、防护林、风景林和特殊林地等绿地类型。这是全市绿地系统的基础，表现出典型的森林景观特色和绿地本底特征。

3）农业生态圈——以基本农田为核心，包括一般耕地和园地，是实现区域粮食安全、农业现代化和解决三农问题的关键区域，有着浓郁的乡村田园风光气息。

（4）四廊

根据市域内的交通、河流及防护林建设将全市组构成四条主要廊道：

1）粤赣高速公路防护绿廊——以粤赣高速公路为轴，包括路间的绿化隔离带和公路两旁的绿化隔离带。

2）东江主干防护绿廊——以东江主干流为两侧的护岸林为主，同时还包括源城区连接东江主干和新丰江水库的新丰江下游河段两岸的护岸林。

3）陂头—连平—灯塔—205国道防护绿廊——指分布于陂头—连平—忠信—灯塔省道和205国道两侧的绿化隔离带。

4）源城—紫金—中坝防护绿廊——指源城—紫金—中坝省道两旁，起防护隔离作用的绿化带。

（5）多核

充分考虑全市现有为数众多的各级自然保护区、森林公园以及水源林，利用其集中成片的优势形成市域绿地系统结构中大小不等的多极"绿核"。

1）新丰江库区水源林——新丰江水库周围集水区的水源林和饮用水源保护区的林地，包括库区的新丰江自然保护区和周围的大桂山自然保护区、桂山森林公园，是全市最大的绿核。

2）枫树坝库区水源林——指龙川县北部枫树坝水库集水区的水源涵养林及饮用水源保护林，包括水库周边的枫树坝自然保护区以及与之毗连的细坳森林公园、野猪嶂自然保护区和拟建的上车自然保护区。

3）康禾—峣嶂绿核——由东源县七目嶂山地相毗连的康禾、峣嶂自然保护区组成。

4）白礤—缺牙山—坑口绿核——由东源县205国道、东江及粤赣高速交汇的三角区内的白礤、缺牙山和坑口3个自然保护区组成。

5）乌禽嶂—九树南母寺绿核——由紫金县乌禽嶂自然保护区和九树南母寺森林公园共同组成。

6）霍山—高陂绿核——由龙川县的霍山森林公园和高陂自然保护区结合而成。

除以上主要绿核外，还有许多单个分散的自然保护区或森林公园小绿核。这些绿核集中了全市自然生态环境保护相对完好的森林资源，既是全市水系最主要的水源林分布区，也是全市"绿都"背景的主要奠定者。多绿核是打造"绿色河源"的基石，是全市优先保护和建设的绿地之所在。

以"心＋核＋圈"构成全市绿地系统结构的基本骨架，然后由"廊"作引，将点、面状的心、核、圈有机交织起来，凸显出全市"山水抱城"的绿地系统景观生态格局（图6-22）。

5. 城乡绿地一体化

实现城乡绿地一体化的主要措施有二：一是强化楔形绿地建设，农田、水网和林地为主要内容的城市组团间绿地，通过楔形绿地形式将绿色引入城市内部；二是加强环城绿化带和绿色廊道建设，因各中心城镇的具

图6–22　河源市市域绿地系统规划结构图

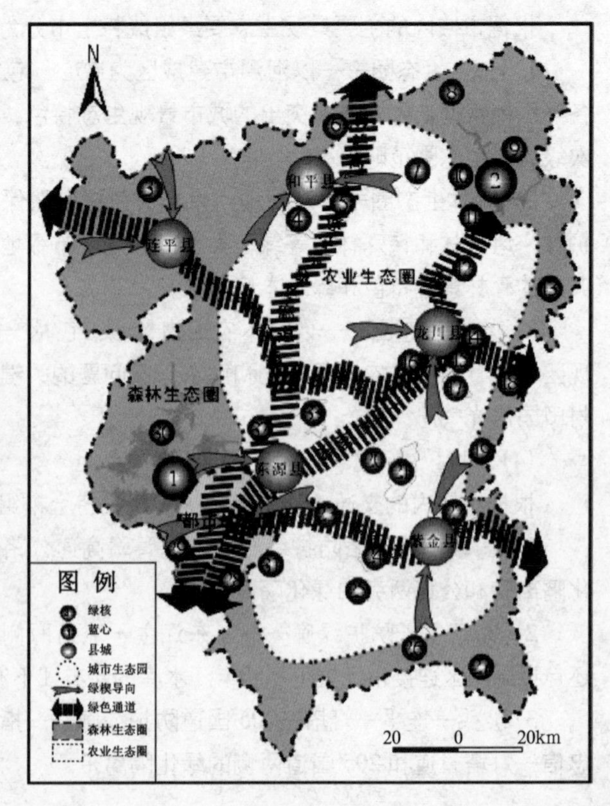

体条件有别，因此，其绿地系统的一体化规划建设也有所差异。

源城城区山水背景可概括为"一湖、两江、两山"。"一湖"指城西的万绿湖，"两江"指新丰江与东江；"两山"指城西南与西部的桂山和东部东源仙塘与紫金柏埔之间呈北东东走向的山脉。交通网络：粤赣高速、京九、广梅汕铁路沿城西绕行，205国道穿城而过，源城—紫金省级公路向东南辐射。城市发展推行"南拓东扩"战略。据此，绿地系统规划宜突出"碧水—青山—绿城"的主题和"山城相依，水城相映，田园相楔，绿廊交织"的总体布局方针。依据双江相汇的自然条件和"南拓东扩"的发展战略将城区分为北、西、中、东部四大组团。在城区西部与西南部各建设若干大型的带状公共绿地，使之与大桂山等郊外绿地连接起来。在城南，建设断续环城绿化隔离带，林带以500m为基本宽度，局部地区可适当扩大规模。同时，规划郊外田园以楔形楔入城区，控制城市盲目扩张和增强城郊绿色开敞空间与城区公共绿地、附属绿地和绿廊的生态联系。在东江东岸，亦适当建设2～3个公共绿地，使之带状绵延至仙塘与柏埔之间北东东走向的山地余脉，从而实现宏观上的城郊绿地与城区绿地的有机结合。

连接郊野的绿色廊道能够将自然引入城市，也能将人引出城市，使城市居民得以体验自然环境之美。通过绿色廊道建设可增强城市绿地系统间的网络联系，限制城镇的无休止蔓延，改善城市生态环境，促进城乡一体化发展。就源城区而言，绿色廊道的建设最主要是建设新丰江和东江两岸带状绿地，使之与城区的附属绿地和公共绿地相连接，并加强与郊外"两山"的大斑块绿地之间的连通性。此外，进一步完善城区段的粤赣高速、京九与广梅汕铁路、205国道、源城—紫金的省道的防护绿地建设工作，建城区主干道绿化带宽度应超过30m，次干道为15～30m，街道与三级道路为6～15m。通过沿路的防护绿带的交织，形成内连公共绿地和附属绿地斑块，外接山林田园开敞绿楔的城市绿色廊道网。

6. 市域绿色廊道体系规划

市域绿色廊道体系指市域范围内沿道路交通、河流水系等形成的绿色带状开放空间。

（1）市域绿色通道

河源市域绿色通道范围为全市高速公路、国道、省道、县道、铁路等交通要道。根据全市现有的交通网络格局，从全局出发，规划重点建设"三纵三横"绿色通道网。"三纵"指西部的105国道、中部的粤赣高速公路、东部的"龙川—赤光—麻布岗—上坪"省道。"三横"是南部的"源城—紫金—中坝"省道、中部的"陂头—连平—忠信—灯塔"省道及205国道（东源灯塔—龙川岐岭）、北部的"浰源—和平—合水—回龙"省级公路。

除突出基本的"三纵三横"绿色通道建设外，进一步完善河梅高速公路、京九—广梅汕铁路和其他省、县级公路网的防护林体系。

大量研究表明，适宜物种迁移的树篱廊道宽度应在12m以上。因此，结合《国家园林城市建设标准》，确定通道两侧绿化带的规划控制指标为：省道、国道的两侧绿化隔离带宽度不低于 50m，高速公路两侧和中心绿化隔离带为 100 ~ 200m，铁路两侧的防护林带严格控制在 100 ~ 200m，市域县级公路防护林带为 25 ~ 50m。

（2）市域滨水绿带

河流水系是构成河源市自然绿色廊道的骨架之一。在河源市域范围内，除了对水库周边林地进行保护外，还应当建设重要河流沿线的带状绿地。据研究，30m 宽的河流植被对河流生态系统的维持是必需的。河流植被宽度在 30m 以上时，能有效地起到降低温度，提高生物多样性，增加河流中生物食物的供应，控制水土流失、河床沉积和有效过滤污染物的作用。因此，东江主干两侧的防护林绿带建设宽度控制标准为单侧宽 100 ~ 300m，新丰江、柏埔河、秋香江、鱼潭江、浰江、忠信河、大席河等几条重要的东江水系支流沿岸防护绿地建设控制宽度为单侧宽 50 ~ 100m。

三、案例 3　云南省文山县县域绿地系统规划

文山县位于云南省东南部文山壮族苗族自治州西部，东经 103°43′~ 104°27′、北纬 23°16′~ 23°44′之间，在北回归线两侧。东和北与砚山相连，南邻马关县，东南接西畴县，西与红河州的蒙自、屏边两县相接。县境东西最宽 63 km，南北最长 66km，总面积 2972 km^2。大部分地区属西风带中亚热带季风气候。海拔最高 2991.2m，最低 618m。

气候多样：春秋长，冬夏短，四季气候差别不大。文山气候终年温暖，年均气温 12.8 ~ 18.1℃，月均最高气温 16.8 ~ 23℃，最低气温 7.2 ~ 10.6℃；日照时间长，年均日照 319 天，2023.1h；年均积温 6502℃；陆地蒸发量 1780.2mm；年或有霜冻，但无霜期长，平均为 359 天，间或年份有小雪；降雨量较充沛，年均降雨 146.4 天，992.7mm。

文山县有南亚热带到中温带多种气候，多种地形地貌，形成“山水林洞相共生，奇险秀稀皆齐备”的多种优美自然景观。

1. 自然条件

境内自然资源极为丰富，主要集中在老君山风景名胜区，区内以植物资源取胜，是滇东南地区唯一的一块亚热带“植物宝库”。

2. 规划区范围划定

以 2002 年《文山城市总体规划修编》为依据，确定为：开化镇及攀枝花乡行政所辖区域，面积为 270.780km^2，规划期末城市建设用地控制在 2850.0hm^2。

3. 现状城市园林绿化存在的主要问题

（1）文山现状绿化有一定基础，但未形成系统，特别是城区部分，有待进一步加强。

（2）城区绿化覆盖率较低，仅仅略高于全国的平均水平，与文山县的“山水园林生态城市”发展总目标极不相符。

(3) 公共绿地布局结构不合理，特别是缺乏小游园和儿童公园等供居民室外游憩活动的绿地。

(4) 园林生产绿地少，远不能适应城市绿化的需要。

(5) 未设置相应的防护绿地。

(6) 单位的专用绿地有待极大提高。

4. 绿地规划的流程图（图 6-23）

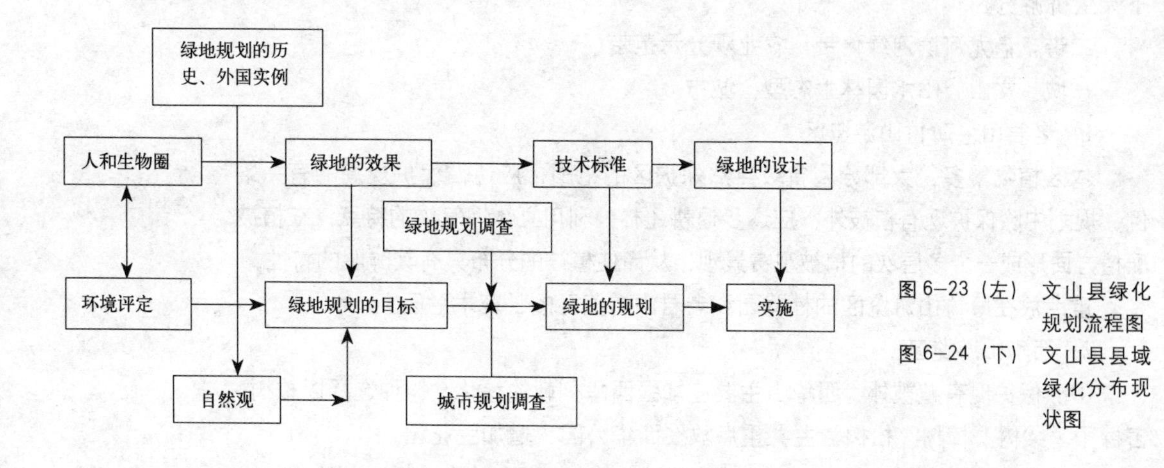

图 6-23（左） 文山县绿化规划流程图

图 6-24（下） 文山县县域绿化分布现状图

5. 规划的总体目标

以现状调查及评价以及相关资料为依据，统筹规划，合理布局，着重体现文山作为滇东南唯一一块亚热带"植物宝库"的特色，最终将文山建成"山水园林生态型"城市。

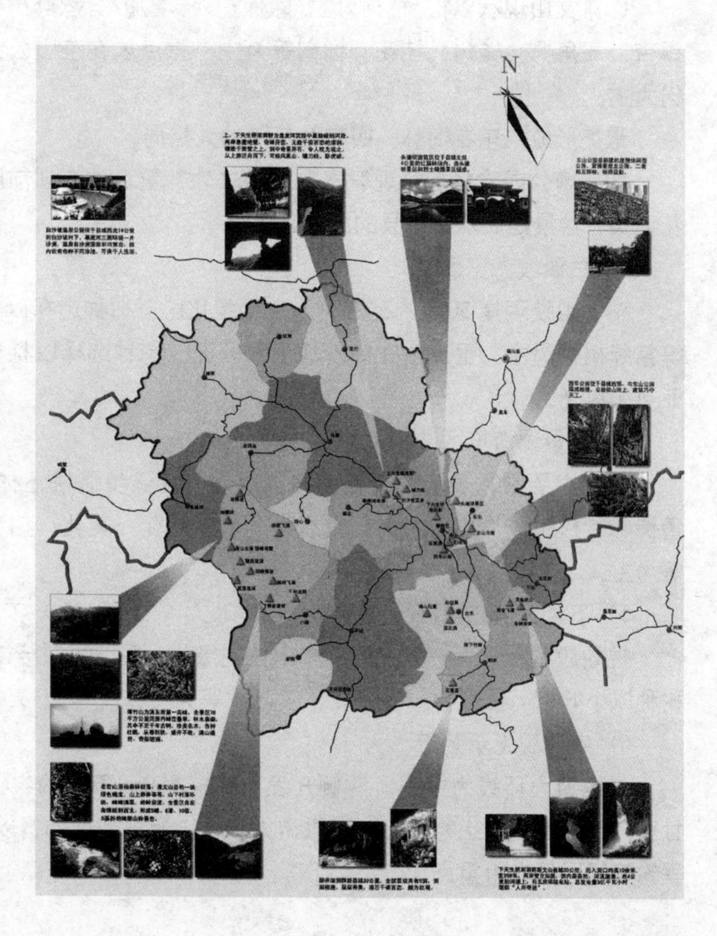

6. 规划的指导思想

(1) 确实发挥绿地的机能和效果，改善和提高文山城区的生态环境质量。

(2) 扩大公共绿地的范围和面积，满足其作为"山水园林生态型"城市的需求。

(3) 绿化、花化、美化、香化城市，具体体现文山作为壮、苗之乡首府的风貌特色。

(4) 创造具有亚热带温带风情的城市绿化体系。

(5) 满足城市防灾（抗洪、抗震、消防）的要求。

7. 规划内容

县域范围内的绿地规划

结合文山老君山风景名胜区的开发以及旅游业的发展，最终形成六园五区二带一城的绿化格局。

六园：杜鹃园、长蕊木兰园、兰花园、梅林、盆景园、亚热带植物园。

五区：老君山、薄竹山游览区，西华山游览区，白沙坡游览区，石景源游览区，下天生桥游览区。

二带：盘龙河滨河绿化带、农业观光示范带。

一城：文山“山水园林生态型”城市。

1）老君山、薄竹山游览区

本区植物繁多，大部分属省级自然保护区的范围，应遵循保护规划的有关条例。规划中除保护现有植被外，应逐步退耕还林，利用立体性气候的特点，在植被配植方面形成一个多层次的植被观赏景观，从而使植被的分布具有其鲜明的特性。

重点放在薄竹山游览区的杜鹃园和老君山游览区的长蕊木兰园上。

2）西华山游览区

①除保护现有植被外，西华山主要应加强西华列戟的绿化，树种选择以柏树、苦楝子、梁树、樟树、松树为主，重点放在西华公园，增加兰花园。

②东文山现状以松、柏树为主，除保护外，增加花、秋叶树种，树种选择以竹类、银杏、三角枫、槭树、桂花、栎树等为主。重点放在东山公园，专辟一块以梅花树为主。

最终形成“东看梅林，西赏兰花”的大格局。

③头塘公园除保护好现有水源林地之外，重点放在坝前区，应以较为精致的花灌类、盆景园展示文山县的园林艺术水平。

3）白沙坡游览区

沿镰刀峡两岸30m的范围列为主要绿化区，树种选择以柏树、樟树、小叶榕等常绿树种为主，重点放在白沙坡温泉公园，树种选择以棕榈、剑兰为主，体现亚热带风光。

4）石景源游览区

规划主要着重于溶洞所在山体的绿化，应逐步退耕还林，树种选择以楠木、青岗栎、杉木、构树等为主。重点为洞前区绿化、美化，树种选择以杜鹃、含笑等为主。

5）下天生桥游览区

规划应着重于保护盘龙河两岸山体的绿化，重点放在接待站的绿化、美化上，树种以小叶榕、假槟榔、叶子花、变叶木等为主。

6）农业观光示范带

以旅游大环线为主线，两侧开发100～500m不等的农业观光示范区，种植甘蔗、三七等文山土特产品，可供游人参观、游览、选购。以蔬菜、瓜果、花卉、垂钓等田园风光为重点。

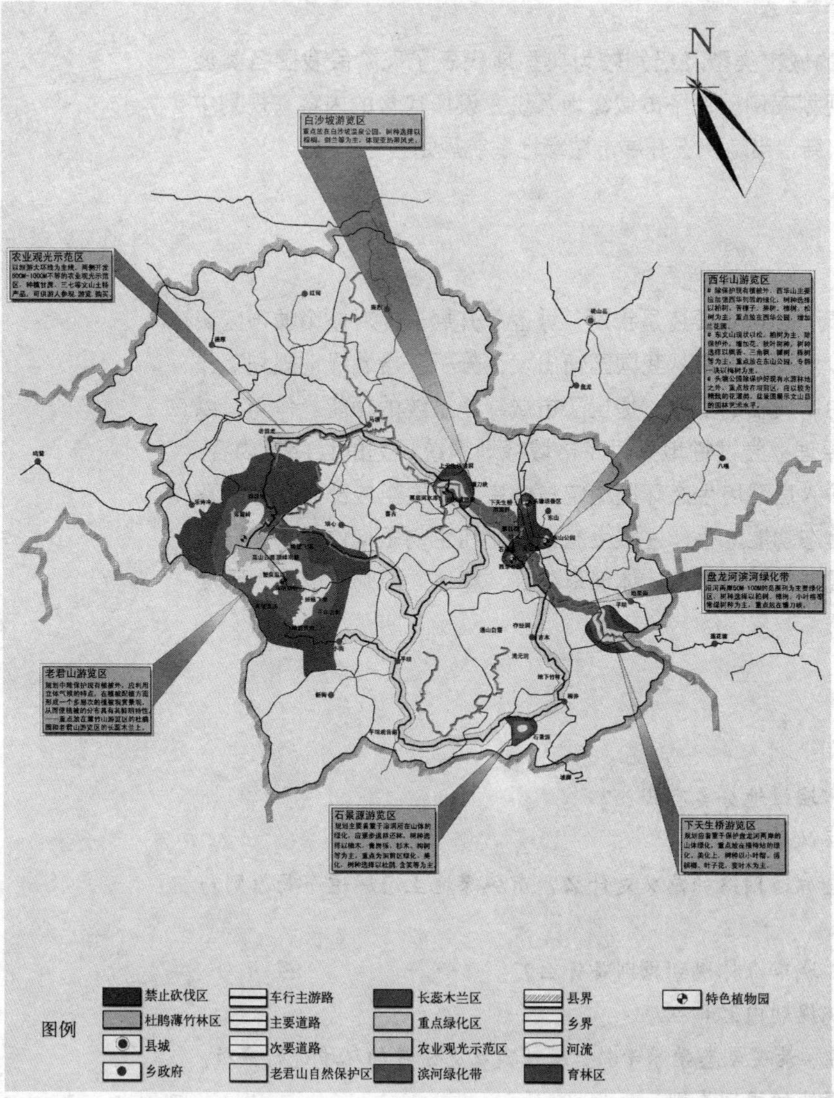

图 6-25　文山县县域生态绿地系统规划图

7）盘龙河滨河绿化带

划定盘龙河两侧 50 ~ 1000m 的范围作为主要绿化区，树种以小叶榕、柏树、金叶女贞等常绿树种为主。

8）文山"山水园林生态型"城市

"山"指东山、西华山，可形成东文笔塔、西武峰塔东、西呼应的大格局；"水"指盘龙河，以盘龙河滨河绿化带加以贯通，同时点缀以双桥花园、琵琶岛、盘龙公园等城市公园、花园广场等，为将文山创建成"山水园林生态型"城市打下基础。

四、总结

以上案例中所涉及的城市类型及级别较为典型地代表了现阶段我国各类城市，这些市域绿地系统规划案例反映了市域绿地系统建设所包含的内容、规划中所运用到的方法以及如何结合当地情况开展市域绿地系统规划。

本章小结

目前，我国的城市绿化工作主要还是针对"城区"开展，而对整个城市区域内的绿地系统规划还较少涉及。本章从我国国情出发，分析了市域绿地规划工作的可操作性及实际工作中所面临的困难，提出了市域绿地系统的功能、作用，以及市域绿地系统规划的原理，尝试性地探讨了市域绿地系统规划的程序及内容。强调市域绿地系统是维护人居环境生态环境稳定与健康的重要组成部分，绿地系统规划要从构建良好的生态功能入手，注重生态合理化和生物多样性保护，向网络化发展，同时注重体现城市环境特色，体现系统性、整体性原则，以最大限度发挥绿地系统的生态功能。

复习思考题

1. 市域绿地范围及市域绿地分类有哪些？
2. 简述市域绿地系统的功能。
3. 构建市域绿地生态廊道网络的意义是什么？市域绿地生态廊道布局原则与途径是什么？
4. 什么是城市森林？城市森林规划原则是什么？
5. 简述市域绿地系统规划内容和程序。
6. 请结合城市地理学、景观生态学等学科，试对城乡交错带的环境进行分析。
7. 简述城乡交错带绿地的规划原则。

第七章 城市绿地系统规划

第一节　城市绿地系统的基本概念

一、城市绿地系统的组成和分类

1. 城市绿地系统的组成要素

城市绿地是城市人居环境的重要组成部分，由多种要素构成，这些要素基本可归纳为自然要素和人工要素两大类：

（1）自然要素：包括山水、植物、动物等自然生态要素，共同构成了绿地充满变化和生命力的自然景观。自然要素是城市绿地系统的重要组成部分，承担改善城市人居环境生态的功能，城市绿地数量、性质、结构的规划和布局对绿地功能发挥有着直接的影响，是城市绿地系统规划的重要内容。城市绿地自然要素大部分是一种高度人工化或半人工化的自然，尤其城市绿地中的植物群落大多是经过人工培植而成的，绿地植物群落层级较为单一，它和自然中的植被相比较，抵抗干扰的能力相对较弱。

图 7–1　城市公园

（2）人工要素：包括绿地环境中人工构筑物和历史遗址、纪念物，体现神话、传说、典故以及具有文化含义的人文景观等①。它们能使城市绿地审美空间超越园址物质空间之外，在历史和文化思想空间中得到拓展。这些景观要素中既有餐厅、茶座、码头、花架等服务性建筑，也有艺术雕塑、灯具、音箱、喷泉、景墙等艺术小品，甚至还有迷宫、儿童乐园、冲浪池、过山车等娱乐设施。

图 7–2　校园绿地

2. 城市绿地系统的分类

城市绿地（图 7-1 ~图 7-5）主要以绿地的功能来进行分类，按照我国现行的《城市绿地分类标准》（CJJ/T 85—2002）来看，城市绿地系统可分为五大类，即公园绿地（G_1）、生产绿地（G_2）、防护绿地（G_3）、附属绿地（G_4）和其他绿地（G_5）（"城市绿地分类表"详见表 2-19）。需要说明的是，对于上述的"其他绿地（G_5）"的定义是：对城市生态环境质量、居民休闲生活、城市景观和生物

图 7–3　广场绿地

① 刘晓明，王欣．公共绿地景观设计 [M]．北京：中国建筑工业出版社，2003：4.

图 7-4（左） 花圃
图 7-5（右） 樟子松防护林

多样性保护有直接影响的绿地，包括风景名胜区、水源保护区、郊野公园、森林公园、自然保护区、风景林地、城市绿化隔离带、野生动植物园、湿地、垃圾填埋场恢复绿地等类型；根据其在区域绿地系统中所起的作用，本书将其归为区域、市域绿地系统规划范畴（见本书第五章、第六章），在本章中的城市绿地系统规划的研究范围主要指前四类绿地。

1）公园绿地（G_1）：公园绿地是向公众开放、以供人游憩为主要功能，兼具生态、美化、防灾等作用的绿地，包括综合公园、社区公园、专类公园、带状公园、街旁绿地。

2）生产绿地（G_2）：生产绿地是为城市绿化提供苗木、花草、种子的苗圃、花圃、草圃等圃地。

3）防护绿地（G_3）：防护绿地是城市中具有卫生、隔离和安全防护功能的绿地，包括卫生隔离带、道路防护绿带、高压走廊绿带、防风林、城市组团隔离带等。

4）附属绿地（G_4）：附属绿地是城市建设用地中绿地之外的各类用地中的附属绿地，包括居住用地、公共设施用地、工业用地、仓储用地、对外交通用地、道路广场用地、市政设施用地和特殊用地中的绿地。

二、城市绿地系统的功能

城市绿地具有多种功能，随着科学技术的发展，人们意识到城市绿地除了具有传统意义的美化、游憩的直接作用以外，还具有生态、环境保护、防灾减灾的作用。

1. 改善城市生态环境

城市生态系统中具有自净能力及自动调节能力的绿地系统，在维持城市生态平衡和改善城市生态环境方面起着其他基础设施所无法替代的作用，它不仅为城市居民提供休闲、娱乐、文化、疗养等场所，还能保持水土、防御风沙、改善气候、调节气温、增加湿度、平衡碳氧、减弱温室效应、净化空气、消减噪声。城市绿地是维护城市人居环境健康、保障人居环境可持续发展不可或缺的部分。

2. 提供游览、休憩、文教空间

城市绿地中的公共绿地如：公园、植物园、动物园、广场绿地等空间是城市居民休闲生活的主要场所，成为生活在城市密集环境中的人们接触自然、放松心情的场所。公共绿地可以兼具城市生活的公共性和私密性两种空间特征：一方面，绿地空间是城市开放空间的组成部分，它能吸引人们走出家门、聚集于其中开展交流活动；另一方面，闹中取静的绿地空间环境便于人们找到属于自己的心灵空间。居民在其中进行游览、休憩和交往等活动，成为城市居民开展户外活动的主要场所。

另外，城市绿地（尤其是公园、小游园等绿地）常设有各种展览馆、陈列馆和纪念馆等展览设施，其中的各种展出活动如科技展、画展、影展等，不但可以丰富市民文化生活，还可以让市民在参观、游憩中受到自然科学、社会科学的教育。

3. 安全防护功能

城市绿地是自然灾害发生时城市居民的防护屏障，绿地不仅可以减轻自然灾害的破坏程度，还可为城市居民提供临时避难的场所空间。例如，在经常受台风侵扰的沿海城市，规划建设沿海岸防风林带可以降低台风到达时风速，减轻台风造成的破坏和损失；在山区丘陵地区城市，绿地能起到保持水土和减少泥石流灾害的作用；在地震区城市，城市绿地空间经过规划设计满足抗震设防标准，可以成为市民在地震发生时临时避险的场所，如日本城市规划中将许多公园绿地设计成为"避灾公园"，公园在绿地空间布局、设计时充分考虑了避震、防火、疏散的场地要求，使绿地成为灾害发生时的避难、救援场所。

4. 美化城市景观

良好的城市绿地环境对于塑造城市形象起到了积极的作用，大到城市整体风貌，小到街区、社区风貌特点，绿化环境都发挥着重要的作用；绿地空间能加强城市结构脉络、城市肌理，有助于形成疏密有致的城市空间；绿地空间还能够强化城市边界，强化城市中心节点，和城市的其他构成元素一起共同塑造城市的空间和情感特质。

第二节　城市绿地系统规划基本原理

一、城市绿地系统规划的层次①

1. 规划层次的确定

城市绿地系统规划是城市规划的一个重要组成部分，属于城市总体规划阶段的专业规划，是在总体规划层次上对城市绿地的统筹安排，是对城市绿地的类型、规模、空间、时间等方面所进行的系统化配置及相关安排。从规划层次上来看，包括城市绿地系统规划、城市绿地系统分区规划、城市绿地的控制性详细规划、城市绿地的修建性详细规划和城市绿地设计五个层次。

一般情况下，特大城市应该进行上述五个规划层次；大城市可以进行四个规划层次，即系统规划、分区规划、详细规划和设计四个层次；中、小城市可以进

① 贾建中．城市绿地规划设计[M]．北京：中国林业出版社，2001：10-11．

行三个层次的规划，即系统规划、详细规划和设计三个层次。

2. 各层次规划设计的重点

（1）城市绿地系统规划

城市绿地系统规划是全市绿地系统的总体规划，重点解决全市园林绿地系统规划原则、目标以及规划城市绿地类型、定额指标、布局结构和各类绿地规划、树种规划以及实施规划的措施等内容。与城市总体规划、风景旅游规划、土地利用总体规划等相关规划协调，并对城市总体规划等提出调整建议。

（2）城市绿地系统分区规划

在全市绿地系统规划指导下，重点制定各分区绿地规划原则和目标、绿地类型、指标，制定分区布局结构形式、各分区绿地之间的系统联系。这一层次的绿地规划与城市分区规划相协调，并对城市分区规划提出调整建议。

（3）城市绿地系统控制性详细规划

在全市绿地系统规划和分区规划指导下，在全市或市内一定用地分区范围内，重点确定规划范围内各地块的绿地类型、指标、性质和位置、规模等控制性要求。与相应的城市规划相协调，提出调整性建议。

（4）城市绿地系统修建性详细规划

规划范围是城市一定地域或分区范围，如公园、居住区、工业区、城市商业区、经济开发区、旅游度假区等。在绿地系统规划、分区规划或控规指导下，重点确定用地内绿地总体布局、用地类型和指标、景观小品与休憩建筑、游览组织、植物配置和竖向规划等。

（5）城市绿地设计

在上层次规划的指导下，在确定范围、类型的绿化建设用地内进行总体方案设计、初步设计以及施工图设计。

二、城市绿地系统规划的目的与任务

1. 城市绿地系统规划的目的

城市绿地系统规划目的是对各种城市绿地进行定性、定位、定量的统筹安排，形成具有合理结构的绿地空间系统，以实现绿地所具有的生态保护、游憩休闲和安全防护、美化城市等功能。

2. 城市绿地系统规划的任务[①]

1）根据城市的自然条件、社会经济条件、城市性质、发展目标、用地布局等要求，确定城市绿化建设的发展目标和规划指标；

2）确定城市绿地系统的规划结构，合理确定各类城市绿地的总体关系；

① 李铮生．城市园林绿地规划与设计[M]．第二版．北京：中国建筑工业出版社，2006：57.

3）统筹安排各类城市绿地，分别确定其位置、性质、范围和发展指标；

4）城市绿化树种规划；

5）城市生物多样性保护与建设的目标、任务和保护建设的措施；

6）城市古树名木的保护与现状的统筹安排；

7）制定分期建设规划，确定近期规划的具体项目和重点项目，提出建设规模和投资估算；

8）从政策、法规、行政、技术经济等方面，提出城市绿地系统规划的实施措施；

9）编制城市绿地系统规划的图纸和文件。

三、城市绿地系统规划的依据和基本原则

1. 城市绿地系统规划的依据①

（1）国家和各级政府部门颁布的有关法律、法规和规章，有关技术标准和规范

国家和各级政府部门颁布的有关法律、法规和规章是城市绿地系统规划的法定文件，相关的法律法规主要有：《中华人民共和国城乡规划法》、《中华人民共和国环境保护法》、《中华人民共和国森林法》、《中华人民共和国土地管理法》、《城市绿化规划建设指标的规定》、《城市绿化条例》、《城市古树名木保护管理办法》、《城市绿地系统规划编制纲要》等以及各地方政府颁布的法规及规章等文件。

技术标准和规范是从技术的角度对城市绿地系统规划编制作出的规范性要求和标准。主要的技术标准和规范有：《城市绿地分类标准》、《公园设计规范》、《城市道路绿化与设计规范》等。

（2）相关的各类规划成果

相关的各类规划成果主要是指对城市绿地系统规划有指导意义和参考价值的各级政府（或部门）制定的各类规划，如城市总体规划、城市土地利用规划、城市林业规划等规划，城市绿地规划编制时既要将各类规划作为规划依据进行统筹考虑和衔接，又要根据城市绿地系统规划要求对相关规划提出合理的修改或调整意见。

（3）规划地现状基础条件

规划地现状基础条件包括规划地的自然资源、气候、水文、地质、基础设施等基础条件，在进行规划时要对这些基础资料进行调研、收集资料和现场踏勘。

2. 城市绿地系统规划的基本原则

（1）因地制宜、建出特色

城市绿地系统规划要结合城市自然山水环境特点，发挥自然环境特点优势，深入挖掘城市文化内涵，结合城市总体规划用地布局特点，规划具有地域、文化特点的绿地布局模式和结构形态。

（2）满足功能、布局合理

从绿地的生态、游憩、防护、美化等功能要求出发，结合城市经济、社会、

① 李铮生．城市园林绿地规划与设计[M]．第二版．北京：中国建筑工业出版社，2006：62-63.

文化发展现状，合理进行绿地规划。

（3）分期建设、合理规划

绿地系统规划要结合城市发展战略，考虑城市人口、规模的扩大等因素，合理制定分期规划建设目标、措施，使城市绿地的发展同城市发展相适应。

四、城市绿地系统规划的内容和程序

1. 城市绿地系统规划内容①

1）城市概况及现状分析：主要是对城市的自然条件、社会条件、环境状况进行分析，对城市绿地现状各类指标的统计、分析和对绿地现状的综合评价，指出城市绿地现状存在的主要问题和制约因素。

2）规划总则：制订规划目标的意义、依据、期限、范围与规模，规划的指导思想与原则、规划目标与规划指标。

3）规划目标与规划指标：制定绿地系统规划的目标和相关规划指标。

4）城市绿地系统规划结构布局与分区规划：根据城市绿地环境现状和社会、经济发展情况制定城市绿地的总体布局结构，制定分区规划。

5）城市绿地分类规划：按照国家《城市绿地分类标准》制定各类绿地的规划原则、规划内容、规划指标和确定相应的基调树种、骨干树种和一般树种的种类。

6）树种规划：制定树种规划的基本原则；按照城市所处的植物地理位置要求制定相关技术经济指标，选定基调树种、骨干树种和一般树种；市花、市树的选择与建议。

7）生物多样性保护与建设规划：在对生物多样性现状分析的基础上制定生物多样性保护与建设的目标与指标、生物多样性保护的层次与规划（包括物种、基因、生态系统、景观多样性规划）、生物多样性保护的措施与生态管理对策、珍稀濒危植物的保护与对策等。

8）古树名木保护规划：针对规划范围内的古树名木现状和国家相关保护的规定，制定相应的古树名木保护规划。

9）分期建设规划：分期建设规划可分为近期、中期、远期三期建设规划。三期规划要根据具体的城市绿地系统规划目标制定各期的规划目标和重点建设项目。近期规划应提出规划目标与重点、具体建设项目、规模和投资估算；中、远期建设规划的主要内容应包括建设项目规划和投资匡算等。

10）实施规划的措施建议：对实施规划的法规性、行政性、技术性、经济性和政策性的措施进行论述和论证。

11）附录和附件

---

① 徐文辉主编．城市园林绿地系统规划[M]．武汉：华中科技大学出版社，2007：52-53.

2. 城市绿地系统规划的程序

（1）资料收集与现场调查阶段

是整个规划工作的基础，主要内容有资料收集、现场踏勘、座谈访问、问卷调查等内容，通过资料收集与现场调查分析现状，提出主要存在的问题。

（2）规划方案阶段

是规划工作的主要阶段，通过资料分析和存在问题研究确定规划建设评价分析、规划基本原则、目标、绿地类型、规划控制指标、基本布局结构、规划要点、投资匡算等重大原则问题，为下一步规划方案的深入奠定基础。

（3）深化方案、完成规划成果阶段

在规划方案确定之后，对规划内容进行调整，按照各类技术规范进行深入规划和设计，并完成相应的规划成果的制作。

3. 城市绿地系统规划文件的编制

城市绿地系统规划文件一般包括规划文本、规划图纸、规划说明书和基础资料汇编四部分（表 7-1）。其中，依法批准的规划文本和规划图纸具有同等法律效力。

城市绿地系统规划文件　　表 7–1

<table>
<tr><th>序号</th><th colspan="2">规划文件内容</th></tr>
<tr><td>1</td><td colspan="2">城市绿地系统规划文本</td></tr>
<tr><td rowspan="8">2</td><td rowspan="8">城市绿地系统规划图纸</td><td>城市区位关系图</td></tr>
<tr><td>城市绿地系统现状图（各类绿地现状图以及古树名木和文物古迹分布图等）</td></tr>
<tr><td>城市绿地系统规划结构图</td></tr>
<tr><td>城市绿地系统规划总图</td></tr>
<tr><td>城市绿地系统分区规划图</td></tr>
<tr><td>城市绿地分类规划图（包括公园绿地规划图、生产绿地规划图、防护绿地规划图、附属绿地规划图）</td></tr>
<tr><td>城市绿地分期建设实施图</td></tr>
<tr><td>城市绿地近期建设规划图</td></tr>
<tr><td>3</td><td colspan="2">城市绿地系统规划说明书</td></tr>
<tr><td>4</td><td colspan="2">基础资料汇编</td></tr>
</table>

（1）规划文本

以条款的形式编写，要求简洁、明了、重点突出。主要内容包括：

1）规划总则（包括规划范围、规划依据、规划指导思想与原则、规划期限与规模等）；

2）规划目标与指标；

3）城市绿地系统规划布局与分区规划；

4）城市绿地分类规划（简述各类绿地的规划原则、规划要点和规划指标）；

5）树种规划（规划绿化植物数量与技术经济指标）；

6）生物多样性保护与建设规划（包括规划目标与指标、保护措施与对策）；

7）古树名木保护规划（古树名木数量、树种和生长状况、保护措施）；

8）分期建设规划（分近、中、远三期规划，重点阐明近期建设项目、投资与效益估算）；

9）规划实施措施（包括法规性、行政性、技术性、经济性和政策性等措施）；

10）附录。

（2）规划图纸（表 7-1）

（3）规划说明书

规划说明书是对规划文本和规划图则的详细说明、解释和阐述，内容结构和规划文本大致相同，规划说明书结构如下：

1）概况及现状分析

①概况（包括自然条件、社会条件、环境状况和城市基本概况等）

②绿地现状与分析（包括各类绿地现状统计分析，城市绿地发展优势与动力，存在的主要问题与制约因素等）

2）规划总则

①规划编制的意义

②规划的依据、期限、范围与规模

③规划的指导思想与原则

3）规划目标

①规划目标

②规划指标

4）城市绿地系统规划结构布局与分区

①规划结构

②规划布局

③规划分区

5）城市绿地分类规划

①城市绿地分类（按国标《城市绿地分类标准》GJJ/T 85—2002 执行）

②公园绿地（G_1）规划

③生产绿地（G_2）规划

④防护绿地（G_3）规划

⑤附属绿地（G_4）规划

分述各类绿地的规划原则、规划内容（要点）和规划指标并确定相应的基调树种、骨干树种和一般树种的种类。

6）树种规划

①树种规划的基本原则

②确定城市所处时植物地理位置（包括植被气候区域与地带、地带

性植被类型、建群种、地带性土壤与非地带性土壤类型）

③技术经济指标

确定裸子植物与被子植物比例、常绿树种与落叶树种比例、乔木与灌木比例、木本植物与草本植物比例、乡土树种与外来树种比例（并进行生态安全性分析）、速生与中生和慢生树种比例，确定绿地植物名录（科、属、种及种以下单位）。

④基调树种、骨干树种和一般树种的选定

⑤市花、市树的选择与建议

7）生物（重点是植物）多样性保护与建设规划

①总体现状分析

②生物多样性保护与建设的目标与指标

③生物多样性保护的层次与规划（含物种、基因、生态系统、景观多样性规划）

④生物多样性保护的措施与生态管理对策

⑤珍稀濒危植物的保护与对策

8）古树名木保护

9）分期建设规划

城市绿地系统规划分期建设可分为近、中、远三期。在安排各期规划目标和重点项目时，应依城市绿地自身发展规律与特点而定。近期规划应提出规划目标与重点，具体建设项目、规模和投资估算；中、远期建设规划的主要内容应包括建设项目、规划和投资匡算等。

10）实施措施

分别按法规性、行政性、技术性、经济性和政策性等措施进行论述。

11）附录、附件

（4）规划基础资料汇编

规划基础资料汇编主要包括相关的基础资料调查报告、专题研究报告等规划基础资料。

五、城市绿地系统规划指标的确定

1. 城市绿地指标的作用

城市绿地指标是指导城市绿地建设的量化标准，反映了一个城市绿化环境质量的高低，同时也是城市绿地系统建设的目标。城市绿地指标如绿地面积、公共绿地面积、绿地率、复层绿色量、绿化三维量等从平面和三维空间来度量绿化建设的总体效果。

2. 确定城市绿地指标的依据

（1）城市生态环境保护的要求

城市绿地指标的确定首先要满足城市生态环境保护与建设的需求，城市绿地是城市人居环境的“绿色”本底，是维护城市生态系统平稳、安全、健康运行的基础，绿地系统的生态作用为城市居民提供清洁的空气、水源、食物，是城市人居环境可持续发展的环境保障。所以，城市绿地系统规划指标的建立要从保护、恢复、构建良好生态功能的系统要求出发，制定科学、合理的各项绿地建设指标。

（2）观光、游览、休憩的需求

城市绿地还有为城市居民提供观光、游览、休憩场所等功能，城市绿地指标要结合城市居民工余休闲生活需求，提供不同类型的公共绿地。从发展趋势来看，随着生活水平的提高，人们对环境精神需求也在逐步提高，绿地建设的各项指标如绿地面积、绿地率等应该是逐步提高的，因而，要根据各地社会、经济、文化发展现状确定相应指标。

（3）国家相关法规、规定和城市绿地现状

绿地规划指标还要按照住房和城乡建设部、各省、市、区制定和颁布的法规、技术规定等文件来确定，需要说明的是，各文件对指标的规定只是基于城市绿地环境建设的最基本要求和最低标准，结合我国多数城市绿地面积较少、人均绿地面积远未达到国家标准、绿地建设数量与水平较先进国家相比有很大差距的现实，在制定绿地规划指标时应首先保证满足国家、地方建设标准；对于直辖市、省会城市、计划单列城市、沿海开放城市、风景旅游城市、历史文化名城、新开发城市和流动人口较多的城市等的绿地指标，都应有较高的标准。

3.《城市绿化规划建设指标的规定》

根据《城市绿化条例》，参照各地城市绿化指标现状及发展情况，我国建设部制定了《城市绿化规划建设指标的规定》，其中对于绿化规划指标主要有以下规定：

（1）人均公共绿地面积指标根据城市人均建设用地指标而定：

1）人均建设用地指标不足 $75m^2$ 的城市，人均公共绿地面积到 2010 年应不少于 $6m^2$。

2）人均建设用地指标 75 ～ $105m^2$ 的城市，人均公共绿地面积到 2010 年应不少于 $7m^2$。

3）人均建设用地指标超过 $105m^2$ 的城市，人均公共绿地面积到 2010 年应不少于 $8m^2$。

（2）城市绿化覆盖率，是指城市绿化覆盖面积占城市面积比率，到 2010 年应不少于 35%。

（3）城市绿地率是指城市各类绿地总面积占城市面积的比率，到 2010 年应不少于 30%。为保证城市绿地率指标的实现，各类绿地单项指标应符合下列要求：

1）居住区绿地占居住区总用地比率不低于 30%；

2）城市道路均应根据实际情况搞好绿化，其中主干道绿带面积占道路总用地比率不低于 20%，次干道绿带面积所占比率不低于 15%；

3）城市内河、海、湖等水体及铁路旁的防护林带宽度应不少于 30m；

4）单位附属绿地面积占单位总用地面积比率不低于 30%，其中工业企业、交通枢纽、仓储、商业中心等绿地率不低于20%；产生有害气体及污染工厂的绿地率不低于30%，并根据国家标准设立不少于50m的防护林带；学校、医院、休疗养院所、机关团体、公共文化设施、部队等单位的绿地率不低于35%；

5）生产绿地面积占城市建成区总面积比率不低于2%；

6）公共绿地中绿化用地所占比率，应参照《公园设计规范》执行。属于旧城改造区的，可对上述1）、2）、4）项规定的指标降低5个百分点。

4.《国家园林城市标准》中对指标的规定

（1）《国家园林城市标准》中对城市人均公共绿地、绿地率、绿化覆盖率的规定按照城市所处的地理位置不同制定了相应的指标，详见下表7-2。

园林城市绿地指标 **表7–2**

指标类别	城市所处区位	大城市	中等城市	小城市
人均公共绿地（m^2/人）	秦岭淮河以南	6.5	7	8
	秦岭淮河以北	6	6.5	7.5
绿地率（%）	秦岭淮河以南	30	32	34
	秦岭淮河以北	28	30	32
绿化覆盖率（%）	秦岭淮河以南	35	37	39
	秦岭淮河以北	33	35	37

（2）道路绿化：城市街道绿化按道路长度普及率、达标率分别在95%和80%以上，市区干道绿化带面积不少于道路总用地面积的25%；

（3）居住区绿化：新建居住小区绿化面积占总用地面积的30%以上，改造旧居住区绿化面积不少于总用地面积的25%；

（4）生产绿地：全市生产绿地总面积占城市建成区面积的2%以上。

5. 城市绿地指标的计算方法

绿地面积、人均绿地面积、公共绿地面积、人均公共绿地面积、绿地率、绿化率等指标是从城市绿地空间二维平面角度分析确定的指标项目。复层绿色量、人均复层绿色量、绿化三维量、人均绿化三维量是从立体空间角度分析绿地的指标项目。

（1）绿地面积：指城市中各类绿地面积总和，具体算法与《城市绿地分类标准》中计算方法一致（单位：m^2）。

（2）人均绿地面积：绿地面积与城市人口的比值（单位：m^2/人）。

（3）公共绿地面积：公共绿地是指向公众开放的市级、区级、居住区级公园，小游园，街道广场绿地，以及植物园、动物园、特种公园等。公共绿地面积系指城市各类公共绿地总面积之和（单位：m^2或hm^2）。

（4）人均公共绿地面积：城市公共绿地面积与城市人口数量的比值（单位：m^2/人）。

（5）绿地率：指城市绿地面积与城市用地面积的比值。绿地率（%）=（城市绿地面积 ÷ 城市用地面积）×100%

（6）城市绿化覆盖率：城市绿化覆盖面积占城市面积比率，城市绿化覆盖率（%）=（城市内全部绿化种植垂直投影面积 ÷ 城市面积）× 100%

（7）复层绿色量：各层面（乔、灌、草）绿化面积统计之和（单位：m^2），它是反映叶面总覆盖面积的一项指标。

（8）人均复层绿色量：复层绿色量与城市人口的比值（单位：m^2/人）。

（9）绿化三维量：从植物空间占据的体积来反映绿化结构形态的生态作用，是指绿地中植物生长的茎、叶所占据的空间体积的量（单位：m^3），三维绿量是应用遥感和计算机技术测定和统计的立体绿量。

（10）人均绿化三维量：绿化三维量与城市非农人口的比值（单位：m^3/人）。

（11）城市绿量率：城市用地范围内总绿色量与城市用地的比值，意在反映城市绿化开发的强度，是三维的立体绿化概念。

（12）廊道密度：单位面积内的绿色廊道长度（单位：m/m^2）。一般来说，绿色廊道密度高低，表明绿地之间可能的连接性的好坏，同时也从一个侧面反映了绿地格局的合理程度。

六、城市绿地系统规划管理

1. 规划成果审批

按照《城市绿化条例》规定，城市绿地系统规划经城市人民政府依法审批后颁布实施，并纳入城市总体规划。审批依据主要是国家有关部委、地方政府颁布的相关法规、技术规范、行业标准等文件。

城市绿地系统规划成果文件的技术评审，一般应考虑以下原则[①]：

1）城市绿地空间布局与城市发展战略相协调，与城市生态、环保相结合；

2）城市绿地规划指标体系合理，绿地建设项目恰当，绿地规划布局科学，绿地养护管理方便；

3）在城市功能分区与建设用地总体布局中，要贯彻“生态优先”的规划思想，把维护居民身心健康和区域自然生态环境质量作为绿地系统的主要功能；

4）注意绿化建设的经济与高效，力求以较少的资金投入和利用有限的土地资源改善城市生态环境；

5）强调在保护和发展地方生物资源的前提下，开辟绿色廊道，保护城市生物多样性；

6）依法规划与方法创新相结合，规划观念与措施要“与时俱进”，符合时代发展要求；

① 杨赉丽．城市园林绿地规划[M]．第2版．北京：中国林业出版社，2006：183．

7）发扬地方历史文化特色，促进城市在自然与文化发展中形成个性和风貌；

8）城乡结合，远近期结合，充分利用生态绿地系统的循环、再生功能，构建平衡的城市生态系统，实现城市环境可持续发展。

2. 城市绿线规划管理

（1）城市绿线

城市绿线是指城市各类绿地范围控制线，城市绿线范围内的公共绿地、防护绿地、生产绿地、居住区绿地、单位附属绿地、道路绿地、风景林地等，必须按照《城市用地分类与规划建设用地标准》、《公园设计规范》等标准进行绿地建设。按照《城市绿线管理办法》城市绿线内的用地，不得改作他用，不得违反法律法规、强制性标准以及批准的规划进行开发建设。

按照《城市绿线管理办法》规定，城市绿地系统规划是城市总体规划的组成部分，应当确定城市绿化目标和布局，规定城市各类绿地的控制原则，按照规定标准确定绿化用地面积，分层次合理布局公共绿地，确定防护绿地、大型公共绿地等的绿线。控制性详细规划应当提出不同类型用地的界线，规定绿化率控制指标和绿化用地界线的具体坐标。修建性详细规划应当根据控制性详细规划明确绿地布局，提出绿化配置的原则或者方案，划定绿地界线。不得在城市绿地范围内进行拦河截溪、取土采石、设置垃圾堆场、排放污水以及其他对生态环境构成破坏的活动。

（2）城市绿线规划内容

城市绿线规划是对城市各类绿地控制线进行划定，形成系统而完整的、体现城市规划强制性内容的城市绿线规划技术成果（包括文本与图则），以强化政府对城市绿线的控制与管理。城市绿线规划内容主要包括公园绿地、生产绿地、防护绿地、附属绿地四大类绿地。城市绿线规划要对以上规划内容作出详细、明确的绿线范围和指标等技术规定。

（3）城市绿线控制范围

为了更好地改善生态环境，提高居民生活质量，同时为将来的城市绿化留足空间，城市整体的绿地系统，特别是道路两侧、河岸、湖岸、海岸、山坡、绿化隔离带、公园绿地、传统园林、风景名胜区和古树名木都应纳入"绿线管制"范围。对于旧城中建筑密集、拆迁改造难度大的地段，应该先把"绿线"确定下来，以后条件具备时再行建设。

（4）城市绿线划定办法

绿线的划定是一个系统的过程，贯穿于城市总体规划和详细规划的全过程。城市绿线规划要结合城市绿地系统各层次规划来划定，并在规划报批程序中同城市绿地规划一起报批。

1）在总体规划（含分区规划）阶段城市绿线划定方法

此阶段城市绿地系统规划的主要任务是确定城市绿地的布局与标准，搞好大环境绿化规划，将山河水系及大环境绿化与城市绿地系统有机结合，突出不同自然条件下的绿化特色。由于此阶段绿线规划比例要同城市总体规划比例 [城市总体规划使用的图纸比例一般为：大中城市（1：10000）～（1：25000），小城市（1：5000～1：10000）]一致，对绿线的划定不可能做到详细定位，只能是确定其形状、走向和规模，因此该阶段城市绿线的划定是宏观的。其绿线位置大多考虑城市整体的绿地布局和城市用地结构，绿线划定往往是以文字表述和表格的形式实现的。

对城市进行详细的调查分析是做好绿线划定的基础。城市绿地建设不仅取决于所处地理位置、气候条件等自然因素，同时还与其经济发展水平、文化水平、生活习惯等社会因素息息相关。只有详细调查分析后才能确定城市绿地发展的目标，进一步确定绿地的位置和范围，为绿线的划定提供依据。绿线的划定要综合考虑城市的布局形态和功能结构，并考虑到整个城市绿地的均衡布局。总体规划阶段的绿线划定还要考虑其对各功能用地的影响。例如居住、科研文教等生活性用地应根据其面积和性质划定公共绿地，对靠近污染性项目的用地要设置防护绿地；对城市道路两侧绿线的划定要考虑其在城市景观中的定位，合理确定其宽度。

城市总体规划阶段的绿线划定以规划总图为依据，由于图纸表现和图纸比例的原因，绿线划定不宜太详细。总体规划的绿线只是原则性的界定，其具体实施指标还要依靠下一个层次的规划。例如对道路两侧绿线可作原则上的界定，提出宽度的具体数值；对面积较大的集中绿地（如公园绿地），绿线规划应在图纸上明确划定绿线位置，并用文字对其位置和面积作详细说明。再如对面积较小、分布较广的街旁绿地、广场绿地等，此阶段不宜划定绿线范围，可在文本中规定其面积和大体位置，以后在详细规划阶段再确定其具体准确位置，其位置较之总体规划可稍作调整，但不得影响城市整体的绿地率指标。

2）在详细规划阶段的城市绿线划定方法

详细规划直接涉及绿地的控制和建设，所以绿线的划定必须准确明了，以便具体落实到建设用地上。

在详细规划阶段要严格按照总体规划确定的指标和位置进行绿线划定，绿线定位可用坐标法、数据表示法及地形地物法等。为保证用地的完整性，绿地最好以自然地形地物、用地界线为界，这样绿线位置明确便于操作实施。但由于详细规划是对总体规划的细化和深入，对某些用地的某些方面难免有调整和修改之处，尤其是总体规划阶段没有准确定位的街头绿地和沿路绿地。详细规划阶段的绿线调整不是原则性的变动，而是在保持绿地规模和基本内容不变的前提下，对局部地块界线重新确认。

根据现状的用地状况，尤其是对远期需要调整而近期需要保留的用地，绿线划定时要考虑灵活性和强制性相统一。对城市绿地系统结构和景观风貌影响较大、建设投资大且改建可能性较小的公园、标志性景观绿地、广场等公园绿地，以及按照各专业标准确定的最小范围的防护绿地，绿线划定时必须执行强制性标准，严格按照规划进行划定。然而对于街头绿地、沿街绿地等小型公园绿地和生产绿地，可以在城市的整体布局保持完整、绿地位置和面积保持不变的前提下，局部进行绿线调整，可根据现状情况灵活改变平面形状、长宽比例等。例如，道路两侧绿化带原则上按总体规划确定的宽度划定，但在涉及具体用地时可以在总体绿地指标不变的情况下略微调整绿地布局的具体位置，绿地可以根据道路断面设计向内或向外、收缩或放开，这样一来道路两侧的绿线并非一条直线，道路绿地景观层次丰富，但其总面积始终与总体规划一致。

控制性详细规划应当提出不同类型绿地的界线、规定绿地率控制指标和确定绿化用地界线的具体坐标。修建性详细规划应当依据控制性详细规划，明确绿地布局，提出绿化配置的原则或者方案，划定绿地界线。

在城市中分布范围较广、较为分散的附属绿地对改善城市的环境质量意义重大，规划一般不会划定明确的附属绿地绿线，但必须提出明确的绿地建设指标（如绿地率），在城市建设中加以控制，以加强附属绿地建设。

（5）城市绿线规划管理

划定的城市绿线应向社会公布，接受社会监督，城市园林绿化行政主管部门会同城市规划行政主管部门建立绿线 GIS 管理系统，强化城市绿线的管理实施。

第三节　城市公园绿地规划设计

一、公园绿地规划设计

公园绿地是指向公众开放，以游憩为主要功能，有一定的游憩设施和服务设施，兼具生态、美化、防灾等作用的绿化用地。它是城市绿地系统的重要组成部分，是表示城市整体环境水平和居民生活质量的一项重要指标。随着城市的不断发展，其种类、形式、布局、功能等越来越丰富，具有生态、环境保护、游览观光、文化娱乐、保健疗养、美学、社会和经济等多重价值，对城市环境改善及文化、社会、经济的可持续发展起到非常重要的作用和意义。

公园绿地又可分为综合公园、社区公园、专类公园、带状公园和街旁绿地等五种类型。

1. 公园绿地指标及规模容量的确定

（1）公园绿地指标

根据中国城市规划设计研究院的科研课题《城市绿地分类、定额和布局研究》提出的人均游憩绿地的计算方法，可以计算出公园绿地的人均指标和全市指标。

人均指标（需求量）计算公式：$$F=\frac{P\times f}{e} \tag{7-1}$$

式中　P——游览季节星期日居民的出游率；

f——每个游人占有公园面积，m^2/ 人；

e——公园游人周转系数。

大型公园：$P\geqslant 12\%$，$60m^2$/ 人 $\leqslant f\leqslant 100m^2$/ 人；

小型公园：$P \geqslant 20\%$，$f \geqslant 60m^2$/ 人，$e \leqslant 3$。

城市居民所需城市公园用地总面积由下式可得：

城市公园绿地总用地＝居民（人数）×F

或　城市公园绿地总用地＝城市人口（人）×F

（2）公园绿地的游人容量计算

公园的游人量随季节、假日与平日、一日之中的高峰与低谷而变化：一般节日最多，游览旺季、星期日次之，旺季平日相对较少，淡季平日最少，一日之中又有峰谷之分。确定公园游人容量以游览旺季的星期日高峰时为标准，这是公园发挥作用的主要时间。

公园游人容量应按下式计算：

$$C=\frac{A}{A_m} \tag{7-2}$$

式中　C——公园游人容量（人）

A——公园总面积（m^2）

A_m——公园游人人均占地面积（m^2/ 人）

（3）游人人均占有公园面积

《公园设计规范》规定，水面面积与坡度大于50%的陡坡山地面积之和超过总面积50%的公园，游人人均占有公园面积应适当增加，其指标应符合表7-3规定。

水面和陡坡面积较大的公园游人均占有面积指标　　　表 7–3

水面和陡坡面积占总面积比例 (%)	0~50	60	70	80
近期游人占有公园面积 (m^2/ 人)	⩾ 30	⩾ 40	⩾ 50	⩾ 75
远期游人占有公园面积 (m^2/ 人)	⩾ 60	⩾ 75	⩾ 100	⩾ 150

资料来源：中华人民共和国行业标准．公园设计规范．北京：中国建筑工业出版社，1992：9.

2. 公园绿地的服务半径与级配模式[①]

（1）城市公园的服务半径

不同类型、规模等级的公园绿地，其服务覆盖的区域是各不相同的（表7-4），而各个公园的服务半径应在维护城市生态平衡的前提下，按照理想社会发展的要求，根据城市的生态、卫生要求，人的步行能力和心理承受距离等多方面因素，结合当前城市的发展水平与城市居民对城市公园的实际需求和各城市的总体社会经济发展目标进行拟定。

（2）城市公园的级配模式

城市公园从小到大，有不同的种类和层次，彼此在城市中发挥着不同的功能。如何使这些不同层次和类型的公园取得彼此间的联系，使其具有系统化的网络层次，这就需要在公园的配置上着手，使之达到一个完整的系统。

① 徐文辉．城市园林绿地系统规划[M]．武汉：华中科技大学出版社，2007：103–104.

中国城市公园规划指标表　　表 7–4

公园类型	利用人群	适宜规模（hm^2）	服务半径	人均面积（m^2/人）
居住区小游园	老人、儿童、本区居民	＞0.4	300～500m	10～20
邻里公园	近邻居民	＞4	400～800m	20～30
社区公园	一般市民	＞6	几个邻里单位 1600～3200m	30
区级综合公园	一般市民	20～40	几个社区或所在区骑自行车 20～30min	60
市级综合公园	一般市民	40～100 或更大	全市坐车 0.5～1.5h	60
专类公园	一般市民、特殊团体	随专类主题的不同而变化	随所需规模而变化	—
线型公园	一般市民	对资源有足够保护，并能得以最大限度地开发	—	30～40

资料来源：徐文辉．城市园林绿地系统规划[M]．武汉：华中科技大学出版社，2007：103–104．

不同层次和类型的城市公园由于其大小、功能、服务职能等方面的不同，决定了公园系统的理想配置模式应是分级配置，只有做到分级配置，城市中不同类型的公园的职能才能得到最佳发挥，更为有效地服务于城市居民。特别是对于人口密度极高的大城市和特大城市来讲，具有良好的公园级配尤其重要。理想的级配模式如图 7-6 所示。

3. 公园绿地的用地选择与用地平衡

（1）公园绿地的位置及用地

公园绿地在城市中的位置应该在城市园林绿地系统规划中确定。在城市规划设计时，应结合河湖系统、道路系统及生活居住用地的规划综合考虑。在选址时应注意以下几个方面：

1）公园绿地的服务半径应满足生活居住用地内的居民使用方便，并与城市主要道路有密切的联系；可用公园均布率（指城市中所有公园按公园服务半径所覆盖的居住区面积率）来表示。通常市级公园服务半径取 1000m，也称千米均布率。

2）利用不宜于工程建设及农业生产的复杂破碎地形或起伏变化较大的坡地。可充分利用地形，避免大动土方，既节约了城市用地和建园的投资又有利于丰富造园景观。

3）可选择在自然条件优越、景色优美的地段，如山林、水面、河湖沿岸以及现有树木较多和有古树的地段，充分发挥森林和水面的作用，有利于改善城市小气候，增加公园的景色；在森林、丛林、花圃等原有种植的基础上加以改造，建设公园，投资省，见效快。

4）可选择在有园林建筑、名胜古迹、革命遗址、纪念人物故居和历史传说的地方，加以扩充和改建，补充

图 7–6　公园级配模式

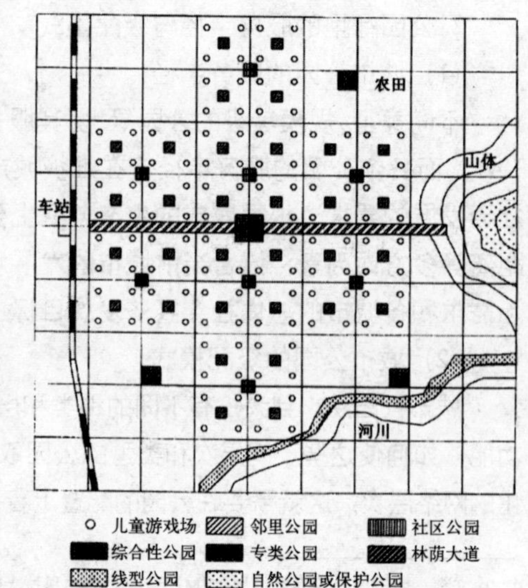

活动内容和设施。可丰富公园的内容并有利于保存民族文化遗产。

5）公园用地应保留适当发展的备用地。不断丰富公园的设施内容，以满足日益提高的人民生活水平的需求。

（2）公园绿地内的主要用地比例

1）根据中华人民共和国行业标准《公园设计规范》的相关规定，公园内部用地比例应根据公园类型和陆地面积确定。其绿化、建筑、园路及铺装场地等用地的比例应符合表 7-5 的规定。

2）按照《公园设计规范》的相关规定，当表 7-5 中 Ⅰ、Ⅱ、Ⅲ 三项上限与 Ⅳ 下限之和不足 100%，剩余用地应供以下情况使用：

①一般情况增加绿化用地的面积或设置各种活动用的铺装场地、院落、棚架、花架、假山等构筑物；

②公园陆地形状或地貌出现特殊情况时园路及铺装场地的增值。

公园内部用地比例（%） **表 7–5**

陆地面积 (hm²)	用地类型	公园类型												
		综合性公园	儿童公园	动物园	专类动物园	植物园	专类植物园	盆景园	风景名胜公园	其他专类公园	居住区公园	居住小区游园	带状公园	街旁游园
< 2	Ⅰ	—	15 ~ 25	—	—	—	15 ~ 25	15 ~ 25	—	—	—	10 ~ 20	15 ~ 30	15 ~ 30
	Ⅱ	—	< 1.0	—	—	—	< 1.0	< 1.0	—	—	—	< 0.5	< 0.5	—
	Ⅲ	—	< 4.0	—	—	—	< 7.0	< 8.0	—	—	—	< 2.5	< 2.5	< 1.0
	Ⅳ	—	> 65	—	—	—	> 65	> 65	—	—	—	> 75	> 65	> 65
2 ~ < 5	Ⅰ	—	10 ~ 20	—	10 ~ 20	—	10 ~ 20	10 ~ 20	—	10 ~ 20	10 ~ 20	—	15 ~ 30	15 ~ 30
	Ⅱ	—	< 1.0	—	< 2.0	—	< 1.0	< 1.0	—	< 1.0	< 0.5	—	< 0.5	—
	Ⅲ	—	< 4.0	—	< 12	—	< 7.0	< 8.0	—	< 5.0	< 2.5	—	< 2.0	< 1.0
	Ⅳ	—	> 65	—	> 65	—	> 70	> 65	—	> 70	> 75	—	> 65	> 65
5 ~ < 10	Ⅰ	8 ~ 18	8 ~ 18	—	8 ~ 18	—	8 ~ 18	8 ~ 18	—	8 ~ 18	8 ~ 18	—	10 ~ 25	10 ~ 25
	Ⅱ	< 1.5	< 2.0	—	< 1.0	—	< 1.0	< 2.0	—	< 1.0	< 0.5	—	< 0.5	< 0.2
	Ⅲ	< 5.5	< 4.5	—	< 14	—	< 5.0	< 8.0	—	< 4.0	< 2.0	—	< 1.5	< 1.3
	Ⅳ	> 70	> 65	—	> 65	—	> 70	> 70	—	> 75	> 75	—	> 70	> 70
10 ~ < 20	Ⅰ	5 ~ 15	5 ~ 15	—	5 ~ 15	—	5 ~ 15	—	—	5 ~ 15	—	—	10 ~ 25	—
	Ⅱ	< 1.5	< 2.0	—	< 1.0	—	< 1.0	—	—	< 0.5	—	—	< 0.5	—
	Ⅲ	< 4.5	< 4.5	—	< 14	—	< 4.0	—	—	< 3.5	—	—	< 1.5	—
	Ⅳ	> 75	> 70	—	> 65	—	> 75	—	—	> 80	—	—	> 70	—
20 ~ < 50	Ⅰ	5 ~ 15	—	5 ~ 15	—	5 ~ 10	—	—	—	5 ~ 15	—	—	10 ~ 25	—
	Ⅱ	< 1.0	—	< 1.5	—	< 0.5	—	—	—	< 0.5	—	—	< 0.5	—
	Ⅲ	< 4.0	—	< 12.5	—	< 3.5	—	—	—	< 2.5	—	—	< 1.5	—
	Ⅳ	> 75	—	> 70	—	> 85	—	—	—	> 80	—	—	> 70	—
> 50	Ⅰ	5 ~ 10	—	5 ~ 10	—	3 ~ 8	—	—	3 ~ 8	5 ~ 10	—	—	—	—
	Ⅱ	< 1.0	—	< 1.5	—	< 0.5	—	—	< 0.5	< 0.5	—	—	—	—
	Ⅲ	< 3.0	—	< 11.5	—	< 2.5	—	—	< 2.5	< 1.5	—	—	—	—
	Ⅳ	> 80	—	> 75	—	> 85	—	—	> 85	> 85	—	—	—	—

注：Ⅰ——园路及铺装场地；Ⅱ——管理建筑；Ⅲ——游览、休憩、服务、公用建筑；Ⅳ——绿化用地。

资料来源：中华人民共和国行业标准．公园设计规范．北京：中国建筑工业出版社，1992：5–6.

3）公园内园路及铺装场地用地，可在符合下列条件之一时按表 7-5 规定值适当增大，但增值不得超过公园总面积的 5%。

①公园平面长宽比值大于 3；

②公园面积一半以上的地形坡度超过 50%；

③水体岸线总长度大于公园周边长度。

4. 公园绿地的设施

（1）常规设施

1）常规设施项目的设置，应符合表 7-6 的规定。

公园常规设施　　表 7–6

设施类型	设施项目	陆地规模（hm^2）					
		＜2	2～＜5	5～＜10	10～＜20	20～＜50	＞50
游憩设施	亭或廊	○	○	●	●	●	●
	厅、榭、码头	—	○	○	○	○	○
	棚架	○	○	○	○	○	○
	园椅、园凳	●	●	●	●	●	●
	成人活动场	○	●	●	●	●	●
服务设施	小卖店	○	○	●	●	●	●
	茶座、咖啡厅	—	○	○	○	●	●
	餐厅	—	—	○	○	●	●
	摄影部	—	—	○	○	○	○
	售票房	○	○	○	○	●	●
公用设施	厕所	○	●	●	●	●	●
	园灯	○	●	●	●	●	●
	公用电话	—	○	○	●	●	●
	果皮箱	●	●	●	●	●	●
	饮水站	○	○	○	○	○	○
	路标、导游牌	○	○	●	●	●	●
	停车场	—	○	○	○	○	●
	自行车存车处	○	○	●	●	●	●
管理设施	管理办公室	○	●	●	●	●	●
	治安机构	—	—	○	●	●	●
	垃圾站	—	—	○	●	●	●
	变电室、泵房	—	—	○	○	●	●
	生产温室荫棚	—	—	○	○	●	●
	电话交换站	—	—	—	○	○	●
	广播室	—	—	○	●	●	●
	仓库	—	○	●	●	●	●
	修理车间	—	—	—	○	●	●
	管理班（组）	—	○	○	○	●	●
	职工食堂	—	—	○	○	○	●
	淋浴室	—	—	—	○	○	●
	车库	—	—	—	○	○	●

注："●"表示应设；"○"表示可设。

资料来源：中华人民共和国行业标准．公园设计规范．北京：中国建筑工业出版社，1992：7.

2）公园内不得修建与其性质无关的、单纯以营利为目的的餐厅、旅馆和舞厅等建筑。公园中方便游人使用的餐厅、小卖店等服务设施的规模应与游人容量相适应。

3）游人使用的厕所

面积大于 $10hm^2$ 的公园，应按游人容量的2%设置厕所蹲位（包括小便斗位数），小于 $10hm^2$ 者按游人容量的1.5%设置；男女蹲位比例为（1～1.5）：1；厕所的服务半径不宜超过250m；各厕所内的蹲位数应与公园内的游人分布密度相适应；在儿童游戏场附近，应设置方便儿童使用的厕所；公园应设方便残疾人使用的厕所。

4）公用的条凳、座椅、美人靠（包括一切游览建筑和构筑物中的在内）等，其数量应按游人容量的20%～30%设置，但平均每 $1hm^2$ 陆地面积上的座位数最低不得少于20，最高不得超过150，分布应合理。

5）停车场和自行车存车处的位置应设于各游人出入口附近，不得占用出入口内外广场，其用地面积应根据公园性质和游人使用的交通工具确定。

（2）园路

1）园路的路网密度，宜在200～380 m/hm^2 之间；动物园的路网密度宜在160～300 m/hm^2 之间。

2）园路的宽度应该符合表7-7的要求。

园路宽度（m）　　**表7–7**

园路级别	陆地面积（hm^2）			
	＜2	2～＜10	10～＜50	＞50
主路	2.0～3.5	2.5～4.5	3.5～5.0	5.0～7.0
支路	1.2～2.0	2.0～3.5	2.0～3.5	3.5～5.0
小路	0.9～1.2	0.9～2.0	1.2～2.0	1.2～3.0

资料来源：中华人民共和国行业标准．公园设计规范．北京：中国建筑工业出版社，1992：15．

3）主路纵坡宜小于8%，横坡宜小于3%，粒料路面横坡宜小于4%，纵、横坡不得同时无坡度。山地公园的园路纵坡应小于12%，超过12%应作防滑处理。主园路不宜设梯道，必须设梯道时，纵坡宜小于36%。

4）支路和小路，纵坡宜小于18%。纵坡超过15%路段，路面应作防滑处理；纵坡超过18%，宜按台阶、梯道设计，台阶踏步数不得少于2级；坡度大于58%的梯道应作防滑处理，宜设置护栏设施。

5）经常通行机动车的园路宽度应大于4m，转弯半径不得小于12m。

（3）建筑物及其他设施

1）按照《公园设计规范》的相关规定，游览、休憩、服务性建筑物设计应符合下列规定：

①与地形、地貌、山石、水体、植物等其他造园要素统一协调；

②层数以一层为宜，起主题和点景作用的建筑的高度和层数服从景观需要；

③游人通行量较多的建筑室外台阶宽度不宜小于1.5m，踏步宽度不宜小于30cm，踏步高度不宜大于16cm，台阶踏步数不少于2级；侧方高差大于1.0m的台阶，设护栏设施；

④建筑内部和外缘，凡游人正常活动范围边缘临空高差大于1.0m处，均设护栏设施，其高度应大于1.05m；高差较大处可适当提高，但不宜大于1.2m；护栏设施必须坚固耐久且采用不易攀登的构造，其竖向力和水平荷载应符合相关规范的规定；

⑤有吊顶的亭、廊、敞厅，吊顶采用防潮材料；

⑥亭、廊、花架、敞厅等供游人坐憩之处，不采用粗糙饰面材料，也不采用易刮伤肌肤和衣物的构造。

2）游览、休憩建筑的室内净高不应小于2.0m；亭、廊、花架、敞厅等的楣子高度应考虑游人通过或赏景的要求。

5. 公园绿地规划设计的步骤与内容[①]

（1）公园绿地规划设计的步骤

1）了解公园绿地规划设计的任务情况，建园的审批文件；征收用地及投资额；建设施工的条件；技术力量、人力、施工的机械和建筑材料供应的情况。

2）了解公园用地在城市规划中的地位与其他用地的关系。

3）收集公园用地的历史、现状及自然资料。

4）研究分析公园用地内外的景观情况。

5）依据设计任务的要求，考虑各种影响因素，拟定公园内应设置的项目内容与设施，并确定其规模大小。

6）进行公园规划，确定全园的总体布局，计算工程量，造价概算，分期建设的安排。

7）审批同意后，可进行各种内容和各个地段的详细设计，包括植物种植设计。

8）绘制局部详图。

9）进行园林工程技术设计、建筑设计、结构设计、施工图设计。

10）编制预算及文字说明。

规划设计的步骤根据公园面积的大小，工程复杂的程度，可按具体情况增减。如公园面积很大，则需先有分区的规划，如公园规模不大，则公园规划与详细设计可结合进行。

公园规划设计后，进行施工阶段还需制定施工组织设计。在施工放样时，对规划设计结合地形的实际情况需要校核、修正和补充。在施工后需进行地形测量，以便复核整形。有些园林工程内容如叠石、大树的种植等，在施工过程中还需在现场根据实际的情况，对原设计方案进行调整。

（2）公园规划设计的内容

规划设计的各个阶段都有一整套设计图纸分析计算图表和文字说明。一般包

---

① 贾建中主编．城市绿地规划设计[M]．北京：中国林业出版社．2001：123-129．

括以下内容：

1）现状分析

对公园用地的情况进行调查研究和分析评定，为公园规划设计提供基础资料。

①公园在城市中的位置，附近公共建筑及停车场地情况，游人的主要人流方向、数量及公共交通的情况，公园外围及园内现有的道路广场情况：性质、走向、标高、宽度、路面材料等。

②当地多年积累的气象资料：每月最低的、最高的及平均的气温、水温、湿度、降雨量及历年最大暴雨量，每月阴天日数，风向和风力等。

③用地的历史沿革和现在的使用情况。

④公园绿地规划范围界线，周围红线及标高，园外环境景观的分析、评定；风景资源与风景视线的分析评定。

⑤现有园林植物、古树、大树的品种、数量、分布、高度、覆盖范围、地面标高、质量、生长情况、姿态及观赏价值的评定；地形标高坡度的分析评定。

⑥现有建筑物和构筑物的立面形式、平面形状、质量、高度、基地标高、面积及使用情况。

⑦园内及公园外围现有地上地下管线的种类、走向、管径、埋置深度、标高和柱杆的位置高度。

⑧现有水面及水系的范围，水底标高、河床情况，常水位、最高及最低水位、历史上最高洪水位的标高，水流的方向、水质及岸线情况，地下水的常水位及最高、最低水位的标高、地下水的水质情况。

⑨现有山峦的形状、坡度、位置、面积、高度及土石的情况。

⑩地貌、地质及土壤情况的分析评定，地基承载力，内摩擦角度，滑动系数，土壤坡度的自然稳定角度。

2）全园规划

确定公园的总体布局，对公园各部分作全面的安排。常用的图纸比例为1：1000或1：2000。包括的内容：

①公园的范围，公园用地内外分隔的设计处理与四周环境的关系，园外借景或障景的分析和设计处理；

②计算用地面积和游人量、确定公园活动内容，需设置的项目和设施的规模、建筑面积和设备要求；

③确定出入口位置，并进行园门布置和汽车停车场、自行车停车棚的位置安排；公园道路系统、广场的布局及组织导游线；

④公园活动内容的功能分区，活动项目和设施的布局，确定园林建筑的位置和组织建筑空间；

⑤景色分区：按各种景色构成不同风景造型的艺术境界来进行分区；规划设计公园的艺术布局，安排平面及立面的构图中心和景点，组织风景

视线和景观空间；

⑥公园河湖水系的规划、水底标高、水面标高的控制、水工构筑物的设置；

⑦地形处理、竖向规划，估计填挖土方的数量、运土方向和距离，进行土方平衡；

⑧园林工程规划：护坡、驳岸、挡土墙、围墙、水塔、水工构筑物、变电间、厕所、化粪池、消防用水、灌溉和生活给水、雨水排水、污水排水、电力线、照明线、广播通信线等管网的布置；

⑨植物群落的分布、树木种植规划、制定苗木计划、估算树种规格与数量；

⑩公园规划设计意图的说明、土地使用平衡表、工程量计算、造价概算、分期建园计划。

3）详细设计

在全园规划的基础上，对公园的各个地段及各项工程设施进行详细的设计。常用的图纸比例为 1：500 或 1：200。

①主要出入口、次要出入口和专用出入口的设计，包括园门建筑、内外广场、服务设施、园林小品、绿化种植、市政管线、室外照明、汽车停车场和自行车停车棚等的设计；

②各功能区的设计：各区的建筑物、室外场地、活动设施、绿地、道路广场、园林植物种植、山石水体、园林工程、构筑物、管线、照明等的设计；

③园内各种道路的走向、纵横断面、宽度、路面材料及做法、道路中心线坐标及标高、道路长度及坡度、曲线及转弯半径、行道树的配置、道路透景视线；

④各种园林建筑初步设计方案：平面、立面、剖面、主要尺寸、标高、坐标、结构形式、建筑材料、主要设备；

⑤各种管线的规格、管径尺寸、埋置深度、标高、坐标、长度、坡度或电杆灯柱的位置、形式、高度，水、电表位置，变电或配电间，广播室位置，广播喇叭位置，室外照明方式和照明点位置，消火栓位置；

⑥地面排水的设计，分水线、汇水线、汇水面积、明沟或暗管的大小、线路走向、进水口、出水口和窨井位置；

⑦土山、石山设计：平面范围、面积、坐标、等高线、标高、立面、立体轮廓、叠石的艺术造型；

⑧水体设计：河湖的范围、形状，水底的土质处理、标高，水面控制标高，岸线处理；

⑨各种建筑小品的位置、平面形状、立面形式；

⑩园林植物的品种、位置和配植形式：确定乔木和灌木的群植、丛植、孤植及绿篱的位置，花卉的布置，草地的范围。

4）植物种植设计

依据树木种植规划，对公园各地段进行植物配置。常用的图纸比例为 1：500 或 1：200。

包括以下内容：

①树木种植的位置、标高、品种、规格、数量；

②树木配植形式：平面、立面形式及景观。乔木与灌木，落叶与常绿，针叶与阔叶等的树种组合；

③蔓生植物的种植位置、标高、品种、规格、数量、攀缘与棚架情况；

④水生植物的种植位置、范围，水底与水面的标高、品种、规格、数量；

⑤花卉的布置，花坛、花境、花架等的位置、标高、品种、规格、数量；

⑥花卉种植排列的形式：图案排列的式样，自然排列的范围与疏密程度，不同的花期、色彩、高低、草本与木本花卉的组合；

⑦草地的位置范围、标高、地形坡度、品种；

⑧园林植物的修剪要求，自然的与整形的形式；

⑨园林植物的生长期，速生与慢生品种的组合，在近期与远期需要保留、疏伐与调整的方案；

⑩植物材料表：品种、规格、数量、种植日期。

5）施工详图

按详细设计的意图，对部分的内容和复杂工程进行结构设计，制定施工的图纸与说明，常用的图纸比例为1：100、1：50或1：20。包括的内容：

①给水工程：水池、水闸、泵房、水塔、水表、消防栓、灌溉用水的水龙头等的施工详图；

②排水工程：雨水进水口、明沟、窨井及出水口的铺设，厕所化粪池的施工图；

③供电及照明：电表、配电间或变电间、电杆、灯柱、照明灯等施工详图；

④广播通信：广播室施工图，广播喇叭的装饰设计；

⑤煤气管线，煤气表具；

⑥废物收集处，废物箱的施工图；

⑦护坡、驳岸、挡土墙、围墙、台阶等园林工程的施工图；

⑧叠石、雕塑、栏杆、踏步、说明牌、指路牌等小品的施工图；

⑨道路广场硬地的铺设及回车道、停车场的施工图；

⑩园林建筑、庭院、活动设施及场地的施工图。

6）编制预算及说明书

对各阶段布置内容的设计意图，经济技术指标，工程的安排等用图表及文字形式说明。

①公园建设的工程项目、工程量、建筑材料、价格预算表；

②园林建筑物、活动设施及场地的项目、面积、容量表；

③公园分期建设计划，要求在每期建设后，在建设地段能形成园林的面貌，以便分期投入使用；

④建园的人力配备：工种、技术要求、工作日数量、工作日期；

⑤公园概况，在城市园林绿地系统中的地位，公园四周情况等的说明；
⑥公园规划设计的原则、特点及设计意图的说明；
⑦公园各个功能分区及景色分区的设计说明；
⑧公园的经济技术指标：游人量、游人分布、每人用地面积及土地使用平衡表；
⑨公园施工建设程序；
⑩公园规划设计中要说明的其他问题。

为了表现公园规划设计的意图，除绘制平面图、立面图、剖面图外，还可绘制轴测投影图、鸟瞰图、透视图和制作模型，以便更形象地表现公园的设计。

二、综合公园规划设计

综合公园是指内容丰富，有相应设施，适合于公众开展各类户外活动的规模较大的绿地，是群众性文化教育、娱乐、休息的场所。

1. 综合公园的分类

按其服务范围，城市综合公园可分为全市性公园和区域性公园两大类，在中小城市多设 1 ~ 2 处，在大城市则可分设全市性和区域性综合公园多处。

（1）全市性公园——为全市居民服务，是全市公园绿地中集中面积较大、活动内容和设施最完善的绿地。用地面积随全市居民总人数的多少而不同，在中、小城市设 1 ~ 2 处。其服务半径约 2 ~ 3km，步行约 30 ~ 50min 可达，乘坐公共交通工具约 10 ~ 20min 可达。

（2）区域性公园——在较大的城市中，为一个行政区的居民服务。其用地属全市性公园绿地的一部分，区级公园的面积按该区居民的人数而定，园内亦应有较丰富的内容和设施。一般在城市各区分别设置 1 ~ 2 处，其服务半径约 1 ~ 1.5km，步行约 15 ~ 25min 可达，乘坐公共交通工具约 10 ~ 15min 可达。

2. 综合公园的用地面积

由于综合公园配备有较多的活动内容和设施，故用地需要有较大的面积，从几万平方米到几百万平方米不等，一般不少于 $10hm^2$。在假日和节日里，游人的容纳量约为服务范围居民人数的 15%～ 20%，每个游人在公园中的活动面积约为 10 ~ $50m^2$/ 人。

在 50 万以上人口的城市中，全市性综合公园至少应能容纳全市居民中 10% 的人同时游园。

综合性公园的面积还应与城市规模、性质、用地条件、气候、绿化状况及公园在城市中的位置与作用等因素全面考虑来确定。

3. 综合公园设置的内容

（1）综合公园的内容

根据综合公园的任务，可设置下列各种内容：

1）观赏游览——观赏风景、山石、水体、名胜古迹、文物、花草树木、盆景、花架、建筑小品、雕塑和小动物如鱼、鸟等；

2）安静活动——品茶、垂钓、棋艺、划船、散步、锻炼身体及青少年温习功课；

3）儿童活动——学龄前儿童与学龄儿童的游戏娱乐、障碍游戏、迷宫、体育运动、集会及科学文化普及教育活动、阅览室、少年气象站、少年自然科学园地、小型动物园、植物园、园艺场；

4）文娱活动——露天剧场、游艺室、俱乐部、群众娱乐、游戏、戏水、浴场、观赏电影、电视、音乐、舞蹈、戏剧、技艺节目的表演及群众性文娱活动；

5）政治文化和科普教育——展览、陈列、阅览、科技活动、演说、座谈、动物园、植物园；

6）服务设施——餐厅、茶室、休息、小卖、摄影、沐浴、租借童车、雨具、公用电话、问讯、物品寄存、指路牌、园椅、厕所、垃圾箱；

7）园务管理——办公、会议、苗圃、温室、花棚、花圃、食堂、值班、宿舍、浴室、给水供电及煤气的表具、变电站或配电间、水泵、水闸、水塔、广播室、工具间、仓库、地窖、车库修理工场、堆场、杂院。

综合性公园内，可以设置上述各种内容或部分内容。如果只以某一项内容为主，则为专业公园，例如以儿童活动内容为主，则为儿童公园；以展览动物为主，则为动物园；以展览植物为主，则为植物园；以纪念某一件事或人物为主，则为纪念性公园；以观赏文物古迹为主，则为文物公园；以观赏某类园景为主，亦可成为岩石园、山水园、花园。

此外，也有体育运动设施场地与公园连成一片的，能够满足周边居民休闲、健身活动的需要，还可以在灾时发挥防灾避险作用，如北京曙光防灾公园（图 7-7 ~ 图 7-9）。

（2）综合性公园设置内容的影响因素

综合性公园应设置的具体项目内容，其影响因素如下：

1）当地人民的习惯爱好。公园内可考虑按当地居民所喜爱的活动、风俗、传统和生活习惯等地方特点来设置项目内容。

2）公园在城市中的位置。可根据城市园林绿地系统对该公园的要求确

图 7-7　北京曙光公园总平面图

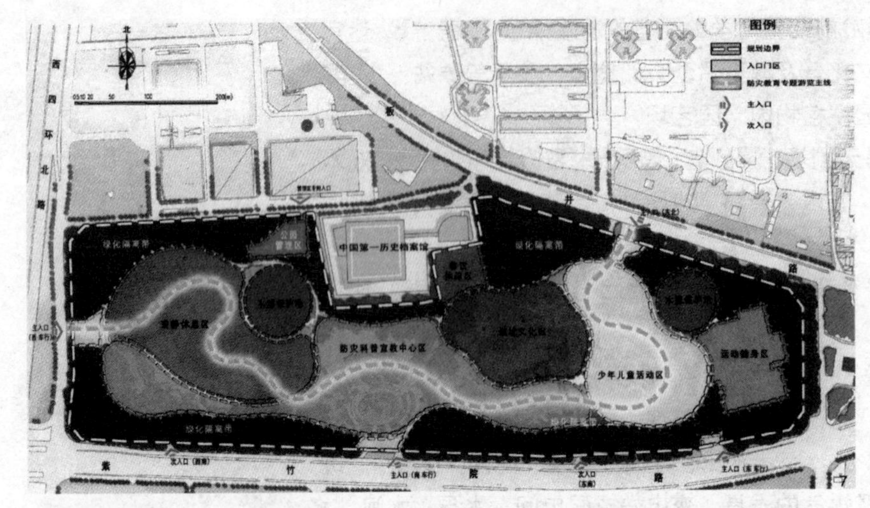

图 7–8　北京曙光公园功能分区图

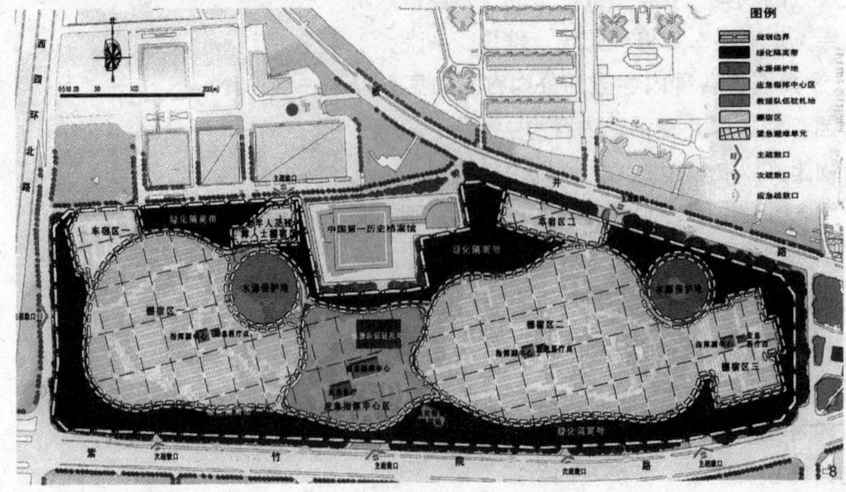

图 7–9　北京曙光公园灾时功能分区图

定其项目内容。位置处于城市中心地区的公园，一般游人较多，人流量大，要考虑他们的活动要求；在城市边缘地区的公园则可考虑安静观赏的要求。

3）公园附近的城市文化娱乐、体育设施等公共设施设置情况。公园附近已有的大型文娱设施，公园内就不一定重复设置。例如，附近有剧场、音乐厅则公园内就可不再设置这些项目。

4）公园面积的大小。大面积的公园设置的项目多、规模大，游人在园内的时间一般较长，对服务设施有更多的要求。

5）公园的自然条件情况。例如有风景、山石、岩洞、水体古树、树林、竹林、较好的大片花草，起伏的地形等，可因地制宜地设置活动项目。

4. 综合公园规划设计

（1）综合公园出入口的规划设计

公园出入口的位置选择及设计是公园规划设计成功与否的重要保障。直接影响到游人进出公园的可达程度，城市道路的交通组织与街景，还影响到公园内部的规划结构、分区和活动设施的布置，人流的安全疏散以及公园给人的第一印象等。公园出入口的规划设计是公园设计的关键一环。

图 7-10（左） 公园入口广场及大门平面布置形式

图 7-11（右） 西双版纳热带花卉园入口广场及大门平面布置形式

公园通常设置有主要出入口、次要出入口及专用出入口三种类型。主要出入口的位置应综合考虑游人的方便，通常设在城市主要道路和有公共交通的地方，但要避免受到对外过境交通的干扰，与周围环境协调。此外，还应考虑公园内用地情况，配合公园的规划设计要求，使出入口有足够的人流集散用地，与园内道路联系方便，符合游览路线，通常设置一个。次要出入口是辅助性的，可设置一个或多个，为附近地区居民服务，位置设于人流来往的次要方向和城市次干道上，还可以设在公园内有大量集中人流集散的设施附近，例如园内的表演厅、露天剧场、展览馆等场所附近。专用出入口是为方便公园管理和生产工作而设置的，不供游人使用，可设置 1 ~ 2 个，为了不妨碍园景和游览活动，通常选择在公园管理区附近或较偏僻的位置。

主、次出入口的内外都需要设置游人集散广场，并考虑以下建、构筑物：汽车停车场、存车处、园门建筑、售票处、检票处、小卖部、休息廊、服务部、问讯处、公用电话、寄存物品、租借童车、雨具、值班、办公、导游牌、宣传画廊、陈列栏等。园门外的广场面积大小和大门形式需要与公园的规模、性质、游人量等要素相互协调，并和周边城市道路、环境等相适应，通常有以下几种形式（图 7-10 ~图 7-11）。

内容丰富的售票公园游人出入口外集散场地的面积下限指标以公园游人容量为依据，宜按 500m²/ 万人计算。

公园出入口总宽度下限（单位：m²/ 万人） **表 7–8**

游人人均在园停留时间	售票公园	不售票公园
＞ 4h	8.3	5.0
1~4h	17.0	10.2
＜ 1h	25.0	15.0

资料来源：中华人民共和国行业标准．公园设计规范．北京：中国建筑工业出版社，1992：16.

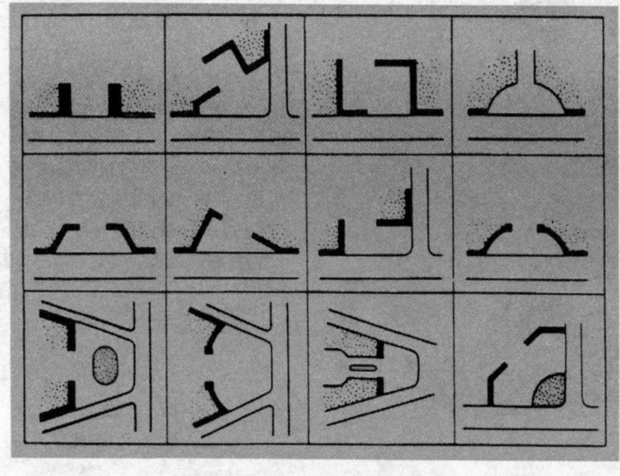

（2）综合公园的规划布局形式

公园规划布局的形式有规则式、自然式和混合式三种。

规则式：多用几何形体，强调轴线对称，通常适用于有规则地形或平坦地形的布局条件，会形成庄严、雄伟、开朗和整齐的效果，例如纽约布赖恩特公园（Bryant Park）（图 7-12）。

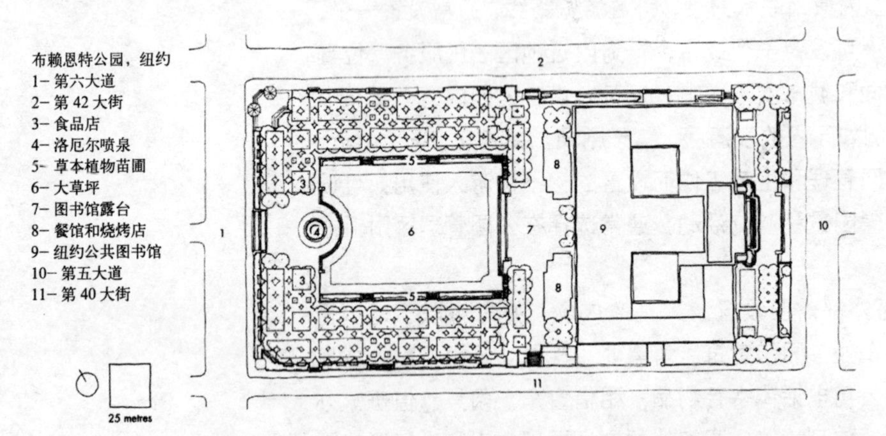

图 7–12　纽约的布赖恩特公园平面图

自然式：完全结合自然地形、原有建筑、树木等现状的环境条件或按美观与功能的需要灵活地布置，可有主体和重点，但无一定的几何规律。有自由、活泼的感觉，在地形复杂、有较多不规则的现状条件的情况下，采用自然式比较适合，可形成富有变化的风景视线，例如德国城市公园·汉堡总平面图（图 7-13）。

混合式：部分地段为规则式，部分地段为自然式，在用地面积较大的公园内常采用，可按不同地段的情况分别处理。例如在主要出入口处及主要的园林建筑地段采用规则的布局，安静游览区则采用自然的布局，以取得不同的园景效果，例如伦敦的摄政王公园（图 7-14）。

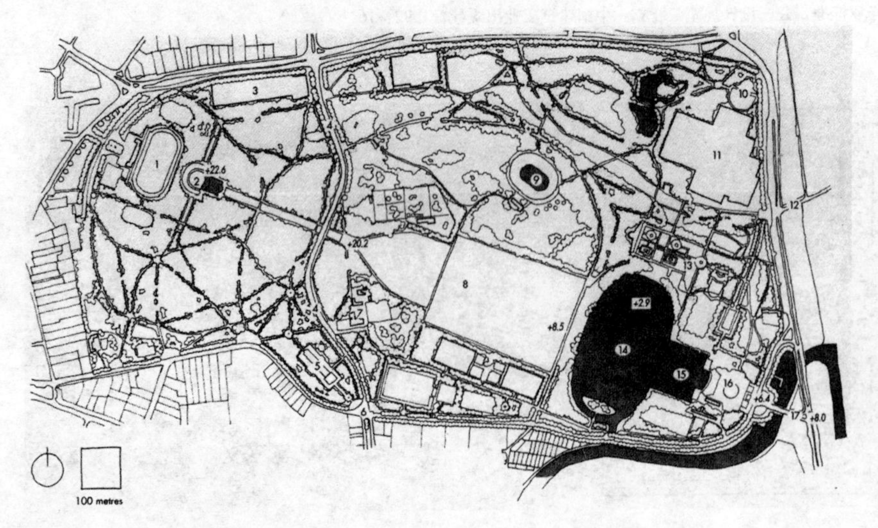

1- 雅恩—坎普夫体育馆（一个大型运动场）；2- 水塔／天文馆；3- 新世界游艺园；4- 兴登堡大街；5- 香草花园；6- 伯尔格韦格门；7- 地产“管理”；8- 节日草坪；9- 戏水／游艺池；10- 露天影院；11- 综合运动馆；12- 多伦多大桥入口；13- 玫瑰花园，企鹅喷泉和戴安娜花园；14- 城市公园湖；15- 游泳区；16- 餐饮区；17- 大门；+8.5= 海拔高度（m）

图 7–13　城市公园·汉堡总平面图

(3) 综合公园的功能分区

1) 安静游览区

该区以观赏、游览参观为主，在区内可进行休息、学习、交往或棋弈、漫步、气功、太极拳、太极剑等相对安静的活动。为达到良好的观赏游览效果，要求游人在区内的人均游览面积以 100m²/人左右较为合适，所以本区在公园的占地面积较大，可相对分散，创造类型不同的空间环境，以满足不同类型活动的要求，是公园的重要组成部分。

该区往往选择现状用地地形、植被等比较优越的地段，如山地、谷地、溪边、湖边、河边、瀑布等理想环境，且是树木茂密、绿草如茵的植被景观环境。一般距主入口较远，并与文化娱乐区、儿童活动区、体育活动区有一定隔离，但可与老人活动区靠近或将老人活动区布置在内。

该区宜采用景观造景要素巧妙组织景观，形成景色优美、环境舒适、生态环境良好的区域；建筑布置宜散落不宜聚集，宜质朴、素雅；道路的平、纵曲线，铺装材料，铺装纹样和宽度变化都应该适应于景观展示、动态观赏和游线组织的要求。

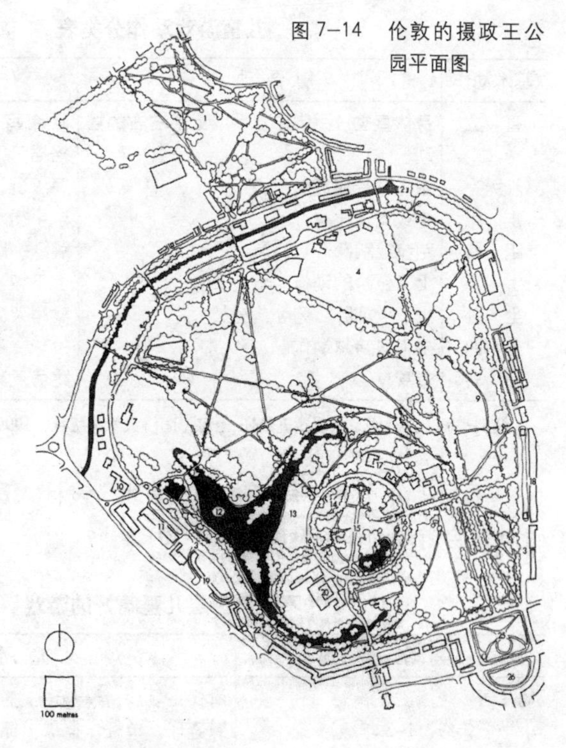

图 7-14 伦敦的摄政王公园平面图

1- 报春花山；
2- 摄政王运河；
3- 外圈；
4- 伦敦动物园；
5- 宽行道；
6- 现金喷泉；
7- 温菲尔德宫；
8- 坎伯兰郡台地；
9- 坎伯兰郡草地；
10- 伦敦中央清真寺；
11- 汉诺威台地；
12- 游船湖；
13- 小岛；
14- 露天影院；
15- 玛丽皇后花园；
16- 内圈；
17- 圣约翰学院；
18- 切斯特台地；
19- 苏塞克斯宫；
20- 摄政王学院；
21- 街道花园；
22- 克拉伦斯门；
23- 康沃尔台地；
24- 约克门；
25- 方形公园；
26- 新月公园

2) 文化娱乐区

该区是人流集中的活动区域，可开展形式多样、热闹喧哗的文化、娱乐活动。作为全园建筑布局的重点，对建筑单体和建筑群的组合景观要求较高，布置时应该注意避免建筑物以及各项活动之间的相互干扰。

区内的主要设施包括：游戏广场、俱乐部、技艺表演场、露天剧场、影剧院、音乐厅、舞池、溜冰场、戏水池、展览室（廊）、陈列室、演讲场地、科技活动场等。可根据公园的规模大小、内容要求因地制宜进行布局设置。

该区应该尽量布置在公园出入口附近或在一些大型活动建筑旁设专用入口，以方便游人的快速集散。其用地最好为 30m²/人左右，以满足活动舒适、方便的需求，还应该设置足够的道路广场和服务设施，如餐厅、茶室、冷饮、公厕、饮水处等。

3) 儿童活动区

儿童活动区主要供学龄前儿童和学龄儿童开展各种儿童活动。可根据不同年龄的少年儿童进行分区，通常可分为学龄前儿童区和学龄儿童区。主要活动内容和设施有：游戏场、戏水池、运动场、障碍游戏、手工技艺场、少年宫、少年阅览室、科技馆等。用地最好达到 50m²/人，并按用地大小和公园规模确定所设内容的多少。

儿童游戏动作是由一般人体的基本动作，如直立、坐、起、跑及跳等基本动作经过组合而成的复合动作（表 7-9）。

儿童游戏动作分类表 表 7–9

基本动作	复合动作	儿童游戏动作
直立	身体直立、手脚作水平或上下左右的摆动	画涂写板、拉单杠、投球、攀爬梯、摇摇篮
蹲	由直立转变成脚下蹲	蹲着玩沙、玩躲猫猫、迷阵、荡秋千
走路	走或竞走	走平衡木
跑跳	跑步或跳跃	跳跃、跳绳、捉迷藏
上下	上下台阶的动作	上下坡、玩迷阵、攀爬架
坐卧	坐下、仰卧、俯卧	攀爬架、玩溜梯
坐跨	坐下、跨越动作	投球、障碍跳、玩跳蹬
回转	转身	跳房及其他回转动作

资料来源：洪得娟．景观建筑[M].上海：同济大学出版社，1999：232.

不同年龄儿童各有其嗜好的游戏，设计人员应依照儿童年龄的不同设计适合游戏动作的设施（表 7-10）。

不同年龄层儿童嗜好的游戏 表 7–10

年龄类别	儿童所好之游戏
幼儿园	滑梯、玩沙、躲避球、赛跑、攀爬架、溜冰
小学低年级（1~3 年级）	躲避球、单杠、篮球、棒球、溜冰、滑梯、单车、爬竿
小学高年级（4~6 年级）	
男	躲避球、跳绳、排球、篮球、秋千
女	滑梯、秋千、攀爬架、玩沙、戏水

资料来源：洪得娟．景观建筑[M].上海：同济大学出版社，1999：232（有修改）.

日本千叶大学教授福富久夫博士在"有关儿童公园成立条件的研究"一文中，曾以图表示儿童游戏的基本动作（图 7-15）。

该区宜选择背风向阳的位置，应尽量远离城市干道（或有地形、绿化带隔离）、高压线、有毒有害污染源等不利因素；靠近公园出入口并与其他功能分区相对分隔，保持相对独立性；便于儿童入园后尽快到达区内开展活动，避免与其他功能区相互干扰，主要园路应能通行童车。

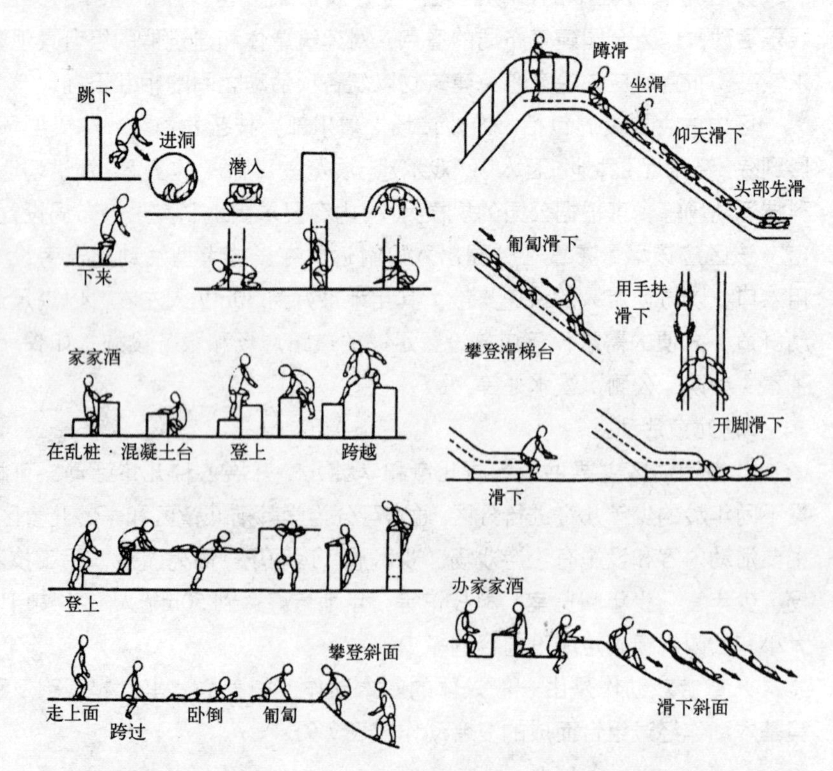

图 7–15 儿童游戏的基本动作图

儿童区的建筑、设施应当考虑到少年儿童的人体尺度、心理特征、动作尺寸、荷重、安全性等，决定其大小、构造材料等，亦即设施物应按人体工程学的原理与统计资料加以设计，例如儿童攀爬的高度、脚能抬高的尺寸、手握铁管的径粗等，并且造型新颖、色彩鲜艳，富有教育意义，最好带有童话、寓言的内容或色彩。按年龄群分类通常如下：

①幼儿（5～6岁以下）游戏设施，包括涂写板、砂坑、秋千、浪木、摇椅、游戏雕塑、跷跷板、游戏墙（躲避墙）、戏水池、滑梯、攀爬架、绳网、游戏屋及模型车船。

②儿童（5～6岁以上）游戏设施，包括砂坑、秋千、浪木、摇椅、攀爬架、拟木（攀爬树）、爬梯、迷阵、游戏雕塑、游戏墙（躲避墙）、假山、山洞、戏水池、滑梯、攀登架、旋转台、旋转球、旋转吊环、单杠、双杠及自由游戏广场。

不同游戏形态的游戏设施如表7-11所示。

不同游戏形态的游戏设施种类　　表7–11

游戏形态	设施种类
滑动	滑梯、斜坡
摇荡	秋千、旋转台
平衡	平衡木梁、平衡板、扶手、土墩、原木堆
悬吊	水平爬架、单杠、旋转吊环
走、跑、坐	
前进	隧道
翻滚	草坡
躺	沙滩、草地
攀爬	拟木、丛林追逐、绳网、斜坡、阶梯
跳跃	跳板、平台
超越	障碍、桥
由下通过	隧道
围绕	游戏墙、迷宫、碰碰车
探险、迷失	迷宫、碰碰车
寻找、挖掘	泥土、沙
构筑	沙雕、积木
推	车、独轮手推车、旋转木马
拉	车
涉水	水池、洒水
喷溅	
体会人生	自然（植物、地表形态、材料、动物） 房屋（游戏屋、建筑物） 街上（驾驶车辆） 交通工具（车、船、飞机） 动物（雕塑） 社团（综合活动） 创造（建筑、聚合、重组、规划）

资料来源：洪得娟．景观建筑[M].上海：同济大学出版社，1999：234.

儿童活动区的植物种植应该选择无毒、无刺、无异味的树木、花草，并考虑夏日遮阴、冬日日照充足的树种，营造草坪、密林、缓坡草地等多种的环境景观，以满足儿童多种活动需求。不宜使用铁丝网等具有伤害性的物品，以保证儿童安全，同时还应设置坐凳、花架和休息亭等可供成人休息等待的设施和场所。

4）老年人活动区

本区多设于观赏游览区或安静休息区附近，要求环境幽雅、风景宜人。在老人活动区内宜再分为动态活动区和静态活动区；动态活动区可进行球类、武术、舞蹈、慢跑等健身活动；静态活动区主要供老人休息、晒太阳、棋弈、聊天、观望、学习、交谈等。两区之间应该有适当的距离，并应布置亭、廊、花架等休息设施和单杠、压腿杠、教练台等简单的体育设施，以相互观望为好。

同时老年人活动区应该考虑闹静分区，闹主要指扭秧歌、戏曲、弹奏、唱歌、遛鸟、逗虫等声音较大的活动，应该设置相应的表演空间，并有相应的观众场地，如疏林草地、缓坡开阔草坪等；此处的静与上述所说的静是相同的，还可包括武术、静坐、慢跑等较为安静的活动。

在公园绿地的老人活动区应该设置必要的服务性设施、建筑，并考虑到老人的方便使用，如注意防滑、考虑无障碍设计、道路不宜太窄、不设汀步、水位宜浅等。

图 7–16　花架

图 7–17　休闲漫步区

图 7–18　围绕树池的休息坐凳

图 7–19　休息亭及花架

图 7–20（左） 休息亭
图 7–21（右） 观景平台

5）体育活动区

体育活动区是公园内以集中开展体育活动为主的区域，其规模、内容和设施的设置应该根据公园及其周围的设施而定，如果附近已经有大型的体育场馆则公园内不必设置专门的体育活动区。

该区常常位于公园的一侧，设自己的专用出入口，以利于大量人流的迅速疏散；同时也考虑到其作为公园的组成部分，可以地形、树丛、丛林进行分隔，并与整个公园的绿地景观相协调。

区内可以设置网球场、篮球场、羽毛球场、排球场、门球场、武术表演场地、大众体育区、民族体育场、乒乓球台等，配置各项目的规模、形状的空间大小及设施连接方法和规模均应综合考虑（表 7-12）。需注意建筑造型的艺术性，且可以缓坡草地、台阶代替专门的看台，更增加人与大自然的亲和性。

各类运动设施 **表 7–12**

球场	设计条件	面积
网球场	1. 地形较高、排水方便、风势较小 2. 南北向为宜，其次以南、东南及北、西北向较佳 3. 四周植以树木或以凉亭花架点缀 4. 在前后有挡网设备 5. 地表可铺草地、三合土（即黄泥、石灰、细砂）、水泥、柏油 附属物：网、裁判椅、记录板	长 × 宽 34m × 19m 外走道 5 ~ 7m 单打场地：长 × 宽 23.77m × 8.23m 双打场地：长 × 宽 23.77m × 10.97m
篮球场	1. 宜避风或风小之处 2. 方向以南北、西北或东南向为宜 3. 球场为长方形，坚硬平面 4. 水泥、泥土地铺面材料 5. 附属物、篮球架及计时、得分标示牌	长 × 宽 26m × 14m
羽毛球场	1. 主要为室内运动，户外则选择避风之处 2. 球场中竖立球网	长方形全长 13.40m 单打宽 5.18m 双打宽 6.10m
排球场	1. 地面平坦 2. 考虑风向及防风设备 3. 四周可栽防风树 4. 双方各九人或六人一组	1. 成年男生及大专男生 长 × 宽 22m × 11m 2. 中学男生 长 × 宽 21m × 10.50m 3. 成年女子及大专女生 长 × 宽 18m × 9m 4. 中学女生 长 × 宽 17m × 8.50m

资料来源：洪得娟．景观建筑 [M]．上海：同济大学出版社，1999：230（有修改）．

6）园务管理区

本区是专为公园管理的需求而设置的专用区域。根据功能的需求通常可分为管理办公、仓储、花圃苗木和生活服务等几个部分，设置有办公室、值班室、广播室及水、电、通信等管线工程建、构筑物，维修处，工具间，仓库，堆场杂院，车库，温室，棚架，苗圃，花圃，食堂，浴室，宿舍等。

园务管理区通常可以设在便于公园管理又与城市有方便联系的地方，对园内园外均有专门的出入口，方便车行，规划布局时应适当隔离隐蔽，不宜过于突出而影响景观视线。

（4）综合性公园实例介绍

1）纽约布鲁克林的景色公园

景色公园是奥姆斯特德和沃克斯的“美国田园”风格的典范，是由“草坪长廊”等精致景观组成的公园之一，具有独立的游览循环系统，包括了广场、野餐区、动物园区、音乐厅、网球馆、阅兵场等多种功能（图7-22）。

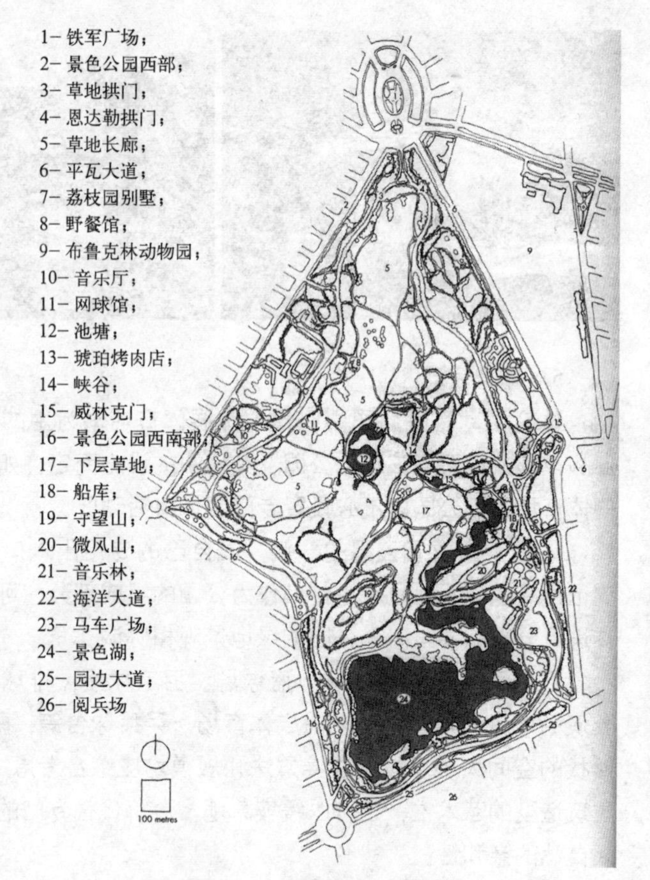

图 7—22　纽约布鲁克林的景色公园总平面图

2）无锡蠡湖湖滨公园

无锡蠡湖湖滨公园坐落于太湖之滨，为连绵的群山所环抱，是主要的公众休闲度假之地。公园将开发空间和多功能区引入自然环境之中，设计了一系列满足社区需求的设施，从静态区域到活跃的广场，包括净水湿地和鸟岛等，为鸟类和野生动物提供了栖息地，强调了生态恢复和保护的目的，丰富了城市公共活动空间（图7-23）。

图 7—23　无锡蠡湖湖滨公园总平面图

三、专类公园规划设计

专类公园通常包括植物园、动物园、药物园、野生动物园、儿童公园、专类花园、岩石园、风景名胜公园、文化公园、科技公园、艺术公园、雕塑公园、体育公园、运动公园、交通公园、老年人公园、水上公园、纪念公园、墓地公园、游乐公园、主题公园、民族公园、自然生态公园等，这些专类公园以其独特精彩的专项内容吸引着人们参观游览。以下对其中的植物园、动物园逐一介绍：

1. 植物园[①]

（1）植物园的选址要求

1）植物园宜建在城市近郊区。植物园要求尽可能保持良好的自然环境，应远离城市污染区，包括空气污染和水污染，所以既要与城市保持一定距离又要有方便的交通，使游人易于到达，方便市民的参观。

①用地应位于城市活水的上游和上风向，避开污染水体和大气，以保障植物的正常生长，如北京植物园和深圳仙湖植物园。

②由于工业生产产生的废气、废弃物将会影响甚至危害植物健康生长，因此应远离工业区。

③植物园需要有充足的水源和完善的给排水及供电系统，以保证植物园内科研、游览、生活等活动能够良好运行。水是植物园内生产、生活、科研、游览等各项工作和活动的物质基础，充足的水源是选择园地的关键要素之一。

2）为了满足植物对不同生态环境与生态因子的要求，园址应选择在地形、地貌较为复杂，具有不同小气候的用地。

①海拔高度：不同的海拔高度可以为引种不同地区的植物提供有利因素。例如在庐山植物园引种东北落叶松成功，是由于植物园海拔高度在1100m以上，夏季气候也十分凉爽的缘故。

②坡向：由于植物的习性千差万别，有的喜光、喜高温，而有的耐阴、耐寒冷，植物园最好有不同方向的坡向以利各种不同生态习性的植物生长。所以在引种上应考虑，南方的植物引种到北方，一般在温暖的阳坡容易成活；而东北的植物往南引种，则在阴坡较易成活。

③水源：最好具有丰富的地形和不同高度的地下水位以及方便的灌溉、排水系统，以满足不同植物对水分的要求，同时水体景观和水生植物也是植物园造景不可缺少的组成部分。

3）要满足不同植物对土壤酸碱度、土壤结构等条件的要求：根据植物对土壤酸碱度的要求不同，可分为酸性土植物，如：杜鹃、山茶、毛竹、马尾松、红松、棕榈科植物等；大多数花草树木均为中性土植物；碱性土植物，如：柽柳、沙棘等。

4）园址最好具有丰富的天然植被，对加速建园、早出效果十分有利。园址的天然植被较丰富且生长良好说明该用地综合自然条件较好。反之，应对用地自然条件进行深入研究，尤其要考虑是否有利于木本植物的生长。

（2）植物园的组成分区

一般综合性植物园主要分为3个部分：科普展览区、科研区和生活区。

---

① 贾建中．城市绿地规划设计[M]．北京：中国林业出版社，2001：129-146．

1）科普展览区

科普展览区目的是把植物按其自然规律，按人类利用植物和栽培植物的特点进行布置陈列出来，供人们参观学习。据统计，全世界1400多个植物园，各园形成了各具特点的植物园展览区。展览区主要有以下几种形式：

①按植物进化系统布置展览区：此类展览区是按照植物的进化系统和植物的科属分类结合起来布置，反映了植物界由低级到高级的进化过程。植物进化系统对于学习植物分类学，植物的进化科学，认识不同的目、科、属植物提供了良好的场所。但往往在进化系统上较相近的植物在生态习性上不一定相近，而在生态习性上有利于组成一个群落的各种植物在系统上又不一定相近，所以在植物的配置与造景时易单调和呆板。因此在布局中应该既考虑植物分类系统，又考虑植物的生态习性和园林艺术效果，以达到科学的内容与艺术的完美统一。例如上海植物园的植物进化区分为松柏园、木兰园、杜鹃园、槭树园、桂花园、蔷薇园和竹园，形成意境不同，具有丰富季相变化的山水园林。

②按植物地理分布和植物区系布置展览区：这种展览区是以植物原产地的地理分布或以植物的区系分布原则进行布置。例如莫斯科植物园的植物区系展览区分为：远东植物区系、俄欧部分植物区系、中亚细亚植物区系、西伯利亚植物区系、高加索植物区系、阿尔泰植物区系、北极植物区系7个区系。

③按植物的形态、生态习性与植被类型布置展览区：按照植物的形态和习性不同可分为乔木区，灌木区，藤本植物区，球根植物区，一、二年生草本植物区等展览区，如美国的阿诺德植物园。

植物的环境因子主要有湿度、光照、温度、土壤4个重要方面。按照植物自然分布类型和生态习性布置的展览区，是对人工模拟不同的地理环境和不同的气候条件下的自然植物群落进行植物配置。由于建园条件的限制，不可能在同一植物园内具备各种生态环境，应选择一些适合于当地环境条件的植被类型进行展区布置，例如：水生植物展览区，可以创造出湿生、沼生、水生植物群落景观；岩石植物园和高山植物园是利用岩石、高山、沙漠等环境条件，布置高山植物群落、沙漠植物群落。

④按植物的经济生产价值布置展览区：可将经过栽培、试验后确定有实用价值的经济植物引入植物园区进行研究和展览，为农业、医药、林业、园林结合生产提供研究与实践的基地。经济植物区一般可分为：药用植物区、芳香植物区、橡胶植物区、含糖植物区、纤维植物区、淀粉植物区等。

⑤按植物的观赏性布置展览区：这类展览区可分为专类花园和专题花园。

专类花园：在植物园内将具有一定特色、品种或变种丰富、观赏价值高的植物，分区集中种植，结合小品、水景、地形、草坪等形成具有丰富园林景观的专类花园，如丁香、牡丹、梅花、月季、杜鹃、荷花、山茶、槭树等。

专题花园：以一种观赏特征为主的花园，如芳香园、彩叶园、草药园、观果园、岩石园、藤本植物园等，不仅有很好的观赏性、实用性，还可保护种质源。

⑥树木园：此园区是植物园中最重要的引种驯化基地，是展览本地区和引进

图 7–24　西双版纳热带花卉园（一）
(a) 百草园；(b) 南美紫茉莉园；(c) 水生植物园；(d) 百花园

外来露地生长乔木、灌木的园区；一般占地面积大，其用地应选择地形地貌较为复杂、小气候变化多、土壤类型多、水源充足、排水良好、土层深厚、坡度不大的地段，以适应多种类型植物的生活习性要求。

树木园的种植规划形式主要有 3 种：

A. 按地理分布栽植，这样便于了解世界木本植物分布的情况，以植物的生态条件为依据。

B. 按分类系统布置，这样易于了解植物的科属特征和进化规律。

C. 按植物的生态习性要求，结合园林景观考虑，将不同的树种组成各种不同的植物群落，形成密林、疏林、树群、树丛和孤植等不同的植物配置，配以草坪和水面，形成优美的植物景观。

⑦自然植被保护区：在一些植物园范围内的部分区域被划定为自然植被保护区，禁止人为的砍伐与破坏，任其自然演变，不对群众开放，主要对自然植物群落、植物生态环境、种质资源及珍稀濒危植物等进行科学研究，如庐山植物园内的"月轮峰自然保护区"。

⑧温室植物展览区：温室区内主要展示不能在本地区露地越冬，必须有温室才能正常生长发育的植物。温室作为植物园的重要建筑，为了适应体型较大的植物的生长和游人观赏的需要，其高度和宽度都远远超过一般的繁殖温室，体形庞大、外观雄伟，而温室面积的大小依据展览内容多少和植物品种体型大小以及园林景观的要求而定。

2）科研区

科研区主要由实验地、引种驯化地、苗圃地、示范地、检疫地等组成，主要进行外来植物品种，包括外地、外国引种植物的引种、驯化、培育、

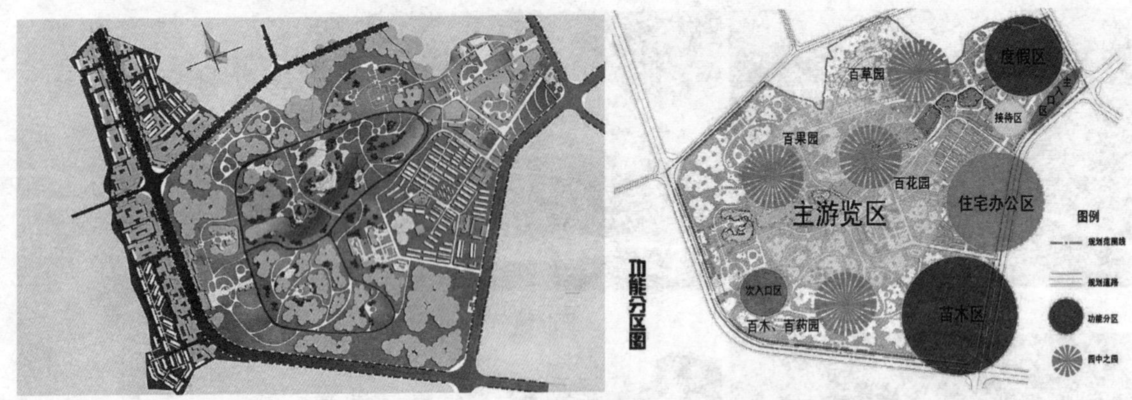

图 7-25 西双版纳热带花卉园总平面图

图 7-27 西双版纳热带花卉园的功能分区图

示范、推广等工作。一般科研区与游览区有一定的隔离，应布置在较偏僻的地区，不对群众开放，尤其是一些属国家特殊保密的植物物种资源，应控制人员的进出，加强保护措施，以做好保密工作。

3）职工生活区

由于植物园与城市市区有一定距离，大部分职工在植物园内居住，规划中应考虑设置宿舍、浴室、锅炉房、餐厅、综合性商店、托儿所、幼儿园、车库等设施，其布局规划与城市中一般生活区相似，但应处理好与植物园的关系，防止破坏植物园内的景观。

如西双版纳热带花卉园的规划布局与分区则充分考虑到游览与科研相结合，布局合理，构景有序，保护了生物多样性，并在一定程度上保存了热带种植资源库（图 7-25）。

(*a*) (*b*) (*c*) (*d*)

图 7-26 西双版纳热带花卉园（二）
(*a*) 树木园；(*b*) 百花园；(*c*) 引种植物区；(*d*) 科研区

2. 动物园[①]

（1）动物园的类型

依据动物园的位置、规模、展出的形式，一般将动物园划分为 4 种类型：

1）城市动物园

该类型动物园一般位于大城市的近郊区，用地面积大于 $20hm^2$，展出的动物种类丰富，常常有几百种至上千种，展出形式比较集中，在动物分类学的基础上，考虑动物地理学、动物行为学、动物心理学等，结合自然生境进行设计，以人工兽舍结合动物室外运动场为主，为现代主流动物园类型。我国的北京动物园、上海动物园、美国纽约动物园、英国伦敦动物园均属这一类。

2）专类动物园

该类型动物园多数位于城市的近郊，用地面积较小，一般在 5 ~ $20hm^2$ 之间。多数以展出具有地方或类型特点的动物为主要内容。以猿猴类为中心的灵长类动物园，以水禽类为中心的水禽动物园，以爬虫类为中心的爬虫类动物园，以鱼类为中心的水族类动物园等均属于此类，如：昆明 ’99 世博园内的蝴蝶馆、泰国的鳄鱼园、大连的水族馆等。

3）人工自然动物园

该类型动物园多数位于城市的远郊区，用地面积较大，一般在上百公顷。动物的展出种类不多，通常为几十个种类。一般模拟动物在自然界的生存环境自由放养，参观形式也多为游客乘坐游览车的形式为主，富于自然情趣和真实感。此类动物园在世界上呈发展趋势，全世界已有 40 多个，我国已有 15 个以上，如昆明动物园（图 7-28）。

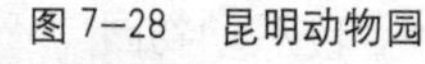

图 7-28　昆明动物园

(*a*) 草食动物区；
(*b*) 大象馆；
(*c*) 孔雀园；
(*d*) 肉食动物区；
(*e*) 水禽区

(*a*)

(*b*)

(*c*)

(*d*)

(*e*)

① 贾建中．城市绿地规划设计 [M]．北京：中国林业出版社，2001：146-161.

4）自然动物园

多数位于自然环境优美、野生动物资源丰富的森林、风景区及自然保护区。用地面积大，动物以自然状态生存，利于野生动物特别是野外濒危物种的保护。游人可以在自然状态下观赏野生动物，富于野趣。在非洲、美洲、欧洲许多国家公园里，均是以观赏野生动物为主要景观。如我国都江堰国家森林公园就是用以观赏大熊猫、小熊猫、金丝猴、扭角羚、獐、天鹅的森林野生动物园；而在非洲的马赛马拉国家公园、塞伦格蒂国家公园和纳库鲁湖国家公园则可观赏到狮子、野猪、长颈鹿、斑马、角马、狒狒、大象、犀牛、河马、野牛、鬣狗及各种羚羊等50多种大型哺乳动物，此外还有鸵鸟、野鸭、珍珠鸡、火烈鸟等200多种鸟类（图7-29）。

除上述4种类型的动物园以外，为满足本地居民的需要，常常采取在综合性公园内设置动物展区的形式，或在城市的绿地中布置动物角，如代表德国首都标志的棕熊就布置在柏林市中心绿地之中。但是为了保证卫生、安全防护，一般不设置大型及猛禽类动物，多布置以鸟类、金鱼类、猴类展区。

(*a*) (*b*) (*c*) (*d*) (*e*) (*f*)

图7–29　非洲国家公园
(*a*)全景；(*b*)火烈鸟；
(*c*)鸟类；(*d*)犀牛；
(*e*)长颈鹿；(*f*)象群

（2）动物园的规划设计

为了保证动物园的规划设计全面合理、切实可行，在总体规划时，必须由园林规划设计人员、动物学专家、饲养管理人员共同参与规划设计的制定。

动物园规划设计的主要内容是确定全园的布局规划，饲养动物的种类、规模、类型，展览分区方案，分期引进计划，功能分区，动物展览的方式，动物笼舍和展馆设计，游览路线规划，绿化环境和建筑形式的风格，动物医疗、隔离和动物园区管理设施以及基础设施规划设计和商业、服务设施规划设计等。

1）园址的选择

①应该根据动物园的类型选择在近、远郊区。原则上在城市的下风口、河流的下游，远离居住区，交通方便；综合性公园的动物展区要设在公园的角隅，需用绿化隔离带分隔，以免造成污染。

②选址要远离工业区，防止工业生产的废气、废水等有害物质影响动物园的环境。

③园址的选择应能够为动物、植物提供良好的生存条件，尽量选择在地形地貌高低起伏、较为丰富、具有不同小气候的地方，为不同地域的动物提供有利的生态环境因素。

④选址要有充足的水源、良好的地基，配套较完善的市政条件（水、电、煤气、热力、给排水系统）保证动物园的管理、科研，游客游览，动物生活的正常进行。

2）规划设计要点

根据动物园的各项主要功能要求，在规划设计上应遵循：

①依据动物园的类型、规模、建设的原则和目标，进行合理的功能分区。通常可分为动物展览区；游人休息活动及商业服务区；办公行政区；动物驯养、治疗、研究区；后勤及饲料储备区等，要做到不同性质的交通既互不干扰，又有联系，既便于动物的饲养、繁殖和管理，又便于游客的参观休息。

②主要的动物展览区应该与出入口广场、导游线有良好的联系，方便游客参观游览。行政办公区要尽量靠近门区附近并设专门的出入口。商业服务区要与游人休息广场相结合。动物驯养、治疗、研究、后勤等要远离主要展览区。出入口要尽量设在城市的主要来向并要有足够的集散空间。

③在动物展览区域划分上，要依据动物的进化、产地、食性和种类等因素综合考虑，布局要相对合理。也可按照地理学、生态学、科普三方面来考虑动物展览布局的形式与路线。例如德国柏林动物园（ZOO BERLIN）就是以地理学、生态学、科普三条不同路线引导游人参观动物及鸟类（图 7-30）。

④要将地形地貌、道路系统、水系等构成园子骨架的主要要素综合起来考虑，既要模拟动物野生的地形地貌环境，为动物提供适宜其生理要求的生活空间，也要为游人提供较好的观赏视角和最佳游览路线，观赏、休憩的空间相互间隔，避免游园过程中疲劳感的出现，既达到教育游客的目的，也达到娱乐身心的目的（图 7-31）。

⑤要合理分配用地比例，除要保证展出动物的用地外，应具有良好的园林外貌和为游人创造理想的游憩场所，有条件的可设儿童动物场和动物表演场。根据《公园设计规范》CJJ 48—92 要求，动物园的用地比例如表 7-13 所示。

例如：北京动物园 1990 年规划全园总建筑面积 7.5hm^2，占总用地面积 86.54hm^2 的 8.7%。

⑥结合当地自然的气候条件和植物资源情况，在动物展览区和兽舍范围内，要尽量根据动物野生状态下的植被情况，进行绿化环境的相似性设计（例如：北京动物园的熊猫馆外环境设计，使用竹子、云杉模拟熊猫在卧龙自然保护区的植被环境），并增加工具等以刺激其自然行为（如为熊和和巨猿提供稻草、木屑和树叶建巢，为猿猴类提供池塘、溪流和爬行设施），同时要考虑到绿化种植结构与园林环境多样性的关系。既要创造动物生存的环境氛围，又要满足游人休憩、遮荫的功能，同时要用主干树种将全园景观统一。

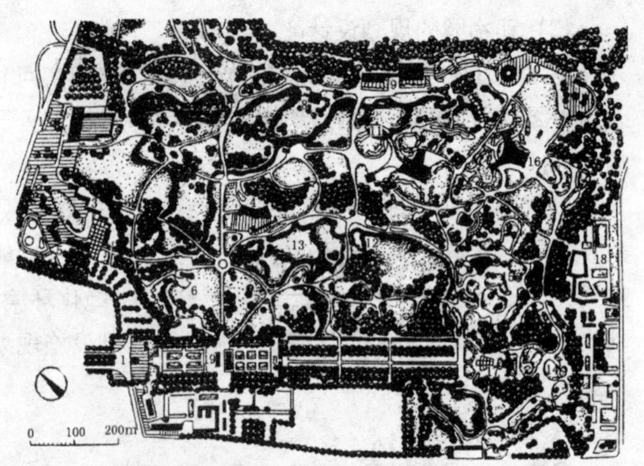

图 7-30 德国柏林动物园总平面图

1- 入口；2- 停车场；3- 展览馆；4- 咖啡馆、餐厅；5- 电影院；6- 花卉、草本花园；7- 展览场地；8- 长颈鹿；9- 灵长园；10- 热带动物；11- 河马；12- 火烈鸟；13- 美洲鸵；14- 熊；15- 小动物角；16- 陈列馆；17- 水族馆；18- 管理处；19- 城堡

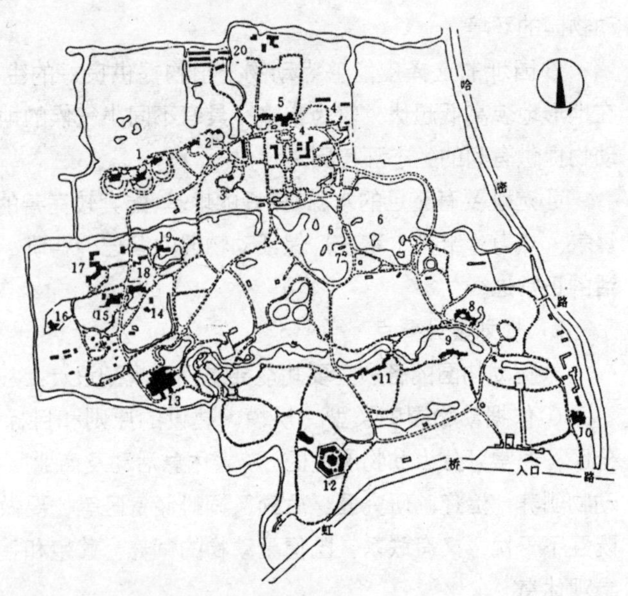

图 7-31 上海动物园总平面图

1- 狮虎；2- 熊猫；3- 熊；4- 鸣禽、猛禽；5- 中型猛兽；6- 水禽、涉禽；7- 企鹅；8- 金鱼；9- 爬虫；10- 办公室；11- 休息廊；12- 猴类；13- 象；14- 鹿；15- 长颈鹿；16- 野牛；17- 河马；18- 斑马；19- 海狮；20- 饲养管理

动物园用地比例 表 7-13

	规模（hm^2）	园路铺设（%）	管理建筑（%）	游览、休息、服务、公共建筑（%）	绿化（%）
动物园	＞20	5 ~ 15	＜1.5	＜12.5	＞70
	=50	5 ~ 10	＜1.5	＜11.5	＞75
专类动物园	2 ~ 5	10 ~ 20	＜2.0	＜12	＞65
	5 ~ 10	8 ~ 18	＜1.0	＜14	＞65
	10 ~ 15	5 ~ 10	＜1.0	＜14	＞65

⑦卫生防护功能是动物园在规划设计中不可忽视的一个部分，一般应该在动物园的周围设有防护林带，该地带内不应布置住宅、公共福利设施、垃圾场、屠宰场、动物加工厂、畜牧场和动物埋葬地等。前苏联规定宽度为 200m，北京动物园为 10 ～ 20m，上海西郊动物园为 10 ～ 30m。北方地区应该以常绿、落叶混交林为主，南方的应该以常绿林为主，主导风向处宽度要适度加宽，园内与主导风向垂直的道路可增设次要防护林带，尤其在动物展览区与办公行政区和动物驯养治疗研究区（兽医院）之间，要设有隔离防护林带。卫生防护林带以半透风结构为好，起到防风、防尘、消毒、杀菌的作用。

⑧规划设计时要注意动物展览与游人游览的安全性。要考虑动物的野性和破坏性，兽舍建筑要有较强的防护和耐破坏能力，展览场与游人的隔离宽度要合理，防止动物和游人的相互伤害。动物园周围应有坚固的围墙、隔离沟和林墙，以防动物逃出园外。建筑与植物材料的选择，均要考虑到无毒、无尖刺，以免动物受伤。

⑨要合理进行市政配套规划。对电、煤气、热力、上下水系统要统一安排，集中供给。供电应为双路供给，保障用电安全；场地排水要做到雨污分流，尤其是兽舍的污水排放系统，要与园内其他的污水排放系统分开，有条件地应对兽舍污水，进行水质处理后排放或重复使用，严禁将其排放河湖水系，防止动物粪便对水系造成污染。

（3）动物园规划设计的典型案例

1）台北市立动物园

台北市立动物园根据动物的进化规律，按照由低等到高等的顺序以及动物的分布地划区，功能分区较为清晰明了，对于科学普及野生动物知识起到了较好的作用（图 7-32）。

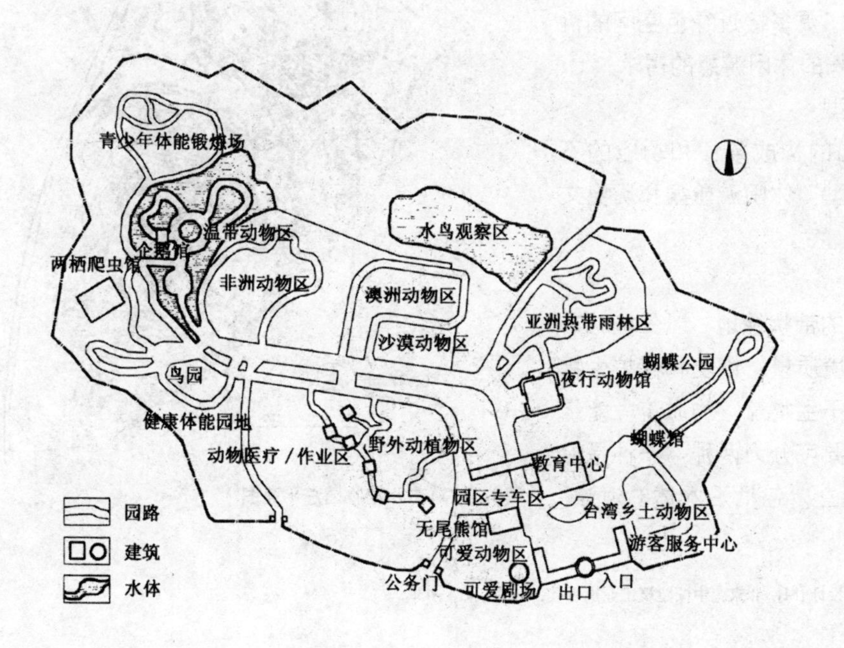

图 7–32　台北市立动物园总平面图

2）美国圣迭戈动物园（San Diego Zoo）

圣迭戈动物园的展示和参观路线以生态学和科普为原则，巧妙地将自然地形与人造地形相结合，动物展区融于坡地和绿树丛中，安置于有坡道和台阶联系的人造台地上，游人可从上方专门的平台和设在支架悬臂梁上的观景平台和天桥上观看（图 7-33）。

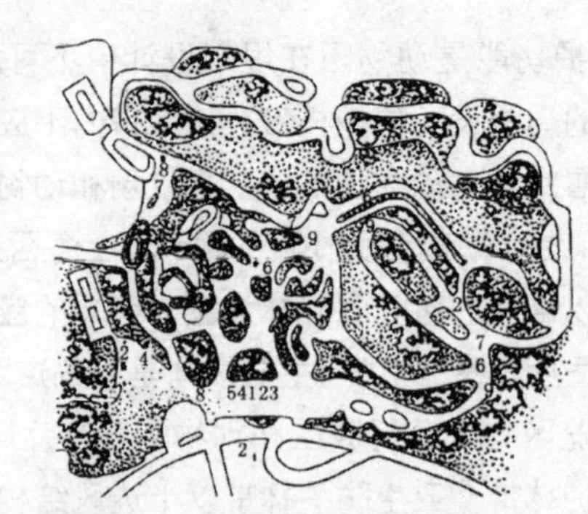

1– 信息区；
2– 休息区；
3– 饭店；
4– 纪念物；
5– 电影院；
6– 喂养动物台架；
7– 喷泉饮水器；
8– 散步林荫道；
9– 野餐区

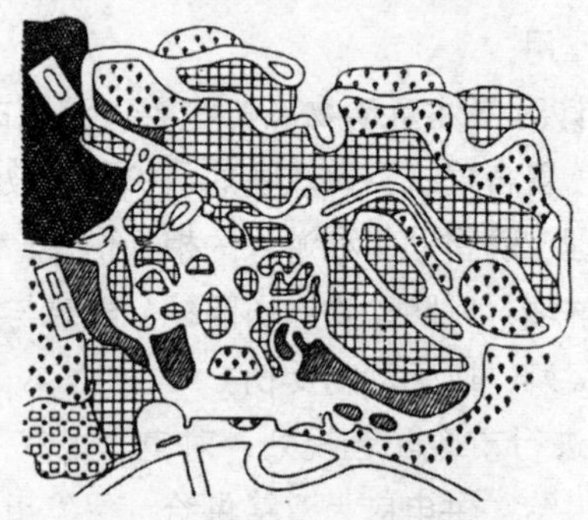

图 7–33　美国圣迭戈动物园平面图

3）广州动物园

广州动物园有效利用了山地和水体，按照动物的食性和生活环境划分展区，如将大、小熊猫，长颈鹿和斑马等划分为一个区，猩猩及猿猴等划分为一个区，熊、虎、狮、豹等猛兽划分为一个区，而将淡水鱼、水禽等沿水系布置，功能区划明确（图 7-34）。

四、带状公园规划设计①

带状公园是指沿城市道路、城墙、河流水系等有一定游憩设施的狭长形绿地，包括景观林荫道、滨河、滨水的带状游憩园、环城绿带等，是城市绿地系统中呈线形分布的一种公园形式。除具有一般公园的功能外，还承担着城市生态廊道的功能，为生物物种的迁徙和取食提供保障；可以连接城市中彼此孤立的自然斑块，构筑城市绿色网络，优化城市的生态景观格局；由于具有较长的边界，为人们提供了更多接近绿色空间的机会，满足了人们日益增长的休闲游憩的需求。

（1）带状公园的类型

按照城市带状公园的构成条件和功能的不同，可以分为生态保护型、休闲游憩型和历史文化型三种。

1）生态保护型

主要承担生态功能的带状绿地，以保护城市生态环境、提高城市环境质量、恢复和保护生物多样性为主要目的，对于生物流、物质流、能量流均具有重要作用。主要可分为两种：一种是沿着城市河流、溪流而建立，包括沿水体、河滩、

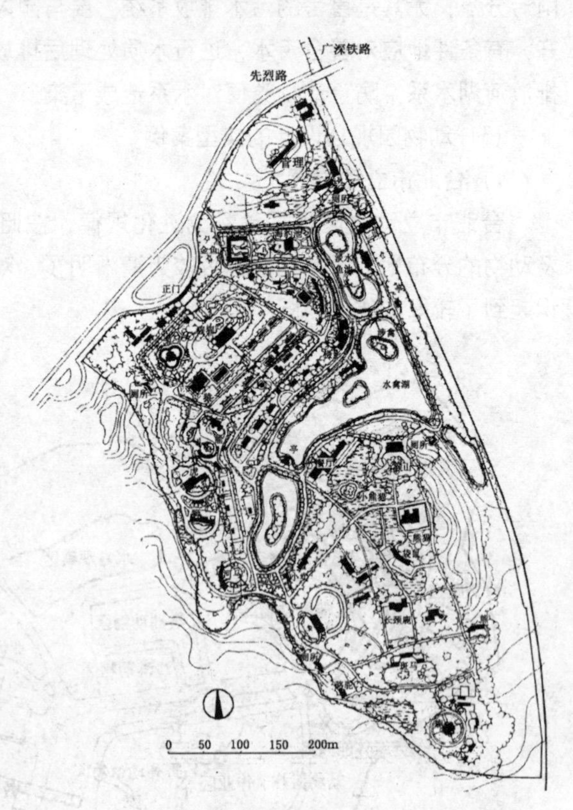

图 7–34　广州动物园总平面图

① 李铮生．城市园林绿地规划与设计[M]．北京：中国建筑工业出版社，2007：415–439．

湿地和植被等而形成的绿地廊道，可为动植物提供多样性的栖息地；另一种是结合城市外围交通干道而设立的绿带，多位于城市边缘或城市各区域、组团之间，如英国伦敦的环城绿带，宽度通常为数百米到几十公里不等，在提高城市生物多样性，控制城市形态，防止城市无节制蔓延，改善生态环境和提高城市抵御自然灾害的能力等方面发挥着重要作用。

2）休闲游憩型

主要以开展散步、骑自行车、运动等休闲游憩活动为主要目的。通常又可分为三种：一种是结合各类景观而设的游览步道、散步道、自行车道和利用废弃铁轨而建的休闲绿地；另一种是沿道路两侧设置的游憩型带状绿地；第三种是用来连接公园与公园之间的公园路。通常宽度较窄，可采用高大乔木和低矮的灌木、草花、地被植物相结合的种植方式，以突出景观效果。

3）历史文化型

以弘扬历史文化、开展旅游观光为主要目的。包括结合具有悠久文化历史的城墙、护城河而建立的观光游憩带；结合城市历史文化街区形成的景观风貌带等。其在丰富城市历史文化风貌、传承城市文脉等方面发挥着重要作用。

以上三种类型是带状公园的几种典型类型，现实中的带状公园往往是综合型的，即多种功能的交叉组合和综合，如西安的城墙观光带等。

（2）游憩林荫道和公园路

1）游憩林荫道

根据游憩林荫道的宽度和用地情况，可以有不同的布局方式：

①游憩林荫道的最小宽度为 8m，可设 3m 宽的人行步道，两侧可布置休息坐凳，两边可布置 2.5m 宽的绿化带，形式简单，可基本满足与车行道相互隔离的需求（图 7-35）。

②当游憩林荫道的总宽度在 20m 甚至更宽时，可以采用两条人行步道和三条绿化带的组合方式。中间一条绿带可布置花坛、花境、灌木、绿篱等低矮植被，也可间植乔木；步行道可分置两侧，安排休息设施等；与车行道相邻的绿带内至少应种植两列乔木及灌木和绿篱，以隔离噪声和有害气体，保证游憩林荫道的卫生和宁静；若林荫道的一侧为临街建筑，则应栽种低矮的灌丛，以免遮挡建筑又可增加游憩林荫道的层次感。

③如果游憩林荫道的总宽度在 40m 以上时，可进行游园式布局。除了两条以上的游憩步道和花坛、绿地之外，还可以布置一些亭、廊、花架

图 7-35 游憩林荫道的平面布置形式

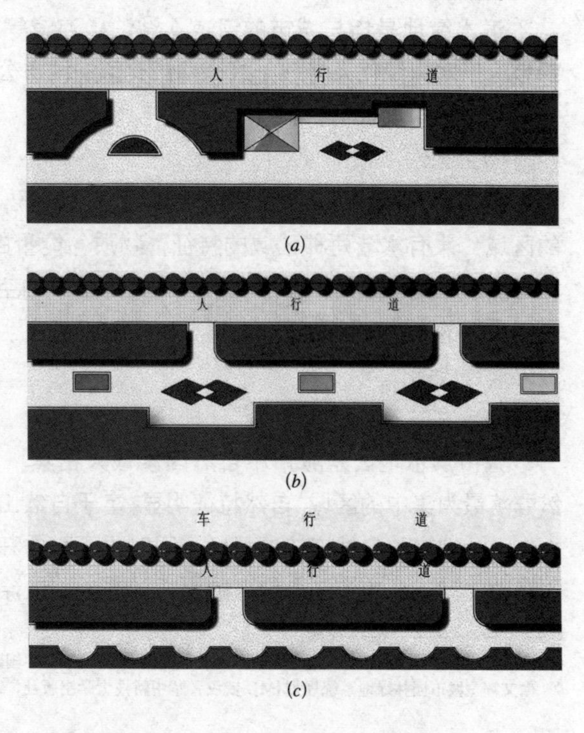

等服务性设施和喷泉、雕像等景观小品，以满足休憩、游览的要求。

2）公园路

公园路也可称为观光道路（Parkway），是20世纪出现在美国，为保护散养动物和公园环境而规划设计的内部车行道，随着汽车时代的发展，逐渐演变为观光车行道和穿越风景区的公路，往往较长。此类道路的两侧占用了较宽的土地以布置植物景观，其间还设置了许多供休闲游憩用的郊游地和野营地，并与原有的自然风光相融合，让人能够充分地亲近自然，从中获得享受和愉悦。

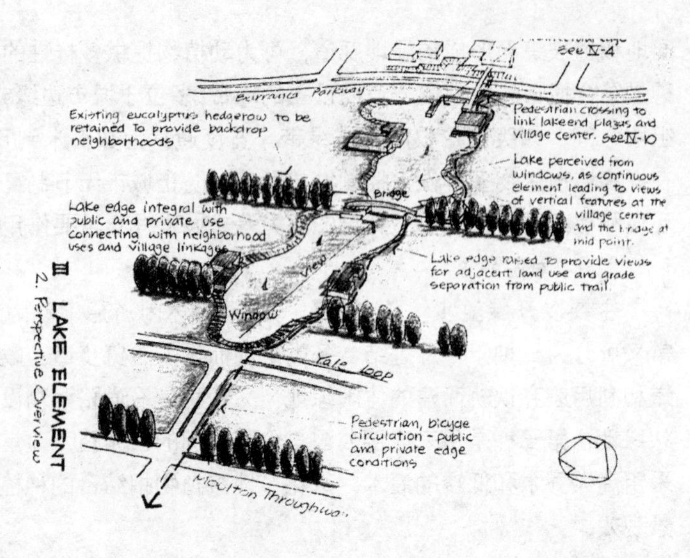

图 7–36 奥姆斯特德设计的休闲公园道

如早在1865年，美国景观设计之父奥姆斯特德就在伯克利的加州学院与奥克兰之间规划了一条穿梭于山林的休闲公园道，这一公园道包括了一个沿河谷的带状公园，其最初的功能之一是在乘马车的休闲者到达一个大公园之前，营造一个进入公园的气氛，并把公园的景观尽量向城市延伸（图7-36）。之后，公园路的概念也被广泛应用于城市街道甚至快速车行道的设计。它不但为步行和行车者带来愉悦的感受，还可以成为居民日常生活的一部分，而公园路两侧的地产可以增值，对投资商更有吸引力①。

（3）滨水绿地②

滨水绿地是指与城市的河道、湖泊、海滨等水系相结合的带状公园绿地，以水岸绿化为特征，是一种最典型的城市公园绿地类型。

1）滨水地区的特征

①生态性

城市滨水地区是典型的生态交错区，是水陆两种自然环境交界融合的区域，兼有水陆两种区域的特征，物质、能量的流动与交换比较频繁。城市滨水区是由水面、滩涂和水岸林带等组成的空间结构，为多种生物提供了良好的生存环境和迁徙廊道，对于维持城市生物多样性起到了其他区域无法替代的作用。

②丰富性

城市滨水地区是城市中自然因素最为密集、自然过程最为丰富、自然群落最为集中的区域，自然特征明显，富于自然山水的情趣，是人与自然、人与人、城市与自然交流的场所；同时由于水面开阔、深远，是城市重要的开敞空间；此外，滨水地区的水面、湿地、滩涂、岸线等自然景观要素

① 俞孔坚，李迪华．城市景观之路——与市长们交流[M]．北京：中国建筑工业出版社，2003：161–162．
② 徐文辉．城市园林绿地系统规划[M]．武汉：华中科技大学出版社，2007：137–141．

可形成丰富的空间层次，并且具有导向明确、渗透性强等空间特征，是城市中最具生命力与变化的景观形态。

③文化性

水是生命之源，城市的江河湖海与城市的发展有密切关系，由于城市与水体的依存关系，各类水体的存在能够使人感情上产生愉悦；城市滨水区中保留着丰富的城市历史文化痕迹，故事与古迹往往沿河道发生和留存，是城市历史文脉的延续。

2）滨水绿地的规划设计要点

①应该充分利用滨水沿线的环境优势，理顺滨河景观与道路的关系，考虑功能分区并确定景观布局的方式。

②应该保持水体岸线的连续性，通过林荫步行道、自行车道、植被及景观小品等将滨水区联系起来，同时可将郊外的自然空气和水汽引入城区，改善城市大气环境质量，营造出宜人的生态环境。

③应考虑滨水区域的公共性和人本性，满足城市居民休闲游憩的需要，可提供如林荫步行道、绿荫休憩场地、儿童娱乐区、音乐广场、游船码头、观景台、观鱼区、观鸟站、戏水区等多种形式的功能，并可与文化性、娱乐性、服务性建筑相配合，点、线、面相结合，创造出市民所喜闻乐见的公共场所。

④自然生态优先原则，依据景观生态学原理，设立保护和恢复动、植物的栖息地和生境，维护城市景观异质性的自然生态发展空间；运用天然材料模拟自然江河岸线，进行生态化设计，创造自然生趣，促进自然循环；沿河流两岸控制足够宽度的绿带，并与郊野基质连通，保证河流作为生态廊道的功能，构建城市生境走廊，实现景观的可持续发展。

⑤驳岸的设计中应该遵循自然过程，在处理上可以根据不同地段及使用要求而采取不同类型的生态驳岸设计。生态驳岸是指恢复后的自然驳岸或仿自然的人工驳岸，具有自然河岸特点，除防洪的基本功能之外还可以充分保证河岸与河流水体之间水分、养分的交换和调节功能，增强水体的自净功能，有利于各种生物的生存、栖息与繁衍。常见的有自然型驳岸、自然原型驳岸和人工自然型驳岸型等几种形式（图 7-37）。

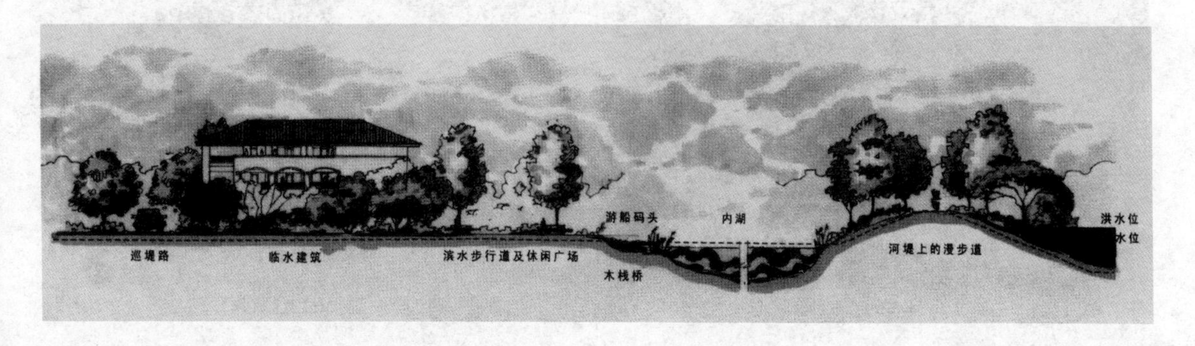

图 7–37　温榆河生态驳岸设计

图 7–38　温榆河生态景观规划总平面图

⑥滨水绿地最突出的特点就是临水，亲水性设计的成功与否是滨水绿地设计的关键，主要包括对水体景观主题的考虑以及对亲水活动的安排。可将水域风光组织到滨水风景观赏线中，开辟以水为主的多样化游憩机会；在保证水岸线满足防洪防灾的前提下，利用岸线特点，通过悬挑于水面的建筑、架空的水上栈道、逐级降低的亲水平台、面向水域的广场、伸入水中的码头和水边的散步道等不同形式的滨水活动场所和设施，可以吸引人们亲近水。

3）滨水绿地的典型案例

北京的温榆河生态走廊将"水—绿—人"三位一体的生态设计理念贯穿于方案之中，形成了组团式的功能布局及树枝状的道路交通系统，分别形成岛、乡、埠、林、田等五种景观特色，分别承担居住、商贸、游憩、农耕、体育等综合功能（图 7-38 ～图 7-40），给人带来或诗、或歌、或画、或梦、或情等不同的心理感受（陈跃中等，2004）。

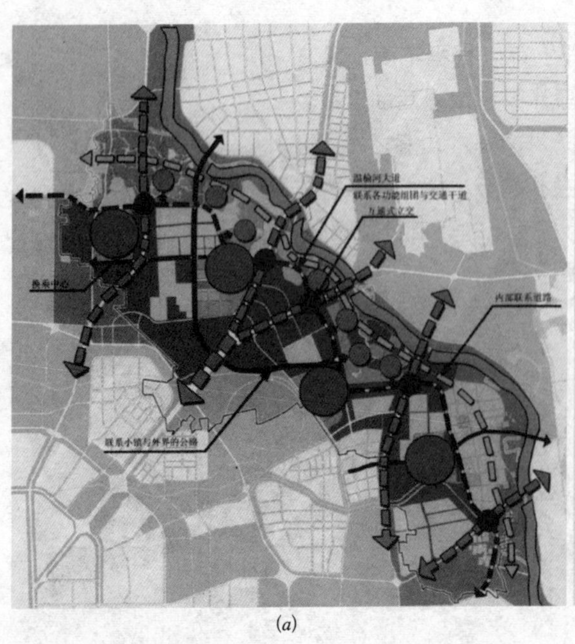

(*a*)

(*b*)

图 7–39　温榆河生态景观规划图
(*a*) 交通分析图；
(*b*) 结构分析图

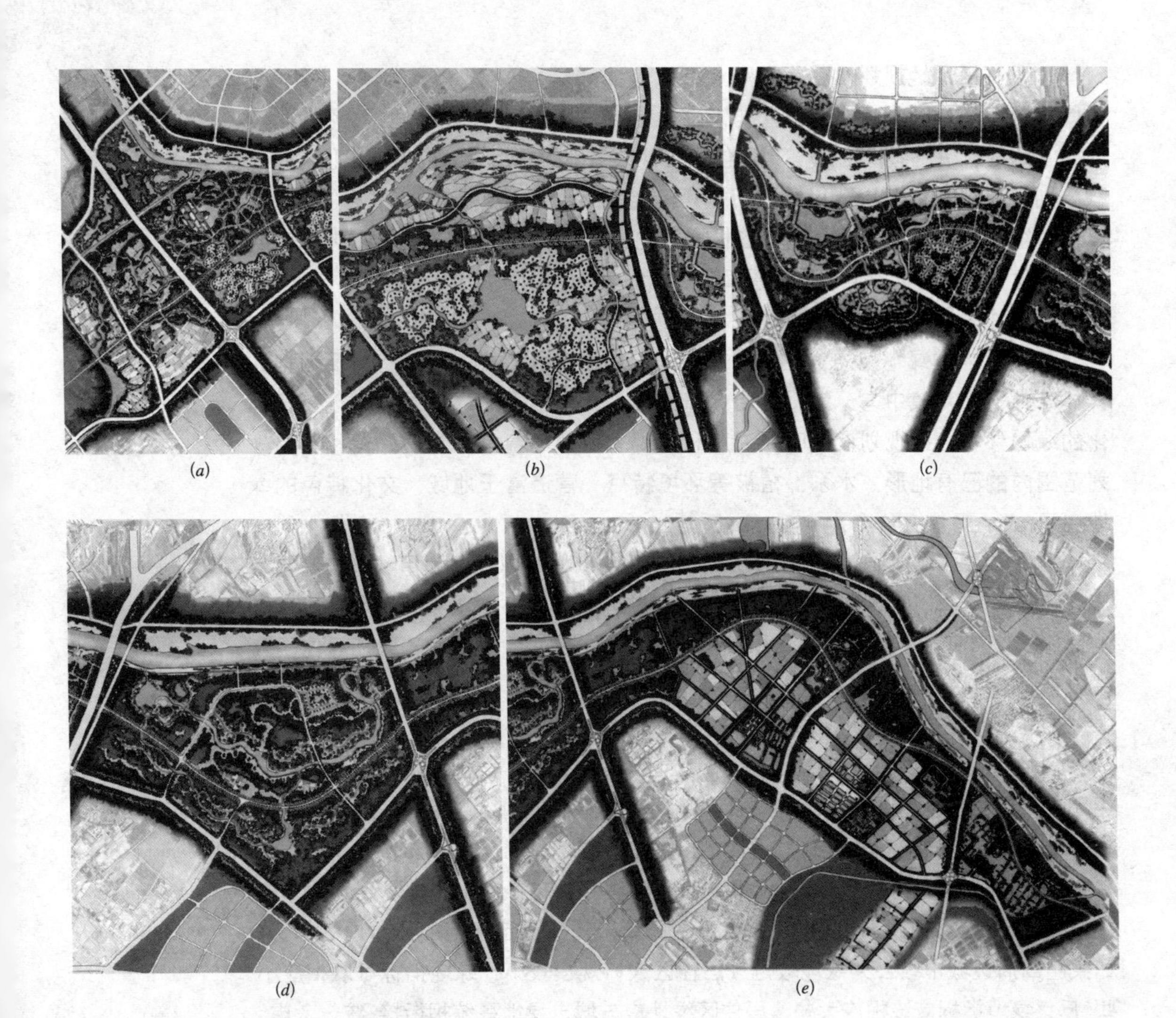
(a)　(b)　(c)　(d)　(e)

图 7-40　温榆河主题景观规划图
(a) 岛——湿地景观（诗）；
(b) 乡——乡村景观（歌）；
(c) 埠——船坞景观（画）；
(d) 林——林地景观（梦）；
(e) 田——田园景观（情）

第四节　城市各类绿地规划设计

一、居住区绿地规划设计

《城市居住区规划设计规范》中对于居住区绿地的定义是："居住区内绿地，应包括公共绿地、宅旁绿地、配套公建所属绿地和道路绿地，其中包括了满足当地植树绿化覆土要求，方便居民出入的地上或半地下建筑的屋顶绿地。"居住区绿地是和城市居民日常生活密切相关的绿地类型，它的作用是改善居住区环境卫生和小气候条件，为居民日常休憩、户外活动、体育锻炼等活动创造良好条件。

居住区绿地是城市绿地系统的重要组成部分，它不仅要有大片的种植绿地，还要有游憩活动的设施，是群众性文化教育、娱乐、休息的场所。对城市面貌、环境保护、人民的文化生活都起着重要作用。绿地用地选择一般应结合居住区规划布局，远离污染源和噪声干扰；绿地布局应考虑居民的使用便利、安全和相对均衡。

1. 居住区绿地规划的指标

按照《城市居住区规划设计规范》的要求，新建居住区绿地率[①]不应低于30%，旧区改造不宜低于25%；居住区内公共绿地的总指标，应根据居住人口规模分别达到：组团不少于$0.5m^2$/人，小区（含组团）不少于$1m^2$/人，居住区（含小区与组团）不少于$1.5m^2$/人，并应根据居住区规划布局形式统一安排、灵活使用。旧区改建可酌情降低，但不得低于相应指标的70%。

2. 居住区绿地规划布局要点

居住区内的绿地规划，应根据居住区的规划布局形式、环境特点及用地的具体条件，采用集中与分散相结合，点、线、面相结合的绿地系统，创造多样化的绿地环境，在规划设计时要注意利用现有自然环境条件，宜保留和利用规划范围内的已有地形、水系、植被等环境特点，营造富于地域、文化特色的绿地空间。

居住区绿地规划要立足于服务本区内的居民，尤其以绿地使用频率较高的老年人和儿童为主，在绿地的规模、位置、设施、形式等方面要充分满足上述人群的休憩、体育锻炼、交往、娱乐以及安全等方面的需求，规划时一般和居住区公共服务设施结合，形成完整的居住区公共空间。

（1）居住区公共绿地规划

居住区公共绿地主要包括了居住区公园（居住区级）、小区游园（小区级）、组团绿地等，是为居住区居民开展公共休闲、娱乐活动的绿地空间。规划时应根据居住区不同的规划布局形式，设置相应的中心绿地，老年人、儿童活动场地和其他的块状、带状公共绿地等。公共绿地的位置和规模，应根据规划用地周围的市级公共绿地的布局综合确定，结合居住区人口规模确定绿地的具体规划指标，如果距离周边城市级公共绿地较近、居住区人口规模较小，绿地指标可以相应小些，反之绿地指标应该相应大些。居住区绿地应与城市绿地系统相衔接、统一考虑，使居住区绿地和城市绿地系统有机地结合起来。

1）绿地规划要点

①一切可绿化的用地均应绿化，并宜发展垂直绿化；

②各级别绿地至少应有一个边与相应级别的道路相邻；

③绿化面积（含水面）不宜小于70%；

④便于居民休憩、散步和交往之用，宜采用开敞式，以篱笆或其他通透式院墙栏杆作分隔；

⑤组团绿地的设置应满足有不少于1/3的绿地面积在标准的建筑日照阴影线范围之外的要求，并便于设置儿童游戏设施和适于成人游憩活动；

⑥其他块状带状公共绿地应同时满足宽度不小于8m，面积不小于$400m^2$和上述日照环境要求。

---

① 居住区绿地率：居住区用地范围内各类绿地面积的总和占居住区用地面积的比率（%）。绿地应包括：公共绿地、宅旁绿地、公共服务设施所属绿地和道路绿地（即道路红线内的绿地），其中包括满足当地植树绿化覆土要求、方便居民出入的地下或半地下建筑的屋顶绿地，不应包括其他屋顶、晒台的人工绿地。

2）居住区公园绿地规划要求

居住区公园绿地（图 7-41）为全居住区居民使用的面积较大、设施较为齐全的绿地，用地选择常常结合居住区中心布局，常设置有体育活动场地、各年龄组休憩场地、小茶室、阅览室等公共设施。一般用地规模在 $1hm^2$ 以上，若居住区周边没有城市公园，则居住区公园规模相应要增大。服务半径通常为 500 ~ 1000m 左右，步行时间为 8 ~ 10min 左右。

图 7-41　居住区公园绿地

居住区公园绿地布局应有较为明确的功能分区，除了有提供大量人流集中活动的开敞场地（如居住区广场）外，绿地内还要规划针对不同使用人群如老年人、儿童、成年人的游憩区域和相应设施，如儿童活动区、户外锻炼设施区、老年人活动区、商业服务设施区等；绿地规划要按照居民户外活动特点，促进居民之间的交流，同时注意动静分区，以减少互相干扰。绿化树种要选择无毒、无刺、无臭的树种，以乔木为主，配以少量观赏性花木、草坪、花台，大乔木下部设置休憩场地，便于居民在树荫下活动。

绿地规划布局形式宜多样化，应结合地形进行设计，主要形式有：

①规则式：绿地中的道路、广场、绿化、小品规划布局形式采用几何构图，有明显的轴线，规划效果整齐划一、重点突出，缺点是布局较为单调、不灵活。

②自然式：规划布局利用（或营造）地形变化特点创造丰富多变的绿地空间，规划设计不强调固定的轴线，布局较为自由，景观变化丰富。

③混合式：将规则式和自由式相结合，利用各自特点营造不同地段的景观，例如在入口集散处多采用规则式的绿地广场布局，便于快速疏散和整体景观营造，在游戏场地、游园等处则采用自由式布局，用以增加活动的情趣、避免单调乏味（图 7-41）。

规划要充分利用地形，营造富于变化的空间效果。在改造地形中要结合使用功能、绿地景观、园林工程、园林植物生长等诸方面的要求，合理开掘布局。在各景点的组织上，可采用以两三处主景为构园重心，利用园路、溪水、山丘等造园要素连接各景区，使其前呼后应，过渡自然，构成协调的园林空间序列。此外，还要立足于本地区的经济社会发展现状，规划设计要切合实际，便于分期建设及日常的经营管理。

3）小区游园绿地规划要求

小区游园绿地（图 7-42）：主要供小区居民进行活动、休闲而使用的

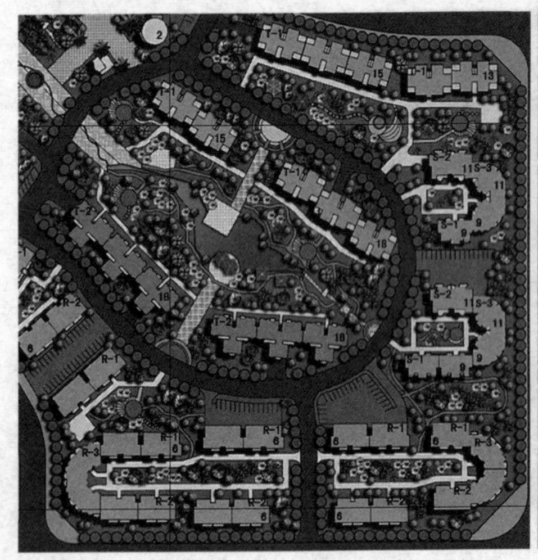
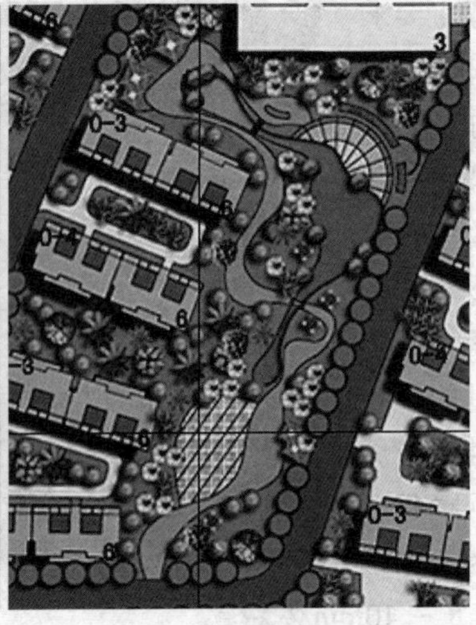

图 7–42（左） 居住小区游园
图 7–43（右） 居住组团绿地

绿地，利用率较高，设置一定的文化、体育设施、游憩场地。用地选择要位于小区中心部位，常常结合小区中心布局，便于就近服务周边居民。一般用地规模在 $0.4hm^2$ 以上，服务半径在 300 ～ 500m 左右。

小区游园绿地是居住环境中质量较高的休憩空间，其内部功能应有一定的划分，设置内容主要有花木草坪等绿化、水面、儿童活动区、中老年休憩区等。绿地规划首先要和居住区规划相协调，妥善处理好绿地建设指标、绿地功能分区、绿地规划布局形式等要求，营造出景观丰富、分布均匀、方便舒适的住区环境。其次要注意位置适中，便于小区居民就近使用，一般布局在小区中心位置，也可采用集中和分散布局相结合的方式，可以使绿地分布更为均衡。在规模较小的小区中，可在小区一侧沿街或道路转弯处布局，形成绿化隔离带，可以美化街景、减低道路噪声对住户的干扰。再次，还要注意绿地规划中各组成部分如绿化、铺地、道路、设施之间的比例关系，既要避免绿化不足致使环境质量不高，也要避免绿化过多挤占了活动空间，一般而言，小区绿地中绿化用地约占 60%，游园活动用地占 30%，道路、广场、建筑小品用地约占 10%左右①。

4）组团绿地规划要求

组团绿地（图 7-43）主要为组团内的居民尤其是中老年、儿童就近活动和休息的场所。用地选择主要考虑步行距离的远近，一般离住宅入口最大距离在 100m 左右。组团绿地结合道路绿化、宅旁绿化构成一个完整的绿化系统，形成对外封闭、对内开阔的内部绿化空间。一般用地规模在 $0.04hm^2$ 以上。

组团绿地空间由住宅围合而成，一般位于住宅组团的中心，是老年人、儿童活动最为便利的地段，由于与住宅毗邻，规划内容应以休憩为主，以减少对周围住户的噪声干扰；场地规划要以绿化为主，布局宜简洁，以提

① 杨赉丽．城市园林绿地规划[M]．第 2 版．北京：中国林业出版社，2006：247.

高住宅环境质量。其次，由于用地面积较小，除了必要的休憩设施，如：凉亭、休息座椅、读报栏等以外，要尽量减少绿地内的建筑物的数量和体量。再次，规划人车分流，尽量减少机动车干扰，为组团内部居民活动提供安全的环境。院落式组团绿地设置规定参见表 7-14。

院落式组团绿地设置规定 **表 7–14**

封闭型绿地		开敞型绿地	
南侧多层楼	南侧高层楼	南侧多层楼	南侧高层楼
$L \geqslant 1.5L_2$ $L \geqslant 30m$	$L \geqslant 1.5L_2$ $L \geqslant 50m$	$L \geqslant 1.5L_2$ $L \geqslant 30m$	$L \geqslant 1.5L_2$ $L \geqslant 50m$
$S_1 \geqslant 800m^2$	$S_1 \geqslant 1800m^2$	$S_1 \geqslant 500m^2$	$S_1 \geqslant 1200m^2$
$S_2 \geqslant 1000m^2$	$S_2 \geqslant 2000m^2$	$S_2 \geqslant 600m^2$	$S_2 \geqslant 1400m^2$

注：① L——南北两楼正面间距（m）；L_2——当地住宅的标准日照间距（m）；S_1——北侧为多层楼的组团绿地面积（m^2）；S_2——北侧为高层楼的组团绿地面积（m^2）。

资料来源：城市居住区规划设计规范（GB 50180—93）（2002 年版）。

（2）宅旁绿地规划

宅旁绿地（图 7-44）位于房前屋后的建筑空地上，主要供本栋居民使用。宅旁绿地要见缝插针、尽可能地利用宅旁空地进行绿化；还可利用建筑入口、墙角、墙面、屋顶等处进行绿化，加大宅旁绿化总量。绿化以观赏性较强的花、草、树木为主，考虑不同季相的需求；应尽可能地提高绿化率，一般要求达到 90%左右。

图 7–44 宅旁绿地

（3）公共设施绿地规划

配套公建设施如商业、活动中心、托幼等绿地的用地选择应考虑对居民使用的便利。绿地用地可以单独设置，也可以结合居住区中心绿地统一规划建设。例如托幼绿地可单独设置，也可结合组团绿地统一规划建设。其绿化布置应该首先考虑公共建筑、设施的使用要求，其次还要注意和周边绿化环境相协调、结合，使得绿地规划设计具有较强的整体性。

1）公共活动中心、商业用地绿地规划要点

居住区公共活动中心、商业用地绿地规划要结合建筑、道路、广场等空间统一布局，布局形式有集中式（绿化相对集中布局）、沿街布局（沿街道一侧或两侧布局）、分散布局等方式，还要注意与居住区级、小区级绿地结合，形成完整的中心绿地景观。

2）托幼用地绿地规划要点

托幼用地绿地分为公共活动场地、班级活动场地、果园、菜园、饲养角绿地等部分。活动场地主要是进行集体活动、游戏的场所，规划应以塑胶场地铺装为主，绿化以简单、实用、安全为原则，不宜过多种植，保证场地使用的通畅。例如在场地周边种植高大、树冠较大的乔木，减少幼儿在夏季户外活动时被日照灼伤。应避免种植带刺、有毒或散发刺激气味的植物品种，以免危害儿童健康。果园、菜园、饲养角绿地按照种植、养殖要求分类、分区布局，绿地设计从儿童使用角度出发，满足儿童劳动、观赏、学习的需求。

托幼建筑周边绿化应与建筑协调，绿化设计要注意隔绝周边交通噪声、粉尘，利用乔木、灌木、攀缘植物等的合理配置，营造安静的园内环境；活动室周边绿化以低矮灌木为主，乔木的种植应保证不遮挡儿童活动室的日照，以保障儿童健康。

3）中小学校用地绿地规划要点

中小学校绿地规划要从创造良好教学环境的要求出发，教学前区广场以人流集散为主，广场内的绿化布局不得影响人流集散，多以规则造型为主，种植低矮的灌木或草坪，高大乔木主要种植在广场的周边；教学区绿化要满足教学楼日照、通风要求，教室周边应考虑不影响日照，避免种植高大乔木；体育运动场以活动为主，场内绿化以不影响活动为原则，在教学楼和运动场之间种植绿化隔离带，降低噪声对教学区的影响；自然科学园地的绿化以满足科学园地活动要求为原则，布局种植、养殖、观察场地。

（4）道路绿地规划

居住区内道路可分为：居住区道路、小区路、组团路和宅间小路四级，居住区道路绿地是绿地系统中的“线”状绿地，起到连接、沟通、分割等作用；道路绿地可以美化街景、防风减噪、改善行人与车辆的通行环境。道路绿地选择应根据具体道路断面设计、管线状况进行规划，在满足通行条件下尽可能增加绿地面积。要注意在道路交叉口及转弯处应留出安全视距，不得种植影响车辆视距的植物，植物选择以低矮的灌木、花卉、草坪为主；行道树规划不应影响行人和车辆的通过。如果在道路两侧规划有住宅，道路绿化还需考虑隔绝行人和住户间的视线干扰。

居住区道路管线与绿化树种间的最小水平净距，宜符合表 7-15 中的规定。

管线与绿化树种间的最小水平净距表 **表 7–15**

管线名称	最小水平净距（m）	
	乔木（至中心）	灌木
给水管、探井	1.5	不限
污水管、雨水管、探井	1.0	不限
煤气管、探井	1.5	1.5
电力电缆、电信电缆、电信管道	1.5	1.0
热力管	1.5	1.5
地上杆柱（中心）	2.0	不限
消防龙头	2.0	1.2
道路侧石边缘	1.0	0.5

二、城市道路广场绿地规划设计

1. 城市道路绿地的类型

城市道路绿地（图 7-45）是道路及广场用地范围内的可进行绿化的用地，道路绿地按照绿地所处的不同位置可以分为道路绿带、交通岛绿地、广场绿地和停车场绿地四类。

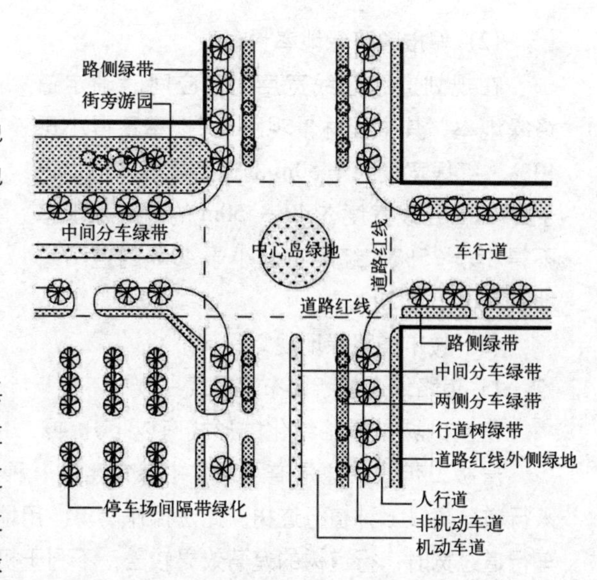

图 7–45 道路绿带名称示意图

（1）道路绿带：道路红线范围内的带状绿地。道路绿带分为分车绿带、行道树绿带和路侧绿带。其中，分车绿带是车行道之间绿化的分隔带，其位于上下行机动车道之间的为中间分车绿带；位于机动车道与非机动车道之间或同方向机动车道之间的绿带为两侧分车绿带。行道树绿带是布设在人行道与车行道之间，以种植行道树为主的绿带。路侧绿带位于道路侧方，为布设在人行道边缘至道路红线之间的绿带。

（2）交通岛绿地：交通岛绿地是可绿化的交通岛用地。交通岛绿地可分为中心岛绿地、导向岛绿地和立体交叉绿岛几类。中心岛绿地是位于道路交叉路口上可绿化的中心岛用地。导向岛绿地是位于道路交叉路口上可绿化的导向岛用地。立体交叉绿岛是互通式立体交叉干道与匝道围合的绿化用地。

（3）广场绿地和停车场绿地：广场、停车场用地范围内的绿化用地。

2. 城市道路绿化的作用

城市道路绿化可以降低城市道路的噪声、粉尘污染，降低道路地表温度，为车辆和行人提供卫生、安全的行驶和步行环境；其次，道路绿化可以丰富城市景观、美化市容，提高居民生活环境品质；再次，有的道路绿地结合防风林、防护林带建设，可以起到防灾减灾的作用。

3. 城市道路绿地规划

（1）城市道路绿地规划设计原则

1）道路绿化应以乔木为主，乔木、灌木、地被植物相结合，不得裸露土壤；

2）道路绿化应符合行车视线和行车净空要求；

3）绿化树木与市政公用设施的相互位置应统筹安排，并应保证树木有需要的立地条件与生长空间；

4）植物种植应适地适树，并符合植物间伴生的生态习性；不适宜绿化的土质，应改善土壤进行绿化；

5）修建道路时，宜保留有价值的原有树木，对古树名木应予以保护；

6）道路绿地应根据需要配备灌溉设施；道路绿地的坡向、坡度应符合排水要求并与城市排水系统结合，防止绿地内积水和水土流失；

7）道路绿化应远近期结合。

(2) 城市道路绿地率[1]指标

在规划道路红线宽度时，应同时确定道路绿地率。其中园林景观路[2]绿地率不得小于40%；红线宽度大于50m的道路绿地率不得小于30%；红线宽度在40～50m的道路绿地率不得小于25%；红线宽度小于40m的道路绿地率不得小于20%。

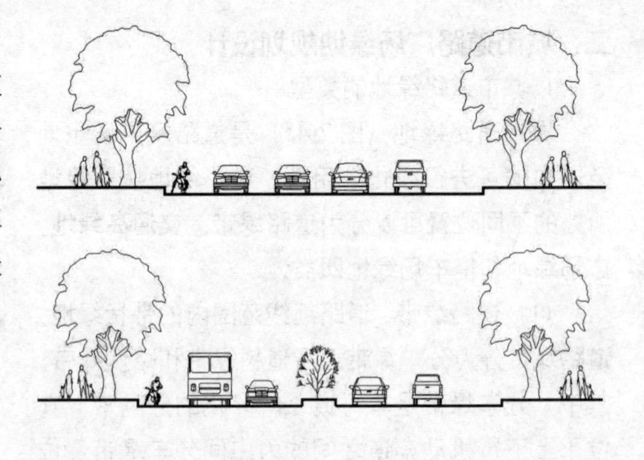

图 7-46（上） 一板二带式
图 7-47（下） 二板三带式

(3) 城市道路绿地规划设计

1）道路绿带的断面布置形式

常用的城市道路绿化的形式有以下几种：

一板二带式：这是道路绿化中最常用的一种形式，即在车行道两侧人行道分隔线上种植行道树。此法操作简单、用地经济、管理方便。但当车行道过宽时，行道树的遮荫效果较差，不利于机动车辆与非机动车辆混合行驶时的交通管理（图 7-46）。

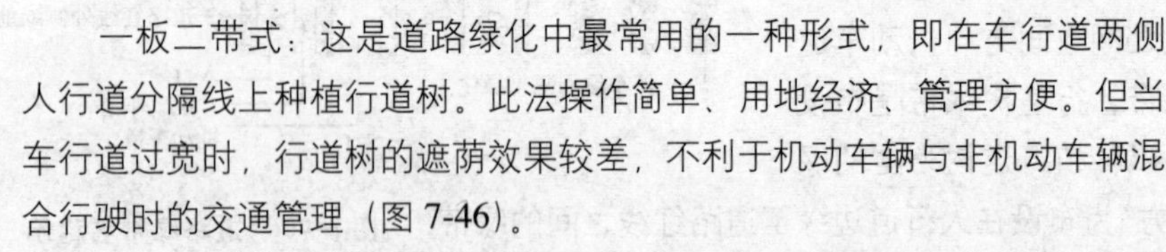

二板三带式：在上下行车道中间、道路两侧布置三条绿化带，其中中间的绿带又称为分车绿带。这种形式适于宽阔道路，绿带面积相对较大、生态效益较显著，多用于高速公路和入城道路的绿化（图 7-47）。

三板四带式：利用两条分隔带把车行道分成三块，中间为机动车道，两侧为非机动车道，连同车道两侧的行道树共为四条绿带。这种形式虽然占地面积较大，但其绿化量大，夏季遮荫效果好，组织交通方便，安全可靠，解决了各种车辆混合互相干扰的矛盾（图 7-48）。

四板五带式：在三板四带式的基础上增加了上下行车道中间的分车绿带，以便各种车辆上行、下行互不干扰，利于限定车速和交通安全；如果道路面积不宜布置五带，则可用栏杆分隔，以节约用地（图 7-49）。

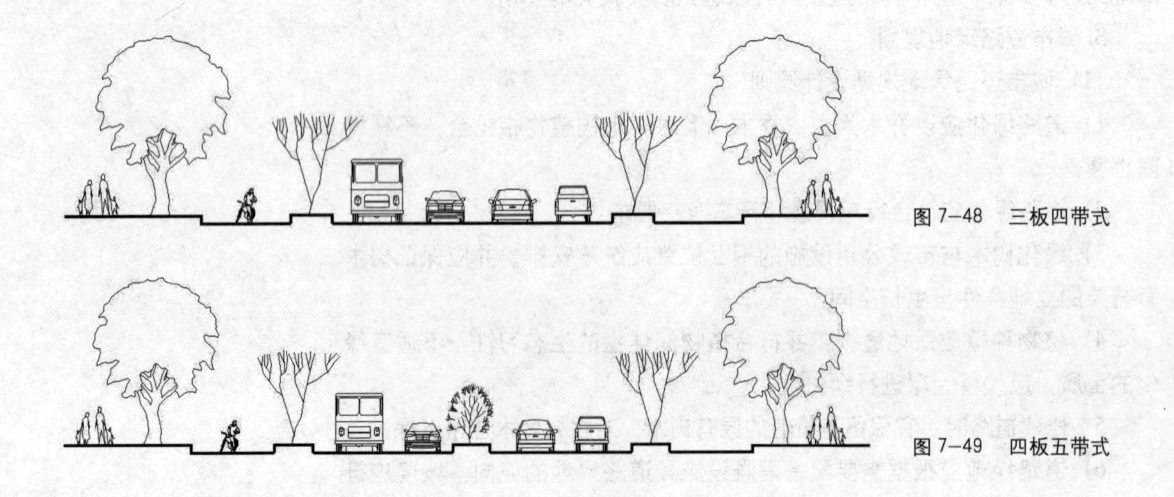

图 7-48 三板四带式

图 7-49 四板五带式

① 道路绿地率：道路红线范围内各种绿带宽度之和占总宽度的百分比。
② 园林景观路：在城市重点路段，强调沿线绿化景观，体现城市风貌、绿化特色的道路。

2）道路绿带设计

分车绿带设计：分车绿带的植物配置形式应简洁，树形整齐，排列一致。乔木树干中心至机动车道路缘石外侧距离不宜小于0.75m。种植乔木的分车绿带宽度不得小于1.5m；主干路上的分车绿带宽度不宜小于2.5m；中间分车绿带应阻挡相向行驶车辆的眩光，在距相邻机动车道路面高度0.6～1.5m之间的范围内，配置植物的树冠应常年枝叶茂密，其株距不得大于冠幅的5倍。两侧分车绿带宽度大于或等于1.5m的，应以种植乔木为主，并宜乔木、灌木、地被植物相结合。其两侧乔木树冠不宜在机动车道上方搭接。分车绿带宽度小于1.5m的，应以种植灌木为主，并应灌木、地被植物相结合。

行道树绿带设计：种植应以行道树为主，并宜乔木、灌木、地被植物相结合，形成连续的绿带。在行人多的路段，行道树绿带不能连续种植时，行道树之间宜采用透气性路面铺装。行道树植株距离的确定，应以其树种壮年期冠幅为准，最小种植株距应为4m。行道树树干中心至路缘石外侧最小距离宜为0.75m。种植行道树其苗木的胸径：快长树不得小于5cm，慢生树不宜小于8cm。在道路交叉口视距三角形范围内，行道树绿带应采用通透式配置。

路侧绿带设计：路侧绿带应根据相邻用地性质、防护和景观要求进行设计，并应保持在路段内的连续与完整的景观效果。当路侧绿带宽度大于8m时，可设计成开放式绿地[①]，开放式绿地中绿化用地面积不得小于该段绿带总面积的70%。路侧绿带与毗邻的其他绿地一起规划为街旁游园时，其规划设计应符合《公园设计规范》的规定。濒临江、河、湖、海等水体的路侧绿地，应结合水面与岸线地形特点设计成滨水绿带，滨水绿带的绿化应在道路和水面之间留出透景线。

3）交通岛绿地设计

交通岛周边的植物配置应增强交通导向作用，在行车视距范围内应采用通透式配置。中心岛绿地应保持各路口之间的行车视线通透，布置成装饰绿地。立体交叉绿岛应种植草坪等地被植物。草坪上可点缀树丛、孤植树和花灌木，以形成疏朗开阔的绿化效果。

4）广场绿化设计

城市广场（图7-50、图7-51）是城市开放空间的组成部分，承担着市民交流、集会、交通等多样化的功能，城市中心广场往往代表了城市精神风貌，是城市文化的集中体现。按照其功能特点可以分为：集会游行广场、纪念广场、交通广场、商业广场、文

图7-50　城市广场（一）

① 开放式绿地：绿地中铺设游步道，设置坐凳等，供行人进入游览休息的绿地。

化娱乐休闲广场等类型。

图 7–51　城市广场（二）

广场绿化应根据各类广场的功能、规模和周边环境进行设计，按照广场不同功能确定绿地和其他场地的用地比例、绿化形式、树种选择。例如集会游行广场位于城市中心地段，具有开展政治、文化集会、庆典等活动功能，其场地规划应满足人流集散需求，规划时以硬质景观为主，绿地形态宜规划为规则式，以利于烘托广场开敞、宽阔的气氛。此外，广场绿化布局、树种选择、种植应利于广场人流、车流集散。

公共活动广场周边宜种植高大乔木。集中成片绿地不应小于广场总面积的 25%，并宜设计成开放式绿地，植物配置宜疏朗通透。车站、码头、机场的集散广场绿化应选择具有地方特色的树种。集中成片绿地不应小于广场总面积的 10%。纪念性广场应用绿化衬托主体纪念物，创造与纪念主题相应的环境气氛。

5）停车场绿化设计

停车场周边应种植高大庇荫乔木，并宜种植隔离防护绿带；在停车场内宜结合停车间隔带种植高大庇荫乔木。停车场种植的庇荫乔木可选择行道树种。其树枝下的高度应符合停车位净空高度的规定：小型汽车为 2.5m；中型汽车为 3.5m；载货汽车为 4.5m。

6）道路绿地与相关设施的距离

树木与架空电力线路导线的最小垂直距离，详见表 7-16。

树木与架空电力线路导线的最小垂直距离　　表 7–16

电压（kV）	1 ~ 10	35 ~ 110	154 ~ 220	330
最小垂直距（m）	1.5	3.0	3.5	4.5

新建道路或经改建后达到规划红线宽度的道路，其绿化树木与地下管线外缘的最小水平距离应符合表 7-17 的规定。此外，行道树绿带下方不得敷设管线。

树木与地下管线外缘最小水平距离　　表 7–17

管线名称	距乔木中心距离（m）	距灌木中心距离（m）
电力电缆	1.0	1.0
电信电缆（直埋）	1.0	1.0
电信电缆（管道）	1.5	1.0
给水管道	1.5	—
雨水管道	1.5	—
污水管道	1.5	—
燃气管道	1.2	1.2
热力管道	1.5	1.5
排水盲沟	1.0	—

当遇到特殊情况不能达到上表中规定的标准时，其绿化树木根茎中心至地下管线外缘的最小距离可采用表 7-18 的规定。

树木根茎中心至地下管线外缘的最小距离　　　表 7–18

管线名称	距乔木根茎中心距离（m）	距灌木根茎中心距离（m）
电力电缆	1.0	1.0
电信电缆（直埋）	1.0	1.0
电信电缆（管道）	1.5	1.0
给水管道	1.5	1.0
雨水管道	1.5	1.0
污水管道	1.5	1.0
燃气管道	1.2	1.2

树木与其他设施的最小水平距离见下表 7-19。

树木与其他设施的最小水平距离　　　表 7–19

设施名称	至乔木中心距离（m）	至灌木中心距离（m）
低于 2m 的围墙	1.0	—
挡土墙	1.0	—
路灯杆柱	2.0	—
电力、电信杆柱	1.5	—
消防龙头	1.5	2.0

三、大中专校园区绿地规划设计

大中专学校校园从功能上可分为教学区、行政区、学生生活区、体育运动区、后勤服务区等，绿地规划要结合不同的功能分区特点，因地制宜地进行规划建设；其中的大学校园通常具有浓郁的历史文化传统氛围，在绿地规划时还要考虑和校园历史文化的结合，营造传统精神和时代特点相融合的校园绿地景观。

1. 用地选择

大中专学校内常有大片、集中的绿地，是城市绿地环境的重要组成部分。对于绿地规划用地选择来说，用地内较为平坦、条件较好的用地应作为建筑工程建设的用地，绿化用地应选择建设用地条件相对较不利的区域，如坡度较大、低洼、积水、冲沟等地段，加以改造、利用和建设，一方面可以集约化利用土地，减少建筑成本，另一方面可以营造空间变化丰富的绿地空间。用地选择还要结合校园自然环境特点，如山丘、水系等条件，因地制宜地营造自然的绿地空间。

2. 绿地规划指标

按照《城市绿化规划建设指标的规定》，学校的绿地率不低于 35%。

3. 规划要点

按照校园功能结构，绿地规划可分为校门区、中心广场区、教学区、行政办公区、学生生活区、体育运动区、后勤服务区等绿地规划。校园绿地景观应有完整的规划理念、功能定位和结构形态规划，在此指导下进行各部分绿地的规划设计。

(1) 校门区

校门区主要包括学校大门建筑和校门区小广场，绿化规划要突出校园场址重点，还要具有装饰性和审美性特点。植物配置以烘托大门区氛围为主，宜简洁、明快。小广场是人流集散广场，绿地规划形态以几何形为主，配以花台、花池、雕塑、喷泉、指示牌等设施，整体风格以自然、大方的格调为主（图7-52）。

校园围墙宜设计成空透式、半空透式围墙，便于校内绿化空间的向外渗透，围墙绿化以攀缘植物为主。

(2) 中心广场区

中心广场区是校园空间的核心，通常由主要的教学建筑，如图书馆、科学馆、会堂、主教学楼等围合而成，是校园文化集中展示的区域。中心广场还兼有交通、集会等功能，绿地规划时要根据广场的功能、流线合理布局交往区、活动区、展示区、休息区等功能，确定硬质铺地、绿地、水面、雕塑、小品、展架等场地和设施的位置、规模，同时还要考虑和校园内其他绿地景观节点的衔接和过渡。

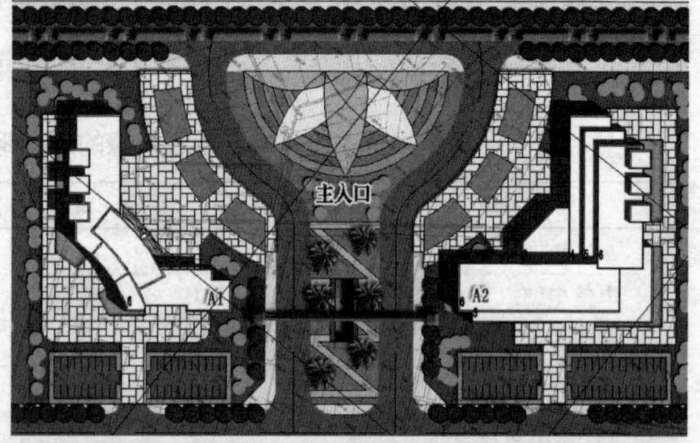

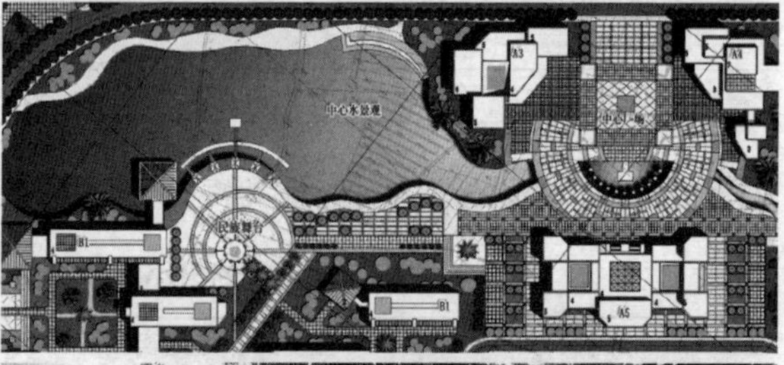

图7-52（上） 校园入口广场绿地（一）
图7-53（中） 校园入口广场绿地（二）
图7-54（下） 校园中心广场绿地

广场绿化形态以规则式为主、自由式为辅，既突出校园空间景观的大气，又要反映校园传统文化的深邃。植物配置以乡土树种为主，多用灌木、草坪等低矮绿化，配以少量形态较为优美的高大乔木，突出空间简洁、大方的特点（图7-53、图7-54）。

(3) 教学区

教学区有教学楼、实验楼等建筑，绿化以服务教学、服务师生为主。绿化规划格调应突出安静、舒缓，便于师生课间休憩、放松（图7-55、图7-56）。教学楼附近绿化以灌木、草坪为主，以免影响教学楼的采光通风；教学楼东、西、南侧可布局高大乔木用以遮挡夏季日晒。教学楼之间应设置供师生休憩的小绿地，其间布置休息椅、凉亭、读报栏等设施。实验楼附近绿化要以抗污染树种为主，例如夹竹桃、女贞等，用以隔离、过滤实验产生的有毒有害气体。

(4) 行政办公区

绿地规划风格应简洁、大气，采用规则式布局手法。广场以绿化为主，配以少量停车区域和硬质铺地，便于车辆、人流集散；以草坪、灌木等视线开敞的植物配置来烘托办公楼正前区的庄重气氛（图 7-57）。

(5) 学生生活区

学生生活区绿化要凸现生活气息，绿地规划格调要以活泼、丰富、宜人为主，反映学生积极、健康的精神风貌；规划以促进学生活动和交往为主，布置游憩绿地、硬质铺地、户外锻炼场地等功能区。植物配置乔、灌、草结合，尺度应宜人、亲切，绿化空间应错落有致、层次丰富。

(6) 体育运动区

体育运动区包括运动场馆、球场、训练设施等，绿化主要起到隔离运动噪声、美化运动环境的作用，在运动区与教学区、生活区之间要布局一定宽度的绿带，减低对教学、生活的干扰。运动区内用道路、绿化分隔各运动分区，做到互不干扰。田径场内植物以耐踩踏的草坪为主，跑道周边种植高大乔木，主席台两侧种植低矮的球形树木和花卉；（篮、排）球场绿化以在场地周边种植不影响运动的高大乔木为主，其下设置观看区，设置休息座椅；网球场绿化常用攀缘植物围合球场周边，形成垂直绿化；体育馆绿化以馆前区集散广场绿化为主，多设置规则式绿化广场，绿地形态设计应简洁。

图 7–55（上） 教学区绿地（一）
图 7–56（中） 教学区绿地（二）
图 7–57（下） 校园办公区绿化

四、医院疗养院绿地规划设计

医院、疗养院绿化规划目的是为患者的治疗、康复提供一个优良的环境，通过绿色植物的配置设计，净化空气、减弱外部噪声。

1. 规划指标

按照《城市绿化规划建设指标的规定》，医院、休疗养院所等单位的绿地率不低于 35%。

2. 绿化设计要点

规划还要注意利用绿化进行卫生防护隔离，防止院内病菌向周边地区传播、扩散。医院、疗养院绿化规划布局应与建筑布局结合起来，在主要医疗建筑，如门诊楼、住院部、疗养楼等建筑周边要布局较大面积的绿化空间，用以改善就医、疗养条件，同时可以缓解患者的紧张情绪。规划中的绿化树种选择以常绿树种为主。

医院、疗养院绿化可分为大门区、医疗区、其他辅助设施区绿化几个部分：

（1）大门区：医院、疗养院大门是病患进入医疗机构的第一场所，绿化规划要以亲切、宜人为主要风格，大门区绿化要创造一种轻松的环境氛围。通常在大门区规划绿地广场，视线要开阔，广场设计一般以绿化为主，其中配置游路、休息座椅、喷泉等设施，创造一个园林式医疗环境。另外，大门区绿化还要注意和医院、疗养院周边地段建筑之间的绿色卫生防护，通过设置一定宽度的隔离带（隔离带要乔、灌木结合），来隔离周边交通噪声、粉尘等不利影响，同时也可防止院内病菌向周边扩散。

（2）医疗区：门诊部是人流较为集中的区域。首先，在门诊部前应规划绿化广场，按照适用人群的需求设计游憩设施，为候诊病患提供候诊休憩空间；其次，在门诊楼周边还要规划一定的绿化缓冲带，用以和医技楼、住院部等建筑有所隔离，避免人流交叉干扰。在种植大树时应注意应远离门诊室 5m 以外，以免影响室内日照和采光。

住院楼、疗养楼是医疗建筑中对环境质量要求较高的建筑类型，安静、舒适、亲切、宜人的休养环境对于疾病的恢复有积极的促进作用，因而住院部绿化环境应满足住院患者的环境需求，一般围绕住院部规划绿化小游园，游园内地形变化要平缓，不宜设置上下台阶，地形高差之间最好用缓坡过渡。游园以绿化为主，树种乔、灌、草结合，花木的色彩对比不宜强烈，应以常绿素雅为宜。配置一定的户外活动设施和休息座椅，利于患者适当进行身体放松活动和进行日光浴。游园内还可设计小型硬质广场，便于交流活动的开展（图 7-58 、图 7-59）。

（3）其他辅助设施区域：如医疗办公、后勤等辅助功能区的建筑应与医疗区域有适当分隔，采用常绿乔木、灌木形成完整的隔离带，限制无关人流进入。

专科医院的绿化应与其功能相适应。例如儿童医院的绿化，要突出儿童的使用特点，绿化空间设计风格应活泼、充满童趣，可设计小型游乐广场，布置儿童活动设施，为候诊儿童缓解就医紧张情绪。绿化树种应避免带刺、有毒、散发浓郁气味的种类，以免造成儿童意外伤害和过敏反应。

图 7–58（左） 某医院绿化
图 7–59（右） 北京小汤山疗养院

对于传染病院的绿化规划，其绿化面积要相应增大，周围应设宽度在 30m 以上的防护林带，不同病区之间也要用绿篱进行分隔。

五、机关事业单位绿地规划设计

机关单位绿地是指机关、团体、部队、事业单位管界内的环境绿地，它隶属于其投资建设单位。机关单位园林绿化是城市绿化的基础细胞，园林绿化水平不仅反映了一个城市的整体水平和环境质量，而且反映了单位的文明程度、文化品位和精神风貌，同时单位绿地也是提高城市绿地率的一条重要途径。机关单位园林绿化是城市绿地系统的有机组成部分，现在许多城市都在进行"拆墙透绿"工程，就是要将原来各自封闭独立的单位绿地纳入城市绿地系统中，共同构建整体的城市绿地环境。

机关单位绿地设计应当从满足单位工作人员需要出发，根据具体环境的地形、地貌、水系、植被等条件，结合地方传统文化和现代设计理念，进行绿地规划布局设计，规划特点要体现机关单位庄重、大气、优美的风格。

1. 规划指标

按照《城市绿化规划建设指标的规定》，机关团体、公共文化设施、部队等单位的绿地率不低于 35%。

2. 规划要点

机关单位绿化主要包括主入口绿地、办公楼前绿地（主要建筑物前）、较集中的庭院休息绿地（小游园）、附属用房旁绿地、道路绿地等绿化部分。

（1）主入口绿地

主入口绿化作用是体现单位外部形象，绿化设计要与单位的大门建筑综合考虑，设计应体现单位庄重、大气的风格，绿化形式处理应简洁、大方，色彩搭配不宜花哨，一般采用规则、对称式布局，例如在大门两侧对称布局花台、花池，或规则种植修剪整齐的常绿树丛，突出单位形象。对于人流进出量较大的单位，入口区还设计有小型集散广场，广场绿地设计应以不影响车流、人流的交通组织为原则，尽量采用规则式布局，可以用花池、花台、喷泉、雕塑等构景元素美化广场。单位场地周边透空式围墙也要用攀缘植物加以绿化。

（2）办公楼前绿地

办公楼前绿地是单位绿地的主要绿化空间，也是体现单位风貌的重要场所。绿地主要作用是烘托单位办公楼的形象，绿地设计应简洁，通常以成片、集中的绿化广场为主要形式（图 7-60）。广场内以灌木、草坪为主，适当栽植观赏性较强的花木，如雪松、

图 7–60　某单位大楼前绿化

云杉、龙柏、整型大叶黄杨、冬青、金叶女贞、金叶绣线菊及西府海棠、紫叶李、白玉兰、蔷薇、月季等。

植物的种植不应遮挡建筑主入口，种植不应过于密集或种类过多，应适当留出大片绿地草坪景观。在办公楼两侧应对称布局规则式、行列式种植的常绿乔木树种和小型灌木，以衬托建筑主立面景观。高大乔木应距离建筑外墙5m以外，以免影响楼内采光通风效果。

（3）庭院休息绿地

有的单位绿地面积较大，其绿化设计可以采用庭院（小游园）的形式。与办公楼前的主广场绿地空间比较起来，庭院环境相对较为隐秘，可以为职工提供一个工余放松、休憩的场地环境。庭院绿地一般以采用自由式布局为主，强调绿地环境的自然、亲切；以绿化为主，综合安排广场、游路、休憩设施（凉亭、座椅等），满足职工休息、散步需要。

（4）附属用房旁绿地

附属用房旁绿地主要指单位后勤（食堂、锅炉房等）、仓储等用房周边的绿地，能起到遮挡视线、卫生防护等作用，一般采用灌木、乔木分层组合种植来围合附属用房空间、遮挡视线，常用的植物有圆柏、侧柏、大叶黄杨、蔷薇等。

六、生产绿地规划设计

生产绿地是为城市绿化提供苗木、花草、种子的苗圃、花圃、草圃等圃地，是城市绿化的生产基地。一般先根据城市绿地总面积来确定需要生产的苗木数量，再确定生产绿地的面积。用地一般选择城市近郊、用地较宽广、土壤和水源条件较为优越、便于植物生长的地段；此外，还应与城市有便捷的交通联系，便于苗木的运输。从节约土地的角度出发，应尽量利用山坡、河滩地等用地改造建设。有的生产绿地如花圃建设条件较好，还可开放供游人欣赏。按照《城市绿化规划建设指标的规定》，生产绿地面积占城市建成区总面积比率不低于2%。

七、防护绿地规划设计

防护绿地是城市中具有卫生、隔离和安全防护功能的绿地，包括卫生隔离带、道路防护绿带、高压走廊绿带、防风林、城市组团隔离带等。城市防风林带主要布局在城市外围地带，与城市主导风向垂直布局，防止风沙侵袭。通风林带用于增强城市导风散热，规划时可结合夏季主导风向沿城市主要水系、道路形成透风林带，降低城市“热岛效应”。卫生防护带是用于隔离工业区、污水处理厂、垃圾处理站等污染源对居民区的干扰的绿带，布局要从污染源的影响范围和程度、城市主导风向和卫生洁净具体要求等条件出发，合理布局防护带的位置、规模，确定种植要求。

第五节　城市绿地树种规划和种植设计

一、树种规划的一般原则

树种规划是城市园林绿地系统规划的重要内容之一。作为城市园林绿化建设的战略性问题，关系到绿化环境的好坏、绿化建设的成败、绿化成效的快慢、绿化质量的高低和绿化效应的发挥。应该具备以下的几个原则：

（1）因地制宜、适地适树的原则

树种规划要充分考虑城市的自然、地理、土壤、气候等条件，遵循城市生态学原则，运用植物生态学原理，根据树种的生态特性和不同的生态环境情况，因地制宜、因树制宜地进行规划。

（2）乡土树种原则

树种规划要充分考虑植物的地带性分布规律及特点，以当地的地带性乡土树种为主，因为乡土树种具有适应当地的自然条件、抗性强、耐旱、抗病虫害等特点，能充分体现地方风格。同时对于实践证明是适宜的外来树种也可采用，但不能盲目引种不适于本地生长的树种，以增加城市生物多样性，丰富城市景观。

（3）乔、灌、花、草相结合的原则

应当根据当地植物群落的演替规律和植物群落学的原则进行树种规划。充分考虑群落中物种的相互作用和影响，选择生态位重叠较少的物种进行群落构建，应以乔木为主，乔木、灌木和草本相结合形成复层绿化，以增强群落的稳定性和环境的生态效益。

（4）慢生与速生、常绿与落叶相结合的原则

从速生和慢生来说，应着眼于慢生树，而要近期产生形态效果可以速生树为主，具有早期效果好、易成荫的特点，可以迅速达到绿树成荫的效果，但寿命较短，一般需要在二十年之后进行更新和补充。慢生树需要较长时间才能见效，但由于寿命长，可以弥补速生树种更新时带来的不利影响。因此，慢生树种与速生树种相结合，既可早日取得绿化效果，又能保证绿化长期稳定。从常绿树和落叶树的比例来说，应以常绿树为主，以达到四季常青又富于变化的目的。

（5）生态效益与景观效益相结合的原则

城市绿化树种的选择应该兼顾生态、景观和经济等三大效益的统一，首先应从生态的角度出发，选择对废气、废水抗性强和对土壤、气候、病虫害等不利因素适应性强的树种，充分发挥绿化改善环境，促进人们的身体健康等生态效益；其次要选择那些树形美观，色彩、风韵、季相变化上有特色的树种，以更好地美化市容；最后在提高各类绿地质量和充分发挥其各种功能的情况下，还要注意选择那些经济价值较高的树种，以便今后获得木材、果品、油料、香料、种苗等经济收益。

二、树种规划的程序[①]

（1）调查研究及现状分析

现状树种的调查研究是树种规划的重要基础。调查的范围应以本城市中各类绿化用地为主，调查的重点是各种绿化植物的生长发育状况、生态习性、对环境污染物和病虫害的抗性以及在绿地系统中的作用等，具体内容有：城市乡土树种调查；古树名木调查；外来树种调查；边缘树种调查；特色树种调查；抗性树种调查；临近的"自然保护区"森林植被调查；或附近城市郊区山地农村野生树种调查。

（2）树种选定

在广泛调查研究和查阅历史资料的基础上，针对当地自然条件，合理地选定1～4种基调树种、5～12种骨干树种作为重点树种。基调树种是能充分表现当地植被特色、反映城市风貌、能作为城市绿化景观重要标志的应用树种。骨干树种是具有优异的特点，在各类绿地中出现频率最高，使用数量大、有发展潜力的树种，主要包括行道树树种、庭院树树种、抗污染树种、防护绿地树种、生态风景林树种等。另外，根据本市区中不同生境类型分别提出各区域中的重点树种和主要树种。与此同时，还应进一步做好草坪、地被及各类攀缘植物的调查和选用，以便裸露地表的绿化和建筑物上的垂直绿化。

（3）确定树种的技术指标

由于各个城市所处的自然气候带不同，土壤水文条件各异，各城市树种选择的数量比例也应具有各自的特色，例如乔木、灌木、藤本、草本、地被物之间的比例，裸子植物与被子植物的比例，落叶树种种数与常绿树种种数的比例，阔叶树种种数与针叶树种种数的比例，乡土树种与外来树种的比例，速生与中生和慢生树种的比例，常绿树在城市绿化面积中所占的比例，城区绿地乔木种植密度等技术指标。

（4）市花和市树的选择建议[②]

市树和市花的选择一般应该考虑以下几个方面：

1）主要从乡土树种或已有较长栽培历史的外来树种中进行选择；

2）适应性较强，能在本地城区范围内广泛推广应用；

3）具有良好的景观效果和生态功能；

4）影响力大，知名度高，或为本地特有，或富有特殊文化品位；

5）市树以乔木为佳，体现其雄伟，同时要求树形好、寿命长；市花要求花艳或花形奇特，或遵循当地的传统文化特色。

（5）树种规划文字编制

1）前言

2）城市自然地理条件概述

3）城市绿化现状

① 胡长龙．园林规划设计[M]．北京：中国农业出版社，2002：214-215．

② 徐文辉．城市园林绿地系统规划[M]．武汉：华中科技大学出版社，2007：70．

4）城市园林绿化树种调查

5）城市园林绿化树种规划

（6）附表

1）古树名木调查表

2）树种调查统计表（乔木、灌木、藤本）

3）草坪地被植物调查统计表

三、植物种植设计的生态学原理①

（1）环境分析——植物个体生态学原理

是指从植物个体的角度去研究植物与环境的关系。种植设计运用植物个体生态学原理，就是要尊重植物的生态习性，分析和研究构成植物生存的生物与非生物因素，选择合适的植物种类，使绿地中每一种植物都有各自理想的生活环境，或者将环境对植物的不利影响降到最小，使植物能够正常地生长和发育。

（2）种群分布与生态位——植物种群生态学原理

种群是物种存在的基本单位。种群的个体都占据着特定的空间，并呈现出特定的个体分布形式或状态，这种种群个体在水平位置上的分布样式，称为种群分布或种群分布格局（Distribution Pattern）。种群空间分布的类型一般可概括为三种，即随机（Random）分布、均匀（Uniform）分布和集群(Clumped)分布。绿地植物种群既是绿地中同种植物的个体集合，也是绿地种植设计的基本内容。绿地中多数植物种群往往有许多个体共同存在，如各种树丛、树林、花坛、花境、草坪及水生花卉等。在特定的绿地空间里，植物种群同样呈现出以上三种特定的个体分布形式，也就是种植设计的基本形式，即规则式、自然式和混合式。

生态位（Niche）指生物在群落中所处的地位和作用（J. Crinnel，1917）。也可理解为群落中某种生物所占的物理空间，所发挥的功能作用，及其在各种环境梯度里出现的范围，即群落中每个种是在哪里生活，如何生活及如何受其他生物与环境因子约束等（G.P. Odum，1957）。

生态位既是群落种群种间关系（种群之间的相互影响）的结果，又是群落特性发生与发展、种系进化、种间竞争和协同的动力和原因。植物群落种群种间关系包含了种间竞争、互助或共生。哈钦森（Hutchinson，1949）认为在生态位上具有同样需求的两个种，决不会在同一地区形成稳定的混合集群；生活在一起的种，必须是每个种都具有它自己独特的生态位，即一个生态位一个种。种间竞争也并非绝对化，植物群落中的种间关系既有竞争也有互助。另外，生态习性不同或"不同生态位"的种之间也存在竞争，且竞争强度是有梯度的，随种群生物学特性、种群数量特征和

① 胡长龙．园林规划设计[M]．北京：中国农业出版社，2002：146-148．

环境资源条件（密度效应）而变化。

因此，绿地种植设计应遵循生态位原理，如乔木树种与林下喜阴（或耐阴）灌木和地被植物组成的复层植物景观设计、密植景观设计等，都必须建立种群优势，占据环境资源，排斥非设计性植物（如杂草等），选择竞争性强的植物，采用合理的种植密度，以求获得稳定的绿地植物种群与群落景观。

(3) 物种多样性——群落生态学原理

物种多样性是生物多样性的组成部分，而区域环境物种多样性则通过物种丰富度（或称丰富性）和物种的相对密度（或称异质性）等两个方面来表现其特点。丰富度是指群落所含有种数的多寡，种数越多，丰富性越大。相对密度是指各个物种在一定区域或一个生态系统中分布多少的程度，即物种的优势和均匀性程度，优势种越不明显，种类分布越均匀，异质性越大。

绿地植物种植设计遵循物种多样性的生态学原理，可实现绿地植物群落的稳定性、植物景观的多样性和持续生长性等，并为实现区域环境生物多样性奠定基础。

(4) 生态系统——生态系统生态学原理

城市绿地系统是由城市中或城市周围各类绿地空间所组成的自然生态系统，又由各类型绿地子系统组成。城市绿地系统的建立和保护，可以有效地整体改善和调节城市生态环境。而整体调节功能的大小，很大程度上取决于整个系统的初级生产力（指植物通过光合作用，利用太阳能，将无机物转变为有机物的比率，它是测量生态系统功能的最重要手段）。不同生态类型的植物，其净初级生产力[生产干物质的能力，单位：g/(m^2·年)]差异较大，如温带常绿林1300g/(m^2·年)，温带落叶林1200g/(m^2·年)，而温带草原只有600g/(m^2·年)。因此，城市绿地系统应当尽量利用木本植物以提高绿地的生态功能和效益，同时还要创造多种多样的生境和绿地生态系统，满足各种植物及其他生物的生活需要和整个城市自然生态系统的平衡，促进人居环境的可持续发展。

四、种植设计的基本形式与类型①

1. 植物种植设计基本形式

园林种植设计一般分为规则式、自然式和混合式等三种基本形式。

(1) 规则式

规则式又称整形式、几何式、图案式等，是指植物成行成列等距离排列种植，或作有规则的简单重复，或具规整形状，多使用植篱、整形树、模纹景观及整形草坪等。花卉布置以图案式为主，花坛多为几何形，或组成大规模的花坛群；草坪平整而具有直线或几何曲线形边缘等。通常运用于规则式或混合式布局的园林环境中，具有整齐、严谨、庄重和人工美的艺术特色。

规则式又分规则对称式和规则不对称式两种。规则对称式指植物景观的布

① 胡长龙．园林规划设计[M]. 北京：中国农业出版社，2002：149-154.

置具有明显的对称轴线或对称中心，树木形态一致，或进行人工整形，花卉布置采用规则图案。规则对称式种植常用于纪念性园林，大型建筑物环境、广场等规则式园林绿地中，具有庄严、雄伟、整齐、肃穆的艺术效果，但也容易显得压抑和呆板。规则不对称设计没有明显的对称轴线和对称中心，景观布置虽有规律，但也富有一定变化，常用于街头绿地、庭园等。

（2）自然式

自然式又称风景式、不规则式，是指植物景观的布置没有明显的轴线，各种植物的分布自由变化，没有一定的规律性。树木种植无固定的株行距，形态大小不一，充分发挥树木自然生长的姿态，不求人工造型；充分考虑植物的生态习性，植物种类丰富多样，以自然界植物生态群落为蓝本，创造生动活泼、清幽典雅的自然植被景观，如自然式丛林、疏林草地、自然式花境等。自然式种植设计常用于自然式的园林环境中，如自然式庭园、综合性公园安静休息区、自然式小游园、居住区绿地等。

（3）混合式

混合式是规则式与自然式相结合的形式，通常指群体植物景观（群落景观）。混合式植物造景就是吸取规则式和自然式的优点，既有整洁清新、色彩明快的整体效果，又有丰富多彩、变化无穷的自然景色；既有自然美，又具人工美。

混合式植物造景根据规则式和自然式各占比例的不同，又分三种情形，即以自然式为主，结合规则式；以规则式为主，点缀自然式；规则式与自然式并重。

2. 园林植物种植设计类型

（1）根据园林植物应用类型分类

1）树木种植设计

树木种植设计是指对各种绿化树木（包括乔木、灌木及木质藤本植物等）景观进行设计。具体按景观形态与组合方式又分为孤景树、对植树、树列、树丛、树群、树林、植篱及整形树等景观设计。

2）草花种植设计

草花种植设计是指对各种草本花卉进行造景设计，着重表现园林草花的群体色彩美、图案装饰美，并具有烘托园林气氛、创造花卉特色景观等作用。具体设计造景类型有花坛、花境、花台、花池、花箱、花丛、花群、花地、模纹花带、花柱、花钵、花球、花伞、吊盆以及其他装饰花卉景观等。

3）蕨类与苔藓植物设计

利用蕨类植物和苔藓进行园林造景设计，具有朴素、自然和幽深宁静的艺术境界，多用于林下或阴湿环境中，如贯众、鸢尾、凤尾蕨、肾蕨、波士顿蕨、翠云草、铁线蕨等。

（2）按植物生境分类

种植设计按植物生境不同，分为陆地种植设计、水体种植设计两大类。

1）陆地种植设计

陆地环境植物种植，内容极其丰富，一般绿地中大部分的植物景观属这一类。陆地生境地形有山地、坡地和平地三种，山地宜用乔木造林，坡地多种植灌木丛、树木地被或草坡地等，平地宜做花坛、草坪、花境、树丛、树林等各类植物造景。

2）水体种植设计

水体种植设计是对各类绿地中的湖泊、溪流、河沼、池塘以及人工水池等水体环境进行植物造景设计。水生植物造景可以打破水面的平静和单调，增添水面情趣，丰富园林水体景观内容。

水生植物根据生活习性和生长特性不同，可分为挺水植物、浮水植物、沉水植物和漂浮植物四类。

（3）按植物应用空间环境分类

1）户外绿地种植设计

户外绿地种植是种植设计的主要类型，一般面积较大，植物种类丰富，并直接受土壤、气候等自然环境的影响。设计时除考虑人工环境因素外，更加注重运用自然条件和规律，创造稳定持久的植物自然生态群落景观。

2）室内庭园种植设计

室内庭园种植设计多运用于大型公共建筑等室内环境布置。种植设计的方法与户外绿地具有较大差异，设计时必须考虑到空间、土壤、阳光、空气等环境因子对植物景观的限制，同时也注重植物对室内环境的装饰作用。

3）屋顶种植设计

在建筑物屋顶（如平房屋顶、楼房屋顶）上铺填培养土进行植物种植的方法。屋顶种植又分非游憩性绿化种植和屋顶花园种植两种形式。

第六节　城市生物多样性与古树名木保护规划

一、城市生物多样性保护与建设规划

1. 生物多样性[①]

根据联合国"生物多样性公约"，生物多样性（Biological Diversity 或 Biodiversity）的定义是："生物多样性是指所有来源的形形色色的生物体，这些来源包括陆地、海洋和其他水生生态系统及其所构成的生态综合体；这包括物种内部、物种之间和生态系统的多样性"。生物多样性是生物之间和生物与环境之间复杂的相互关系的体现，也是生物资源与自然景观丰富多彩的标志，广义上的生物多样性包括遗传（基因）多样性、物种多样性、生态系统多样性和景观多样性等四个层次（马克平，1993），是人类赖以生存和发展的基础，具有维持生物圈的功能，

① 戈峰．现代生态学[M]．北京：科学出版社，2004：429-430．

对改善城市自然生态和城市居民的生存环境具有重要作用，是实现城市可持续发展的必要保障。

2. 城市生物多样性规划

城市生物多样性规划应该在调查与分析的基础上，从景观多样性、生态系统多样性、物种多样性和遗传多样性等几个方面进行规划。

（1）景观多样性规划

景观在自然等级系统中是属于比生态系统高一级的层次。景观多样性（Landscape Diversity）就是指由不同类型的景观要素或生态系统构成的景观在空间结构、功能机制和时间动态方面的多样性或变异性①。根据其研究内容可分为斑块多样性、类型多样性和格局多样性等三种类型。

在城市绿地系统规划中，通过增加绿地斑块的类型以及丰度，强化城乡景观格局的连续性，保护和恢复山体、水体等自然生态环境的自然组合体，建立城市自然保留绿地系统；建设城市大中型绿地，创建各种景观类型，使市区内的自然景观斑块与背景景观有更高的连续性，建立绿色景观廊道以形成城市自然景观斑块与山水背景间的物、能流通道；同时考虑到景观类型空间分布的多样性，保护本地历史文化遗迹，建设历史文化型绿地、民俗再现型绿地等各种显示城市特点的个性化绿地，强调对景观系统和自然栖息地的整体保护。

（2）生态系统多样性规划

生态系统多样性是指生物圈内生境、生物群落和生态系统的多样性以及生态系统内生境差异、生态过程变化的多样性。生态系统是由各种不同生物群落所组成的。生物群落一般具有垂直结构和水平结构，结构的不同导致生态系统的多样性；此外，生态系统是由具有不同营养特点的生物所组成，植物、昆虫、鸟类和哺乳类动物等共同构成了生态系统复杂的食物网，形成了生态系统中能流、物流的多样化过程以及生物之间复杂的相互作用关系②。

城市绿地系统规划中应该根据自然要素形成包括山地生态系统、森林生态系统、河岸生态系统、水生生态系统、湿地及沼泽生态系统在内的一系列子系统组合而成的复合生态系统，构成城市绿地生态系统的多样性；保护和建立多样化的乡土生境系统，依循场所的不同而构建不同自然属性的景观单元，不仅增加了绿地生态系统类型的多样性，也丰富了生境类型；依据植物的地带性分布规律及特点，重点保护和恢复本植被气候地带各种自然生态系统和群落类型，采用模拟自然的群落设计方法，增加小生境的异质性，相互交叉而形成复杂的生态系统食物网结构，从而构成生物种类的多样性。

① 傅伯杰，陈利顶等．景观生态学原理及应用[M]．北京：科学出版社，2003：240．
② 戈峰．现代生态学[M]．北京：科学出版社，2004：429–430．

（3）物种多样性规划

物种多样性是指有生命的有机体及动物、植物和微生物物种的多样性，作为遗传信息的载体，是生态系统中最主要的成分，在生物多样性中占有举足轻重的地位。物种多样性往往通过物种丰富度指数（Species Richness Index），即以一定区域内物种的数目来进行测度。物种多样性是植物群落多样性的基础，可以提高绿地的抗干扰能力和稳定性，增加其环境效益。

城市绿地系统规划中应充分借鉴当地自然景观特点，根据不同的生态功能和不同的立地条件提高植被种群分布的丰富度；在单一的景观中增加适度的森林斑块，引入森林生境的物种，增加物种的多样性；根据当地植物群落的演替规律，充分考虑群落中物种的相互作用和影响，选择生态位重叠较少的物种构建群落，在空间结构上倾向于复层结构，以增强植物群落的稳定性和丰富度；结合苗圃、花圃等生产绿地，建立种质资源保存、繁育基地，有针对性地开展彩叶树种、名花、水生花卉等观赏型植被，行道树等抗污染和抗逆性的环保型树种，具有有益分泌物质和挥发物质的保健型树种等种质资源选育，提高植物群落的物种丰富度。

（4）遗传多样性规划

遗传多样性指生物体内决定性状的遗传因子及其组合的多样性，遗传多样性的表现形式可分为分子水平、细胞水平和个体水平等多个层次；在植物物种等个体水平，可表现为生理代谢差异、形态发育差异以及行为习性的差异等。遗传变异是生物进化的内在源泉，因而遗传多样性及其演变规律是生物多样性研究的核心问题之一①。

城市生态绿地系统规划中主要进行离体保存，通过植物园、动物园、种植圃、试管苗库、超低温库、植物种子库、动物细胞库等各种引种繁殖设施将遗传基因保存下来。如植物的遗传多样性保存除植物园、树木园之外，还包括田间基因库、种子库、离体保存库等；而动物的迁地保护除保证动物正常的生存和繁衍需求之外，还应该让其能够重新适应原来自然生存的环境。

特别加强对濒危珍稀动植物的保护，以就地保护为主、迁地保护为辅。就地保护可采用建立保护区和在城市市域周围建立完整的自然保留地等方式，保护和恢复濒危珍稀动植物栖息地等特殊生态环境和生态系统，减缓物种灭绝和保护遗传多样性；迁地保护则通过建立动、植物园、专类公园和有计划地建立重点物种的资源圃或基因库，建立和完善珍稀濒危植物迁地保护网络，以保护遗传物质。

二、古树名木保护规划②

古树名木是有生命的珍贵活化石和绿色文物，是民族传统文化、悠久历史和文明古国的象征和佐证。通过对现存古树的研究，可以推究成百上千年来树木所生长地域的气候、水文、地理、地质、植被以及空气污染等自然变迁。古树名木

① 戈峰．现代生态学[M]．北京：科学出版社，2004：429．
② 徐文辉．城市园林绿地系统规划[M]．武汉：华中科技大学出版社，2007：72-73．

同时还是进行爱国主义教育，普及科学文化知识，增进中外友谊，促进友好交流的重要媒介。

保护好古树名木不仅是社会进步的要求，也是保护城市生态环境和风景资源的要求，对于生物多样性的保护也具有重要的意义。

1. 古树名木的含义与分级

根据全国绿化委员会和国家林业局共同颁发的文件《关于开展古树名木普查建档工作的通知》（全绿字 [2001]15 号），有关古树名木的含义表述和等级划分如下：

（1）古树名木的含义

一般系指在人类历史过程中保存下来的年代久远或具有重要科研、历史、文化价值的树木。古树指树龄在 100 年以上的树木。名木指在历史上或社会上有重大影响的中外历代名人、领袖人物所植或者具有极其重要的历史、文化价值，纪念意义的树木。

（2）古树名木的分级及标准

古树分为国家一、二、三级，国家一级古树树龄在 500 年以上，国家二级古树 300 ～ 499 年，国家三级古树 100 ～ 299 年。国家级名木不受树龄限制，不分级。

2. 保护方法和措施

（1）挂牌登记管理

统一登记挂牌、编号、注册、建立电子档案；调查鉴定树种、树龄、位置、树高、胸围（地围）、冠幅、权属，核实有关历史科学价值的资料及生长状况、生长环境的工作，并对树木的全貌和树干拍摄记录，同时对树木的奇特、怪异性状等特殊状况进行描述，如树体连生、基部分叉、雷击断梢、根干腐坏等；完善古树名木管理制度；标明树种、树龄、等级、编号，明确养护管理的负责单位和责任人。

（2）技术养护管理

分析古树名木保护的现状，提出保护建议。除一般养护，如施肥、除病虫害等外，有的还需要安装避雷针、围栏等设施，修补树洞及残破部分，加固可能劈裂、倒伏的枝干，改善土壤及立地条件，定期开展古树名木调查、物候期观察、病虫害、自然灾害等方面的观测，制定古树复新的技术措施。

（3）划定保护范围并制定保护办法

防止附近地面上、下工程建设的侵害，划定禁止建设的范围。如《昆明市城镇古树名木和古树后续资源保护办法》就规定：古树名木的保护范围不小于树冠垂直投影外 5m，严禁爬树、摇树、攀枝、断枝、断杆、断根、采花、摘果、摘叶、刻划树皮、剥皮；在树上架线、钉钉、挂物、栓系物品和牲畜、悬挂广告和指示牌、倚树盖房、搭棚；擅自修建、嫁接、采集标本；禁止擅自移动和破坏古树名木的支撑、围栏、避雷针、保护牌或者排水沟等相关附属保护设施。同时在古树名木的保护范围之内，应当采取措施保持土壤的透水、透气性，不得从事倾倒垃圾污水、取土、挖沙、采石、铲草、葬坟、生火、排放废气、放养宠物、堆放物料、封砌地面、停放车辆、设置广告牌、埋设管线、修建建筑物、修建构筑物等一切影响古树名木正常生长的行为。

(4) 加强立法工作和执法力度

城市相关部门可以按照国家发布的《关于加强城市和风景古树名木保护的通知》要求，结合各城市具体情况，制定相应的保护办法和实施细则，并严格执行。

三、城市绿地系统与避难防灾规划

1. 城市防灾公园的建设

防灾公园的建设应与城市绿地系统规划相整合，可在普通公园的基础上增加必要防灾减灾设施和避难道路、防火隔离带、抢险救灾物资仓库等，改造成为防灾公园。防灾公园平时仍可作为普通公园使用，满足市民游憩观光、文化娱乐、文艺体育等活动的需求，而一旦灾情发生，则启动公园的避难与救援功能，发挥防灾公园的防灾减灾作用①。其服务半径为 2km。

2. 避难广场的建设

城市的避难广场与城市的开放公共空间密切相关，一般均有集散、休闲、交往娱乐等户外活动功能，大多位于城市中心区、主干道一侧或人流较集中的场所，在泥石流多发城镇即成为市民避难疏散的较好场所。其服务半径为 500 ~ 1000m。

3. 避难农田的保护与建设

在城市无序向外扩张的过程中，大面积的农田乡村仍环绕着城市，成为城市景观的绿色基质，而一部分则渗入了市区，客观上改善了城市的生态环境，为城市居民提供了农副产品，同时，还提供了一个良好的休闲和教育场所，作为城市景观中难得的绿色要素，在城市防灾、减灾体系的构建中，将起到十分重要的作用。在现有城区特别是旧城区建立充足的避难空间，由于人口多、房屋密度大、街道狭窄等原因，显得十分困难，或实施难度大，须构建安全、便捷的疏散通道让人流向外围流动，这时，利用农田作为避难场所就显得十分重要。可在城区四周的安全地带选择部分农田预留为避难农田，平时不影响其作为农业生产用地的功能，而在其四周布置应急供水装置、应急供电网、应急简易厕所、应急物资储备用房、应急消防设施、应急监控和应急广播等防灾减灾设施，一旦灾情发生，即可作为极好的避难疏散场地。

4. 小型避难空间的建设

小型避难空间的建设是基于许多大型单位，如机关、学校、大型企业的专用绿地开放基础上的，由于居民对避难据点的选择有近距离、归属感等要求，因此，小型避难空间的建设有助于缓解城区内避难公园和避难广场的不足，满足避难救援空间服务半径的需求，使避难居民尽可能在 200 ~ 500m 范围找到安全、可靠的避难场所，10min 内即可到达。此类避难场所应覆盖全城。

---

① 李延涛，苏幼坡等．城市防灾公园的规划思想[J]. 城市规划，2004（5）：72.

5. 防灾绿带的建设

在城镇中，灾害的发生及造成的损失通常不是单一的灾害种类，而伴随着其他灾害，如火灾，几乎是造成损害的主要原因。因此，需在防灾公园避难广场、避难农田、小型避难场所四周及外围设置用于防火、救灾的防灾绿带，宽度通常在10m以上，并栽种复合树种以构成消防林带，并设置自动洒水灭火系统。具有控制辐射热与热气流，形成垂直缓冲区，防止避难场所周围因坠落或倒塌造成的人员伤亡，并具备引导避难通道的功能。

全城的避难疏散场所的大小应按平均$2m^2$/人的数量进行设置，可基本满足居民避难的需求。

第七节　城市绿地系统规划案例

一、案例1　成都市绿地系统规划①

1. 成都市绿地系统规划

为取得与城市总体规划相一致和协调发展，成都市城市绿地系统的规划期限以及规划范围与城市总体规划一致。主城区包括中心城五城区、高新区和6个周边区县的行政区划范围，总面积为$3681km^2$。规划城市建成区范围以成都四环路为界，分为中心城区和新都——青白江、龙泉、华阳、双流（东升）、温江、郫县6个周边组团。2020年城市建成区范围面积为$660km^2$，规划城市人口760万人。

（1）规划目标

适应成都建设“创业环境最优、人居环境最佳、综合实力最强”的中国西部特大中心城市的发展要求，以建设国家园林城市为契机，坚持城乡一体化发展，建立布局合理、绿量适宜、生物多样、景观优美、特色鲜明、功能完善的城市绿地系统，把成都建设成为“清波绿林抱重城，锦城花郭入画图”的园林城市（表7-20）。

成都市城市绿地规划指标　　表7-20

项目＼年限	2005年	2010年	2015年	2020年
人均公园绿地（m^2）	8	11	13	15
人均绿地（m^2）	20	22	25	30
绿地率（%）	30	35	37	40
绿化覆盖率（%）	35	40	42	45

资料来源：谢玉常，张子祥，李健．“清波绿林抱重城，锦城花郭入画图”——成都市绿地系统规划[J]．中国园林，2005（12）：33．

① 谢玉常，张子祥，李健．“清波绿林抱重城，锦城花郭入画图”——成都市绿地系统规划[J]．中国园林，2005（12）：31–35．

（2）主城区绿地系统总体布局结构

成都市主城区绿地系统规划布局模式为“组团隔离，绿轴导风，五圈八片，蓝脉绿网”（图 7-61）。

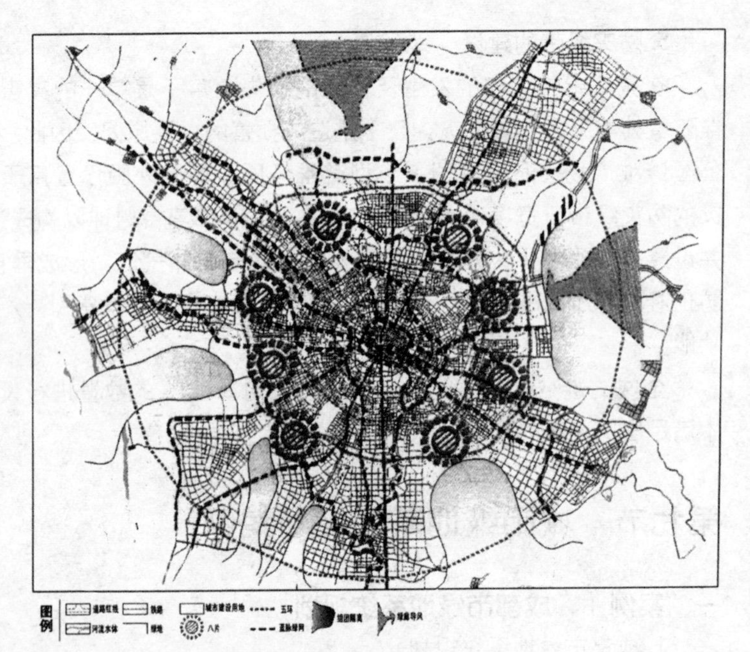

图 7–61 成都市主城区绿地系统规划结构图

1）组团隔离：为更好地维护市区分散集团式的布局，有效防止市区建设用地无限制地向外扩展以及农村建设用地向市区蔓延，保证主城区的基本生态环境和合理的城市空间布局，在主城区各组团之间以及组团与中心城之间规划组团隔离带，以保证绿化面积以及质量，控制建设用地数量。

2）组团间限建区内，建设以农田、水网和林地为主要内容的城市组团间绿地，通过楔形绿地形式将绿色引入城市内部，严格控制建设用地规模，将分散的农村居民点逐步向周边城镇集中，逐步缩减分散的农村建设用地，保证规划的绿色空间比例。绿色限建区林木覆盖率达到 50%以上，绿地率达到 60%以上。城镇建设用地控制在 20%以下。

3）绿轴导风：成都市常年主导风向为北北东风、北风。由于受盆地地形及大气环境的影响，全年风速较小，静风频率高，气流通道的设置将有利于将新鲜空气引入城区，促进大气污染物的稀释扩散，能够在一定程度上改善城市空气质量，调节城市小气候，缓解热岛效应。

在组团间限建区的基础上，设置气流通道，形成城市绿化轴心地带，宽度不少于 10km，长度不少于 30km。气流通道区域以低密度控制为主，要求人口密度低于 40 人 /hm^2，对区域内的各种建设活动加以限制，凡现状密度高于标准的地方，不再批准除市政、绿化、环境工程之外的任何城乡建设项目，确保人口密度逐渐降低，达到保护气流通道的要求。

4）五圈八片：在成都主城区规划五道绿圈：第一圈是府南河环城公园，属于公园绿地，加上沿河公园和水域，面积约 1.40km^2；第二圈是二环路绿地，属防护绿地和附属绿地圈；第三圈是三环路和铁路环线绿地，两侧各宽 50m 以上，形成绿色分割带，总面积 14.45km^2；第四圈是绕高速绿地，两侧各宽 500m，面积 84km^2；第五圈是城郊公路绿地，两侧各宽 50m，属生态绿地。

5）在三环路和四环路之间规划八片绿化开敞区，由公园绿地、河岸绿地、防护绿地及其他以林地为主的绿色空间组成，将城市建成区之间的楔形绿地引入城市内部，形成涵养水源、保护微风通道、改善中心城小气候并为市民提供休闲游乐场所的大型复合性绿地。

6）蓝脉绿网：充分利用成都发达河流水系，以城市重点景观河道为主体形成城市的水网蓝脉，同时沿河流和主要城市道路设置不同宽度的绿化带，形成绿网，并与绿化点（街头绿地、居住区绿地、广场绿化）和面（城市公园、湖泊水系）相结合，构筑相互连通的绿色网络，建立起城市生态网络，为城市可持续发展提供保障。

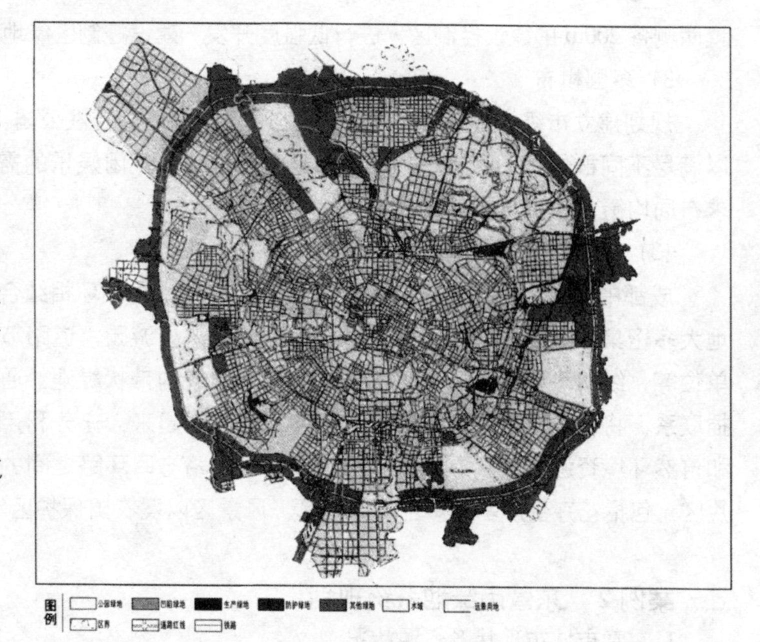

图 7–62　成都市中心城绿地分类规划图

2. 中心城绿地系统结构布局

（1）中心城区概况

成都中心城区（指四环路以内，598km^2）用地基本为平原，在城市北部有凤凰山、磨盘山等丘陵，在中心城范围内有较多水系河道，主要包括府河、南河、沙河、西郊河、摸底河、浣花溪、东风渠 7 条水道。府南河水系不仅具有历史文化内涵，而且经过整治后成为成都市中心城的重要景观带，形成市区的绿色项链。

（2）绿地系统结构布局

规划中心城区绿地系统结构布局为：四圈七片、九廊七河、多园棋布（图 7-62）。

1）四圈七片

四圈指沿着中心城内四条重要环状道路的带状绿地，第一圈是府南河环城公园；第二圈是铁路环线防护绿带，两侧绿带宽度控制在 50m 以上，形成绿色分割带；第三圈是三环路绿地，两侧绿带各宽 50m 以上，包括公园绿地、防护绿地、附属绿地和生产绿地；第四圈是四环路（绕城高速）绿地，两侧各宽 500m，属公园绿地、防护绿地、生产绿地和其他绿地。

七片指成都中心城三环路与四环路（绕城高速路）之间七个片区的楔状绿地，兼具生态、休闲、旅游、景观功能，各片区可在各自主导功能基础上，参考风景区建设要求，对区内建设项目的强度和景观风貌特色进行控制和引导。

2）九廊七河

九廊指结合中心城向外放射的主要交通干道规划九条放射状绿色廊道，这九条生态林带建设控制要求：在四环路以内两侧林带宽度不小于 20m，在四环路以外两侧林带宽度不小于 50m。七河指在四环路以内的 7 条支流水系，两侧各设置 50m 的绝对生态控制区，主要为公园绿地和公园；并设置两侧各200m的建设控制区，进行低强度开发，建设控制区绿地率不低于40%。

3）多园棋布

规划建立市级—区级—居住区三级公园体系，即综合性公园、专类公园、游园，以满足不同群体、不同数量、不同兴趣爱好的市民休闲娱乐的需求。各级公园要求布局均衡合理，方便市民游憩。

（3）绿地系统形态构成

成都中心城区绿地整体空间布局呈现点、线、面、环相结合的形态。点状绿地大多密集分布在核心城区之中，如小型公园、小游园、道路节点绿地和花园式单位等。线状绿地指沿河流水系、城市道路形成的带状绿地，通过线状绿地的穿插联系，将各类城市绿化空间序列有条理地组织起来，充分利用成都中心城水系和自然环境资源。面状绿地主要指中心城三环路与四环路之间的7个非城市建设片区，包括花卉生产基地、生态保护区、风景区以及农田保护区等。

二、案例2　东营市绿地系统规划①

1. 东营市城市现状及资源状况

东营市地处渤海之滨、黄河入海口，是黄河三角洲的中心城市，也是我国第二大油田——胜利油田和石油大学（华东）所在地。境内既有年轻的黄河新淤地，也有古老的陆地。东营是我国东部沿海地区受人为干扰少、生态环境自然属性显著的地区，拥有我国暖温带最年轻、最完整、最典型、面积最大的湿地生态系统。

由于胜利油田开发建设的需要，城区内部及周围开挖了约60余处大大小小的水库，随着城市建设用地的膨胀，使得部分作为灌溉用的水库成为中心城区的景观湖泊，同时乱掘地及低洼地常年积水，形成了一个个生态湿地，与城区内的众多供排水河道一起，构成了“星罗棋布”的人工湿地景观。

2. 东营市城市绿地系统

（1）总体思路

按照“以水为脉、以绿为衣、以文为蕴、以人为本”的规划思路，充分发挥湿地资源优势，积极做好城市“水绿”文章，突出城市生态特色，通过理水造绿、亲水近绿、水绿结合，建设“湿地之城”，创造“天蓝、水清、地绿、气爽”的最佳人居环境，达到人与自然和谐相处的最佳境界。

（2）建立完善的水系及绿地系统

建立黄河与渤海间的生态与景观联系，将中心城区生态系统融入区域生态系统之中，从而提高其稳定性，形成“河海之间、绿脉相连、九廊贯城、八湖镶嵌”的城市总体景观风貌特色。“河海之间、绿脉相连”指城市在黄河与渤海之间，由碧水相依的公共绿环与绿色廊道相互连通，共同构成了城市的绿脉。“九廊贯城”指9条河流生态廊道贯穿城市。“八湖镶嵌”指城市内部四大湖群和城市外围四大湖群（图7-63）。

---

① 刘海美，赵会才．发挥湿地资源优势，彰显城市生态特色——结合“湿地之城”东营市水系及绿地系统规划[J]．中国园林，2005（12）：41-44．

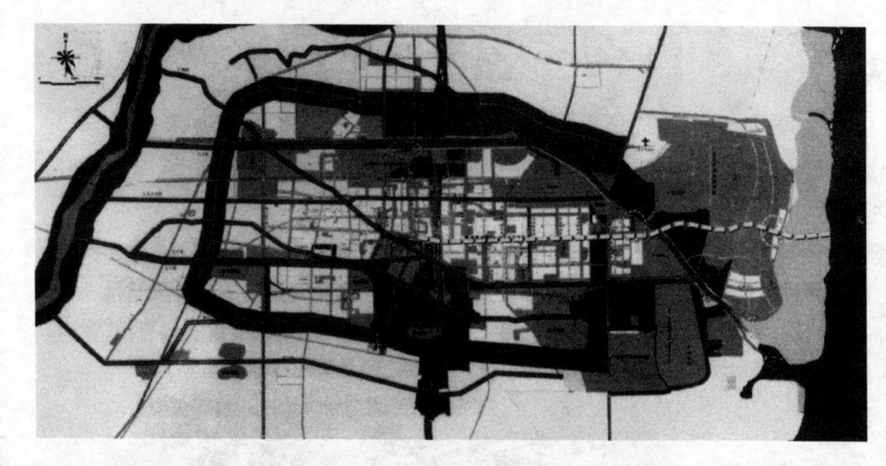

图 7-63 东营市中心城水系绿地系统规划图

（3）构建城区外围生态屏障及湿地涵养区

结合城市外环线的建设，利用沿线的各类湿地、农田、林地等开放用地，构建城区外围生态防护廊道。沿外环线外侧建设环城林带，内侧建设公共绿带，环城林带的主要功能是作为生态屏障，明确城区界限，限制中心城向外无序扩展蔓延。规划中的公共绿带将采取"长藤结瓜"的形式，沿线局部地区将扩大规模，建设各具特色的大型郊区主题公园、苗圃、观光农业等，成为一个个集休闲、娱乐、观光、旅游为一体的"绿瓜"，为市民提供节假日休闲游憩场所。另外，在城区外围构建 6 片湿地涵养区，使大片湿地围绕在城市四周，为城市提供良好的生态背景。

（4）建立完善的城区生态系统

1）生态网络系统的构建

充分利用现有农用水库、供排灌水渠，形成 4 个层次：基质、斑块、廊道分级布局和城市出入口位置定位。生态基质包括大型水库、沿海滩涂、黄河河滩等，这些生态基质具有面积大、生态和休闲价值高等特点，将作为城市重要的开放空间进行维护和建设，并且通过廊道将它们连接起来；生态斑块包括城市级、社区级、邻里级开放空间，这些开放空间按最小服务半径进行配置，其中邻里级开放空间服务半径为 350m，即 5min 步行距离，社区级开放空间按照最小服务半径 1400m，即骑车 7min 可到达进行配置；生态廊道则包括主要生态廊道和次要生态廊道（居民生活廊道）两类。主要生态廊道连接了主要的生态基质和斑块，居民生活廊道则连接了各级城市开放空间斑块，如公园、广场、历史文化场所等；城市出入口包括东、南、西、北四个，各个入口各具特色，构成了东营市新的绿色入口系统。

2）形成河湖贯通、整体流动的水循环系统

提炼和重组东营目前水系资源，加强横向水系的疏理，注重南北水系的贯通，提炼改造城市毛细水系，并将城区所有人工湖面和湿地全部串联和贯通，形成整体的水循环系统。循环水系以黄河水、雨水、中水和农用灌溉尾水为水源。

3）结合水系形成水绿交融的城市绿地系统

在充分理水的基础上，建设"以水为脉、以绿为衣、以文为蕴、以人为本、水绿交融"的城市绿地系统。城区内部重要河道规划建设为带状滨河公园绿地；面积较大的湖面规划建设为点状城市公园绿地；穿插在商业区、住宅区内较小的湖面作为小区级公园绿地；同时按照 300 ~ 500m 的服务半径规划建设街头绿地，形成"点、线、面"相结合的绿地整体布局（图 7-64）。

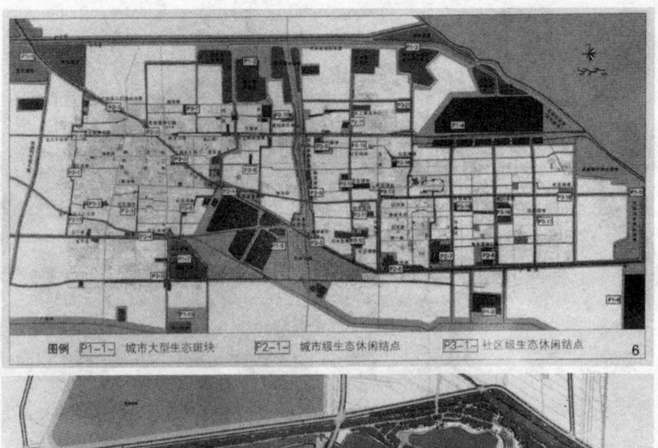

图 7–64（上）东营市斑块系统规划图

图 7–65（下）东营市森林公园总体规划图

建立和交通方式、用地功能相配合的绿地水系开发利用体系，做到城市干道与观赏性绿地水系相结合；自行车、人行通道与游憩性绿地水系相结合，重要的水体及绿地斑块与重要公共设施相结合并通过游船线路相串联；一般的水体及绿地斑块与城市居住区中心相结合。沿交通性道路开设的观赏性绿地水系按照"通廊"的方式进行建设，形成独具特色的黄河口文化生态长廊。

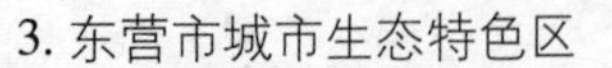

3. 东营市城市生态特色区

依托湿地资源，构筑城市生态特色区。结合城区内部水体，形成各类观赏性的湿地景观，并通过湿地廊道与沿海滩涂联系起来，吸引海鸟入城。结合中心城循环水系和游船游览线路，建设各类湿地公园，塑造高品位的湿地景观，使人充分感受东营"湿地之城"的独特迷人风景。

（1）森林公园生态特色区

依托现有植被、农田水网、水库、城市给排水渠和湿地，构建以森林和复合湿地为背景，以历史文化、石油文化、黄河文化、海洋文化、湿地文化为底蕴，以集休闲度假、生态教育、郊野游憩等功能为一体的城市型森林公园，实现文化、旅游与生态的结合（图 7-65）。

（2）观海栈桥生态特色区

依托黄河路和中心城防潮大堤，充分利用海滨、滩涂湿地的自然环境，建设观海栈桥特色景区，包括海景游乐度假区、生态休闲度假区、滨海旅游商业地产开发区、原生态滩涂游乐体验区、河海文明景观大道五个组成部分（图 7-66）。

（3）湿地公园景观特色区

依托城区南部水体、草甸与浅平洼地，建设以生态湿地自然景观为主、

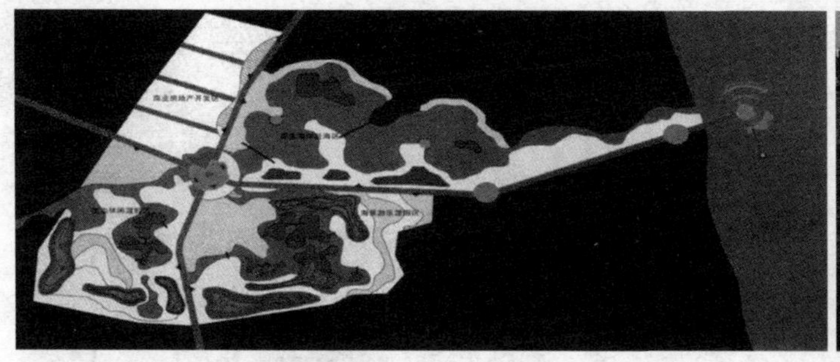

图 7–66（左）东营市观海栈桥旅游景区规划图

图 7–67（右）东营市湿地公园景色

以市民游憩为辅的城市湿地公园。结合现状用地布局特点，在结构上形成"两带三片"的布局特色（图 7-67）。

（4）湿地景观走廊特色区

恢复和重建广利河沿岸的生态斑块并实施截污，使水体变清变美。通过水体及岸线治理，创造并充分展示水上、临水、近水的自然湿地生态系统，同时通过增加休闲、娱乐及公众功能，形成具有湿地特色的公共亲水空间。

三、案例 3　云南文山城市绿化规划

云南省文山县境内自然资源极为丰富，主要集中在老君山风景名胜区，区内以植物资源取胜，是滇东南地区唯一的一块亚热带"植物宝库"。

1. 景观绿地资源调查及综合评价

（1）调查的方法

基于文山县发展成为"山水园林生态型城市"的总体战略目标，规划将重点确定为维护和发展城市生态平衡，特别是有风景旅游价值的区域，如保护河流、倾斜地等构成城市街区的界限或路标，以及公共绿地和游憩价值较高的区域，并改造不美观的地方。采用生态适宜性分析法，色调最深的地方表示绿地的社会价值最大和自然地理障碍集中，色调最浅的地方表示绿地的社会价值最小和自然地理障碍较少。因此，绿地应布局在社会价值较大和自然地理障碍集中的区域。

（2）生态适宜性分析法的要素与评价的标准

1）坡度及地表排水

评价基准如下：

坡度大于 25%以上的区域——A 级

坡度大于 10%但小于 25%的区域——B 级

坡度小于 10%的区域——C 级

2）水的价值

评价基准如下：

湖泊、池塘、河流和沼泽——A 级

主要的含水层和重要河流的集水区——B 级

次要的含水层和城市化地区的河流——C 级

3）居住及公共事业机构价值

评价基准如下：

价值较高的公共绿地区——A 级

价值中等的沿河区——B 级

价值较低的城市化地区——C 级

4）游憩价值

评价基准如下：

公共绿地和公共事业机构用地 ——A 级

潜力大的非城市化地区——B 级

游憩潜力小的地区——C 级

5）风景及历史价值

评价基准如下：

集聚各种风景要素的地区——A 级

具有较高风景价值的地区——B 级

风景价值低的城市化地区——C 级

（3）综合评价结果

将以上五个因素叠加，可以得出：

A 级——综合价值最高的区域

B 级——综合价值较高的区域

C 级——综合价值高的区域

D 级——综合价值一般的区域

（4）调查结论

用以上步骤可以得出完整的调查结果，详见“综合评价图”。由图 7-68 可知，从维护和发展城市风景的角度来看，综合价值最高的区域分布在东、西山和盘龙河流域，其他区域则递减。

2. 城区绿化系统规划

在生态适宜性分析的基础上进行了城区绿地系统规划，包括点、线、面三种形态（图 7-69）。

“点”的形态主要包括公共绿地中的公园、街头绿地、绿化广场及园林生产绿地等。

“线”的形态主要包括公共绿地中的绿线、滨河绿化带、林荫道、行道绿化及防护绿地等。

“面”的形态主要指专用绿地和面山绿化，覆盖全城。

（1）公园绿地

1）综合公园及专类公园（表 7-21）

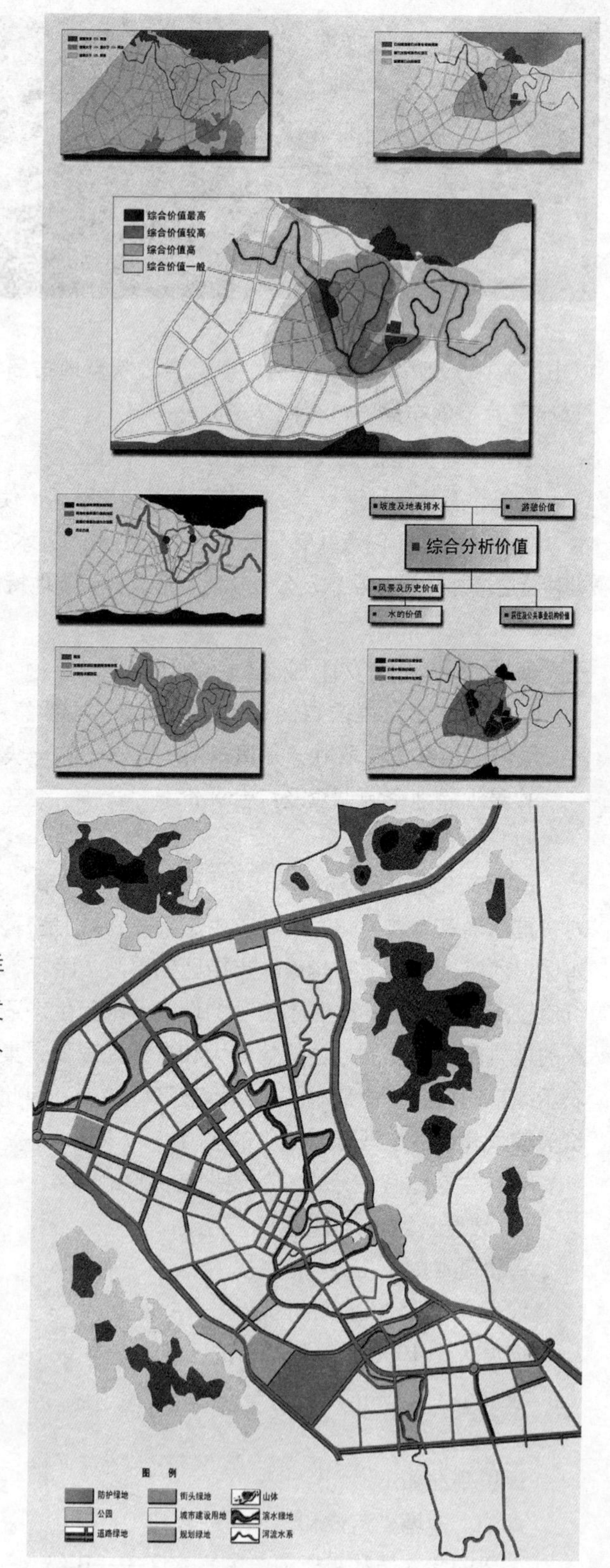

图 7–68（上） 综合评价图

图 7–69（下） 城区绿化系统规划图

文山县园林风貌特色景观要素构想一览表　　　　表 7–21

名称	风貌特色	植被主要特征	其 他
舞龙公园	适当扩展盘龙河水面，在公园内部设置舞龙广场，展示文山人迈入新世纪，创造新未来的豪迈气概。公园采用现代园林风格，场地与绿化相得益彰，成为展现文山新面貌的最佳场所	植被选择以各种品种的竹类为主，如龙竹、凤尾竹、翠竹、佛肚竹等，其中点缀龙爪柳、金叶女贞等观赏类品种，成为盘龙河第一道绿色景观	节假日可开展舞龙、耍龙灯、赛龙船等大型民族文化活动
盘龙第一湾公园	是反映整条盘龙河渊源特色的公园，以盘龙为故事主线，将盘龙河蜿蜒 18 道弯的不同性格迥异展示出来，让人们从文化与审美的角度领悟文山人民母亲河的多姿多彩	植被以小叶榕等榕属植物为主，下层为变叶木等观赏性热带植被	可考虑鱼类资源的展示
盘龙第二湾公园	是一座以药用植物为主的公园，以“三七”为主，同时还可以将壮、苗等少数民族的祖传医用草药植于园中，可供游人参观、参与，还可以供研究	植被以“三七”等药用植物为主要特征	
龙回头公园	为文山城区唯一一块综合性公园，含展览功能，适合各年龄层次的游人使用	植被以蔷薇等花灌类为主	可考虑动物资源的展示
卧龙公园	是以片区居民为主要服务对象的区级公园，以绿化和休闲为主要内容，兼有一定儿童游乐、文化活动，采取新园林的风格和形式，并且有现代园林新颖、活泼的特点	以缅桂等香花类植物为其主要特征	
盘龙第四湾公园	为展示文山壮乡风光的小游园，应将壮乡铜鼓亭、塔、楼、阁等融为一体，直观展现壮族优秀的传统精神文化和物质文化	选用壮家人喜爱的果树类和香花类树种，形成瓜果飘香的小游园	将壮族服饰、风味食品、节日、体育、建筑艺术等加以挖掘整理，成为壮乡文化的一个窗口
琵琶岛植物公园	为反映文山特有植物资源的专类公园，集中展示了文山典型的植被种类和分布特点	植被分为十五大类七十二种，如木兰科的拟单性木兰等，均在文山老君山首次发现	
盘龙公园	以造型古朴的彝族火把节大型壁画浮雕为园中主要景观特色，为市中区的休闲型公园，与东山公园遥相呼应	植被以台湾相思树等高大常绿乔木为其主要特点	应发掘整理彝族传统文化，以彝乡风光为主要特色内容
东文山文笔塔公园	以塔、楼、庙宇等古建筑群体为主要景观的，并同时辅以具有登山游览、休闲娱乐等功能的城市性山林公园。具有浓郁的文化气息，反映了现代人“重知识、重文化”的观念	在保留现状松、柏林的基础上，增加梅林和竹林。“松、竹、梅”在历史上有“三君子”之说，特别能体现中国传统文化独有的特色和底蕴	可考虑“乐西土戏”、“洞经古乐”的演出
盘龙第七湾公园	为展示文山苗乡风光的公园，将苗族山地民族层层跌落的建筑风格特点表现出来，展现苗文化的精髓，其中可放置以芦笙为主题的雕塑	选用苗乡人喜爱的中低山植被类型	将苗族服饰、风味食品、节日、体育、建筑艺术等加以挖掘、整理，成为苗乡文化的一个窗口
青龙公园	是安排体育设施为主的公园，同时还可将种类繁多、形式独特的民族体育安排在其中，如球类、武术、斗牛、斗鸡、摔跤等	植被以雪松等常绿针叶树种为主	

续表

名称	风貌特色	植被主要特征	其 他
盘龙第九湾公园	分属两个不同的地段，以发展水上游乐活动为其主要内容，与盘龙河水上漂流结合起来考虑	以体现亚热带风光特色的植被为主	围绕"水"做文章，可设大型水上娱乐设施
西华公园	集园林、石雕、庙宇为一体，系滇南名胜之一，以"九龙汇"等大型石雕为其主要景观特色	植被以木兰、柳树、紫薇、桂花等为主，一年四季各有其景	与东山公园一东一西，一文一武，遥相呼应
城北儿童乐园	为文山城中规模最大、最集中的儿童游乐园，应设置不同年龄层次儿童所需的游乐设施，青少年宫等也可以考虑在内	配置白玉兰、杜鹃等无毒、无刺、无害的花灌类	
金龙花园	正对规划林荫道，成为这条道路的对景，建成以弧形为母题的广场，为市民所喜闻乐见。可将葫芦祖先等主题雕塑置于此	植被以各种种类的桂花、丹桂为主	
双龙公园	是专为老年人提供休息、锻炼的公园。位于旧城区中心位置，可吸引现双桥花园大量人流，闹中取静	配置香樟、银杏等高大庭荫树种，可以产生良好遮荫效果	可将老年人活动中心建在其中
城西北三角地公园	由三条道路围合而成，考虑到各个方向的观感，应强调其标志性	植被以各种种类的海棠为主，如垂丝海棠、贴梗海棠、西府海棠等	
北城新区小游园	位于卧龙公园以北，注意与交叉口的景观对应关系，成为新区具标志性的景点之一	配置可修剪成型的植物品种，如龙柏、小叶女贞等	其性质介于绿化广场和小游园之间
城北绿化广场	为文山城区最大的广场，在保证大面积硬地的基础上，适当增加绿化面积，成为文山对外开放的象征	植被以大王棕、董棕等棕榈科植物为主	

2）带状公园及街旁绿地

规划布局和构思：

①沿盘龙河两岸老城区各控制30m以上的滨河绿化带，部分区段由于现状条件的限制，可控制在6～8m，新城区各控制70m以上的绿化带，进行统一建设和管理，成为文山城内一条最重要的风景绿化带，城区外围滨河绿化带应以竹类为主要绿化树种。

②沿新城路及北片区60m大道设置一条贯穿南北的林荫大道，新城路两侧各控制8m，60m大道两侧各控制为20m。同时设置两条半环状的林荫道，两侧各设置10m的绿带，与滨河绿化带一起形成一条环状的绿化带，并连接东、西山。

③林荫步行道

林荫步行道即沿道路设置宽度为主干道8m、次干道6m、支路4m的绿线，可采用对称或不对称的布置方式。沿途均贯穿了一系列的小游园及街头绿地，构成文山公园绿地一体化的纽带。

④文山城区滨河绿化带构思一览表（表7-22）

文山城区滨河绿化带构思一览表 **表 7–22**

名称	河段		布局特点及特色	绿化主要树种
	起点	终点		
A段	盘龙河城区段起点	盘龙第一湾公园	作为整条盘龙在城区部分的第一段，充分体现将自然引入城区的设计理念，游路尽量自然，适当增加场地，设置标志、小品、暗示着城区段的开始，并增设盘龙河漂流城区段的第一个码头	尽量选用盘龙河沿岸原有特色树种，如垂柳、香木莲等，并增加木芙蓉等花灌类烘托绿化氛围
B段	果园桥	南桥	此河段位于东山公园与盘龙公园之间，应保证充足的绿量，成为联系两个公园的绿色纽带	绿化在保留现状滇杨等绿化树种的基础上，增加兰花银、冬樱花、海棠等开花树种，增加色相和季相的变化
C段	卧龙公园	环北桥	河道坡岸较陡，应强调绿化的图案化处理，重力式挡土墙可采取台阶式分层处理，丰富景观空间	绿化应采用耐修剪的植被种类，如龙柏、塔柏、金叶女贞、紫叶小檗等
D段	环北桥（留华桥）	新桥	围绕琵琶岛的滨河绿化带，以休闲、漫步为主，空间的景观设计面向盘龙河的开敞空间，适当布置树丛、树群，游路曲折自然，简洁明快，不宜过分园林化，同时设置了游船码头	以高大常绿乔木为主，如香樟、云南樟、辅以鸡爪槭、三角枫等色叶树种
E段	新桥	爱民桥	属于人工河道段，规划的布局与之相适应，相对规则，强调韵律感，同时根据需要布置了平台、台阶等亲水性空间	以亚热带棕榈科耐寒品种植物为主，如董棕、丛生羽尾葵、散尾葵、蒲葵、高山棕等，花坛则配以蔷薇、扶桑等
F段	琵琶岛公园	双龙公园	穿越旧城区，现状局部地段已成花鸟市场的一部分而为中老年人群所喜爱，规划结合这一特点，布置成适合老年人聚会、交往、晨练的场所，下层为游路结合硬地，上层则为庭荫树种	绿化除保留现状树种外，增加桂花、丹桂等常绿、香花类植物
G段	双龙公园	绿色生态走廊	穿过旧城区，结合滨河绿化带，可适当布置儿童游戏设施，适合于儿童骑自行车、放风筝等活动	以缅桂等常绿香花类树种为主，下层也以小叶女贞、毛叶丁香等无毒、无刺的树种为主
H段	绿色生态走廊	盘龙河下游出城段	为两片区之间的自然绿化分隔空间布局由人工化向自然式过渡，游路设置更趋自然，同时设置了可供垂钓、休闲的空间和平台。局部地段可设置木制栈道，成为自然沼泽公园	树种以榕树类和当时万年青树种为主，如大叶万年青、小叶万年青、长叶万年青、高山榕、小叶榕、花叶榕等

⑤利用交叉路口（特别是异型交叉路口）设置街旁绿地，为城市公园绿地中“点”的组成部分，成为城市街旁绿地中画龙点睛的部分。树种可选用黄杨、一品红、马尼拉草、花叶沿阶草、花叶假连翘等耐修剪树种，还可设置城标。

城区公园绿地规划一览表 **表 7–23**

年限	公园绿地面积（hm^2）	人口总数（万人）	人均（m^2/人）
现状（2000年）	39.08	14.4	2.71
规划近期（2005年）	67.12	18.5	3.63
规划远期（2020年）	284.71	28 ~ 30	9.5 ~ 10.17

（2）生产绿地

规划至2020年城区生产绿地面积占城区建成区面积的2%～3%，即55.30～82.96 hm^2。

1）规划主要布局、构思

①圃地选择根据中华人民共和国城乡建设环境保护部部颁标准《城市园林苗圃育苗技术规程》（CJ 14—36）有关规定。

②各大园内部均设置一定面积的花圃、苗圃，主要满足公园内部的需求，必要时可供外。

③生产绿地建设，既要以全市性专业苗圃、花圃为主，又可引入竞争机制，鼓励扶持单位、集体参与开发建设，作为补充调节。

2）生产绿地规划（表7-24）

生产绿地规划一览表 **表7–24**

名称 \ 项目	面积（hm^2）	占总数的百分比（%）	备注
市属	7.63～11.45	13.80	主要置于城区外环路上
集体	26.54～39.82	48.54	鼓励扶持农村集体在规划城市防护隔离绿带内自办花圃、苗圃
单位（包括各大公园）自有	20.83～31.24	37.66	五大公园内均有
合计	55.30～82.96	100.00	—

（3）防护绿地

1）防护绿地宽度指标

①以防止工厂的公害、灾害为目的的防护绿地宽度为50～200m；如果是巨大的重化学工业地带时，宽度应该是300～500m。

②划分地区或用以分隔的防护绿地，宽度为20～50m。

③防止交通公害的防护绿地，宽度应大于30m。

2）防护绿地规划布局

详见下表7-25。

城区防护绿地规划布置一览表 **表7–25**

序号	名称	地段	宽度（m）	备注
1	城区北环路段	北环路，至昆明立交桥至研山交叉口之间	北100	在城区与马鞍山之间形成防护绿带
2	城区西环路段	西环路，至昆明立交桥至南片区之间	西50	在城区与西华山之间形成防护绿带
3	城区东环路段	东环路，至研山路口至麻栗坡路口之间	东100	在城区与东文山之间形成防护绿带

3）由于防护绿带宽度较大，占地较多，故在组织实施过程中，应积极结合水面养殖、苗圃、花圃、经济林木、城市防洪通道、高压走廊等多种功能进行综合建设开发。

（4）附属绿地

规划对城市各类专用绿地指标也作了如下规定：

1）各单位专用绿地的绿地率：

新建 30%～35%，改扩建 25%～30%。

2）居住小区除应满足上绿地率要求外，其集中成片的居住绿地人均指标尚应达到：新建为 1.5m²，改扩建为 1m²。

（5）城市绿化系统的有关指标

详见下表 7-26。

城区动态规划指标一览表 **表 7–26**

发展阶段	现状（2000 年）	近期（2005 年）	远期（2020 年）
城市人口规模（万人）	14.4	18.5	28~30
用地面积（km²）	3.9	10.6	28.5
公共绿地（hm²）	39.08	67.12	284.71
人均公共绿地（m²/人）	2.71	3.63	9.5~10.17
生产绿地（hm²）	1.18	5.37~6.71	55.30~82.96
居住绿地（%）	—	35	40
防护绿地（hm²）	—	54.82	183.98
交通绿地（%）	—	20	30
单位附属绿地（%）	—	25	35
面山绿化面积（hm²）	124.85	237.05	386.36
绿地率（%）	20	30	35

3. 城区景观系统规划

（1）绿地景观系统

1）绿地景观系统关系层次

由图 7-70 可见，文山城区两面环山，一水穿城而过，景色秀丽——城在景中。城区内景观以“一水一轴一环二山四大园”为主，有其独特的园林景观和城市景观——景在城中。可以用“二山万户水盘曲，百桥千街巷纵横”这两句话来形容，展示文山独有的景观特色魅力。

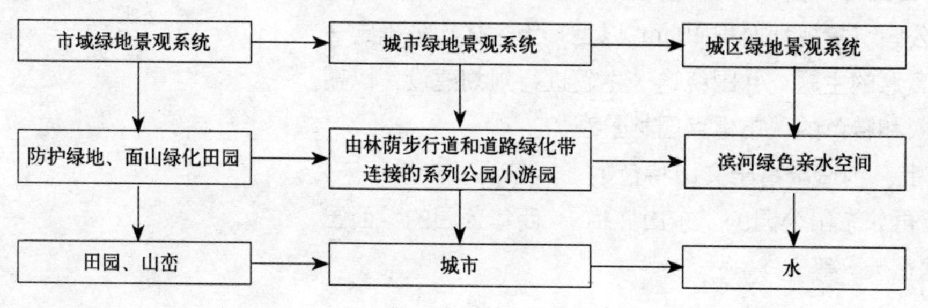

图 7–70 绿地景观系统关系层次框图

文山的绿地系统符合较为理想的绿地系统类型即环状绿地与放射状绿地相结合的类型。

2）主要绿化景观系统

以"一水一轴一环二山五大园"为主（图7-71）。

图 7-71 城区景观系统规划示意图

① "一水"

城市河道景观是城市中最具生命力与变化的景观形态，是城市理想的生境走廊，最高质量的城市绿线。这里的"一水"即指盘龙河。盘龙河城区段串联了文山的大部分公园、小游园和林荫道系统，其公园各具特色，能展示文山"山水园林生态型"城市的特色和魅力，是文山园林景观系统的主要构成之一。

② "一轴"

指规划 60m 大道及两侧各后退 20m 的林荫道，贯穿文山城区南北，既是最主要的交通型干道，又是城区最主要的景观通道。规划除设置林荫道外，沿途布置一系列绿化广场、小游园和公园，使景观富于变化，并具标识性。

③ "一环"

由林荫步行道和滨河绿化带构成的一条绿色旅游环，连接东、西山，并串联了文山主要的公园、小游园和林荫道系统，是文山园林景观最集中的展示。可以在此基础上形成文山城区内的旅游环线，也可以是文山居民平时休闲漫步的一条便捷的绿色通道。

④ "二山"

泛指东、西山，为文山城区东西方向的绿色屏障，东文笔塔，西武峰塔，最终形成"一东一西，一文一武"，东山探梅，西园赏兰的大的规划布局。使东西山各有其典型的、拟人化的性格特征，并各具特色。东西山成为俯瞰城区的最佳观景点，也是最佳被观景点。

⑤ "五园"

指东山公园、西华公园、舞龙公园、盘龙第一湾公园和盘龙第九湾公园，规划选择以五大公园（指规划面积 $10hm^2$ 以上）为主体，各确定一个确切得体、富有情趣寓意的主题，并围绕这一主题进行规划建设，以期形成一批有较高文化层次和特色的城市重点园林景观。

在以上各园的基础上，创造出富于文山特色的"八景"、"十景"来，如原有的"西华列戟"，再如东山公园的"东山探梅"，西华公园的"西园赏兰"，盘龙河的"盘龙在天"等。

（2）城区景观步行系统规划

结合上述绿地系统的布局，构建了沿河、沿绿带和林荫道的步行系统，使城区范围内的公园绿地形成以绿带、绿线为纽带的绿色网络系统，满足了人们步行交通和游憩的需求（图 7-72）。

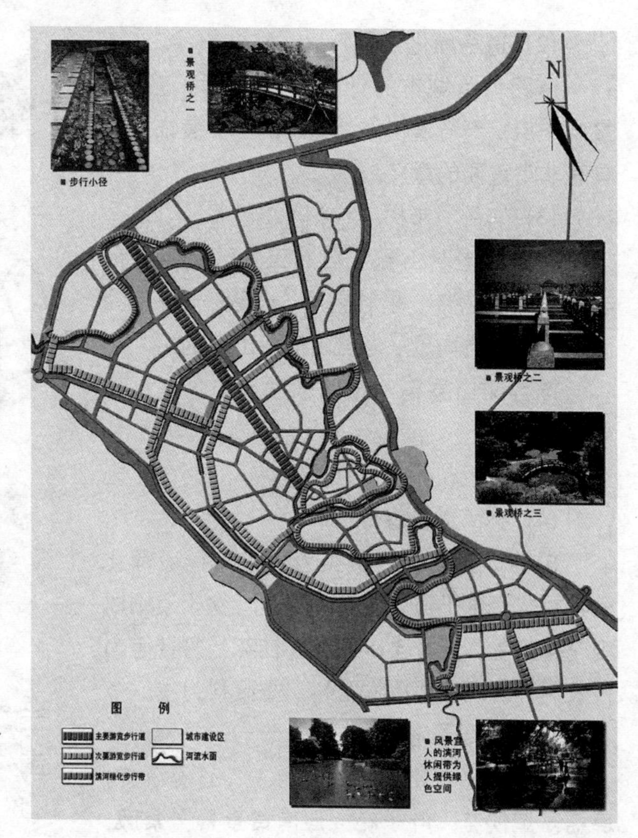

图 7-72　城区绿化步行系统规划图

4. 绿化树种的选择

（1）基调树种、骨干树种及特色树种的选择

文山属亚热带高原季风气候，绿化树种应选用地方特色明显的木兰科各属植物，当地多种万年青树种，以形成地方风格。

基调树种：橡皮树、小叶榕、大叶万年青、小叶万年青、石楠、滇润楠、云南樟、桂花、香樟等。

骨干树种：缅桂、玉兰、丹桂、董棕、丛生羽尾葵、文山棕竹、大王棕、樱花、冬樱花、海棠、紫薇、女贞等。

特色树种：云南拟单性木兰、香木莲、山玉兰、长蕊木兰、红花木兰、长叶万年青、金竹等。

行道树及分车带选择树种一览表　　**表 7-27**

种类	推荐树种
木兰科	云南拟单性木兰、香木莲、玉兰、山玉兰、缅桂、长蕊木兰、红花木兰、含笑
榕树类	大叶万年青、小叶万年青、长叶万年青、高山榕、小叶榕、印度菩提树、花叶榕、橡皮树
棕榈科	董棕、丛生羽尾葵、散尾葵、蒲葵、文山棕竹、高山棕、大王棕
木樨科	桂花、女贞、丹桂
樟 科	香樟、云南樟、石楠、滇润楠
蔷薇科	樱花、冬樱、垂丝海棠、贴梗海棠、紫薇
柏 科	塔柏、龙柏、扁柏、圆柏、翠柏
杨柳科	垂柳、旱柳、龙爪柳
苏铁科	苏铁、凤尾铁
分车带绿化树种	假槟榔、叶子花球、棕榈、龙船花、红花木兰、棕竹、鸡爪槭、铺地柏、拟单性木兰、毛叶丁香球、龙柏、南天竺、翠柏、金叶女贞、洒金柏、紫叶小檗、小叶女贞、玉兰、圆柏、番木瓜、茉莉、蔷薇、凤尾铁、马尼拉草、三叶草、沿阶草
共计十七大类，七十一种	

(2) 道路绿化

道路作为城市的骨骼，具有不可忽视的景观作用，而行道树作为道路的主要装饰，也具有非常重要的意义。

(3) 有关"市树、市花"的选择

文山的老君山省级自然保护区是滇东南唯一一块亚热带"植物宝库"，云南省许多独有的植物种质均是从老君山提取出来的。

推荐文山县树：长蕊木兰、香木莲、拟单性木兰等。

市花：兰花、辛氏杜鹃等。

(4) 林荫道及绿带

树种选择均以观赏类为主，与行道绿化相辅相成。主干道以芳香类为主，次干道则以观花类为主。芳香类以缅桂、桂花、丹桂等为代表树种，观花类以木兰科、蔷薇科为主。

(5) 垂直绿化

树种选择以攀缘类植物为主，有爬墙虎、薜荔、炮仗花、叶子花、云南黄素馨、紫藤、凌霄、吊兰、常春藤等。

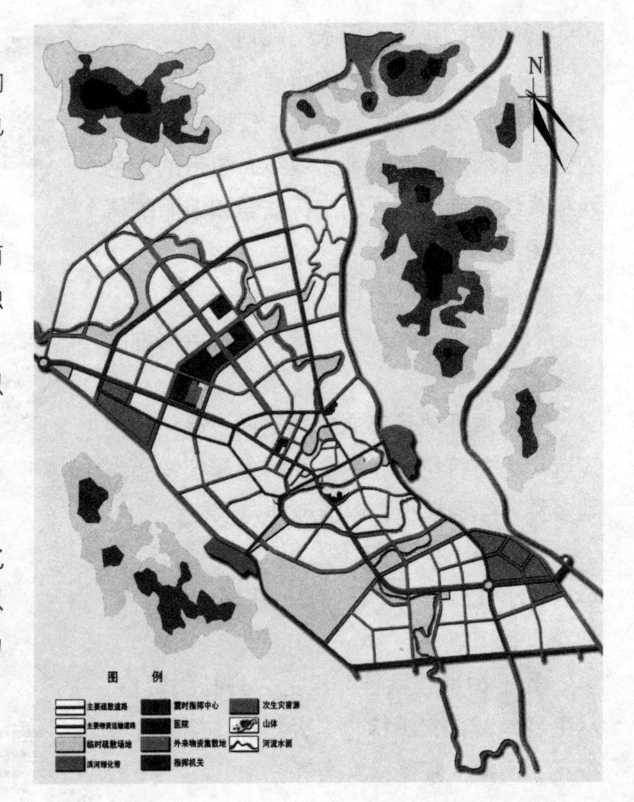

图 7-73　城区绿化与防灾示意图

(6) 屋顶绿化

屋顶绿化树种选择宜以浅根系的为主，如花坛花卉和盆花类。具体树种选择如下：

花坛花卉：万寿菊、孔雀草、三色堇、矮牵牛、一串红、鸡冠花、蔷薇、爬墙虎、唐菖蒲、剑兰、四季秋海棠。

盆花类：天竺葵、蒲包花、凤仙花、仙客来、红掌、白掌。

5. 绿地建设与城市防灾相结合规划

城区绿地规划，主要从以下三个方面与城市防灾（抗震、人防、消防）相结合（图 7-73）：

1）提供安全避难场所；

2）增加消防隔离地带；

3）有利灾害发生情况下的交通疏散救援活动。

本章小结

本章概述了城市绿地系统的组成、分类、功能等基本概念，阐释了城市绿地系统规划的层次、目的、任务、原则、指标体系和编制程序、内容等基本原理，并结合城市绿地的分类重点阐述了公园绿地、居住区绿地、道路广场绿地、校园区绿地、医院疗养院绿地、机关事业单位绿地等各种类型绿地的规划设计要点，概述了城市绿地树种规划和种植设计、城市生物多样性和古树名木保护规划、城市绿地系统与避难防灾规划等相关内容。

复习思考题

1. 城市绿地系统的分类有哪些？

2. 城市绿地系统规划的层次有哪些？

3. 简述城市绿地系统规划的内容和程序。

4. 城市绿地指标有哪些？如何计算这些指标？

5. 什么是城市绿线？如何划定城市绿线？

6. 公园绿地的指标及规模容量如何确定？公园绿地规划设计的步骤和内容有哪些？

7. 综合性公园的功能分区有哪些？公园的出入口应该如何设计？

8. 植物园和动物园的各组成分区有何特点？通常应该布置在什么位置？

9. 居住区绿地由哪几类绿地组成？

10. 城市道路绿带的断面布置形式有哪几种？各有何特点？

11. 大中专学校绿地的各组成部分的规划设计要点是什么？

12. 医院疗养院绿地和机关事业单位绿地的规划设计要点是什么？

13. 树种规划的一般原则是什么？种植设计有哪些基本的形式和类型？

14. 简述城市生物多样性规划。

15. 应该如何开展古树名木的保护规划？

第八章　村镇绿地系统规划

城镇一般是指建制镇镇政府所在地，具备一定的人口、工业和商业的聚集规模，是当地农村社区的政治、经济和文化中心，并具有较强的辐射能力。因为小城镇与周围村庄关系密切，所以人们常把小城镇与村庄放在一起讨论，简称村镇[①]。建设社会主义新村镇是指落实科学发展观，加快村镇经济社会发展，全面建设小康社会的要求，按照"生产发展、生活宽裕、乡村文明、村容整洁、管理民主"的要求，绿化新村镇，尽快改变村镇"脏乱差"的现象，改善村镇人居环境，建设生态文明村镇，提高农民生活质量。

村镇绿地系统是指那些利用城镇范围内的自然地形、水体、城镇现状立地条件而建立起来的，由各类别绿地所组成的绿地网络布局。该系统以绿色植物为主要元素，以城镇公园为中心，结合相关景观要素进行规划布局，形成具有生态效益、社会效益、经济效益的绿地空间系统，它是小城镇生态系统的主体。

村镇绿地系统保护城市生态环境的作用体现在以下四个方面：

1）通过村镇绿地的功能作用改善村镇的大气环境、降低噪声、净化水体、调节小气候。

2）村镇中的公园绿地可供城镇居民进行游憩、娱乐、健身等活动，并为其他各种动植物提供生存、繁殖的绿地空间。

3）村镇绿地可以有助于抵御各种自然灾害，如地震、火灾、干旱、洪水等对人类的影响，也可以减缓人类对自然环境的破坏。

4）村镇绿地在为居民提供身心休憩环境的同时，也创造了一个对外展示城镇文明的绿地窗口，在吸引外资、招商引资以及提高城镇的政治、文化环境等方面都可起到较大的作用。

第一节　村镇绿化的内容

村镇绿化是人居环境绿地系统规划的重要组成部分，是村镇生态良性发展的基础之一。村镇建设的基本内容涵盖面很广，实现绿化达标仅是其内容之一。村镇建设的绿化是以自然村或村民小组为单元，以农民庭院、村庄、街道、乡间公路、步道、水溪两侧、农村学校、卫生所、公共活动场所为场地，经过规划设计，开展有计划、有组织、讲实效的绿化活动，实行整体绿化，建设生态防护林或生态景观经济林。

一、村镇绿化的特点

与大中城市相比，村镇绿地的构成、作用、规划和建设都与大中城市有所不同，具有自己的明显特点。

1）由于村镇规模较小，与周边农村及邻近大城市联系紧密的原因，村镇的一个突出特点是在大中城市与乡村之间起着联系纽带作用，村镇绿地与城镇郊区

① 国家环境保护局．小城镇环境规划编制技术指南，北京：中国环境科学出版社，2002：1.

大环境绿地之间的联系较之与大中城市绿地更为密切。

2）村镇绿地的使用者无论在生活方式上还是在欣赏水平上，与大中城市居民均存在明显的差别，所以在进行城镇绿地规划建设时必须充分考虑到主体使用者的需求。

3）村镇绿地类型有其自身的特点，由于村镇的人口规模和用地规模与大中城市相比区别很大，因此村镇绿地系统中的各类绿地类型都不同于大中城市，一般数量较少，规模较小，类型较少。

4）村镇一般建筑层数较低、街道较窄，一些未经规划形成的村镇空间变化丰富，但不规则、无规律，这一切都为村镇绿地的规划设计提供了难点和挑战。

总的来讲，根据村镇绿地系统的特点，充分发挥其优势，弥补其不足，是村镇绿地规划建设中应重点加强的关键。

二、村镇绿地分类

小城镇绿地规划应以保护村镇生态绿化环境，建立良好的村镇绿地系统为中心，坚持可持续发展的原则，建立能够为村镇居民服务、美化街区、净化环境、创造村镇特色形象的村镇园林绿地。详见第二章表 2-20。

第二节　村镇绿地系统规划原则

经过改革开放 20 多年的发展建设，农村经济基础发生了深刻变化，综合实力迈上了新的台阶，建设绿化社会主义新农村有了一定基础，目前我国村镇绿化主要存在以下问题：村镇绿化水平不高，缺少规划设计、专业技术人员指导，现有绿化不能体现田园风光、乡土风情的特色；绿化意识不强，科学规划滞后，没有坚持三大效益兼顾，农村基本建设项目日趋增多，旧村改造步伐加快，绿化用地相对减少；在村庄周围绿化、自留田、责任田划分得过于零碎，林地分散，不便于规划和实施绿化建设防护林。绿化资金投入偏少，道路绿化普遍存在“一条路，两行树”现象。由于村镇经济发展不平衡，造成村镇之间的绿化水平相差很大，也影响了村镇绿化覆盖率；管理机制不健全，没有组织财力和人力进行专职管护，人为破坏现象较为严重。

一、村镇绿地系统规划的基本原则①

绿地规划中应充分利用村镇的水系、农田、林地、鱼塘、文物古迹，在绿地布局上形成面、点、线、环有机结合的结构模式。

面：鉴于村镇普遍绿化程度目前还有较大差距，在绿地系统规划中，

① 王喜平．珠江三角洲城市化乡镇绿地系统规划思路．林业调查规划，2007，32（4）：152–154．

重视"面"上的绿化，推进普遍绿化，为改善生态环境打好基础。

点：村镇主要道路入口及各村落的重要地段的点状绿地，以小为主，从小处起步，积极开辟各具特色的小型公共绿地，发挥其投资少、周期短、见效快、近居民的优点。

线：街道是村镇的骨架，道路绿化如同一张绿网，将村镇各部分用绿树连接在一起。

环：围绕村镇，结合防护林带、道路绿带，形成以绿圈相围的格局，更有利于城乡一体环境的形成。

同时，还应该结合以下原则：

1. 突出地方特色，挖掘当地传统文化、创造美化的村镇环境

我国许多村镇建置历史悠久，尤其在一些少数民族地区，形成了本地域特色的建筑风格城镇村落布局。古树名木、传统栽植、手工艺品等具有明显特征的代表元素，在进行村镇绿地规划建设时应充分挖掘并利用，可以创造出别具风情的村镇环境。

园林绿化结合自然环境和植物配置可以塑造出充满生机活力的整体村镇景观环境。如山东莱州是全国知名的月季之乡，在村镇园林绿地中广植各类月季，近郊的山水风景资源结合开发利用月季主题进行规划建设，满足了市民日益增长的游憩要求，逐步形成生态型山水园林城镇特色。

2. 因地制宜，充分利用现有自然条件

由于村镇建设用地面积小，园林绿地更是小中取小，所以村镇绿地的规划建设必须充分利用现有自然条件，与自然地形、地貌、地物充分结合，特别对原有林木、地被植物进行保护和利用，这样既可节约建设资金、降低建设成本，又可加快施工建设进度，创造出特色。

3. 突出植物造景，强调综合效益

我国现状村镇的建筑由于一系列原因，建筑造型单一，景观层次不够丰富，利用绿地植物则可以起到改善村镇街道立面、丰富街景的作用，增加色彩视觉效果，最大限度地发挥园林绿地的生态效益。

4. 统筹规划，分期建设

为做到统筹兼顾，构景合理，就应做到统筹规划，有计划地分期实施，逐步建设。特别在村镇中，一般投入绿地建设中的财力有限，为保证其健康发展，首先需要搞好规划，按规划组织实施；要根据投入的资金合理分配，进行分期建设。

二、村镇绿化应注意的原则[①]

1）坚持保留利用原地树木为主，新造补缺的原则。现阶段村镇"四旁"的绿化很有成效，新农村示范点的绿化主要应以填补林中空地和空缺为主，村庄四周、道路、水旁的原有树木应尽力保留，不能轻易砍除。不应追求国外或城市的

① 邹树民，祝洪明，周德根．建设新农村 绿化当先行．绿化，2006，7：18．

草坪色块的绿化模式，要依据村镇特点，走有村镇特色的绿化道路。

2）坚持选择利用乡土树种为主，慎重引进树种的原则。村镇现有的绿化树种很多，应选择绿量大、寿命长、有姿色、抗病虫、易管理、深受农户欢迎的乡土树种，既可观叶，又可观果；既能增加收入，又能吸引鸟类。还应特别注意引种树种的特定生长环境和局限性、特殊性。村镇绿化引进树木要慎重，不要因树种选择不当，影响绿化效果，造成劳民伤财。

3）坚持农民投劳为主，政府适当资助为辅的原则。村镇植树涉及所植树木的归属和利用问题，因此要稳定落实，坚持"谁的地盘谁绿化"和"谁造谁有"的原则，鼓励动员户主，在统一规划下，以公民义务植树的形式，投劳投资，进行栽植和管护。农民出力整地栽植，政府出苗或补助部分苗木经费。

4）村镇绿地系统规划除了合理规划村镇内部的绿地系统，同时将其外围的风景林地、蔬菜基地、交通走廊、隔离绿带、林网化农田和基本农田融合沟通，将村镇外围的自然田园风光和新鲜空气引入城镇，形成绿色开敞空间系统与人工建筑系统的协调发展，谋求人与自然和谐统一的共生关系，有效地保证村镇良好的"人居环境"。

5）村镇遍布全国，贴近农村，在城乡一体化建设中，起着重要作用。在规划中一定要处理好农村与城镇，绿化与城镇布局、街道格局、建筑风格、交通、配套设施等各方面关系的问题，充分发掘历史文化内涵，突出地方特色，使村镇绿地系统规划成为一个以绿化景观为核心的环境综合治理课题。

6）建立合理的防护绿地

①建立 50 ~ 100m 以上宽度的环村镇隔离林地，提高村镇环境质量。

②建立 50m 以上宽度的乡镇企业（特别是有污染的乡镇企业）与城镇居民生活之间的卫生隔离林地，以减弱企业污染对居民生活的影响。

③建立过境退路两侧不少于 10 ~ 50m 宽的道路保护林地，以减弱道路交通对居民的影响。同时起到美化街景、保护道路的作用。

④建立河流两侧、水库周围 50 ~ 300m 宽的水体保护林地源，防止水土流失。

三、村镇景观是城市形象和人居环境的重要组成部分

村镇景观就是由村镇的建筑物、构筑物、道路、绿化、开放性空间等物质实体构成的空间整体视觉形象。村镇景观和城市景观是不同地域、不同规模，但是同一性质的问题。村镇和城市环境虽然不同，但都是人类生活聚居的场所。

村镇景观建设与村镇规划有重要区别，并不是做好了村镇规划就可以代替村镇景观建设，从而产生优美的村镇景观。从城市设计的角度看，村镇景观是四维地研究和解决建筑形式、色彩、质地等美学问题。在这方

面有很多无可争议的实例。如：北京市门头沟区的爨（川）底下村之所以成为人们争相一睹的旅游热点，就是因为它现保存着明清时代的四合院民居。这些有美感，有风格，有文化的民居构成的整个村庄成为北京郊区秀美山川的一个亮点。又如江南水乡的周庄，山西的王家大院、乔家大院，云南的丽江等都是因为景观特色才成为著名的旅游胜地的。

村镇景观是一个地区文明水平的直接体现，是城市形象的重要组成部分。北京市约有五分之二的人口在郊区，而郊区面积占去了市域面积的93.5%。村镇景观在更广阔的空间里对城市产生着直接影响。

优美的景观也是良好人居环境的必要条件。在村镇生产力落后、人民生活水平不高的条件下，由普通民居和一些公共建筑构成的村镇就是人的聚居和活动场所，其建筑形式首先受经济承载力的影响，其次考虑使用功能的需要，最后才考虑审美的需要，或者根本就不考虑审美的需要。

所以村镇景观建设有双层重要意义：一是随着农民生活水平的不断提高，农民的居住环境需要改善，村镇景观建设应有较高的审美理念；二是郊区作为市区的外围，由村镇景观和自然景观组成的整体景观水平是一个村镇文明水平的重要体现。

1. 根据景观设计的规律思考适当的村镇绿化形态

"景观"理念的盛行是与人们对园林学、建筑学、规划学等学科综合认识和融会贯通的结果。说到底是从过去对一园、一院、一屋、一物自身的审美发展成为把这些要素有机地综合运用，在大地空间内实现景观的最优化，即所谓"整体大于部分之和"，以达到"七溪流水皆通海，十里青山半入城"（明·沈玄《过海虞》）的境界。按照这种理念，进行村镇景观规划的时候，也必须把村镇景观放到大地景观的宏观空间来认识。村镇景观可以考虑以下基本形态：

（1）以风景旅游资源的多寡来进行划分，可以分为：风景名胜区范围内的村镇景观、普通村镇景观等。

1）风景名胜区范围内的村镇景观

这是最重要的景观形态，不仅关系到村镇自身形象，而且直接影响到风景名胜区的景观，进而影响到城市总体形象。例如，北京市旅游风景资源十分丰富，整个西、北部山区占市域总面积的62%，可以说绝大部分山区都是风景资源。还有一些风景资源在平原，比如顺义潮白河、通州大运河、丰台永定河沿岸等地区。在这些地区内的村镇景观应该是作为风景名胜的重要组成部分。因为本身处在风景之中，所以景观设计要遵从风景名胜景观规划的需要，要融入风景，互相因借，成为景观构成要素之一，而不要成为景观的冗余。

运用景观生态学的方法，将风景名胜区的景观类型划分为耕地、林地、园地、水域、居民社会用地（包括村镇及城市建筑用地）、滞留用地、风景观赏用地（对外开放的旅游用地）、道路用地等八种景观类型，通过GIS软件提取各景观类型的斑块数、斑块面积、周长等基本斑块信息。然后得出村镇景观区域的连接度、分离度等指标，并在保持现有景观多样性的前提下，保护好风景区的植被景观，限制人为活动对景区的影响。在一个风景名胜区内不同地点的村镇景观特点要根据景观总体需要来规划。总的来看，风景名胜区内的村镇景观应该基本作“平和质朴”处理，以免喧宾夺主，但需要营造景观高潮的地方则应该“精彩入胜”、“画龙点睛”。

2）普通村镇景观

普通村镇的景观设计，应有强烈的地域特色，包括空间形态规划、建筑设计和环境规划设计[①]。

空间形态规划：中国绝大部分村镇的形成都是在历史的长河中与周边的山、水、田、林等自然环境逐步磨合、演变形成的。布局形态是区别城市的最重要景观标志，其独有的肌理也是村镇布局最具有美学价值的一面。因此，进行村镇景观设计时，首先要去发现这种肌理，然后再考虑如何更好地去保护、延续这种肌理。

建筑设计：建筑设计应该包括建筑风格设计、内部功能设计以及建筑材料选择。建筑风格应该具有地域特征和当地的人文特征，建筑内部功能布局也应该根据实际生产生活需要进行布局，从而体现村镇景观地域特色，体现乡村生产、生活的习俗，如工业型村镇与养殖型村镇、种植型村镇、旅游型村镇在建筑的内部功能布局上就应该有所区别。建筑材料上也应该具有地域特征，事实上很多传统建筑证明优秀的建筑设计并非需要高科技、高成本的建筑材料，很多本土材料和工艺既廉价又有质量保证。

地域特色的环境设计，尤其是绿化设计应该突出乡土植物的特色。选择具有鲜明地域特征的本土植物不仅可以创造鲜明的地域特色景观，还有利于提高植物的成活率，减少绿化资金投入，改善生态环境；另外一些本土植物还有较高的经济价值，可以创造经济效益。

（2）按照地貌形态来进行划分，可分为：平原地区的村镇景观、丘陵山地地区的村镇景观。

1）平原地区的村镇景观

首先，应理顺平原地区的村镇与自然环境之间的关系，做到聚散得宜，高低适度。建筑群可以与环境采取对比和调和的手法，凸现自身特色，街巷内部要保持旧街道的特色。

其次，增强平原地区村镇景观的异质性。人工兴建、栽植和开挖的各种景观，如：水田、旱地、建筑物、道路、沟渠、人工林，正是因为存在异质性，才形成了内部的物质流、能量流、信息流等，从而使景观生机勃勃，充满活力，趋于稳定。人类社会需要利用景观中所具有的异质性，并尽量提高景观及景观要素的异质性。山区村镇景观同样需要异质性，维护和发展景观异质性，对维系景观生态平衡，实现区域可持续发展具有重

① 宋直刚．地域特征的村镇景观设计．工程与建设，2007，21（2）：131．

要意义。为维护景观整体生态的良性发展，并将其与人类的生存与发展相协调起来，在较难调整或增加自然植被面积的条件下，主要依靠通过合理调整景观利用格局和增加自然栖息地间的生态联通程度，使景观维持在一个较高质量的生态水平之上。

因此，每一个村镇都可以在体现区域总体风格统一，体现各地区民居建筑语汇特点的前提下，展现个性变化。但都应该符合人们视觉美感要求的聚散、疏密、错落、对比、曲直、主次等构图意识，形成形式、密度、肌理的审美韵味。一个村镇要有富于变化的天际线，有主景建筑或标志物。

2）丘陵山地地区的村镇景观

在村镇景观中，山地村镇景观的河流往往对物种的迁移与运动起障碍或过渡作用。同时河流切割地表，景观具有明显的破碎化特征，必须利用廊道连接各斑块，通常比较有效的方法是通过道路或桥梁来衔接。但是广大的丘陵山区地表起伏大，交通造价高，地区经济发展水平低等，使廊道的通达性受到严重制约。通过村镇土地的集中布局，在建成区保留一些小的自然斑块和廊道，同时在人类活动外部环境中，沿自然廊道布局一些小的人为斑块。尤其要注意增加一些大型自然植被斑块，保护水道的宽阔绿色廊道，提供关键物种在大斑块之间运动的连接通道，尽量使绿地斑块、廊道均匀分布于山地景观中，形成合理的景观格局。同时，要加强山区村镇景观多样性。提高单位面积景观上斑块的数目，扩大单个斑块的面积，以增强斑块多样性，获取斑块的边缘效应。

维护丘陵、山地地区村镇的景观异质性。首先，保护好村镇景观中环境敏感区，这类地区往往极易受人类活动的影响。环境敏感区[①]包括生态敏感区（河湖水系、滨海地区、山地稀有植物群落、部分野生动物栖息地、坡度≥25°的陡坡耕地等）、资源生产敏感区（水源涵养地、水土流失严重地区、石漠化严重地区、矿产资源过采地区等）以及自然灾害敏感区（山洪灾害频发区、地质不稳定地区、酸雨危害严重地区等）。其次，采用集中与分散相结合的方式完善现有景观结构。景观结构是景观功能存在的基础，是实现景观功能的保障。

2. 郊区村镇景观建设迫切需要引起高度重视和广泛改进

1）村镇建设还没有统一开展景观规划。村镇建设在景观上还处在无序状态，村镇景观建设带有强烈的自发性。

2）村镇景观各要素缺乏美感。除了民居和公共建筑以外，院落、绿化、道路、桥梁、指示牌等作为总体景观重要构成要素的各类构筑物的设立也大都缺乏景观美感。

3. 标本兼治使村镇景观与郊区优美的自然景观相映生辉

当前，统筹城乡发展，不仅是统筹城乡经济社会的发展，还要求统筹城乡环境的发展，其中在村镇景观建设上也要动员、引导、支持和帮助广大农民和郊区居民为自己创造优美怡人的最佳人居景观环境，为城市创造一流的景观形象。这

① 贺秋华，林华．贵州山地景观异质性及其维护和发展．贵州教育学院学报，2003，14（2）：93.

体现了人的全面发展，也体现了城乡协调发展。同时也是改善城市整体形象的重要工作。

1）尽快统一研究制定村镇景观规划并抓好落实。在已经制定了村镇总体规划的基础上，根据村镇的不同地域、不同历史文化背景的情况，重点对处在郊区景观重要部位的村镇，如风景名胜区范围内的村镇、主要干道两侧的村镇、市区周边范围的村镇等进行景观的统一规划。

2）从村镇各类构筑物的外观入手，标本兼治提升景观水平。对于构成村镇景观的除民居和公共建筑以外的各类景观构成要素进行综合整治，"由表及里"地改善景观状况。特别要改变建筑外观不美的涂色；规范和美化所有牌示，如招牌、指路牌、说明牌等；严格控制在风景名胜区内插挂各类彩旗、招贴；对脏乱差的村镇进行综合整治等。

3）按照园林化标准搞好村镇的绿化。园林式的绿化对于改善村镇景观具有不言而喻的作用，可以把每一个村镇都看作一个花园，进入这个村镇就是进入了一个花园。村镇绿化应当以质朴自然的风格为主，无须刻意雕琢，既从人在其中的微观上营造优美的环境，也从身在其外的宏观上使村镇融入自然。

总之，以统筹城乡发展的科学发展观来指导郊区村镇的景观建设，提高村镇景观水平。

第三节　村镇绿地系统的布局结构及指标体系

一、村镇绿地系统的布局特点

村镇绿地系统的布局要求有以下几点：

1）确定合理的指标系统。村镇处于不断变化发展之中，不同的阶段有不同的规模，相应的绿地指标也应有所不同，确立一套切实可行的动态指标系统，并根据指标系统及城镇远、中、近期发展阶段和规模不同，对绿地建设进行动态控制，以便指导资金投入，便于绿化建设的控制和操作。

图 8-1　斯考兰种植规划

2）乡村景观与城镇园林景观相互协调。村镇往往处于乡村田园环境之中，广阔的田野、蜿蜒的河流、河边的林带形成的田园景观要与城区园林景观协调一致，融为一体，城乡一体全面绿化。即把村镇建设成园林化城镇，集镇、村庄建成花园式村镇，把农田建成林网化农田，最终形成具有高效生态经济的田园城镇格局（图 8-1①）。

① 从乌得勒支向西再向南到多德雷赫特，形成了一个人口最密集的 Randstad，其人口超过 600 万，占全国人口的 2/3。这个"大都市圈"形如一个稍稍倾斜的"匚"字，东部缺口是农田、牧场和树林，国家规定不得侵占，人称之为"绿色心脏"。

3）创造良好的生态环境。村镇要发展，人们的物质文化生活水平要提高，还有赖于良好生态环境的形成与创造。村镇接近自然，环境条件好，要充分利用这个特点，注重村镇之间、城乡之间绿地结构的合理配置，创造优美、清静、舒适的村镇环境。在绿地规划中应始终贯彻生态理念，加强规划界、生态学界、社会学界等多学科的综合研究和论证。

4）以绿为主，发挥村镇"静"的优势。园林绿化生态效益的发挥，主要由花草树木的种植来实现，规划中明确以绿为主，加强平面绿化布置的艺术美。同时，注重多层次、立体化绿化的构成，发挥村镇"安宁"、"安静"的优势。突出对现有植被的保护，植物配置以具有地方特色的乡土树种为主，可以适当引进适应性强、景观效果好的外来树木花卉。同时拓展绿化空间，在建筑物的屋顶、阳台、窗台、台阶、檐口以及墙面等部位为种植各类植物提供结构和构造上的可能性，应积极利用这些可开发的绿色空间，发展和扩大村镇植物生物总量。

5）注重地方特色和文化内涵，发展园林绿化。每个地方都有其自然和人文积淀的历史过程，形成了地方性的自然和人文景观。在村镇发展过程中，绿地系统规划中应保留、延续、体现其地方性，把现有的自然和人文景观资源纳入其中，丰富园林绿地的内容，形成别具一格的风貌。应深入了解当地的历史文化，包括古迹遗址、古树名木、历史人物、民间传说及民风民俗等，并以园林的形式纳入城镇绿地规划中，弘扬历史文化，保护文物古迹，展示五光十色、流连忘返的风土人情。文物古迹体现区域的历史和文化脉络，将其利用，开辟绿地，建成公园，弘扬历史文化，继往开来，是绿地系统布局的重要内容。

6）建设要突出山水特色。村镇一般有山有水，具有优美的自然环境。规划中要充分利用自然的地形地貌，保护利用现有的山水资源，突出山水景观特色，开辟绿地，建设景点，形成村镇特有的景观风貌。

7）重点做到"普"和"小"。村镇绿化较普遍地存在基础差、底子薄、起点低、技术力量缺乏、投资有限的问题。因此，村镇绿地建设重点要放在普遍绿化上。村镇公共绿地的建设，要以多辟小型公共绿地为主，为人们创造一个出门就见绿，园林送到家门口的环境，能就近游乐、观赏、休息、社交，使人们生活得充实而美好。

二、村镇绿地系统的结构特点

绿化村镇应结合本地实际，我国大部分地区农村经济基础比较薄弱，硬件设施不够完善，本着"适用、经济、美观、少花钱、多建绿"的原则，深挖本地乡土树种资源，打造地方特色，科学建绿，结合当前的自然和人文条件具体布局，准确定位，做好规划建设，充分展现其独特的村镇风貌。绿化村镇分三种类型：对经济富裕、绿化基础好的村镇，以建设景观带、点为主，创建园林式村镇；对经济实力中等以上的村镇，以栽植绿化树种，美化为主，创建美化型村镇；对经济实力不强和经济欠发达的村镇，以栽植杨、柳树，提高林木覆盖率为主，创建绿化型村镇。

1. 庭院绿化建设

庭院绿化建设是提高农村居民生活环境质量的重要手段，要把绿化、美化、彩化、香化、田园化紧密结合起来，体现农家小院悠闲、舒适的氛围；植物配置上要乔、灌、花、果、蔬相结合，突出四季特色，体现植物配置的合理性和乡土性，例如：枣树、柿树、葡萄等。在北方，葡萄、石榴比较常见，石榴树不容易发生病虫害，花开红似火，象征日子红红火火，而且石榴果观赏价值较高。在南方柑橘园、竹林比较普遍，竹子有清秀、淡雅、高洁的气质；清风吹过，竹叶萧萧，增添不少主人的闲情雅趣。此外，竹子又是修房、盖屋、编织器具的好材料，经济效益可观。

2. 通道绿化建设

在通道绿化建设中，随着乡村公路的村村通，沿公路两侧建设宽度 3 ～ 5m 以上的绿化带，有条件的建设 10m 以上的绿化带，逐步达到 30m 的防护林带，使村村通变成村村绿；国道、高速公路、省道两侧建设宽度 20 ～ 50m 以上的防护林带；在河流、水渠等两侧建设宽度 30m 以上的河渠防护林带，有条件的村镇周围建设 30m 的防护林带，经济基础薄弱的村镇、人均土地较少的村庄应建设 10m 以上的防护林带，以逐渐达到国家园林城镇绿化的标准，提高村镇绿地覆盖率。

3. 农田林网建设

在农田林网建设上，不断发展农林间作，全面提高农田的森林覆盖率与林木蓄积量。例如，在全国平原绿化先进市商丘，随处可见农林间作的田园风光。通道防护林带内的基本农田，按照国土资源部门有关基本农田的规定，应尽可能多地实施绿化建设，建议远期调整土地利用规划时改变为林地。应加强农田防护林建设，提高农业综合生产能力，减轻自然灾害，促进农田稳产高产。

4. 构建农村生态新格局

村镇外，实施路、河、渠全面绿化，绕村镇建环村镇林带；村镇内，利用房前屋后空隙地、闲散地、荒坡地，见缝插绿，做到乔、灌、花、草结合，庭院、街道、景点绿化相融。在树种选择、品种配置上，做到随形就势，不拘一格，形式多样。围绕“乡风文明、村容整洁”的要求，倡导生态文明，以村落（庭院）绿化为“点”，路渠溪河绿化为“线”，农田林网绿化为“带”，林业产业基地为“面”，构成点、线、带、面一体化，功能相互辐射的农村生态新格局，树立自觉保护和改善生态的风尚，整体推进村容村貌的改观（图 8-2）。

图 8–2　村镇绿化环境

三、绿地系统的规划管理

图 8-3　牧场中的休闲广场

在规划管理方面，制定村规民约，建立管护制度。对承包营造的林木，明晰所有权，放活经营权，核发林权证，保障收益权；对集体所有的环村绿化林带，实行管护承包，受益分成；对主要街道栽植的树木，实行门前管护责任制，与村民福利和上级优惠政策兑现挂钩，奖优罚劣；对农民房前屋后空隙地栽植的树木，落实“谁造谁有谁受益”的政策。充分调动个人管护积极性，形成专职人员与群众相结合的养护管理网络，保证林木的正常生长。建设绿化社会主义新农村的创新投入机制，多渠道筹集社会闲散资金，深入开展农村义务植树运动，将其作为绿化美化村容的一项重要措施来抓，组织发动广大农村群众积极参加植树活动。

积极调整农业种植结构，引导农民种植经济林、建立花卉苗木基地，不仅自己绿化使用，而且供给城市绿化苗木，促进农民增收致富。通过发展绿色产业，可以为乡风文明、村容整洁提供物质保障，有力推动农村的绿化美化与和谐稳定。

用先进典型引导农民积极参与创建绿色家园行动（绿色小城镇、绿色村镇、绿色庭院），用成功经验推动整个创建行动顺利开展。各地要充分尊重农民群众的意愿，不搞强迫命令和硬性规定，一切以农民群众自愿参加为原则，以群众满意为前提，以群众得实惠为目的，严禁劳民伤财，搞形象工程，实现经济建设、环境美化、群众致富协调发展（图 8-3）。

四、村镇绿地的指标体系

村镇的公众绿地与大中城市相比有其自身的特征，规划中应对这些特征加以突出，形成村镇公园绿地的特色。村镇公园绿地规划应突出以下内容：

根据多数村镇人口密度较低的特点，规划中人均公园绿地面积应提高，以提高村镇公共绿地的面积和水平。根据村镇居民使用绿地的特点和居民的主要要求，在公园绿地的整体布局上应以普及型公园和游园绿地为主，每 5000 人应建立一个 $3hm^2$ 以上的公园，以方便使用为中心，以突出重点为特色。

第四节　村镇绿化的种植设计

图 8-4　村镇绿化中的乡土景观

一、树种选择的原则

村镇绿化应有合理的布局，根据不同场所选植不同树种。

绿化树种是村镇园林绿化的基础，也是体现我国村镇园林绿化水平的重要标志。绿化树种选择与配置水平的高低直接关系到村镇绿化的艺术水平和观赏效果。因此，在村镇绿化的建设中，进行绿化植物与配置时应考虑多方面的因素，以环境生态要求、审美观赏和游憩功能为指导，以营造一个主题明确、生态协调、构图优美、结构合理、四季有景、景观独特的村镇绿化景观为目标，发挥村镇绿化植物最大的景观效益和生态效益，以乡土绿化树种为主，适当引进一些观赏价值较高的外来树种，对于建设现代化园林城镇具有十分重要的意义。

首先，要坚持适地适树的原则。要切合森林植被区的自然规律，在认真调查本地区的自然、气候及森林资源状况基础上，选择适合树种。其次，要以乡土树种为主，突出本地特色（图 8-4）。乡土树种对土壤、气候适应性强，同时具有地方特色，可尽量采用。例如，昆明地区适宜选用的乡土树种有：香樟、桧柏、冬青、石楠、女贞、桂花、玉兰、杜鹃、杜仲、槐、竹类等。可以有计划地引进一些本地缺少且又能适应当地环境条件的经济价值、观赏价值高的树种，如雪松、广玉兰、紫荆、紫薇、红枫、无球悬铃木、合欢、栾树、七叶树等。第三，要选择抗性强的树种。是指对土壤、气候、病虫害及工业排出“三废”等不利因素适应性强的树种，如槐树、垂柳、夹竹桃、黄杨、龙柏、榆树、悬铃木、棕榈、桑树、樟、桉、桧柏、松类等。第四，要做到树种合理搭配。乔木是行道树及庭荫树的骨干，一般占 70%，要做到乔木与灌木、落叶树与常绿树、速生树与慢生树、乔灌木与花卉的合理配置。

二、种植规划的原则①

1. 常用树种的绿化

1）道路绿化树种的选择：在较宽、两侧建筑物不太高大的道路，可以栽植海棠、山楂、核桃、银杏。此类果树树种高大生长旺盛、寿命长。海棠春季满树花团锦簇，山楂、银杏树形雅致，干形挺拔、叶片美观，核桃叶片较大浓绿。在较窄的道路栽植高干、冠小的柿树，不影响行人，空

① 王璋珊，王波．谈谈新农村的绿化建设．国土绿化，2006，9：21.

间障碍小。柿树适应性强，容易管理，一般酸、碱土壤均可生长。深秋时节，满树为红色的柿叶，黄澄澄的柿果长满枝头。另外，石榴也可作为街景行道绿化和高速公路两侧的绿化带，石榴果实色泽绚丽，叶绿花红，色彩鲜艳，令人赏心悦目，观赏价值极高。

2）生态公园及休闲广场绿化树种的选择：面积较小作为人们休憩的生态公园，可花、草、乔、灌相结合，选择花叶颜色不同的紫叶李、碧桃、山桃、杏等树种进行点缀。人行道及小的空间可以摆放盆栽石榴、苹果、葡萄、梨、枣、桃、草莓等，供人们休闲欣赏。面积较大作为观光旅游的生态公园，可以片植观赏性强，又便于自行采摘的矮密果树。如观赏类苹果品种（独干、短枝、紧凑型），管理技术简单，病虫害很少，花期长、花艳丽，从挂果到成熟前，果实紫红色，是观赏花、果、叶时期较长的品种之一。又如适应性较强的鲜食大果型梨枣、大圆丰枣、大瓜枣等，还有观赏性的龙须枣、磨盘枣、茶壶枣、辣椒枣等均可栽植。另外，还可以选择梨品种中树体矮小的西洋梨，果实多数葫芦形，有红、黄、绿颜色。在地势低洼盐碱较重的景点通道、空闲的边角地带栽植葡萄，利用攀缘植物的特点，架立支架形成走廊、过道。不规则的边角地块可以通过修剪整形技术，整成漏斗形、长方形、梯形等。葡萄成熟后，白色的果实似水晶，绿色似翡翠，红色似珊瑚，紫色似玛瑙。这些奇特、颜色各异的果实，鲜艳悦目，吸引游人，使人们享受大自然的风光。

3）村镇学校的绿化：根据学校的特定环境，可选植冠径大的树种，为孩子们提供绿荫。教室门口、围墙旁、步道边栽植一些花期长、易管理、色泽鲜艳的时令花卉，达到课间休息时，学生调节视力、减轻大脑疲劳的效果。

4）村镇溪河道路的绿化：水边可选植耐湿树种，道路两旁选植遮荫的行道树种，田路道应栽植冠径小、不影响农作物生长的树木。村庄及庭院四周的绿化，选植树种应根据栽树地点的空间而定，考虑既有经济收入，又能营造宜居环境的树种。在农村牲畜家禽卫生设施旁，还可栽种夹竹桃等抗性强的树种。村庄庭院不宜栽植柏树类树种。

5）村镇公共场所的绿化：绿化目的是为村民提供荫凉舒适的环境。应选栽绿量大、寿命长、冠径大的树种，以便形成绿色骨架，辅栽灌木植物，逐步形成错落有序的景观。绿化时，要动员各家农户派人参与挖树穴、送肥料、栽植、浇水管理等活动，提高村民的绿化环保意识。

2. 果树在绿化树种中的特点[①]

1）果树是集经济、生态、社会效益为一体的经济林树种，发展果树生产，既能够改善生态环境、净化空气、防风、防烟、防尘、保护农田、改善小气候，又是促进农村经济发展、农民致富的有效途径。同时果树具有艳丽的花，有色香味美的果实，为人们提供观花、摘果、休闲、观光、科技教育多种综合效益的特色旅游胜景。

① 刘士玲，吕玉里，李建军，杨燕红，韩丽丽．城镇绿化新树种——果树．天津农林科技，2006，2（1）：24-25.

2）果树栽培历史悠久，分布广，品种资源丰富。在我国，果树栽培约有四千多年的历史，分布范围广，各地均有栽培。它适应性强，能够适应多种复杂的地形和土壤条件。一般用作栽植果树的土地是丘陵、山地、沙滩盐碱地、荒地和低产田，只要注意土壤改良，果树都能正常生长发育。果树种类繁多，全国果树种类（包括野生种）约有50多科、500多种。其中有落叶和常绿果树，有灌木、乔木、藤木和多年生草本果树。

图 8–5　葡萄长廊

3）果树景观效果较佳。果树树姿优美，可以根据造景的目的、栽培的位置及空间使树形多样化，修剪成奇异树形，有倾斜式、曲干式、水平式等。另外，采用多头高接换种，在同一株树上结出不同色泽、形状或不同成熟期的果实，更有一番景致。果树的果形美观各异，果实艳丽，果实的成熟期早、中、晚可以搭配。果树欣赏时间长的特点尤为突出，一年四季具有观赏价值（图 8-5）。落叶果树三季能观叶，春季观花，夏季赏果，冬季观树形、树姿。此外，盆栽果树能流动摆放，布置景点。

4）果树品种的选择。选择抗逆性强、易成活、寿命长、便于栽培管理和病虫害发生较少的品种。同时还应具有叶面光洁、花期长、叶果奇特、果实色泽艳丽新鲜、花枝叶繁茂、多姿美观的特点。如选择抗盐碱较强的葡萄、枣、石榴、无花果等品种。选择树木高大的有柿、核桃、山楂、山桃、海棠、木瓜、银杏等。树形矮小的有苹果、桃、梨、杏等。灌木可选择枸杞等色彩艳丽的品种。根据道路、公园、休闲广场、住宅小区、企事业单位等不同景点，规划栽植相适应的果树品种。

第五节　村镇绿地规划文件编制的程序及方法

一、村镇绿地规划的编制要求

根据我国村镇规划建设的具体情况，编制村镇绿地规划的一般要求如下：

1）根据村镇总体规划对村镇的性质、规模、发展条件等的基本规定，在国家有关政策法规的指导下，确定村镇绿地建设的基本目标与布局原则。

2）根据村镇的经济发展状况水平、环境质量和人口、用地规模，研究村镇绿地建设的发展速度与水平。拟定村镇绿地的各项规划指标，并对村镇绿地所预期的生态效益进行评估。

3）在村镇规划的原则指导下，研究村镇结合自然生态空间的可持续发展容量，结合村镇现状及气候、地形、地貌、植被、水系等条件，合理安排整个村镇的绿地规划，合理选择与布局各类村镇绿地。经与规划部门协商后，确定绿地的建设位置、性质、范围、面积和基本绿化树种等规划要素，划定在村镇规划中必须保留或补充的、不可进行建设的绿地区域。

4）提出对现状村镇绿地的整改意见，规划绿地的分期建设计划和重要项目的实施计划，论证实施规划的主要工程、技术措施。

5）编制村镇绿地系统的规划图纸与文件。对于近期要重点建设的村镇绿地，还需提出设计任务书或规划方案，明确其性质、规模、建设时间、投资规模等，以作为进一步详细设计的规划依据。

二、规划编制的主要内容

村镇绿地规划一般应包括以下主要内容：

1）村镇概况与村镇绿地现状分析；

2）规划依据、期限、范围与规模、规划原则、指导思想、规划目标与指标、绿地系统总体布局与结构规划；

3）各类绿地规划，包括公园绿地，生产与防护绿地，居住区与单位附属绿地、道路绿地、生态景观绿地等的规划；

4）村镇生态环境与景观规划；

5）村镇绿化植物多样性规划（含规划应用植物名录）；

6）村镇古树名木保护规划；

7）村镇绿地分期建设规划；

8）绿地建设实施措施规划；

9）必要的附录说明材料。

三、编制程序

1. 基础资料收集

村镇绿地规划要在大量收集资料的基础上，经分析、综合、研究后编制规划文本，除了常规村镇规划的基础资料外（如地形图、航片、遥感影像图、电子地图等），一般需收集以下资料：

（1）自然地理资料

主要包括：

1）地形、地貌等地质条件资料、土壤资料（土壤类型、土层厚度、土壤物理及化学性质、不同土壤分布情况、地下水深度、冰冻线高度等）；

2）气象资料（历年及逐月的气温、湿度、降水量、风向、风速、风力、霜冻期、冰冻期等）。

（2）社会经济发展资料

主要包括：

1）村镇历史、典故、传说、文物保护对象、名胜古迹、革命旧址、历史名人故址、各种纪念地的位置、范围、面积、性质、环境情况及用地可利用程序；

2）村镇社会经济发展战略、特色资料等；

3）村镇建设现状与规划资料、用地与人口规模、道路交通系统现状与规划、村镇用地评价、土地利用总体规划、风景名胜区规划、旅游规划、农业规划、农田保护规划、林业规划及其他相关规划资料。

（3）绿地资源现状资料

主要包括：

1）村镇中现有林区、绿地的位置、范围、面积、性质、质量、植被状况及绿地可利用的程度；

2）村镇中卫生防护林、农田防护林；

3）村镇范围内城市生态景观绿地、风景名胜区、自然保护区、森林公园的位置、范围、面积与现状开发状况；

4）村镇中现有河湖水系的位置、流量、流向、面积、深度、水质、库容、卫生、岸线情况及可利用程度；

5）村镇规划区内适于绿化而又不宜修建建筑的用地位置与面积；

6）原有绿地系统规划及其实施情况；

7）村镇的环境质量情况，主要污染源的分布及影响范围，环保基础设施的建设现状与规划、环境污染治理情况、生态功能分区及其他环保资料。

（4）村镇绿地相关技术经济资料

主要包括：

1）村镇规划区内现有绿地率与绿化覆盖率现状；

2）现有各类村镇公共绿地的位置、范围、性质、面积、建设年代、用地比例、主要设施、经营与养护情况；

3）村镇规划区内现有苗圃、花圃、草圃、药圃的数量，面积与位置，生产苗木的种类、规格、生长情况、绿化苗木量、自制率情况。

（5）植物物种资料

主要包括：

1）当地自然植被物种调查资料；

2）村镇古树名木的数量、位置、名称、树龄、生长状况等资料；

3）现有园林绿化植物的应用种类及其对生长环境的适应情况；

4）主要植物病虫害情况；

5）当地有关园林绿化植物的引种驯化及科研进展情况等。

（6）绿化管理资料

主要包括：

1）村镇园林绿化建设管理机构的名称、性质、归属、编制、规章制度建设情况；

2）村镇园林绿化从业人员概况：职工基本人数、专业人员配备、科研与生产机构设置等；

3）村镇园林绿化维护与管理情况：最近五年内投入的资金数额、专用设备、绿地管理水平等。

2. 规划文件编制

村镇绿地规划的文件编制工作，包括绘制规划方案图、编写规划文本和说明书，经专家论证修改后定案、汇编成册，报送政府有关部门审批、规划的成果文件一般应包括规划文本、规划图纸、规划说明书和规划附件四个部分，其中，经依法批准的规划文本与规划图纸具有同等法律效力：

1）规划文本：阐述规划效果的主要内容，应按法规条文格式编写，行文力求简洁准确。

2）规划图纸主要内容包括：

村镇区位关系图；

村镇概况与资源条件分析图；

村镇自然条件综合评价图；

村镇绿地分布现状分析图；

村镇绿地结构分析图；

村镇绿地规划布局总图；

村镇绿地分类规划图；

近期绿地建设规划图；

其他需要表达的规划意象图（如村镇绿线管理规划图、村镇重点地区绿地建设规划方案等）。

村镇绿地规划图件的比例尺应与村镇规划图件基本一致，并标明风玫瑰；村镇绿地分类现状图和规划布局图，为实现绿地规划与村镇规划的"无缝衔接"，方便实施信息化规划管理，其规划图件还应制成 AutoCAD 或 GIS 格式的数据文件。

3）规划说明书：对规划文本与图件所表述的内容进行说明，主要包括以下方面：

村镇概况：绿地规划（包括各类绿地面积，人均占有量，绿地分布，质量及植被状况等）；

绿地规划的原则、布局结构、规划指标、人均定额、各类绿地规划要点等；

绿地规划分期建设规划、总投资估算和投资解决途径、分析绿地系统的环境与经济效益；

村镇绿化应用植物规划、古树名木保护规划、绿化育苗规划和绿地建设管理措施。

4）规划附件：包括相关的基础资料调查报告、规划研究报告、分区绿化规划纲要、村镇绿线规划管理控制导则、重点绿地建设项目规划方案等。

第六节　村镇绿地系统规划案例分析

一、案例1　哈尔滨市团结镇[①]

以哈尔滨市团结镇为例，结合哈尔滨市生态型园林城市建设，进行城乡一体化村镇绿地系统规划。

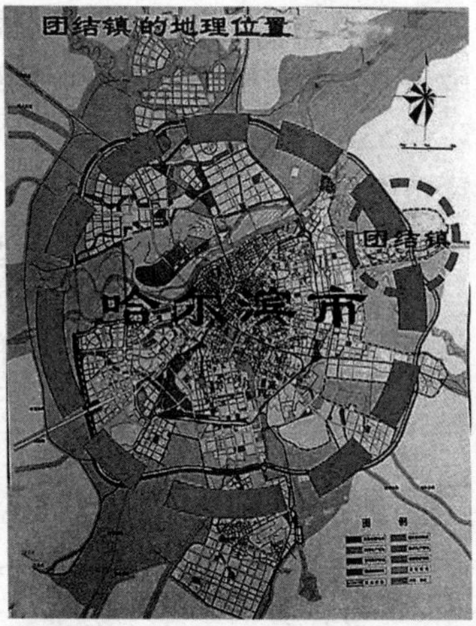

1. 团结镇城镇概况

团结镇历史悠久。1985年建立镇的建制。团结镇地处哈尔滨城乡接合处，如图8-6所示，位于哈尔滨市和近郊农村、远郊区县的连接带上，区位条件十分优越，是国家试点小城镇。镇域总面积为76.7km²。老哈同公路、同三公路横贯全境，多年来一直是哈尔滨的蔬菜生产基地和建材（红砖）生产基地。

图8-6　团结镇区位

2. 自然条件分析

团结镇属温带大陆性季风气候，冬长夏短、四季分明。冬季寒冷干燥，夏季湿热多雨，春季风多、风大，降水少而易旱，秋季气候多变，植物易受早霜危害。全年西南风、偏南风占全年风向的33%，东风向为6%，风速可达6m/s。

阿什河由南向北流经境内，团结镇处于阿什河河谷的滩地及岗埠平原的丘陵地段上，整个地形为北高南低，由东向西倾斜，分漫滩地、河阶地、山丘地三种地貌。阿什河每年三月份开始汛期，十月份达到高峰。地面水土流失严重，冲蚀沟多，平均深度为4～5m。

境内分布有黑土、草甸土、水稻土、泛滥土和沼泽土。植被类型为榆树森林草原。主要的自然灾害为旱灾、内涝、早霜及水土流失，特别是干旱、大风和水土流失对农业和城市环境的危害比较严重。

3. 团结镇镇区绿地规划

（1）镇区绿化现状

对于镇区而言，各类绿地的覆盖面积及百分比见表8-1。

各类绿地的覆盖面积及百分比　　表8-1

绿地类型	覆盖面积（hm²）	百分比（%）
附属绿地	16.77	4.39
道路绿地	6.78	1.78
居住绿地	27.36	7.17
防护林（防护绿地）	14.09	3.69
河道绿地	48.64	12.74
农田	237.28	62.18
其他绿地	30.71	8.05
合计	381.62	100

注：其中的百分比为各类绿化覆盖面积占总的绿化覆盖面积的比例。

① 刘月琴，许大为，祝宁．城乡一体化小城镇绿地系统规划初探——以哈尔滨市团结镇为例．中国城市林业，2005，3：53-56.

从表 8-1 可知，各类绿地的总覆盖面积为 381.62hm²，其中农田占了 62.18%；镇区总用地面积为 688.5hm²，镇区的各类绿化覆盖面积占镇区总用地面积的 55.43%。城镇建成区绿地包括：道路绿地、防护林、附属绿地、居住绿地，城镇建成区面积为 628.63hm²，从而得出建成区绿化覆盖率为 10.4%，绿地率为 5.1%，缺乏公园绿地。各种类型的绿地斑块的比较如表 8-2 所示。

各种类型绿地斑块的比较 **表 8-2**

绿地类型	斑块数	平均面积（hm²）	最小面积（hm²）	最大面积（hm²）
附属绿地	32	0.52	0.0156	6.67
居住绿地	400	0.07	0.0005	1.55
道路绿地	58	0.12	0.0003	0.49
防护林	49	0.29	0.0070	2.55
河道绿地	45	1.08	0.0008	7.51
农田	37	6.57	0.0014	34.47
其他绿地	12	2.56	0.0852	12.62

从表 8-1 和表 8-2 可知对于镇区，不论是绿化覆盖面积还是斑块大小的比较，起主要作用的是农田和其他绿地（包括在镇区残存的林地斑块），以及河道绿地（镇区现状的阿什河段河道旁的原有绿地及绿地包围的水面）。但是出于聚集效应的考虑，农田绿地将从镇区慢慢退出，而残存的其他林地斑块，则应该尽量结合镇区公园绿地的建设得以保存。而对于镇区“面”上的绿化，居住绿地、附属绿地等也应该增加，这些小斑块可以增加小城镇的景观异质性，丰富景观。同时应加强镇区绿地廊道的建设，尤其是道路绿地和防护林的建设。

（2）镇区绿地规划

镇区近远期的绿地规划目标如表 8-3 所示。

镇区近远期的绿地规划目标 **表 8-3**

建设目标	现状（为覆盖面积）	近远期（2002—2007）（为绿地面积）	远期（2007—2020）（为绿地面积）
公园绿地面积	0	15.2hm²	50.1hm²
人均公园面积	0	4m²	6m²
居住绿地	27.4hm²	52.4 hm²	70.3hm²
道路绿地	6.8hm²	10.6 hm²	41.1hm²
附属绿地	16.8hm²	49.7hm²	70.2hm²
防护林	14.1hm²	29.3hm²	76.3hm²
生产绿地	0	0	10.2hm²
总的绿地面积	65.1hm²	157.2hm²	318.2hm²
总的绿地率	—	25%	35%
总绿化覆盖率	10.4%	30%	40%

注： 2002 年镇区实际居住人口为：2.4 万人；2020 年镇区规划居住人口为：8.3 万人。2020 年镇区规划面积为 923.58hm²，建设面积为 909.2hm²。

镇区的绿地系统规划如图 8-7 所示，其目标是到 2020 年，将镇区建设为“山清水秀，景色宜人，生态环境良好，集旅游、商住、工业于一体的功能齐全的新型卫星城镇”。通过防护林等带状的“绿色廊道”与镇域进行能流与物流的交流，形成整个镇域的绿色网络。具体规划如下：

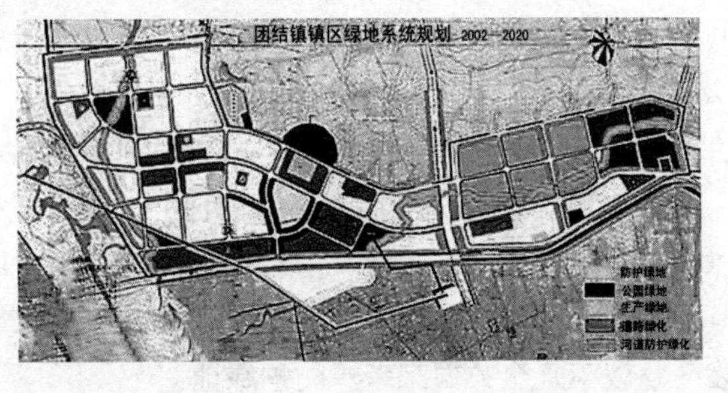

图 8-7 团结镇镇区绿地系统规划图（2002—2020）

1）公园绿地的规划

规划原则：充分利用现状条件，结合小城镇居民的生活特点，提升小城镇的文化特色，体现小城镇的城镇风貌。

①镇砖厂改造公园——闲置废弃地的生态恢复

在已停产的天恒山南面的三砖厂用地上建设成见证团结镇历史的“遗址公园”，规划面积为 19.41hm^2，成为天恒山生态旅游的一个重要景点，其服务的范围，不仅是小城镇镇域范围内居民，同时还辐射到哈尔滨市。

②户外休闲绿地——休闲公园

此公园主要服务于镇区及周围村屯的农民，安排在通往常胜村的道路与老哈同路交叉口处西北侧，规划面积为 8.3hm^2，因为镇区的居民点主要集中在镇区的西南方向，此绿地位于主要居民点，阿什河的支流从中穿过。

③带状公园

在进入镇区的主要道路两侧，即城镇的“门户”的位置，形成宽度在 10m 左右的带状绿地，营造能反映城镇文化与特色的带状公园，规划面积为 5.3hm^2。

④小区游园

小城镇居民的日常户外活动绝大多数是在房前屋后的空地活动，因此在新规划小区中提倡小区绿化宜以庭院绿化和小区游园绿地为主，贯彻均匀分布、就近服务的原则。小区游园面积宜小，以 1hm^2 以内为宜，服务半径为 300 ~ 500m，并配建相应的休闲游乐设施作为城镇居民户外活动的主要场所。

2）各类附属绿地规划

对于小城镇而言，应该以各类附属绿地为主。对于我国居民点系统而言，小城镇是属于城市范畴的，从而对于居住、道路、单位等的附属绿地的比例可以参考城市绿化条例的要求，再结合团结镇的具体特点来规划。如对于居住绿地，通过合理降低小区住宅的用地比例，提高公共设施的集约利用的方法来提高绿化用地。而对于单位附属绿地，则不宜占用大量的农田用于绿地的建设，可以通过"见缝插绿"和"立体绿化"的方法，弥补绿地面积的不足。

对于道路绿地而言，因为镇区小，居民的出行方式主要是步行或辅以自行车，镇区内交通污染不严重，从而在镇区路网、次级道路两侧种上一排行道树，而有条件的主要道路两侧可以种上两排行道树，道路绿化的普及率应该达到100%。

3）防护绿地规划

从镇区具体情况出发，从以下几个方面来考虑防护绿地：

①镇区50m宽的环镇绿带，既可以促进城乡间合理过渡，防止镇区"摊大饼"现象的出现，又可以使乡村景观向城市渗透，促进了城镇中生物多样性和自然属性的提高，从而使城乡间相互包容。

②在镇区的下风向，即四环路以东是工业园区，尽管从远期来看，污染工业将被迁出镇区，但当前还是以污染工业为主，因而在其与居民点之间营造50m宽的防护林。

③穿过镇区的阿什河在原有植被的基础上，建设宽10m以上的防护林，局部地段可以结合居民点的生活形成带状公园。

④高压线绿廊，根据电压伏数的不同设立相应的绿化廊道，在此绿廊中不种高大的乔木，以种灌木和草为主。

4）生产绿地规划

结合团结镇经济发展条件，在现有的果园基础上，建特色苗木基地。分期建设，结合多种经营以及花卉、特种苗木的生产，以满足哈尔滨市对园林绿化苗木的需要，同时支持镇区长远发展的需要。

二、案例2　石林路美邑村绿地系统规划

1. 绿地系统规划

绿化与水系是创造本地民族文化的重要载体，也是连接人与自然的纽带。规划水系与绿化网络的组织有利于提高规划区的环境品质，为游客提供健康舒适的游览环境。另外，将山水之美、自然之美、田园之美融为一体，对于体现地方特色也具有重要意义。

2. 规划指导思想

绿化配置应以路美邑本地树种为主，适当引进少量适生树种，以乔木为主，辅以草坪及花灌木形成地面的观赏层次，强化滨水绿化、自然坡地绿化、建筑垂直绿化和极富民族特色的庭院绿化，最终形成多层次、立体化的绿色景观。

沿水系绿化主要用垂柳以及荷花、睡莲、芦苇、鸢尾、茭瓜、唐菖蒲等水生、湿生植物，形成杨柳依依的景观效果，同时突出了"风荷韵致"的景观意境。

3. 规划原则

（1）树种种植原则

1）遵循适地适树的原则，充分运用地方乡土树种和当地常见绿化植物，以保证植物的良好生长，从而达到最佳的绿化效果。

2）在突出公共绿地主题植物风格的基础上，注意不同区域组团的植物选择，营造出不同风格、四季不同的植物景观。

(2) 主要功能区植物配置原则

植物配置应以整体、简洁、集中式配置为主，同时对各主要功能区则可视功能、区段的不同，采取相应的植物配置及景观环境营造手法。

4. 整体绿化景观系列

“一纵两横一环”的防护绿地系统，“一带三核多节点”的公园绿地系统。

一纵：即沿石林中路的纵向绿化防护带；

两横：即沿两条对外联系干道的横向绿化防护带；

一环：即规划区三大片区周围田园风光及防护绿地构成的外围绿环；

一带：即沿规划水系形成的南北向滨水绿化轴；

三核：即沿滨水绿化轴结合“风荷韵致”景观的营造形成的三个绿核；

多节点：即规划区内部形成多个公共活动绿地。

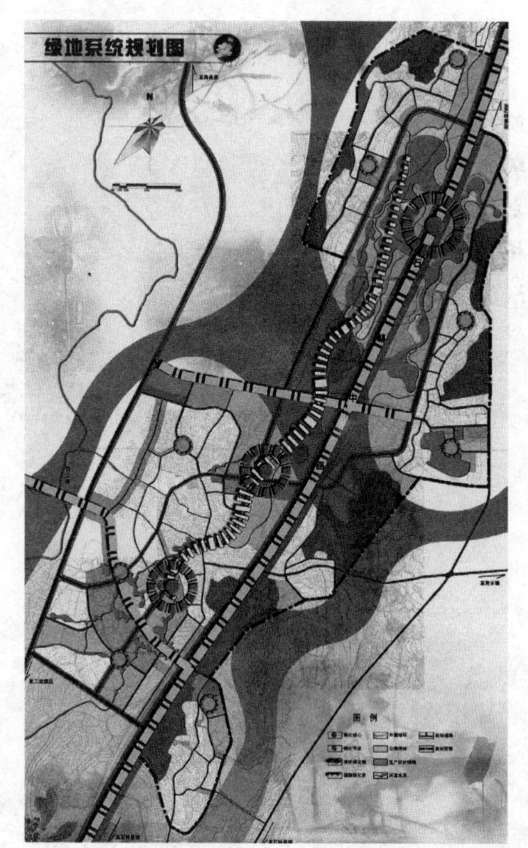

图 8-8 石林县路美邑镇堡子村绿地系统规划图（2002—2020）

本章小结

村镇绿地系统规划应该充分考虑当地的环境资源条件和生态环境容量，确定人们对能源、资源、土地等开发利用的限度，使生态环境自身净化能力和自生能力得到适度的控制使用，才能维护城镇生态系统的动态平衡。村镇绿地系统规划要突出地方特色，因地制宜，充分利用村镇的自然条件，以创造良好的城乡一体化的生态系统为核心，制定合理的规划指标、原则和布局结构，创建以自然山水为主的村镇绿地网络，形成具有生态效益、社会效益和经济效益的村镇绿地空间系统。本章根据村镇绿化的特点，概述了村镇绿地系统规划的原则、布局、结构以及编制要求、主要内容和编制程序。

复习思考题

1. 试分析村镇绿化的特点。
2. 简述村镇绿地系统规划的目的。
3. 村镇绿地系统规划的原则有哪些?
4. 村镇绿地系统种植规划的原则是什么?
5. 村镇绿地系统规划编制的主要内容有哪些?

插 图 索 引

编号	图名	插图来源	备注
图 1-1	人居环境示意图及五个子系统组合方式示意图	吴良镛《人居环境科学导论》，资料来源：C.A.Doxiadis.Ekistics:An Introduction to the Science of Human Swttlements，P22-23.	
图 1-2	人居环境系统模型	吴良镛《人居环境科学导论》P40，资料来源：C.A.Doxiadis.Ekistics，1976(5)，P246.	
图 1-3	以人与自然的协调为中心的人居环境系统	吴良镛《人居环境科学导论》，P47.	
图 1-4	人居环境科学研究基本框架	吴良镛《人居环境科学导论》，P71.	
图 1-5	开放的人居环境科学创造系统示意 ——人居环境科学的学术框架	吴良镛《人居环境科学导论》，P82.	
图 1-6	环境科学与其他学科的交融关系示意图	吴良镛《人居环境科学导论》，P89.	
图 1-7	坐落在希腊卫城山下的酒神古剧场	吴家骅《环境设计史纲》，P122.	
图 1-8	梯沃利哈德良离宫哈德良居所——"圆居"遗址	吴家骅《环境设计史纲》，P129.	
图 1-9	加贝阿伊阿庭园	许浩《国外城市绿地系统规划》，P2.	
图 1-10	凡尔赛宫平面图	吴家骅《环境设计史纲》，P166.	
图 1-11	英国风景式庭园	许浩《国外城市绿地系统规划》，P3.	
图 1-12	摄政公园平面图	许浩《国外城市绿地系统规划》，P4.	
图 1-13	伯肯黑德公园平面图	许浩《国外城市绿地系统规划》，P5.	
图 1-14	林苑位置图	许浩《国外城市绿地系统规划》，P7.	
图 1-15	纽约的城市布局	许浩《国外城市绿地系统规划》，P9.	
图 1-16	为游客使用提供的奥本山陵园规划图（1847 年左右）	查尔斯·A·伯恩鲍姆《美国景观设计的先驱》，P23.	
图 1-17	"绿色草原"方案	许浩《国外城市绿地系统规划》，P11.	
图 1-18	中央公园的立体交叉道路	许浩《国外城市绿地系统规划》，P11.	
图 1-19	中央公园的台地	查尔斯·A·伯恩鲍姆《美国景观设计的先驱》，P406.	
图 1-20	伊斯顿公园路	许浩《国外城市绿地系统规划》，P13.	
图 1-21	布法罗公园系统	许浩《国外城市绿地系统规划》，P13.	
图 1-22	芝加哥南部公园区规划	许浩《国外城市绿地系统规划》，P14.	
图 1-23	波士顿公地鸟瞰图	许浩《国外城市绿地系统规划》，P15.	
图 1-24	波士顿"翡翠项链"北部规划方案	查尔斯·A·伯恩鲍姆《美国景观设计的先驱》，P279.	
图 1-25	1883 年明尼阿波利斯公园系统规划	许浩《国外城市绿地系统规划》，P17,	
图 1-26	1923 年明尼阿波利斯公园系统格局	许浩《国外城市绿地系统规划》，P17.	
图 1-27	明尼阿波利斯公园面积变化	许浩《国外城市绿地系统规划》，P18.	
图 1-28	1910 年美国主要城市人均公园面积比较图	许浩《国外城市绿地系统规划》，P18.	
图 1-29	田园城市模式图	许浩《国外城市绿地系统规划》，P22.	
图 1-30	田园城镇群模式图	许浩《国外城市绿地系统规划》，P23.	
图 1-31	佩普勒的林荫道方案	许浩《国外城市绿地系统规划》，P23.	
图 1-32	阿萨·克罗方案	许浩《国外城市绿地系统规划》，P24.	
图 1-33	昂温的绿带方案	许浩《国外城市绿地系统规划》，P24.	
图 1-34	大伦敦区域规划（Greater London Plan）	许浩《国外城市绿地系统规划》，P24.	
图 1-35	伦敦发展规划中的绿带	许浩《国外城市绿地系统规划》，P25.	

续表

编号	图名	插图来源	备注
图 1-36	非城市建成区内各类用地面积（hm^2）	许浩《国外城市绿地系统规划》，P25.	
图 1-37	大波士顿区域公园系统	许浩《国外城市绿地系统规划》，P26.	
图 1-38	曼宁所作的全美景观规划图	卡尔·斯坦尼兹"景观设计思想发展史"，《中国园林》2001.6，P83.	
图 1-39	秦咸阳主要宫苑分布图	李铮生《城市园林绿地规划与设计》，P8.	
图 1-40	南朝建康主要宫苑分布示意图	冯钟平《中国园林建筑》，P8.	
图 1-41	唐大明宫重要建筑遗址实测图	冯钟平《中国园林建筑》，P9.	
图 1-42	清代北京西郊园林分布示意图	冯钟平《中国园林建筑》，P18.	
图 1-43	圆明园大宫门—九洲景区平面图	冯钟平《中国园林建筑》，P123.	
图 1-44	合肥市环城公园系统结构布局图	束晨阳"城市河道景观设计模式探析"《中国园林》1999.1，P9.	
图 1-45	基于改进方案的城市绿地系统的总体可达性分级图	俞孔坚等"景观可达性作为衡量城市绿地系统功能指标的评价方法与案例"《城市规划》1999.8，P11.	
图 1-46	邯郸绿地系统规划图	江保山等"构建生态绿网，塑造古赵文化—邯郸市城市绿地系统规划特色分析"《中国园林》2004.7，P74.	
图 1-47	登封城区绿地系统结构图	栾春凤等"登封市城市绿地系统规划探讨"《中国园林》2004.9，P72.	
图 2-1	地球生物圈、人居环境与生态绿地系统的空间共轭关系		
图 2-2	人居环境绿地系统空间构成的理论框架及其系统定位		
图 2-3	人居环境绿地系统规划是多学科融贯的学科体系		
图 2-4	北京城区八个区每公顷绿地绿量、乔木株数、年滞尘量的关系	陈自新等"北京城市园林绿化生态效益的研究(3)"专题《中国园林》1998.3，P56）.	
图 2-5	居住区不同地段空气中细菌的含量图	徐文辉《城市园林绿地系统规划》，P15.	
图 2-6	某绿化环境中的气温测定比较图	徐文辉《城市园林绿地系统规划》，P17.	
图 2-7	城市绿地调控气流	徐文辉《城市园林绿地系统规划》，P18（重新编画）.	
图 2-8	城市防声林示意及减噪效果	徐文辉《城市园林绿地系统规划》，P19（重新编画）.	
图 2-9	树木的蓄水保土作用	徐文辉《城市园林绿地系统规划》，P21（重新编画）.	
图 2-10	北海公园	http://www.chinactc.net/Destinations/ShowPic.asp?PicPath=/ADMIN/Destination/UpImage/2006-8-4/20068412472444868.jpg&pictitle=北京-鸟瞰北海公园	

续表

编号	图名	插图来源	备注
图 2-11	故宫	http://hiphotos.baidu.com/qqlmy/pic/item/f3a191ca7863e797c817681f.jpg	
图 2-12	桂林	http://image.baidu.com/i?ct=503316480&z=3&tn=baiduimagedetail&word=%C4%F1%EE%AB%B9%F0%C1%D6&in=18033&cl=2&cm=1 &sc=0&lm=-1&pn=37&rn=1&di=2576050692&ln=61	
图 2-13	青岛（一）	http://hi.baidu.com/hfmfc/album/item/d747d124f8ab5b21c9955970.html	
图 2-14	青岛（二）	http://www.fgly.cn/bbs/viewthread.php?tid=129253	
图 2-15	西山"睡美人"	http://www.zghncy.cn/read.php?tid=18261	
图 2-16	丽江	http://www.lao5.com/view/6593/77/	
图 2-17	周庄	http://www.s137.com/pic/2006-9/2007-09/20071108014.htm	
图 2-18	森林群落	http://www.ppzy.net/Wallpaper/View.asp?ImageID=440&NumID=22707&seq=	
图 2-19	黄山迎客松	http://www.jxhaiyang.com/	
图 2-20	金秋银杏	http://www.bjeos.com/bbs/viewthread.php?tid=471	
图 2-21	香山红叶	http://hi.baidu.com/louhoulouhou/album/item/6584f32cbde5e2fc8a1399c7.html （中华美景）	
图 2-22	林荫路	http://photo.goodoon.com/stA_photo/show/29686/	
图 2-23	上海滨水景观带	http://www.qicaise.com/photo/6790.html	
图 2-24	天坛	http://blog.elhx.com/u/389/rss2.Xml	
图 2-25	南京中山陵	http://hi.baidu.com/zjr118/album/item/1efa8158913be88d810a186d.html （南京中山陵）	
图 2-26	苏州拙政园	http://hi.baidu.com/jerry_l/album/item/92f982af1b62e6c17dd92af8.html	
图 2-27	深圳湾	http://hi.baidu.com/ 随心小菊 /album/item/cf203eaf1fe8c4f6faed5073.html	
图 2-28	人居环境绿地系统等级结构示意图		
图 2-29	力、结构和形态	吴良镛《人居环境科学导论》，P289，资料来源：C.A. Doxiadis. Ekistics: An Introduction to the Science of Human Settlements，P336.	
图 2-30	中心力作用下的形态	吴良镛《人居环境科学导论》，P290，资料来源：C.A. Doxiadis. Ekistics: An Introduction to the Science of Human Settlements，P336.	
图 2-31	区域力作用下的形态	吴良镛《人居环境科学导论》，P290，资料来源：C.A. Doxiadis. Ekistics: An Introduction to the Science of Human Settlements，P337.	
图 2-32	桂林自然山水城的分析	吴良镛，2001.	
图 2-33	三种基本的聚居形态	吴良镛《人居环境科学导论》，P290，资料来源：C.A. Doxiadis. Ekistics: An Introduction to the Science of Human Settlements，P337.	
图 2-34	合成的结构与形态	吴良镛《人居环境科学导论》，P292，资料来源：C.A. Doxiadis. Ekistics: An Introduction to the Science of Human Settlements，P338-339.	

续表

编号	图名	插图来源	备注
图 3-1	整体与中心形态模式		
图 3-2	带形形态模式		
图 3-3	组合形态模式		
图 3-4	各种类型规划叠加基础上的绿地系统规划布局图	（英）汤姆．特纳《景观规划与环境影响设计》，P134.	
图 3-5	四种基本景观类型（Forman and Godron，1986 年）	肖笃宁等《景观生态学》，P52.	
图 3-6	部分景观格局类型（Zonneveld，1995 年）	肖笃宁等《景观生态学》，P53.	
图 3-7	六种开敞空间模型（Turner，1987 年）	姜允芳《城市绿地系统规划理论与方法》，P51.	
图 3-8	按"集中与分散相结合原则"设计的理想景观模式	肖笃宁等《景观生态学》，P54.	
图 3-9	人居环境绿地系统体系规划流程图		
图 3-10	生态适宜性分析的七步法	刘康，李团胜《生态规划——理论、方法与应用》，P55.	
图 3-11	土地利用生态适宜性评价的分析程序	刘康，李团胜《生态规划——理论、方法与应用》，P55.	
图 3-12	形态分析法的基本过程	刘康，李团胜《生态规划——理论、方法与应用》，P57.	
图 3-13（*a*）	生态重要因素分析图（基岩地质）	伊恩·伦诺克斯·麦克哈格，芮经纬译，《设计结合自然》，P127.	
图 3-13（*b*）	生态重要因素分析图（地表地质）	同上	
图 3-13（*c*）	生态重要因素分析图（水文）	同上	
图 3-13（*d*）	生态重要因素分析图（土壤排水环境）	同上	
图 3-13（*e*）	生态重要因素分析图（土地利用现状）	伊恩·伦诺克斯·麦克哈格，芮经纬译，《设计结合自然》，P128.	
图 3-13（*f*）	生态重要因素分析图（历史上的地标）	同上	
图 3-13（*g*）	生态重要因素分析图（地貌特征）	同上	
图 3-13（*h*）	生态重要因素分析图（潮汐侵蚀区域）	同上	
图 3-13（*i*）	生态重要因素分析图（地质特征）	同上	
图 3-13（*j*）	生态重要因素分析图（地质剖面）	同上	
图 3-13（*k*）	生态重要因素分析图（现有植被）	伊恩·伦诺克斯·麦克哈格，芮经纬译，《设计结合自然》，P129.	
图 3-13（*l*）	生态重要因素分析图（森林：生态的群落）	同上	
图 3-13（*m*）	生态重要因素分析图（现有野生生物生存环境）	同上	
图 3-13（*n*）	生态重要因素分析图（森林：现有质量）	同上	
图 3-13（*o*）	生态重要因素分析图（坡度）	同上	
图 3-13（*p*）	生态重要因素分析图（土壤限制因素：基础）	同上	
图 3-13（*q*）	生态重要因素分析图（土壤限制因素：水位）	同上	
图 3-13（*r*）	生态重要因素分析图（土壤：最大—最小冲蚀）	伊恩·伦诺克斯·麦克哈格，芮经纬译，《设计结合自然》，P132.	
图 3-13（*s*）	生态重要因素分析图（土壤：最小—最大冲蚀）	同上	
图 3-14	保护地区图	伊恩·伦诺克斯·麦克哈格，芮经纬译，《设计结合自然》，P133.	
图 3-15（*a*）	游憩因子分析图（有历史意义的地貌）	伊恩·伦诺克斯·麦克哈格，芮经纬译，《设计结合自然》，P134.	
图 3-15（*b*）	游憩因子分析图（现有森林质量）	同上	
图 3-15（*c*）	游憩因子分析图（自然沼泽地质量）	同上	

续表

编号	图名	插图来源	备注
图 3-15(*d*)	游憩因子分析图（海滩质量）	同上	
图 3-15(*e*)	游憩因子分析图（河流质量）	同上	
图 3-15 (*f*)	游憩因子分析图（滨水的野生生物价值）	同上	
图 3-15(*g*)	游憩因子分析图（潮间生长环境价值）	同上	
图 3-15(*h*)	游憩因子分析图（地质特征价值）	同上	
图 3-15 (*i*)	游憩因子分析图（地貌特征价值）	同上	
图 3-15 (*j*)	游憩因子分析图（风景价值（土地））	同上	
图 3-15(*k*)	游憩因子分析图（风景价值（水面））	同上	
图 3-15 (*l*)	游憩因子分析图（生态群落价值）	同上	
图 3-16	积极性游憩适合度	伊恩·伦诺克斯·麦克哈格，芮经纬译，《设计结合自然》，P136.	
图 3-17	消极性游憩适合度	同上	
图 3-18	游憩地区	同上	
图 3-19	居住适合度	伊恩·伦诺克斯·麦克哈格，芮经纬译，《设计结合自然》，P137.	
图 3-20	城市化不适合度	同上	
图 3-21	城市化地区	同上	
图 3-22	保护一游憩一城市化地区适合度综合图	伊恩·伦诺克斯·麦克哈格，芮经纬译，《设计结合自然》，P139.	
图 3-23	人居环境绿地系统规划评价指标体系三层次		
图 4-1	DSS 结构示意图	张国锋《管理信息系统》机械工业出版社，2004.	
图 4-2	调查工艺流程图	方懿 QuickBird 遥感影像在绿地调查中的应用《四川林勘设计》2006 年 3 月第 1 期	
图 4-3	福州市地表热场分布遥感影像图	http://www.fzkcy.com	
图 4-4	土地适应性评价过程图		
图 4-5	GIS 图库建立程序	周红妹，丁金才，徐一鸣 黄家鑫城市热岛效应与绿地分布的关系监测和评估《上海农业学报》2002，18（2）.	
图 4-6	绿线控制图	http://zf.nynews.gov.cn/Article/Print.asp?ArticleID=793	
图 4-7	数字坡度图	http://www.fzkcy.com	
图 4-8	通视分析	http://www.esrichina-bj.cn	
图 4-9	通视图	http://www.esrichina-bj.cn	
图 4-10	可通视范围	http://www.esrichina-bj.cn	
图 4-11	绿地系统评价框架图		
图 4-12	生态效益评价流程图	李满春，周丽彬，毛亮 基于 RS、GIS 的城市绿地生态效益评价与预测模型《中国环境监测》2003 年 6 月 第 19 卷 第 3 期.	

续表

编号	图名	插图来源	备注
图 5-1	高度密集的城市景观	http://www.haotuku.com/fengjing/guowai/meiguo/html/321mi.html	
图 5-2	大伦敦范围	邹军《都市圈规划》, P21.	
图 5-3	南京都市圈	邹军《都市圈规划》, P8.	
图 5-4	首尔都市圈空间结构	邹军《都市圈规划》, P23.	
图 5-5	荷兰兰斯塔德城市群		
图 5-6	德国莱茵—鲁尔城市集聚区	周春山《城市空间结构与形态》, P103.	
图 5-7	珠三角城镇群空间结构	邹军《都市圈规划》, P16.	
图 5-8	日本东海道太平洋沿岸大都市连绵带	周春山《城市空间结构与形态》, P147.	
图 5-9	改善人居环境的典型案例	http://www.gzce.cn/txshow.aspx?muid=322&id=23	
图 5-10	大伦敦"绿带"规划		
图 5-11	1965 年前后东京规划的变化		
图 5-12	湿地景观	http://www.tupianz.com/fengjing/guowai/helan/2953_1.htm	
图 5-13	莱茵河沿岸小城镇山水景观空间优化人居生态环境	http://www.cctcct.com/scenery_abroad_show.asp?SceneryID=6344	
图 5-14	面积较大的林地可视为绿地景观"基质"	http://www.xjdoz.com/piczhs.asp?ws=	
图 5-15	面积较大的湿地可视为绿地景观"基质"	http://www.cts.cn/iask/jindain/5464.html	
图 5-16	河流廊道	http://www.xjdoz.com/piczhs.asp?ws= 风景欣赏	
图 5-17	巴黎环城绿带总图		
图 5-18	荷兰兰斯塔德"绿心"		
图 5-19	华盛顿放射"楔形"绿地结构		
图 5-20	莫斯科绿带结构		
图 5-21	哥本哈根绿带结构		
图 5-22	城镇集聚区域绿地系统规划技术路线图		
图 5-23	苏锡常都市圈绿化系统现状图	邹军《都市圈规划》, P194.	
图 5-24	苏锡常都市圈绿化系统规划结构图	邹军《都市圈规划》, P195.	
图 5-25	苏锡常都市圈绿化系统规划总图	邹军《都市圈规划》, P200.	
图 5-26	苏州市周边地区绿化布局规划图	邹军《都市圈规划》, P197.	
图 5-27	无锡市周边地区绿化布局规划图	邹军《都市圈规划》, P198.	
图 5-28	常州市周边地区绿化布局规划图	邹军《都市圈规划》, P198.	
图 5-29	苏锡常都市圈绿化系近期建设图(2003 年)	邹军《都市圈规划》, P200.	
图 5-30	兰斯塔德的发展	周春山《城市空间结构与形态》, P106.	
图 5-31	绿心中的农用地	http://club.it.sohu.com/r-zhjj-106225-2-0-0.html	
图 5-32	河流湿地	http://www.pcpop.com/desk/84571_182311.html	

续表

编号	图名	插图来源	备注
图 6-1	自然保护区	http://www.makee.cn/enjoy/landscape/8/11.htm	
图 6-2	森林公园	http://www.hnfhgc.com/jddy/zjj/zjj26.html	
图 6-3	农田	http://bbs.woku.com/thread-82236-1-1.html 2264	
图 6-4	防护林带	http://news.aweb.com.cn/2006/7/20/10132232.htm	
图 6-5	城市公园优良环境使海鸥每年迁徙至此过冬	http://news.tom.com/Archive/1006/2003/2/8-23098.html	
图 6-6	城市公园的优良生境内使放养的猴有较好的生存环境	http://ct.17u.com/destination/s2348cid90053669.html	
图 6-7	农用地景观（一）	http://sports.tom.com/1018/1034/200562-615930.html	
图 6-8	农用地景观（二）	http://p2.iecool.com/show/89/6126.htm	
图 6-9	城市公园成为居民休闲的场所	http://trip.ungou.com/5201.html	
图 6-10	郊外公园	http://travelguide.sunnychina.com/travel_image/2442/41219/2	
图 6-11	城市滨水廊道改善城市绿地网络结构	http://www.0851.us/club/viewthread.php?tid=1714&authorid=0&page=2	
图 6-12	无锡沿湖山体绿带	http://www.tour517.cn/cp.php?catid=357&nowmenuid=2973&cpath=0314:0357:	
图 6-13	无锡沿湖景观	http://club.it.sohu.com/r-zhjj-165716-0-0-0.html	
图 6-14	城郊山水绿化空间	http://gzly.cn168.cn/mjfy/zsveiw.asp?id=268	
图 6-15	城市湖泊成为涵养水源、构建完善林网水网的重要组成部分	http://www.gzce.cn/txgzfy.aspx?mid=603&lmid=636	
图 6-16	市域绿地系统规划程序图		
图 6-17	浦东新区生态敏感区分类图	《城市生态敏感区定义、类型与应用实例》，P101.	
图 6-18	上海市绿化系统规划图	上海市绿化系统规划（2002—2020）上海市中心城公共绿地规划（2002—2020）.	张浪．特大型城市绿地系统布局结构及其构建研究——以上海为例 [D]. 南京：南京林业大学博士学位论文，2007，6.
图 6-19	上海市中心城总体规划图——中心城绿地规划图	上海市绿化系统规划（2002—2020）上海市中心城公共绿地规划（2002—2020）.	同上
图 6-20	上海郊区林地规划与实施比较	上海绿地系统规划建设后评估（讨论稿）. 上海市城市规划设计研究院，2006.12.	同上
图 6-21	上海绿化林业“核、环、廊、楔、网”的布局模式	上海城乡一体化绿化系统规划研究．上海绿化管理局2005 年科学技术项目，编号：ZX060102.	同上
图 6-22	河源市市域绿地系统规划结构图	《市域绿地系统规划浅析———以广东河源》（华南师范大学学报（自然科学版）），P118.	
图 6-23	文山县绿化规划流程图		
图 6-24	文山县县域绿化分布现状图		

续表

编号	图名	插图来源	备注
图 6-25	文山县县域生态绿地系统规划图		
图 7-1	城市公园		
图 7-2	校园绿地		
图 7-3	广场绿地	http://www.cjj.dl.gov.cn/info/157811_158777.htm	
图 7-4	花圃	http://www.xiaofeiqg.cn/ShopDetail.aspx?UserName=beileihuahuiliyiyouxiangongsi	
图 7-5	樟子松防护林	http://www.01lh.com/webPage/treeFine.asp?id=95	
图 7-6	公园级配模式	徐文辉《城市园林绿地系统规划》，P104.	
图 7-7	北京曙光公园总平面图	白伟岚等．落实城市公园在城市防灾体系中的作用——以北京曙光防灾公园设计方案为例 [J]．中国园林，2006，(9)：16.	
图 7-8	北京曙光公园功能分区图	白伟岚等．落实城市公园在城市防灾体系中的作用——以北京曙光防灾公园设计方案为例 [J]．中国园林，2006，(9)：17.	
图 7-9	北京曙光公园灾时功能分区图	白伟岚等．落实城市公园在城市防灾体系中的作用——以北京曙光防灾公园设计方案为例 [J]．中国园林，2006，(9)：17.	
图 7-10	公园入口广场及大门平面布置形式	洪得娟．景观建筑 [M]．上海：同济大学出版社，1999：194.	
图 7-11	西双版纳热带花卉园入口广场及大门平面布置形式		
图 7-12	纽约的布赖恩特公园平面图	[加] 艾伦·泰特．城市公园设计 [M]. 周玉鹏，肖季川，朱青模译．北京：中国建筑工业出版社，2005：25.	
图 7-13	城市公园·汉堡总平面图	[加] 艾伦·泰特．城市公园设计 [M]. 周玉鹏，肖季川，朱青模译．北京：中国建筑工业出版社，2005：106.	
图 7-14	伦敦的摄政王公园平面图	[加] 艾伦·泰特．城市公园设计 [M]. 周玉鹏，肖季川，朱青模译．北京：中国建筑工业出版社，2005：85.	
图 7-15	儿童游戏的基本动作图	洪得娟．景观建筑 [M]．上海：同济大学出版社，1999：233.	
图 7-16	花架		
图 7-17	休闲漫步区		
图 7-18	围绕树池的休息坐凳		
图 7-19	休息亭及花架		
图 7-20	休息亭		
图 7-21	观景平台		
图 7-22	纽约布鲁克林的景色公园总平面图	[加] 艾伦·泰特．城市公园设计 [M]. 周玉鹏，肖季川，朱青模译．北京：中国建筑工业出版社，2005：124	
图 7-23	无锡蠡湖湖滨公园总平面图	金龙撰文．陶然译．城市空间和回归自然的双赢 [J]．中国园林，2007，Vol.23/134(2)：34.	

续表

编号	图名	插图来源	备注
图 7-24 (*a*)	西双版纳热带花卉园（一）(*a*) 百草园		
图 7-24 (*b*)	西双版纳热带花卉园（一）(*b*) 南美紫茉莉园		
图 7-24 (*c*)	西双版纳热带花卉园（一）(*c*) 水生植物园		
图 7-24 (*d*)	西双版纳热带花卉园（一）(*d*) 百花园		
图 7-25	西双版纳热带花卉园总平面图		
图 7-26 (*a*)	西双版纳热带花卉园（二）(*a*) 树木园		
图 7-26 (*b*)	西双版纳热带花卉园（二）(*b*) 百花园		
图 7-26 (*c*)	西双版纳热带花卉园（二）(*c*) 引种植物区		
图 7-26 (*d*)	西双版纳热带花卉园（二）(*d*) 科研区		
图 7-27	西双版纳热带花卉园的功能分区图		
图 7-28 (*a*)	昆明动物园 (*a*) 草食动物区		
图 7-28 (*b*)	昆明动物园 (*b*) 大象馆		
图 7-28 (*c*)	昆明动物园 (*c*) 孔雀园		
图 7-28 (*d*)	昆明动物园 (*d*) 肉食动物区		
图 7-28 (*e*)	昆明动物园 (*e*) 水禽区		
图 7-29 (*a*)	非洲国家公园 (*a*) 全景		
图 7-29 (*b*)	非洲国家公园 (*b*) 火烈鸟		
图 7-29 (*c*)	非洲国家公园 (*c*) 鸟类		
图 7-29 (*d*)	非洲国家公园 (*d*) 犀牛		
图 7-29 (*e*)	非洲国家公园 (*e*) 长颈鹿		
图 7-29 (*f*)	非洲国家公园 (*f*) 象群		
图 7-30	德国柏林动物园总平面图	贾建中．城市绿地规划设计 [M]．北京：中国林业出版社，2001：153.	
图 7-31	上海动物园总平面图	贾建中．城市绿地规划设计 [M]．北京：中国林业出版社，2001：148.	
图 7-32	台北市立动物园总平面图	贾建中．城市绿地规划设计 [M]．北京：中国林业出版社，2001：150.	
图 7-33	美国圣迭戈动物园平面图	贾建中．城市绿地规划设计 [M]．北京：中国林业出版社，2001：156.	
图 7-34	广州动物园总平面图	贾建中．城市绿地规划设计 [M]．北京：中国林业出版社，2001：161.	
图 7-35	游憩林荫道的平面布置形式		
图 7-36	奥姆斯特德设计的休闲公园道	俞孔坚，李迪华．城市景观之路——与市长们交流 [M]．北京：中国建筑工业出版社，2003：162.	
图 7-37	温榆河生态驳岸设计	陈跃中，袁松亭．新北京的时代地标——温榆河生态走廊（朝阳段）规划设计 [J]．中国园林，2004，(9)：12.	
图 7-38	温榆河生态景观规划总平面图	陈跃中，袁松亭．新北京的时代地标——温榆河生态走廊（朝阳段）规划设计 [J]．中国园林，2004，(9)：8.	
图 7-39	温榆河生态景观规划图	资料来源：陈跃中，袁松亭．新北京的时代地标——温榆河生态走廊（朝阳段）规划设计 [J]．中国园林，2004，(9)：9.	

续表

编号	图名	插图来源	备注
图 7-40	温榆河主题景观规划图	陈跃中，袁松亭．新北京的时代地标——温榆河生态走廊(朝阳段)规划设计 [J]．中国园林，2004，(9)：10-11.	
图 7-41	居住区公园绿地		
图 7-42	居住小区游园		
图 7-43	居住组团绿地		
图 7-44	宅旁绿地		
图 7-45	道路绿带名称示意图	http://www.gardenonline.net/chinese/fagui/faguidetail.asp?articleno=A00000005323	
图 7-46	一板二带式		
图 7-47	二板三带式		
图 7-48	三板四带式		
图 7-49	四板五带式		
图 7-50	城市广场（一）	http://www.xdtrip.com/news/list.asp?classid=66	
图 7-51	城市广场（二）	http://travel.kooxoo.com/819887/kxtn9p0	
图 7-52	校园入口广场绿地（一）		
图 7-53	校园入口广场绿地（二）		
图 7-54	校园中心广场绿地		
图 7-55	教学区绿地（一）		
图 7-56	教学区绿地（二）		
图 7-57	校园办公区绿化		
图 7-58	某医院绿化	http://www.21jk.com.cn/common/hospital/hospitalcontent.asp?recordid=1134	
图 7-59	北京小汤山疗养院	http://www.icktrip.com/travel_site/pic.aspx?tsid=101656	
图 7-60	某单位大楼前绿化	http://www.ynimage.com/picsystem/type.asp?id=253	
图 7-61	成都市主城区绿地系统规划结构图	谢玉常，张子祥，李健．"清波绿林抱重城，锦城花郭入画图"——成都市绿地系统规划 [J]．中国园林，2005，(12)：33.	
图 7-62	成都市中心城绿地分类规划图	谢玉常，张子祥，李健．"清波绿林抱重城，锦城花郭入画图"——成都市绿地系统规划 [J]．中国园林，2005，(12)：34.	
图 7-63	东营市中心城水系绿地系统规划图	刘海美，赵会才．发挥湿地资源优势，彰显城市生态特色——结合"湿地之城"东营市水系及绿地系统规划 [J]．中国园林，2005，(12)：43.	
图 7-64	东营市斑块系统规划图	刘海美，赵会才．发挥湿地资源优势，彰显城市生态特色——结合"湿地之城"东营市水系及绿地系统规划 [J]．中国园林，2005，(12)：43.	

续表

编号	图名	插图来源	备注
图 7-65	东营市森林公园总体规划图	刘海美，赵会才．发挥湿地资源优势，彰显城市生态特色——结合“湿地之城”东营市水系及绿地系统规划 [J]．中国园林，2005，(12)：43．	
图 7-66	东营市观海栈桥旅游景区规划图	刘海美，赵会才．发挥湿地资源优势，彰显城市生态特色——结合“湿地之城”东营市水系及绿地系统规划 [J]．中国园林，2005，(12)：44．	
图 7-67	东营市湿地公园景色	刘海美，赵会才．发挥湿地资源优势，彰显城市生态特色——结合“湿地之城”东营市水系及绿地系统规划 [J]．中国园林，2005，(12)：44．	
图 7-68	综合评价图		
图 7-69	城区绿化系统规划图		
图 7-70	绿地景观系统关系层次框图		
图 7-71	城区景观系统规划示意图		
图 7-72	城区绿化步行系统规划图		
图 7-73	城区绿化与防灾示意图		
图 8-1	斯考兰种植规划	郭焕成，吕明伟，任国柱．休闲农业园区规划设计 [M]. 北京：中国建筑工业出版社，2007: 57.	
图 8-2	村镇绿化环境	郭焕成，吕明伟，任国柱．休闲农业园区规划设计 [M]. 北京：中国建筑工业出版社，2007: 160.	
图 8-3	牧场中的休闲广场	郭焕成，吕明伟，任国柱．休闲农业园区规划设计 [M]. 北京：中国建筑工业出版社，2007: 161.	
图 8-4	村镇绿化中的乡土景观	郭焕成，吕明伟，任国柱．休闲农业园区规划设计 [M]. 北京：中国建筑工业出版社，007: 162.	
图 8-5	葡萄长廊	郭焕成，吕明伟，任国柱．休闲农业园区规划设计 [M]. 北京：中国建筑工业出版社，2007: 111.	
图 8-6	团结镇区位	刘月琴，许大为，祝宁．城乡一体化小城镇绿地系统规划初探——以哈尔滨市团结镇为例．中国城市林业，2005，3:53-56.	
图 8-7	团结镇镇区绿地系统规划图 (2002—2020)	刘月琴，许大为，祝宁．城乡一体化小城镇绿地系统规划初探——以哈尔滨市团结镇为例．中国城市林业 .2005，3:53-56.	
图 8-8	石林县路美邑镇堡子村绿地系统规划图（2002—2020）	《石林路美邑镇堡子村控制性详细规划及修建性详细规划》，2007.1.	

参考文献

[1] 艾伦·泰特．城市公园设计 [M]. 周玉鹏，肖季川，朱青模译．北京：中国建筑工业出版社，2005.

[2] 曹伟．城市·建筑的生态图景 [M]. 北京：中国电力出版社，2006.

[3] 曹伟．城市生态安全导论 [M]. 北京：中国建筑工业出版社，2004.

[4] 查尔斯·A·伯恩鲍姆，罗宾·卡尔森．美国景观设计的先驱 [M]. 孟雅凡，俞孔坚译．北京：中国建筑工业出版社，2003.

[5] 陈秉钊．可持续发展中国人居环境 [M]. 北京：科学出版社，2003.

[6] 陈传康，伍光和，李昌文．综合自然地理学 [M]. 北京：高等教育出版社，2002.

[7] 程建权．城市系统工程 [M]. 武汉：武汉大学出版社，1999.

[8] 冯学智，都金康．数字地球导论 [M]. 北京：商务印书馆，2004 .

[9] 冯钟平．中国园林建筑 [M]. 北京：清华大学出版社，1988.

[10] 傅伯杰，陈利顶等．景观生态学原理及应用 [M]. 北京：科学出版社，2003.

[11] 戈峰．现代生态学 [M]. 北京：科学出版社，2004.

[12] 顾祖宜，周芭文．卫生防护林带对周围空气的净化作用．冯采芹编．绿化环境效应研究 [M]. 北京：中国环境科学出版社，1992.

[13] 郭焕成，吕明伟，任国柱．休闲农业园区规划设计 [M]. 北京：中国建筑工业出版社，2007.

[14] 国家环境保护局．小城镇环境规划编制技术指南 [M]. 北京：中国环境科学出版社，2002

[15] 国家林业局等．中国湿地行动保护计划 [M]. 中国林业出版社，2000.

[16] 洪得娟．景观建筑 [M]. 上海：同济大学出版社，1999.

[17] 侯碧清，张正佳，易仕林．城市绿地景观与生态园林城市建设 [M]. 长沙：湖南大学出版社，2005.

[18] 胡长龙．城市园林绿化设计 [M]. 上海：上海科学出版社，2003.

[19] 胡长龙．园林规划设计 [M]. 北京：中国农业出版社，2002.

[20] 胡兆量等．中国文化地理纲要 [M]. 北京：人民教育出版社，2005.

[21] 黄光宇，陈勇．生态城市理论与规划设计方法 [M]. 北京：科学出版社，2004.

[22] 贾建中．城市绿地规划设计 [M]. 北京：中国林业出版社．2001.

[23] 简·雅各布斯．美国大城市的死与生 [M]. 金衡山译．南京：译林出版社，2005.

[24] 姜允芳．城市绿地系统规划理论与方法 [M]. 北京：中国建筑工业出版社，2006.

[25] 鞠美庭，王勇．生态城市建设的理论与实践 [M]. 北京：化学工业出版社，2007.

[26] 李敏．城市绿地系统与人居环境规划 [M]. 北京：中国建筑工业出版社，2005.

[27] 李敏．现代城市绿地系统规划 [M]. 北京：中国建筑工业出版社，2005.

[28] 李铮生．城市园林绿地规划与设计 [M]. 第 2 版．北京：中国建筑工业出版社，2007.

[29] 杨守国编著．工矿企业园林绿地设计 [M]. 北京：中国林业出版社，2000.

[30] 梁永基，王莲清．机关单位园林绿地设计 [M]. 北京：中国林业出版社，2001.

[31] 刘康，李团胜．生态规划——理论、方法与应用 [M]. 北京：化学工业出版社，2004.

[32] 刘晓明，王欣．公共绿地景观设计 [M]. 北京：中国建筑工业出版社，2003.

[33] 冯采芹．绿化环境效应研究 [M]. 北京：中国环境科学出版社，1992.
[34] 陆守一．地理信息系统 [M]. 北京：高等教育出版社，2004.
[35] 齐康，东南大学建筑系，东南大学建筑研究所．城市环境规划设计与方法 [M]. 北京：中国建筑工业出版社，1997.
[36] 秦耀辰，钱乐祥，千怀遂，马建华．地球信息科学引论 [M]. 北京：科学出版社，2004.
[37] 阮仪三．城市建设与规划基础理论 [M]. 天津：天津科学技术出版社，1992.
[38] 沈清基．城市生态与城市环境 [M]. 上海：同济大学出版社，2003.
[39] 史忠植．知识工程 [M]. 北京：清华大学出版社，1988.
[40] 宋迎昌．都市圈：从实践到理论的思考 [M]. 北京：中国环境科学出版社，2003.
[41] 谭纵波．城市规划 [M]. 北京：清华大学出版社，2005 .
[42] 汤姆·特纳．景观规划与环境影响设计 [M]. 王珏译．北京：中国建筑工业出版社，2006.
[43] 同济大学，重庆建筑工程学院，武汉城建学院．城市园林绿地规划 [M]. 北京：中国建筑工业出版社，2000.
[44] 王浩．城市生态园林与绿地系统规划 [M]. 北京：中国林业出版社，2003.
[45] 邬伦．地理信息系统 [M]. 北京：高等教育出版社，1995.
[46] 吴必虎．区域旅游规划原理 [M]. 北京：中国旅游出版社，2001.
[47] 吴良镛．人居环境科学导论 [M]. 北京：中国建筑工业出版社，2002.
[48] 肖笃宁，李秀珍．景观生态学 [M]. 北京：科学出版社，2005.
[49] 谢跟踪 .GIS 在区域生态环境信息系统研究中的应用 [M]. 北京：中国环境科学出版社，2004.
[50] 徐坚，周鸿．城市边缘区（带）生态规划建设 [M]. 北京：中国建筑工业出版社，2005.
[51] 徐文辉．城市园林绿地系统规划 [M]. 武汉：华中科技大学出版社，2007
[52] 许浩．国外城市绿地系统规划 [M]. 北京：中国建筑工业出版社，2003.
[53] 许学强．城市地理学 [M]. 北京：高等教育出版社，1997 .
[54] 杨赉丽．城市园林绿地规划 [M]. 第 2 版．北京：中国林业出版社，2006.
[55] 姚士谋．中国的城市群 [M]. 北京：中国科技大学出版社，1992.
[56] 伊恩·伦诺克斯·麦克哈格．设计结合自然 [M]. 芮经纬译．天津：天津大学出版社，2006.
[57] 尹公．城市绿地建设工程 [M]. 北京：中国林业出版社，2001.
[58] 俞孔坚，李迪华．城市景观之路——与市长们交流 [M]. 北京：中国建筑工业出版社，2003.
[59] 郁鸿胜．崛起之路：城市群发展与制度创新 [M]. 长沙：湖南人民出版社，2005.
[60] 张成才，秦昆，卢艳，孙喜梅 .GIS 空间分析理论与方法 [M]. 武汉：武汉大学出版，2004.
[61] 张国锋．管理信息系统 [M]. 北京：机械工业出版社，2004.
[62] 赵羿，李月辉．实用景观生态学 [M]. 北京：科学出版社，2001.
[63] 郑强，卢圣．城市园林绿地规划 [M]. 修订版．北京：气象出版社，1999.
[64] 周春山．城市空间结构与形态 [M]. 北京：科学出版社，2007.
[65] 周光召，牛文元．可持续发展战略 [M]. 北京：西苑出版社，2000.
[66] 周一星．城市地理学 [M]. 北京：商务印书馆，1995.
[67] 邹军．都市圈规划 [M]. 北京：中国建筑工业出版社，2005.

[68] 中国城市规划学会．城市中心区与新建区规划 [M]. 北京：中国建筑工业出版社，2003.
[69] 白伟岚，韩笑，朱爱珍．落实城市公园在城市防灾体系中的作用——以北京曙光防灾公园设计方案为例 [J]. 中国园林，2006（9）：14-20.
[70] 曹坤华，王萍．深圳东门商业步行街的变迁及未来发展定位 [J]. 特区经济，2002（7）.
[71] 车生泉．城乡一体化过程中景观生态格局分析 [J]. 农业现代化研究，1999（3）：140-143.
[72] 陈彩虹，胡锋，李辉信．南京市城乡交错带的景观生态问题与优化对策 [J]. 南京林业大学学报，2000，24：17-23.
[73] 陈春来，石纯，俞小明 .RS、GIS 技术在城市绿地综合效益研究中的应用现状及展望 [J]. 中国园林，2006（5）：47-49.
[74] 陈万蓉，严华．特大城市绿地系统规划的思考——以北京市绿地系统规划为例 [J]. 城市规划，2005（2）：93-96.
[75] 陈佑启，郭焕成．城乡交错带：特殊的地域与功能 [J]. 北京规划建设，1996（3）：47-49.
[76] 陈佑启．城乡交错带名辩 [J]. 地理学与国土研究，1995，11（1）：47-52.
[77] 陈佑启．试论城乡交错带及其特征与功能 [J]. 经济地理，1996，16（3）：27-31.
[78] 陈跃中，袁松亭．新北京的时代地标——温榆河生态走廊（朝阳段）规划设计 [J]. 中国园林，2004，（9）：7-13.
[79] 陈圣泓．工业遗址公园 [J]. 中国园林，2008（2）：1-8.
[80] 陈自新，苏雪痕．北京城市园林绿化生态效益的研究（1-6）[J]. 中国园林，1998，（1-6）.
[81] 程国栋，肖笃宁，王根绪．论干旱区景观生态特征与景观生态建设 [J]. 地球科学进展，1999，14（1）：11-15.
[82] 褚有福．积极慎重地发展商业步行街 [J]. 商业经济与管理，2000（2）.
[83] 达良俊，李丽娜，李万莲，陈鸣．城市生态敏感区定义、类型与应用实例 [J]. 华东师范大学学报（自然科学版），2004（2）：97-103.
[84] 董晓峰，屠锦敏，张勤，张兵．区域开发与城镇发展管治研究——省域城镇体系规划中〝管治规划〞模式探讨 [J]．城市规划，2005（4）：18-22.
[85] 董有福等．基于 ComGIS 的区域景观格局监测信息系统 [J]. 应用生态学报，2005，16.
[86] 方懿 .QuickBird 遥感影像在绿地调查中的应用 [J]. 四川林勘设计，2006，3（1）.
[87] 房庆方，杨细平，蔡瀛．区域协调和可持续发展——珠江三角洲经济区城市群规划及其实施 [J]. 城市规划，1997，22（1）：14-17.
[88] 高洪文．生态交错带（Ecotone）理论研究进展 [J]. 生态学杂志，1994，13（1）：32-38.
[89] 龚春，罗宏祎．城市绿化的生态园林意识 [J]. 江西林业科技，2001，4：44-45.
[90] 顾朝林等．城市群规划的理论与方法 [J]. 城市规划，2007（10）：40-43.
[91] 韩淑芸．北京 19 处应急避难场所将于年底建成 [J]. 城市与减灾，2004（4）：47-48.
[92] 何瑞珍，张敬东，赵巧红，田国行 .RS 与 GIS 在洛阳市绿地系统规划中的应用 [J]. 中国农学通报，2006，22（6）.
[93] 侯碧清 .3S 技术在株洲园林地理信息系统中的应用研究 [J]. 风景园林与计算机技术，2004（5）.
[94] 胡丽萍．城市森林与城市绿化可持续发展 [J]. 林业调查规划，2002，21（3）：58-60.
[95] 胡永球．城市绿化：以树为主还是以草为主 [J]. 中国绿色时报，2001，19（2）.

[96] 胡运骅，王丽琼．上海城市绿化综合效益试析 [J]. 中国园林，2002（4）：27-29.
[97] 湖南省休闲农业培训班材料，2006.
[98] 黄秋燕，严志强，钟开田，石倩．县域生态城镇建设决策支持系统的设计 [J]. 广西师范学院学报（自然科学版），2006，23（4）.
[99] 黄晓鸾，张国强．城市生存环境绿色量值群的研究（1-6）[J]. 中国园林，1998，(1-6).
[100] 江保山．构建生态绿网，塑造古赵文化——邯郸市城市绿地系统规划特色分析 [J]. 中国园林，2004（7）：72-75.
[101] 姜丽欣，张学臣．浅谈城市防护林设计 [J]. 黑龙江环境通报．2004，28（4）：23-25.
[102] 金龙．城市空间和回归自然的双赢 [J]. 陶然译．中国园林，2007（2）：30-34.
[103] 卡尔·斯坦尼兹．景观设计思想发展史——在北京大学的演讲 [J]. 黄国平译．中国园林，2001（6）：82-96.
[104] 李繁彦．台北市防灾空间规划 [J]. 城市发展研究，2001（6）：1-8.
[105] 李锋，王如松．北京市绿色空间生态概念规划研究 [J]. 城市规划汇刊，2004（4）：61-64.
[106] 李满春，周丽彬，毛 亮．基于 RS、GIS 的城市绿地生态效益评价与预测模型 [J]. 中国环境监测，2003，19（3）.
[107] 李敏．计算机技术在城市绿地系统规划中的应用 [J]. 中国园林，1999，(1)：61-63.
[108] 李敏．论城市绿地系统规划理论与方法的与时俱进 [J]. 中国园林，2002，(5)：17-20.
[109] 李敏．信息技术与园林绿化 [J]. 市政工程，2004.
[110] 李团胜，石铁矛，肖笃宁．大城市区域的景观生态规划理论与方法 [J]. 地理学与国土研究，1999，15（2）：52-55.
[111] 李晓文，肖笃宁，胡远满．辽东湾滨海湿地景观规划预案分析与评价 [J]. 生态学报，2002，22（2）：224-232.
[112] 李延涛，苏幼坡等．城市防灾公园的规划思想 [J]. 城市规划，2004（5）：71-73.
[113] 李月辉，赵羿，关德新．辽宁省土地退化与景观生态建设 [J]. 应用生态学报，2001，12（4）：601-604.
[114] 李芝灵，张芬，徐国强．城乡交错带景观格局及形成机制的研究 [J]. 新疆师范大学学报（自然科学版），2006，25（3）：231-234.
[115] 林琳，陈洋．广州中心商业区步行系统构建研究 [J]. 建筑学报，2006（1）.
[116] 刘琳．3S 技术在城市绿地管理中的应用 [J]. 安徽农业科学，2006，34（6）：1263-1264.
[117] 刘滨谊，姜允芳．中国城市绿地系统规划评价指标体系的研究 [J]. 城市规划汇刊，2002，(2)：27-30.
[118] 刘滨谊，姜允芳．论中国城市绿地系统规划的误区与对策 [J]. 城市规划，2002，26（2）：76-79.
[119] 刘滨谊，余畅．美国绿道网络规划的发展与启示 [J]. 中国园林，2001（6）：77-81.
[120] 刘滨谊，张国忠．近十年中国城市绿地系统研究进展 [J]. 中国园林，2005（6）：25-28.
[121] 刘川，徐波．日本阪神淡路大地震的启示 [J]. 国外城市规划，1996（4）：2-11.
[122] 刘福智，谭良斌．城市景观生态安全及评价模式 [J]. 西安建筑科技大学学报（自然科学版），2006（2）：52-56.
[123] 刘海美，赵会才．发挥湿地资源优势，彰显城市生态特色——结合"湿地之城"东营市水系及绿地系统规划 [J]. 中国园林，2005（12）：41-44.
[124] 刘洪良，李振学．关于建设生态园林城的探讨 [J]. 黑龙江林业，2003，2：11-12.

[125] 刘颂，刘滨谊，邬秉左．构筑无锡城市生态走廊网络 [J]. 中国城市林业，2002（5）：9-12.
[126] 刘宇琪．提高绿地生态效益创建小康住宅居住环境 .[J]. 山东房地产，2003，1：45-46.
[127] 刘月琴，祝宁．城乡一体化小城镇绿地系统规划初探——以哈尔滨市团结镇为例 [J]. 中国城市林业，2005，1.
[128] 卢明森．开放的复杂巨系统概念的形成 [J]. 中国工程科学，2004，6（5）：17-23.
[129] 陆佳，王祥荣．上海浦东外高桥保税区生态绿地系统评价与规划 [J]. 中国园林，1998，(3)：10-13.
[130] 吕妙儿．城市绿地监测遥感应用 [J]. 中国园林，2000（5）：41-44.
[131] 栾春凤，刘晨宇．登封市城市绿地系统规划探讨 [J]. 中国园林，2004（9）：70-72.
[132] 骆悰．上海市城市发展敏感区划分研究与对策 [J]. 城市规划汇刊 .2000（5）：19-22.
[133] 马建梅，张俊霞．城市绿地系统的结构规划 [J]. 南京林业人学学报（人文社会科学版），2006（4）：102-104.
[134] 马亚杰．城市防灾公园的安全评价 [J]. 安全与环境工程，2005（1）：50-52.
[135] 孟兆祯．寻觅契机 创造特色——21 世纪北京园林建设刍议 [J]. 中国园林，2001（4）：3-4.
[136] 欧阳志云．大城市绿化控制带的结构与生态功能 [J]. 城市规划，2004（4）：41-45.
[137] 秦洁．基于 GIS 的生态环境保护决策支持系统研究专题 [J]. 技术与工程应用，2007（5）.
[138] 秦莉萍．城乡交错带景观生态规划初步探讨 [J]. 四川林业科技，2005，26（3）：60-62.
[139] 秦文纲．略论步行街的文化建设 [J]. 江苏商论，2001（2）.
[140] 清水正之．公园绿地与阪神·淡路大地震 [J]. 城市规划，1999（10）：56-58.
[141] 邱彭华，徐颂军，张林英．市域绿地系统规划浅析——以广东河源 [J]. 华南师范大学学报（自然科学版），2006（4）：113-119.
[142] 任周桥，刘耀林，焦利民．基于决策树的土地适宜性评价 [J]. 资源调查与评价，2007（3）.
[143] 申卫博，王国栋，张社奇等．景观生态学及熵模型在城市绿地空间格局分析中的应用 [J]. 西北林学院学报，2006，21（2）：161-163.
[144] 沈一，陈涛．城市景观生态绿地系统网络规划的研究 [J]. 四川建筑，2004（6）：11-12.
[145] 石东扬，熊忠臣．高速公路边坡绿化的研究 [J]. 中国园林，2001（3）：10-12.
[146] 束晨阳．城市河道景观设计模式探析 [J]. 中国园林，1999（1）：8-11.
[147] 谭少华，赵万民．绿道规划研究进展与展望 [J]. 中国园林，2007（2）：85-88.
[148] 谭维宁．快速城市化下城市绿地系统规划的思考和探索——以试点城市深圳为例 [J]. 城市生态规划，2005（1）：52-56.
[149] 田国行．城市绿地生态系统规划的理论分析 [J]. 中国园林，2006（9）：88-91.
[150] 王保忠，王彩霞，李明阳 .21 世纪城市绿地研究新动向 [J]. 中国园林，2006（5）：50-52.
[151] 王焕举等．黑龙江省水土保持型生态农业的研究 [J]. 中国水土保持，1996（12）.
[152] 王家耀，周海燕，成毅．关于地理信息系统与决策支持系统的探讨 [J]. 测绘科学，2003，8（1）.
[153] 王霓虹，岳同海．城市绿地生态环境规划决策支持系统的研究与实现 [J]. 哈尔滨工业大学学报，2006（11）.
[154] 王绍增，李敏．城市开敞空间规划的生态机理研究 [J]. 中国园林，2001（4-5）：5-9，32-36.
[155] 王圣洁，戴勤奋，陈江麟．区域地理信息系统应用的关键问题 [J]. 海洋地质动态，1998（2）.
[156] 王文礼．绿色容积率：建筑和城市规划的一种生态量度 [J]. 杨星译．中国园林，2006（9）：

82-87.
[157] 王晓俊，王建国．兰斯塔德与"绿心"——荷兰西部城市群开放空间的保护与利用 [J]. 规划师，2006（3）：90-93.
[158] 王学锋，崔功豪．国外大都市地区规划重点内容剖析和借鉴 [J]. 国际城市规划，2007（5）：81-85.
[159] 王仰麟．农业景观的生态规划与设计 [J]. 应用生态学报，2000（2）：56-61.
[160] 王浙浦．生态园林二十一世纪城市园林的理论基础 [J]. 中国园林，1999，15：62-63.
[161] 吴浩．基于 RS 和 GIS 的城市绿地评估系统的一种模式 [J]. 地理空间信息，2005，3（1）.
[162] 吴人韦．城市绿地的分类 [J]. 中国园林，1999（6）：59-62.
[163] 吴人韦．培育生物多样性——城市绿地系统规划专题研究之一 [J]. 中国园林，1998（4）：4-6.
[164] 吴人韦．塑造城市风貌——城市绿地系统规划专题研究之二 [J]. 中国园林，1998（6）：30-32.
[165] 肖荣波，周志翔，王鹏程 .3S 技术在城市绿地生态研究中的应用 [J]. 生态学杂志，2004，23（6）.
[166] 肖微．城市绿地规划信息化处理方法的探讨 [J]. 中南林业调查规划，2005，8（3）.
[167] 谢玉常，张子祥，李健．"清波绿林抱重城，锦城花郭入画图"——成都市绿地系统规划 [J]. 中国园林，2005（12）：31-35.
[168] 邢忠．"边缘效应"与城市生态规划 [J]. 城市规划，2001，25（6）：44-49.
[169] 徐福留，曹军，陶澎等．区域生态系统可持续发展敏感因子及敏感区分析 [J]. 中国环境科学，2000，20（4）：361-365.
[170] 严玲璋．可持续发展与城市绿化 [J]. 中国园林，2003，5：44-47.
[171] 杨任 .3S 技术在株洲市城市森林动态监测中的应用 [J]. 中国西部科技，2007（4）.
[172] 殷康前，倪晋仁．湿地研究综述 [J]. 生态学报，1998，18（5）：539-545.
[173] 俞孔坚．景观可达性作为衡量城市绿地系统功能指标的评价方法与案例 [J]. 城市规划，1999，（8）：8-11.
[174] 俞孔坚．景观与城市的生态设计：概念与原理 [J]. 中国园林，2001（6）：3-10.
[175] 俞孔坚，刘向军．走出传统禁锢的土地艺术：田 [J]. 中国园林，2004（2）：13-16.
[176] 俞孔坚，韩毅，韩晓晔．将稻香溶入书声——沈阳建筑大学校园环境设计 [J]. 中国园林，2005（5）：12-16.
[177] 袁晓灵．对发展城市商业步行街的思考 [J]. 经济师，2004（5）.
[178] 张法．王府井步行街：中国转型时代的文化图像 [J]. 西北师大学报（社会科学版），2006（3）.
[179] 张庆费，徐绒娣．城市森林建设的意义和探讨 [J]. 大自然探索，1999.
[180] 张庆费．城市生态绿化的概念和建设原则初探 [J]. 中国园林，2001，4：34-36.
[181] 张伟．都市圈的概念、特征及其规划探讨 [J]. 城市规划，2003（6）：47-50.
[182] 赵峰，徐波．城市绿地控制性规划初探 [J]. 中国园林，1998（3）：14-16.
[183] 朱建宁．做一个神圣的风景园林师 [J]. 中国园林，2008（1）：38-42.
[184] 甄明霞．步行街：欧美如何做 [J]. 城市问题，2001（1）.
[185] 周红妹，丁金才，徐一鸣，黄家鑫．城市热岛效应与绿地分布的关系监测和评估 [J]. 上海农业学报，2002，18（2）：83-88.

[186] 朱庆华．生态城市与城市绿化 [J]. 林业调查规划，2002，6（4）：95-97.

[187] 朱晓华，杨秀春．层次分析法在区域生态环境质量评价中的应用研究 [J]. 国土资源科技管理，2001（5）.

[188] 左伟，张桂兰．区域生态安全综合评价与制图 [J]. 土壤学报，2004，41（2）.

[189] 陈才德．"大树进城"不可盛行 [N]. 人民日报海外版，2003-3-13.

[190] 成思危．试论科学的融合 [N]. 光明日报，1998-4-26.

[191] 陈文通，陈志强 .3S 技术在园林绿化现状调查中的应用 [A]. 中国城市勘测工作 50 年论文集 [C].2004.3.

[192] 龙海奎，王爱新 .ENVI 系统在城市绿地率统计中的应用与探讨 [A]. 中国城市勘测工作 50 年论文集 [C].2004.3.

[193] 沈国舫．森林的社会、文化和景观功能及巴黎的城市森林 [C]. 城市林业——92 首届城市林业学术研讨会论文集．北京：中国林业出版社，1993.

[194] 台湾农业旅游学术研讨会论文集 [C]，台湾农业旅游促进会．

[195] 卢秀梅．城市防灾公园规划问题研究 [D]. 河北理工大学硕士学位论文，2005.

[196] 齐颖．基于 GIS 的高速磁悬浮铁路车站选址决策技术研究 [D]. 西南交通大学硕士学位论文，2004.

[197] 商振东．市域绿地系统规划研究 [D]. 北京：北京林业大学博士学位论文，2006.

[198] 张浪．特大型城市绿地系统布局结构及其构建研究——以上海为例 [D]. 南京：南京林业大学博士学位论文，2007，6.

[199] 台湾休闲农业会讯 [Z]. 台湾休闲农业学会．

[200] 休闲农业辅导管理办法 [Z]. 台湾农委会．

[201] 休闲农业工作手册 [Z]. 台湾农委会，台湾大学．

[202] 综合开发研究院．关于宝城 25 区改造为商业街区的可行性与实施建议研究报告 [R]，2004.

[203] 《城市绿地系统规划编制纲要（试行）》（建城 [2002]240 号）

[204] 《居住区规划设计规范》（GB 50180—93）

[205] 《城市绿化规划建设指标的规定》（建城 [1993]784 号）

[206] 《国家园林城市标准》（建城 [2000]106 号）

[207] 中华人民共和国行业标准．公园设计规范．北京：中国建筑工业出版社，1992.

[208] 中华人民共和国行业标准．城市道路绿化规划与设计规范．北京：中国建筑工业出版社，1997.

[209] Farina，A. Principles and methods in landscape ecology[M].A. Farina. Kluwer Academic Publishers，1997.

[210] Camillo Sitte.Art of Building Cities：City Building According to Its Artistic Fundamentals[M].Hyperion Pr. Publisher，1980.

[211] Ebenezer Howard.Garden Cities of To-morrow：Garden Cities of To-morrow（Routledge Library Editions：The City）[M].Routledge Publisher 1 edition，2007.

[212] Frederick Law Olmsted.Public Parks and the Enlargement of Towns（The Rise of urban America）[M].Ayer Co Pub Publisher，1970.

[213] Ian Lennox McHarg.Design with Nature（Wiley Series in Sustainable Design）[M].Wiley Publisher 1 edition，1995.

[214] Patrick Geddes.Cities in evolution [M].Oxford University Press Publisher Revised edition，1950.

[215] Michael Cullen .Landscapes of the Southern Peloponnese[M].Sunflower Books Publisher，2003.

[216] Le Corbusier.Towards a New Architecture[M].Dover Publications，1985.

[217] Eliel Saarinen.City： Its Growth，Its Decay，Its Future[M].Publisher：MIT，1965.

[218] Richard T. T. Forman，Michel Godron.Landscape Ecology[M].New York：Wiley Publisher 99 edition，1986.

尊敬的读者：

感谢您选购我社图书！建工版图书按图书销售分类在卖场上架，共设22个一级分类及43个二级分类，根据图书销售分类选购建筑类图书会节省您的大量时间。现将建工版图书销售分类及与我社联系方式介绍给您，欢迎随时与我们联系。

★建工版图书销售分类表（详见下表）。

★欢迎登陆中国建筑工业出版社网站www.cabp.com.cn，本网站为您提供建工版图书信息查询，网上留言、购书服务，并邀请您加入网上读者俱乐部。

★中国建筑工业出版社总编室　电　话：010—58934845

传　真：010—68321361

★中国建筑工业出版社发行部　电　话：010—58933865

传　真：010—68325420

E-mail：hbw@cabp.com.cn

建工版图书销售分类表

一级分类名称（代码）	二级分类名称（代码）
建筑学（A）	建筑历史与理论（A10）
	建筑设计（A20）
	建筑技术（A30）
	建筑表现·建筑制图（A40）
	建筑艺术（A50）
建筑设备·建筑材料（F）	暖通空调（F10）
	建筑给水排水（F20）
	建筑电气与建筑智能化技术（F30）
	建筑节能·建筑防火（F40）
	建筑材料（F50）
城市规划·城市设计（P）	城市史与城市规划理论（P10）
	城市规划与城市设计（P20）
室内设计·装饰装修（D）	室内设计与表现（D10）
	家具与装饰（D20）
	装修材料与施工（D30）
建筑工程经济与管理（M）	施工管理（M10）
	工程管理（M20）
	工程监理（M30）
	工程经济与造价（M40）
艺术·设计（K）	艺术（K10）
	工业设计（K20）
	平面设计（K30）

一级分类名称（代码）	二级分类名称（代码）
园林景观（G）	园林史与园林景观理论（G10）
	园林景观规划与设计（G20）
	环境艺术设计（G30）
	园林景观施工（G40）
	园林植物与应用（G50）
城乡建设·市政工程·环境工程（B）	城镇与乡（村）建设（B10）
	道路桥梁工程（B20）
	市政给水排水工程（B30）
	市政供热、供燃气工程（B40）
	环境工程（B50）
建筑结构与岩土工程（S）	建筑结构（S10）
	岩土工程（S20）
建筑施工·设备安装技术（C）	施工技术（C10）
	设备安装技术（C20）
	工程质量与安全（C30）
房地产开发管理（E）	房地产开发与经营（E10）
	物业管理（E20）
辞典·连续出版物（Z）	辞典（Z10）
	连续出版物（Z20）
旅游·其他（Q）	旅游（Q10）
	其他（Q20）

执业资格考试用书（R）	土木建筑计算机应用系列（J）
高校教材（V）	法律法规与标准规范单行本（T）
高职高专教材（X）	法律法规与标准规范汇编/大全（U）
中职中专教材（W）	培训教材（Y）
	电子出版物（H）

注：建工版图书销售分类已标注于图书封底。